W0263696

HANDBUCH DER MIKROCHEMISCHEN METHODEN

HERAUSGEGEBEN VON

FRIEDRICH HECHT UND **MICHAEL K. ZACHERL**
WIEN   WIEN

BAND I / TEIL 2

WAAGEN UND GERÄTE ZUR ANORGANISCHEN MIKRO-GEWICHTSANALYSE

SPRINGER-VERLAG WIEN GMBH 1959

WAAGEN UND WÄGUNG

VON

A. A. BENEDETTI-PICHLER
NEW YORK

MIT 66 TEXTABBILDUNGEN

GERÄTE ZUR ANORGANISCHEN MIKRO-GEWICHTSANALYSE

VON

F. HECHT
WIEN

MIT 125 TEXTABBILDUNGEN

SPRINGER-VERLAG WIEN GMBH 1959

ISBN 978-3-662-35404-9   ISBN 978-3-662-36232-7 (eBook)
DOI 10.1007/978-3-662-36232-7

Alle Rechte, insbesondere das der Übersetzung
in fremde Sprachen, vorbehalten.

Ohne ausdrückliche Genehmigung des Verlages
ist es auch nicht gestattet, dieses Buch oder Teile daraus
auf photomechanischem Wege (Photokopie, Mikrokopie)
zu vervielfältigen.

© by Springer-Verlag Wien 1959.

Ursprünglich erschienen bei Springer-Verlag in Vienna 1959

Softcover reprint of the hardcover 1st edition 1959

Waagen und Wägung.

Von

A. A. Benedetti-Pichler.

Professor of Chemistry
The Queens College of the College of the City of New York, Flushing, N. Y.

Mit 66 Textabbildungen.

Inhaltsverzeichnis.

Einleitung.

In der folgenden Darstellung wird in dem Teil, der sich mit den Präzisionshebelwaagen beschäftigt, hauptsächlich der Gebrauch dieser Instrumente für Präzisionswägungen berücksichtigt. Die Ausführungen gelten dabei für Waagen von hoher Tragkraft ebenso wie für Analysenwaagen, mikrochemische Waagen und Probierwaagen. Bei der Wahl von Definitionen wurde versucht, jene zu treffen, die die besten Aussichten für allgemeine Annahme bieten.

Bei der Besprechung der Mikrowaagen wurde deren Bau weitgehend berücksichtigt, da Waagen dieser Art noch häufig von den Forschern selbst hergestellt werden und es überdies wünschenswert scheint, daß der Benutzer imstande ist, einfache Reparaturen oder Verbesserungen selbst durchzuführen. Eine einheitliche Form der Beschreibung von Mikrowaagen wurde versucht, läßt sich aber nicht konsequent durchführen, da die hierzu nötigen Angaben in der Literatur häufig fehlen. Auch eine endgültige Bewertung der Vorzüge und Nachteile von Konstruktionsprinzipien ist meist dadurch verhindert, daß zu viele Faktoren gleichzeitig geändert worden sind. Die systematische Darstellung sollte es dem Leser trotzdem ermöglichen, ein ziemlich klares Bild über die Zweckmäßigkeit von Wägungsprinzipien und Einzelheiten der Konstruktion zu gewinnen.

Die Präfixe Mikro (μ), Nano (n) und Pico (p) werden benutzt, um 10^{-6}, 10^{-9} und 10^{-12} der metrischen Einheiten anzuzeigen.

I. Allgemeiner Teil.

Präzision und Genauigkeit.

Unter Präzision versteht man den Grad der Verläßlichkeit, mit der eine Handlung, Beobachtung oder Messung wiederholt werden kann. Vollständige Übereinstimmung ist entweder eine Folge des Zufalles oder wird nur durch ungenügende Schärfe der Beobachtung vorgetäuscht. Im allgemeinen besteht ein Bereich der Unsicherheit, der durch Angabe der mittleren Schwankung in einfacher und übersichtlicher Weise beschrieben wird.

Genauigkeit bezieht sich auf die Übereinstimmung des Ergebnisses der Handlung mit dem gesuchten Ziel. Bei Messungen ist die Beurteilung der Genauigkeit dadurch erschwert, daß die wahre Größe der gemessenen Erscheinung immer nur mit beschränkter Verläßlichkeit bekannt ist. Wenn alle Fehler, die einen bestimmten einseitigen Einfluß haben, unscheinbar gemacht werden, dann ist die Verläßlichkeit eines Messungsergebnisses lediglich durch die Präzision bestimmt.

Wägungen sind wie alle Messungen mit zwei Arten von Fehlern behaftet: Bestimmte Fehler mit gleichbleibendem Vorzeichen und von konstanter Größe, die auch im arithmetischen Mittel mehrerer Wägungen desselben Objekts erhalten bleiben, und zufällige Fehler von unbestimmten Vorzeichen und wechselnder Größe, die sich im arithmetischen Mittel mehrerer Wägungen teilweise ausgleichen. Die ersteren bestimmen die Genauigkeit der Wägungen, die letzteren ihre Präzision.

Bestimmung der Fehler durch Eichung.

Zur Bestimmung der Fehler eines Wägeverfahrens gibt es nur einen Weg, die Eichung, d. h. die Messung einer bereits bekannten Größe mit dem zu eichenden Verfahren oder Instrument. Wenn die Eichung vollständige und zutreffende Auskunft über die auftretenden Fehler geben soll, ist es erforderlich, die folgenden drei Schritte gewissenhaft durchzuführen.

1. Genügend genaue schriftliche Festlegung (Normalisierung) der Waage, der Hilfsapparate und des Wägungsverfahrens, wobei zu beachten ist, daß die Fehler nur dann im praktischen Gebrauch auftreten werden, wenn man sich auch dort an die festgelegte Norm hält. Eine zweckdienliche Normalisierung wird nur jene Vorschriften umfassen, die zur Erreichung der benötigten Präzision und Genauigkeit nötig sind. Zweckmäßige Normalisierung verbessert die Präzision, indem sie gewisse zufällige Fehler in bestimmte Fehler verwandelt und das Ausmaß anderer zufälliger Fehler verkleinert. Die Verbesserung der Präzision erlaubt in der Folge eine genauere Festlegung der bestimmten Fehler.

Die grundlegende Bedeutung der Normalisierung wird oft übersehen. Man bedenke jedoch, daß ohne sie eine verständige Untersuchung der Fehler unmöglich ist. Lückenhafte Arbeitsvorschriften können sogar dazu führen, daß ein bestimmter Umstand zuweilen Zufallsfehler und zuweilen bestimmte Fehler verursacht. Wägt man z. B. Objekte willkürlich manchmal auf der linken, andere Male auf der rechten Waagschale, so ergeben sich große Zufallsfehler, wenn das Armverhältnis merklich von der Einheit abweicht.

2. Genügend oft wiederholte Wägung eines Objekts von genau bekanntem und gleichbleibendem Gewicht unter Benutzung des festgelegten Normalverfahrens, wobei alle jene Handhabungen, die einen Einfluß auf das Resultat haben können, bei jeder Wägung wiederholt werden. Wenn die in der Praxis

auftretenden Wägefehler bestimmt werden sollen, ist es notwendig, die Zeitspannen zwischen den Wägungen den im praktischen Gebrauch auftretenden Intervallen anzupassen. Es ist anzuraten, entweder 19, 14 oder 9 Wägungen des bekannten Objekts auszuführen. Die Genauigkeit der Fehlerbestimmung wächst mit der Zahl der Wägungen und die vorgeschlagenen Werte für n (19, 14, 9) geben einfache Brüche für die relative Unsicherheit der mittleren Schwankung [Gl. (5)].

3. Berechnung der Schätzungswerte für Präzision und Genauigkeit. Wenn $X_1, X_2, \ldots X_n$ die in n Wägungen beobachteten Gewichte sind und X das bekannte wahre Gewicht des Objekts ist, dann folgen die Näherungswerte für: das arithmetische Mittel aus einer unendlichen Zahl von Wägungen,

$$\overline{X} = (X_1 + X_2 + \ldots X_n)/n = \Sigma\, X_i/n; \tag{1}$$

die mittlere Schwankung einer Wägung, berechnet aus einer unendlichen Zahl von Wägungen,

$$f = \pm \sqrt{[\Sigma\, (X_i - \overline{X})^2]/(n-1)}; \tag{2}$$

die mittlere Schwankung des arithmetischen Mittels aus n Wägungen,

$$F = \pm f/\sqrt{n}; \tag{3}$$

des bestimmten Fehlers der Wägung,

$$\overline{X} - X. \tag{4}$$

Die relative mittlere Schwankung der Schätzungswerte der mittleren Schwankungen f und F ist dabei

$$\sigma_\sigma/\sigma = \pm \sqrt{1/2\,(n-1)}. \tag{5}$$

Fehlergesetz von Gauss.

Die Auslegung der Eichungsresultate kann die Gedankengänge der klassischen Statistik benutzen, obschon Gl. (5) zeigt, daß 51 Wägungen notwendig wären, um die mittlere Schwankung von f und F auf $0{,}1\,f$ und $0{,}1\,F$ herabzudrücken. Die Gausssche Glockenkurve setzt aber voraus, daß selbst große Abweichungen vom Mittel zuweilen vorkommen. In der Praxis der Präzisionsmessungen werden solche große Abweichungen in der Regel ausgeschlossen, da man annehmen kann, daß sie ihren Ursprung in einem Irrtum oder einem groben Verstoß gegen die Ausführungsnorm haben müssen. Auf diese Weise besteht bei Präzisionsmessungen eine ziemlich starke Voreingenommenheit, die es erlaubt, von nur neun Beobachtungen abgeleitete Parameter $(\overline{X}, f, F)$ als gute Näherungswerte der wirklichen Parameter zu behandeln. Jedenfalls kann man bezweifeln, daß die Verwendung der rigorosen Statistik kleiner Zahlen (13, 43) unter solchen Umständen besser zutreffende Kriterien liefern würde.

Es besteht keine Absicht, das willkürliche Streichen stark abweichender Beobachtungen zu befürworten. Es ist im Gegenteil dringend anzuraten, den Grund solcher Abweichungen aufzuklären oder sie, wenn dies nicht möglich ist, durch Anhäufung weiterer Beobachtungen zu entkräften.

Die Fläche unter der Gaussschen Glockenkurve

$$y = \frac{h}{\sqrt{\pi}}\, e^{-h^2 x^2} \tag{6}$$

zeigt an, daß die Häufigkeit des Vorkommens und daher die Wahrscheinlichkeit einer Abweichung vom Mittelwert so von der Größe der Abweichung abhängt, daß in 68% aller Beobachtungen die Abweichung in den Grenzen $\pm f$, in 95% aller Beobachtungen in den Grenzen $\pm 2f$ und in 99,7% aller Beobachtungen in den Grenzen $\pm 3f$ bleibt.

Daraus folgt, daß man mit ziemlicher Sicherheit annehmen kann, daß Einzelwägungen um nicht mehr als $3f$ vom besten zu erwartenden Gewicht (Mittel aus einer großen Zahl von Wägungen) abweichen werden. Anderseits wird man einen errechneten bestimmten Fehler als tatsächlich vorhanden anerkennen, wenn die absoluten Werte $|\overline{X} - X| > |2F|$. Man läuft bei dieser Entscheidung nur ein Risiko von 5 in 100, einen bestimmten Fehler anzunehmen, der nur durch einen Zufall vorgespiegelt ist.

Fortpflanzung von Wägungsfehlern in die Analysenzahlen.

Betreffend die Fortpflanzung der Wägefehler in die Analysenresultate ist zunächst zu bedenken, daß das Gewicht in der Regel aus einer Summe mehrerer Beobachtungen (z. B. Gewichte $+$ Reiterstellung $+$ Instrumentanzeige $-$ Leeranzeige) abgeleitet wird. Der Fehler ϱ des Resultates R folgt dann aus den Fehlern $\alpha, \beta, \gamma \ldots$ der Summanden $A, B, C, \ldots$:
Wenn $R = A + B - C \ldots$, dann

$$\varrho = \alpha + \beta - \gamma \ldots, \tag{7}$$

wenn es sich um bestimmte Fehler handelt, und

$$\varrho^2 = \alpha^2 + \beta^2 + \gamma^2 + \ldots, \tag{8}$$

wenn es sich um mittlere Schwankungen handelt.

Anderseits ergibt sich der Bruchteil R einer zu bestimmenden Substanz aus dem Gewicht A der Wägungsform, einem Umrechnungsfaktor B, der das Gewicht der Wägungsform in Gewicht zu bestimmender Substanz verwandelt, und der Menge C der zur Bestimmung genommenen Probe. Der Fehler ϱ in R ergibt sich aus den Fehlern $\alpha, \beta, \gamma, \ldots$ in $A, B, C, \ldots$:
Wenn $R = A\,B/C$, dann

$$\varrho' = \alpha' + \beta' - \gamma', \tag{9}$$

wenn es sich um bestimmte Fehler handelt, und

$$\varrho'^2 = \alpha'^2 + \beta'^2 + \gamma'^2, \tag{10}$$

wenn es sich um mittlere Schwankungen handelt. Dabei sind die relativen bestimmten Fehler und die relativen mittleren Schwankungen wie folgt definiert:

$$\varrho' = \varrho/R, \quad \alpha' = \alpha/A, \quad \beta' = \beta/B, \quad \gamma' = \gamma/C. \tag{11}$$

Es ergibt sich aus den Gl. (9) und (11), daß ein bestimmter relativer Fehler der Wägungen (Balkenarme von merkbar ungleicher Länge oder Gewichtssatz auf ein unrichtig justiertes Gewicht abgestimmt) ohne Einfluß auf das Ergebnis einer analytischen Bestimmung sein wird, wenn die Wägungsform (oder Ursubstanz für die Einstellung von Maßlösungen usw.) und die Probe in gleicher Weise gewogen werden. Dies gestattet die Ausführung analytischer Bestimmungen mit Waagen und Gewichten, die Masse in willkürlichen und nicht bekannten oder nicht genau bekannten Einheiten angeben.

Da man drei bis vier Stellen in den Resultaten der Bestimmungen erwartet, darf die relative mittlere Schwankung ϱ' der Resultate 0,003 (0,0003) nicht überschreiten. Dabei ist außer Acht gelassen, daß diese Schwankung häufig bereits durch Unvollkommenheiten des analytischen Verfahrens hervorgerufen wird, so daß die relativen Wägefehler wenigstens drei- bis fünfmal kleiner sein sollten, um keine zusätzliche Vergrößerung der Unsicherheit der Resultate herbeizuführen. Dies setzt die zulässigen mittleren Schwankungen in der Bestimmung der Substanzgewichte auf etwa 0,0006 (0,00006) herab. Da die zu wägenden Substanzen in der Regel nicht direkt auf die Waagschale gelegt werden, bezieht sich diese Forderung einer relativen Präzision von 0,0006 (0,00006) auf die Differenz: Substanzgewicht = (Gewicht von Substanz + Apparat) — (Gewicht des Apparates). Dabei ist das Gewicht des Apparates oft 10- bis 1000mal größer als das Gewicht der Substanz. Aus Gl. (8), (10) und (11) folgt, daß unter solchen Umständen die relative mittlere Schwankung der Einzelwägungen auf 0,00006 bis 0,0000006 (0,000006 bis 0,00000006) herabgedrückt werden muß.

Wägungen von solch außerordentlich hoher Präzision können nur ausgeführt werden, indem man das Gewicht des Apparates mit einer gewichtsbeständigen Tara ausgleicht, was eine Hebelwaage voraussetzt. Bei reinen Federwaagen (ohne Balken) ist man gezwungen, die Gefäße so leicht zu machen, daß die durch die Substanz verursachte Änderung der Anzeige noch mit einer relativen Präzision von 0,0006 bestimmt werden kann, die es erlauben wird, die Analysenresultate mit drei Stellen anzugeben.

Die Präzision der Wägungen.

Es ist ein Irrtum anzunehmen, daß die Präzision von Makrobestimmungen unter keinen Umständen durch die Präzision der Wägungen beschränkt sein könnte. Dies ist häufig der Fall, wenn mit ungeeichten Gewichten gearbeitet wird. In der Mikroanalyse ist es geradezu die Regel, daß die Präzision der Bestimmungen durch die Präzision der Wägungen bestimmt ist, und dies macht deren entsprechend gründliche Besprechung wünschenswert.

Wenn man das Quadrat der mittleren Schwankung als Varianz bezeichnet, so ergibt sich die Varianz einer Wägung aus Gl. (8) als Summe von a) Varianz o^2 der Masse des zu wägenden Objekts, b) Varianz τ^2 der Masse eines verwendeten Gegengewichtes (Tara oder Gewichte), c) Varianz α^2 des Auftriebes in der Atmosphäre und d) Varianz ι^2 der Instrumentanzeige.

$$\text{Varianz der Wägung} = o^2 + \tau^2 + \alpha^2 + \iota^2. \tag{12}$$

Es ist wohl selbstverständlich, daß die experimentelle Untersuchung eines dieser Summanden erfordert, daß die übrigen verschwindend klein gehalten werden. Wenn man z. B. die Schwankung der Waageanzeige studieren will, ist es notwendig, Objekt und Tara so zu wählen, daß ihre Massen konstant bleiben und ihre Volumen soweit gleich sind, daß Dichteänderungen der Atmosphäre ihr scheinbares Gewicht im wesentlich gleichen Maße beeinflussen. Diese Vorsichtsmaßregel muß auch bei der Bestimmung anderer Instrumentkonstanten (Empfindlichkeit) beachtet werden.

Veränderlichkeit der Masse des Objekts.

Es versteht sich, daß Substanzen, die flüchtig oder hygroskopisch sind oder mit Bestandteilen der Atmosphäre reagieren, in dicht geschlossenen Gefäßen gewogen werden. Abschluß gegen die Atmosphäre bei gleichzeitiger Vermeidung von Auftriebsfehlern bietet beträchtliche Schwierigkeiten (36) und es ist im allgemeinen zu erwarten, daß die Wägung derartiger Substanzen nicht mit der von anderen Faktoren gewährleisteten Präzision ausgeführt werden kann.

Die Gewichtskonstanz von in der Atmosphäre stabilen Objekten — Apparate und Substanzen — hängt wesentlich von der Größe ihrer (inneren sowohl als äußeren) Oberfläche ab, da die Menge der an ihr adsorbierten Stoffe (meist

Wasser) mit der Vorbehandlung und dem Feuchtigkeitsgehalt der Atmosphäre schwankt. Es empfiehlt sich, Substanzen in möglichst grobkörnigem Zustand zu wägen, die Oberfläche von Apparaten möglichst klein zu halten und ihre Wirkung durch eine möglichst gleiche und gleichartige Oberfläche der Tara zu kompensieren. Außerdem soll die Form von Apparaten und Taren einfach sein, um ihre Reinigung so zu erleichtern, daß der Zustand der Oberfläche bei Wiederholung der Reinigungsoperation mit einer Präzision reproduziert werden kann, die der Wägungspräzision wenigstens gleichkommt.

Die Gewichtskonstanz von Objekten ist natürlich am besten gesichert, wenn sie in einer staubfreien Atmosphäre von gleichbleibendem Feuchtigkeitsgehalt und konstanter Temperatur gehalten und mit reinen Pinzetten oder Zangen, deren Angriffsflächen etwas geringere Härte als das Objekt haben, so wenig als möglich gehandhabt werden. Diese Art der Behandlung ist für Normalgewichte üblich und sollte nach Möglichkeit auch mit Arbeitsgewichten und Taren geübt werden. Sie kann aber nur annähernd mit Apparaten befolgt werden, die zur Ausführung chemischer Umsetzungen (Becher, Tiegel, Absorptionsapparate) oder mechanischer Operationen (Filtergeräte) dienen. Doch ist man z. B. im Falle von Absorptionsapparaten dazu übergegangen, sie zwischen Wägungen so zu behandeln, daß das Reinigen vor dem Wägen auf ein Mindestmaß beschränkt werden kann.

Das Gewicht von Glasapparaten wird häufig durch Abwischen mit feuchten Lappen reproduziert (33). Der Lappen wird mit destilliertem Wasser befeuchtet und soll aus einem Material bestehen, das weder Fasern noch lösliche Bestandteile noch Fett abgibt. Geeignet sind Zelluloseschwamm, der auf die Abmessungen von etwa 1 cm × 10 cm × 15 cm zugeschnitten werden kann, und echtes Rehleder, das durch gründliches Waschen mit Seifenwasser von Fett befreit wurde. Dünne Gewebe, wie Linnen, Baumwolle oder Reispapier, sollen in doppelter oder dreifacher Lage angewendet werden, um das von den Händen abgegebene Fett sicher zurückzuhalten. Es ist wichtig, daß die Lappen häufig gewaschen, nur mit frisch gewaschenen Händen berührt und gegen Verunreinigung geschützt aufbewahrt werden.

Die Prüfung der durch Abwischen erzielten Reinheit wird durch Besichtigung bei geeigneter Beleuchtung verschärft. HAYMAN und REISS (17) empfehlen hierzu Tyndallbeleuchtung, d. h. Besichtigung des Apparates vor einem schwarzen Hintergrund mit starker seitlicher Beleuchtung. Man möge dabei bedenken, daß Textilfasern von 3 mm Länge etwa $1\,\mu g$ wiegen; winzige, eben noch leicht sichtbare Staubteilchen werden im allgemeinen noch leichter sein, während Quecksilbertröpfchen und Metallteilchen bei gleicher Größe ein Gewicht von $10\,\mu g$ erreichen können.

Die Stärke der Wasserhaut hängt von der Natur des Objekts, der Natur der Oberfläche (rauh, poliert, rein, Fettfilm usw.), der Temperatur und dem Feuchtigkeitsgehalt der Luft ab. Glas adsorbiert von $0{,}1\,\mu g$ bis 0,1 mg Wasser pro Quadratzentimeter Oberfläche.

Eine durch das Abwischen verursachte elektrische Aufladung von Objekten kann schwere Störungen der Anzeige von mikrochemischen Waagen und Mikrowaagen nach sich ziehen. Induktion von Ladungen in isolierten Teilen der Waage kann zur Folge haben, daß Störungen auch nach Entfernung des aufgeladenen Objekts bestehen bleiben. Besondere Vorsicht ist bei der Wägung von Nichtleitern geboten, die eine geringe Affinität zu Wasser haben und deren Oberfläche nur eine sehr leichte Wasserhaut annimmt. In diese Klasse gehören Quarzglas und jene chemisch widerstandsfähigen Gläser, die 90% oder mehr saure Bestandteile (SiO_2, B_2O_3, Al_2O_3) enthalten (5).

Aufladung mit Reibungselektrizität ist kaum zu befürchten, wenn alle zur Reinigung benutzten Lappen feucht gehalten werden. Wenn überdies der Feuchtigkeitsgehalt der Luft 50% oder mehr ist, tritt Aufladung selbst bei Quarzglas kaum ein oder verschwindet wieder nach kurzem Verweilen an der Luft. In einer trockenen Atmosphäre empfiehlt es sich, Apparate vor dem Einführen in das Waagegehäuse mit einem Goldblattelektroskop zu prüfen. Ladungen können durch Ionisierung der Luft abgeleitet werden, die durch Hochfrequenzentladungen (38), Bestrahlung mit ultraviolettem Licht (32) oder Verwendung von α-Strahlern erhalten werden kann. Außerdem kann man, wenn die Natur des Objektes dies erlaubt, elektrische Ladungen entfernen, indem man das Objekt im Trockenschrank erhitzt, es durch eine Gasflamme zieht oder anhaucht, so daß es von einem rasch verdunstenden Kondensat bedeckt wird.

Quarzglas-, Porzellan- und Platingeräte werden häufig durch Ausglühen von flüchtigen und organischen Verunreinigungen befreit und auf diese Weise für das Wägen vorbereitet. Dabei ist zu bedenken, daß Quarz und Platin oberhalb 900° C Gewichtsverluste erfahren können, deren Betrag von der Art und Dauer des Erhitzens abhängt. Platin oxydiert sich oberflächlich, wenn die Temperatur über 538° C ansteigt, erreicht ein Höchstgewicht bei 607° C und nimmt bei 811° C infolge Dissoziation des Oxyds wieder das ursprüngliche Gewicht an (9). Asbest zeigt einen deutlichen Gewichtsverlust beim Erhitzen auf 283 bis 811° C. Porzellan scheint selbst bei 1100° C keine Gewichtsverluste zu erfahren, doch zeigen Tiegel der Berliner Staatlichen Porzellanmanufaktur beim ersten Ausglühen einen Gewichtszuwachs von etwa 1%, dessen Ursache nicht aufgeklärt ist (9).

Es ist schließlich sorgfältig zu beachten, daß die zu wägenden Objekte (und Gegengewichte) die im Waagegehäuse herrschende Temperatur annehmen, bevor man sie in dieses einführt. Gegenstände, die wärmer (kälter) als die umgebende Luft sind, erhalten eine Hülle aufsteigender (fallender) Luft, die den Gegenstand und die Waagschale, auf der er sich befindet, anhebt (herunterdrückt) und auf diese Weise ein geringeres (höheres) Gewicht vortäuscht. Blade (6) studierte diese Erscheinung an einer Analysenwaage, auf deren Schale eine vorher etwas erwärmte Stahlspindel von 17 g Gewicht gelegt wurde. Der scheinbare Gewichtsverlust erreichte 5 bis 6 Minuten nach Auflegen des warmen Objekts ein Maximum von 0,05 mg je Grad Temperaturunterschied. Die Erscheinung dauert 15 bis 30 Minuten je nach dem ursprünglichen Temperaturunterschied. Da die Wärme natürlich auch auf die Waagschale und andere Teile der Waage (Balkenarm oberhalb des Objekts) übertragen wird, genügt die Entfernung des Objekts nicht, um die Störung sogleich zum Verschwinden zu bringen.

Wenn das Objekt einen Hohlraum besitzt (Tiegel, Wägeglas), dann verursacht eine Temperaturabweichung auch eine Änderung der Dichte der enthaltenen Luft und damit einen Auftriebsfehler. Die hierdurch bewirkte scheinbare Gewichtsänderung beträgt $4 \mu g$ je Grad Temperaturunterschied und je Milliliter eingeschlossener Luft und hat dasselbe Vorzeichen wie der durch die aufsteigende oder fallende Lufthülle verursachte Fehler (33).

Geringfügige Temperaturunterschiede, die sich der Kenntnis des Beobachters entziehen, werden bei manchen hochempfindlichen Waagen die Präzision der Wägungen beeinträchtigen. Dagegen sollten merkbare Temperaturunterschiede, die auf Unachtsamkeit zurückgeführt werden müssen, als grobe Fehler einzelner Wägungen angesehen werden.

Es sei schließlich betont, daß genügende Konstanz der Objektmasse die unerläßliche Voraussetzung hochpräziser Wägung ist. Die geeignete Vorbereitung des Objekts für die Wägung erfordert einen Grad von Aufmerksamkeit, der der in der Wägung zu erreichenden Präzision angepaßt werden muß.

Unsicherheit der Masse der Tara.

Da die Waageanzeige bei Präzisionswägungen nur kleine Gewichtsunterschiede messen kann, wird der Großteil des Gewichtes des zu wägenden Objekts in der Regel durch das Gewicht einer Bezugsmasse (Tara) ausgeglichen. Hierzu dienen bei analytischer Arbeit häufig Normalmassen (Gewichte), mit denen man nicht nur das Gewicht des die Substanz enthaltenden Apparates, sondern auch den Großteil des Gewichtes der Substanz kompensiert. Bei Serienarbeit versucht man Zeit zu sparen, indem man aus einem Stück bestehende Gegengewichte für bestimmte Apparate verwendet, so daß der Gewichtssatz nur für die Ausgleichung des Gewichtes der Substanz erforderlich ist. Es ist jedoch schon lange bekannt, daß schwere Apparate am besten mit einem gleichartigen Apparat ausbalanciert werden, so daß atmosphärische Änderungen Objekt und Tara in gleicher Weise beeinflussen. Dieses Vorgehen hat besonderes Interesse in der Mikroanalyse, wo das Gewicht der Substanz häufig ausschließlich durch die Instrumentanzeige (Ausschlag und Reiterstellung) ermittelt werden kann und das Tarieren mit einem zweiten Apparat gleichen Gewichtes die Benutzung von Gewichten überflüssig macht oder wenigstens auf ein Mindestmaß herabsetzt. Damit wird die durch die den Gegengewichten anhaftende Unsicherheit verursachte Varianz τ^2 praktisch zum Verschwinden gebracht, wenn die maßgebenden Gewichtsänderungen als Differenzen von Instrumentanzeigen errechnet werden.

Die auf diese Weise erzielte Verbesserung der Präzision kann aus Tab. 1 ersehen werden, die die mittleren Schwankungen vergleicht, wie sie bei Wägungen durch Benutzung von Gewichtssätzen verschiedener Güte verursacht werden.

Tabelle 1. *Mittlere Schwankung in µg, verursacht durch die Benutzung von Gewichten*

Art der Gewichte	Nur die Zentigramm-dekade verwendet (durchschnittlich 1,5 Gewichte auf der Schale)	20 g, 10 g, Gramm-, Dezigramm- und Zentigrammdekaden verwendet (durchschnittlich 6 Gewichte auf der Waagschale)
Geeichte Gewichte und Korrektur für Abweichungen vom Nominalwert	$\pm\ 0{,}8\ \omega$ [1] ($\pm\ 0{,}6\ \iota$)	$\pm\ 1{,}5\ \omega$ [1] ($\pm\ 1{,}1\ \iota$)
Klasse J................................	$\pm\ 1{,}2$	
Neue Klasse M	$\pm\ 2{,}2$	$\pm\ 29$
Neue Klasse S	$\pm\ 6$	$\pm\ 39$
Klasse S-2	$\pm\ 55$	$\pm\ 470$
Gute Gewichte der Klasse S-2 [2]	$\pm\ 40$	$\pm\ 300$

[1] ω = mittlere Schwankung des Wägungsverfahrens, das bei der Eichung der Gewichte verwendet wurde; ι = mittlere Schwankung der Anzeige des Instrumentes, das zur Eichung verwendet wurde (bei Berechnung des Koeffizienten von ι wurde angenommen, daß das GAUSSsche Vertauschungsverfahren bei der Eichung verwendet wurde).

[2] Die angegebenen mittleren Schwankungen sind Schätzungen, die zum Teil Eichungen derartiger Gewichtssätze und zum Teil die Ergebnisse zahlreicher Wägungen mit solchen Gewichtssätzen benutzen.

In der mittleren Reihe ist angenommen, daß der Apparat durch eine Tara ausbalanciert ist und die Zentigrammdekade zur Wägung der Substanz ausreicht, wie dies für Milligramm- und Zentigrammverfahren der chemischen Analyse zutrifft. Die rechte Reihe gibt zum Vergleich eine Wägung unter Benutzung von Gewichten, wie sie in der Regel für die Analyse von Gramm- und Dezigrammproben ausgeführt wird.

Es zeigt sich, daß die Benutzung der durch Eichung der Gewichte gefundenen Korrekturen es gestattet, die mittlere Schwankung der Gewichtsbestimmung in beiden Fällen auf ein erträgliches Maß herabzusetzen. Vorausgesetzt, daß die mittlere Schwankung ι der Instrumentanzeige bei Eichung der Gewichte und bei der Wägung dieselbe ist, errechnet sich die Gesamtwirkung der Unsicherheit der wahren Masse der Gewichte und der Unsicherheit der Instrumentanzeige bei der Wägung zu $\pm \iota \sqrt{0{,}6^2 + 1^2} = \pm 1{,}2\,\iota$, bzw. $\pm \iota \sqrt{1{,}1^2 + 1^2} = \pm 1{,}5\,\iota$.

Die mittleren Schwankungen, verursacht durch Benutzung von Gewichten der Klassen J, M, S und S-2 (ohne Anbringung von Korrekturen zum wahren Wert), sind aus den in Tab. 5 angegebenen zulässigen Abweichungen berechnet, wobei ein Drittel der letzteren der mittleren Schwankung um den Normalwert gleichgesetzt wurde. Es zeigt sich aus Tab. 1, daß die Zentigrammdekade der Klasse J und M keine nennenswerte Vergrößerung der Unsicherheit herbeiführt, wenn die mittlere Schwankung der Waageanzeige nicht günstiger als $\pm 2\,\mu g$ bzw. $\pm 1\,\mu g$ ist.

Gewichte der Klasse S-2 können hingegen selbst für Bestimmungen an Zentigrammproben kaum ohne vorhergehende Eichung benutzt werden. Benutzt man vier Dekaden dieser Klasse ohne Korrektur zum wahren Gewicht, so nimmt die mittlere Schwankung ($\tau = \pm 0{,}5$ mg) eine Größe an, die selbst bei Makrobestimmungen die Präzision der Analysenresultate merklich beeinträchtigen kann.

Die obigen Angaben beziehen sich auf die Präzision einer einzigen Wägung. Die Präzision der Differenz zweier Wägungen wird durch die Unsicherheit der Masse jener Gewichte beeinträchtigt, die in nur einer der beiden Wägungen auf der Waagschale sind. Die Gewichte, die in beiden Wägungen benutzt werden, haben nur die Wirkung einer gleichbleibenden Tara.

Ist μ die mittlere Schwankung der Masse eines Gewichtes um den Nominalwert, so folgt die aus der Verwendung von Gewichten herrührende Varianz aus

$$\tau^2 = n\,\mu^2, \tag{13}$$

wenn n die Zahl der bei der Wägung verwendeten Gewichte ist, bzw. die Zahl der Gewichte, die nur einmal auf der Waagschale waren, wenn es sich um die Differenz zweier Gewichte handelt. Wurden die Gewichte geeicht und werden die Korrekturen zu deren wahrer Masse angebracht, so tritt an Stelle von μ die mittlere Schwankung γ der Korrekturen zum wahren Gewicht:

$$\tau^2 = n\,\gamma^2 = 0{,}1\,n\,\iota^2, \tag{14}$$

wenn ι die mittlere Schwankung der Anzeige der zur Eichung verwendeten Waage ist und die auf S. 29 ff. empfohlenen Eichverfahren benutzt wurden.

Schwankung des Auftriebes.

Wenn ein Objekt vom Volumen V ml, dem Gewicht G g und der Dichte D g/ml mit einem Gegengewicht vom Volumen v ml und der Dichte d g/ml in einer Atmosphäre von der Dichte D_a mg/ml gewogen wird, so muß man das scheinbare Gewicht des Objekts algebraisch um die

$$\text{Auftriebskorrektur} = D_a \cdot (V - v) = G D_a \left[(1/D) - (1/d)\right] \text{ mg} \qquad (15)$$

vermehren, wenn das wahre Gewicht (im leeren Raum) gefunden werden soll.

Die Gleichung zeigt, daß das scheinbare Gewicht sich mit der Dichte der Luft ändert (12). Die letztere ergibt sich nach der allgemeinen Gasgleichung aus absoluter Temperatur T, korrigiertem Barometerstand b_0 (mm Quecksilbersäule) und dem Partialdruck p_w (mm Quecksilbersäule) des Wasserdampfes in der Luft (2).

$$D_a = (29\, b_0 - 11\, p_w)/RT = (0{,}465\, b_0 - 0{,}176\, p_w)/T \text{ mg/ml.} \qquad (16)$$

Die Schwankung der Auftriebskorrektur und mithin des scheinbaren Gewichtes in Luft folgt aus den mittleren Schwankungen β_0, π_w und θ des Barometerstandes, des Wasserdampfdruckes und der Temperatur.

$$\alpha = \pm (V - v)\, T^{-1} \sqrt{(0{,}465\, \beta_0)^2 + (0{,}176\, \pi_w)^2 + (\theta\, D_a)^2} \text{ mg} \qquad (17)$$

oder, wenn man für $T = 300°\,\text{K}\ (27°\,\text{C})$ und für $D_a = 1{,}2$ mg/ml setzt,

$$\alpha = \pm 0{,}1 \cdot (V - v) \cdot \sqrt{240\, \beta_0^2 + 34{,}4\, \pi_w^2 + 1600\, \theta^2}\ \mu\text{g.} \qquad (18)$$

Eine Änderung des scheinbaren Gewichtes um $1\,\mu$g wird daher für jeden Milliliter Volumenunterschied zwischen Objekt und Tara auftreten, wenn sich der Barometerstand um 0,6 mm, der Wasserdampfdruck um 1,7 mm oder die Temperatur um 0,25° C ändern. Die Varianz α^2 ist durch den Volumenunterschied $(V - v)$ und die mittleren Schwankungen des Luftdruckes, der Feuchtigkeit und der Temperatur bestimmt. Ihre Wirkung wird am einfachsten ausgeschaltet, indem man den Volumenunterschied auf ein geeignetes Maß herabsetzt, doch ist dies nicht immer möglich oder praktisch.

Temperatur und Feuchtigkeit können im Wägezimmer in engen Grenzen konstant gehalten werden, aber die Stabilisierung des Luftdruckes im Wägezimmer ist bisher noch nicht versucht worden. Man hat daher damit zu rechnen, daß der Druck sich mit dem örtlichen Barometerstand ändert.

Dabei sind die günstigsten Bedingungen in Zeiten gleichmäßiger Witterung zu erwarten, wenn die Druckschwankung der *normalen täglichen Änderung* des Barometerstandes (Mittel der Barographenanzeige über eine Periode von wenigstens 20 Jahren) nahekommt. Die normale tägliche Änderung zeigt ein Hauptmaximum um etwa 10 Uhr morgens, ein Hauptminimum um etwa 4 Uhr nachmittags und sekundäre Höchst- und Niedrigstwerte um etwa 10 Uhr abends und 4 Uhr morgens. Das Ausmaß der größten normalen täglichen Druckänderung beträgt höchstens 5 mm Quecksilber (Tropen) und ist an vielen Orten (mittlere und höhere Breiten) weniger als 0,5 mm. In der Regel ist die normale tägliche Schwankung größer im Sommer und an sonnigen Tagen als im Winter und bei bedecktem Himmel. Sie ist ferner mehr ausgesprochen im Inneren von Kontinenten als an der Seeküste und auf Inseln, wo die sekundären Maxima und Minima zunehmen und die Hauptmaxima und Minima sogar übertreffen können. Charakteristische Zahlen für die Größe der normalen täglichen Schwankungen sind (28): Mexico City, 19° Breite, 2,5 mm; Kalkutta, 24° Breite, 2,9 mm; New Orleans, 30° Breite, 1,8 mm; St. Louis, 39° Breite, 1,8 mm; New York, 41° Breite, 1,5 mm; Greenwich, 52° Breite, 0,5 mm; Leningrad, 60° Breite, 0,3 mm; Fort Conger, 83° Breite, 0,25 mm.

Die normalen täglichen Druckänderungen sind aber in der Regel durch die Wirkung des Wetters, d. h. das Wandern von Hoch- und Niederdruckgebieten, verdeckt, und eine allgemeine, halbwegs genaue Feststellung der mittleren Schwankung des Luftdruckes ist unmöglich. Die tatsächlich innerhalb eines gewissen Zeitintervalles auftretenden Druckschwankungen hängen vom örtlichen Klima und von der Jahreszeit ab. Die in einer früheren Veröffentlichung (2) angenommenen Schwankungen sind für die meisten praktisch in Betracht kommenden Örtlichkeiten zu groß gewählt, wie ein Vergleich mit den in New York beobachteten Barometerständen zeigt.

New York liegt nicht nur auf einer der Hauptzugstraßen der Minima, die die Vereinigten Staaten von Westen nach Osten durchlaufen (Durchschnittswanderungsgeschwindigkeit höher als in anderen Gebieten der Erde, um 60% höher als am europäischen Kontinent); es wird überdies oft von Ausläufern tropischer Zyklone getroffen. Trotz alledem kann man aus den Aufzeichnungen der staatlichen Wetterstation (41) für die Zeit vom 1. September 1953 bis 31. Oktober 1954 die mittlere Schwankung des Barometerstandes zu ± 2 mm Quecksilbersäule schätzen, wenn Zeitintervalle von 6 Stunden in Betracht gezogen werden, und zu ± 5 mm für Intervalle von 24 Stunden. Dabei sind Perioden tropischer Stürme einbezogen, da große Druckänderungen diesen bereits vorausgehen. Man wird natürlich Präzisionswägungen nicht während eines Orkans vornehmen, da Windstöße plötzliche Druckschwankungen in einem Waagezimmer verursachen, das nicht hermetisch gegen die Außenwelt abgeschlossen ist.

Die relative Feuchtigkeit schwankt in New York im Laufe eines Jahres zwischen etwa 30 und 100% und fällt im Laufe des Vormittags entsprechend dem Temperaturanstieg um etwa 20% ab, worauf der Temperaturabfall während der Nacht die relative Feuchtigkeit am nächsten Morgen wiederum auf ungefähr denselben Wert bringt. Dabei bleibt aber der Wasserdampfdruck, gemessen in Millimeter Quecksilbersäule, beinahe konstant, so daß die mittlere Schwankung für die Zeit von 7 Uhr bis Mittag, in der die größte Änderung der relativen Feuchtigkeit fällt, zu etwa ± 0,7 mm Quecksilbersäule angesetzt werden kann.

Unter Benutzung dieser Zahlen, die einer ungünstigen Örtlichkeit in mittlerer Breite entsprechen, kommt man zu den folgenden Werten für die mittlere Schwankung des Auftriebes und mithin des scheinbaren Gewichtes, wenn man annimmt, daß auch ohne Klimaanlage die Temperatur in einem Wägezimmer um nicht mehr als ± 3° C im Laufe von einigen Stunden oder ± 5° C im Laufe von einigen Tagen schwanken wird. Es scheint berechtigt, die mittleren Temperaturschwankungen einem Drittel dieser Höchstausmaße gleichzusetzen.

Zusammengehörende Wägungen folgen in Abständen von 1 bis 6 Stunden [nach Gl. (18)]:

$$\alpha = \pm\, 0{,}1\, (V - v)\, \sqrt{960 + 17 + 1600} = \pm\, 5\, (V - v)\, \mu\mathrm{g} \qquad (19\,\mathrm{a})$$

oder für konstante Temperatur im Wägezimmer $= \pm\, 3\, (V - v)\, \mu\mathrm{g}.$ \qquad (19 b)

Zusammengehörende Wägungen folgen in Abständen von 24 Stunden bis mehreren Tagen:

$$\alpha = \pm\, 0{,}1\, (V - v)\, \sqrt{6000 + 17 + 4480} = \pm\, 10\, (V - v)\, \mu\mathrm{g} \qquad (19\,\mathrm{c})$$

oder für konstante Temperatur im Wägezimmer $= \pm\, 8\, (V - v)\, \mu\mathrm{g}.$ \qquad (19 d)

Die Befunde erlauben, die statthafte Volumendifferenz als eine Funktion des Klimas im Wägezimmer und der für die Wägungen erforderlichen Präzision zu berechnen. Ist eine mittlere Schwankung des Auftriebsfehlers von ± 1 μg erlaubt, so darf die Volumendifferenz $V - v$ ml je nach Zeitablauf zwischen Wägungen und Klima im Wägezimmer 0,1 bis 0,3 ml nicht überschreiten. Diese Bedingung verschärft sich auf 0,1 bis 0,3 μl, wenn das Gewicht mit einer mittleren Schwankung von ± 1 ng reproduziert werden soll.

Es folgt daraus, daß hochempfindliche Mikrowaagen die Änderungen der Luftdichte registrieren müssen, wenn zum Bau verwendete Stoffe verschiedener Dichte nicht sorgfältig so an beiden Seiten der Achse des Balkens verwendet werden, daß die erzeugten Drehmomente nahezu gleich sind. Außerdem wirken sich die Auftriebsschwankungen jeder Masse, deren Gewicht durch elektromagnetische Anziehung, die Elastizität einer Feder oder Torsionskraft ausgeglichen wird, proportional dem Volumen dieser Masse aus. Selbst wenn die Temperatur im Wägezimmer konstant ist und die Wägungen in kurzen Abständen folgen, ist eine mittlere Schwankung von ± 3 ng des scheinbaren Gewichtes eines Platinschälchens von 20 mg Gewicht zu erwarten, wenn dieses Schälchen z. B. durch eine Torsionskraft ausgeglichen wird. Unter denselben Bedingungen wird das scheinbare Gewicht eines gleichschweren Glasapparates um ± 27 ng schwanken und eine mittlere Schwankung von ± 24 ng beobachtet werden, wenn ein Platinapparat des angegebenen Gewichtes durch Quarzglas auf der anderen Seite des Balkens einer Hebelwaage austariert ist.

Schwankungen in der Waageanzeige.

Unter Varianz ι^2 der Instrumentanzeige sei die Summe der durch die Ablesungsfehler und der durch die Mängel der Waage verursachten Varianzen verstanden.

Ablesefehler. Da jede Messung in letzter Linie auf die Bestimmung der Lage eines Zeigers in Beziehung auf eine Skala oder einen Fixpunkt zurückgeführt werden muß, schließt auch jede Wägung eine Zeigerbeobachtung ein. Dabei können drei Arten von Fehlern auftreten. *Ungleichförmigkeit einer Skala* ist bei der Verläßlichkeit moderner Teilmaschinen kaum zu befürchten und kann nötigenfalls durch mikroskopische Ausmessung der Abstände zwischen den Teilstrichen entdeckt bzw. korrigiert werden. *Parallaktische Fehler* in der Beobachtung der Lage eines Zeigers in bezug auf eine Skala können durch geeignete Konstruktion, optische Hilfsmittel und bedachtes Vorgehen des Beobachters unscheinbar gemacht werden. Die üblichen Mittel zur Verhinderung oder Herabsetzung parallaktischer Fehler sind: Zeiger in oder sehr nahe der Ebene der Skala; Spiegel hinter dem Zeiger; Zeiger als dünner Streifen ausgeführt, so daß er nur von der gewünschten Richtung gesehen, als feine Linie erscheint; Zeiger ein optisches Signal, das in der Ebene der Skala erscheint usw. Dabei ist ein gleichbleibender parallaktischer Fehler, der zuweilen für einen bestimmten Beobachter charakteristisch ist, in der Regel ohne Belang, da er durch die Subtraktion der Nullanzeige aufgehoben wird. Die persönlichen *Schätzungsfehler* bei Skalenablesungen wurden von GYSEL (15) im Zusammenhang mit Wägungen auf aperiodischen mikrochemischen Waagen eingehend untersucht.

Bei genauen Messungen wird man natürlich immer versuchen, die Lage des Zeigers bis auf einen Bruchteil eines Teilstriches der Skala festzulegen. Unter Benutzung der Okularmikrometerskala eines Ablesemikroskops kann dabei eine Genauigkeit von einem Hundertstel des Teilstriches erreicht werden. Bei Schätzung mit freiem Auge können die Zehntel einer Millimeterskala mit großer Sicherheit erkannt werden, wenn der Beobachter sich an ein zielbewußtes Vorgehen gewöhnt. Es ist wichtig, die Lage des Zeigers in Beziehung auf beide benachbarte Teilstriche zu schätzen. Symmetrische Stellung entspricht 0,5 und geringe Abweichung von ihr zur linken und rechten 0,4 und 0,6. Geringe Abweichung vom linken oder rechten Teilstrich zeigt 0,1 und 0,9 an. Die Zeigerstellungen 0,2, 0,3, 0,7 und 0,8 bieten wenig Schwierigkeit, wenn man sich die Hälfte des Teilstriches wieder in zwei symmetrische Hälften geteilt vorstellen kann (0,25 und 0,75 Teilstrich). Wenn es sich um die Umkehrpunkte in der

Bewegung eines schwingenden Zeigers handelt, wird man es zur Gewohnheit machen, die Teilstriche bereits festzustellen, während sich der Zeiger dem Umkehrpunkt nähert, so daß im letzten Moment nur die Schätzung des Zehntelteilstriches nötig ist.

Zur Erleichterung der Schätzung der Zehntelteilstriche ist es wünschenswert, allen Skalen wenigstens ungefähr Millimeterteilungen zu geben, um die störende Notwendigkeit für ein ständiges Umlernen auszuschalten. Weiters ist es im allgemeinen wünschenswert, daß Zeiger und Teilstriche der Skala als scharfe, feine Linien erscheinen. Viele Beobachter mögen es vorteilhaft finden, wenn Zeiger und Skalenteile verschiedene Farbe haben (Teilstriche rot und Zeiger schwarz). Im übrigen ist es immer möglich, bei Millimeterskalen zur Verbesserung der Schätzungssicherheit eine Lupe zu Hilfe zu nehmen.

Ein Nonius zur sicheren Festlegung der Zehntel ist bei Wägungen selten anwendbar, doch zeigt Abb. 1, wie ein ähnlicher Vorteil durch Verwendung verhältnismäßig breiter Teilstriche (0,2-Teilstrich breit) und Zeiger (0,4-Teilstrich breit) erhalten werden kann, so daß auch die Schätzung von Umkehrpunkten eines schwingenden Zeigers sehr sicher wird.

Schwankungen im Verhalten der Waage. Unregelmäßige kleine Änderungen in der Waageanzeige haben ihren Ursprung entweder im Instrument selbst oder in einem Zustand in der unmittelbaren Nachbarschaft der Waage. Dabei ist eine reinliche Trennung dieser Fehlerquellen nicht möglich, da gewisse Umgebungseinflüsse ohne Mängel in der Waagekonstruktion keine Änderungen der Anzeige nach sich ziehen würden (z. B. S. 19). Zielbewußte Konstruktion wird trachten, den Einfluß der Umgebung so weit als möglich auszuschalten. Als reine Instrumentfehler könnten unregelmäßige Deformation unter Belastung, Reibung in Lagern und mangelhaftes Funktionieren der Arretierung betrachtet werden. Ihre Besprechung wird im Zusammenhang mit der Konstruktion der Waagen aufgenommen werden. Im Gegensatz dazu kann der Einfluß der Umgebung ohne Bezugnahme auf eine besondere Waagenkonstruktion allgemein behandelt werden.

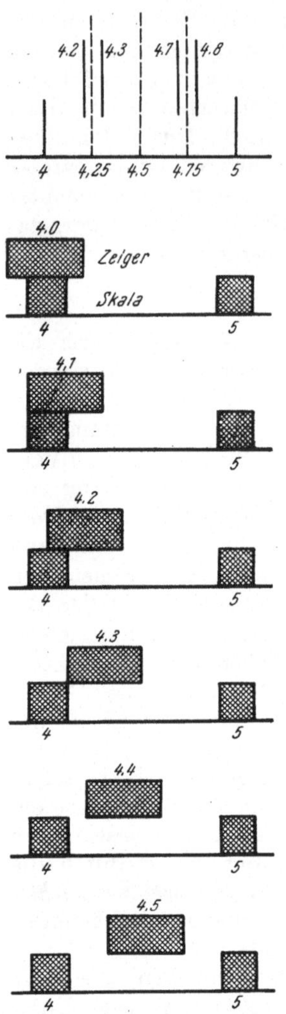

Abb. 1. Schätzung der Zeigerstellung.

Von den außerhalb des Gebäudes herrschenden *atmosphärischen Störungen* einschließlich Staub und anderer lokaler Verunreinigung der Luft kann man sich durch geeignete Wahl der Lage und Konstruktion des Wägezimmers und seiner Luftversorgung weitgehend unabhängig machen. Unter günstigen Verhältnissen kann ein Raum im Erdgeschoß oder im Inneren eines Gebäudes bereits allen Anforderungen entsprechen. In anderen Fällen mag spezielle Isolierung des Raumes in Verbindung mit Klimaanlage, Filtration der Luft, Temperatur- und Feuchtigkeitskontrolle erforderlich sein.

Wenn auch auf diese Weise Temperatur und Feuchtigkeitsgehalt der Luft im Wägezimmer in engen Grenzen konstant gehalten werden, so folgt daraus noch nicht, daß die aufgestellten Waagen frei von atmosphärischen Störungen arbeiten müssen. Ventilations- oder Klimaanlagen, die einen fühlbaren Luftstrom im Wägezimmer erzeugen, verursachen grobe Störungen, besonders wenn die eingeführte Luft gekühlt oder gewärmt wird. Selbst bei Analysenwaagen kann sich die Leeranzeige um einige Teilstriche ändern, wenn das Instrument vom Luftstrom direkt getroffen wird. Abgesehen von ungleicher Erwärmung oder Abkühlung des Waagegehäuses, die in diesem Konvektionsströmungen erzeugt, muß ein Luftstrom, der ein nicht hermetisch schließendes Waagegehäuse trifft, in dessen Innerem eine Luftbewegung hervorrufen, die auf die beweglichen Teile der Waage wirkt. Derartige Übelstände werden am besten vermieden, indem man nicht das Klima des Wägezimmers selbst reguliert, sondern das Klima eines größeren Raumes (14), der das Wägezimmer umgibt; zu einer zusätzlichen Feinregulierung der Temperatur im Wägezimmer genügt dann ein nahe am Boden um die Wände gezogener elektrischer Heizdraht.

Es versteht sich, daß alles vermieden werden soll, was zur Ausbildung von Temperaturdifferenzen in Teilen der Waage oder im Waagegehäuse führen kann. Als Folge ist die Ausbildung von Konvektionsströmungen im Gehäuse mehr zu fürchten als ungleichförmige Ausdehnung eines Waagebalkens. Dementsprechend muß man die Nachbarschaft von Heizkörpern, heißen und kalten Leitungsrohren und von warmen oder kalten Wänden vermeiden. Direktes Sonnenlicht darf nicht in die Nähe von empfindlichen Waagen gelangen und Beleuchtungskörper sollen in einer Entfernung von mehreren Metern angebracht werden. Skalen und dunkle Winkel im Waagegehäuse können unter Vermittlung von Spiegeln und reflektierenden weißen Flächen (Einlegen von Papier) mit dem von Deckenlampen ausgesendeten Licht beleuchtet oder aufgehellt werden. Taren werden am besten im Waagegehäuse aufbewahrt und zu wägende Objekte läßt man so lange nahe der Waage stehen, bis man sicher sein kann, daß sie die Temperatur des Waagegehäuses angenommen haben.

Schließlich kann das *Verhalten des Beobachters* Temperatur und Feuchtigkeit im Waagegehäuse beeinflussen. Wenn man bei etwa 20° C arbeitet, genügt die *Körperwärme*, um binnen 5 Minuten durch bloßes Verweilen vor der Waage die Temperatur im Gehäuse um 0,3 bis 0,5° C zu erhöhen. Dies ändert die Anzeige einer mikrochemischen Waage merklich. Es ist daher empfohlen worden, die Temperatur im Waagegehäuse zu messen und vor Beobachtung des Ausschlages die Waage zu verlassen, bis die ursprüngliche Temperatur wieder erreicht ist. Dies bedeutet etwa dasselbe, wie die Beschränkung der Verweilzeit vor der Waage auf 2 Minuten mit Arbeitspausen von 5 Minuten, während welcher der Beobachter nach Öffnen des Gehäuses die Waage verläßt. Der Beobachter wird ferner trachten, sich auch während der Arbeit von der Waage möglichst fernzuhalten und jedenfalls nicht in oder auf das Gehäuse zu atmen. Apparate und Gewichte sollen mit genügend langen Pinzetten und Zangen gehandhabt werden, so daß die Hände außerhalb des Gehäuses bleiben. Das Verweilen der Hände nahe der Waage, an der Arretierungskurbel usw. wird auf das nötige Mindestmaß beschränkt.

Wägen im Rhythmus mit der Temperaturschwankung wird von HULL (20) für den Fall beschrieben, daß die Zimmertemperatur auf 25° C gehalten wird. Der Reihe nach erfolgen die folgenden Beobachtungen: Leeranzeige, Leeranzeige, Wägung, Leeranzeige, Wägung desselben Objektes und wieder Leeranzeige. Das arithmetische Mittel der beiden Wägungen wird für die durchschnittliche Leeranzeige korrigiert. Es fragt sich, ob nicht das auf S. 65 erwähnte Wägungsver-

fahren von Conrady zu noch besseren Ergebnissen bei etwa gleichem Arbeitsaufwand führen würde.

Zur Erreichung höchster Präzision kann man die Waage unter Benutzung
von Werkzeugen aus der Ferne bedienen und die Anzeige mit Hilfe eines Fernrohres beobachten (26). Einfacher ist der Vorschlag von Hull (18, 19), die
Temperaturstörung durch den Beobachter dadurch auszuschalten, daß man
die Temperatur des Waagezimmers ständig auf Hauttemperatur, 30 ± 0,2° C,
hält. Diese Temperatur ist bei leichter Kleidung ohne weiteres erträglich, wenn
die relative Feuchtigkeit zwischen 25 und 30% gehalten wird. Da eine Feuchtigkeit von wenigstens 50% zur Verhinderung der Ansammlung elektrischer
Ladungen wünschenswert ist, wird man der Vorbehandlung der zu wägenden
Objekte entsprechend vermehrte Aufmerksamkeit schenken müssen. Obschon
der Beobachter Änderungen der Luftfeuchtigkeit innerhalb des Waagegehäuses
verursachen könnte, hat Hull gefunden, daß bei 30° C die Präzision der Anzeige
merklich verbessert ist und Arbeitspausen zur Herstellung des Temperaturgleichgewichtes unnötig werden.

Die in der Literatur zu findenden Angaben über das Verhalten mikrochemischer Waagen sind teilweise in scheinbarem Widerspruch, was sich dadurch
erklärt, daß die meisten Feststellungen nur für ein bestimmtes Instrument
und (oder) besondere Umstände während der Wägungen gelten mögen.

Jaeger und Dykstra (21), die für Dichtebestimmungen eine Genauigkeit
der Wägungen von 0,00004 benötigten, weisen darauf hin, daß die Größe des
absoluten, durch ungleiche Länge der Balkenarme verursachten Wägefehlers
von der Größe der Belastung abhängt. Sie berechnen, daß ein Temperaturunterschied von nur 0,005° C in den Armen einer mikrochemischen Waage von
Kuhlmann, entsprechend einem Längenunterschied von nur 2 nm (0,01 der
Wellenlänge des ultravioletten Lichtes), bei 10 g Belastung bereits einen Wägefehler von 1 μg zur Folge hat. Um derartigen Störungen sowohl als auch jenen,
die durch Konvektionsströmungen hervorgerufen sind, zu entgehen, wurde die
im Dunkeln aufgestellte Waage (die mit Fernrohr und Skala Ablesungen bis zu
0,3 μg gestattete) mit einem Kasten aus Rotkupfer umgeben, obschon der Raum
ziemlich gleichbleibende Temperatur besaß und merkliche Luftströmungen
nicht auftraten. Überdies wurde eine Wartezeit von 45 Minuten nach jeder
Belastungsänderung vor Beobachtung der Zeigerstellung eingeschaltet.

Im Gegensatz zu Hull stellen Waber und Sturdy (42) fest, daß ihre mikrochemische Waage von Ainsworth im wesentlichen dieselbe Präzision der Anzeige
(etwa ± 2,5 μg) gab, gleichgültig ob die Temperatur im Bereich von 18 bis
23° C oder im Bereich von 25 bis 28° C lag. Auch finden diese Autoren keinen
einwandfrei feststellbaren Einfluß der Luftfeuchtigkeit und kleiner Temperatur-
oder Feuchtigkeitsunterschiede innerhalb und außerhalb des Waagegehäuses.
All dies mag für ein bestimmtes Instrument zutreffen, ohne jedoch allgemeine
Gültigkeit zu haben. Der Einfluß von Konvektionsströmungen mag rasch abklingen, da das Aluminiumgehäuse der Waage dazu beitragen sollte, daß sich
Temperaturgefälle rasch ausgleichen. Furter (14) hat schon im Jahre 1935
darauf aufmerksam gemacht, daß mikrochemische Waagen von Bunge, bei
denen Grundplatte und Gehäuse aus Aluminium bestehen, bei 21 bis 22° C
durch die Körperwärme des Beobachters nicht beeinflußt werden und das von
Pregl empfohlene „Lüften" während der Arbeitspausen nicht benötigen. Eine
gleichmäßige Temperatur wurde aber als wünschenswert befunden und die
Temperatur des Wägezimmers thermostatisch kontrolliert.

Waber und Sturdy stellen fest, daß ihre Beobachtungen jenen von Hull
nicht notwendigerweise widersprechen, da die Unterschiede in den Beobachtungen

durch verschiedene Güte der Schneiden oder durch Verschiedenheiten der Arbeitsweise beim Wägen erklärt werden könnten. Es ist weiters möglich, daß HULLS Waage einen besonders großen Temperaturkoeffizienten hatte, da periodische Schwankungen der Zimmertemperatur von nur $0{,}3°$ C in Zeitspannen von 15 Minuten Schwankungen von $10\,\mu g$ in der Leeranzeige zur Folge hatten; es erwies sich vorteilhaft, die Temperatur des Wägezimmers innerhalb $0{,}05°$ C gleichzuhalten. Nimmt man anderseits mit CORWIN an, daß der Temperaturkoeffizient von Waagen mit Achatschneiden durch Änderungen der relativen Feuchtigkeit zu erklären ist, so könnte die geringe Temperaturempfindlichkeit der Waage von WABER und STURDY durch die Anwesenheit eines kleinen Bechers mit Wasser im Waagegehäuse erklärt werden (das Wasser und ein Gammastrahler dienten zur Verhinderung der Ansammlung elektrostatischer Ladungen).

Da ferromagnetische Materialien beim Bau von Waagen nicht verwendet werden, sind Schwankungen im *erdmagnetischen Feld* in der Regel ohne Einfluß auf Wägungen. Selbstverständlich muß diese Fehlerquelle bei Waagen mit elektromagnetischer Kompensation in Betracht gezogen werden. Derartige Waagen müssen auch von Leitungen und Maschinen ferngehalten werden, die starke magnetische oder elektrische Felder erzeugen. Es ist ferner ratsam, Stahlgegenstände solchen Waagen fernzuhalten. Dem Beobachter ist anzuraten, keinerlei ferromagnetische Objekte an sich zu tragen.

Bei Besprechung des Einflusses von *Erschütterungen,* die von der Umgebung auf die Waage übertragen werden, sei vorweggenommen, daß die Reproduzierbarkeit der Ruhelage eines auf Schneiden spielenden Balkens ganz merklich durch die Anwesenheit von Vibrationen bestimmter Frequenz verbessert werden kann, besonders wenn die Waage gedämpft ist (2). Die Wirkung der Erschütterungen hilft die Reibung in den Lagern überwinden, die sonst häufig das Erreichen der wahren Ruhelage verhindert.

Im übrigen ist es unmöglich, ein klares Bild der Sachlage aus den in der Literatur zu findenden Angaben zu gewinnen, da zahlenmäßige Daten über Frequenz und Stärke der Vibrationen durchwegs fehlen. Die qualitativen und quantitativen Unterschiede in den Vibrationsspektren müssen dafür verantwortlich sein, daß z. B. FURTER (14) und KIRNER (23) über die rasche Zerstörung der Schneiden von mikrochemischen Waagen berichten können, während STEELE und GRANT (34) es völlig ausreichend fanden, zehn- bis tausendmal empfindlichere, mit Quarzglasschneiden versehene Waagen auf Glasplatten zu stellen, die von Gummistopfen von 5 cm Durchmesser und 2,5 cm Dicke getragen wurden. Es ist wohl selbstverständlich, daß es vom Spektrum der störenden Vibrationen abhängt, ob sich im Waagegehäuse höchst unerwünschte, stehende Schwingungen ausbilden können. Das Auftreten von Resonanz und der Grad der sich daraus ergebenden Störungen hängen durchaus von der Gegenwart und Stärke von Vibrationen bestimmter Frequenzen ab.

Wenn harte Staubteilchen in die Lager geraten, wird die Abstumpfung von Achatschneiden durch Vibrationen merklich beschleunigt (23). Sind die beweglichen Teile einer Waage sehr leicht gebaut, wie dies bei Waagen aus Quarzglas und bei amerikanischen Probierwaagen der Fall ist, so kann der Mangel an Trägkeit dazu beitragen, daß entweder die Waage nie zur Ruhe kommt oder die Ablesung der Zeigerstellung unmöglich wird, da der Zeiger beständig in heftiger Schwingung ist.

Vibrationen, die im Gebäude selbst ihren Ursprung haben (Verkehr im Gebäude und im Wägezimmer, laufende Maschinen im Gebäude usw.), können ausgeschaltet werden, indem man die Waagen auf Pfeilern montiert, die auf einem besonderen Fundament aufgebaut sind und keine Teile des Gebäudes berühren. Wenn die störenden Erschütterungen hingegen durch den Grund aus der Umgebung des Gebäudes (tektonische Erschütterungen, Brandung, schwerer Verkehr, Bauarbeit) übermittelt werden, dann bleibt nur die Möglichkeit, die Waage auf eine Unterlage zu stellen, die die Vibrationen absorbiert. Dabei ist die Wirksamkeit der Absorber weitaus von der Frequenz der Vibrationen abhängig und es ist in der Regel unmöglich, alle Schwingungen auszuschalten.

Der Sockel, der die Waage trägt und der eine beträchtliche Masse und daher Trägheit besitzen soll, muß durch irgendein elastisches Material so unterstützt und von der vibrierenden Umgebung getrennt werden, daß die Betätigung der Waage (Einführen zu wägender Objekte usw.) Sockel und Waage nicht in schwingende Bewegung versetzt.

Sockel, die auf Gummibällen ruhen (23), eignen sich nicht, da die Bälle langsam Form und Elastizität verlieren. Steyermark (35) ist es gelungen, einen zufriedenstellenden Tisch für die Aufstellung mikrochemischer Waagen im zweiten Stock eines Industrielaboratoriums zu erhalten, indem er eine Steinplatte durch Pfeiler stützte, die zur Hauptsache aus Sandsteinziegeln auf dem Zementfußboden aufgebaut wurden. Die Pfeiler wurden durch eine 2,5 cm dicke Lage von Kork gegen den Boden isoliert. Tischplatte und Pfeiler wurden durch einen 6 mm dicken Bleistreifen, der auf einen 5 cm dicken Föhrenholzpfosten gelegt wurde, getrennt. Es ist nicht ausgeschlossen, daß auch in anderen Fällen die störenden Erschütterungen durch eine passende Kombination verschiedener Baustoffe aufgenommen werden können. Zum Schutz der Tischplatte wurden die Waagenfüße in übliche Metall- oder Glasuntersätze eingestellt. Elastische Kautschukuntersätze haben nicht befriedigt.

Vibrationsdämpfer verschiedenster Konstruktion sind für die Montierung von Motoren oder empfindlichen Instrumenten entwickelt worden und können ungefähr als runde Dosen (Räder) beschrieben werden, bei denen Boden und Deckel (Felge und Nabe) durch ein System von Federn getrennt sind. Sie sind in verschiedenen Größen erhältlich, die nach der zu tragenden Last abgestimmt sind. Vorschläge, betreffend Stärke, Zahl und Verteilung der Dämpfer, können häufig vom Erzeuger erhalten werden. Der Vibradamp Balance Support[1] besteht z. B. aus einer 25 kg schweren (30 × 52 × 3,5 cm) Gußeisenplatte, die von vier Vibrationsdämpfern, die Erschütterungen in Scheerkräfte umsetzen, getragen wird.

Kuck, Altieri und Towne (24) stellen eine Garner-Mikrowaage auf einen Zementsockel von 50 kg Gewicht, der mittels sieben Vibrationsdämpfern von je 12 kg Tragkraft auf der Steinplatte eines Stahltisches ruht. Dieser steht wiederum auf 12 Vibrationsdämpfern der oben angegebenen Tragkraft, drei davon unter jedem Fuß, die zusammen eine Gesamtlast von 160 kg tragen. In prinzipiell ähnlicher Weise haben Gysel und Strebel (16) mikrochemische Waagen unter sehr ungünstigen Umständen erschütterungsfrei aufgestellt. Die Kunststeinplatte (50 × 90 × 20 cm) von 200 kg Gewicht, auf der die Waage ruht, wird von vier Dämpfungsfedern der Firma Vapor AG. (Zug, Schweiz) getragen, die der Belastung so angepaßt sind, daß die 10 cm hohen Spiralfedern auf 10 bis 15% zusammengepreßt werden. Die Federbüchsen sind mit einem sehr zähflüssigen Normen-Bitumen gefüllt (Eindringungstiefe 18 bis 20 cm bei 25° C; Erweichungspunkt mit Ring und Kugel 38 bis 44° C; Ubbelohde-Tropfpunkt 48 bis 57° C). Die derart auf einem Kunststeinsockel

---

[1] Fisher Scientific Co., Greenwich and Morton Streets, New York 14, N. Y.

von $50 \times 50 \times 55$ cm montierte Wägetischplatte gibt erst bei stärkerem Druck mit der Hand ein wenig nach. Beide Konstruktionen werden schließlich mit einem tischartigen Rahmen eingefaßt, der den Beobachter am Berühren des eigentlichen Waagetisches verhindert und eine bequeme Unterlage für Apparate und Schreibarbeit gibt.

Inzwischen hat sich auch AL STEYERMARK (37) gezwungen gesehen, seine Waagen in einem neuen Gebäude in der Nachbarschaft großer Zentrifugen und Pumpen aufstellen zu müssen, so daß die früher benutzte Konstruktion der Waagentische nicht mehr genügenden Schutz gegen Erschütterungen bot. Es wurde beschlossen, vor allem die von den Zentrifugen herrührenden Vibrationen (900 Schwingungen je Minute) auszuschalten. Hierzu wurden nach dem Vorschlag von zu Rate gezogenen Spezialisten (Korfund Co., Inc., Long Island City 1, N. Y.) die Waagen einzeln auf Stahlbetonblöcken, die von je vier starken Stahlfedern von etwa 25 lbs. Gewicht (Korfund Type LK/D-52 Vibro-Isolators) getragen wurden, aufgestellt. Die vier Federn mit Konstanten[1] $K = 167$ lbs/inch wurden mit dem Stahlbetonblock von 800 lbs Gewicht gleichmäßig belastet, so daß sich die Eigenfrequenz N_e des getragenen Systems

$$N_e = 188 \sqrt{K/\text{Last}} \quad \text{Schwingungen per Minute} \tag{19e}$$

zu 172 Schwingungen je Minute ergab. Diese Eigenfrequenz sollte die störende Frequenz N_s von 900 Schwingungen je Minute nach

$$\text{Ausmaß der Dämpfung} = 100\left\{1 - [1/([N_s/N_e]^2 - 1)]\right\} \% \tag{19f}$$

zu 96% unterdrücken.

Nach erfolgter Installation wurden die Vibrationen des Fußbodens und des Inneren der isolierten Waagen mit Hilfe eines Oszillographen aufgenommen. Die Ergebnisse sind in der Originalarbeit (37) eingehend besprochen.

Es versteht sich, daß das von Federn getragene System von einem aus Holz gebauten Tisch so umgeben wurde, daß zufällige Berührung durch den Beobachter verhindert wird. Überdies wurde die Aufstellung der Waagen geprüft, indem die Betonblöcke durch einen Stoß um etwa 25 mm aus ihrer Lage verschoben und die Anzeige der unbelasteten Waagen vor- und nachher bestimmt wurde. Die mittlere Schwankung der Anzeige wurde dabei im Bereich von 1,1 bis 2,6 μg gefunden, d. h. im Falle jeder einzelnen Waage besser, als vom Erzeuger des Instrumentes angegeben. Unter den mikrochemischen Waagen befanden sich solche von Ainsworth & Sons (Denver, Col.), Christian Becker (Clifton, N. J.), Paul Bunge (Hamburg) und Mettler Instrument Corp. (Hightstown, N. J.).

WABER und STURDY (42) stellten eine mikrochemische Waage wie ein Galvanometer auf einer Platte auf, die unter Vermittlung von Federn in einem Rahmen aufgehängt ist (leichte Abänderung der üblichen Aufhängung nach Julius).

Da die Ausschaltung eines komplexen Spektrums von Vibrationen schwierig ist, empfiehlt es sich jedoch, wenn möglich, für Arbeiten mit hochempfindlichen Waagen eine Örtlichkeit zu wählen, die wenigstens von schweren Erschütterungen frei ist. Beim Bau von Waagen aus Quarzglas bedenke man ferner, daß die Empfindlichkeit gegen Vibrationen wesentlich vom Entwurf abhängt und daß die Ausbildung stehender Schwingungen zuweilen durch kleine Abänderungen im Bau der Waage vermieden werden kann.

---

[1] Die Federkonstante K gibt das Gewicht in lbs, das erforderlich ist, um die Länge der Feder um 1 inch zu ändern; 1 lb = 454 g, 1 inch = 25,40 mm.

Bestimmung der Präzision der Wägung.

Der Zweck, für den die Bestimmung der Präzision ausgeführt wird, zeigt an, welche Faktoren ihren Einfluß auf die Wägungen zur Bestimmung der Präzision ausüben dürfen oder sollen. Soll die Präzision der Wägungen im Gebrauch der Waage bestimmt werden, so wird man die Bedingungen des praktischen Gebrauches so nahe als möglich einhalten einschließlich der Natur des Objekts, der Art der Tara, Ausführung der Wägungen, Behandlung der Waage, Betriebes des Wägezimmers und Zeitintervalles zwischen den Wägungen. Die derart gefundene Präzision kann natürlich ausschließlich durch mangelnde Gewichtskonstanz des Objekts oder Auftriebsschwankungen bestimmt sein.

Handelt es sich um eine Prüfung der Leistungsfähigkeit der Waage, so muß man trachten, alle äußeren Einflüsse auszuschalten. Objekt und Tara werden so gewählt, daß ihre Gewichtskonstanz gesichert ist und ihr nahezu gleiches Volumen Fehler durch Auftriebsschwankungen ausschließt. Klimaeinflüsse werden durch geeignete Behandlung der Waage, des Wägezimmers und durch Ausführung der Wägungen in rascher Folge auf das Mindestmaß herabgesetzt. Häufig wird man dabei die Eichung der Instrumentanzeige mit der Bestimmung der Präzision der Instrumentanzeige verbinden (S. 31 und 63). Eichung und Bestimmung der Präzision sollten für verschiedene Belastung der Waage wiederholt werden. Ist, wie bei Federwaagen, ein Gegengewicht nicht erforderlich, so empfiehlt es sich, die Waage mit Objekten von hoher Dichte und kleinem Volumen (Platin) zu belasten, um die Wirkung von Auftriebsschwankungen nach Möglichkeit zu unterdrücken.

Bereits neun Wägungen mit einer bestimmten Belastung und unter den gewählten Bedingungen werden ein ziemlich verläßliches Bild der erreichbaren Präzision geben. Die rechnerische Auswertung der gefundenen Daten ist an anderen Stellen besprochen (S. 4 und 31). Jedenfalls versäume man niemals, Präzisionsangaben durch Beifügung der Bedingungen, unter denen sie gelten, zu vervollständigen.

Die Genauigkeit der Wägung.

Die Genauigkeit des gefundenen Gewichtes eines gegebenen Objekts ist durch die bestimmten Fehler beeinträchtigt, die der Waage und etwaigen benutzten Gewichten anhaften. Berichtigung dieser Fehler gibt das anscheinende Gewicht in Luft (meist im Vergleich mit Messinggewichten), das nach Anbringung der Auftriebskorrektur das „wahre Gewicht" (im leeren Raum) liefert. Die Unsicherheit, die dem gefundenen wahren Gewicht schließlich noch anhaftet, ist durch die mittlere Schwankung der Wägung und der Auftriebskorrektur gegeben. Mit etwa 95% Wahrscheinlichkeit hat das wahre Gewicht einen Wert, der in dem Intervall liegt, das durch das gefundene Gewicht, vermehrt und vermindert um das Doppelte seiner mittleren Schwankung, abgegrenzt ist.

Fehler der Waageanzeige.

Es versteht sich zunächst, daß jede Proportionalwägung — bei der das Gewicht aus der Veränderung der Instrumentanzeige nach Auflegung des Objekts (und Tara) erschlossen wird — für die Leeranzeige korrigiert werden sollte. Doch fällt diese Korrektur bei Bildung der Differenz zweier Proportionalwägungen mit gleicher Leeranzeige aus. Wenn daher, wie bei analytischer Arbeit, verhältnismäßig kleine Gewichtsänderungen bestimmt werden, kann man die Korrektur für die Leeranzeige unterlassen, so lange diese innerhalb der mittleren Schwankung der Instrumentanzeige konstant bleibt.

Im übrigen kann man die Richtigkeit der Anzeige einer Waage nur durch Eichung (Wägung einer genau bekannten Masse) prüfen[1]. Zu diesem Zweck werden Gewichte, deren Massen mit genügender Genauigkeit bekannt sind, mit dem gewählten Normalverfahren auf dem zu prüfenden Instrument gewogen.

Häufig besteht bei für chemische Arbeit bestimmten Mikrowaagen keine Notwendigkeit, die Anzeige genau im metrischen Maß auszuwerten, und man beschränkt sich dann mit einer groben Schätzung des absoluten Wertes der Instrumentskala und einer sorgfältigen Prüfung der Proportionalität zwischen Anzeige und Belastung. Genaue Auswertung in metrischen Einheiten der Gewichtsanzeige von Mikrowaagen für die Wägung sehr kleiner Objekte ($10\,\mu g$ und weniger) ist übrigens schwierig, da präzise justierte kleine Eichmassen nicht ohne weiteres verfügbar sind. Hingegen ist die Kenntnis der Beziehung zwischen Objektgewicht und Instrumentanzeige mit einer relativen Präzision von wenigstens $\pm\,0,001$ eine unerläßliche Voraussetzung für den Gebrauch der Waage für chemische Bestimmungen.

Schätzung des absoluten Wertes der Waageanzeige. Für die ungefähre Bestimmung des Wertes des Teilstriches der Skala einer Mikrowaage, die Bruchteile von Mikrogrammen anzeigt, kann man zunächst kurze Stücke von feinen Drähten verwenden, deren ungefähres Gewicht aus der Dichte und mikroskopischer Messung von Länge und Durchmesser berechnet werden kann. Drahtgewichte dieser Art sind auch für die Prüfung der Proportionalität der Anzeige geeignet und werden in diesem Zusammenhang im nächsten Abschnitt genauer beschrieben.

Die Bestimmung des absoluten Wertes der Waageanzeige (s. auch S. 62) setzt voraus, daß die Proportionalität der Anzeige bereits geprüft wurde. Es ist dann möglich, eine größere Anzahl von Drahtgewichten erst einzeln auf der zu prüfenden Mikrowaage zu wägen und dann ihr Gesamtgewicht mit einer bereits geeichten Mikrowaage größerer Tragkraft oder mit einer Probierwaage oder mikrochemischen Waage zu bestimmen (siehe auch den nächsten Abschnitt).

EMICH (10) hat Rückstandsbestimmungen zur Eichung unter Zuhilfenahme einer Waage von 10- bis 100mal größerer Tragkraft benutzt. Ein mit Deckel versehenes Platinfolieschälchen wird zuerst leer auf der zu prüfenden Waage gewogen. Dann wird mit Hilfe der Waage höherer Tragkraft, die das Gewicht in metrischem Maß zu finden erlaubt, eine größere Menge einer Substanz mit genau bekanntem Rückstandsgehalt in das Schälchen eingewogen. Nach dem Erhitzen (Glühen, Veraschung) wird die Menge des Rückstandes mit der zu prüfenden Waage bestimmt. Der Wert des Teilstriches der Waageanzeige wird erhalten, indem man die im metrischen Maß berechnete Rückstandsmenge durch die Waageanzeige dividiert. Fein gepulverte Mischkristalle von Ammoniumsulfat mit Ammoniumchromat eignen sich für die Eichung nach diesem Prinzip. Mischkristalle, die sich beim Abkühlen einer heißen Lösung von 50 g Ammoniumsulfat und 1 g Ammoniumchromat in 50 ml Wasser ausscheiden, enthalten etwa 1% Cr_2O_3, das als Rückstand nach dem Glühen hinterbleibt. Der Chromatgehalt der Mischkristalle ändert sich ungefähr proportional dem Ammoniumchromatgehalt der heißen Lösung, so daß der Cr_2O_3-Gehalt der Kristalle leicht nach Wunsch abgeändert werden kann.

---

[1] Die Richtigkeit der Skalen kann durch Ausmessung der Abstände zwischen den Teilstrichen geprüft werden, S. 13. Grobe Fehler, wie Auslassung eines Zehntelteilstriches, können durch Vergleich mit einer aufgelegten richtigen Skala schnell entdeckt werden.

Lowry (22) und Kirk (27) wägen auf der zu eichenden Waage den Verdampfungsrückstand eines gemessenen kleinen Volumens einer Salzlösung (KCl) genau bekannter Konzentration. Die Präzision dieses Eichverfahrens ist jener der Volummessung mit Mikropipette oder Mikrobürette gleichzusetzen.

Selbstverständlich kann man bei Auftriebswaagen den Wert des Teilstriches der Zeigerskala aus dem zwei verschiedenen Einstellungen entsprechenden Druckunterschied berechnen; vgl. S. 131. Czanderna und Honig (7) richteten ihre Waage für Auftriebswägung und für elektromagnetische Kompensation ein und sind daher in der Lage, die Amperemeteranzeigen über die Auftriebswägung in absolutem Gewicht auszudrücken. Das Volumen der Auftriebskugel wurde durch Wägen in Luft und Wasser bestimmt; das Volumen des Platinäquivalentes wurde aus Gewicht und Dichte berechnet. Das Waagegehäuse wurde mit Gas bekannter Dichte gefüllt und die zur Nulleinstellung erforderlichen Stromstärken für verschiedene Drucke im Gehäuse bestimmt. Eine Reihe derartiger Wägungen wurde mit der Auftriebskugel am Gehänge, die andere mit dem Platinäquivalent ausgeführt. In beiden Fällen ergaben sich Gerade, wenn die Stromstärke in Abhängigkeit vom Druck in einem rechtwinkligen Koordinatensystem dargestellt wurde. Der Einfluß der unbekannten Auftriebswirkung der asymmetrischen Verteilung verschiedener Baustoffe am Balken wurde durch Korrigieren der Neigung der Eichgeraden mit der Auftriebskugel am Balken für die mit dem Platinäquivalent erhaltene Neigung ausgeschaltet. Die Richtungskonstanten der mit Stickstoff und Sauerstoff im Gehäuse erhaltenen Eichgeraden zeigten das Verhältnis 28 : 32.

Schließlich könnte das Prinzip des Silbercoulometers zur Eichung dienen, indem man auf der zu prüfenden Waage das Silber wägt, das bei gleichbleibender geringer Stromstärke in einer gemessenen Zeitspanne auf einem austarierten Silberdraht abgeschieden wird.

Proportionalität der Waageanzeige und Eichung der Instrumentskala. Eine schnelle Prüfung der Proportionalität von Gewicht und Instrumentanzeige kann nach Emich (10) für hochempfindliche Mikrowaagen durch eine Reihe schnell ausführbarer Rückstandsbestimmungen erfolgen. Eine geeignete Substanz ist Guanidinchloraurat, $CH_5N_3 \cdot HAuCl_4$, das nach Veraschen und Glühen 49,41% Gold hinterläßt. Man tariert ein Platinfolieschälchen mit Deckel, so daß die Waage mit dem leeren Schälchen ungefähr auf Null einspielt. Das Schälchen wird dann mit einer Menge von Guanidinchloraurat beschickt, die etwa 20 Teilstrichen entspricht. Hierauf wird verascht, geglüht und wieder gewogen (etwa 10 Teilstriche). Ohne Entfernen des Rückstandes werden etwa weitere 20 Teilstriche des Salzes zugesetzt, gewogen (etwa 30 Teilstriche), geglüht und wieder gewogen (etwa 20 Teilstriche). Dies wird fortgesetzt, bis man am oberen Ende der Instrumentskala anlangt. Proportionalität herrscht — innerhalb der durch die Präzision der Rückstandsbestimmungen (Fehler beim Ablesen der Instrumentanzeige) bestimmten Grenzen —, wenn das Verhältnis von Rückstand zu Salz konstant bleibt. Aus fünf Rückstandsbestimmungen kann man dabei mindestens neun Verhältnisse berechnen: erster Rückstand/erste Salzprobe, zweiter Rückstand/zweite Salzprobe usw. und ferner erster und zweiter Rückstand/Gesamtmenge der ersten zwei Proben, erster, zweiter und dritter Rückstand/Gesamtmenge der ersten drei Proben, usw.

Das folgende Verfahren von Riesenfeld und Möller (31) ist ebenso einfach, wenn die erforderlichen Taren einmal hergestellt sind, und es gestattet überdies, eine Eichkurve zu erhalten.

Die in Abb. 2 gezeigten Taren ermöglichen sichere Erkennung der einzelnen Stücke und auch eine Art der Handhabung, die auch die zartesten Quarzglaswaagen vor Zerstörung bewahrt. Gewichte der Formen a, b, c werden mit einer

Quarzglasnadel D von einer Aufbewahrungsplattform im Waagegehäuse auf eine Waagschale übertragen und umgekehrt. Hat die Waage nur einen Haken oder Rahmen A, so werden diese Art Gewichte (Taren) mit einem Spatel C von einem Gestell B (im Waagegehäuse) zur Waage und zurück befördert. Taren (Gewichte) der Art d bis n sind mit zwei Haken versehen, von denen immer der untere zur Übertragung entweder mit einer geraden Quarzglasnadel D oder mit einer am Ende rechtwinklig abgebogenen Nadel E angehoben wird. Die Formen d bis h eignen sich für leichte Taren (0,1 μg) und die Formen k bis n für schwerere Stücke.

Taren, deren Gewicht den Wert der vollen Skala der Waage nicht überschreitet, können aus irgendeinem beliebigen Material hergestellt sein, ohne daß Fehler infolge von Auftriebsschwankungen zu befürchten sind. Sie können aus Metalldraht (Pt, Sn) oder aus Quarzglasfäden hergestellt werden. Platin und Quarzglas haben den Vorteil, daß Reinigung durch Eintauchen in Säuren und Wasser und nachfolgendes Ausglühen unterhalb 900° C möglich ist. Hierzu werden die Taren mit einer Quarzglas- oder Platinnadel gehandhabt, die am Ende zu einem Haken umgebogen ist.

Bereits STEELE und GRANT (34) haben einen einfachen Weg angegeben, um das unsichere Handhaben sehr kleiner Gewichte bei Substitutionswägungen zu umgehen, indem man verhältnismäßig schwere Taren von genau bekanntem, kleinem Gewichtsunterschied gegeneinander vertauscht. Man stellt z. B. von vier Tarastücken, die sich ständig auf der Objektseite der Waage befinden,

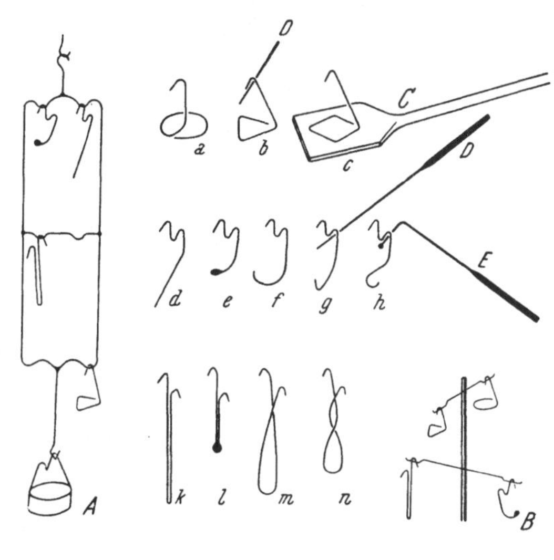

Abb. 2.

Duplikate her, die um 1, 2, 3 bzw. 5 Maßeinheiten leichter sind als die entsprechenden Taren. Durch geeigneten Austausch der Massen kann dann die Objektseite nach Wahl um 1 bis 11 Maßeinheiten erleichtert werden, um einer Gewichtszunahme zu begegnen.

PETTERSSON (29) stellte solche Taren aus Quarzglasfäden her, gab Tara und Duplikat dieselbe Form und machte die Tara erkenntlich, indem ein Ende des Fadens zu einem Kügelchen geschmolzen wurde. Die Vielfachen der Masseeinheit wurden durch platinierte Ringe kenntlich gemacht, die durch Aufstrich keramischer Farbe und Ausglühen leicht angebracht werden können. (Die Gewichtseinheit wird so gewählt, daß sie in Teilstrichen der Anzeige der Mikrowaage direkt ermittelt werden kann. Eine genaue Justierung der Gewichtsunterschiede ist durch Verflüchtigung des Quarzes bei starkem Erhitzen leicht zu erreichen.) PETTERSSON vergrößerte den Wägebereich seiner Waage um zwei Dekaden durch Verwendung von acht ständigen Taren mit entsprechenden Duplikaten (Masseunterschiede von 1 bis 50 Gewichtseinheiten). Da jedes Tarastück etwa 2 mg wog, wurde dadurch die ständige Belastung der Waage um etwa 16 mg erhöht.

Das ungefähre Gewicht eines Drahtes kann aus Tab. 2 geschätzt werden. Drähte aus Platin, Zinn und vielen anderen Metallen können in Stärken von

Tabelle 2. *Ungefähres Gewicht in μg eines zylindrischen Drahtes (Fadens) von 1 cm Länge.*

Material	Durchmesser		
	2 μm	10 μm	100 μm
Platin	0,6	16	—
Zinn	0,2	6	560
Aluminium	—	2	220
Quarzglas	0,06	1,6	180

etwa 1 mm bis 1 μm erhalten werden[1]. Im allgemeinen wird man ein längeres Stück Draht auf einer mikrochemischen oder analytischen Waage wägen und dann Stücke geeigneter Länge davon abschneiden. Nachdem der Draht in geeignete Form gebogen worden ist, wird er auf der zu prüfenden Waage gewogen; ist er zu schwer, so entfernt man etwas Material von seinem Ende mit der Schere oder durch leichte Berührung mit einer harten und rauhen Fläche (Feile, Wetzstein, Sandpapier usw.).

Die *Eichung der Instrumentskala* nach dem Vorgang von Riesenfeld und Möller wird am besten an einem Beispiel beschrieben. Es sei angenommen, daß die Skala der Waage 110 Teilstriche habe und daß die Zeigerstellung innerhalb $\pm$ 0,05 Teilstrichen abgelesen werden kann. Es wird sich in einem solchen Falle empfehlen, zwei Taren a und b herzustellen, deren Gewicht etwa 5 Teilstrichen der Waageskala entspricht. Außerdem sind vier größere Taren vorteilhaft: A (etwa 10 Teilstriche), B (20 Teilstriche), C (30 Teilstriche) und D (50 Teilstriche).

Zunächst ist es wünschenswert, jenen Teil der Instrumentskala aufzufinden, für den Belastung und Anzeige wenigstens annähernd proportional sind. Der Wert eines Skalenteils in diesem Intervall kann dann zur Grundlage der Eichung gemacht werden. Zu diesem Zweck wird zuerst das kleine Tarastück a mit verschiedener Vorbelastung gewogen, um die Anzeige zu finden, die in verschiedenen Teilen der Skala dem Gewicht von a entspricht. Die Differenz der Anzeige nach und vor Auflegung von a gibt die Wirkung des Gewichtes a in einer Anzeige, die der Vorbelastung plus a entspricht. Die Befunde der Tab. 3

Tabelle 3. *Prüfung der Abhängigkeit der Anzeige von der Vorbelastung.*

Vorbelastung	Anzeige in Skalenteilen mit		„Gewicht" von a aus der Differenz
	Vorbelastung + a	Vorbelastung allein	
keine	5,65	0,00	5,65
b	10,90	5,25	5,65
A	16,00	10,40	5,60
$A + b$	21,25	15,65	5,60
B	24,60	19,00	5,60
$B + b$	29,85	24,25	5,60
C	37,70	32,10	5,60
$C + b$	43,05	37,35	5,70
$C + A$	48,40	42,65	5,75
$C + A + b$	54,00	48,10	5,90

---

[1] Zum Beispiel von Baker a. Co., 54 Austin Street, Newark, N. J., U. S. A.

sind in der Kurve P der Abb. 3 graphisch dargestellt. Es ergibt sich, daß die Anzeige im Bereich von Skalenteil 15 bis Skalenteil 35 ungefähr gleich bleibt. Die durch die Punkte gelegte Kurve verleitet zur Annahme, daß die Empfindlichkeit der Anzeige bei Teilstrich 24 ein Minimum erreicht. Anderseits kann man mit Berechtigung annehmen, daß bei Wägungen im Bereich von Teilstrich 20 bis 30 die Anzeige im richtigen Verhältnis zum Gewicht des Objekts sein wird. Es scheint logisch, das Gewicht von a gleich 5,60 Teilstriche zu setzen und alle Anzeigen auf Wägung im Intervall der Proportionalität (20 bis 30) zu beziehen.

Die *Eichkurve* (Kurve E der Abb. 3) wird dann wie folgt erhalten. Zunächst kann man die bereits ausgeführten Wägungen dazu benutzen, den Teil der Eichkurve von 0 bis etwa 50 zu berechnen. Ohne Vorbelastung gibt a eine

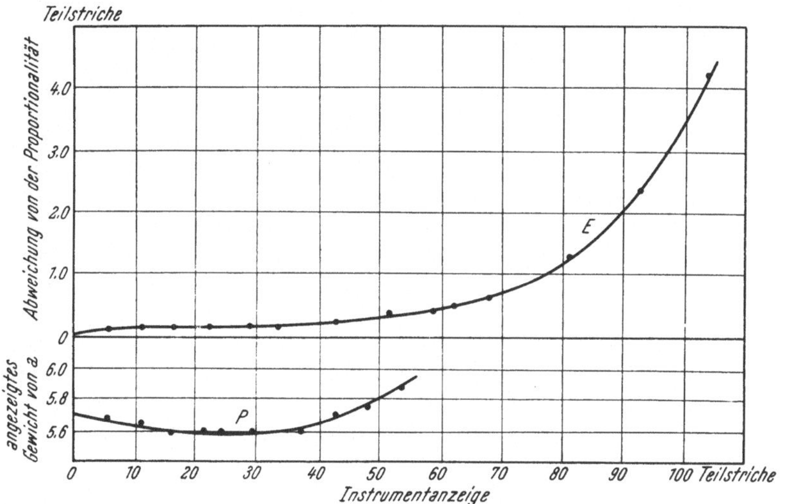

Abb. 3. Eichung und Prüfung der Proportionalität der Waageanzeige.

Anzeige von 5,65 Teilstrichen, die um 0,05 Teilstriche zu hoch ist, wenn a zu 5,60 angenommen wird (Ordinate 0,05 für Abszisse 5,65). Kurve P zeigt, daß a bei einer Anzeige von $5{,}65 + 5{,}65 = 11{,}30$ nur etwa 5,63 Teile zur Gesamtanzeige beiträgt. Würde man daher zwei gleiche Stücke a (Gewicht $2 \times 5{,}60 = 11{,}20$) auf die Waage bringen, so ist eine Anzeige von $5{,}65 + 5{,}63 = 11{,}28$ zu erwarten, die um 0,08 zu hoch ist (Ordinate 0,08 für Abszisse 11,28 von E). Drei gleiche Stücke a (Gewicht $3 \times 5{,}60 = 16{,}80$) geben nach Kurve P bei analoger Schlußfolgerung eine Anzeige von $5{,}65 + 5{,}63 + 5{,}61 = 16{,}89$, die um 0,09 zu hoch ist (Ordinate 0,09 zu Abszisse 16,89 von E). Weitere Punkte von Kurve E werden auf diese Weise festgelegt, bis sie zur Abszisse 40 oder 50 fertiggestellt ist.

Unter Benutzung des bereits fertiggestellten Teiles der Eichkurve werden nun die korrigierten „Gewichte" von Tarastücken A, B und C bestimmt, Tab. 4. Wägung von $A + C$, $B + C$ und $A + B + C$ gibt dann Kurve E bis zur Abszisse 61. Es folgen Wägung von D, der Kombinationen $D + A$, $D + B$, $D + C$, $D + C + A$, $D + C + B$ und Fertigstellung der Eichkurve bis zur Abszisse 103.

Die Eichkurve gibt als Funktion der Instrumentanzeige den Überschuß über die Proportionalanzeige (Anzeige entsprechend jener im Gebiet der

Tabelle 4. *Fertigstellung der Eichkurve.*

Tarastück	Anzeige: Teilstriche	Korr. Anzeige: Teilstriche	Berechnete korr. Anzeige: Teilstriche	Abweichung (Ordinate von E): Teilstriche
A	10,45	10,35		
B	19,10	19,00		
C	32,20	32,10		
$C + A$	42,65		42,45	+ 0,20
$C + B$	51,45		51,10	+ 0,35
$C + B + A$	61,95		61,45	+ 0,50
D	48,60	48,20		
$D + A$	58,95		58,55	+ 0,40
$D + B$	67,80		67,20	+ 0,60
$D + C$	81,60		80,30	+ 1,30
$D + C + A$	93,05		90,65	+ 2,40
$D + C + B$	103,50		99,30	+ 4,20

Proportionalität von 20 bis 30), die von der Instrumentanzeige abgezogen werden muß, um die „korrigierte" Instrumentanzeige zu erhalten.

Zur Auswertung der korrigierten Instrumentanzeige in metrischem Maß empfiehlt es sich, etwa 10 Tarastücke, von denen jedes etwa 100 Teilstrichen entspricht, erst einzeln auf der zu prüfenden Waage und dann zusammen auf einer bereits geeichten Mikrowaage größerer Tragkraft oder auf einer mikrochemischen Waage zu wägen. Angenommen, daß die Summe der korrigierten „Gewichte", die auf der zu eichenden Waage bestimmt wurde, gleich 1004,2 Teilstriche ist, und daß das Gesamtgewicht der Tarastücke auf einer mikrochemischen Waage durch Gausssche Doppelwägung zu $0,048 \pm 0,001$ mg bestimmt wurde, so ergibt sich der Wert eines korrigierten Teilstriches zu $0,048 \pm 0,001 \mu$g.

Wie ersichtlich, ist die Präzision dieser Art der Eichung in metrischen Einheiten sehr gering ($\pm 0,02$). Sie könnte auf $\pm 0,002$ verbessert werden, indem man die Bestimmung des Gesamtgewichtes auf einer Waage vornimmt, die eine Präzision von $\pm 0,1 \mu$g zu erreichen gestattet. Mit der gegebenen Präzision von $\pm 1 \mu$g müßte man das Gesamtgewicht von 100 einzeln gewogenen Tarastücken bestimmen, um dasselbe Resultat zu erhalten. Die präzise Eichung in absolutem Maß ist aber nicht erforderlich, wenn die Mikrowaage nur zur Bestimmung von Gewichtsverhältnissen benutzt werden soll (Gewichtsanalyse mit gewogenen Proben).

Fehler der Gewichte.

Da die Waageanzeige eine Präzision von höchstens $\pm 0,0001$ erreichen kann, müssen Gewichtsbestimmungen von besserer relativer Präzision immer durch Vergleich mit Normalmassen, die als Gewichte bezeichnet werden, ausgeführt werden. Die Genauigkeit solcher Gewichtsbestimmungen hängt dann von der Genauigkeit ab, mit der die wahren Gewichte der Normalmassen bekannt sind.

Die zu erwartenden Abweichungen von den Nominalwerten können aus den von Eichämtern veröffentlichten Angaben geschätzt werden, wenn Gewichtssätze nach gewissen Normen justiert sind. Prüfung der Sätze durch ein staatliches Eichamt gibt die Gewähr, daß die erforderliche Justierung erfolgreich durchgeführt wurde.

Tabelle 5. *Zulässige Abweichungen vom Nominalwert von Gewichten.*
(Bestimmungen des National Bureau of Standards, U. S. A.)
Die Abweichungen beziehen sich auf Wägungen bei 20° C mit Normalgewichten aus
Messing von der Dichte 8,4 g/ml (bei 0° C) in Luft von der Dichte 1,2 mg/ml.

Von 1918 bis August 1955 (Circular 3) Klasse		Nominal-wert	Beginnend mit November 1954 (Circular 547) Klasse			
M und S	S-2		M	S	S-1	P
Beschreibung auf der rechten Seite der Tabelle	wie P		aus einem Stück Metall für Wägungen höchster Präzision und als Bezugs-gewichte	beständige Gewichte für Präzisions-wägungen	für allgemeinen analytischen Gebrauch	für Studenten und Kontrollanalyse
Erlaubte Abweichungen in μg			Erlaubte Abweichungen in μg			
300	1500	50 g	250	120	600	1200
200	1000	30	150	74	450	900
		20	100	74	350	700
150	750	10	50	74	250	500
		Gruppe	154			
150	750	5	34	54	180	360
		3	34	54	150	300
100	500	2	34	54	130	260
100	500	1	34	54	100	200
		Gruppe	65	105		
50	250	500 mg	5,4	25	80	160
		300	5,4	25	70	140
50	250	200	5,4	25	60	120
50	250	100	5,4	25	50	100
		Gruppe	10,5	55		
30	150	50	5,4	14	42	85
		30	5,4	14	38	75
30	150	20	5,4	14	35	70
20	100	10	5,4	14	30	60
		Gruppe	10,5	34		
20	100	5	5,4	14	28	55
		3	5,4	14	26	52
10	50	2	5,4	14	25	50
10	50	1	5,4	14	25	50
		Gruppe	10,5	34		
		0,5	5,4	14		
		0,3	5,4	14		
		0,2	5,4	14		
		0,1	5,4	14		
		Gruppe	10,5	34		

0,05-mg-Dekade wie die
0,5-mg-Dekade

Tab. 5 gibt die zulässigen Abweichungen vom Nominalwert für die Klassen
von metrischen Gewichten, die vom *National Bureau of Standards* der Vereinigten Staaten zur Prüfung zugelassen werden. Die Bestimmungen wurden
im Jahre 1954 verschärft (25), nachdem die Erfahrung gezeigt hatte, daß die
Erzeuger keine Schwierigkeit hatten, die bisher geltenden Bestimmungen
mehr als zur Genüge einzuhalten.

Diese neuen Bestimmungen sind von besonderem Interesse, da sie eine neue Gewichtsklasse J von besonders genau justierten kleinen Gewichten für den Gebrauch mit Mikrowaagen vorsehen. Die Klasse umfaßt Blech- oder Drahtgewichte von 0,05 bis 50 mg, die aus einem einzigen Stück eines harten, porenfreien Materials (Pt-Ir, Ta) mit glatter Oberfläche bestehen sollen. Scharfe Kanten oder Enden müssen vermieden werden. Drahtgewichte sollen nicht aus unnötig langem, dünnem Draht hergestellt werden; auch sind dicht gewundene Spiralen, die die Entfernung von Staub erschweren, nicht zulässig. Blech soll wenigstens so dick sein (mindestens 5 μm für 0,05 mg und 0,15 mm für 50 mg), daß die Gewichte beim Eintauchen in Wasser nicht durch die Oberflächenspannung deformiert werden. Bei einzelnen Gewichten von neuen und auch gebrauchten Sätzen der Klasse J darf die Abweichung vom Nominalwert 3 μg nicht überschreiten. Bei Einzelgewichten von ungewöhnlichem Nominalwert steht dem Käufer die Wahl der Höchstabweichung frei, doch soll sie im allgemeinen nicht die für Klasse M geltenden Höchstabweichungen übersteigen.

Die neuen Bestimmungen des *National Bureau of Standards* sind auch von verschiedenen anderen Gesichtspunkten interessant. Im allgemeinen ist angenommen, daß die Gewichte so justiert sind, daß sie Messingnormalgewichten ($d = 8,4$ g/ml bei 0° C und kubischer Ausdehnungskoeffizient $= 0,000054$ pro 1° C) entsprechen, wenn die Wägungen bei 20° C in Luft der Dichte 1,2 mg/ml ausgeführt werden. Wenn aber die größeren Gewichte eines Satzes aus einem Material bestehen, dessen Dichte von der des Messings beträchtlich abweicht, können alle Gewichte des Satzes nach Wunsch auf das scheinbare Gewicht in Luft des größten Stückes bezogen werden.

Die zulässigen Höchstabweichungen der Klassen M und S wurden so gewählt, daß besonders die kleinen Stücke bei analytischer Arbeit und Semimikroarbeit meist ohne Anbringung der Korrekturen zum Sollwert benutzt werden können. Die Vorschriften, betreffend Wahl des Materials und Ausführung der Gewichte, sehen vor, daß Stücke der Klasse M ihre Masse für mehrere Jahre innerhalb der vorgesehenen Höchstabweichungen beibehalten werden.

Da Bruchteile des Gramms in der Regel aus anderem Material angefertigt sind als die Grammstücke, können kleine Fehler auftreten, wenn Gewichtsätze in Luft einer Dichte, die merklich von der Normaldichte abweicht, gebraucht werden. Um diesen Fehler zu verkleinern, wird gefordert, daß Gewichte von Nominalwerten von 0,5 bis 1 g eine Dichte von wenigstens 4,5 g/ml haben müssen.

Um die Abnutzung beim Handhaben mit Elfenbeinpinzetten, die für Gold- und Aluminiumgewichte zu ,,0,3 μg je Tag" und für Platingewichte zu ,,0,2 μg je Tag" geschätzt worden ist (42), auf ein Mindestmaß herabzusetzen, wird der Härte der verwendeten Metalle und Legierungen und der Oberflächenüberzüge sowie auch der Ausführung der Pinzetten und der Kassetten für die Gewichte besondere Aufmerksamkeit zugewendet. Die Oberfläche der Gewichte soll frei von Poren und Korrosionsflecken und glatt poliert sein. Überzüge von Platin und Rhodium sind bevorzugt und Vergoldung zur Bildung der endgültigen Oberfläche wird nur auf Wunsch des Käufers zugelassen. Messing- und Bronzegewichte der Klassen S und S-1 können durch eine dünne, durchsichtige Lackschicht geschützt werden, doch muß der Lack hart und zäh sein und nur unmerkliche Gewichtsschwankungen verursachen, wenn der Feuchtigkeitsgehalt der Luft zwischen 30 und 70% schwankt.

Eichung von Gewichten. Die bestimmten Fehler der Gewichte werden durch Eichung ermittelt und können hierauf durch Verwendung von Korrekturen zu den Nominalwerten auf ein Mindestmaß reduziert werden, das durch die

Präzision der Korrekturen bestimmt ist. Aus leicht begreiflichen Gründen wird immer wieder versucht, Wege zu finden, die die Arbeit der Eichung vereinfachen. Fast alle diese Versuche scheitern aus zwei Gründen. Zunächst wird übersehen, daß einmalige Wägung jedes Gewichtes keine Sicherung gegen das Einschleichen von Irrtümern bietet, die ein derartiges Eichverfahren nicht nur nutzlos, sondern geradezu schädlich macht. Zweitens wird vergessen, daß wiederholte Wägung jedes Stückes (und GAUSSsche Doppelwägung) für die Erreichung der wünschenswerten Präzision der gesuchten Korrekturen zum Nominalwert notwendig ist.

Die Notwendigkeit der Verwendung von Korrekturen zum Nominalwert kann im gegebenen Fall aus der Qualität des benutzten Gewichtssatzes und Vergleich mit den Tab. 1 und 5 ermittelt werden. Im allgemeinen kann man sagen, daß sehr genau justierte Gewichte oder Anbringung von Korrekturen zum Nominalwert bei den folgenden chemischen Arbeiten erforderlich sind: a) Bestimmungen an Proben von weniger als 50 mg Gewicht; b) Bestimmungen von höchster Präzision an Proben von bis zu 2 g Gewicht; c) Atomgewichtsbestimmungen; d) Eichung von Volummeßgeräten von einem Inhalt von 2 ml und weniger.

Die Bestimmung der Korrekturen muß notwendigerweise in Zeitabständen wiederholt werden, die von der Güte und der Behandlung und Aufbewahrung der Gewichte abhängt. Eichung durch ein staatliches Eichamt ist mit unvermeidlichen Zeitverlusten verbunden, so daß man zuweilen vorziehen wird, die Eichung selbst durchzuführen. Ratschläge hierfür scheinen daher angezeigt.

Dabei sei zunächst Verwendung der GAUSSschen Doppelwägung angeraten (S. 64), die mit allen gleicharmigen Präzisionshebelwaagen einfach und bequem ausgeführt werden kann und Erreichung höchster Präzision und Genauigkeit sichert.

Dann sei ausdrücklich betont, daß sich die Bestimmung der Korrekturen für Gebrauch bei chemischen Arbeiten nur dann lohnt, wenn der Gewichtssatz *nur je ein Stück eines gegebenen Nominalwertes* enthält (12). Mit anderen Worten, die Vielfachen in den Dekaden sollen entweder 1, 2, 3 und 5 oder 1, 2, 3 und 4 sein. Dekaden mit Vielfachen 1, 2, 2′ und 5 oder gar 1, 1′, 1″ und 5 verursachen nicht nur Verwirrung bei der Eichung, die nur von einem erfahrenen Spezialisten sicher vermieden werden kann, sondern auch bei der *Verwendung* der Korrekturen. Bei Gewichtssätzen mit den empfohlenen Vielfachen in den Dekaden besteht hingegen niemals ein Zweifel, aus welchen Stücken z. B. die Tara 873 mg bestand (500 + 300 + 50 + 20 + 3 oder 400 + 300 + 100 + + 40 + 30 + 3), wenn man sich nur an die Regel (12) hält, jede Tara mit der kleinstmöglichen Zahl von Gewichten zusammenzustellen. Verwendet man dagegen einen Gewichtssatz, der Doppelgänger enthält, so läßt sich die anzubringende Korrektur nicht mehr zuverlässig bestimmen, wenn die Gewichte einmal von der Waagschale abgeräumt sind.

Wenn es sich um einen Gewichtssatz von drei oder mehr Dekaden handelt, ist anzuraten, das von den Eichämtern verwendete Verfahren der gleichzeitigen Lösung von wenigstens 2 n Wägegleichungen für n Gewichtsstücke zu verwenden. Dabei ist dringend anzuraten, sich eines von einem Eichamte erprobten Wägungs- und Rechnungsverfahrens zu bedienen, das für die in den Dekaden vorhandenen Vielfachen geeignet ist. Der Verfasser ist der immer hilfsbereiten *Mass Section* des *National Bureau of Standards* wiederholt zu Dank verpflichtet. Das Vorwort zu *Circular 547* (25) erweckt die Hoffnung, daß die geübten Eichverfahren in nicht zu ferner Zukunft veröffentlicht werden sollen. Wägungs- und Rechenverfahren des *Bureau* für die Vielfachen 1, 2, 3 und 5 können übrigens in der Literatur gefunden werden (1). Die in der dem Chemiker leicht zugänglichen

Literatur (11, 12, 39, 40) empfohlene Vereinfachung des Verfahrens, die von n Wägungen für n Gewichtsstücke ausgeht, erleichtert zwar die Rechnung, da Ausgleich nach dem Prinzip der kleinsten Fehlerquadrate wegfällt, sichert aber nicht gegen das Auftreten von groben Irrtümern und liefert auch die gewünschte Präzision für die gesuchten Korrekturen nicht.

Für mikrochemische Arbeit wird es häufig genügen, nur eine oder zwei Dekaden zu eichen, und in solchen Fällen kann auch das Verfahren von Richards (30) mit Erfolg verwendet werden, wenn man gewisse Vorsichtsmaßregeln trifft (3). Die Berechnung der Korrekturen vereinfacht sich dabei wesentlich, wenn man nicht wie Richards mit relativen und absoluten Gewichten, sondern lediglich mit beobachteten und berechneten Gewichtsunterschieden arbeitet.

Richards Verfahren zur Bestimmung der Korrekturen zum Nominalwert. Das Vorgehen wird am besten an Hand eines Beispieles erläutert. Es sei angenommen, daß der Gewichtssatz einer mit einem 0,5 mg schweren Reiter versehenen mikrochemischen Waage geeicht werden soll. Er besteht aus einer Milligrammdekade mit den Vielfachen 1, 2, 3 und 4 und einer Zentigrammdekade mit den Vielfachen 1, 2, 3 und 5.

Erforderlich ist ein gutes Duplikat D des kleinsten Gewichtes (1 mg), das von diesem auffallend in Form oder Farbe verschieden ist. Ferner sind zwei Hilfsgewichte von etwa 0,5 mg Masse erwünscht, von denen eines sich während der Eichung der Gewichte ständig auf der linken Schale befindet, so daß der Reiter in der Mitte des Reiterlineals zur Verwendung kommt. Schließlich wird ein gutes 100-mg-Gewicht als ständiges Bezugsgewicht benötigt. Es ist wünschenswert, sein wahres Gewicht in Luft (in Beziehung auf ein Messinggewicht) zu wissen, aber es ist auch zulässig, dieses Gewicht zu 100,000 mg anzunehmen. Wenn das Gewicht gut justiert ist, werden auch im letzteren Falle die Korrekturen für die Milligrammdekade nahezu richtig in metrischen Einheiten erhalten werden (davon abgesehen, nehmen die Korrekturen ein Bezugsstück, das 100,000 willkürlich definierte Milligramme wägt, an und geben willkürliches Milligrammgewicht in Luft, gewogen mit Gewichten von der Dichte des Bezugsstückes).

Es ist natürlich angenommen, daß man zur Eichung schreiten wird, nachdem man die Waage in einen einwandfreien Zustand gebracht hat, Staub von Schalen und Waagegehäuse entfernt wurde, und die zu eichenden Gewichte, falls nötig, vorsichtig gereinigt und auf einer geeigneten Unterlage im Waagegehäuse gesammelt wurden.

Nach dem Vorgang von Richards wird zunächst das kleinste Gewicht des Satzes (1 mg) als vorläufiges Bezugsgewicht benutzt, wobei sein Gewicht dem Nominalwert (1,000 mg) gleich angenommen wird. Beginnend mit dem Reiter der Waage, werden die Stücke des Satzes und das endgültige Bezugsgewicht direkt oder indirekt mit dem vorläufigen Bezugsgewicht verglichen und ihre relativen Gewichte r_i (R für das ständige Bezugsgewicht) unter der Annahme berechnet, daß das vorläufige Bezugsgewicht dem Nominalwert entspricht, $r_1 = n_1 = 1{,}000$ mg. In der Praxis ist es nicht notwendig, die relativen Gewichte zu berechnen, und man begnügt sich, die zum Nominalwert n_i zu addierenden Korrekturen k_r zu finden, die das relative Gewicht r_i geben.

$$n_i + k_r = r_i \text{ und für das ständige Bezugsgewicht } N + K = R. \qquad (20)$$

Die Bestimmung der Gewichtsunterschiede wird am besten zuerst für den Reiter der Waage ausgeführt, so daß etwaige, beim Vergleich der Gewichte notwendig werdende Beiziehung des Reiters sogleich in Gewicht relativ dem angenommenen Gewicht des vorläufigen Bezugstückes ($r_1 = 1{,}000$ mg) ausgedrückt werden kann. Bei einem gut justierten Satz wird die Stellung des Reiters während der Eichung aber nur selten geändert werden müssen.

Zum *Vergleich des Reiters* mit dem vorläufigen Bezugstück führt man vier Substitutionswägungen aus, um den Gewichtsunterschied mit derselben Präzision zu erhalten, die eine GAUSSsche Doppelwägung liefern würde. Die erforderlichen acht Einzelwägungen können auch gleichzeitig zur Eichung der Waageanzeige („Bestimmung der Empfindlichkeit") benutzt werden, wie dies im Wägungsschema der Tab. 6 vorgesehen ist. Die dabei eingehaltene Reihenfolge der Wägungen ist so gewählt, daß gleichartige Wägungen nicht unmittelbar aufeinander folgen. Dies hilft, Voreingenommenheit bei der Wiederholung gleichartiger Wägungen auszuschalten, was gelingen mag, wenn man Eintragungen der bereits beobachteten Ausschläge zugedeckt hält, bis alle Wägungen beendet sind. Ein Beobachter mit vorzüglichem Zahlengedächtnis kann sich so helfen, daß er mechanisch die beobachteten Umkehrpunkte notiert und das Berechnen der Ausschläge aufschiebt, bis alle Wägungen beendet sind.

Die Mittelwerte der in Tab. 6 eingetragenen Beobachtungen führen zu den folgenden Daten:

Empfindlichkeit = (11,0 ± 0,06)/0,1 = 110 ± 0,6 Teilstriche/mg.

Wert des Teilstriches = 0,1 mg/(11,0 ± 0,06 Teilstriche) = 9,1 ± 0,05 μg.

Gewicht des Reiters in Stellung 1,0 = 1,001 mg relativ zum vorläufigen Bezugsgewicht.

Tabelle 6. *Vergleich des Reiters mit dem vorläufigen Bezugsgewicht durch Substitutionswägung.*

Wägung	Reiter auf	1-mg-Gewicht	Beobachteter Ausschlag in Teilstrichen				Anzeige Änderung auf je 0,1 mg
1	0,0	aufgelegt	− 1,0				
2	0,1	„		+ 10,0			11,0
3	1,0	abgenommen			− 1,1		
4	0,9	„				+ 9,8	10,9
5	0,0	aufgelegt	− 0,9				
6	0,1	„		+ 10,0			10,9
7	1,0	abgenommen			− 1,2		
8	0,9	„				+ 10,1	11,3
9	0,0	aufgelegt	− 1,1				
10	0,1	„		+ 10,1			11,2
11	1,0	abgenommen			− 1,0		
12	0,9	„				+ 9,9	10,9
13	0,0	aufgelegt	− 1,0				
14	0,1	„		+ 9,9			10,9
15	1,0	abgenommen			− 1,1		
16	0,9	„				+ 10,0	11,1
Arithmetische Mittel			− 1,0 ± 0,05	+ 10,0	− 1,1 ± 0,05	+ 9,95	11,0 ± 0,05$_7$

Die mittlere Schwankung der Instrumentanzeige ergibt sich aus den Abweichungen von den Mitteln − 1,0, + 10,0, − 1,1 und + 9,95 als Quadratwurzel der Summe der Quadrate der Abweichungen, dividiert durch 12 (= 16 − 4) als $\iota = \pm 0,1$ Teilstrich = ± 0,9 μg. Das relative Gewicht des Reiters in Stellung 1,0 mg weicht nur um 1 μg vom Nominalgewicht ab. Wenn man die Präzision des Wertes des Teilstriches der Zeigerskala in Betracht zieht, zeigt sich, daß es unnötig ist, die Ausschläge in Relativmaß umzurechnen. Auch Wägungen durch Verschiebung des Reiters bis zu 0,4 mg brauchen nicht für Relativmaß korrigiert zu werden.

Wenn man die Präzision des Wertes eines Teilstriches der Zeigerskala in Betracht zieht, ergibt sich, daß es unnötig ist, ihn für die Vergleichung der Gewichtstücke auf Relativmaß umzurechnen. Auch Doppelwägungen, in deren Verlauf der Reiter um nicht mehr als 0,4 mg verschoben wird, brauchen das Gewicht des Reiters relativ zum vorläufigen Bezugsgewicht nicht berücksichtigen, da die sich daraus ergebende Korrektur nicht einmal die mittlere Schwankung der Instrumentanzeige ($\pm$ 0,04 Teilstriche $= \pm 0,9\,\mu$g) überschreiten würde. Wegen dieser Vereinfachungen ist es wünschenswert, daß Reiter und vorläufiges Bezugstück gut aufeinander eingestellt sind.

Die Korrektur (zum Nominalwert) der Reiterstellung 1 mg ist daher: $k_r = + 1\,\mu$g.

Die *Bestimmung der Korrekturen k_r der Gewichte* des Satzes erfolgt durch Gausssche Doppelwägung, deren Ausführung auf S. 64 beschrieben ist. Das Hilfsgewicht von etwa 0,5 mg wird auf die linke Waagschale gelegt und dort belassen, bis alle zur Eichung benötigten Wägungen beendet sind. Der Gewichts-

Tabelle 7. *Eichung eines Gewichtssatzes nach Richards.*

Nominal-gewicht n	Gewichts-unter-schied	Korrekturen für die benutzten Gewichte	Korrektur für 1 mg = = 1000 μg k_r	Anteil I $\dfrac{n}{N} K_r$	Korrektur für 100 mg = = 100.000 $k_r - \dfrac{n}{N} K_r$	Anteil II $\dfrac{n}{N} K_\alpha$	Korrektur zu wahrem metrischem Maß k_α
mg	μg	μg	μg	μg	μg	μg	μg
1	2	3	4	5	6[2]	7	8
Reiter 1 mg	+ 1		+ 1	— 4,3	+ 5,3	+ 0,2	+ 5,5
1			0	— 4,3	+ 4,3	+ 0,2	+ 4,5
D	+ 5,5		+ 5,5	— 4,3	+ 9,8	+ 0,2	+ 10,0
2	— 15	D, + 5,5	— 9,5	— 8,6	— 0,9	+ 0,4	— 0,5
3	— 7	2, — 9,5	— 16,5	— 12,9	— 3,6	+ 0,6	— 3,0
4	— 6	3, — 16,5	— 22,5	— 17,2	— 5,3	+ 0,8	— 4,5
10	+ 3	2, — 9,5 3, — 16,5 4, — 22,5	— 45,5	— 43,0	— 2,5	+ 2	— 0,5
20	+ 6	2, 3, 4, — 48,5 10, — 45,5	— 88,0	— 86	— 2,0	+ 4	+ 2,0
30	— 8	10, — 45,5 20, — 88 — 133,5	— 141,5	— 129	— 12,5	+ 6	— 6,5
50	+ 15	20, — 88 30, — 141,5 — 229,5	— 214,5	— 215	+ 0,5	+ 10	+ 10,5
100[1]	+ 14	20, 30, — 229,5 50, — 214,5 — 444	— 430	— 430	0,0	+ 20	+ 20,0

[1] Endgültiges Bezugsgewicht = 100,02 mg in Beziehung auf Messingnormalgewichte in Luft. Korrektur zum Normalgewicht ist $K_a = + 20\ (\pm 10)\,\mu$g; Nominalgewicht ist $N = 100$ mg.

[2] Da $A/R = 1,0045$, wird $k_r - n\,K_r/N$ praktisch gleich $(A/R) \cdot (k_r - n\,K_r/N)$ und es wird unnötig, eine Reihe 6a zu berechnen.

unterschied wird zuerst für das Duplikat D bestimmt (Nr. 1, Tab. 8, A). Hierauf wägt man das 2-mg-Stück mit (1 mg + D), das 3-mg-Stück mit (2 mg + 1 mg), das 4-mg-Stück mit (3 mg + 1 mg), das 10-mg-Stück mit (4 mg + 3 mg + + 2 mg + 1 mg), das 20-mg-Stück mit (10 mg + 4 mg + 3 mg + 2 mg + 1 mg), das 30-mg-Stück mit (20 mg + 10 mg), das 50-mg-Stück mit (30 mg + 20 mg) und das ständige Bezugstück mit (50 mg + 30 mg + 20 mg). Eine Bestimmung des Wertes der Zeigerskala mit belasteter Waage ist nicht nötig, da man erwarten kann, daß die Empfindlichkeit mit solch kleinen Gewichten jener mit unbelasteter Waage praktisch gleichbleiben wird.

Die gefundenen Gewichtsunterschiede (Reihe 9, Tab. 8, A) werden in Reihe 2 eines der Tab. 7 nachgebildeten Formulars eingesetzt. Bevor man zur rechnerischen Auswertung übergeht, empfiehlt es sich, die Abwesenheit von Wäge- und Notierungsfehlern dadurch sicherzustellen, daß man die Doppelwägung aller Gewichte unter Benutzung des zweiten Hilfsgewichtes von 5 mg wiederholt

Tabelle 8. *Ausführung von Wägungen.*
A. Vertauschungsverfahren von GAUSS.

Nr.	Auf linker Schale	Reiter-stellung mg	Reiter-anzeige mg	Aus-schlag Teile	Anzeige Teile	Wert des Teil-striches mg	Anzeige mg	Gewichts-unterschied mg	Gewicht des Objekts mg
1	2	3	4	5	6	7	8	9	10
1	D	0,5		+ 0,5					
	1 mg	0,5	0	— 1,0	+ 0,75	0,0091	+ 0,007	+ 0,007	1,007
2	kleines Objekt	0,6		+ 2,0					
	37 mg	0,4	+ 0,1	— 3,0	+ 2,5	0,0091	+ 0,023	+ 0,123	37,123
3	Apparat (15 g)	0,1		+ 4,2					Tara
	Tara + 8 mg	0,3	— 0,1	— 4,4	+ 4,3	0,020	+ 0,086	— 0,014	+ 7,986

B. Wägung durch Substitution (Tara auf der linken Schale).

Nr.	Auf rechter Schale	Reiter-stellung mg	Reiter-anzeige mg	Aus-schlag Teile	Anzeige Teile	Wert des Teil-striches mg	Anzeige mg	Gewichts-unterschied mg	Gewicht mg
1	2	3	4	5	6	7	8	9	10
1	D	0,3		+ 0,1					
	1 mg	0,3	0	+ 0,9	+ 0,8	0,0091	+ 0,007	+ 0,007	1,007
2	kleines Objekt	0,2		+ 4,7					
	37 mg	0,4	+ 0,2	— 3,9	— 8,6	0,0091	— 0,078	+ 0,122	37,122
3	Apparat (15 g)	0,6		+ 2,7					Tara
	Tara + 8 mg	0,6	0	+ 2,0	— 0,7	0,020	— 0,014	— 0,014	+ 7,986

oder durch eine zweite Person wiederholen läßt. Schließlich wird Reihe 2 eines zweiten Formulars (Tab. 7) ausgefüllt. Hierauf werden die gefundenen Gewichtsunterschiede (Reihe 2 der Formulare) verglichen. Wenn sie innerhalb 2 ι (innerhalb 1,8 μg im angenommenen Beispiel) übereinstimmen, kann die Abwesenheit grober Irrtümer als sichergestellt angenommen werden (ι ist die mittlere Schwankung der Instrumentanzeige, Tab. 6 und S. 53). Größere Abweichungen werden durch Nachprüfung der Notierung und nötigenfalls durch Wiederholung der zugehörigen Wägungen richtiggestellt.

Die Berechnung der endgültigen Korrekturen auf metrisches Maß oder relativ zum ständigen Bezugstück soll auf alle Fälle von zwei Personen unabhängig durchgeführt werden, so daß die zwei Serien beobachteter Gewichtsunterschiede getrennt verwertet werden (A rechnet ein Formular durch und B das andere).

Am oberen Ende beginnend, werden die Reihen 3 und 4 (Tab. 7) gleichzeitig ausgefüllt. In Reihe 3 werden die aus Reihe 4 entnommenen Korrekturen k_r für die verwendeten Gewichte algebraisch addiert. Die erhaltene Summe wird algebraisch um den in Reihe 2 angegebenen Gewichtsunterschied vermehrt. Dies gibt die in Reihe 4 einzutragende Korrektur k_r, die, zum Nominalgewicht addiert, das Gewicht des Stückes relativ zum vorläufigen Bezugsgewicht (1 mg = 1,000 mg) gibt.

Die Korrekturen k_r in Reihe 4 sind wegen der Anhäufung von Wägefehlern verhältnismäßig groß und unbequem im Gebrauch. Die Anhäufung der Wägefehler wird daher entfernt, indem man das größte Gewicht als Bezugstück wählt und die Korrekturen dementsprechend umrechnet. Dabei ist es im Prinzip gleichgültig, ob man das Gewicht des ständigen Bezugstückes seinem wahren Gewicht in Luft oder seinem Nominalgewicht gleichsetzt.

Ist R das Gewicht des ständigen Bezugstückes relativ zum Gewicht des vorläufigen Bezugsgewichtes und A das Absolut- oder Normalgewicht des ständigen Bezugstückes vom Nominalwert N (wobei, wie erwähnt, $A = N$ gesetzt werden kann), so ergibt sich das Verhältnis von Absolutgewicht zu Relativgewicht als A/R. Multiplikation mit diesem Verhältnis verwandelt das Relativgewicht r_i irgendeines Gewichtes vom Nominalwert n_i in das Absolutgewicht a_i:

$$a_i = r_i \, A/R. \tag{21}$$

Wie man sich durch Ausmultiplizieren leicht überzeugen kann, ist Gl. (21) identisch mit:

$$a_i = (A/R) \cdot (r_i - n_i \, R/N) + n_i \, A/N. \tag{22}$$

Setzt man $a_i = n_i + k_a$ und $r_i = n_i + k_r$, bzw. $A = N + K_a$ und $R = N + K_r$, so folgt

$$k_a = (A/R) \cdot (k_r - n_i \, K_r/N) + (n_i/N) \, K_a. \tag{23}$$

Die Berechnung entsprechend Gl. (23) ist in Tab. 7 durchgeführt. Die k_r-Werte sind bereits in Reihe 4 gegeben. Die Korrektur K_r (— 430) wird auch in Reihe 5 eingesetzt, die dann von unten nach oben arbeitend ausgefüllt wird, indem man jedem Gewicht den Proportionalanteil $(n_i/N) \, K_r$ zuweist.

In Reihe 6 werden die Differenzen eingetragen, die man erhält, indem man die Zahlen von Reihe 5 von denen in Reihe 4 algebraisch subtrahiert. Prinzipiell wäre es hierauf nötig, eine Reihe 6 A zu berechnen, indem man die Zahlen von Reihe 6 mit dem Verhältnis A/R multipliziert. In der Praxis ist dies mit gut justierten Gewichten selten nötig, da das Verhältnis meist 1,00 ist und die Korrekturen höchstens mit drei Ziffern angegeben werden.

Wenn das Gewicht des ständigen Bezugstückes seinem Nominalwert gleichgesetzt wurde, gibt Reihe 6 bereits die zum Nominalwert jedes Gewichtes algebraisch zu addierenden Korrekturen. Dieses Vorgehen ist für analytische Zwecke durchaus befriedigend. Vergleich der Reihen 6 (6 A) und 8 zeigt, daß — wenn das ständige Bezugsgewicht gut justiert ist — die auf diese Weise erhaltenen Korrekturen für die kleineren Gewichte mit den Korrekturen zum wahren Gewicht fast vollständig übereinstimmen. (Bei Berechnung von Auftriebskorrekturen muß die Dichte des ständigen Bezugstückes in Rechnung gesetzt werden.)

Wenn Anschluß an (Messing-) Normalgewichte gesucht wird, setzt man die Korrektur K_a des ständigen Bezugsgewichtes zum Normalgewicht in die letzte Zeile von Reihe 7 ein und berechnet wie in Reihe 5 die Proportionalanteile an dieser Korrektur für alle zu eichenden Gewichte (und Reiter). Die Korrekturen k_a zum metrischen Maß in Reihe 8 werden schließlich erhalten, indem man die Zahlen in den Reihen 6 (6 A) und 7 algebraisch addiert.

Wenn ι die mittlere Schwankung der Instrumentanzeige ist und die Gewichtsvergleiche durch GAUSSsche Doppelwägung vorgenommen wurden, dürfen die auf den zwei Formularen unabhängig berechneten Korrekturen in den Reihen 6 (6 A) und 8 um nicht mehr als $1,3\,\iota$ voneinander abweichen. Wo immer ein größerer Unterschied auftritt, müssen die diese Korrekturen betreffenden Rechnungen wiederholt werden, bis der Irrtum aufgeklärt ist.

Wenn schließlich befriedigende Übereinstimmung erzielt ist, berechnet man die endgültigen Korrekturen c als Mittelwerte der errechneten Korrekturen in der Reihe 6 (6 A) oder 8. Dies reduziert die *mittlere Schwankung γ der endgültigen Korrekturen c* auf $\pm\,0{,}31\,\iota$ (4).

Vorausgesetzt, daß GAUSSsche Doppelwägungen ausgeführt werden, gibt das Verfahren der Normaleichämter die Korrekturen mit einer mittleren Schwankung derselben Größe, da jedes Gewicht auch mindestens zweimal gewogen wird. Im Beispiel der Tab. 7 werden die Korrekturen mit einer Dezimale angegeben, was im Hinblick auf $\gamma = 0{,}31 \cdot 0{,}9 = \pm\,0{,}3\,\mu g$ berechtigt erscheint. Dabei ist jedoch zu bedenken, daß die Korrektur K_a zum wahren Gewicht des ständigen Bezugstückes in diesem Falle bis zu $10\,\mu g$ ungenau sein mag. Die in Reihe 7 angeführten Zahlen können daher bis zu 50% fehlerhaft sein, so daß die Dezimalen in Reihe 8 gestrichen werden sollten, wenn wahres metrisches Gewicht benötigt wird (Volumauswägung, Bestimmung von Konzentrationen). Zur Bestimmung von Gewichtsverhältnissen werden die Dezimalen mit Recht beibehalten, gleichgültig ob die endgültigen Korrekturen der Reihe 6 (6 A) oder 8 entnommen sind.

Wenn bei mikrochemischer Arbeit Wägungen mit einem 5- oder 10-mg-Reiter ausgeführt und Gewichte nur selten benutzt werden, ist es für die Bestimmung von *Gewichtsverhältnissen* (aber nicht für die Bestimmung von Konzentrationen) bequemer, den Reiter als Bezugsgewicht zu verwenden. Dies gibt den Vorteil, daß die Reiterablesungen keine Korrektur benötigen. Die entsprechenden, zu den Nominalwerten zu addierenden Korrekturen für die Gewichte ergeben sich aus:

$$Korr. = a_i\,\frac{n}{a} - n_i = c_i\,\frac{n}{a} + n_i\left(\frac{n}{a} - 1\right) = c_i\,\frac{n}{a} - c\,\frac{n_i}{a} \approx c_i - c\,\frac{n_i}{n}, \qquad (24)$$

wenn c_i und c die Korrekturen zu wahrem Gewicht für das Gewicht i und den Reiter sind, a_i und a die absoluten (wahren) Gewichte von Gewicht i und Reiter sind und n_i und n die Nominalgewichte von Gewicht i und Reiter darstellen. Im Falle des Reiters ist immer das effektive Gewicht in der 10-mg-

oder 1,0-mg-Stellung (gleich dem des kleinsten Gewichtes) gemeint. Es ist dabei vorzuziehen, die Korrekturen c_i und c nicht den Korrekturen k_a (Reihe 8 von Tab. 7) gleichzusetzen, sondern sie aus·Reihe 6 der Tabelle zu entnehmen.

Wenn im Beispiel der Tab. 7 das Gewicht des Reiters gleich dem Nominalgewicht angenommen wird, ergeben sich für Reiter und Gewichte die Korrekturen 0,0 (0,0), — 1,0 (— 1,0), + 4,5 (+ 4,5), — 11,5 (— 11,5), — 19,4 (— 19,5), — 26,4 (— 26,5), — 55,3 (— 55,5), — 107,6 (— 108,0), — 170,8 (— 171,5), — 263,5 (— 264,5) und — 528 (— 530). Die Werte in Klammern sind mit der Näherungsgleichung $c_i - c \cdot n_i/n$ berechnet.

Die derart gewonnenen Korrekturen sind für die erste Dekade von Gewichten zufriedenstellend, aber bereits in der nächst höheren Dekade ist eine Abnahme der absoluten Präzision dieser Korrekturen zu bemerken.

Korrektur der Reiteranzeigen kann auch unter Beibehaltung der Korrekturen k_a vermieden werden, indem man das effektive Gewicht des Reiters auf den Nominalwert bringt. Dies ist nach erfolgter Eichung der Gewichte leicht möglich. Das kleinste Gewichtsstück wird auf die rechte Schale, sein Duplikat auf die linke gelegt und die Instrumentanzeige mit dem Reiter in der Nullstellung beobachtet. Es läßt sich nun berechnen, welche Instrumentanzeige der Reiter in der 10- (1,0-) Stellung nach Entfernung des Gewichtes von der rechten Schale geben soll, wenn sein effektives Gewicht dem Nominalwert gleich ist. Die Masse des Reiters wird geändert, bis er die berechnete Anzeige gibt. Schließlich wird sein effektives Gewicht nachgeprüft, indem man es durch wiederholte Substitutionswägung mit dem Gewicht des kleinsten Stückes vergleicht.

Die Masse des Reiters wird verkleinert, indem man eines seiner Beine leicht über eine Mattglasfläche streicht. Ist der Reiter zu leicht, so muß er natürlich gegen einen schwereren vertauscht werden.

Korrektur für den Auftrieb des Objekts der Wägung in Luft.

Das Gewicht in Luft, gleichgültig wie es bestimmt wurde, muß für den Auftrieb in Luft berichtigt werden, wenn das wahre Gewicht einer Substanz gesucht wird. Da jedoch mikroanalytische Wägungen häufig nur eine relative Präzision von $\pm\,0{,}001$ haben, ist diese Korrektur, die bei einer Objektdichte von 2 g/ml und Wägung mit Messinggewichten nur $+\,0{,}0004$ des Objektgewichtes beträgt, in der Regel ohne Bedeutung. Wenn ein Gewichtsverhältnis bestimmt wird (Gewichtsanalyse mit gewogener Probe), hebt überdies die Auftriebskorrektur des Probegewichtes jene für die Wägungsform (oder Ursubstanz für die Titerstellung einer Maßlösung oder Eichung eines kolorimetrischen Verfahrens) fast völlig auf. Die Korrektur der Gewichte für den Auftrieb kann aber Bedeutung gewinnen, wenn entweder die Probe (mit einer Pipette) gemessen und eine Konzentration bestimmt oder eine Probe geringer Dichte gewogen und ein daraus entwickeltes Gas gemessen wird (Stickstoffbestimmung nach Dumas). Genaue Volumbestimmungen durch Auswägen mit Wasser erfordern ebenfalls Anbringung einer Korrektur für den Auftrieb in Luft.

Die Korrektur ist gegeben durch:

$$\text{Wahres Gewicht} - \text{Gewicht in Luft} = D_a\,(V_o - V_g)\ \text{mg} \qquad (25)$$

$$= G D_a\,[(1/D_o) - (1/D_g)]\ \text{mg}, \qquad (25\text{a})$$

wenn D_a die Dichte der Luft in mg/ml ist, D_g, D_o, V_g und V_o die Dichten und Volumen (in ml) der Gewichte und des Objekts sind und G das Gewicht des Objekts vorstellt. Die folgenden Punkte sollten beim praktischen Gebrauch der Gleichungen berücksichtigt werden.

a) Die Dichte D_g ist der Dichte des Bezugstückes gleichzusetzen, auf das der Gewichtssatz abgestimmt wurde.

b) Wenn eine relative Genauigkeit von 0,001 für das Gewicht des Objekts ausreicht, brauchen die Dichten D_a, D_o und D_g nur mit einer relativen Präzision von $\pm$ 0,2 bekannt sein. Die Dichte von Messinggewichten mit einer Höhlung unter dem eingeschraubten Griff kann zu 8 g/ml angenommen werden und es genügt, die örtliche Durchschnittsdichte der Luft für D_a einzusetzen. Die letztere wird erhalten, indem man die Durchschnittstemperatur und den Durchschnittsdruck in Gl. (16) einführt (für p_w kann eine passende Annahme gemacht werden). In mittlerer Breite und Seehöhen bis zu 300 m kann $D_a = 1,2$ mg/ml angenommen werden (die größte Schwankung wird dabei $\pm$ 0,1 mg/ml nicht überschreiten).

c) Wenn eine relative Genauigkeit von 0,0001 für das Objektgewicht gefordert wird, müssen die Dichten D_a, D_o und D_g mit einer relativen Präzision von $\pm$ 0,02 bekannt sein. Es ist nötig, das Volumen der aus einem Stück Metall bestehenden Gewichte aus dem Auftrieb in Wasser zu bestimmen. Die Dichte der Luft zur Zeit der Wägung muß nach Gleichung

$$D_a = -\,0,0003\,t + (1,293\,b_0/760,0) \cdot (1 + 0,00367\,t)\ \text{mg/ml} \qquad (26)$$

berechnet werden, wobei t die Temperatur in Celsiusgraden und b_0 die auf $0°$ C reduzierte Barometerablesung in Millimeter Quecksilbersäule ist. Die Gleichung nimmt einen Feuchtigkeitsgehalt der Luft von etwa 50% an.

Literatur.

(1) BENEDETTI-PICHLER, A. A., Essentials of Quantitative Analysis, New York: Ronald Press Company. 1956. — (2) Mikrochem. **34**, 153 (1949). — (3) Mikrochem. **34**, 241 (1949). — (4) Mikrochem. **34**, 298 (1949). — (5) Mikrochem. **36/37**, 38 (1951). — (6) BLADE, E., Ind. Eng. Chem., Analyt. Ed. **12**, 330 (1940).

(7) CZANDERNA, A. W., u. J. M. HONIG, Analyt. Chemistry **29**, 1206 (1957). — (8) CZUBER, E., Wahrscheinlichkeitsrechnung, Bd. IX/1 der Sammlung der mathematischen Wissenschaften. Leipzig und Berlin: Teubner. 1932.

(9) DUVAL, C., Inorganic Thermogravimetric Analysis. Amsterdam, Houston, New York und London: Elsevier. 1953.

(10) EMICH, F., Methoden der Mikrochemie in ABDERHALDENS Handbuch der biologischen Arbeitsmethoden, Abt. I, Teil 3, S. 45—324. Wien und Berlin: Urban und Schwarzenberg. 1921.

(11) FELGENTRÄGER, W., Feine Waagen, Wägungen und Gewichte, 2. Aufl. Berlin: Springer-Verlag. 1932. — (12) Z. analyt. Chem. **83**, 422 (1931). — (13) FISHER, R. A., Statistical Methods for Research Workers, 6. Aufl. Edinburgh und London: Oliver & Boyd. 1936. — (14) FURTER, M., Mikrochem. **18**, 1 (1935).

(15) GYSEL, H., Mikrochim. Acta [Wien] **1953**, 266; **1956**, 577. — (16) GYSEL, H., u. W. STREBEL, Mikrochim. Acta [Wien] **1954**, 782.

(17) HAYMAN, D. F., u. W. REISS, Ind. Eng. Chem., Analyt. Ed. **14**, 357 (1942). — (18) HULL, D. E., Vortex, September 1948, S. 342. — (19) Atomic Energy Commission Document AECD-1816 (März 1948). — (20) Analyt. Chemistry **29**, 1202 (1957).

(21) JAEGER, F. M., u. D. W. DYKSTRA, Z. anorg. Chem. **143**, 233 (1925).

(22) KIRK, P. L., Quantitative Ultramicroanalysis. New York: Wiley. 1950. — (23) KIRNER, W. R., Ind. Eng. Chem., Analyt. Ed. **9**, 300 (1937). — (24) KUCK, J. A., PATRICIA ALTIERI u. ALMA K. TOWNE, Mikrochim. Acta [Wien] **1953**, 254.

(25) LASHOF, T. W., u. L. B. MACURDY, National Bureau of Standards Circular 547, Section 1 (20. Aug. 1954). — (26) LINDNER, J., Mikrochem. **34**, 67 (1949). — (27) LOWRY, O. H., J. Biol. Chem. **140**, 183 (1941).

(28) MILHAM, W. I., Meteorology. New York: Macmillan. 1936.

(29) PETTERSSON, HANS, These. Göteborg. 1913.

(30) RICHARDS, T. W., J. Amer. Chem. Soc. **22**, 144 (1900). — (31) RIESENFELD, E. H., u. H. F. MÖLLER, Z. Elektrochem. **21**, 131 (1915). — (32) RODDEN, CL. J., Ind. Eng. Chem., Analyt. Ed. **12**, 693 (1940).

(33) Schoorl, N., Chem. Weekbl. **16**, 481 (1919). — (34) Steele, B. D., u. Kerr Grant, Proc. Roy. Soc. London, Ser. A **82**, 580 (1909). — (35) Steyermark, Al, Ind. Eng. Chem., Analyt. Ed. **17**, 523 (1945). — (36) Steyermark et al., Committee on Microchemical Apparatus. Analyt. Chemistry **26**, 1186 (1954). — (37) Steyermark, Al, E. D. Ingalls u. J. W. Wilkenfeldt, Analyt. Chemistry **28**, 517 (1956). — (38) Straten, F. W. van, u. W. F. Ehret, Ind. Eng. Chem., Analyt. Ed. **9**, 443 (1937).

(39) Treadwell, F. P., Kurzes Lehrbuch der analytischen Chemie, Bd. II. Wien: Deuticke. 1949. — (40) Treadwell, F. P., u. W. T. Hall, Analytical Chemistry, II. Quantitative Analysis, 8. Aufl. New York: Wiley. 1935.

(41) United States Department of Commerce, Weather Bureau, 17 Battery Place, New York, N. Y., Local Climatological Data.

(42) Waber, J. T., u. Gladys E. Sturdy, Analyt. Chemistry **26**, 1177 (1954).

(43) Youden, W. J., Statistical Methods for Chemists. New York: Wiley. 1951.

II. Präzisionshebelwaagen.

Unter Präzisionshebelwaagen sollen alle jene hauptsächlich aus Metall gebauten Hebelwaagen verstanden werden, die hohe relative Präzision erreichen lassen, indem man das Objekt mit Normalmassen (Gewichten) vergleicht, so daß nur geringe Gewichtsunterschiede durch die Waageanzeige direkt angegeben werden.

Die meisten dieser Waagen sind gleicharmige Hebelwaagen und ihre Konstruktion ist im Prinzip immer dieselbe, gleichgültig ob sie für eine Höchstbelastung von 1 g oder mehrere hundert Kilogramm bestimmt sind. Daher gelten die folgenden Ausführungen und Anleitungen auch für Präzisionswaagen von hoher Tragkraft, obschon sie in erster Linie für Probierwaagen (23) (1 bis 10 g Höchstbelastung), mikrochemische Waagen (10 bis 50 g Höchstbelastung) und Analysenwaagen (50 bis 200 g Höchstbelastung) bestimmt sind (10, 20).

Auch die robustesten dieser Waagen müssen zur Erhaltung der delikaten Schneiden mit größter Schonung behandelt werden. Die beim Wägen zu ergreifenden Vorsichtsmaßregeln hängen in erster Linie von der zu erreichenden relativen Präzision und Genauigkeit ab; das absolute Gewicht des zu wägenden Objekts bestimmt die Wahl einer Waage von entsprechender Tragkraft, ist aber im weiteren von untergeordneter Bedeutung. Die folgenden Anweisungen für die Behandlung von Waagen und die Ausführung von Wägungen sollten allgemein befolgt werden. Sie werden bei geringstem Arbeitsaufwand die höchsterreichbare Präzision geben.

Allgemeine Beschreibung der Waage.

Von einer in die Einzelheiten gehenden Beschreibung der verschiedenen Ausführungsformen wird am besten abgesehen und auf die Kataloge der Erzeuger verwiesen. Es ist die Überzeugung des Verfassers, daß eine einfach entworfene und gut ausgeführte Waage die beste Gewähr für einen zufriedenstellenden Gebrauch bei Präzisionswägungen verspricht. Die wesentlichen Teile einer Waage werden bei Vergleich eines Instrumentes mit der folgenden Beschreibung ohne Schwierigkeit erkannt werden können.

Grundplatte. Die zentrale Säule, die die beweglichen Teile der Waage hält, ist auf einer kräftigen Grundplatte aus Marmor, Glas oder Metall befestigt, die meist mit drei, zuweilen mit vier Füßen auf dem Waagetisch oder einer Konsole ruht. Wenigstens zwei dieser Füße können durch die Betätigung von Stellschrauben verlängert und verkürzt werden, wodurch es möglich wird, der zentralen Säule eine lotrechte Stellung zu geben, die durch ein an der Säule angebrachtes Lotblei oder auf der Grundplatte befestigte Wasserwaage(n) angezeigt wird. Eine Vorrichtung für die Arretierung der Stellschrauben sollte vorgesehen werden, wenn Ausschlag oder Ruhestellung des Balkens mit ungewöhnlich hoher Genauigkeit (langer optischer Zeiger) bestimmt werden sollen (9, 10). Die Grundplatte trägt weiters immer die Arretierungsvorrichtungen für Schalen, Balken und Gehänge.

Gehäuse. Präzisionswaagen müssen von einem möglichst staubdichten Gehäuse umschlossen werden, das auf der Grundplatte ruht. EMICH hat den ausgezeichneten Vorschlag gemacht, das Gehäuse so auf der Grundplatte zu befestigen, daß es zur Reinigung der Waage einfach und ohne Erschütterung des Instrumentes entfernt werden kann (7). Die beste Wärmeisolierung wäre vermutlich durch ein doppelwandiges Metall- (Aluminium-) Gehäuse mit Isoliermaterial (Glaswolle) im Hohlraum gegeben, wobei die notwendigen kleinen Doppelfenster überdies leicht versilbert oder platiniert werden könnten. In der üblichen Ausführung besteht das Gehäuse aus einem Holz- oder Metallrahmen, in den verhältnismäßig große Fenster eingesetzt sind. Die Vorderseite der rechteckigen Gehäuse besteht fast immer aus einem auf und ab verschiebbaren Fenster, dessen Gewicht durch Laufgewichte im Rahmen des Gehäuses ausbalanciert ist. Häufig ist auch die Rückwand ein Schiebefenster, das vollständig entfernt werden kann. Viele mikrochemische Waagen sind überdies mit Seitentüren versehen, die es möglich machen, den Vorderschieber während aller zum Wägen erforderlichen Handhabungen ständig geschlossen zu halten. Sechsseitige und runde Gehäuse erlauben, Seitentüren so anzuordnen, daß Apparate in sehr handlicher Weise auf die Waage gebracht werden können.

Ein zweckmäßig gebautes Gehäuse muß vor allem dicht schließen (Vorderschieber dicht auf der Grundplatte aufsitzen) und trotzdem die Waage leicht zugänglich machen. Auf diese Weise schützt es das Instrument gegen Staub und Luftströmungen der äußeren Atmosphäre. Es sollte überdies so gebaut sein, daß es die Ausbildung von Temperaturgefällen im Inneren wenigstens nicht fördert. Schließlich ist es vorteilhaft, wenn es Raum für die staubfreie Aufbewahrung von Gewichten und Taren vorsieht.

Notwendigerweise sind Vorrichtungen zur mechanischen Auflegung von Gewichten, Verschiebung von Laufgewichten und Beobachtung der Lage des Balkens entweder am Gehäuse oder auf der Grundplatte befestigt.

Der Waagebalken. Die Hauptaufgabe des Balkens ist, die drei Schneiden unverrückbar in richtiger Stellung zueinander zu halten. Hierzu muß er aus einem starren Metall derart hergestellt werden, daß eine merkliche Durchbiegung auch bei Höchstbelastung nicht stattfindet. Da sein Gewicht außerdem auf ein Mindestmaß herabgedrückt werden soll, verwendet man Metalle oder Legierungen geringer Dichte und (oder) eine an Brückenträger erinnernde Form, die Starrheit bei geringstem Materialaufwand (und Gewicht) sichert. Ebenso wie Schalen und Gehänge muß auch der Balken aus einem „unmagnetischen" Metall bestehen (6), das durch einen geeigneten Überzug (S. 28) geschützt ist, wenn es nicht ohnedies in Luft beständig ist.

Die drei Schneiden sollen in gleichem Abstand parallel in einer Ebene liegen. Die Armlängen sind durch die Abstände der Endschneiden von der Mittelschneide bestimmt und man erwartet, daß die Armlängen wenigstens innerhalb 0,00004 übereinstimmen. Eine Übereinstimmung innerhalb 0,00001 ist nicht ungewöhnlich und setzt voraus, daß die Armlängen bei einer Balkenlänge von 10 cm bis auf $0{,}5\,\mu\mathrm{m} = 500\,\mathrm{nm}$ (= 500 mμ, Wellenlänge im blaugrünen Teil des Spektrums) übereinstimmen. Da Längenmessung mit einer derartigen Präzision unmöglich ist, muß die richtige Lage der Schneiden durch Wägeversuche empirisch bestimmt werden. Die Lage der Schneiden wird dann entsprechend geändert, bis der Balken allen Anforderungen entspricht.

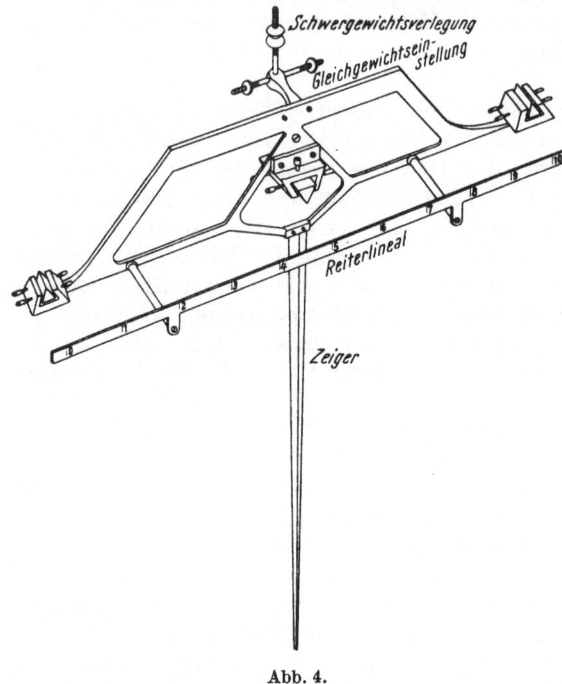

Abb. 4.

Das Justieren der Schneiden ist verhältnismäßig einfach, wenn diese (Abb. 4) durch Stellschrauben gehalten werden. Wenn die Schneiden aber in Ausnehmungen des Balkens eingepreßt oder eingekittet sind (Abb. 5), wird es notwendig, die Feinjustierung durch entsprechende Deformierung des Balkens (leichte Hammerschläge) herbeizuführen. Da, wenigstens mit Achatschneiden, ein Tempern des Balkens nach erfolgter Feinjustierung unmöglich ist, hat das letztere Verfahren den Nachteil, daß im fertigen Balken Spannungen vorhanden sind, die im Laufe der Zeit eine geringe Formänderung des Balkens und teilweisen Verlust der erzielten Justierung herbeiführen können. Der Verfasser muß jedoch gestehen, daß Balken mit eingezogenen Schneiden für analytische Zwecke durchaus zufriedenstellend sind und häufig Wägung mit überraschend guter Präzision ermöglichen. Anderseits ist es allgemein bekannt, daß die Justierung mikrochemischer Waagen, deren Schneiden in der Regel durch Stellschrauben gehalten werden, dauernd verlorengeht, wenn sie während der Fracht sehr niedrigen oder hohen Temperaturen ausgesetzt sind. Diese Erscheinung ist kaum überraschend, wenn man die Verschiedenheit der Ausdehnungskoeffizienten des Achats und der Metallteile des Balkens in Betracht zieht (6).

Der Balken jeder Präzisionswaage ist außerdem versehen mit a) einer Vorrichtung (Zeiger oder Spiegel), die die Neigung des Balkens zu bestimmen erlaubt; b) einem

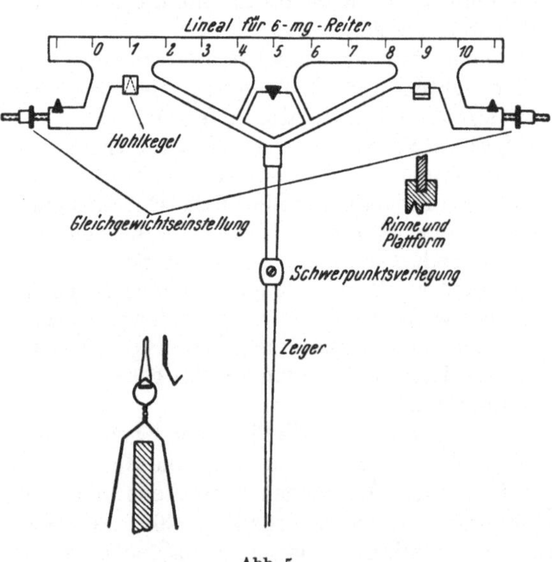

Abb. 5.

in der Höhe verstellbaren Gewicht zur Verlegung des Schwerpunktes des Balkens; c) einem oder zwei seitlich verstellbaren Gewichten (Schraubenmuttern oder Reiter) zur Justierung der Nullage der Waage und d) meist drei Angriffsstellen für die Arretierungsstifte. Die Letztgenannten sind in Abb. 5 angedeutet.

Die meisten Balken besitzen überdies ein Reiterlineal, d. h. eine gerade horizontale Kante, entlang deren ein Laufgewicht meßbar verschoben werden kann.

Es ist wünschenswert, daß der Balken so konstruiert ist, daß man die Gehänge und den Balken abnehmen kann, ohne die Arretierung aufzuheben. Während der Wägungen ruht der Balken mit der Mittelschneide auf einer hochpolierten ebenen Platte (Lager), die von der Säule getragen wird (Abb. 7).

Gehänge und Schalen. Mit Hilfe von Gehängen und Schalen wird die auf Objekt und Gewichte wirkende Schwerkraft auf die Endschneiden des Balkens übertragen. Abb. 6 zeigt ein sehr einfach und zweckmäßig ausgeführtes Gehänge von L. Oertling Ltd., London, dessen allgemeine Form von CONRADY (5) empfohlen wird. Der Bügel zum Einhängen des Zwischengehänges (S-förmig gebogener Draht) oder der Schale ist unmittelbar an der Achatplatte befestigt, die als Lager dient und auch passende Angriffspunkte für die Arretierungsnadeln vorsieht.

Beide Schalen sollten in gleicher Weise mit Apparatehaken versehen sein, um die Ausführung von GAUSSschen Doppelwägungen und die Benutzung von apparategleichen Taren zu erleichtern.

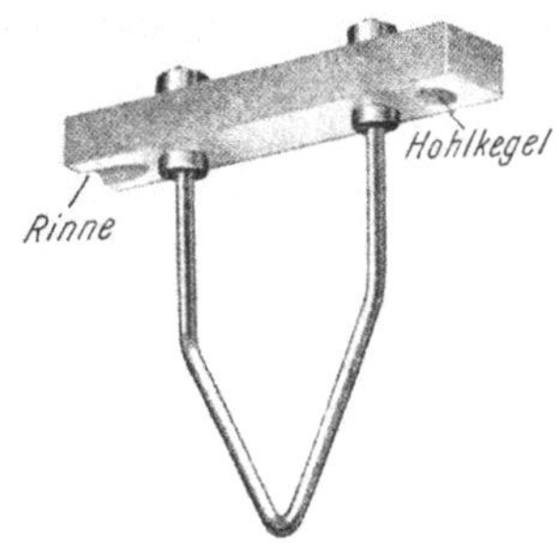

Abb. 6. Gehänge (Steigbügel-typus). L. Oertling Ltd.

Die Lager. Alle drei Lager bestehen aus scharfen Schneiden, die auf ebenen Platten spielen. Platten und Schneiden werden bisher meist aus Achat hergestellt, dessen Zähigkeit und Formbeständigkeit ihn für diesen Zweck besonders geeignet erscheinen läßt.

Aus der Länge der Schneiden, ihrer ungefähren Breite und den Gewichten von Balken, Gehängen, Schalen und gewogenen Objekten läßt sich einfach errechnen, daß der Druck in den Lagern zwischen 300 bis 3000 kg/cm² betragen muß. Da die Endlager in der Regel kürzer sind als die Mittellager und die Erzeuger die Lager der Tragkraft der Waage anpassen, gelten diese Zahlen ganz allgemein für Präzisionshebelwaagen beliebiger Tragkraft. Es folgt, daß beide Teile des Lagers von gleicher Härte sein sollen, da eine weichere Schneide bald stumpf würde und eine härtere Schneide eine Furche in der weicheren Platte graben müßte.

Sind beide Teile des Lagers aus Achat, so nimmt man an, daß die Schneide sich unter dem Druck zylindrisch abrundet. Es ist dabei wohl anzunehmen, daß die Krümmungsradien im allgemeinen mit der Tragkraft der Waage zunehmen werden und so zur ungefähren Gleichhaltung des Druckes in den Lagern beitragen. CORWIN (6), der ein einfaches Verfahren zur Bestimmung der Krümmungsradien beschreibt, ist der Meinung, daß $0{,}25\,\mu\mathrm{m}$ das zulässige Maximum für den Krümmungsradius in den Lagern einer vollkommenen mikrochemischen Waage darstellt, wenn der Erzeuger eine einer geometrischen Linie entsprechende Schneide anstrebt, und daß größere Krümmungsradien die Präzision der Anzeige bereits merklich verschlechtern. Die Ausführungen von SCHMERWITZ (21) erwecken den Eindruck, daß Krümmungsradien von $10\,\mu\mathrm{m}$ bei Analysenwaagen nicht ungewöhnlich sein sollten, und an einer Waage von 5 kg Tragkraft hat er Krümmungsradien von 40 und $70\,\mu\mathrm{m}$ bestimmt.

CORWIN (6) weist ferner darauf hin, daß sich der Wassergehalt von Achat mit der relativen Feuchtigkeit der umgebenden Atmosphäre ändert. Da Achat, wie schon seine Bänderung zeigt, keine einheitliche Substanz ist, läßt sich kaum erwarten, daß Achatschneiden und Platten der Endlager einer Waage, auch wenn sie mit Bedacht aus entsprechenden Teilen desselben Achatstückes angefertigt wurden, ihren Wassergehalt in gleichem Ausmaß und mit gleicher Geschwindigkeit ändern werden. Auf diese Weise können beträchtliche Schwankungen in der Leeranzeige verursacht werden, da die relative Feuchtigkeit der Atmosphäre sich bis zu 10% pro Stunde ändern kann. Corwin beschreibt verschiedene einfache Versuche zur Bestimmung des Feuchtigkeitskoeffizienten einer Waage (Änderung der Leeranzeige in Mikrogramm auf 1% Änderung der relativen Feuchtigkeit). Eine mikrochemische Waage von Kuhlmann zeigte einen Feuchtigkeitskoeffizienten von $0,2\ \mu g/1\%$. Eine Analysenwaage von 200 g Tragkraft, die in den Endlagern insgesamt 1,05 g Achat enthielt, hatte einen Feuchtigkeitskoeffizienten von $3\ \mu g/1\%$, der durch wiederholtes Imprägnieren der Achatteile mit Bakelite auf $0,1\ \mu g/1\%$ herabgesetzt werden konnte.

Corwin kommt zur Schlußfolgerung, daß der sogenannte Temperaturkoeffizient der Waagen (17) wesentlich ein Feuchtigkeitskoeffizient ist, da der anscheinende Einfluß gleichmäßiger Temperaturänderungen durch notwendigerweise parallel laufende Änderungen der relativen Feuchtigkeit beinahe zur Gänze erklärt werden kann. Die Mittel zur Unterdrückung des Feuchtigkeitseinflusses sind a) Verwendung winziger Achatlager, wie dies Kuhlmann bei seiner mikrochemischen Waage getan hat, b) Imprägnierung der Achatteile mit geeigneten plastischen Massen und c) Vermeidung von Achatlagern.

Lager aus synthetischem Korund (Saphir) und aus Borkarbid sind im letzten Jahrzehnt verschiedentlich verwendet worden, doch liegen noch keine kritischen Untersuchungen vor. Ihre Verwendung sollte es nicht nur möglich machen, den Feuchtigkeitskoeffizienten zu unterdrücken, sondern auch wegen ihrer außerordentlichen Härte dem Ideal einer als geometrische Linie zu beschreibenden Schneide, die auf einer vollkommenen Ebene spielt, beträchtlich näher zu kommen.

Arretierung für Balken und Gehänge. Die Arretierung hat die Aufgabe, die vorzeitige Abnützung der Lager durch deren Entlastung zu verhindern und die zuverlässig reproduzierbare Lage von Balken und Gehängen zu sichern. Wenn die Waage zusammengestellt wird, verhindert eine geeignete Ausführung der Arretierung eine Beschädigung der Lager, da eine Berührung der Platten mit den Schneiden vermieden ist, wenn Balken und Gehänge auf die Arretierungskontakte aufgelegt werden. Auch können erforderliche Justierungsarbeiten am Balken und Auflegung von Objekten und Gewichten auf die Schalen ohne Nachteil für die Lager durchgeführt werden, wenn Balken und Gehänge auf den Arretierungsstiften ruhen. Bei richtiger Arbeit sind die Lager nur für die kurzen Zeitabschnitte beansprucht, die für die Beobachtung von Ausschlägen oder Ruhepunkten und vorangehende Vorversuche notwendig sind.

Die Balkenarretierung wird immer durch ein kleines Rad oder eine Kurbel betätigt, welche(s) unterhalb der Grundplatte, meist in der Mitte der Vorderseite, aber zuweilen an der Seite des Gehäuses, angebracht ist. Durch eine in die Säule eingebaute Triebstange werden die Arretierungsarme auf und ab bewegt. Abb. 7 zeigt eine sehr einfache Ausführungsform, bei der die Kontakte der Balkenarretierung und die Kontakte der Gehängearretierung auf je einer horizontalen Platte befestigt sind.

Meist wird der Balken von drei Kontakten erfaßt, von denen einer in die Spitze eines Hohlkegels gleitet, einer in einer Rinne landet und der dritte an einer horizontalen Fläche angreift (Abb. 5). Kugel und Kugelschale treten oft an Stelle von Nadel und Hohlkegel. Im Prinzip wird der Balken an einem gegebenen Punkt, entlang einer gegebenen Geraden und an einer vorgegebenen Horizontalfläche erfaßt. Dies bringt ihn immer in dieselbe Lage, wenn er von den Arretierungskontakten aufgehoben wird. Gleichzeitig ist es unmöglich, daß eine Verkeilung eintritt, wenn sich Teile infolge von Temperaturänderungen ungleich ausdehnen oder zusammenziehen, so daß beim Senken der Arretierungsarme Balken und Gehänge in den durch die Arretierungskontakte vorgegebenen Stellungen abgesetzt werden, worauf die Arretierungsstifte ohne weiteres frei werden und hinwegsinken, ohne den beweglichen Teilen der Waage irgendwelche Erschütterung zu vermitteln.

Die Arretierungsstifte der Gehängearretierung greifen in der Regel entweder in zwei Rinnen oder in einer konischen Vertiefung und einer Rinne an.

Schneiden und Platten werden bei Arretierung der Waage nur um einen Bruchteil eines Millimeters voneinander getrennt. Zur Prüfung der Arretierungsvorrichtung beobachte man von vorne und von der Seite die Bewegung des Zeigers während des Auslösens und Arretierens. Seitliche Bewegungen der Zeigerspitze weisen auf entsprechende unzweckmäßige Bewegungen des Balkens hin. Trägt der Balken einen Spiegel, so kann man die Bewegung eines Lichtsignals als Indikator benutzen.

CORWIN (6) beobachtet die Bewegung von Balken und Lagern während des Arretierens und Auslösens mit Hilfe eines Horizontalmikroskops; zur Beobachtung der Lager dient hell

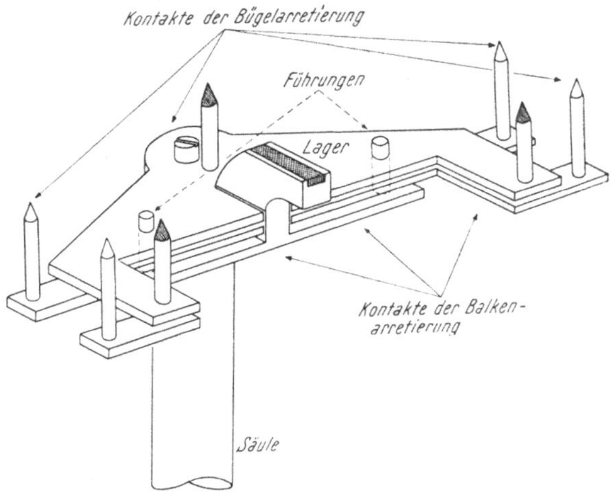

Abb. 7. Arretierung für Balken und Gehänge. L. Oertling Ltd.

beleuchtetes weißes Papier als Hintergrund. Bei der Untersuchung einer KUHLMANNschen Mikrowaage wurde auf diese Weise gefunden, daß die rechtsseitige Endschneide durch die Vibration des Balkens während des Arretierens die abgehobene Achatplatte mit Hammerschlägen bearbeitet und dadurch rasch abgestumpft wird. Im Laufe von 6 Jahren vergrößerte sich der Krümmungsradius dieser Schneide von etwa 3 μm auf nahezu 13 μm. Jener der linksseitigen Endschneide, die nicht arretiert wird und ständig mit der Achatplatte in Berührung bleibt, erreichte nur 5,2 μm und der der Mittelschneide 4,5 μm. Die Krümmungsradien von allen drei Schneiden betrugen bei der neuen Waage zwischen 3,0 und 3,5 μm.

Nach Arretieren und Wiederauslösen auftretende Änderungen der Instrumentanzeige sind darauf zurückzuführen, daß es dem Arretierungsmechanismus nicht vollständig gelingt, die früheren relativen Lagen von Schneiden und Platten genau wiederherzustellen. Dies würde keine Änderung der Anzeige zur Folge haben, wenn die Platten vollkommene Ebenen aus gleichförmigem Material darböten und die Schneiden geometrische Gerade aus ebensolchem Stoff wären. Die Unvollkommenheiten von Schneiden und Platten ziehen Anzeigeänderungen nach sich, wenn die Berührungsstellen auch nur um mikroskopische Ausmaße geändert werden. Mit dem Krümmungsradius der Endlager wächst überdies der Betrag einer Verlängerung oder Verkürzung des Hebelarmes, die sich aus einer Neigung der Platte gegen die Horizontale ergibt (Abb. 8).

Die Befunde von Corwin können wie folgt zusammengefaßt werden: Es ist wünschenswert, daß die Arretierung alle drei Lager trennt, aber dies soll so geschehen, daß der Balken bereits arretiert ist, wenn die Endplatten angehoben werden. Wenn die letztgenannte Bedingung nicht erfüllt ist, ist es vorzuziehen, die Arretierungsstifte für die Endlager so einzustellen, daß die Platten gerade eben nicht von den Schneiden abgehoben werden. Bei allen Präzisionswaagen empfiehlt sich Anbringung der Zeigerbremse von Conrady (5), um auf alle Fälle heftige Vibrationen des Balkens während des Arretierens zu verhindern. Diese besteht aus einem leichten Drahtbügel, der sich leicht an den Zeiger anlegt, gerade bevor die Arretierung des Balkens beginnt.

Die Schalenarretierung. Die Schalenarretierung ist nicht ein notwendiger Teil der Waage und kann bei unrichtiger Ausführung eine Fehlerquelle werden. Sie erleichtert aber die Benutzung der Waage, indem sie die Schalen während des Auflegens und Abnehmens von Apparaten und Gewichten am Schwingen

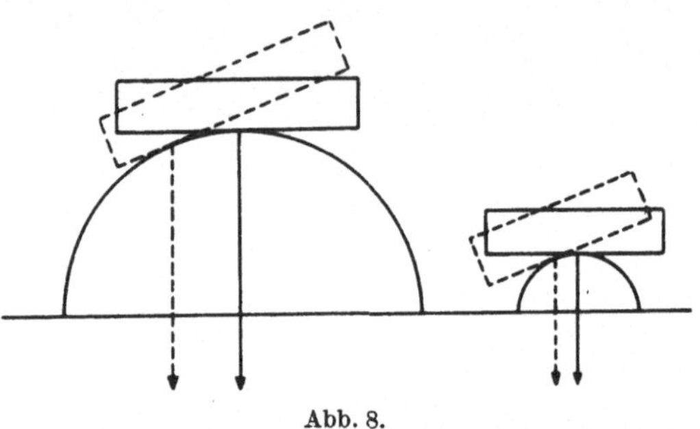

Abb. 8.

verhindert und es ferner möglich macht, schwingende Schalen zur Ruhe zu bringen, ohne das Waagegehäuse öffnen zu müssen.

Die Arretierungskontakte greifen immer im Zentrum der Unterseiten der Schalen an. Dabei soll die die Schalen unterstützende aufwärts gerichtete Kraft geringer sein als das Gewicht der Schalen, so daß diese nicht angehoben werden können, was ein unerwünschtes Neigen der Gehänge zur Folge haben würde. Die die Schale berührende Fläche soll von einem Material gebildet werden, das sich an der Luft nicht verändert und leicht rein gehalten werden kann (18).

Ob die Schalen zuerst oder zuletzt ausgelöst, zuerst oder zuletzt arretiert werden sollen und ob es besser ist, Schalen- und Balkenarretierung zu trennen oder zwangsweise zu kuppeln, ist nicht einfach zu entscheiden, besonders wenn man auch die Möglichkeit einer fahrlässigen Bedienung des Arretierungsmechanismus in Betracht zieht. Bei vorsichtiger und bedachtsamer Bedienung bietet eine Trennung der Schalenarretierung die Vorteile, daß a) eine schwingende Bewegung der Schalen durch ihre wiederholte Auslösung und Arretierung gestillt werden kann, bevor man den Balken auslöst, b) die Schalen unterstützt bleiben können, während Balken und Gehänge ausgelöst werden und c) der Balken durch langsame und vorsichtige Anwendung der Schalenarretierung in die horizontale Lage gebracht werden kann, bevor man an seine Arretierung schreitet. Dabei ist eine zweckmäßige und sorgfältige Ausführung der Schalenarretierung vorausgesetzt.

Bei Waagen amerikanischer Herkunft ist die Schalenarretierung in der Regel von der Balkenarretierung getrennt und besteht aus zwei Hebeln, die nahe der Grundplatte angebracht sind. Die längeren vorderen Arme dieser Hebel tragen die Arretierungskontakte, die die Schalen von unten her berühren. Ihre hinteren Arme sind durch eine der Hinterwand des Gehäuses parallel liegende Messingstange starr verbunden, deren Gewicht bewirkt, daß die Schalen mit geringer Kraft angehoben werden. Dabei sind die Kontakte imstande, den Schalen zu folgen, wenn sie während der Arretierung oder Auslösung des Balkens angehoben oder gesenkt werden. Stellschrauben in den Vorderarmen der beiden Hebel machen es möglich, die Arretierungskontakte so in der Höhe zu verstellen, daß Kontakt mit beiden Schalen gleichzeitig hergestellt wird, wenn der Balken in horizontaler Lage (arretiert) ist (der Zeiger auf Null steht). Die Schalenarretierung wird ausgelöst, indem man einen neben dem Triebrad der Balkenarretierung befindlichen Knopf gegen das Gehäuse schiebt, wodurch die Messingstange angehoben wird.

Beim Wägen schwerer Apparate kommt es vor, daß sich das Gestänge einer Schale mehr streckt als das der anderen. Bei arretiertem Balken wird dann nur diese Schale von dem Arretierungskontakt erreicht, so daß eine pendelnde Bewegung der anderen Schale ungehindert weitergeht. Es ist dann nötig, bei arretiertem Balken (Zeiger auf Null) die Stellschrauben der Vorderarme der Arretierungshebel zu betätigen, bis gleichzeitiger Kontakt mit beiden Schalen wieder hergestellt ist.

Europäische Erzeuger ziehen meistens vor, die Schalenarretierung mit der Balkenarretierung zwangsläufig zu verbinden. Arretierungsstifte, meist durch eine Exzentervorrichtung auf und ab bewegt, werden lotrecht durch die Grundplatte geführt, so daß sie die Unterseite der Schalen berühren. Wenn die Kontaktstifte starr sind, wird es dabei vorkommen, daß die Schalen leicht angehoben werden, was ein unerwünschtes Neigen der Schalen und Gehänge nach sich zieht. Corwin (6) empfiehlt, in solchen Fällen den Arretierungsstiften einen axialen zylindrischen Hohlraum zu geben, in dem der eigentliche Kontaktstift auf einem lose einpassenden Zylinder aus Schwammkautschuk aufsitzt. Metallfedern von genügender Nachgiebigkeit konnten für diesen Zweck nicht erhalten werden.

Zeigerskala. Eine Zeigerskala mit Millimeterteilung für Ablesung mit dem unbewaffneten Auge ist zur Benutzung während des Austarierens wünschenswert, selbst wenn die Waage mit irgendeiner der verschiedenen optischen Einrichtungen für die Feinbestimmung der Lage des Balkens versehen ist. Derartige Zeigerskalen sind in der Regel am Fuße der Säule befestigt.

Allgemeine Beschreibung von bei Waagen benutzten Zusatz- oder Hilfsgeräten.

Für Präzisionswägungen können von den verschiedenen Zusatzgeräten nur drei ohne Vorbehalt empfohlen werden: Vorrichtungen zur staubsicheren Aufbewahrung von Gewichten und Taren im Waagegehäuse, Betätigung der Gleichgewichtseinstellung am Balken von außerhalb des Gehäuses und Wägung unter Benutzung eines Reiters. Dabei müssen im folgenden einige Einschränkungen betreffend die Verwendung des Reiters gemacht werden.

Alle übrigen angebotenen Zusatzgeräte dienen ausschließlich der Beschleunigung oder (und) Erleichterung der Wägungen und sind in diesem Zusammenhange von untergeordneter Bedeutung. Es sei damit aber nicht gesagt, daß die Verwendung von automatischer Gewichtsauflegung, Dämpfung, Ablesung der Stellung des ruhenden Zeigers usw. bei Serienarbeit, besonders mit weniger geschultem Personal, nicht auch die Verläßlichkeit und Präzision der Wägungen steigern könnte.

Bereitstellung der Gewichte im Waagegehäuse. Man behilft sich häufig, indem man die benötigten Gewichte auf einer auf der Grundplatte des Gehäuses ruhenden Glasplatte sammelt, wo sie — wenn nicht in Gebrauch — mit einer kleinen Glocke bedeckt werden können (Abb. 9) (3). Dieser Behelf hat aber den Nachteil, daß bei Unfällen die Gewichte von verschütteten Chemikalien getroffen werden können. Es sollte nicht zu schwierig sein, an der Säule eine Plattform zu befestigen, die zur Übertragung von Gewichten oder Taren über

die gewünschte Schale geschwungen werden kann, während sie in der Ruhestellung (hinter der Säule) durch eine Glocke noch besonders gegen Verstaubung
geschützt ist.

Fernbetätigung der Gleichgewichtseinstellung. Wenn die am Ende des Balkens
befindlichen Muttern (Abb. 5) als Flügelmuttern ausgebildet sind, wird es ein
leichtes, sie durch Drehen eines etwas gebogenen Drahtes, der durch die Seitenwand des Gehäuses geführt ist, von außen zu betätigen. Auf diese Weise wird
eine Störung des Temperaturgleichgewichtes im Gehäuse vermieden und es
wird ohne weiteres leicht möglich, die Anzeige des Instrumentes auf Null zurückzuführen, wenn immer dies erwünscht ist und ohne die Wägungen zur Einstellung des Temperaturausgleiches unterbrechen zu müssen.

Reiterwägung. Die Mehrzahl aller Präzisionswaagen sieht die Verwendung
eines leichten Laufgewichtes, des Reiters, vor. Die Ergebnisse der Untersuchungen

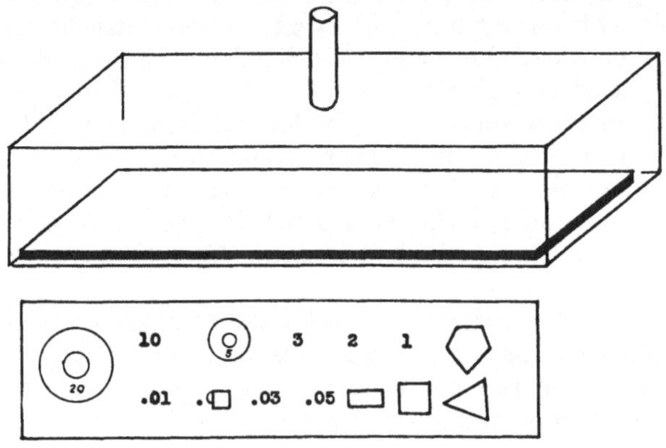

Abb. 9. Gewichtssatz.

von Corwin (6), Lindner (14), Ramberg (13, 19) und Schwarz-Bergkampf (22)
werden am besten zusammengefaßt, indem man die von Felgenträger (8)
aufgestellte Regel etwas abändert: Das Gewicht des Reiters soll die ohne Verwendung eines Reiters erhaltene mittlere Schwankung der Gewichtsanzeige
nicht mehr als tausendmal überschreiten, wenn die Verwendung des Reiters
ohne Einfluß auf die Präzision der Wägungen bleiben soll.

Wenn diese Regel eingehalten wird und der Nullpunkt der Reiterskala an
das linke Ende des Balkens verlegt wird, braucht das Reiterlineal in der Regel
nicht mehr als 11 Teilstriche oder Kerben zu erhalten. Vorzuziehen sind
13 Teilstriche, wie in Abb. 5 gezeigt, da dies auch dann die Bestimmung der
Empfindlichkeit gestattet, wenn mit dem Reiter auf Null eine negative oder mit
dem Reiter auf Zehn eine positive Instrumentanzeige erhalten wird (vgl. S. 63). Eine
Unterteilung der Hauptintervalle gibt zuweilen Anlaß zu Irrtümern in der Ablesung der Reiterstellung. Reiterlineale mit dem Nullpunkt über der Mittelschneide erzwingen nur den Gebrauch eines schwereren Reiters, ohne irgendwelche wirkliche Vorteile zu bieten. Es sei bei dieser Gelegenheit darauf hingewiesen, daß keine dringende Notwendigkeit vorliegt, daß die Null- und Zehn-
punkte des Reiterlineals über den Schneiden liegen. Die Waage von Abb. 5
arbeitet mit einem 6-mg- oder 0,6-mg-Reiter und die Masse des Reiters kann
der Skala so angepaßt werden, daß das wirksame Drehmoment des Reiters
auf Teilstrich 10 auch 10 mg oder 1 mg entspricht, wo immer sich dieser Teilstrich auf dem Reiterlineal befinden sollte.

Die Reiterskala muß jedoch in dem Sinne gleichförmig sein, daß alle Intervalle innerhalb enger Grenzen ($\pm$ 0,005) dieselbe Länge haben. Diese Bedingung ist mit modernen Teilmaschinen leicht zu erfüllen, wenn es sich um die Anfertigung feiner Teilstriche handelt. Dabei ist ein Reiterlineal mit einer geraden Kante einem gekerbten vorzuziehen (18) und ein einfacher Reiter der in Abb. 5 gezeigten Form kann mit der erforderlichen Genauigkeit ohne Schwierigkeit aufgesetzt werden, wenn sein Gewicht die eingangs gestellte Bedingung erfüllt.

Sehr wichtig ist eine gediegene Ausführung der Reiterverschiebung. Ihr Reiterhaken soll so geformt sein (Abb. 5), daß der Reiter stets in einer Ebene, die zur Ebene des Balkens vertikal ist, verbleibt. Die Vertikalbewegung des Hakens soll mit geeigneten Anschlägen versehen sein und seine Horizontalführung bei genügender Starrheit reibungslos erfolgen. Dies ist erforderlich, um Unfälle des Reiters zu verhindern, die zu unerwünschter Deformierung desselben führen könnten. Reibungsloses Gleiten der Horizontalführung erleichtert es ferner, den Reiter genau an der gewünschten Stelle abzusetzen. Diese Aufgabe wird außerdem beträchtlich erleichtert, wenn nach PREGLS Vorschlag ein Vergrößerungsglas so an der Reiterführung angebracht ist, daß es sich ständig in der Höhe des Reiterlineals vor dem Reiterhaken befindet.

Dem Vorbild von KUHLMANN folgend, ist die Reiterverschiebung in mikrochemischen Waagen fast ausnahmslos sorgfältig ausgeführt. Es ist erstaunlich, daß selbst heute noch Analysenwaagen, Waagen von höherer Tragkraft und selbst Probierwaagen mit Reiterführungen versehen werden, die durchaus primitiv und unzulänglich sind.

Die Verwendung von zwei Reitern ist nur dann berechtigt, wenn einer derselben lediglich zur Justierung der Leeranzeige verwendet wird (14). Ersatz des Reiters durch ein Kettengewicht ist nicht zu empfehlen, wenn es sich um Wägungen höchster Präzision handelt.

Automatische Gewichtsauflegung. Die automatische Gewichtsauflegung erlaubt in der Regel, die Gewichte nur an einer Endschneide zur Wirkung zu bringen. Dies schließt GAUSSsche Doppelwägung aus und der Einfluß des Armverhältnisses kann nur durch Substitutionswägung ausgeschaltet werden, deren mittlere Schwankung das Zweifache jener der GAUSSschen Wägung ist. Es ist dabei zu bedenken, daß dieser Verlust an Präzision auch bei der Prüfung der Gewichte (Bestimmung der Korrekturen zu den Nominalwerten) auftritt. Es wäre natürlich möglich, die Präzision GAUSSscher Wägungen mit den Mitteln aus je vier Substitutionswägungen zu erreichen. Hierzu wäre es jedoch erforderlich, im Falle von Tab. 7 nicht weniger als 48 Substitutionswägungen (im ganzen 108 Proportionalwägungen) auszuführen, wenn auch nur die Gewichte der Milligrammdekade (1, 2, 3 und 4 mg) automatisch aufgelegt werden.

Dämpfung. Einfache Ablesung der Ruhelage des Balkens tritt an Stelle der Bestimmung mehrerer Umkehrpunkte des Zeigers der schwingenden Waage. Wenigstens wenn es sich um Balken mit Achatlagern handelt, kann man ziemlich sicher annehmen, daß Anbringung von Dämpfungsvorrichtungen die dem Instrument eigene Präzision verschlechtern wird. Es sei ferner darauf hingewiesen, daß mit einer Waage die Erfahrung gemacht wurde, daß die Reproduzierbarkeit der Anzeige durch die Stärke (oder Art) der auf das Instrument übertragenen Vibrationen bestimmt wurde (2).

Waagen mit nur einer Schale. Der Ausfall der zweiten Endschneide sollte nach CORWIN (6) die Präzision der Anzeige verbessern. Schale, Gehänge und eine Maximallast von Gewichten auf der Schale sind durch eine konstant bleibende Masse am anderen Ende des Balkens ausgeglichen, so daß ein auf die Schale gelegtes Objekt durch die Entfernung entsprechender Gewichte ausgeglichen werden muß. Da der Balken immer gleich belastet ist, wird die Empfindlichkeit konstant. Alle Wägungen werden durch Substitution ausgeführt und sind vom Armverhältnis unabhängig.

Da es unmöglich ist, Apparate mit Objekten gleichen Volumens auszutarieren, müssen Korrekturen für Änderungen des Auftriebes derart bestimmt werden, daß man die scheinbaren Gewichtsänderungen eines zweiten Apparates derselben Art und Größe bestimmt. Dies erfordert bei analytischer Arbeit, daß unmittelbar vor oder nach dem Wägen des Arbeitsgefäßes ein gleichartiges Vergleichsgefäß gewogen wird. Die Zahl der erforderlichen Wägungen verdoppelt sich zwar auf diese Weise, doch berücksichtigen die gewonnenen Korrekturen auch Änderungen der Leeranzeige der Waage, so daß diese nicht geprüft zu werden braucht. Im übrigen vergleiche man das oben unter „Automatische Gewichtsauflegung" Gesagte.

Balken mit zwei Empfindlichkeiten. Das Austarieren von Objekten wird erleichtert, wenn es möglich ist, die Empfindlichkeit der Waage für diese Arbeit zu verringern. Dies kann durch automatische Auflegung eines kleinen Gewichtes auf den Zeiger in einfacher Weise durchgeführt werden. Eine Schonung der Mittelschneide kann aber nur erreicht werden, indem man den Balken mit einer zweiten Mittelschneide versieht, auf der er während der Tarierarbeit (mit geringerer Empfindlichkeit) spielt.

Theorie der gleicharmigen Hebelwaage.

Es wird zunächst angenommen, daß der mit Gehängen und Schalen vom Gewicht S versehene Balken vom Gewicht B im unbelasteten Zustand eine horizontale Lage einnimmt (Zeiger lotrecht, wie die gestrichelten Linien von Abb. 10 andeuten).

Eine Gewichtsbestimmung kann auf zweierlei, prinzipiell verschiedenen Wegen durchgeführt werden: a) Indem man die Wirkung des Objekts mit der von Normalmaßen (Gewichten) vergleicht und b) indem man die Neigung der Waage nach Auflegung des Objekts auswertet.

Gewichtsvergleich. Sind L und R die Längen des linken und rechten Hebelarmes, O, G_r und G_l die scheinbaren Gewichte in Luft des Objekts und der Gewichte, die sich entweder auf der rechten oder auf der linken Waagschale befinden, so wird die Waage ihre im unbelasteten Zustand eingenommene Ruhelage beibehalten, wenn

$$OL = G_r R \tag{27}$$

oder

$$OR = G_l L. \tag{28}$$

Direkte oder Proportionalwägung. Bei Proportionalwägung wird angenommen, daß $L = R$ oder $L/R = R/L = 1$. Die scheinbaren Gewichte in Luft von Objekt und Gewichten werden dann unmittelbar gleich angenommen:

$$O = (R/L)\, G_r = G_r = (L/R)\, G_l = G_l. \tag{29}$$

Da die Voraussetzung $L = R$ nur zufälligerweise in seltenen Ausnahmsfällen genau erfüllt sein wird, so muß man annehmen, daß die Proportionalwägung in der Regel ein scheinbares Gewicht liefern wird, das mit einem kleinen Fehler behaftet ist. Da ferner $R/L \neq L/R$, wenn $L \neq R$, so muß ein etwas verschiedenes scheinbares Gewicht gefunden werden, je nachdem man die Gewichte auf die rechte oder linke Waagschale legt. Um den sich aus der Abweichung des Hebelarmverhältnisses von der Einheit ergebenden Proportionalfehler konstant zu halten, wird es notwendig, die Gewichte immer auf derselben Schale — gewöhnlich auf der rechten Schale — zu verwenden. Vorausgesetzt, daß sich das Armverhältnis nicht ändert, sind dann die gefundenen scheinbaren Gewichte mit demselben Proportionalfehler behaftet und Gewichtsverhältnisse von diesem Fehler befreit.

Aus Gl. (27) und (28) berechnet sich das Armverhältnis zu

$$R/L = \sqrt{G_l/G_r} \tag{30}$$

und kann ohne Schwierigkeit aus den Daten einer GAUSSschen Doppelwägung berechnet werden. Dabei ist aber zu beachten, daß es notwendig ist, für diesen Zweck G_r und G_l für die Leeranzeige der Waage zu korrigieren oder (und dies ist zur Vermeidung von Irrtümern vorzuziehen) das Gleichgewicht des Balkens so zu justieren, daß der Zeiger der unbelasteten Waage genau auf Null einspielt.

Kenntnis des Armverhältnisses und Benutzung von Gl. (29) sollte es gestatten, die durch Proportionalwägung gefundenen Gewichte zu berichtigen. Es ist dabei aber zu bedenken, daß das Armverhältnis sich mit der Belastung ändern kann, wie dies von LINDNER (14) an einer mikrochemischen Waage festgestellt wurde. Um auch zufällige Änderungen des Armverhältnisses durch zeitweilige Temperaturgefälle im Balken zu berücksichtigen, wäre es notwendig, seine Bestimmung für jede Proportionalwägung zu wiederholen, d. h. eine GAUSSsche Doppelwägung auszuführen.

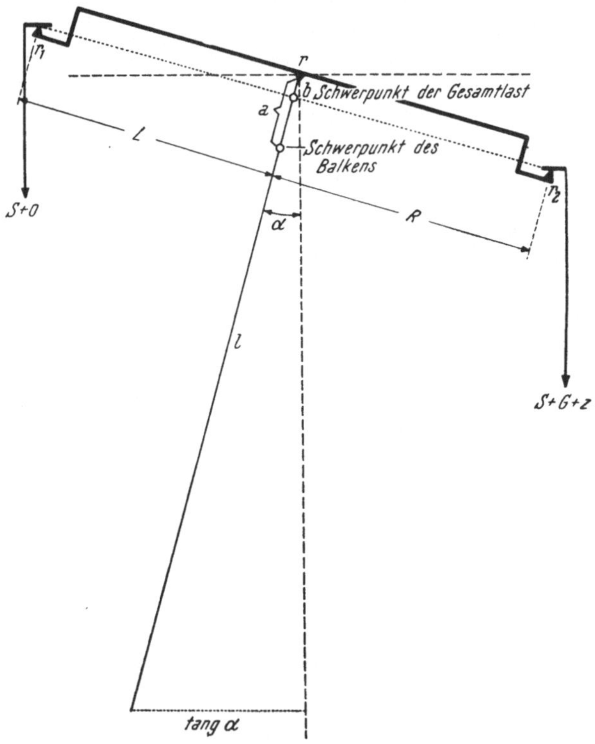

Abb. 10. Neigungswägung.

Proportionalwägung setzt voraus, daß das Gleichgewicht der unbelasteten Waage nach Auflegung des Objekts mit Hilfe von Gewichten wiederhergestellt wird. Dies bedingt, daß das Gleichgewicht der unbelasteten Waage aus einer vorangehenden Beobachtung der Leeranzeige bekannt ist. Wenn ι_0 die mittlere Schwankung der Instrumentanzeige der unbelasteten Waage darstellt und ι_L die mittlere Schwankung der Anzeige für die bei der Proportionalwägung vorliegende Belastung ist, so ergibt sich die Präzision aus:

$$\text{Varianz der Proportionalwägung} = \iota_L{}^2 + \iota_0{}^2. \tag{31}$$

Gaußsche Doppelwägung. Das scheinbare Gewicht des Objekts (erst auf der linken Schale und dann auf der rechten Schale) wird einmal mit Gewichten auf der rechten Schale (G_r) und dann mit Gewichten auf der linken Schale (G_l) ausgeglichen. Das vom Armverhältnis nicht beeinflußte scheinbare Gewicht des Objekts ergibt sich aus Gl. (27) und (28) zu:

$$O = \sqrt{G_r G_l} \approx 0{,}5 \cdot (G_r + G_l). \tag{32}$$

Wenn, wie dies bei Präzisionswaagen der Fall ist, G_r und G_l nur wenig verschieden sind, kann das arithmetische Mittel an Stelle des geometrischen Mittels treten.

Unter der Annahme, daß sich die Leeranzeige der Waage im Laufe der zwei rasch aufeinanderfolgenden Wägungen nicht ändert, ist es nicht erforderlich, die Gewichte G_r und G_l für Abweichungen der Leeranzeige von Null zu berichtigen. Da das Vorzeichen der Hälften der Zeigerskala von der Schale abhängt, auf der sich die Gewichte befinden, muß auch das Vorzeichen der Korrektur für die Leeranzeige geändert werden, je nachdem es sich um G_r oder G_l handelt; dies hat zur Folge, daß die Korrektur aus der Summe $G_r + G_l$ herausfällt.

Doppelwägung nach Gauss macht aber nicht nur vom jeweiligen Armverhältnis und der jeweiligen Leeranzeige unabhängig, sondern verbessert auch die Präzision des gefundenen scheinbaren Gewichtes. Das letztere folgt aus dem arithmetischen Mittel zweier Gewichte, für die die mittlere Schwankung der Instrumentanzeige ι ist (2).

$$\text{Varianz der Gaussschen Doppelwägung} = \iota_L{}^2/2. \qquad (33)$$

Substitutionswägung. Das Objekt wird auf die rechte Schale gelegt, mit einer Hilfstara auf der linken Schale ausgeglichen und die der erhaltenen Gleichgewichtslage entsprechende Zeigerstellung notiert. Ohne die Hilfstara zu berühren, wird dann das Objekt von der rechten Schale entfernt und an seiner Stelle Gewichte aufgelegt, bis die frühere Gleichgewichtslage (Zeigerstellung) wieder hergestellt ist.

Unter der Voraussetzung, daß die Waage während der zwei rasch aufeinanderfolgenden Wägungen unverändert bleibt (Leeranzeige und Armverhältnis gleichbleiben), muß das anscheinende Gewicht in Luft des Objekts dem der Gewichte gleich sein, da die beiden an derselben Endschneide dasselbe Drehmoment erzeugen. Armverhältnis und Leeranzeige der Waage haben keinerlei Einfluß auf die Genauigkeit des gefundenen Gewichtes.

Da zwei Wägungen mit gleicher Belastung und daher gleicher mittlerer Schwankung ι_L der Instrumentanzeige gleichgesetzt werden, ergibt sich die Präzision der Substitutionswägung zu (2):

$$\text{Varianz der Substitutionswägung} = 2\,\iota_L{}^2. \qquad (34)$$

Vergleich von Gl. (31) und (34) zeigt, daß die Präzision von Substitutionswägungen die von Proportionalwägungen nur in jenen seltenen Fällen übertreffen wird, für die $\iota_L < \iota_0$.

Neigungswägung. Das Gewicht eines Objekts kann auch erschlossen werden aus der Neigung des Balkens gegen die Horizontale, verursacht durch die Wirkung des nicht austarierten Objekts auf einer der beiden Schalen. Wägung durch Beobachtung der Neigung genügt für die Bestimmung des Gewichtes kleiner Objekte. In der Regel verbindet man Gewichtsvergleich und Neigungswägung, indem man die Wirkung des Großteiles der Masse des Objekts durch jene von Normalmassen auf der anderen Schale aufhebt (austariert) und dann den verbleibenden geringen Gewichtsunterschied aus der Neigung des Balkens ermittelt.

Zur Durchführung der Neigungswägung muß die Waage geeicht werden, indem man die durch ein bekanntes Gewicht verursachte Änderung des Neigungswinkels bestimmt. Auf diese Weise erhält man empirisch den Wert eines Teilstriches der Zeigerskala.

Die klassische Theorie der Waage, die auf die Annahme geometrischer Linien für die Schneiden der Lager aufgebaut ist, gibt die folgende Beziehung zwischen Veränderung der Ruhelage tang α, Zusatzgewicht z und Konstanten der Waage:

$$\text{tang } \alpha = z\,L/[a\,B + 2\,b\,(S + G)], \qquad (35)$$

wobei L die Länge des Balkenarmes, B das Gewicht des Balkens, S das Gewicht einer Schale mit dem dazugehörigen Gehänge, G die Belastung (Gewicht auf einer Schale) und a und b die Entfernungen sind, in denen sich die Mittelschneide einerseits über dem Schwerpunkt des Balkens und anderseits über der Ebene durch die Schneiden der Endlager befindet.

Es ergibt sich, daß die Tangente des Neigungswinkels, die in willkürlichen Einheiten an der Zeigerskala (Abb. 10) abgelesen werden kann, dem Über- oder Zusatzgewicht z direkt proportional ist. Dies ermöglicht eine einfache Auswertung der Zeigerverlegung in absoluten Gewichtseinheiten.

Der Wert des Teilstriches der Zeigerskala ergibt sich zu

$$z/\tang \alpha = a\,B/L + 2\,b\,(S + G)/L \qquad (36)$$

und sollte demnach von der Belastung $(S + G)$ unabhängig sein, wenn alle drei Schneiden in eine Ebene gebracht werden, wodurch $b = 0$ wird.

SCHMERWITZ (21) weist aber darauf hin, daß der Wert des Teilstriches bei fast allen Waagen trotz Erfüllung dieser Bedingung beträchtlich mit der Belastung zunimmt. Dies hat man durch die Annahme zu erklären versucht, daß bei Belastung eine Durchbiegung des Balkens erfolgt, wodurch der ursprünglich auf Null gebrachte Abstand b einen endlichen, positiven Wert annimmt. SCHMERWITZ konnte jedoch an zehn Waagen (unter denen sich alte, langarmige Hebelwaagen befanden, bei denen ein meßbarer Einfluß der Durchbiegung zu erwarten war) eine Durchbiegung nicht nachweisen und die von FELGENTRÄGER berechneten Durchbiegungen ($10\,\mu\mathrm{m}$ für einen 40 cm langen Messingbalken, $2\,\mu\mathrm{m}$ für einen Messingbalken von 24 cm Länge oder einen Aluminiumbalken von 15 cm Länge) genügen nicht, die beobachteten Zunahmen des Teilstrichwertes zu erklären.

SCHMERWITZ gelangt zu einer befriedigenden Auslegung der beobachteten Erscheinungen, indem er die Krümmungsradien r, r_1, r_2 von Mittel- und Endschneiden in Rechnung zieht, was für den Wert des Teilstriches den Ausdruck

$$z/\tang \alpha = (a + r)\,B/L + (2\,b + 2\,r + r_1 + r_2)\,(S + G)/L \qquad (37)$$

gibt, dem zufolge der Wert des Teilstriches von der Belastung unabhängig wird, wenn

$$b = -\,(r + 0{,}5\,r_1 + 0{,}5\,r_2), \qquad (38)$$

d. h. wenn die Mittelschneide um den Betrag $r + 0{,}5\,r_1 + 0{,}5\,r_2$ (bei Analysenwaagen etwa 1 bis $10\,\mu\mathrm{m}$) unter die Ebene durch die Endschneiden gebracht wird.

Wird die Unabhängigkeit des Wertes des Teilstriches von der Belastung auf diese Weise sichergestellt und tritt beim Gebrauch der Waage doch eine Abnahme der Empfindlichkeit (Anstieg des Wertes des Teilstriches) bei zunehmender Belastung ein, so ist dies nach SCHMERWITZ ein deutliches Zeichen dafür, daß die Schneiden schlecht behandelt worden sind. Es ist ihm bei einer Waage von 5 Kg Tragkraft gelungen, den Wert des Teilstriches bis zu einer Belastung von 1,2 Kg unverändert zu halten.

Bei solcher Justierung der Lage der Mittelschneide hängt dann der Wert des Teilstriches (und die reziproke Empfindlichkeit) noch vom Krümmungsradius r der Mittelschneide ab.

$$z/\tang \alpha = (a + r)\,B/L. \qquad (39)$$

Indem man a negativ macht (den Schwerpunkt des Balkens über die Mittelschneide hebt), könnte der Wert des Teilstriches beliebig verkleinert (Empfindlichkeit beliebig gesteigert) werden. Dabei würde zwar die Schwingungsperiode des Balkens unbequem ansteigen, da

$$t = 2\,\pi\,\sqrt{T/a\,g\,M} \quad \text{Sekunden/Schwingung}, \qquad (40)$$

wobei g die Beschleunigung der Schwerkraft, M die Gesamtmasse des schwingenden Systems und T sein Trägheitsmoment darstellen[1].

Schmerwitz (21) weist nun darauf hin, daß auch bei guten (minderwertigen nach Corwin [6]) Schneiden eine Schwankung von 10 bis 20% im Krümmungsradius zu erwarten ist. Wird bei Einstellung hoher Empfindlichkeit a [Gl. (39)] gegenüber r verschwindend klein gemacht, so beginnt sich der Wert des Teilstriches proportional mit dem Krümmungsradius der Mittelschneide zu ändern. Da der jeweils wirksame Krümmungsradius von der Neigung der Schneide abhängt, wird tang α und die Ruhelage des Balkens eine Funktion der Neigung des Balkens (und der berechnete Ausschlag wird von der Amplitude der beobachteten Schwingung abhängig). Auf diese Weise sind nach Schmerwitz die Unregelmäßigkeiten der Schneidenkrümmung eine der Hauptursachen für Anzeigeschwankungen bei hohen Empfindlichkeiten und die Ursache dafür, „daß die bisher mit der Hebelwaage erreichte relative Meßgenauigkeit bei einem Wert von etwa 10^{-8} ihre Grenze hat" (20).

Wird a negativ gemacht, so zieht jede Änderung von r eine um so größere relative Änderung der Differenz $r - a$ nach sich, je näher der Absolutwert von a an den von r herankommt. So wird bei höchster Steigerung der Empfindlichkeit der Waage der Einfluß der Schwankungen im Krümmungsradius so stark werden müssen, daß die Anzeige erratisch wird. Demnach ist nach Schmerwitz die Leistung der Hebelwaagen durch die Güte der Schneiden begrenzt.

Dabei wurde bisher die zweite Möglichkeit zur Vergrößerung der Leistungsfähigkeit der Waage, Vergrößerung der absoluten Länge von tang α durch Verlängerung des Zeigers (l in Abb. 10), noch nicht in Erwägung gezogen. Dies ist überdies möglich, ohne die Masse des Balkens zu vergrößern, indem man an Stelle eines materiellen Zeigers ein Lichtsignal (12) oder eine andere geeignete Strahlung (9, 10) benutzt. Auch in diesem Falle sind jedoch praktische Grenzen durch Änderungen der relativen Lagen von Strahlungsquelle, Balken und Empfangsstelle (Projektionsschirm, Mikrometerteilung im Fernrohr) gezogen, die z. B. infolge von Temperaturänderungen auftreten können.

Beschreibung der Leistungsfähigkeit einer Präzisionshebelwaage.

Die im folgenden gegebenen Definitionen schließen sich den Empfehlungen des Komitees für Waagen und Gewichte der amerikanischen chemischen Gesellschaft an (1). Die allgemeine Annahme der vorgeschlagenen Definitionen würde die bestehende Verwirrung mindern und möglicherweise zu einer besseren Kenntnis der gegenwärtigen Unzulänglichkeiten der Waagen beitragen.

Ablesbarkeit. Die Ablesbarkeit der Zeigerskala soll als der kleinste Bruchteil eines Teilstriches, der noch leicht entweder durch Schätzung oder unter Benutzung eines Nonius — wenn ein solcher gegeben ist — bestimmt werden kann, angegeben werden. Als Einheit dient der Teilstrich der Zeigerskala (1).

Eine *Analysenwaage* ist eine Präzisionshebelwaage mit einer Tragkraft von 50 bis 200 g und einer Präzision der Anzeige von $\pm\,0{,}02$ bis $\pm\,0{,}05$ mg.

Der *Ausschlag* wird in Teilstrichen der Zeigerskala angegeben und entspricht der Stelle des zweiten Umkehrpunktes einer ungedämpften Pendelschwingung des Zeigers, die für den ersten Umkehrpunkt den Nullpunkt (Mittelstrich) der Zeigerskala hat. Da eine ungedämpfte Schwingung symmetrisch um den Ruhepunkt erfolgt, ist der Ausschlag das Doppelte des Ruhepunktes.

---

[1] T hängt von der Verteilung der Massen im schwingenden System ab. Da das Trägheitsmoment mit der Entfernung der Massen vom Drehpunkt zunimmt, schwingen Waagen mit langen Balken ermüdend langsam.

Belastung ist das Gewicht des sich auf der Waage befindenden Objektes.

Empfindlichkeit ist das Verhältnis der Änderung der Zeigerstellung zur Größe der sie verursachenden Gewichtsänderung (1). Ihre Dimension ist Teilstriche pro Gewichtseinheit. Unter Zeigerstellung sei der Ausschlag verstanden, wenn die Umkehrpunkte des schwingenden Zeigers beobachtet werden. Bei gedämpften (aperiodischen) Waagen wird natürlich der Ruhepunkt abgelesen.

Empfindlichkeitsreziprok (sensitivity reciprocal, SR) ist die Gewichtsänderung, die den Ruhepunkt des Zeigers um einen Teilstrich verlegt (1). Die Dimension ist Gewichtseinheit pro Teilstrich. Die Teilstriche (bzw. Bilder der Teilstriche, wenn optische Vergrößerung zu Hilfe genommen wird) sollen wenigstens 1 mm voneinander entfernt sein. Als Gewichtseinheit wird in der Regel das Milligramm benutzt.

Genauigkeit. Es ist nicht ratsam, von der Genauigkeit einer Hebelwaage zu sprechen, da die Genauigkeit der damit bestimmten Gewichte wesentlich von den zur Anwendung kommenden Wägeverfahren abhängt. Im günstigsten Falle erreicht die Genauigkeit der Wägung die Größenordnung der Präzision der Instrumentanzeige.

„*Halbmikrowaage*" ist eine Bezeichnung, die zuweilen für sorgfältig ausgeführte Analysenwaagen, die bei einer Tragkraft von wenigstens 50 g eine Präzision der Anzeige von 0,01 bis 0,02 mg haben, benutzt wird.

Instrumentanzeige, i, soll immer als das Produkt von Wert des Teilstriches und Ausschlag oder Ruhepunkt des Zeigers verstanden werden.

Leeranzeige, i_0, ist dann dementsprechend das Produkt von Wert des Teilstriches und Ausschlag oder Ruhepunkt der unbelasteten Waage mit dem Reiter in der Nullstellung des Reiterlineals.

Mikrochemische Waagen sind wesentlich in derselben Weise ausgeführt wie Analysenwaagen und haben eine Präzision von etwa $\pm$ 0,5 bis $\pm$ 5 μg bei einer Tragkraft von 10 bis 20 g. Sie sind im allgemeinen sehr empfindlich gegen Temperaturgefälle und die Präzision der mit ihnen ausgeführten Wägungen hängt weitgehend vom Klima des Wägezimmers ab. Diesbezügliche Angaben sollten Feststellungen über die Präzision von mikrochemischen Waagen begleiten.

Milligrammäquivalent der Ablesbarkeit ist das Produkt von Ablesbarkeit und Empfindlichkeitsreziprok (1) und nimmt daher an, daß die Neigungswägung durch Beobachtung des Ruhepunktes des Zeigers ausgeführt wird.

Nullpunkt der Zeigerskala gibt den Ruhepunkt des Zeigers der unbelasteten und richtig justierten Waage an. Die Skala hat meist 10 bis 12 Teilstriche auf beiden Seiten des Nullpunktes, so daß die Skala durch den Nullpunkt in zwei gleiche Hälften geteilt wird. Es ist zweckmäßig, die Teilstriche jener Hälfte positiv zu rechnen, in die der Zeiger infolge Auflegung des zu wägenden Objekts wandern würde, und die Teilstriche der anderen Hälfte negativ in Rechnung zu setzen. Bei Proportionalwägungen ist es dabei üblich, das Objekt auf die linksseitige Schale zu legen.

Präzision der Anzeige und Tragkraft bestimmen die Leistungsfähigkeit einer Waage. Als Präzisionsmaß sei die mittlere Schwankung ι der Instrumentanzeige vorgeschlagen, die in Milligramm oder Mikrogramm angegeben wird (S. 63). Da die Präzision der Anzeige etwa in demselben Ausmaß wie der Wert des Teilstriches von der Belastung abhängt, so soll die letztere den Angaben über die Präzision beigefügt werden (ι_{10} = mittlere Schwankung mit einer Belastung von 10 g).

Im Idealfalle ist die Präzision der Anzeige eine Konstante der Waage, die sich nur dann ändert, wenn eingreifende Änderungen (z. B. in der Empfindlichkeit des Balkens, im Gewicht des Reiters, in der Schärfe der Schneiden, in der Beobachtung der Balkenlage usw.) stattfinden. In praxi enthält die Präzision der Anzeige auch Persönlichkeitsfaktoren (besonders wenn Bruchteile von Teilstrichen geschätzt werden müssen oder ein zu schwerer Reiter mit besonderer Sorgfalt aufgesetzt werden muß) und Klimafaktoren, welch letztere bei mikrochemischen Waagen die Präzision der Anzeige ausschlaggebend bestimmen können.

Präzision der Proportionalwägung ist die aus wiederholten Proportionalwägungen eines gewichtsbeständigen Objekts in Gewichtseinheiten berechnete mittlere Schwankung. Es ist dabei vorausgesetzt, daß jede Wägung durch eine sie begleitende Bestimmung der Leeranzeige berichtigt wird (1).

Wenn ι_0 die mittlere Schwankung der Leeranzeige ist, so ergibt sich die Präzision der Proportionalwägung eines Objekts von kleiner Masse zu $1,4\,\iota_0$ (S. 5).

Probierwaagen wurden für die Zwecke der dokimastischen Bestimmung von Edelmetallen entwickelt. Nach Thornton (23) zeichnen sich die im Westen der Vereinigten Staaten gebauten Probierwaagen durch hohe Präzision der Anzeige aus, was durch die Erfahrungen von Bromund (4) bestätigt wurde. Bei einer Tragkraft von 1 bis 5 g kann die Präzision der Anzeige zu $\pm\,0,5\,\mu g$ bis $\pm\,2\,\mu g$ geschätzt werden. Diese Probierwaagen sind außerordentlich leicht gebaut und mit sehr kleinen Schalen versehen, die von den sie stützenden Rahmen abgehoben werden können. Der Zeiger erstreckt sich von der Mitte des Balkens nach *oben*, was ermöglicht, ihm die wünschenswerte Länge zu geben und trotzdem den kleinen Balken auf einer kurzen Säule in geringer Höhe über der Grundplatte spielen zu lassen.

Zwei Reiter von 1 mg Gewicht sind vorgesehen, von denen einer nur zur Justierung der Leeranzeige benutzt wird.

Wegen ihres leichten Baues sind diese Probierwaagen gegen Erschütterungen sehr empfindlich. Die Leistungsfähigkeit dieses Waagentypus könnte durch Anbringung eines optischen Zeigers, Verlegung des Nullpunktes der Skala an das Ende des Reiterlineals und Anbringung einer zweckdienlichen, von einer Lupe begleiteten Reiterverschiebung verbessert werden.

Tragfähigkeit ist die vom Erzeuger vorgesehene Höchstbelastung.

Wert des Teilstriches der Zeigerskala. Der durch Eichung der Waage bestimmte Wert des Skalenteiles ist der Empfindlichkeit reziprok. Die Dimension ist Gewicht pro Teilstrich. Da der Wert des Teilstriches sich in der Regel etwas mit der Belastung ändert, sollte nicht unterlassen werden, die ungefähre Belastung anzugeben, für die der Wert des Teilstriches gilt.

Wird der Wert des Teilstriches aus der Verlegung von Ruhepunkten berechnet, so ist der Wert des Skalenteiles dem Empfindlichkeitsreziprok SR gleich.

Aufstellen und Reinigen von Präzisionshebelwaagen.

Es ist wohl selbstverständlich, daß dem Aufstellen oder Reinigen einer Präzisionswaage eine zweckentsprechende Reinigung ihrer Umgebung und möglicherweise des ganzen Wägezimmers vorausgehen soll. Bei Anschaffung einer neuen Waage treffe man Vorkehrungen, daß sie auf dem Transport nicht extremen Temperaturen ausgesetzt wird; vor dem Auspacken und Aufstellen empfiehlt es sich, die Anweisungen des Erzeugers zu studieren. Inspektion wird zeigen, ob es notwendig ist, die Teile vor dem Zusammenstellen zu reinigen.

Die folgenden Anweisungen sind allgemein gehalten und müssen je nach der Eigenart der vorliegenden Waage sinngemäß zur Anwendung gebracht werden.

Es versteht sich, daß besonders der Balken mit besonderer Vorsicht gehandhabt werden muß; Justierungsschrauben sollen nach Möglichkeit nicht berührt werden und besondere Achtsamkeit ist erforderlich, um ein Verbiegen des Zeigers zu verhindern. Berührung von Metallteilen ist selbst dann nicht ratsam, wenn die Hände sorgfältig gereinigt sind, da das mit den Fingerabdrücken hinterbleibende Natriumchlorid Korrosion veranlassen kann.

Allzu häufiges gründliches Reinigen ist nicht anzuraten. Unter günstigen Bedingungen im Wägezimmer ist ein gründliches Reinigen nur in Abständen von einigen Jahren erforderlich. Andernfalls wird man zur Reinigung schreiten, wenn die Präzision der Instrumentanzeige sichtlich nachläßt oder die Anzeige erratisch wird, was durch Staub in den Lagern verursacht sein kann. Das Stecken von Arretierungskontakten aus nichtleitendem Material (Achat) kann auf elektrische Ladung zurückzuführen sein und kann in solchen Fällen durch Ionisierung der Luft im Waagegehäuse oder durch Anblasen mit einem Luftstrom, der durch Passieren einer mit Wasser von 40° C gefüllten Waschflasche mit Wasserdampf gesättigt wurde, behoben werden.

Zum Reinigen von Waage und Waagegehäuse eignen sich nur Materialien, die weder Fasern noch Fett oder sonstige Stoffe auf den berührten Oberflächen zurücklassen. Der Verfasser zieht eine gute Qualität von synthetischem Zelluloseschwamm mit feinen Poren vor, der im trockenen Zustande leicht mit der Rasierklinge in Stücke passender Größe geschnitten werden kann und nach leichter Befeuchtung mit destilliertem Wasser so weich wird, daß man ihn zum Trockenwischen von gehärteter photographischer Emulsion verwenden kann. Altes Linnen leistet ebenfalls gute Dienste und kann trocken sowohl wie feucht zur Verwendung kommen. Echtes Rehleder muß sorgfältig von Fett befreit werden und kann hierauf nur im feuchten Zustande verwendet werden. Schließlich eignet sich Reispapier, das zur Reinigung optischer Apparate Verwendung findet. Zelluloseschwamm ebenso wie Linnen und Rehleder werden vor dem Zerschneiden in passende Stücke gründlich mit lauwarmem Wasser und Seife gereinigt, schließlich mit destilliertem Wasser gespült, ausgepreßt und zwischen Lagen von Filtrierpapier getrocknet. Hierbei wie bei allen weiteren Handhabungen empfiehlt es sich, Gummihandschuhe zu tragen. Stücke geeigneter Größe werden in Petrischalen oder in mit Kappen versehenen Glasdosen aufbewahrt.

Kamelhaarpinsel werden am besten in Aceton gewaschen, zwischen Filtrierpapier abgepreßt und in verschlossenen Proberöhren aufbewahrt.

Während der Handhabung der Metallteile der Waage trage man Handschuhe oder Fingerkappen aus Gummi oder irgendeinem nicht zu dünnen Stoff (Linnen, Seide, Baumwolle), der keine Fasern abgibt.

Außerdem halte man ein Vergrößerungsglas oder eine Uhrmacherlupe, eine Pinzette mit Elfenbein- oder plastischen Spitzen, einige Zahnstocher und langfaserige Baumwolle bereit.

Bevor man zur Reinigung schreitet, entfernt man Reiter der Waage, indem man sie mit einem geeignet geformten Draht (Abb. 2) vom Reiterlineal abhebt und gegen Deformierung gesichert aufbewahrt.

Zur Reinigung der Waage entferne man zuerst, falls dies möglich ist, den Vorderschieber des Gehäuses. Nach gründlicher Reinigung kann er, auf einen Tisch gelegt, als Unterlage für die Teile der Waage dienen. Nachdem man sich versichert hat, daß die Waage vollkommen arretiert ist, entfernt man zuerst die Schalen, hebt dann die Gehänge von den Arretierungskontakten ab und legt sie nahe an die zugehörigen Schalen. Schließlich faßt man den Zeiger nahe am Balken und hebt diesen vorsichtig von den Arretierungsstiften ab, wobei es ratsam ist, auch die Spitze des Zeigers ständig zu beobachten, um deren Verbiegen zu vermeiden. Der Balken kann oft mit Vorteil über die Öffnung einer kleinen Schachtel gelegt werden.

Falls dies möglich ist, entfernt man nun das Gehäuse von der Grundplatte. Auf jeden Fall werden Außenseite des Gehäuses, Innenseite des Gehäuses, Grundplatte, Säule mit Arretierungsvorrichtung, Hilfsapparate und schließlich wieder die Grundplatte in der gegebenen Reihenfolge einer gründlichen Reinigung unterzogen. Hierzu eignen sich mehrere größere Stücke Zelluloseschwamm. Besondere Aufmerksamkeit muß der Reinigung der Arretierungskontakte für Balken, Gehänge und Schalen gewidmet werden. Enge Rinnen und Vertiefungen erreicht man mit einem kleinen Stückchen Schwamm oder Rehleder, das von der Pinzette gehalten wird, oder mit einem Wattebäuschchen an der Spitze eines Zahnstochers. Es ist wichtig, daß die Arretierungskontakte vollständig frei von Fett oder Öl bleiben. Das Lager für die Mittelschneide muß vor allem von Staub befreit werden. Dieses und die Arretierungskontakte werden schließlich mit der Lupe untersucht und mit dem Kamelhaarpinsel abgestaubt.

Der Balken wird am besten am Zeiger nahe dem Balken erfaßt. Zum Abwischen eignen sich größere Stückchen Zelluloseschwamm, die mit der Pinzette gehalten werden. Kleinere Stückchen davon eignen sich für das Abwischen der Schneiden und Arretierungskontakte, welch letztere sorgfältig von Fett befreit werden müssen. Der ganze Balken wird schließlich mit einem Kamelhaarpinsel abgestaubt und dann mit dem Vergrößerungsglas untersucht, wobei die Arretierungskontakte, die Schneiden, das Reiterlineal und die Zeigerspitze besondere Aufmerksamkeit verdienen. Schließlich wird der Balken auf die Kontakte der völlig arretierten Balkenarretierung wieder aufgesetzt.

Bei unbedacht entworfenen Waagen kommt es vor, daß es unmöglich ist, den Balken oder die Gehänge einzusetzen oder zu entfernen, ohne die Arretierung wenigstens zeitweise auszulösen. Es ist dann notwendig, mit Bedacht so vorzugehen, daß eine zufällige Berührung der Lagerplatten mit den Schneiden nicht stattfindet. Auf jeden Fall wird das Abheben und Auflegen der Teile nur dann vorgenommen, wenn die Waage völlig arretiert ist.

Bei Waagen, bei denen ein Endlager nicht völlig arretiert wird (Kuhlmann z. B.), ist es nicht gleichgültig, welches Gehänge zuerst entfernt oder aufgelegt wird (7). Die Anweisungen des Erzeugers oder in ihrer Ermangelung eine Beobachtung des Funktionierens der Arretierung werden in solchen Fällen die Auffindung des richtigen Vorganges ermöglichen.

Die Gehänge können während der Reinigung am Bügel gehalten werden. Im übrigen geht man ähnlich wie beim Balken vor. Beim Auflegen der Gehänge ist zu beachten, daß jedes an seinen richtigen Platz kommt. Erkennungszeichen (Kerben oder eingepreßte Buchstaben oder Zeichen) befinden sich immer an der Vorderseite der Gehänge und sind oft auf den Arretierungsarmen wiederholt.

Die Schalen sind entweder an der Unterseite oder am Gestänge gezeichnet. Sie werden gründlich abgerieben und dann in die Gehänge eingehängt. Hierauf wird gegebenenfalls das Gehäuse wieder auf die Grundplatte aufgesetzt und daran befestigt und (oder) der Vorderschieber wieder eingesetzt. Schließlich wird der Reiter wieder mit dem Draht auf das Reiterlineal aufgesetzt und mit der Reiterverschiebung auf den Nullpunkt der Skala gebracht.

Nach Berichtigung der Stellung der Waage mit Hilfe des Senkbleies oder der Wasserwaage wird das Gehäuse geschlossen und die Waage wiederholt vorsichtig ausgelöst und arretiert. Die Reinigung kann als erfolgreich betrachtet werden, wenn die Arretierungskontakte sich loslösen, ohne Impulse an Teile der Waage zu vermitteln und die Bewegung des Zeigers keine merkliche Dämpfung oder Unregelmäßigkeit zeigt. In diesem Falle justiert man (S. 40) das Gleichgewicht des Balkens und die Empfindlichkeit, falls dies erforderlich ist, und läßt dann die Waage mit weit offenem Gehäuse für wenigstens 30 Minuten stehen, um Temperaturgefälle auszugleichen. Bevor man mit den Wägungen beginnt, sollten die Nullanzeige und die Empfindlichkeit nachgeprüft werden.

Wenn die Luft sehr trocken ist, kann das Reinigen elektrische Ladungen in den nichtleitenden Teilen der Waage erzeugen, so daß das Verhalten der gereinigten Waage außerordentlich unbefriedigend ist. Die Arretierungskontakte stecken, als ob sie geölt worden wären. In seltenen Fällen können Waagen kleiner Tragkraft sogar ein labiles Gleichgewicht annehmen. In solchen Fällen versuche man diese Erscheinungen zum Verschwinden zu bringen, indem man entweder die Luft im Gehäuse stark ionisiert oder ein Schälchen mit Wasser auf 1 Stunde in das geschlossene Gehäuse stellt.

Allgemeine Ratschläge für die Behandlung von Präzisionswaagen.

Zu *Beginn jeder Wägungsperiode* empfiehlt es sich zunächst zu prüfen, ob die Waage völlig arretiert ist. Durch Abwischen mit einem feuchten Schwamm entfernt man hierauf Staub, der sich an der Oberseite des Rahmens des Vorder-

Abb. 11. Staubsauger für das Waagegehäuse.

schiebers, am Gehäuse entlang des oberen Rahmens des Vorderschiebers und auf der Grundplatte vor dem Vorderschieber angesammelt hat. Dies verhindert, daß Staub durch das Öffnen und Schließen des Vorderschiebers in das Waagegehäuse gelangt.

Hierauf öffnet man den Vorderschieber, inspiziert die Schalen und staubt Schalen und Grundplatte mit einem entfetteten Kamelhaarpinsel ab. Falls eine Vakuumleitung erreichbar ist, empfiehlt sich die Verwendung eines kleinen Staubsaugeapparates, Abb. 11, der sich aus einem Glasrohr, einem kurzen Stückchen Gummischlauch und einem Kamelhaarpinsel leicht herstellen läßt (3). Die Vorrichtung eignet sich für das Abstauben von Gewichten und Taren.

Die Lotrechtstellung der Säule wird hierauf geprüft und nötigenfalls berichtigt, nachdem man sich überzeugt hat, daß die Waage anderweitig die richtige Stellung besitzt.

Hierauf wird die Leeranzeige geprüft und nötigenfalls durch Betätigung der Schrauben am Balken nahe an Null herangebracht. Es versteht sich, daß die Justierungsmuttern nur betätigt werden dürfen, während der Balken arretiert ist. Wenn die Muttern mit (behandschuhten) Fingern berührt werden müssen, beachte man, daß eine genügende Wartezeit eingeschaltet werden muß, bevor man die endgültige Einstellung der Leeranzeige prüfen kann.

Bevor man zur endgültigen Feststellung der Leeranzeige und zu den Wägungen schreiten kann, läßt man die Waage mit offenem Gehäuse stehen, bis man sicher ist, daß Temperaturgefälle sich im Waagegehäuse ausgeglichen haben. Dies wird bei Analysenwaagen innerhalb 5 bis 10 Minuten in ausreichendem Maße eintreten. Besonders bei mikrochemischen Waagen mag es notwendig werden, die Wartezeit bis auf 30 Minuten auszudehnen. Die erforderliche Zeit richtet sich in diesem Falle nach dem Klima des Wägezimmers und der Konstruktion von Waage und Waagegehäuse. Die erforderliche Dauer der Wartezeit wird am besten im einzelnen Falle durch wiederholte Beobachtung der Leeranzeige bestimmt.

Bevor man zu den Wägungen schreitet, wird die Leeranzeige bestimmt und mit dem Datum notiert. Die Bestimmung der Leeranzeige sollte wenigstens zum Schluß der Wägungen wiederholt werden. Im übrigen wird man die Leeranzeige um so öfter kontrollieren, je höher die erforderliche Präzision der Wägungen und je unbeständiger das Klima im Wägezimmer sind. Bei einem neuen Instrument oder Aufstellung einer Waage in einer neuen Umgebung empfiehlt es sich, die Leeranzeige in kurzen Zeitintervallen zu prüfen, um mit dem Verhalten der Waage vertraut zu werden.

Während der Ausführung von Wägungen wird man Reinigungsoperationen oder Justierungsarbeiten vermeiden. Unfälle, die zur Verunreinigung des Inneren des Waagegehäuses mit Reagenzien irgendwelcher Art führen, zwingen natürlich zur sofortigen Vornahme einer gründlichen Reinigung, auf die eine gründliche Prüfung des Instrumentes zu folgen hat.

Das Verhalten des Beobachters während der Wägungszeit muß mit Waage und Klima des Wägezimmers und auch der Zahl der auszuführenden Wägungen in Einklang gebracht werden. Die Anwesenheit des Beobachters vor der Waage beeinflußt in der Regel die Leeranzeige, wenn die Temperatur im Wägezimmer zwar konstant, aber unterhalb 30° C ist. Wenn nur wenige Wägungen vorzunehmen sind, ist es am einfachsten für den Beobachter, nur je 2 Minuten vor der Waage zu verbleiben und in den Zwischenzeiten von wenigstens 5 Minuten Dauer die Waage mit offenem Gehäuse sich selbst zu überlassen. Müssen jedoch Wägungen fortlaufend ausgeführt werden, dann ist am besten, wenn ein Beobachter ständig vor der Waage bleibt, die dann nach etwa 40 Minuten im Gleichgewicht mit dem Beobachter sein wird. Die Leeranzeige ändert sich während der ersten Stunde ziemlich rasch und muß häufig nachgeprüft werden, um dann praktisch konstant zu werden (15). Der Einfluß des Beobachters auf die Waage könnte auf eine Erhöhung des Feuchtigkeitsgehaltes der Luft im Waagegehäuse zurückzuführen sein (16).

Nach Abschluß der Wägungen wird der Reiter in die Nullstellung gebracht und die Leeranzeige nachgeprüft. Schalen und Grundplatte werden inspiziert und nötigenfalls gereinigt. Beim Verlassen der Waage sei man sicher, daß das Gehäuse völlig geschlossen und die Waage arretiert ist.

Wägung durch Massenvergleich, Austarieren.

Während des Austarierens können die Schalen dauernd ausgelöst bleiben, aber der Balken darf nur dann völlig ausgelöst werden, wenn Gleichgewicht so weit hergestellt ist, daß der schwingende Zeiger innerhalb der Skala verbleibt.

Das Objekt wird so auf die (linke) Schale gelegt, daß die Schale im ausgelösten Zustand lotrecht hängt, d. h. dieselbe Lage einnimmt wie im unbelasteten Zustand. Eine geneigte Lage der Schale kann eine Neigung der Lagerplatte des Gehänges verursachen, die eine Änderung der Instrumentanzeige zur Folge hätte. Die Stärke des Einflusses einer Neigung der Schalen auf die Wägungen hängt von der Zweckmäßigkeit der Gehängekonstruktion ab (5).

Der Reiter befindet sich auf dem Nullpunkt des Reiterlineals.

Wägen mit Gewichten. Zuerst finde man jenes Gewicht, das schwerer als das Objekt ist. Zur Prüfung, welche Seite der Waage schwerer belastet ist, gehe man immer so vor, daß man den Balken langsam auslöst, während man die

Zeigerspitze beobachtet. Der Balken wird sogleich (und langsam) wieder arretiert, wenn eine kleine Bewegung der Zeigerspitze die Seite der leichteren Belastung angegeben hat. Ein zögerndes Verhalten der Zeigerspitze zeigt an, daß man sich dem Gleichgewichtszustand nähert.

Wenn das Gewicht gefunden worden ist, das bereits zu schwer ist, versucht man das nächst leichtere und versammelt dann die Gewichte auf der Schale in solcher Weise, daß Gleichgewicht mit einer Mindestzahl von Gewichten hergestellt wird, d. h. größere Gewichte immer gegenüber den kleineren bevorzugt werden (5 + 3, aber nicht 5 + 2 + 1; 5, aber nicht 3 + 2 usw.). Das kleinste Gewicht, dessen Wirkung geprüft werden soll, entspricht dem höchsten effektiven Gewicht des Reiters. Wenn schließlich entschieden wurde, ob dieses Gewicht auf der Schale bleiben soll oder nicht, dann ordnet man die auf der Schale bleibenden Gewichte so an, daß die Schale im ausgelösten Zustand keine Neigung gegen die Lotrechte zeigt. Hierauf wird das Gehäuse vollständig geschlossen.

Die Wirkung des Reiters wird zuerst in Stellung 5 und dann entweder in Stellung 2,5 oder 7,5 versucht, wobei man sich keine Mühe gibt, die Lage des Reiters auf eine dieser Stellungen genau einzustellen. Nach diesen zwei Versuchen ist man in der Regel bereits imstande, jene Reiterstellung zu erraten, die die kleinste Instrumentanzeige geben wird. Man benutze hierbei nur Stellungen, die einem vollen Teilstrich (1, 2, 3 usw. mg bei Analysenwaagen) entsprechen. Nachdem man sich durch einen Versuch von der Richtigkeit der gewählten Reiterstellung überzeugt hat, wird die Waage vollkommen arretiert und der Reiter genau auf den gewählten Teilstrich eingesetzt. Der Reiter soll dabei in einer Vertikalebene zur Ebene des Balkens liegen.

Hierauf werden die Schalen versuchsweise ausgelöst, um sich zu überzeugen, daß sie nicht in schwingende Bewegung geraten (die nötigenfalls durch wiederholtes Arretieren und Auslösen der Schalen angehalten wird). Nach vollständigem Arretieren ist die Waage dann für die Bestimmung des verbleibenden geringen Gewichtsunterschiedes durch Neigungswägung bereit.

Der Massenvergleich wird nun vorläufig abgeschlossen, indem man die im Gewichtssatze fehlenden Stücke addiert und ihr Gesamtgewicht notiert, z. B. 23,785, wobei die letzte Stelle durch die Reiterstellung angegeben wird.

Nach erfolgter Neigungswägung wird die Waage völlig arretiert, der Reiter in die Nullstellung gebracht und die Schalen abgeräumt. Beim Abräumen der Gewichte werden diese nochmals gezählt und der Befund mit der Notierung verglichen. Die Korrekturen für die Abweichungen von den Nominalwerten werden zur Summe der Nominalwerte algebraisch addiert.

Wägung mit Taren. Ein Objekt von konstanter, aber in der Regel nicht genau bekannter Masse tritt an die Stelle der Gewichte oder ersetzt wenigstens die meisten davon. Der Reiter wird wie üblich benutzt. Die Verwendung von Taren ist zur Hauptsache auf die Bestimmung von Gewichtsdifferenzen beschränkt, da Subtraktion das Gewicht der Tara aus der Differenz entfernt und dieses daher nicht genau bekannt zu sein braucht. Eine ungefähre Kenntnis des Gewichtes der Tara ist erforderlich, da Kenntnis der Belastung zur richtigen Auswahl des Wertes des Teilstriches erforderlich ist (vorausgesetzt, daß der Wert des Teilstriches nicht im Zusammenhang mit der Wägung bestimmt wird).

Die Verwendung von Taren zum Ausgleichen von Apparaten hat den Vorteil, daß Auftriebsschwankungen durch Wahl einer Tara vom Volumen des Apparates harmlos gemacht werden (S. 10). Dient als Tara ein Duplikat des Apparates, so werden außerdem Änderungen in der Dicke der Wasserhaut der Apparateoberfläche infolge Schwankungen des Feuchtigkeitsgehaltes der Atmosphäre unschädlich gemacht, wobei allerdings vorausgesetzt ist, daß die Oberflächen von Apparat und Tara durch gleiche Behandlung und Gleichheit ihrer Natur in gleicher Weise auf den Feuchtigkeitsgehalt der Luft ansprechen.

In einzelnen Fällen mag es unpraktisch sein, ein Duplikat des Apparates als Tara zu benutzen. Wenn der Apparat Bestandteile (eine Füllung) enthält, deren Masse veränderlich ist, eignet sich ein Duplikat nicht als Tara. In solchen Fällen wird man als Tara ein Objekt wählen, das leicht gehandhabt und leicht gereinigt werden kann und doch im Volumen dem Apparat möglichst nahe kommt. So kann man einen Absorptionsapparat aus Weichglas und 8 g Gewicht, der 7 g wasserfreies Magnesiumperchlorat ($d = 2,6$, nimmt infolge Wasseraufnahme ab) enthält, wohl zweckmäßig mit einem Wägefläschchen aus demselben Glas (Dichte etwa 2,5 g/ml) austarieren, indem man es mit Glasperlen füllt. Als Taren für Platinapparate eignen sich (Draht-) Gewichte aus Platin, Gold, Silber oder Nickel. Werden mehrere Taren derselben Art benötigt, so versteht es sich wohl, daß man diese durch Numerierung oder Verschiedenheit der Form kenntlich macht.

Soll zum Massenausgleich außer der Tara zur Hauptsache nur der Reiter zur Verwendung kommen, so macht man das Gewicht der Tara dem Gewicht des leeren Apparates so nahe gleich, daß der Reiter bei Wägung des leeren Apparates nahe an den Teilstrich 0 des Reiterlineals gebracht werden kann. Zur Ausgleichung des Gewichtes von Tara und Apparat verwendet man eine Vorwaage und führt nur den letzten Feinausgleich auf der Präzisionswaage aus. Glasperlen sind in der Regel für den Feinausgleich zu groß und Glasfäden von 2 bis 0,2 mm Durchmesser sind vorzuziehen. Aluminiumdraht ($d = 2,70$) kann oft zum Austarieren leichter Glasgeräte dienen.

Bei der Wägung werden Taren wie Gewichte behandelt (s. oben). Die Notierung wird natürlich das benutzte Tarastück, Zusatzgewichte und die Reiterstellung umfassen (Tara $3 + 11,5$ mg) und wird, wie bei Wägungen mit Gewichten, schließlich durch Beifügung des Ergebnisses der Neigungswägung und der zum Nominalwert der Gewichte zu addierenden Korrekturen ergänzt.

Neigungswägung und Eichung der Waage.

In der Regel liefert Massenausgleich den Großteil des Gewichtes und nur die letzte Stelle oder die letzten zwei Stellen werden durch die Neigungswägung ermittelt.

Die Vorbedingungen jeder Neigungswägung sind: 1. Das Objekt ist austariert, so daß der Ausschlag oder der Ruhepunkt des Zeigers innerhalb der Zeigerskala bleibt. 2. Der Reiter ist genau auf den gewählten Teilstrich aufgesetzt. 3. Die Schalen hängen lotrecht und fangen nicht zu pendeln an, wenn sie ausgelöst werden. 4. Die Waage ist vollkommen arretiert. 5. Das Gehäuse ist vollkommen geschlossen und Konvektionsströmungen und Temperaturgefälle sind im Inneren des Gehäuses nicht merklich vorhanden. (Dies schließt ein, daß auch Objekt und Tara die im Gehäuse herrschende Temperatur besitzen.)

Neigungswägung mit der ungedämpften Waage. Die Auswertung des aus Umkehrpunkten des Zeigers der schwingenden Waage berechneten Ausschlages ist nicht nur die präziseste, sondern auch die schnellste Methode der Neigungswägung.

Die Waage wird langsam ausgelöst. Wenn möglich, löst man erst Balken und Gehänge und dann die Schalen aus. Nachdem der Zeiger eine volle Pendelschwingung ausgeführt hat, wird eine ungerade Zahl aufeinanderfolgender Umkehrpunkte des Zeigers abgelesen, worauf die Waage wieder vollkommen arretiert wird. Die Arretierung soll langsam erfolgen und wenn der Zeiger auf Null oder nahe an Null ist. Falls möglich, arretiert man zuerst die Schalen.

Zur Ablesung (S. 13) der Umkehrpunkte setzt man den Mittelstrich der Zeigerskala gleich Null und zählt die Teilstriche von der Mitte nach rechts als positiv und jene von der Mitte nach links als negativ. Die Zehntelteilstriche werden geschätzt.

Linker Umkehrpunkt	Rechter Umkehrpunkt
— 1,2	
	+ 4,5
— 1,1	
	+ 4,3
— 0,9	
	+ 4,1
— 0,7	
Ausschlag, $a = -1,0$ +	$(+ 4,3) = + 3,3$ Teilstriche

Der Ausschlag (S. 52) ergibt sich aus der algebraischen Summe der arithmetischen Mittel der beobachteten Umkehrpunkte. Die arithmetischen Mittel einer geraden Zahl von Umkehrpunkten auf einer Seite der Schwingung und einer ungeraden Zahl von Umkehrpunkten auf der anderen Seite der Schwingung geben (durch einen dabei automatisch ausgeführten Interpolationsvorgang) die Umkehrpunkte einer idealen Pendelbewegung, die durch Reibung in den Lagern und Luftwiderstand nicht beeinträchtigt ist.

Meinungsverschiedenheiten herrschen betreffend die geeignete Amplitude der Schwingung und die Zahl der zu beobachtenden Umkehrpunkte. Nach Erfahrung des Verfassers wird die Schwingung um so unregelmäßiger, je weiter die Amplitude. Umfaßt die Schwingung mehr als 10 bis 12 Teilstriche, so wartet man entweder mit der Ablesung von Umkehrpunkten, bis die Schwingungsweite auf dieses Maß abgeklungen ist, oder man arretiert die Waage und versucht eine geringere Schwingungsweite durch vorsichtigeres Auslösen zu erhalten. Letzteres ist vorzuziehen, wenn die große Schwingungsweite offensichtlich das Resultat eines Impulses ist, den die Waage (Balken, Gehänge oder Schalen) durch ungeeignete Handhabung des Arretierungsmechanismus erhalten hat. Viele Autoren sehen auch Schwingungen sehr kleiner Amplitude als ungeeignet an. Dagegen hat der Verfasser keine Schwierigkeit gefunden, im Falle von Analysenwaagen Schwingungen auszuwerten, die gerade noch merkbar waren. Vergrößerung der Schwingungsweite durch Fächern der Luft im Gehäuse oder einen gegen eine Schale gerichteten Luftstrom scheint bedenklich, doch könnte man den Balken oder eine Schale mit einem Haar berühren, das am Ende eines durch das Gehäuse luftdicht geführten Stabes befestigt ist.

Nach Meinung des Verfassers genügen in der Regel drei Umkehrpunkte, aus denen der Ausschlag mühelos durch Kopfrechnung ermittelt werden kann. Der erfahrene Beobachter überzeugt sich dabei von der Regelmäßigkeit der Schwingung, indem er die Umkehrpunkte der vorhergehenden (verworfenen) und der nachfolgenden Schwingung beobachtet. Es sei an dieser Stelle bemerkt, daß BROMUND (4) mit einer Probierwaage die besten Neigungswägungen aus den ersten drei Umkehrpunkten nach Auslösung der Waage erhielt (erste Schwingung nicht verworfen, sondern ausgewertet). Dabei wurde eine Wartezeit von 20 Sekunden nach Schließen des Vorderschiebers des Gehäuses eingehalten.

Es wird übrigens in der Regel bequem empfunden, dem Gebrauch von FRITZ PREGL und seinen Schülern zu folgen und den Dezimalpunkt bei Ablesungen und Berechnung des Ausschlages dadurch auszuschalten, daß man das Zehntel des Teilstriches als Einheit wählt. Der Einheitlichkeit halber wird jedoch vorgeschlagen, in Veröffentlichungen den Teilstrich als Einheit zu benutzen.

Die Verwandlung des Ausschlages a in absolutes Maß erfordert Kenntnis des Wertes w_L eines Teilstriches der Zeigerskala für die obwaltende Belastung der Waage. Die Bestimmung von w_L kann jederzeit einfach und schnell in Verbindung mit der Wägung ausgeführt werden. Wurde mit den Gewichten 5,7542 g (Reiterstellung 2) ein positiver Ausschlag ($a = +3,3$) erhalten, so versetzt man den Reiter um einen Teilstrich nach rechts (Stellung 3); war der Ausschlag negativ, so versetzt man den Reiter nach links (Stellung 1). Hierauf wird der Ausschlag a_2 für die neue Reiterstellung beobachtet:

$$-5,3$$
$$-0,1$$
$$-5,1$$
$$a_2 = -5,2 + (-0,1) = -5,3 \text{ Teilstriche.}$$

Die Gewichtsänderung, dividiert durch die algebraische Differenz der dazugehörigen Ausschläge, gibt den Wert eines Teilstriches in absolutem Maß und für die vorliegende Belastung $L = 6$ g:

$$w_6 = \text{Gewichtsänderung}/(a_1 - a_2) = +0,100 \text{ mg}/+3,3 - (-5,3) \text{ Teilstrich}$$

$$= 0,012 \text{ mg/Teilstrich.}$$

Die Neigungswägung mit dem weniger von Null abweichenden Ausschlag a_1 wird zur Berechnung der Instrumentanzeige $i = a_1 w_6$ benutzt (s. S. 63) und die Notierung im Wägungsjournal wird wie folgt erscheinen:

$$\text{Objekt 0,} \quad 5,754240 \quad (+3,3) \quad \left.\begin{array}{c} \\ \\ \end{array}\right\} w_6 = 0,1/8,6 = 0,012 \text{ mg/Teilstrich.}$$
$$5,7543 \quad (-5,3)$$

Neigungswägung mit gedämpfter Waage. Die Waage wird langsam ausgelöst und die Lage des zur Ruhe gekommenen Zeigers an der Zeigerskala abgelesen, wobei man die Zehntelteilstriche schätzt. Die Waage wird hierauf sehr langsam arretiert und dann, falls nötig, der Wert des Teilstriches durch Verschiebung des Reiters und Beobachtung der neuen Ruhelage bestimmt. Im oben benutzten Beispiel würde sich die folgende Notierung ergeben, vorausgesetzt, daß der Balken immer die theoretische Ruhelage (gleich $0,5 a$) erreicht:

$$\text{Objekt 0,} \quad 5,754239 \quad (+1,7) \quad \left.\begin{array}{c} \\ \\ \end{array}\right\} w_6 = 0,1/4,4 = 0,023 \text{ mg/Teilstrich.}$$
$$5,7543 \quad (-2,7)$$

Eichung der Waage für die Neigungswägung. Die empirische Eichung der Waage führt zur Kenntnis des Wertes des Teilstriches der Zeigerskala. Da dieser ebenso wie sein Reziprokwert, die Empfindlichkeit, in der Regel von der Belastung der Waage abhängt, wird häufig empfohlen, durch eine Reihe von Wägungen mit Gewichten auf beiden Schalen den Wert des Teilstriches für mehrere merkbar verschiedene Belastungen ($L = 0, 1, 5, 10, 20, 50, 100$ g) zu bestimmen. Die gewonnenen Werte werden als Ordinaten gegen die zugehörigen Belastungen als Abszissen aufgetragen und aus der sich ergebenden Kurve werden dann die benötigten Werte des Teilstriches für verschiedene Belastungen abgelesen. Dieser Vorgang schließt mehrere Nachteile ein. Zunächst erfordert er eine beträchtliche Zahl von Wägungen, da jeder Wert von w_L wenigstens aus sechs Neigungswägungen (drei in jeder der beiden Stellungen des Reiters) abgeleitet werden sollte (2). Die Kurve muß überdies neu bestimmt werden, wenn aus irgendeinem Grunde eine Änderung der Empfindlichkeit der Waage eintritt. Schließlich sollte der Wert eines Teilstriches von Zeit zu Zeit nachgeprüft werden.

Gebrauch einer Kontrollkarte stellt jedenfalls eine weit praktischere Lösung dar. Der Wert des Teilstriches wird im allgemeinen im Zusammenhang mit Wägungen massebeständiger Objekte bestimmt, wobei man anfangs sechs Beobachtungen derart ausführen kann, daß man den Ausschlag oder Ruhepunkt der Reihe nach mit Reiterstellung (z. B.) 2, 3, 2, 3, 2 und 3 bestimmt (Tab. 6). Wenn eine größere Zahl von Werten w_L für verschiedene Belastungen L vorliegt, trägt man sie in die Kontrollkarte, ein in großem Maßstab gehaltenes Diagramm mit Abszissen L und Ordinaten w_L, so ein, daß das Datum der Bestimmung aus der Form der Einringung des Punktes ersehen werden kann. Die Kurve wird vorläufig mit Bleistift skizziert. In der Folgezeit entnimmt man den Wert des Teilstriches aus der Kurve und prüft ihn zuweilen nach, indem man den Ausschlag oder Ruhepunkt für zwei Reiterstellungen bestimmt (nur zwei Neigungswägungen, wenn das so bestimmte w_L zur Kurve paßt). Derart gefundene Werte werden ebenfalls in die Kontrollkarte eingetragen und die Kurve wird entsprechend der Ansammlung von Daten geändert. Man kann erwarten, daß die Kurve nach einiger Zeit sehr verläßliche Werte w_L liefern wird. Außerdem wird man einer Änderung in der Empfindlichkeit der Waage rasch gewahr werden.

Die Präzision des Ausschlages oder Ruhepunktes wird durch Wiederholung der Neigungswägung mit einer gegebenen Belastung L bestimmt (S. 4 und Tab. 6) und die mittlere Schwankung α_L bzw. ϱ_L einer Beobachtung in der üblichen Weise berechnet und in Teilen der Zeigerskala ausgedrückt.

Die Präzision des Wertes eines Teilstriches ist natürlich durch die Zufallsfehler der Beobachtungen zweier Ausschläge oder Ruhepunkte bestimmt. Die relative Präzision wird aber dadurch sehr günstig, daß die Empfindlichkeit E meist mehrere Teilstriche repräsentiert und die relative Präzision gleich $\pm 1{,}4\,\alpha/E$ oder $\pm 1{,}4\,\varrho/E$ ist.

Die Präzision der Instrumentanzeige. Die Präzision ι der Instrumentanzeige $i = a\,w_L$ oder $= r\,w_L$ ergibt sich zu

$$\iota_L = \pm\,\alpha_L\,w_L \cdot \sqrt{1 + 2\,a^2\,w_L{}^2/z}\ \text{Gewichtseinheiten}$$

$$= \pm\,\varrho_L\,w_L \cdot \sqrt{1 + 2\,r^2\,w_L{}^2/z}\ \text{Gewichtseinheiten,} \tag{41}$$

wenn α_L die mittlere Schwankung des Ausschlages bei Belastung L, ϱ_L die mittlere Schwankung des Ruhepunktes bei Belastung L, a der bei der Wägung beobachtete Ausschlag, r der bei der Wägung beobachtete Ruhepunkt, w_L der Wert des Teilstriches bei Belastung L und z das bei Bestimmung von w_L benutzte Zusatzgewicht ist.

Wenn die Gewichtsanzeige $i = a\,w_L\ (= r\,w_L)$ bei der Wägung $0{,}6\,z$ nicht überschreitet, d. h. wenn

$$i = a\,w_L\ (= r\,w_L) \leqq 0{,}6\,z\ \text{Gewichtseinheiten,}$$

dann wird die Wurzel in Gl. (41) praktisch gleich der Einheit und

$$\iota_L = \pm\,\alpha_L\,w_L\ (= \pm\,\varrho_L\,w_L)\ \text{Gewichtseinheiten.} \tag{42}$$

Das heißt, daß man bei der Neigungswägung die beste Präzision erreicht, wenn man mit Ausschlägen oder Ruhepunkten arbeitet, die sechs Zehntel der bei Bestimmung des Wertes des Teilstriches beobachteten Ausschlags- oder Ruhepunktsänderung nicht übersteigt. Außerdem sollte man für w_L die Mittelwerte aus wenigstens drei Bestimmungen von w_L einsetzen (2).

Es versteht sich, daß die Präzision der Instrumentanzeige ebenso wie der Wert des Teilstriches und die mittleren Schwankungen des Ausschlages oder

Ruhepunktes eine Funktion der Belastung sind. Häufig nehmen alle drei Größen
mit steigender Belastung zu.

Bestimmung der Leeranzeige. Die Leeranzeige ist das Produkt von Wert
eines Teilstriches bei unbelasteter Waage und Ausschlag oder Ruhepunkt bei
unbelasteter Waage und Reiter in der Nullstellung des Reiterlineals.

$$i_0 = a_0 \, w_0 \; (= r_0 \, w_0).$$

Man führt unter Einhaltung aller üblichen Vorsichtsmaßregeln eine Neigungswägung mit leeren Schalen und Reiter in der Nullstellung aus.

Wenn die Leeranzeige 0,6 z nicht überschreitet, dann ist ihre Präzision durch

$$\iota_0 = \pm \, \alpha_0 \, w_0 \; (= \varrho_0 \, w_0) \quad \text{Gewichtseinheiten} \qquad \text{(42 A)}$$

gegeben. Zur Erreichung höchster Präzision ist es nach Gl. (42) wünschenswert,
die Leeranzeige nahe an Null zu halten.

Ausführung von Proportionalwägungen.

Das Objekt auf der linken Schale wird durch Tara oder (und) Gewichte
auf der rechten Schale und geeignete Reiterstellung nahezu ausgeglichen und
dann der verbleibende kleine Gewichtsunterschied durch Neigungswägung
bestimmt. Das scheinbare Gewicht in Luft des Objekts ergibt sich als algebraische
Summe von Tara + Gewichte + Reiteranzeige + Instrumentanzeige — Leeranzeige + Korrektur für die Abweichungen der Gewichte von ihren Nominalwerten.

Ist die Leeranzeige fortwährenden Schwankungen unterworfen, so wird sie
unmittelbar vor oder (und) nach der Wägung bestimmt. Ist das Klima des
Wägezimmers günstig, so wird die Leeranzeige auf lange Zeit hinaus konstant
bleiben und braucht nur zeitweise geprüft zu werden.

Bei analytischer Arbeit dienen die Wägungen zur Feststellung von Gewichtsänderungen und da eine sich gleichbleibende Leeranzeige bei Subtraktion herausfällt, wird die Korrektur für die Leeranzeige nur dann benötigt, wenn sie sich
offenkundig (um mehr als 2,8 ι_0) geändert hat. Es empfiehlt sich daher
bei analytischer Arbeit, die Leeranzeigen nur mit dem Datum und den Wägungen,
zu denen sie gehören, zu notieren und Korrekturen erst dann anzubringen, wenn
sich herausstellt, daß zwei Wägungsergebnisse mit deutlich (um mehr als 2,8 ι_0)
verschiedener Leeranzeige von einander subtrahiert werden müssen.

Die Gewichte sollen immer auf derselben Schale benutzt werden, um sprung-
hafte Änderungen in der Wirkung des Armverhältnisses auszuschließen. Die
Präzision der Proportionalwägung ist unter dieser Voraussetzung auf S. 63
gegeben. Die mittlere Schwankung der Differenz zweier Proportionalwägungen
folgt aus:

$$\text{Varianz} = \iota_{L1}{}^2 + \iota_{L2}{}^2 + 2 \, \iota_0{}^2 \qquad \text{(43)}$$

oder $\qquad\qquad\qquad\quad = 2 \, \iota_L{}^2 + 2 \, \iota_0{}^2,$

wenn beide Wägungen, wie dies häufig der Fall ist, mit ungefähr gleicher Belastung der Waage ausgeführt werden,

oder $\qquad\qquad\qquad\qquad = 4 \, \iota_0{}^2,$

wenn das gewogene Objekt so leicht ist, daß die Belastung vernachlässigt werden
kann.

Ausführung der Gaussschen Doppelwägung.

Die Leeranzeige wird von Zeit zu Zeit geprüft, um ein Bild ihrer Beständigkeit zu erhalten. Die Ausführung von Doppelwägungen verursacht kaum einen

Mehraufwand an Zeit gegenüber Proportionalwägungen und ist dringend empfohlen, wenn es sich um die Erreichung höchster Präzision handelt (S. 50). Ihre Ausführung wird wesentlich erleichtert und Irrtümer sicher ausgeschaltet, wenn man wie im folgenden ausgeführt vorgeht und zur Notierung ein Formular benutzt, das Tab. 8 A nachgebildet ist.

Befindet sich der Nullpunkt des Reiterlineals über der linken Endschneide, so legt man auf die linke Schale eine *leicht erkennbare* Drahttara, die ein Gewicht besitzt, das etwa der Hälfte des größten effektiven Gewichtes des Reiters entspricht. Diese Hilfstara bleibt während der Ausführung von Doppelwägungen dauernd auf der linken Waagschale und bewirkt, daß der Reiter in der Mitte des Reiterlineals zur Anwendung kommt.

Das Objekt wird zuerst auf die linke Schale gebracht und, wie bei Proportionalwägung üblich, mit Tara und Gewichten auf der rechten Schale und schließlich mit dem Reiter ausgeglichen. Hierauf folgt die übliche Neigungswägung zur Feststellung der verbleibenden geringen Gewichtsdifferenz. Bei Eintragung in das Formular wird das Objekt in Reihe 2 und darunter die Tara (Gewichte), die Reiterstellung in Reihe 3 und der beobachtete Ausschlag (Ruhepunkt) in Reihe 5 eingetragen.

Nach völliger Arretierung der Waage wird das Objekt auf die rechte Schale und die Tara (Gewichte) auf die linke Schale gebracht. Diese Gelegenheit kann benutzt werden, um die Gesamtsumme der Gewichte das erstemal nachzuprüfen. Nach Berichtigung der Reiterstellung wird eine zweite Neigungswägung in der üblichen Weise durchgeführt, als ob sich das Objekt auf der linken Schale befände (linke Hälfte der Zeigerskala wie immer negativ gerechnet). Die Reiterstellung und der Ausschlag (Ruhepunkt) werden wie früher in Reihen 3 und 5 des Formulars eingesetzt. Damit ist die Wägung beendet. Die Waage wird völlig arretiert und die Schalen abgeräumt, wobei man zum zweiten Male die Gesamtsumme der Gewichte prüft.

Zur Berechnung des Gewichtes benutzt man das Formular. In Reihe 3 und in Reihe 5 wird die untere Zahl von der oberen algebraisch subtrahiert und die Hälfte der Differenz in die benachbarte Reihe (4 bzw. 6) eingetragen. Der Wert des Teilstriches der Zeigerskala für die vorliegende Belastung (w_L) wird in Reihe 7 eingesetzt. Das Produkt der Eintragungen in Reihen 6 und 7 wird in Reihe 8 mit dem zugehörigen Vorzeichen eingesetzt. Die algebraische Summe der Zahlen in Reihen 4 und 8 wird in Reihe 9 eingetragen, und diese Eintragung, algebraisch dem in Reihe 2 angeführten Gewicht zugezählt; man erhält dann das in Reihe 10 erscheinende Gewicht. Das scheinbare Gewicht des Objekts in Luft wird erhalten, indem man zur Zahl in Reihe 10 die den Nominalwerten der verwendeten Gewichte hinzuzufügenden Korrekturen algebraisch addiert.

Die Präzision der Gaussschen Doppelwägung ist auf S. 50 angegeben. Die Präzision der Differenz zweier Doppelwägungen ergibt sich aus:

$$\text{Varianz} = \iota_{L1}{}^2 + \iota_{L2}{}^2 \tag{44}$$

oder
$$= 2\,\iota_L{}^2,$$

wenn die Belastung bei den beiden Wägungen ungefähr gleich ist, $L_1 \approx L_2 \approx L$.

Conrady (5) hat empfohlen, die Gausssche Doppelwägung zu wiederholen. Bei der von ihm gewählten Ausführung der vier zusammengehörigen Proportionalwägungen scheint sich für das Endresultat eine noch günstigere Präzision zu ergeben, als sich aus der Verdopplung der Zahl der Beobachtungen (Halbierung der Varianz) errechnen läßt. Dies könnte lediglich die Folge von Anordnung und Rhythmus der Einzelwägungen sein und keine weitere Erklärung benötigen.

Ausführung von Substitutionswägungen.

Die Leeranzeige braucht nur von Zeit zu Zeit geprüft werden, um ein Bild ihrer Beständigkeit zu erhalten. Das Objekt wird auf die rechte Schale gelegt und mit Hilfsgewichten auf der linken Schale und dem Reiter ausgeglichen. Der verbleibende kleine Gewichtsunterschied wird wie üblich durch Neigungswägung ermittelt. Die Waage wird völlig arretiert und das Objekt entfernt. Die Hilfsgewichte bleiben unberührt auf der linken Schale und werden mit Tara oder (und) Gewichten auf der rechten Schale und dem Reiter austariert, worauf wieder der kleine verbleibende Gewichtsunterschied durch Neigungswägung ermittelt wird. Der Vorgang kann auch so beschrieben werden, daß man sagt, daß das Hilfsgewicht auf der linken Schale zweimal durch übliche Proportionalwägung bestimmt wird, wobei man es einmal mit dem Objekt und das andere Mal mit Gewichten wägt:

$$\text{Hilfsgewicht} = \text{Objekt} + R_1 + i_1$$
$$= \text{Gewichte} + R_2 + i_2.$$

Daraus folgt:

$$\text{Objekt} = \text{Gewichte} + (R_2 - R_1) + (i_2 - i_1), \tag{45}$$

wobei R_1 und R_2 die durch die Reiterstellungen angezeigten Gewichte und i_1 und i_2 die Instrumentanzeigen für die herrschende Belastung sind.

Zur Notierung und Auswertung empfiehlt sich Benutzung eines der Tab. 8 B nachgebildeten Formulares. Das Objekt wird in Reihe 2, die Reiterstellung in Reihe 3 und der beobachtete Ausschlag (Ruhepunkt) in Reihe 5 eingetragen. Nach Austausch des Objekts gegen die Tara oder (und) Gewichte werden die Tara (Gewichte) in Reihe 2, Reiterstellung und Ausschlag (Ruhepunkt) wieder in Reihen 3 und 5 eingesetzt. Die Summe der Gewichte wird beim Abräumen der Schalen nachgeprüft.

Zur rechnerischen Auswertung werden in Reihen 3 und 5 die oberen Zahlen von den unteren algebraisch subtrahiert und die erhaltenen Differenzen in den benachbarten Reihen 4 und 6 eingesetzt. In Reihe 7 wird der Wert des Teilstriches der Zeigerskala für die herrschende Belastung eingesetzt. Die Zahlen in Reihen 6 und 7 werden multipliziert und das Produkt wird mit dem zugehörigen Vorzeichen in Reihe 8 eingesetzt. Die algebraische Summe der Zahlen in Reihen 4 und 8 wird in Reihe 9 eingetragen. Diese Eintragung, algebraisch um das in Reihe 2 angeführte Gewicht vermehrt, gibt dann in Reihe 10 das gefundene Gewicht. Das scheinbare Gewicht in Luft des Objekts wird schließlich durch algebraische Addition der zu den Nominalwerten der Gewichte hinzuzufügenden Korrekturen gefunden.

Die Präzision der Substitutionswägung ist bereits auf S. 50 besprochen. Die Präzision der Differenz zweier Substitutionswägungen folgt aus:

$$\text{Varianz} = 2\,\iota_{L_1}{}^2 + 2\,\iota_{L_2}{}^2 \tag{46}$$

oder

$$= 4\,\iota_L{}^2,$$

wenn die Belastung bei beiden Wägungen, wie dies häufig der Fall ist, ungefähr dieselbe ist, $L_1 \approx L_2 \approx L$.

Abgesehen davon, daß eine Wägung durch Substitution mit einem zweifach größeren mittleren Fehler behaftet ist als eine GAUSSsche Doppelwägung, hat sie den Nachteil, daß eine Hilfstara benötigt wird. Benutzt man Gewichte für die Zusammenstellung der Hilfstara, so sehe man darauf, daß diese Hilfsgewichte von jenen des geeichten Satzes, der für die Wägungen benutzt wird, leicht zu unterscheiden sind. Wird diese Vorsichtsmaßregel nicht beachtet, so wird es früher oder später geschehen, daß Hilfsgewichte in den Gewichtssatz geraten und unberechenbare Wägungsfehler verursachen.

Neuerungen an mikrochemischen Waagen.

Die letzten 25 Jahre haben verschiedene Änderungen mit sich gebracht. Das Unternehmen des Altmeisters im Bau der mikrochemischen Waagen, WILHELM H. F. KUHLMANN, ist dem Kriege zum Opfer gefallen und die von ihm gebauten Instrumente dürften im Laufe des nächsten Vierteljahrhunderts aus den Laboratorien verschwinden. Die derzeit angebotenen mikrochemischen Waagen weichen zum Teil bereits merkbar von ihrem klassischen Vorbild ab.

Waagen, bei denen der Ausschlag des schwingenden Zeigers beobachtet wird, sind noch z. B. von AINSWORTH (Denver, Colorado), BUNGE (Hamburg), und OERTLING (St. Mary Cray, Orpington, Kent) zu beziehen. Doch ist man allgemein dazu übergegangen, bei der endgültigen Ablesung einen langen optischen Zeiger zu benutzen, wobei meist ein Lichtsignal auf eine Skala projiziert wird; der Wert des Skalenteiles wechselt mit den Modellen von 1 bis 10 μg und der Bereich der Skalen von 0,1 bis 1 mg. Die Verwendung eines langen optischen Zeigers erlaubt es auch, die Empfindlichkeit des Balkens zu verringern.

Einen verhältnismäßig kurzen Balken (8 bis 9 cm) hat SARTORIUS (Göttingen) beibehalten. Im allgemeinen haben die Balken nun eine Länge von etwa 12,5 cm. BUNGE und SARTORIUS benutzen eine Flügelschraube am Balken für die Justierung des Gleichgewichtes (S. 46); AINSWORTH liefert für diesen Zweck einen Hilfsreiter von 0,5 mg Gewicht, während METTLER (Zürich) und OERTLING die Stellmuttern des klassischen Balkens beibehalten haben. Saphirschneiden werden von METTLER und SARTORIUS an Stelle des sonst üblichen Achates benutzt.

Waagen mit einem 5-mg-Reiter sind noch von fast jedem Erzeuger erhältlich. AINSWORTH liefert auch eine mikrochemische Waage mit 0,5-mg-Reiter, wie dies bereits KUHLMANN getan hat. METTLER, OERTLING und SARTORIUS erzeugen Modelle, die keinen Reiter benötigen, da der Bereich der Zeigerskala und automatische Gewichtsauflegung das Zehntelmilligramm und Milligramm liefern. Waagen mit automatischer Gewichtsauflegung werden von allen Erzeugern angeboten.

Die Mikrowaagen von METTLER und SARTORIUS sind mit Luftdämpfung versehen, die nach Wunsch auch von BUNGE und OERTLING eingebaut wird.

Gehäuse aus Glas mit Mahagonirahmen werden noch von BUNGE und OERTLING benutzt. Im allgemeinen geht man zu Metallgehäusen über, die außen einen glänzenden weißen und innen einen matten schwarzen Überzug erhalten. METTLER, OERTLING und SARTORIUS schließen überdies den Balken in ein besonderes Abteil ein, wodurch nicht nur der Balken, sondern auch die automatisch aufgelegten Gewichte besonders gegen Verstaubung und Korrosion geschützt werden.

Die Tragkraft ist bei den empfindlichen Modellen mit 20 g bemessen. Der Balken von OERTLING (11) besteht aus einer Chrom-Nickel-Legierung, die luftbeständig ist und keinen Schutzüberzug benötigt.

Die meisten Erzeuger versehen beide Schalen mit Haken für Absorptionsapparate. BUNGE gibt dem Gehäuse die Form eines unregelmäßigen Sechseckes, wodurch die Schalen in sehr handlicher Weise zugänglich werden. Die SARTORIUS-Waagen können auf Wunsch so eingerichtet werden, daß auf Betätigung eines Hebels die Schale ausgehoben und durch ein sich automatisch öffnendes Falltürchen außerhalb des Gehäuses gebracht wird. Allerdings dürfen sich auf der Schale nur kleine Objekte von maximal 19 mm Höhe befinden.

Für die Waage von Mettler, die einschneidend von der klassischen Konstruktion abweicht, wird ein mittlerer Fehler der Wägung von nicht mehr als $\pm 2\,\mu g$ angegeben. Die Waage hat nur eine Endschneide, die die Schale und überdies ständig 20 g Gewichte trägt. Das andere Ende des Balkens besitzt ein konstantes Gegengewicht. Das Moment der auf die Schale gebrachten Last

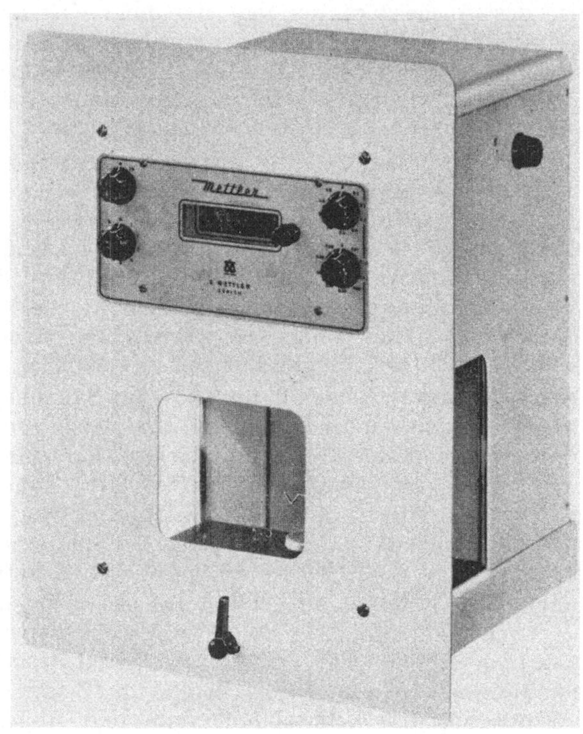

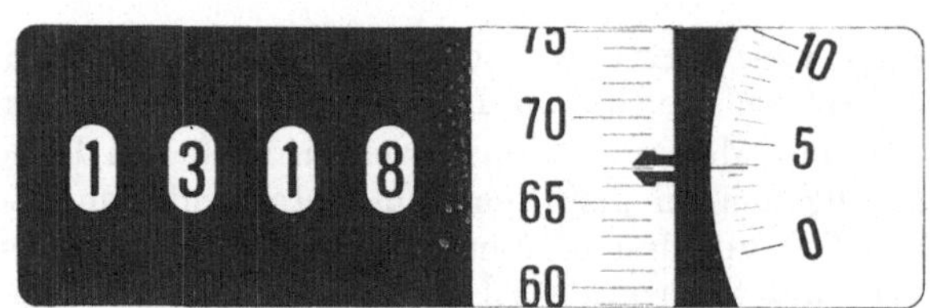

Gewichtsanzeige in natürlicher Größe.
Gewicht = 13,186.738 g.

Abb. 12. Mikrochemische Waage von Mettler, Zürich.

wird durch Abheben von Gewichten ausgeglichen, das automatisch vorgenommen wird. Die Bruchteile des Milligramms werden durch die Neigung des Balkens angegeben. Alle Wägungen erfolgen durch Substitution (s. S. 50 und 66). Das Gewicht wird zum Teil automatisch angezeigt und zum Teil von Skalen abgelesen.

Literatur.

(1) Amer. Chem. Soc., Committee, Analyt. Chemistry **26**, 1190 (1954).
(2) Benedetti-Pichler, A. A., Mikrochem. **34**, 153 (1949). — (3) Mikrochem. **34**, 241 (1949). — (4) Bromund, W. H., u. A. A. Benedetti-Pichler, Mikrochem. **38**, 505 (1951).

(5) CONRADY, A. E., Proc. Roy. Soc. London, Ser. A **101**, 211 (1922). —
(6) CORWIN, A. H., Ind. Eng. Chem., Analyt. Ed. **16**, 258 (1944).
(7) EMICH, F., Lehrbuch der Mikrochemie, 2. Aufl. München: Bergmann. 1926.
(8) FELGENTRÄGER, W., Feine Waagen, Wägungen und Gewichte, 2. Aufl.
Berlin: Springer-Verlag. 1932. — (9) FEUER, I., Analyt. Chemistry **20**, 1231 (1948). —
(10) Mikrochem. **35**, 419 (1950).
(11) HODSMAN, G. F., Mikrochim. Acta [Wien] **1956**, 591.
(12) JAEGER, F. M., u. D. W. DYKSTRA, Z. anorg. Chem. **143**, 233 (1925).
(13) KUCK, J., u. E. LÖWENSTEIN, J. Chem. Education **17**, 171 (1940).
(14) LINDNER, J., Mikrochem. **34**, 67 (1949). — (15) LOSCALZO, ANNE G., u.
A. A. BENEDETTI-PICHLER, Mikrochem. **40**, 232 (1953).
(16) MACURDY, L. B., während einer persönlichen Aussprache am National
Bureau of Standards, Washington, D. C., Jänner 1954. — (17) MANLEY, J. J., Proc.
Roy. Soc. London, Ser. A **86**, 595 (1912). — (18) Proc. Physical Soc. London **39**,
444 (1927).
(19) RAMBERG, L., Ark. Kemi (Mineral. Geol.), Ser. A **11**, Nr. 7 (1933). —
(20) RAUDNITZ, M., u. J. REIMPELL, Handbediente Waagen, in Handbuch des
Waagenbaues, Bd. I, 5. Aufl., Berlin: Voigt. 1950.
(21) SCHMERWITZ, G., Physik. Z. **33**, 234 (1932). — (22) SCHWARZ-BERGKAMPF, E.,
Z. analyt. Chem. **69**, 321 (1926).
(23) THORNTON, W. M. Jr., Mikrochem. **35**, 431 (1950).

III. Mikrowaagen.

Im folgenden werden unter Mikrowaagen Instrumente verstanden, die in der Hauptsache zur Bestimmung von Gewichten von einigen Milligramm oder weniger mit einer relativen Präzision von $\pm$ 0,01 bis $\pm$ 0,0001 geeignet sind. Das Gewicht wird dabei häufig in willkürlichen Einheiten ausgedrückt, deren Verhältnis zum metrischen Maß entweder nur schätzungsweise oder nur mit geringer Präzision bekannt ist. Es ist ferner kennzeichnend, daß Mikrowaagen häufig vom Benutzer selbst angefertigt werden, wobei Quarzglas und Glas in der Regel an Stelle von Metall zur Herstellung der eigentlichen Waage dienen.

Die Tragfähigkeit der Mikrowaagen ist fast immer gering, weniger als 1 g Gewicht, ein Umstand, der meist aus dem zarten Bau der eigentlichen Waage oder ihrer Lager folgt. Die Verwendung relativ schwerer Apparate und Behälter für die zu wägenden Substanzen ist nur bei solchen Instrumenten möglich, die entweder das Hebelprinzip oder das Prinzip der Kettenwaage von WEBER (55) benutzen, so daß das Gewicht des Apparates durch jenes einer passenden Tara ausgeglichen werden kann, ohne den Wägebereich merkbar zu verringern. Wenn auch der Apparat von der zur Ausgleichung der Nutzlast dienenden meßbaren Kraft getragen wird, dann muß der Apparat außerordentlich leicht sein, da andernfalls der Bruchteil des Meßbereiches, der für die Substanz übrigbleibt, nicht mehr die erforderliche Präzision für ihre Wägung gibt.

Die Mikrowaagen besitzen in der Regel keine Schalen im üblichen Sinne. Die Substanzen werden meist in denselben Geräten gewogen, in denen sie chemischen Umsetzungen ausgesetzt werden, und die Geräte werden meist unmittelbar vom Gehänge getragen, wozu Apparate und Gehänge mit geeignetem Gestänge, Haken und Henkeln versehen sind. Als Leeranzeige der Waage dient entweder die Anzeige mit dem leeren Apparat (Arbeitsgerät) oder die Anzeige mit einem Kontrollgerät (Kontrollschälchen) am Gehänge. Die Verwendung eines Kontrollgerätes ist vorzuziehen, da das Arbeitsgerät seine Masse während des Versuches ändern kann. Das Kontrollgerät ist am besten ein möglichst genaues Ebenbild des Arbeitsgerätes und wird ausschließlich zur Kontrolle der Leeranzeige verwendet.

Wägung durch Massenausgleich mit Gewichten wird verhältnismäßig wenig geübt, da das Handhaben von Gewichten um so schwieriger und zeitraubender wird, je kleiner die Gewichte sein müssen. Übrigens wird bei Benutzung von Gewichten die Wägung immer durch Substitution vollzogen, um allen Bedenken, betreffend die Abweichung des Hebelarmverhältnisses von der Einheit (und ihre Konstanz), zu entgehen.

Das Gewicht des Objekts (der Substanz) wird in der Regel unmittelbar aus der Stellungänderung eines Zeigers (Lageänderung des Balkens, Ausdehnung einer Feder) erschlossen, oder aus der Größe der anzuwendenden Kraft (Torsion, Federspannung, Auftrieb, elektromagnetische Kraft) gefunden, die die Leeranzeige wieder herstellt oder den Zeiger auf eine gewählte Nullage zurückführt. Die verschiedenen Wägungsverfahren können mit Federwaagen genau so gut wie mit Hebelwaagen zur Anwendung gebracht werden. Im allgemeinen gibt man zweiarmigen Hebelwaagen den Vorzug, da sie verhältnismäßig schwere Arbeitsgeräte zulassen, deren Gewicht durch eine Hilfslast am anderen Hebelarm ausgeglichen wird.

Im folgenden werden jene Mikrowaagen besonders berücksichtigt, die mit einer mittleren Schwankung der Gewichtsbestimmung von weniger als $\pm 1 \mu g$ die mikrochemischen Waagen an absoluter Präzision übertreffen. Es ist nur natürlich, derartigen Mikrowaagen in diesem Zusammenhange eine Vorzugsstellung einzuräumen, da sie es möglich machen, gravimetrische Untersuchungen mit Substanzmengen auszuführen, die mit Präzisionswaagen entweder gar nicht oder nicht mit ausreichender Verläßlichkeit gemessen werden können.

Der Besprechung der verschiedenen Waagenmodelle wird eine systematische Beschreibung der Funktion und Herstellung verschiedener Waageteile vorausgeschickt, die zweckmäßig durch Anweisungen für die Bearbeitung von Quarzglas eingeleitet wird. Es ist einerseits wünschenswert, daß der Benutzer von Mikrowaagen in der Lage ist, Reparaturen durchzuführen und Verbesserungen anzubringen. Anderseits mag es nützlich sein, die verschiedenen Ausführungsformen der Waageteile vergleichend zu besprechen, da unzweckmäßige Ausführung eines einzigen Teiles einer Waage die Leistungsfähigkeit des Instrumentes einschneidend beeinträchtigen kann. Die für jeden Konstruktionsteil gebotene Auswahl sollte auch den Entwurf von Mikrowaagen erleichtern.

A. Das Bauen von Mikrowaagen.
Die Eigenschaften des Quarzglases.

Die außerordentliche Eignung von Quarzglas für den Bau von Mikrowaagen wurde zuerst von Steele und Grant (49) betont. Sie weisen auf die folgenden Vorzüge hin: 1. Quarzglas zeigt niemals Korrosionserscheinungen, ist nur sehr wenig hygroskopisch und okkludiert Gase nicht, welch letzteres vermutlich alle Metalle tun. 2. Quarzglas ist sehr leicht. 3. Es hat eine hohe Zugfestigkeit und die wertvolle Eigenschaft, bis zum Reißen vollkommen elastisch zu sein. 4. Der Ausdehnungskoeffizient ist außerordentlich klein. 5. Es kann einfach und billig im Zustande höchster Reinheit und für praktische Zwecke homogen erhalten werden. 6. Quarzglas kann leicht jede beliebige Form gegeben werden. 7. Ein Waagebalken aus Quarzglas kann leicht gereinigt werden.

Betreffend Punkt 5 lassen sich Einwände erheben, aber die von den Autoren zugegebenen Nachteile des Quarzglases sind nicht sehr bedenklich: Die geringe Wärmeleitfähigkeit ist wegen des entsprechend geringen Ausdehnungskoeffizienten wenig bedenklich und kann ebenso wie die geringe Leitfähigkeit für Elektrizität durch einen Edelmetallüberzug der Oberfläche behoben werden. Bei genauem Zusehen erweist sich Quarzglas als Baumaterial für Mikrowaagen noch günstiger, als von Steele und Grant erwartet.

Zunächst sollte betont werden, daß dem Quarzglas wie jedem guten Glas leicht durch Ziehen, Blasen und Schleifen jede beliebige Form gegeben werden kann, wobei es keine Schwierigkeit bietet, einzelne Stücke durch Zusammenschmelzen zu einem Ganzen zu vereinigen. Es ist daher möglich, einen Balken oder eine ganze Waage ausschließlich aus Glas oder sogar aus einem Stück Glas herzustellen. Die daraus sich ergebenden Vorteile sind leicht erkennbar und Tab. 9 zeigt, daß Quarzglas alle für den Bau von Präzisionsinstrumenten wünschenswerten Eigenschaften in hohem Maße besitzt.

Chemische Eigenschaften. Unterhalb 1710° C ist Quarzglas eine unterkühlte Flüssigkeit, aus der Cristobalit zwischen 1710 und 1470°, bzw. Tridymit zwischen 1470 und 870° C auskristallisieren könnte. Entglasung führt jedoch immer zu Kristallisation von Cristobalit und ist vom Gesichtspunkt des Instrumentbauers wohl die unbequemste chemische Umwandlung, die Quarzglas erleidet. Die Entglasung beginnt immer an der Oberfläche, so daß optisch klares und chemisch reines Quarzglas zufolge Abwesenheit innerer Phasengrenzflächen die geringste Neigung zu Kristallisation zeigt. Hohe Temperatur begünstigt natürlich die Umwandlungsgeschwindigkeit. Entglasung kann bei 1000° C unmerkbar beginnen. Sie wird bei 1200° C merkbar und schreitet bei noch höheren Temperaturen schnell fort. Es ist möglich, daß beginnende, aber noch verborgene Entglasung die bereits von Boys (7) beobachtete Erscheinung erklärt, daß die Zugfestigkeit von Quarzfäden leidet, wenn sie hohen Temperaturen ausgesetzt werden.

Betreffend den Übergang in die Gasphase ist Sosman (48) der Ansicht, daß kein Beweis für merkbare Flüchtigkeit unterhalb 1600° C vorliegt, daß aber Verflüchtigung infolge von Reduktion des Dioxyds eintreten mag; man kann annehmen, daß die flüchtige Substanz Siliziummonoxyd, SiO, ist und daß seine Reoxydation die weißen „Quarzdämpfe" und Beschläge in Quarzapparaten erzeugt. Im Gegensatz dazu findet Pettersson (43), daß sich Quarz im Hochvakuum bereits bei 600° C verflüchtigt, obschon bei 5 mm Druck der Gewichtsverlust selbst nach längerem Erhitzen auf 800° C fast unmerklich ist; die Abwesenheit reduzierender Stoffe ist dabei vorausgesetzt. Reduktion zu Siliziummonoxyd und rasche Hinwegführung des Dampfes mit den Flammengasen ist augenscheinlich für die verhältnismäßig großen Gewichtsverluste verantwortlich, die Quarzglas·beim Erhitzen mit einer Gasflamme oberhalb etwa 800° C zeigt.

Bei Zimmertemperatur unterliegt Quarzglas keinerlei Korrosionserscheinungen und wird nur von Flußsäure und kaustischen Alkalien merklich angegriffen. Bei hohen Temperaturen bildet es Silikate mit den meisten Metallsalzen und das Verarbeiten von Quarzglas, dessen Oberfläche verunreinigt ist, muß deshalb vermieden werden. Bei feinen Drähten und Fäden macht sich eine Verunreinigung der Oberfläche desto mehr fühlbar, je kleiner der Durchmesser und somit das Verhältnis von Quarzvolumen zu Oberfläche wird. Es ist daher nicht zulässig, Quarzglasfäden oder Stäbchen auszuziehen, wenn ihre Oberfläche nicht vollkommen rein ist (40). Stäbchen, die beim Erhitzen in der Flamme leuchtende Stellen aufweisen, sollten nicht zu Fäden verarbeitet werden. Staubteilchen leuchten hell, wenn Quarzfäden erhitzt werden und geben sich dadurch zu erkennen. Fäden von mehr als 10 μm Durchmesser können hierzu in einer Bunsenflamme erhitzt werden; es empfiehlt sich aber, die Fäden gestreckt zu halten.

Silikatbildung an der Oberfläche von Quarzglas sollte auch vermieden werden, da Silikatbildung die Affinität verschiedener Stoffe erhöhen kann. Reines Quarzglas ist fast nicht hygroskopisch und adsorbiert keinen der normalen Luftbestandteile, selbst wenn es vorher stundenlang im Hochvakuum auf Rotglut erhitzt wurde. Auch Adsorption der von Hahnfett abgegebenen Dämpfe ist nicht zu fürchten (43).

Tabelle 9. *Eigenschaften von Baustoffen.*

Baustoff	Dichte	Schmelzpunkt	Siedepunkt	Härte nach Mohs	Linearer Ausdehnungs-koeffizient	Zugfestigkeit[1]	Elastizitäts-grenze[1]
	g/ml	° C	° C		$10^7 \cdot \alpha$	Kilobar	Kilobar
Aluminium, Al	2,7	600	1800	3	230	1	
Achat (Chalcedon), SiO_2	2,6	Vgl. Quarzglas		7			
Bronze, Cu-Sn	8,8	1000^2		4	180	3—9	1—3
Borcarbid, B_4C	2,54	2450	> 3500	9,8			
Cristobalit, SiO_2	2,32	1710	2230	7			
Eisen, gezogen	7,7	1510	3000		120	6,3	3,2
Glas (Natron-Kalk)	2,4	800^3		6,5	97	2—34	
Invar, 63,8 Fe, 36 Ni, 0,2 C	8,0	1495			8		
Korund, Al_2O_3	4,0	2010	2210	9			
Messing, gelb, 67 Cu, 33 Zn	8,4	840		3,5	185	3	1
Nylon	1,14					4,5—7,7	
Platin, Pt	21,5	1755	4300	4,5	89	3,4	2,6
Quarzglas, SiO_2	2,2	1700^3	2230	7	5	3—8 Max. 11,5	3—11,5
Seide						4,5	1^2
Faden der Spinne *Miranda aurentia*						4,2	
Stahl	7,7—8,1	1400—1500	vgl. Eisen	6,5	40—190		
Gehärteter Gußstahl						10	6,5
Spezialstähle						7—32	2—8
Wolfram, W	19,3	3370	5900	4,5—8	43	32—43	

[1] Unter Zugfestigkeit ist die Beanspruchung verstanden, die zum Reißen führt; Überschreitung der Elastizitätsgrenze zieht dauernde Deformierung nach sich; 1 Kilobar = 10^9 Dyn/cm² = 1020 Kg/cm² = 14 500 lb/sq. inch (U. S. A.).

[2] Beiläufige Schätzung.

[3] Erweichungstemperatur.

Härte. Bezüglich der physikalischen Eigenschaften des Quarzglases sei zunächst bemerkt, daß die beträchtliche Härte das Schleifen von Schneiden aus Quarzglas zweckmäßig macht; solche Schneiden können an einen Quarzbalken unmittelbar angeschmolzen werden, was alle Möglichkeiten einer zufälligen Veränderung der relativen Lagen von Schneiden und Balken ausschließt.

Wärmeausdehnung. Für den Bau von Waagebalken ist der kleine lineare Ausdehnungskoeffizient des Quarzglases von Wichtigkeit. Selbst verhältnismäßig große Temperaturgefälle im Waagegehäuse können kaum eine merkbare Änderung des Armverhältnisses nach sich ziehen und auf diese Weise die Gleichgewichtslage des Balkens beeinflussen. Dabei ist von besonderem Interesse, daß Quarzglas bei Rückkehr zu Zimmertemperatur nach vorhergehendem Erhitzen oder Abkühlen die ursprünglichen Ausmaße sehr genau wieder annimmt und sich in dieser Beziehung etwa 100mal günstiger erweist als Invar. Auch bezüglich der geringen Gestaltsänderung, die zur Ausgleichung innerer oder äußerer Kräfte im Ablauf längerer Zeitabschnitte eintritt, verhält sich getempertes Quarzglas ungefähr 1000mal günstiger als Metalle und ist besser formbeständig als irgendein anderer Baustoff.

Zugfestigkeit. Für die Verwendung von Quarzglasfäden und -federn ist die hohe Widerstandsfähigkeit gegen mechanische Beanspruchung wichtig. Für Gläser und Metalle ist bekannt, daß die Zugfestigkeit dünner Fäden und Drähte weitaus größer gefunden wird als die von Stäben desselben Materials. Dies mag auf eine größere Zugfestigkeit der Oberflächenschicht zurückzuführen sein, die mit abnehmendem Durchmesser mehr und mehr an Einfluß gewinnt. Es mag zum Teil damit zusammenhängen, daß Fäden sich besser für Reißversuche eignen und durch das Einklemmen weniger leiden als Stäbe. Bei Gläsern hängt die Zugfestigkeit der Fäden außer vom Durchmesser auch noch vom Alter des Fadens und von der Temperatur des Glases vor dem Ziehen und während des Ziehens des Fadens ab.

In Reißversuchen mit Fäden aus einem Natron-Kalk-Glas (69% SiO_2, 12% K_2O, 1% Na_2O, 12% Al_2O_3, 5% CaO und 1% MnO) erhielt GRIFFITH (26) Zugfestigkeiten von 15 bis 62 Kilobar, wenn Fäden von 0,5 mm Durchmesser einige Sekunden nach dem Ausziehen geprüft wurden. Die Zugfestigkeit nahm sehr schnell ab, so daß nach einigen Stunden ein gleichbleibender Wert erhalten wurde. NEHER (38) weist darauf hin, daß Quarzglasfäden in einer feuchten Atmosphäre leiden und deshalb in mit KOH oder P_2O_5 getrockneter Atmosphäre aufbewahrt werden sollen, in der sie ihre Zugfestigkeit durch Monate bewahren. Diese Befunde von GRIFFITH und NEHER regen verschiedene Fragen an, z. B.: Glas ist hygroskopisch und die Wirkung von Wasser auf Glas ist verständlich; wie aber wirkt der Wasserdampf auf eine reine, nicht hygroskopische Quarzoberfläche ein? War es eine reine Quarzoberfläche? Welchen Einfluß hat die Verwendung von Trockenmitteln im Waagegehäuse auf die Leistungsfähigkeit von Waagen aus Quarzglas oder Glas? Die Schwierigkeit vergrößert sich, wenn man außerdem die Angabe von BOYS (7) bedenkt, daß die Zunahme der Zugfestigkeit dieselbe erscheint, gleichgültig ob der Durchmesser durch Ausziehen der Fäden oder durch Behandlung mit Flußsäure verringert wurde.

Elastizität. Die hervorragende Eignung von Quarzglas hängt damit zusammen, daß die Elastizitätsgrenzen für Zug und Torsion bis zum Brechen des Quarzglases nicht erreicht werden, so daß Zug- und Torsionsbeanspruchungen keine dauernden Veränderungen in Quarzglasfäden hervorrufen. Da es nicht zulässig ist, Teile von Waagen über ihre Elastizitätsgrenze hinaus zu beanspruchen, ergibt sich, daß Quarzglas nicht nur mit Textilfasern (38), sondern auch mit Spezialstählen in bezug auf Dauerhaftigkeit verglichen werden kann.

Die Abhängigkeit des YOUNGschen Elastizitätsmodulus vom Durchmesser des Quarzglasfadens wurde von REINKOBER (45) bestimmt. Er fällt von $11,1 \cdot 10^{11}$ Dyn/cm² auf $5,9 \cdot 10^{11}$ Dyn/cm² ab, wenn der Fadendurchmesser von $3\,\mu$m auf $50\,\mu$m ansteigt, und bleibt von da an konstant, da der Einfluß der Oberflächenschicht bei größeren Durchmessern nicht mehr merkbar ist. Es ist nicht klar, ob auch die Elastizitätsmoduli frisch ausgezogener Quarzglasfäden Änderungen durch Altern unterliegen. Jedenfalls sollte die Eichung von Torsionsfäden und Quarzglasfedern wiederholt werden, wenn sie bei merklich abweichenden Temperaturen benutzt werden, da sich der Elastizitätsmodulus um etwa 0,0001 pro Grad Temperaturanstieg vergrößert.

Viskosität. Die innere Reibung ist bei Quarzglas tausendmal kleiner als bei den in dieser Beziehung vorteilhaftesten Metallen. Der Energieverlust durch innere Reibung ist daher sehr gering und Schwingungen eines von Quarzglasfäden getragenen Objekts zeigen im Vakuum erst nach Viertelstunden eine deutliche Verkleinerung der Amplitude.

Leitfähigkeit. Wenn die Oberfläche rein und trocken gehalten wird, ist Quarzglas vielleicht der schlechteste Leiter für Elektrizität. Die Dielektrizitätskonstante (5) ist kleiner als jene für Glas, Porzellan oder Glimmer (6 bis 9).

Viskosität flüssigen Siliziumdioxyds. Schließlich sei bemerkt, daß man beim Bearbeiten von Quarzglas vor dem Gebläse häufig von der hohen Oberflächenspannung des geschmolzenen Quarzes Gebrauch macht, die etwa das Doppelte jener von geschmolzenem Glas ist.

Ausrüstung für Arbeiten mit Quarzglas und Quarzglasfäden.

Quarzglas wird vorwiegend in Stabform bezogen und sollte möglichst frei von Gasblasen sein. „Optisch klares" Quarzglas eignet sich am besten für den Bau hochempfindlicher Mikrowaagen. Die Gebläse und Hilfsgeräte werden für das Ausziehen und Bearbeiten von Kapillaren, Drähten und Fäden benötigt.

Arbeitstisch. Der übliche Arbeitstisch des Glasbläsers eignet sich für das Ausziehen von Quarzglasfäden und Kapillaren. Es ist wohl selbstverständlich, daß Sauerstoff-Gas-Gebläse benötigt werden, die. Flammen von genügender Größe und Temperatur geben. Für das Zusammenbauen von Quarzglasstäbchen und das Arbeiten mit Quarzglasfäden empfiehlt sich ein Tisch, der mit einer Spiegelglasplatte von etwa 5 mm Dicke belegt ist. Zwischen Tischplatte und Glasplatte breitet man entweder schwarzen Plüsch oder mattes schwarzes Papier aus, wie es zum Einwickeln photographischer Platten zur Verwendung kommt. KIRK und CRAIG (31) bringen etwa 60 cm oberhalb der Tischplatte eine Fluoreszenzlichtröhre von wenigstens 80 Watt an, da das Arbeiten mit feinen Fäden eine sehr starke Beleuchtung erfordert. Als zusätzliche Lichtquelle zur Durchführung delikater Handhabungen unter dem Mikroskop eignet sich irgendeine kleine Lampe mit Kondensorlinse, die die ausgesendete Strahlung auf ein schmales Bündel zusammenzieht.

Die Spiegelglasplatte liefert eine verläßlich ebene Unterlage für das Aufstellen von Manipulatoren und anderen Stativen, die zum Einspannen und Ausrichten von Werkstücken vor dem Zusammenschmelzen dienen.

Geräte für den allgemeinen Gebrauch. Um Schädigung der Augen durch die intensive und ultraviolettreiche, von erweichtem oder geschmolzenem Quarzglas ausgesendete Strahlung zu verhindern, sollten graue Gläser getragen werden, die etwa 85% der Strahlung absorbieren.

Ein von einem Stativ getragenes Vergrößerungsglas (etwa $6 \times$) erweist sich allgemein nützlich. Ein binokulares Mikroskop vom GREENOUGH-Typus mit

$0,7 \times$ bis $3 \times$ Objektiv und $10 \times$ Okular eignet sich für die Beobachtung delikater Manipulationen. Für das Messen der Durchmesser feiner Fäden ist ein Mikroskop mit geeichtem Okularmikrometer erforderlich, mit dem eine Gesamtvergrößerung von etwa $300 \times$ erreicht werden kann.

Außer Objektträgern und einigen Deckgläschen ist es zweckmäßig, eine Präpariernadel aus Stahl, Pinzetten und eine kleine Schere zur Hand zu haben. NEHER (38) empfiehlt die Pinzette Nr. 3 C von Dumont & Fils, Schweiz. Die Schere soll schmale, scharf zugespitzte Klingen haben (Scheren für Nagelpflege oder Sektion); das Entschlüpfen dickerer Fäden kann einfach verhindert werden, indem man eine Klinge mit einer kleinen Scharte versieht. Mit einer mechanisch geführten Schere soll es gelingen, Fäden von bis zu $40\,\mu$m Durch-

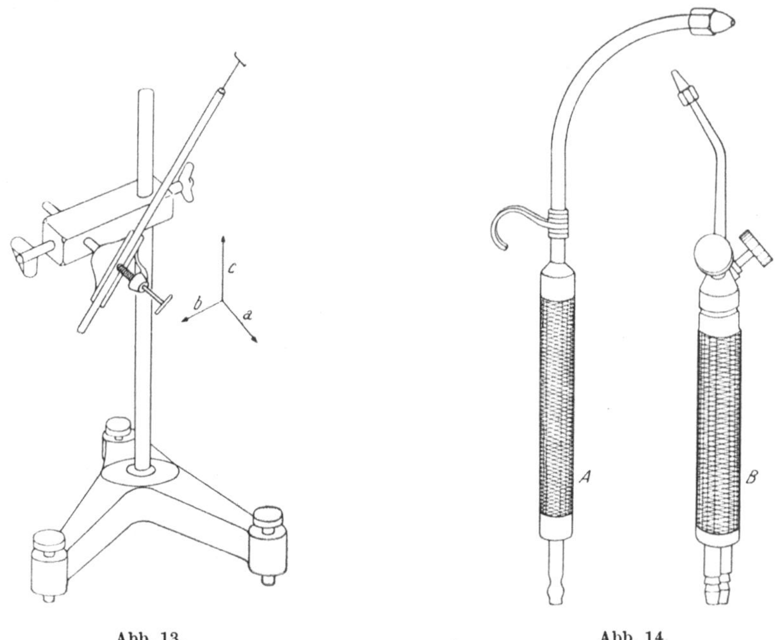

Abb. 13.   Abb. 14.

messer unter dem Mikroskop in Stücke von $10\,\mu$m Länge zu schneiden. Zum Handhaben von Quarzglasfäden empfiehlt NEHER (40) ferner ein Quarzglasstäbchen von 0,1 mm Durchmesser und 2 bis 3 cm Länge, das mit Wachs in ein Ende eines Messingstabes von 5 mm Durchmesser (oder in eine Glaskapillare) eingekittet ist. KIRK und CRAIG (31) halten mehrere solche Quarzglasgeräte bereit und geben den Quarzstäbchen die Form von Haken usw.

Kleine Stücke (etwa 2×12 mm) gummierten Papieres (verschiedene Farben) eignen sich zum Kennzeichnen von Quarzglasfäden.

Ein einfaches Stativ zeigt Abb. 13. Durch Einfügung von Zahntrieben oder Stellschrauben kann eine mechanisch geregelte Verlegung des eingeklemmten Werkzeuges oder Werkstückes in der Richtung der Achsen a, b und c erzielt werden. Einfache Manipulatoren, die auf diese Weise erhalten werden, können aber in der Regel mit Vorteil durch einfache Vorrichtungen ersetzt werden, die in folgenden Abschnitten beschrieben sind.

Gebläse. Mit dem Sauerstoff-Leuchtgas-Gebläse kann man Quarzglasstäbe von bis zu 6 mm Durchmesser ausziehen. Für das Ausziehen dickerer Stäbe muß Acetylen oder Wasserstoff an Stelle des Leuchtgases treten. Die auswechselbaren Düsen der Gaszufuhr sollen Öffnungen von 1 bis 3 mm Weite haben. Die gewünschte ruhige, lange Flamme ist dabei nur dann erhältlich, wenn die zylindrische Bohrung der Düse wenigstens 10 bis 15 mm lang ist.

Ein einfach herzustellendes Gebläse zeigt Abb. 14 A. Für große Flammen nimmt man Kupferrohre von 6 mm lichter Weite. Der Handgriff erhält 12 mm Durchmesser und 14 cm Länge. Die auswechselbaren Düsen erhalten 1 bis 3 mm lichte Weite bei 10 mm bis wenigstens 15 mm Länge der zylindrischen Bohrung. Die entsprechenden Dimensionen für Mikrogebläse sind nach Neher (40): Kupferrohr von 3 mm lichter Weite, Griff von 8 mm Durchmesser und 7 bis 12 cm Länge, Düsen von 0,05 bis 0,2 mm lichter Weite und 8 mm Länge der zylindrischen Bohrung. Das Mischen von Gas und Sauerstoff erfolgt in einem T-Rohr, woran das Gebläse angeschlossen wird. Das T-Rohr kann mit zwei Nadelventilen versehen sein, oder die Regulierung kann mit Hilfe von Schraubenquetschhähnen (5) erfolgen, die auf die Gummizuleitungen kurz vor dem T-Rohr aufgesetzt werden. Ein Mikrogebläse dieser Art wurde von P. E. J. Rochford aus Glas und Quarzglas (Düsen) hergestellt. Ein Nachteil

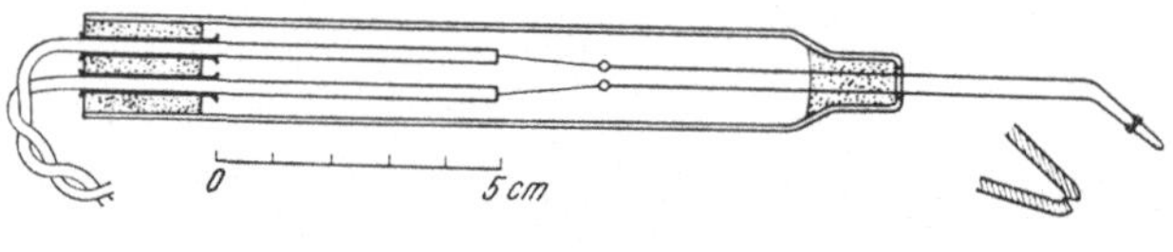

Abb. 15.

dieser Art von Gebläsen ist, daß die Flammen sehr leicht zurückschlagen und daß das Regulieren der Flammen zeitraubend ist. Man stellt immer erst die Größe der Gasflamme ein, bevor man mit dem Zumischen des Sauerstoffes beginnt. Die letztere Operation muß besonders bei Mikrogebläsen in kleinen Stufen erfolgen, wobei man nach jeder Änderung der Ventilstellung geraume Zeit warten muß, bis das neue Gemisch die Düse erreicht und die Flamme ihr Aussehen ändert. Rochford führte nahe hinter der Düse einen Wattebausch ein, um ein Rückschlagen der Flamme bis ins T-Rohr zu verhindern. Die feinsten Düsen (0,05 mm) geben eine Gebläseflamme, die so klein ist, daß sie mit dem unbewaffneten Auge kaum wahrgenommen werden kann.

Das Sauerstoffmikrogebläse der Microchemical Specialties Company, Abb. 14 B, erlaubt die rasche Regulierung der Flammen mit Hilfe von Nadelventilen nahe an der Ausströmungsdüse. Auswechselbare Düsen haben Öffnungen von 0,1 mm bis 0,75 mm.

Elektrischer Heizdraht. Beim Zusammenkitten von Quarzglasteilen erweist sich ein elektrischer Heizdraht nützlich. Abb. 15 zeigt die von Neher (40) angegebene Bauart. Das kurze Stück Heizdraht von 0,4 bis 0,5 mm Durchmesser aus Neusilber oder Nichrom wird in V-Form gebogen und an die Zuleitungsdrähte aus Kupfer (2 mm Durchmesser) angelötet. Man könnte auch Platindraht verwenden, der an der Beugungsstelle des V bis auf ein Drittel des ursprünglichen Durchmessers durchgefeilt ist (6). Für den Betrieb empfiehlt Neher einen regulierbaren Transformator, der 1 bis 6 Volt liefert und eine durch ein Fußpedal betätigte Schaltung aufweist.

Kitte. El-Badry und Wilson (17) benutzen eine Lösung von Durofix (Klebemittel, erzeugt von Rawlplug Company, Ltd., Cromwell Road, London SW 7, England) in 6 Teilen Amylacetat, um die Teile eines hochempfindlichen Waagebalkens aus Quarzglasstäbchen zusammenzukleben. Winzige Tröpfchen dieser Lösung werden mit einem Quarzglasfaden von 0,1 bis 0,15 mm Dicke auf die Berührungsstelle zweier Quarzfäden aufgebracht. Nach Verdunsten des Lösungsmittels ist der Klebestoff so gewichtsbeständig, daß diese Art der Verkittung auch bei Herstellung der Gehänge verwendet werden kann.

DONAU und EMICH (18) haben Selen (Schmelzpunkt 217° C, Siedepunkt 688° C) erfolgreich bei der Herstellung von Endschneiden verwendet. Es wird im geschmolzenen Zustand auf die Klebestelle aufgebracht und ist nach dem Erstarren weder hygroskopisch noch flüchtig.

Schellack, Siegellack usw. können nur dort als Kitt Verwendung finden (Mittelschneide, Befestigung von Quarzglasfäden an Metallteilen des Gehäuses usw.), wo ihre Eigenschaft, beträchtliche Wassermengen zu sorbieren, keinen Einfluß hat. Diese Kitte können im geschmolzenen Zustand aufgetragen werden. Außerdem kann man sie zu feinen Fäden ausspinnen. Kurze Stücke der Fäden werden ähnlich wie Glasfäden zu einem spitzen Winkel gebogen. Ein so gebildetes Häkchen wird über die Klebestelle gehängt und dann durch Annäherung eines warmen Glasstabes oder eines Heizdrahtes zum Schmelzen gebracht.

Schellack wird in Form der bekannten braunen Blättchen verwendet. Wird der geschmolzene Schellack so lange heiß gehalten, bis Polymerisation und demzufolge Erhärtung eintritt, so wird die Kittstelle hitzebeständig. KIRK und CRAIG (31) verwenden gewöhnlichen roten Siegellack, wo immer eine besondere Beständigkeit des Kittes nicht erforderlich ist.

Wenn Quarzglasfäden nur vorläufig befestigt werden sollen, dann empfiehlt NEHER (40) den Gebrauch reinen Diphenylcarbazids (Diphenylcarbohydrazid, Schmelzpunkt 175° C). Wird die Kittstelle erhitzt, so verflüchtigt sich diese Verbindung, ohne einen Rückstand zu hinterlassen oder die Qualität der Quarzglasfäden zu beeinträchtigen.

Aufbewahrung von Quarzglasfäden. NEHER (40) benutzt einen hohen und weiten Glaszylinder oder eine umgekehrte Glasglocke. Unterhalb des Randes werden mit Bienenwachs überzogene Glasstäbe horizontal eingesetzt und mit Wachs am Zylinder angekittet. Die am unteren Ende mit etwas gummiertem Papier beschwerten Quarzfäden werden an den Glasstäben befestigt, indem man das Wachs örtlich zum Schmelzen bringt. Eine aufgeschliffene Glasplatte dient als Deckel. Auf dem Boden des Zylinders befindet sich Phosphorpentoxyd oder Kaliumhydroxyd. Vergleich mit dem auf S. 73 Gesagten führt zu Spekulationen, betreffend die Zweckmäßigkeit der Verwendung von Trockenmitteln.

EL-BADRY und WILSON (17) benötigen keinen sorgfältigen Schutz gegen anorganischen Staub, da sie die Quarzglasstäbchen und Fäden beim Bau der Waage höheren Temperaturen nicht aussetzen. Dementsprechend sammeln sie die sortierten Fäden, indem sie beide Enden derselben mit Klebestreifen auf Bögen von schwarzem Glanzpapier befestigen, die ihrerseits auf Glasplatten oder steifem Karton aufgezogen sind. Die Platten mit den darauf befestigten Fäden werden dann in Etagen übereinander in einem Schränkchen untergebracht.

Das Ausziehen von Quarzglas.

Das Arbeiten mit Quarzglas ist durch den Umstand erschwert, daß hohe Temperatur benötigt wird und das Temperaturintervall, in dem Quarzglas plastisch ist, sehr eng ist. Dagegen hat man die Vorteile, daß Quarzglas wegen des niedrigen Ausdehnungskoeffizienten weder vorsichtiges Anwärmen noch langsames Kühlen benötigt.

Beim Arbeiten mit größeren Objekten aus Quarzglas wird eine Arbeitsweise angewendet, die eher an das Schweißen von Metall als an das Glasblasen erinnert. Beim Ansetzen eines Rohres an einen größeren Apparat wird z. B. der Apparat in eine Klammer eingespannt und das Rohr zunächst nur an einer Stelle an den Apparat angeschmolzen. Die Gebläseflamme wird dann an die benachbarte Stelle gerichtet und nötigenfalls mehr Quarzglas von einem Stab zur Schmelzstelle übertragen. Wenn einmal eine kurze Strecke des Umfanges des Rohres an den Apparat angeschmolzen ist, wird es unnötig, das Rohr zu stützen, da die bereits verschmolzene Stelle beim Verschmelzen von Nachbarstellen nicht mehr heiß genug wird, um nachzugeben. Eine Nachbehandlung der Schmelzstelle durch Aufblasen ist für die Haltbarkeit nicht erforderlich und dient nur der Verbesserung des Aussehens der Verbindungsstelle.

Zum Biegen von Quarzglasrohr erhitzt man enge Ringzonen zum Erweichen und biegt jedesmal nur ein klein wenig. Es läßt sich kaum vermeiden, daß sich das Glas an der Innenseite der Biegung ansammelt und an der Außenseite dünn ausgezogen wird. Zur Verschönerung kann man Unregelmäßigkeiten und flache Stellen durch örtliches Erhitzen und eventuelles Aufblasen ausgleichen. Das Aufblasen muß erfolgen, während sich das Quarzglas in der Flamme befindet, und dabei ist es selbstverständlich notwendig, den Luftdruck in vorsichtigen leichten Stößen zu erhöhen. Wird aber ein Loch aufgeblasen, so läßt es sich auch leicht wieder durch Ansetzen von geschmolzenem Quarzglas schließen.

Leichte Schälchen aus Quarzglas werden erhalten, indem man erst eine dünnwandige Kugel am Ende eines Rohres bläst und dann mit der Sauerstoffflamme aus dieser Kugel Kalotten herausschneidet. Die Kalotten werden derart bereits mit verstärktem Rand erhalten, woran Quarzglashaken leicht angesetzt werden können.

Die Arbeitsweise für das Ausziehen hängt in erster Linie von dem gewünschten Durchmesser der herzustellenden Stäbchen, Kapillaren und Fäden ab.

Stäbchen und Kapillaren von 0,2 bis 1,5 mm Durchmesser finden beim Bau von Waagebalken, Gehängen, Arretierungsarmen usw. Verwendung und es ist wünschenswert, daß der Durchmesser auf Distanzen bis zu etwa 15 cm gleichbleibt.

Das Ausziehen von Stäbchen von gleichförmigem Durchmesser und 10 bis 25 cm Länge erfolgt im wesentlichen so wie beim Arbeiten mit Glas. Je dicker und länger das zu erhaltende Stäbchen werden soll, desto mehr Quarzglas muß im zähflüssigen Zustande gesammelt werden und desto größer muß die Flamme des Sauerstoffgebläses sein. Das Ausziehen erfolgt außerhalb der Flamme und die Geschwindigkeit des Ziehens muß nach dem zu erzielenden Durchmesser des Stäbchens geregelt werden. Es bereitet keine Schwierigkeit, ein Stäbchen von etwa 1 mm Durchmesser und 15 cm Länge aus einem Stab von 6 bis 7 mm Durchmesser auszuziehen. Sollen dickere oder längere Stäbchen erhalten werden, so sammelt man erst einen Quarzglastropfen oder Wulst von etwa 1 cm Durchmesser.

Durch Übung erworbene Geschicklichkeit ist notwendig, und es empfiehlt sich, eine gewisse Sicherheit durch Praktizieren mit einem Glas von hohem Erweichungspunkt zu erwerben, bevor man an das Ausziehen von Quarzglas herangeht.

Stäbchen und Fäden von 0,2 bis 0,025 mm Durchmesser können mit der Hand ausgezogen werden, wobei wieder zu beachten ist, daß die Oberfläche des zu verarbeitenden Stabes völlig rein und frei von Staub sei und daß die auszuziehenden Stellen nie mit bloßen Fingern berührt werden.

Mit der Hand. Die Flamme eines großen Sauerstoffgebläses wird so eingestellt, daß sie mit einem zischenden Laut so brennt, daß der kleine innere

Kegel etwa zwei- bis dreimal so lang als breit ist. Das Werkstück wird im heißesten Teil der Flamme gerade über diesem Kegel erhitzt.

Man erhitze eine Stelle des Stabes (2 bis 6 mm Durchmesser), die vollkommen frei von Gasblasen erscheint, oder beginne mit zwei Stäben, deren Enden diese Bedingung erfüllen. In letzterem Falle schmelze man die Enden zusammen und ziehe dann aus, so daß ein Verbindungsstäbchen von etwa 1 mm Durchmesser und einigen Zentimetern Länge erhalten wird.

Nun erhitze man eine Stelle des dünnen Verbindungsstückes im heißesten Teil der Flamme, bis das Glas sehr weich ist. Dann ziehe man schnell außerhalb der Flamme auf eine Länge von etwa 1 m aus. Der Durchmesser des resultierenden Fadens wird um so kleiner, je rascher das Ausziehen erfolgt und je höher die Temperatur des geschmolzenen Glases ist.

Mechanisches Ausziehen ist erforderlich, wenn sehr lange Fäden oder Drähte von gleichförmigem Durchmesser benötigt werden. KIRK und SCHAFFER (31) setzen den Quarzglasstab von 2 bis 6 mm Durchmesser, aus dem der Faden gezogen werden soll, in eine regulierbare elektrische Rührvorrichtung ein, so daß der Stab langsam um seine horizontal gelegte Achse rotiert. Das Sauerstoffgebläse oder Kreuzfeuer wird auf einer Transitplatte montiert, die auf Glasstäben liegt, so daß sie dem Quarzglasstab entlang verschoben werden kann, wie die Verkürzung des Stabes während des Ausziehens dies erfordert. Der ausgezogene Faden wir auf eine Trommel von 30 cm Durchmesser aufgewunden, deren Umdrehungsgeschwindigkeit durch Verwendung passender Riementriebe und Regulierung des elektrischen Antriebes mit einem Widerstand genau eingestellt werden kann. Das Ende des rotierenden Quarzglasstabes wird erhitzt. Ein Faden wird ausgezogen, indem man das geschmolzene Glas mit einem kurzen Quarzglasstab berührt. Das Ende des erhaltenen Fadens wird schnell mit Heftpflaster an der Trommel befestigt und die letztere in Bewegung gesetzt. Das Gebläse wird mit der Hand verschoben, so daß die Flamme ständig das Ende des Quarzglasstabes im Schmelzen erhält. Je nach Umlaufgeschwindigkeit der Trommel werden Fäden von 0,025 bis 0,2 mm Durchmesser erhalten.

Fäden von 35 bis 5 μm Durchmesser werden am besten von einem aus einer Armbrust geschossenen Bolzen gezogen. KIRK und CRAIG (31) befestigen eine einfache Armbrust (Holzlatte mit V-förmiger Rinne für den Bolzen, Bogen aus zwei Sägeblättern in einen Schlitz der Latte eingesetzt, verschiebbare Metallnadel in Bohrung der Latte zum Halten der gespannten Sehne) am Gebläsetisch. Als Bolzen dient eine Sezierlanzette, an deren Griffende ein kurzes Stück eines dicken Quarzglasfadens mit Siegellack befestigt ist. Der Quarzglasfaden wird an das Ende des eingespannten Quarzglasstabes angeschmolzen, der Bogen gespannt, der Bolzen eingelegt und nach dem Schmelzen des Quarzglases abgeschossen und von einer Scheibe aus weichem Material aufgefangen, die in einem Abstand von 3 bis 10 m aufgestellt werden kann. KIRK und CRAIG empfehlen, die Armbrust etwa 45° gegen die Horizontale einzustellen, um Fäden von gleichmäßigem Durchmesser zu erhalten. Eine flachere Flugbahn des Bolzens verursachte eine allmähliche Abnahme des Durchmessers der Fäden gegen das Ende hin. Der Durchmesser der Fäden hängt von der Menge des geschmolzenen Glases, der Geschwindigkeit des Bolzens und der Entfernung der Scheibe ab und ist wegen des erstgenannten Faktors schwierig zu kontrollieren.

Fäden von weniger als 10 μm Durchmesser werden unter Ausnutzung der Strömungsenergie der Flammengase in der Gebläseflamme gesponnen. NEHER (40) sowie auch KIRK und CRAIG (31) stellen das Sauerstoffgebläse mit weiter Düse so, daß eine lotrechte Flamme von wenigstens 30 cm Länge erhalten wird.

Etwas weniger Sauerstoff wird zugemischt, als für Erreichung der Höchsttemperatur erforderlich ist, und dies gibt einen inneren Kegel von 8 bis 12 cm Länge. Hierauf wird ein am Ende eines Stabes ausgezogener Quarzglasfaden von nicht mehr als 50 μm Durchmesser und 5 bis 25 cm Länge in lotrechter Stellung so in die Flamme gebracht, daß er allseitig von der ruhig brennenden und nicht flackernden Flamme umgeben ist und nicht über die Flamme hinausreicht (Abb. 16). Wenn die Flamme richtig eingestellt und der Faden richtig gewählt ist, wird er der ganzen Länge nach gleichmäßig glühen. Der Faden verlängert sich erst langsam und dann immer schneller in dem Maße,

wie sich der Durchmesser verringert. Schließlich wird der obere Teil des ursprünglichen Fadens gegen die Decke geblasen. Sowie dies geschieht, entfernt man den unteren Teil sogleich aus der Flamme, damit der feine Faden mit dem Stab verbunden bleibt. Teile des 1 bis 2 m langen feinen Fadens können zufolge des von ihnen reflektierten Lichtes gesehen werden. Auf diese Weise gelingt es, erst das ferne Ende des Fadens durch Aufkleben eines gummierten Papierstreifens festzulegen und dann Stücke geeigneter Länge vor dem Durchschneiden durch solche Papierstreifen abzugrenzen. Die Stücke werden zur Aufbewahrung in einen Zylinder eingehängt (s. oben).

Wiesenberger (57) benutzt eine Stichflamme von 2 cm Länge und führt einen Quarzfaden von 50 bis 60 μm Durchmesser in rechtem Winkel in den Rand der Flamme ein. Das Ende des Fadens wird durch den Strom der Flammengase im rechten Winkel umgeknickt. Wird mehr vom Faden in die Flamme nachgeschoben, so verlängert sich das umgeknickte Ende, bis es schließlich durch den Gasstrom fortgerissen wird, wobei Fäden von 2 bis 3 μm Durchmesser gesponnen werden.

Die Durchmesser der erhaltenen Fäden hängen von der Dicke der ursprünglichen Fäden, von Temperatur und Größe der Flamme und von der Zeitspanne zwischen dem Verschwinden des oberen Teiles des Fadens und der Entfernung

Abb. 16.

des unteren Teiles aus der Flamme ab. Wiederholte Versuche sind erforderlich, bis man einen Faden von dem gewünschten Durchmesser erhält, aber die Fäden sind gerade und von gleichmäßigem Durchmesser im mittleren Teil.

Das Arbeiten mit Quarzglasfäden.

Die folgenden Operationen erscheinen einfach, da die Quarzglasfäden die gewünschten Formänderungen von selbst eingehen und die Arbeit der Hände sich hauptsächlich darauf beschränkt, bei der Herbeiführung jener Umstände, die die Formänderungen nach sich ziehen, mitzuwirken.

Bestimmung der Fadendurchmesser. Die Durchmesser dünner Quarzglasstäbchen können mit der Mikrometerschraube bestimmt werden. Im Falle von Fäden nimmt man Proben von den beiden Enden und mißt den Durchmesser unter dem Mikroskop. Zu einer schnellen Schätzung des Durchmessers feiner Fäden können verschiedene Erscheinungen benutzt werden: Durchbiegung zufolge des Eigengewichtes, Krümmungsradius eines über eine Nadel gehängten Fadens, Tendenz, von Luftströmungen fortgetragen zu werden usw.

Geraderichten gekrümmter Fäden. Ein Gewicht, das nicht genügt, eine Verlängerung des Fadens während des Erhitzens zu verursachen, wird an das Ende des Fadens gehängt. Das erforderliche Gewicht hängt von dem Durchmesser des Fadens ab: etwa 8 mg für 4 bis 10 μm, 15 mg für 10 bis 50 μm und 30 mg für 50 bis 200 μm. Als Gewichte können gummiertes Papier (kleine Etiketten), Haken aus Glas oder Draht und Tropfen aus Wachs oder Siegellack dienen. Der derart gestreckte Faden wird mit einer Bunsenflamme erhitzt, die man mehrmals entlang des Fadens bewegt. Für Fäden von weniger als 10 μm Durchmesser benutzt man die Gasflamme des Mikrogebläses, ohne Sauerstoff zuzumischen.

Biegen. Man hält ein Ende des Stäbchens oder Fadens und erhitzt die Biegestelle vorsichtig mit einer Mikrogebläseflamme, bis das freie Ende, dem Zuge der Schwerkraft folgend, die lotrechte Lage angenommen hat. Der erhaltene Winkel zwischen den beiden Schenkeln hängt demgemäß von der Lage des fest-

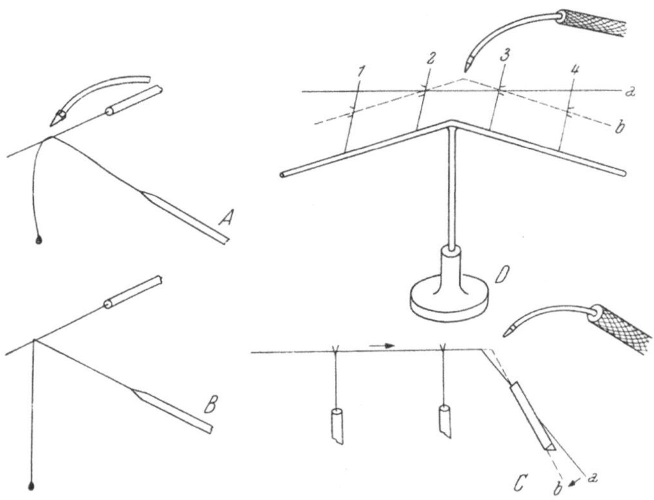

Abb. 17. Biegen von Quarzglasfäden und Stäbchen. *A* und *B* nach Neher (40); *C* und *D* nach Kirk und Craig (31).

gehaltenen oder eingeklemmten Teiles ab, die beliebig gewählt werden kann. Eine Beschwerung des freien Endes ist bei dicken Fäden nicht nötig. Die möglichst kleine Gebläseflamme wird von oben herab langsam an die Biegestelle herangebracht und in der Lage gehalten, die es dem freien Ende eben erlaubt, dem Zug der Schwerkraft langsam Folge zu leisten.

Feine Fäden werden am freien Ende am besten belastet (Gewichte von derselben Größenordnung wie für das Geraderichten der Fäden), was einfach dadurch erfolgen kann, daß man am freien Ende eine Quarzglasperle schmelzt oder anschmelzt. Der Faden wird am besten an der Biegestelle durch eine Quarzglasnadel gestützt, wie dies in Abb. 17 A und B gezeigt ist. Für das Biegen von Fäden von weniger als 40 μm Durchmesser genügt eine winzige Gasflamme, die keinen Sauerstoff beigemischt enthält. Unnötig langes Erhitzen soll vermieden werden, da dies dazu führen könnte, daß der Faden an der Nadel haften bleibt. Delikate Aufgaben dieser Art werden sehr erleichtert, wenn man Faden und Nadel in Stative einspannt und das Mikrogebläse mit Hilfe eines Manipulators annähert und gleichzeitig durch ein Vergrößerungsglas oder Mikroskop beobachtet.

Winkel vorbestimmter Größe können genau und schnell in Mengen erhalten werden, indem man das von Y-Stützen getragene Stäbchen an einer Stelle erhitzt, so daß die absinkenden Teile von entsprechend vorbereiteten Unterlagen aufgefangen werden (31). Der absinkende Schenkel kann in einer Rinne oder mit zwei Y-Stützen aufgefangen werden, Abb. 17 *C*, oder das Glasstäbchen wird so über die Stützen *2* und *3*, Abb. 17 *D*, gelegt, daß beim Erhitzen der Mitte die absinkenden Schenkel von *1* und *2* bzw. *3* und *4* aufgefangen werden. In beiden Fällen ist es wesentlich, daß die Stäbchen auf den Unterlagen gleiten können, so daß sie in der Lage sind, der Schwerkraft folgend die richtigen Winkel anzunehmen. Es versteht sich wohl, daß die mit den Werkstücken in Berührung kommenden Teile der Stützen aus einem Material und in einer Form hergestellt werden sollen,

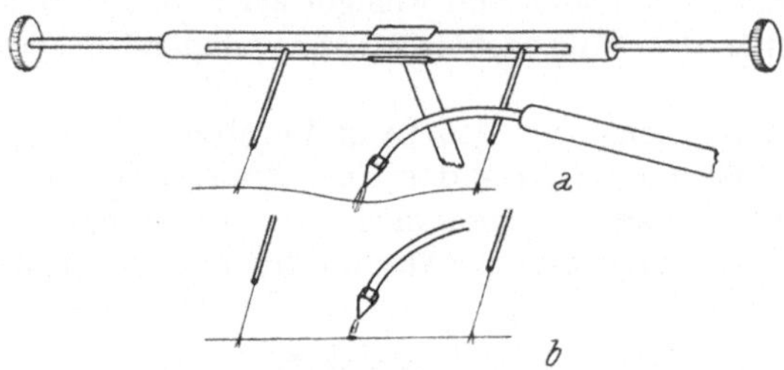

Abb. 18. Arbeiten mit feinen Quarzglasfäden.

die es ermöglichen, diese Teile möglichst mühelos rein zu halten. Quarzglas und Platin lassen sich mit Säuren waschen und ausglühen.

Ausziehen. Der lotrecht eingespannte Faden erhält am freien unteren Ende ein Gewicht von etwa 0,5 g. Die auszuziehende Stelle wird im Horizontalmikroskop (etwa 50×) eingestellt und die winzige Mikrogebläseflamme mittels eines Manipulators angenähert (5). Die Dicke des Fadens wird mit dem Okularmikrometer überwacht und, wenn der gewünschte Durchmesser erreicht ist, wird die Flamme entfernt. Auf diese Weise kann man den Durchmesser von Fäden örtlich so stark herabsetzen, daß ein Gelenk entsteht, in dem sich der Faden mit einem Krümmungsradius von einigen μg biegt. Mit unbewaffnetem Auge scheint es, als ob sich der Faden in beliebigem Winkel scharf abknicken ließe.

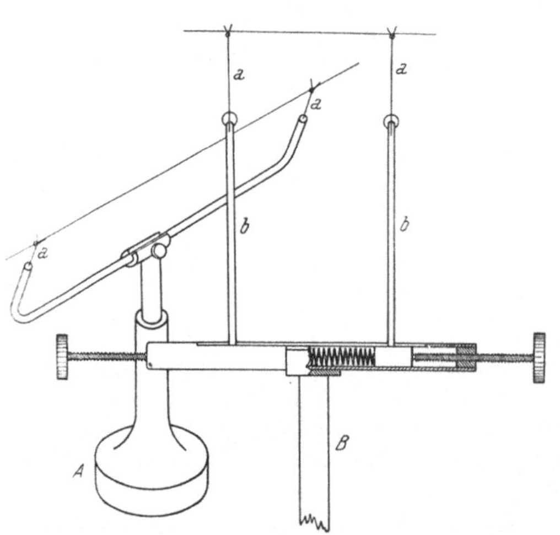

Abb. 19. Gabeln für das Halten von Quarzglasfäden. Nach H. V. Neher (40).

Wenn ein Ende des Fadens festgehalten wird und das zweite Ende an einem mechanisch bewegbaren Teil befestigt ist, kann irgendein Teil des Fadens ausgezogen werden, indem man die Mikrogebläseflamme von oben oder von der Seite vorsichtig an den Faden heranbringt und den Mechanismus entsprechend betätigt. Beobachtung mit Vergrößerungsglas oder Mikroskop empfiehlt sich. Der Zahntrieb eines Mikroskops kann an Stelle eines einfachen Manipulators dienen, oder man bedient sich einer mechanisch verstellbaren Gabel, Abb. 18 und 19.

Verdicken. Wird ein lose gehaltener Faden an einer Stelle erhitzt, so wird alles verfügbare Fadenmaterial zufolge der starken Oberflächenspannung in die sich bildende halbflüssige Perle hineingezogen. Die Erscheinung kann benutzt werden, um lose gespannte Fäden anzuspannen.

Soll eine Verdickung am Faden erzeugt werden, so ist es wesentlich, daß der Faden entweder auf den Stützen gleiten kann oder daß das Spannen des Fadens durch Bewegung der Stützklammern verhindert wird. NEHER (40) empfiehlt die in Abb. 18 gezeigte mechanisch verstellbare Gabel, die leicht aus Messing hergestellt werden kann. Die Zinken der Gabel werden durch Schrauben und „Spiral"-Federn betätigt. Die aus Quarzglas angefertigten Y-Stützen sind mit Wachs in Bohrungen der Messingstäbe eingesetzt.

Zum Erhitzen benutzt man die feinste Düse des Mikrogebläses. Sauerstoff wird so zugemischt, daß die Flamme zwar fähig ist, das Quarzglas zu erweichen, aber nicht stark genug ist, um den Faden auseinanderzublasen. Der Faden kann mit Wachs oder Diphenylcarbazid an den Stützen befestigt werden, worauf eine Zinke der Gabel betätigt wird, bis der Faden lose gespannt ist. Die Flamme wird von oben oder von der Seite her angenähert und so lange wirken gelassen, bis der Faden gespannt erscheint. Er wird abwechselnd durch Betätigung einer Zinke entspannt und durch Anwendung der Flamme gespannt, bis eine Perle der gewünschten Größe erhalten ist.

Bei starken Fäden und Stäbchen, die lose auf Stützen ruhen, genügt die Oberflächenspannung in der halbflüssigen Perle, um das Glas in die Schmelzstelle hineinzuziehen.

Zusammenschmelzen von Fäden. Die Fäden werden in geeigneter Weise gestützt. Sehr dünne Fäden werden am besten in eine verstellbare Gabel eingespannt, Abb. 19. Dickere Fäden und Stäbchen werden so gestützt, daß sie dem Zug der Oberflächenspannung folgend, gegen die Schmelzstelle gleiten können. Die beiden Fäden oder Stäbchen werden in die gewünschte Lage gebracht, worauf man sie an ihrer Berührungsstelle so erhitzt, wie es oben für die Herstellung von Verdickungen beschrieben ist. Glas der beiden Stücke wird der gemeinsamen Schmelzstelle zugeführt bzw. in diese hineingezogen.

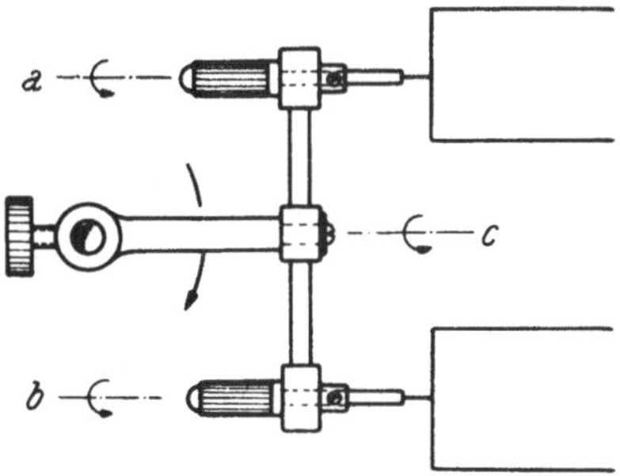

Abb. 20. Quarzglasdoppelgabel nach P. L. KIRK und R. CRAIG (31).

Anschmelzen feiner Fäden. Wenn der Apparatteil, an dem der Faden befestigt werden soll, nicht mit dem Mikrogebläse zum Schmelzen gebracht werden kann, so zieht man zuerst von dem Befestigungsort (nach Erhitzen mit einer starken Flamme durch Berührung mit einem Quarzglasstab) ein kurzes Hörnchen aus, das in einer scharfen Spitze endet. Der Apparat wird in ein Stativ eingespannt und der Faden so gestützt, daß er die gewünschte Lage einnimmt und dem Zug der Oberflächenspannung folgen kann. Das Ende des Hörnchens wird mit der kleinsten Gebläseflamme zum Erweichen erhitzt, wobei die entstehende Perle den feinen Faden an sich zieht. Der feine Faden kann gespannt und zentriert werden, indem man das Ende des Hörnchens (oder eines stärkeren Fadens, an den der feine angeschmolzen wurde) zum Schmelzen erhitzt. Hierzu muß die kleine Gebläseflamme so gegen das Hörnchen gerichtet werden, daß der feine Faden gegen eine Berührung mit der Flamme gesichert ist. Biegungen können aus dem feinen Faden entfernt werden, indem man ihn leicht spannt und dann mit einer winzigen Gasflamme bestreicht, der kein Sauerstoff beigemischt ist.

Sehr feine Fäden, die sich zu leicht biegen, um mit Gabeln und Stützen gehandhabt zu werden, werden von KIRK und CRAIG (31) mit einer Doppelgabel (Abb. 20) gehandhabt und in die gewünschte Lage zum größeren Werkstück gebracht. Die beiden Gabeln sind aus ziemlich nachgiebigen Quarzglasstäbchen angefertigt und können um die Achsen *a*, *b* und beide zusammen gleichzeitig um die Achse *c* und den Stativstab gedreht werden. Der feine, mit gummiertem Papier oder einem Stück Heftpflaster an den Enden beschwerte Quarzglasfaden wird über die vier Zinken der Gabeln gelegt und an den beiden äußersten mit Diphenylcarbazid befestigt. Wird er nur an einer der Zinken befestigt, so wird er durch den Zug des Papiergewichtes ständig gespannt erhalten. Lage und Spannung des Fadens kann außerdem durch Drehen der Gabeln eingestellt werden. Das Anschmelzen wird am besten ausgeführt, während man den Vorgang mit dem Mikroskop beobachtet. Das Gebläse (Düse von 0,1 mm oder weniger) kann mit einem einfachen Manipulator geführt werden und die Flamme soll so klein sein, daß sie mit freiem Auge eben nicht mehr sichtbar ist.

Kirk und Craig (31) empfehlen, alle Schmelzstellen mit dem binokularen Mikroskop zu untersuchen, das Unregelmäßigkeiten zu entdecken erlaubt, die sich der Beobachtung mit freiem Auge entziehen.

Herstellung von Quarzglasfedern. Die folgenden Ausführungen beziehen sich auf Federn, die die Form einer Helix haben, d. h. auf sogenannte „Spiralfedern". Die Herstellung fehlerfrei geformter Quarzglasfedern mit Fadendurchmessern von 25 μm bis 0,2 mm und bis zu über 100 Windungen wurde von Kirk und Schaffer (32) beschrieben. Der Quarzglasfaden von gleichförmigem Durchmesser wird durch Ösen von einer Trommel einem rotierenden Quarzglasrohr (14 mm äußerer Durchmesser) zugeführt. Ösen und Gebläse sind auf einem Schlitten befestigt, der sich entlang des Quarzglasrohres verschiebt, wenn dieses in Umdrehung versetzt wird. Für den Antrieb dient ein Elektromotor, dessen Geschwindigkeit durch geeigneten Riementrieb herabgesetzt wird. Das Ende des Quarzglasfadens wird mit Heftpflaster am Quarzglasrohr befestigt, der Motor angeschaltet und gleichzeitig die Gebläseflamme so in Stellung geschwungen, daß sie den Quarzglasfaden dort trifft, wo er sich auf das Quarzglasrohr auflegt. Ständige Überwachung ist besonders beim Verarbeiten sehr feiner Fäden erforderlich. Drehen der Trommel mit dem Fadenvorrat und Überwachung der Zufuhr des Fadens zu den Ösen beugt dem Abreißen feiner Fäden vor. Kleine Unregelmäßigkeiten im Faden oder in der Oberfläche des rotierenden Rohres können seitliche Bewegungen des Fadens bewirken und es ist wichtig, die Flamme ständig auf den Faden spielen zu lassen. Die Vorrichtung erzeugt innerhalb weniger Minuten eine Helix, deren Güte durch Handarbeit nicht zu erreichen ist.

Die hierzu viel verwendeten Graphitstäbe eignen sich nach Kirk und Schaffer (32) nicht für das Aufwinden von Quarzglas, da sie die von der Gebläseflamme zugeführte Hitze so rasch verteilen, daß das Quarzglas erstarrt, bevor es Zeit hat, sich dicht an den Stab anzulegen.

Quarzfäden von weniger als 50 μm Durchmesser kann man nach Drane (15) kalt auf ein Quarzglasrohr von 1 bis 2 cm äußerem Durchmesser aufwickeln, worauf der Helix durch 1 bis 2 minutenlanges Erhitzen auf 1000° C in einem vorgeheizten Röhrenofen Formbeständigkeit verliehen wird. Es versteht sich, daß das Quarzglasrohr axial in den gleichmäßig erhitzten Ofen eingeführt werden muß, so daß der aufgewundene Faden keinen Teil des Ofens berührt. Vor dem Aufwinden wird ein Ende des Quarzfadens horizontal eingespannt. Eine kleine Stelle an der Unterseite des Quarzglasrohres, das als Form dient, wird mit dem Gebläse zum Erweichen erhitzt und dann auf das horizontale Fadenende aufgesetzt, wodurch Verschmelzen eintritt. Das freie Ende des Fadens wird nun durch Anschmelzen eines Wachströpfchens beschwert. Das Aufwinden wird begonnen, indem man den Faden erst lose um das halbe Rohr herumführt und dann das Gewicht des Wachströpfchens wirken läßt, um diese halbe Windung straff zu ziehen. Der Faden wird hierauf nach Gutdünken aufgewunden. Das zweite Ende des Fadens wird an das Rohr angeschmolzen, indem man das Glas 1 cm von der letzten Windung zum Erweichen erhitzt, das Ende des Fadens über die erweichte Stelle windet und den Überschuß des Fadens in der Flamme abzieht.

Nach Entfernen vom Ofen läßt man das Quarzglasrohr rasch auskühlen und entfernt die Helix, nachdem man den Faden nahe den Anschmelzstellen abgebrochen hat. In einem angegebenen Beispiel wurde ein Quarzglasfaden von 40 μm Durchmesser auf ein Rohr von 0,69 cm Durchmesser aufgewunden und 2 Minuten auf 970° C erhitzt. Die erhaltene Helix hatte einen Durchmesser von 1,02 cm.

Schleifen von Quarzglas.

STEELE und GRANT (49) schliffen die Schneiden für ihre Waage an den Enden von Quarzglasstäbchen von 0,6 mm Durchmesser. Das Ende wurde zuerst zu einer Kugel von etwa 1 mm Durchmesser geschmolzen, so daß das Schleifen zu einer Schneide von 1 mm Länge führte.

Ein Messingblech a, 2 mm × × 1 cm × 1 cm, wird an einem Stahlblech b, 1 × 2 cm, befestigt, wie in Abb. 21 gezeigt. Die Quarzglasstäbchen werden in drei Bohrungen von a einge-kittet. Zum Schleifen der Schnei-den wird dieser Halter auf die

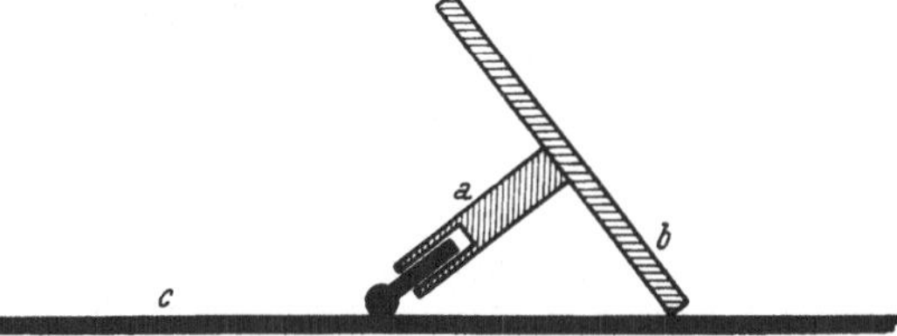

Abb. 21. Schleifen von Schneiden an den Enden von Quarz-glasstäbchen.

Glasplatte c leicht aufgesetzt, so daß er auf der Kante des Stahlbleches und den zu schleifenden Quarzglasstäbchen ruht. Die Glasplatte wird vorher mit feinem Schmirgel oder Karborundum eben geschliffen. Zuerst schleift man mit leichtem Druck und häufigem Wenden des Halters die beiden Meißel-flächen, die einen Winkel von weniger als 90° annehmen. Diese Arbeit wird mit feinstem Schleifpulver beendet. Hierauf befestigt man ein zweites, etwas längeres Stahlblech, 1 × 2,5 cm, auf dem Rücken des ersten, so daß der Winkel der Schneide auf 90° gebracht wird. Es dürfte sich empfehlen, nach kurzem Anschleifen der neuen Flächen die Glasplatte c entweder nochmals eben zu schleifen oder gegen eine noch unbenutzte, eben geschliffene Platte zu ver-tauschen. Das Schleifen wird mit etwas Glycerin und Wasser ohne Verwendung von Schleifpulver beendet. Die Herstellung von drei Schneiden sollte nicht mehr als 1 Stunde benötigen.

HARTUNG (27) betont, daß die verwendete Glasplatte schwer und unverrück-bar befestigt sein muß, wenn es möglich sein soll, das Schleifen mit Erfolg zu Ende zu führen. Er empfiehlt, den schwierigsten Teil der Arbeit, den letzten Feinschliff, mit einem sehr leichten Vorwärtsstrich und mit einer reichlichen Menge von Schmiermittel auszuführen. Die verwendete Glasplatte soll so fein geschliffen sein, daß sie im trockenen Zustande fast transparent ist und die Schneiden sollen ohne den geringsten, durch Rauheit verursachten Widerstand über die geschliffene Glasplatte gleiten. Der Fortschritt der Arbeit wird mit dem Mikroskop überwacht. Die Schneiden müssen vor der Prüfung sorgfältig gereinigt und getrocknet werden und können als gut gelten, wenn Unregel-mäßigkeiten nur mehr mit 32facher Objektivvergrößerung (5 mm Brennweite) deutlich wahrgenommen werden können. Bei guter Behandlung der Waage verbessern sich die Schneiden im Gebrauch, was nach HARTUNG darauf zurückzuführen sein soll, daß die sehr feinen Unebenheiten, die beim Schleifen zurückbleiben, allmählich verschwinden.

Es versteht sich, daß die Quarzglasstäbchen durch Waschen mit Lösungsmitteln von den letzten Resten von Kittmaterial und anderen Fremdstoffen befreit werden müssen, bevor man sie an einen Balken anschmilzt.

Der Bau von Waageteilen durch Zusammenschmelzen.

Es ist selbstverständlich, daß mit der Hand hergestellte Waageteile aus Glas oder Quarzglas nur sehr schwer mit zufriedenstellender Genauigkeit nach einem Entwurf oder einem Vorbild geformt werden können. Man hat sich daher schon früh um geeignete Behelfe umgesehen. Gray und Ramsay (24) zeichneten Waagebalken auf der ebenen Oberfläche von Retortenkohle, indem sie feine Rinnen unter Benutzung eines Lineals einkratzten. Entsprechend geschnittene Stäbchen aus Quarzglas wurden in die Rinnen eingelegt und an den Berührungsstellen mit der Gebläseflamme zusammengeschmolzen. Auf diese Weise wurden in einer Ebene liegende Balken frei von inneren Spannungen erhalten, welch letztere von Steele und Grant (49) durch zwölfstündiges Erhitzen des fertigen Balkens auf 200° C so weit ausgeglichen werden mußten, daß unregelmäßige kleine Schwankungen der Leerablesungen innerhalb einiger Tage nicht mehr zu beobachten waren. (Dabei sei darauf hingewiesen, daß man eine derartige Wirkung des verhältnismäßig kurzen Erhitzens auf eine so niedrige Temperatur bezweifeln kann.) Taylor (53) benutzte in ähnlicher Weise eine Graphitplatte zur Herstellung des Balkens seiner Gasdichtewaage.

J. Donau benutzte Glasstäbchen von etwa 0,75 mm Durchmesser zur Herstellung des Balkens seiner modifizierten Nernst-Waage. Zwei dieser Stäbchen wurden auf einer Asbestplatte, die auf einer Schieferplatte ruhte, in einer Entfernung von etwa 0,8 cm parallel nebeneinander gelegt. „Senkrecht zur Richtung dieser zwei Stäbchen legt man ein drittes von ähnlicher Dicke. Darüber kommt als Beschwerungsmittel ein Metallring von etwa 3 cm innerer Weite und einer Breite von 3 bis 4 cm ... Hierauf werden die Kreuzungspunkte miteinander verschmolzen, so daß die drei Stäbe schließlich in einer Ebene zu liegen kommen" (18).

Stock und Ritter (51) zeichnen den Balken ihrer Gasdichtewaage auf Asbestpappe und schmelzen die Teile dort zusammen, nachdem sie mit Korken, durch Einstecken in Asbest, mittels Unterlagen usw., in die richtige Lage gebracht wurden. McBain und Tanner (37) bevorzugen Karborundum-Schleifsteine als Unterlagen gegenüber Graphit oder Asbest.

In den vierziger Jahren wurde schließlich von Kirk und Craig (31) ein Verfahren zur mehr oder minder mechanischen Herstellung komplizierter Quarzglasgebilde entwickelt, das im Wesentlichen auf einer sinnvollen Verwendung von Quarzglasstützen und Klammern beruht. Die Werkstücke kommen dabei nicht mit Fremdstoffen wie Kohle, Graphit, Asbest usw. in Berührung, so daß nicht zu befürchten ist, daß Reaktion des flüssigen Quarzes mit anorganischen Stoffen (Asche von Graphit usw.) zur Glasbildung und Entstehung spröder Verbindungsstellen führen könnte. Wenn die Quarzglasstäbchen und Fäden nie mit den Fingern berührt werden, ist es dann auch nicht notwendig, Balken und andere Waageteile vor dem endgültigen Einbau einer gründlichen Reinigung zu unterwerfen, wie sie von verschiedenen Autoren vorgeschrieben wird. (Kräftig gebaute Teile können mit Säuren und Wasser ausgekocht und gewaschen werden. Im allgemeinen wird man vorziehen, Waageteile unter einer Glasglocke der Einwirkung von Gasen und Dämpfen — Brom, Chlorwasserstoff, Mischung von

Chlor und Nitrosylchlorid, die von Königswasser abgegeben wird, usw. — auszusetzen oder sie durch Besprühen mit Säuren, Oxydationsgemischen, Wasser und Lösungsmitteln zu waschen. Das für etwaiges Ausglühen zulässige Erhitzungsverfahren ist durch den Durchmesser der zartesten Konstruktionsteile bestimmt.) Die Herstellung und Verwendung von Quarzglasstützen und Führungen sei an einigen Beispielen erläutert.

Herstellung von Y-Stützen (31). Die Quarzstäbchen *a*, *b* und *c* von mehr als 0,2 mm Durchmesser werden in die entsprechenden, in Abb. 22 gezeigten Führungen eingelegt und dadurch in einer Ebene und in den gewünschten Winkeln zueinander gehalten. Die Feder *f* mit Griff *g* ist der Klarheit halber nur für eine Führung gezeigt. Der Druck der Feder ist so leicht, daß der berührte Quarz-

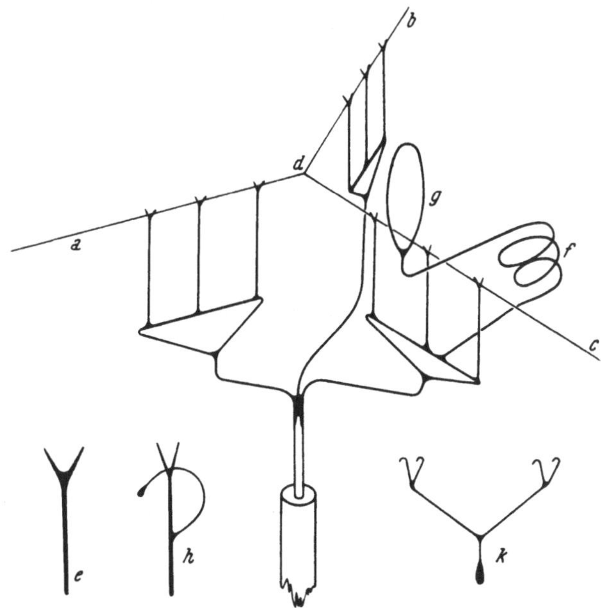

Abb. 22. Führungen für die Herstellung von Y-Stützen (nach einer Photographie von KIRK und CRAIG (31)).

glasfaden dem Zug der Oberflächenspannung an der Schmelzstelle folgen kann. Die drei Stäbchen werden vorgeschoben, so daß sie sich bei *d* berühren, worauf die Berührungsstelle mit einer kleinen Gebläseflamme, wie in *e* gezeigt, verschmolzen wird. Die Y-Stütze wird ausgeschnitten, indem man mit der Gebläseflamme an den passenden Stellen durchschmelzt. Die Stäbchen werden dann wieder zur Berührung und Wiederholung der Operation vorgeschoben, so daß mehrere Y-Stützen pro Minute fertig werden.

Herstellung einer Führung. Die Y-Stützen werden in gerader Linie ausgerichtet, indem man sie auf den straff gespannten Faden oder Stäbchen *a* (Abb. 23 *A*) aufsetzt und an das oberhalb parallel, aber etwas weiter hinten eingespannte Quarzglasstäbchen *b* anlehnt. Der Durchmesser von *b* sollte etwa 0,5 mm sein. Beide Stäbchen, *a* und *b*, werden an den Haltern der Gabeln mit Diphenylcarbazid befestigt. Nachdem man auch die Y-Stützen mit Diphenylcarbazid am Faden *a* befestigt hat, werden ihre Stiele mit *b* verschmolzen. Dann wird Stäbchen *b* von der Gabel entfernt und die Gabel, die *a* hält, in die in *B* angezeigte Stellung gebracht. Es empfiehlt sich, die Gabel von *a* vorher in eine lotrechte Ebene zu bringen und das Diphenylcarbazid der Zinken vorsichtig zu erwärmen, so daß auch das Stäbchen b und die damit verbundenen Y-Stützen in die Vertikalebene schwingen. Die Führung wird fertiggestellt, indem man bei c erhitzt, so daß das rechte Fadenende (Abb. 23 B) in die Lotrechte sinkt, und dann, nach entsprechendem Neigen der Gabel von a, dies durch Erhitzen bei d für das linke Ende von b wiederholt. Die Enden von b werden sich bei e überschneiden und werden dort verschmolzen. Nach Anschmelzen eines Stieles ergibt sich eine Führung, wie in Abb. 22 gezeigt. Wie man sich leicht überzeugen kann, besteht keine Notwendigkeit, daß die Hände mit dem Werkstück in Berührung kommen.

Allgemeine Richtlinien für das Arbeiten mit Führungen. Zu vereinigende Werkstücke werden mit Hilfe von Führungen in die erforderliche gegenseitige

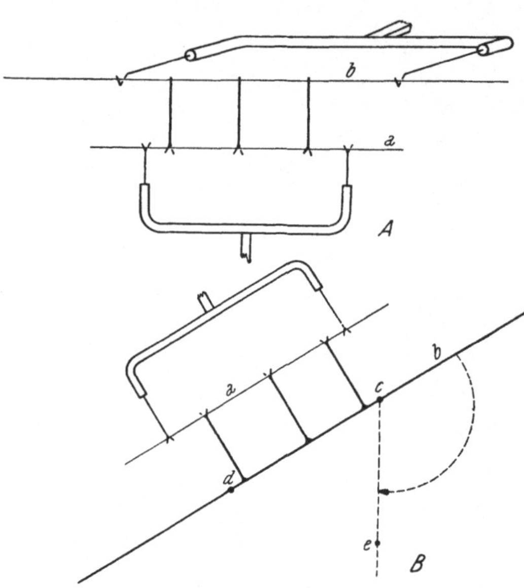

Abb. 23. Herstellung einer Führung. Nach Kirk und Craig (31). Punkte c, d und e markieren die Ecken des zu formenden Dreieckes.

Lage gebracht und dann die Berührungsstellen zusammengeschmolzen, wobei die Werkstücke durch die Oberflächenspannung etwas in den Schmelztropfen hineingezogen werden. Horizontal liegende oder wenig geneigte Stäbchen und Fäden, die sich nicht stark durchbiegen, werden einfach in die Y-Stützen der Führung gelegt, so daß nur die Reibung in den Stützen ihre längsweise Verschiebung behindert.

Fäden, die sich stark durchbiegen, können mit der in Abb. 20 gezeigten Doppelgabel gehandhabt werden oder benötigen Führungen, deren Y-Stützen mit Klammern versehen sind, da Befestigung mit Diphenylcarbazid die längsweise Bewegung ganz verhindert. Die in Abb. 22 h gezeigte Klammer eignet sich in solchen Fällen. Der Glasfaden ruht in dem Y auf dem eingelegten Faden so leicht, daß er doch noch dem Zug der Oberflächenspannung an der Schmelzstelle folgen kann. Der erforderliche Druck kann eine Resultierende aus elastischen Kräften und Gewicht der kleinen Perle am Ende von h sein. Diese Art der Klammer sowie die in Abb. 22 gezeigte Feder f eignen sich auch, um Stäbchen und stärkere Fäden lotrecht oder stark geneigt einzuspannen. Das längsweise Gleiten von horizontal oder leicht geneigt liegenden Stäbchen oder steifen Fäden kann auch durch Anhängen des in Abb. 22 k gezeigten Quarzglasgewichtes verhindert werden; an den beiden Seiten einer Y-Stütze soll je ein Klauenpaar auf dem Faden aufliegen.

Für einen bestimmten Zweck können mehrere Führungen zwangsweise zusammengebaut werden, wie dies Abb. 22 zeigt. Die Federn (f) werden zum Schluß an einen an der Führung bereits vorgesehenen Stiel angeschmolzen, so daß ein Erhitzen der Führung selbst und eine etwaige Veränderung der Stellung der Y-Stützen vermieden wird. Außerdem können einzelne Führungen, Gabeln, Doppelgabeln (Abb. 20), Sondergeräte (Abb. 17 d) und Spezialklammern mit Hilfe geneigter Stative und Manipulatoren in passender Weise für jede erdenkliche Aufgabe vereinigt werden.

Kirk und Craig geben eine Abbildung der Zusammenstellung der Führungen, die zur Herstellung und zum Einbau ihres Waagebalkens dienten, unterlassen aber offenkundig wegen der Umständlichkeit eine Beschreibung des Vorganges. Man muß also jede einzelne Aufgabe gründlich erwägen und die nötigen Schritte und hierzu benötigten Hilfsmittel einzeln und in der erforderlichen Reihenfolge ausklügeln und eventuell ausprobieren. Die Verwendung von Spezialklammern für Werkstücke besonderer Form kann dabei vermieden werden, indem man an solchen Werkstücken Stiele anbringt, die in einfache Halter (Messing- oder Glasrohr) eingekittet werden können.

Ringe kann man formen, indem man mit einem rechtwinkelig abgebogenen Faden beginnt und einen Schenkel mit Diphenylcarbazid oder Gummiband an einem Quarzglasstab oder Rohr von gewünschtem Durchmesser befestigt. Hierauf erhitzt man mit der Mikroflamme, wie in Abb. 24 gezeigt. Wird das Rohr langsam gedreht, so wickelt sich der Faden um es herum. In ähnlicher Weise kann man Fäden in die genau vorgezeichnete Form eines Dreiecks, Vierecks oder beliebigen Polygons biegen, indem man durch parallel auf einer Drehscheibe befestigte Quarzstäbchen die Kanten eines Stabes von entsprechendem Querschnitt markiert. Der Faden wird geformt (vgl. S. 81), indem man die Scheibe um eine horizontale Achse entsprechend dreht und den Faden über die aufeinanderfolgenden Stäbchen biegt.

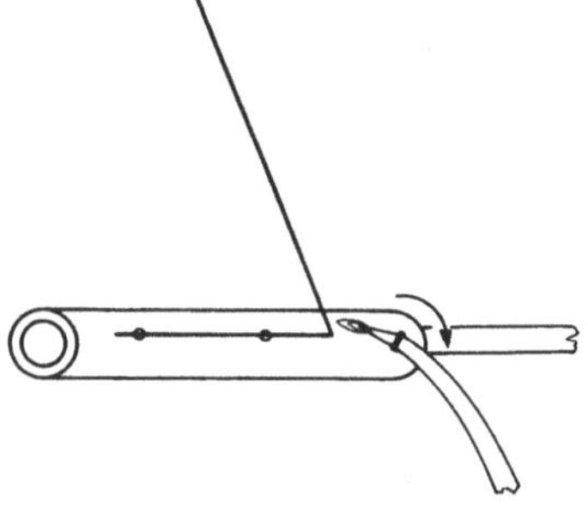

Abb. 24. Formen eines Ringes.

Der Bau von Waageteilen durch Verkitten.

El-Badry und Wilson (2, 17) ist es gelungen, Quarzstäbchen und -fäden mit Durofix so sauber zu verkitten, daß Kittstellen mit freiem Auge kaum als solche erkannt werden können. Auch Metall und Quarzglas können mit Durofix dauerhaft verbunden werden. Obschon Hitze nicht angewendet wird und die Entstehung spröder Stellen infolge Reaktion des Quarzes mit anorganischen Verunreinigungen nicht zu fürchten ist, wird man trotzdem bei Herstellung von Waagebestandteilen für die Reinhaltung aller Teile sorgfältig sorgen müssen, da eine Reinigung der fertigen Gebilde wegen der Kittstellen erschwert ist.

Es ist vermutlich zu früh, um ein endgültiges Urteil über die Anzeigebeständigkeit derart zusammengekitteter Balken zu fällen. Jedenfalls scheint es sicher, daß sich das Verfahren wegen seiner Einfachheit für die Herstellung von Versuchsmodellen zum Studium der Eignung von Waageentwürfen empfiehlt. Der Vorgang sei daher am Beispiele des Baues der Torsionsmikrowaage von El-Badry und Wilson beschrieben (17).

Der Balken wird schließlich durch die Vereinigung mehrerer im Wesentlichen zweidimensionaler Teile erhalten. Die vorwiegend in einer Ebene liegenden Teile werden zunächst mit Bleistift in natürlicher Größe auf mattem schwarzem Papier vorgezeichnet. Das Papier wird auf dem Arbeitstisch ausgebreitet und mit einer Spiegelglasplatte bedeckt.

Objektträger dienen als kleine Glasplatten, die die Quarzfäden während des Baues halten. Die Bleistiftskizze zeigt die geeigneten Stellen an, an denen man die Objektträger mit Durofix auf der Spiegelglasplatte befestigt. Quarzglasstäbchen und Fäden von passendem Durchmesser werden nun auf den Objektträgern so befestigt, daß sie genau über den entsprechenden Bleistiftlinien der Zeichnung zu liegen kommen. Hierzu gibt man etwas Durofix auf jene Stellen der Objektträger, wo die Enden des Fadens aufliegen sollen. Das Quarzglasstäbchen (Faden) wird dann aufgelegt und seine Lage vor dem Trocknen des Klebstoffes genau berichtigt. Indem man den Faden etwas streckt, ohne ihn jedoch um seine Achse zu verdrehen, drückt man seine Enden leicht 1 bis 2 Minuten lang an die Objektträger, während das Durofix erhärtet. Wenn schließlich alle Stäbchen und Fäden des Konstruktionsteiles an Ort und Stelle sind, werden sie durch die Anbringung kleiner Tröpfchen der Lösung von Durofix in Amylazetat miteinander verkittet. Zuweilen zeigt die Erfahrung, daß gewisse Stellen am besten verkittet werden, bevor man zusätzliche Teile in Stellung bringt. Ein Vergrößerungsglas leistet beim Ausrichten der Fäden und auch beim Verkitten gute Dienste. Die überflüssigen Fadenenden werden schließlich nahe an den Kittstellen mit der Schere abgeschnitten.

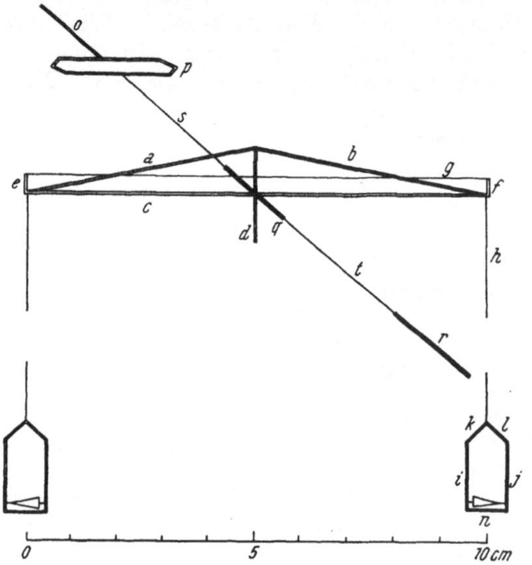

Form und Ausmaß des Balkens und der Gehänge der Torsionswaage sind aus Abb. 25 ersichtlich. Die Wahl der Buchstaben der Beschreibung entspricht jener von Abb. 26. Zur Befestigung im Gehäuse werden o und r in die axialen Bohrungen von zwei Messingstäbchen eingekittet, von denen das eine (o) in die Achse der graduierten Kreisscheibe eingesetzt wird, mit welcher man die Torsionskraft ausübt, und das andere (r) in das verstellbare Gegenlager eingeführt wird, das dazu dient, den Bogen p zu spannen und die Leeranzeige einzustellen.

Abb. 25. Torsionswaage von H. M. El-Badry und C. L. Wilson (17).

Balken und Gehänge. Zuerst werden die Mittelstütze d (0,2 mm Durchmesser) und die Seitenstützen e und f (0,1 mm Durchmesser) in Stellung gebracht (Abb. 26 *A*). Darüber wird dann der Horizontalbalken c (0,2 mm Durchmesser) gelegt. Zum Verkitten der drei Berührungsstellen werden kleine Tröpfchen Durofixlösung mit einem Quarzglasfaden von 0,1 mm Durchmesser aufgebracht. Hierauf werden die Stützen a und b (0,07 mm Durchmesser) einzeln in Stellung gebracht und angekittet (Abb. 26 *B*). Der Faden g von 25 μm Durchmesser, der zur Beobachtung der Balkenlage dient, wird am besten mit gummierten Papierstückchen an den Enden erfaßt und über den Balken gespannt (Abb. 26 *C*). Nachdem der Faden an allen fünf Berührungsstellen an den Balken angekittet ist, werden alle überflüssigen Teile mit der Nagelschere knapp an den Verkittungsstellen abgeschnitten. Beide Enden des Balkens werden durch Unterlegen von Glasstreifen gestützt (Abb. 26 *D*).

Die Gehängefäden von 5 μm Durchmesser werden mittels der an den Enden angeklebten Papierstückchen ungefähr in die richtige Lage gebracht (Abb. 26 *E*). Das obere Ende wird am Objektträger angekittet. Mit Hilfe einer Quarzglasnadel (0,1 mm Durchmesser) wird der Faden so gestreckt, daß er die Vertikalstütze entlang der Innenseite berührt, worauf Durofixlösung in sehr kleinen Tröpfchen an der Berührungsstelle mit dem Horizontalbalken c zugesetzt wird.

Ein Überschuß an Klebstofflösung ist zu vermeiden, da er auf benachbarte Kittstellen lösend wirken könnte.

Das Gestell *ijkln* (Abb. 25) aus Stäbchen von 0,1 mm Durchmesser, besteht aus einem vertikalen Bügel, in den ein horizontales „Dreieck" eingebaut ist. Abb. 26 *F* zeigt das Zusammenkitten des Bügels, dem man beim Ausschneiden einen Griff *j* läßt, der an einen Objektträger angekittet wird. Von *m* verbleiben nur zwei kurze Stücke, an die das Dreieck angekittet wird, das in ähnlicher Weise zusammengekittet und mit einem Griff versehen wird. Mit Hilfe von Stativen werden Bügel und Dreieck (Abb. 26 *G*) in der gewünschten gegenseitigen Lage

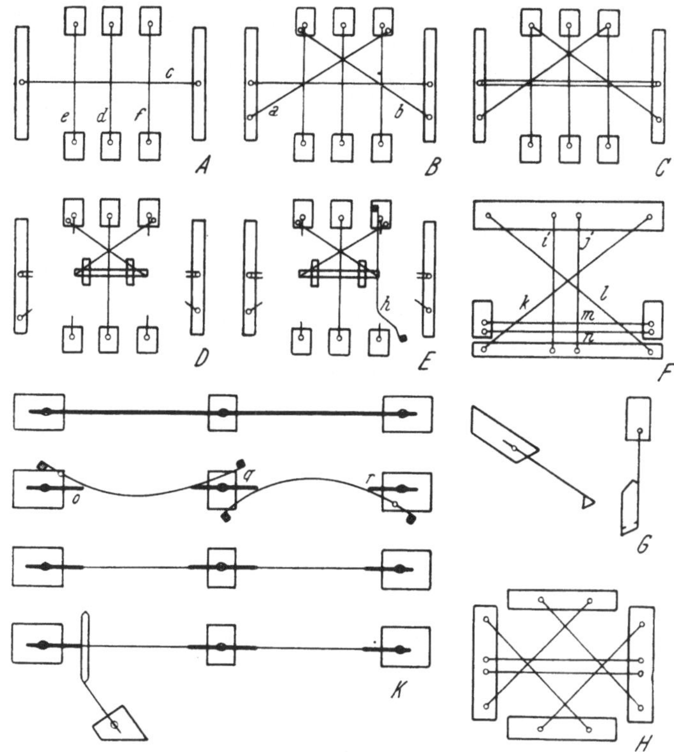

Abb. 26. Zusammenkitten der Torsionswaage von EL-BADRY und WILSON (17).

eingespannt, so daß das Dreieck auf den kurzen Stücken von *m* ruht. Um die Entwicklung von Spannungen zu vermeiden, setzt man einen großen Tropfen Amylacetat auf die Klebestelle, die den Griff des Dreieckes an den Objektträger bindet. Hierauf bringt man Klebemittel an die Stellen, wo das Dreieck auf *m* aufsitzt.

Die Bügel werden schließlich von den Griffen abgeschnitten und an die Gehängefäden angekittet. Wenn dies geschehen ist, wird der Balken durch Durchschneiden der Griffe *a*, *b* und *d* von seiner Unterlage abgelöst.

Torsionsfaden. Ein gerades Stäbchen von 0,2 mm Durchmesser und 18 cm Länge wird festgelegt und durchgeschnitten, wie aus Abb. 26 *K* ersichtlich; das Mittelstück soll 2 cm lang bleiben und die herausgeschnittenen Teile eine Länge von 6 cm haben. Die Torsionsfäden von 16 μm Durchmesser werden mit angeklebten Papierstreifchen in die gewünschte Lage gebracht und an einem Ende an den Objektträger angeklebt. Hierauf bringt man etwas Klebstoff an das

Ende eines Stieles (*o* oder *r*) und benutzt eine reine Quarzglasnadel, um den Faden gegen den Stiel zu halten, bis der Klebstoff hinreichend eingetrocknet ist. Klebstofflösung wird dann auf das entsprechende Ende des Mittelstückes (*q*) gebracht. Die Quarzglasnadel wird benutzt, um den Faden in der richtigen Stellung zu halten, bis der Klebstoff erhärtet, während man den Faden mit der Pinzette am gummierten Papier faßt und vorsichtig spannt.

Das Zusammenkleben des Bogens zeigt Abb. 26 *H*. Er wird ausgeschnitten, so daß ein Griff verbleibt, mit dem er dann in die gewünschte Stellung zum Torsionsfaden gebracht wird (Abb. 26 *K*). Der Bogen hat die Ausmaße 2,5 × 25 mm und wird aus Fäden von 0,12 mm Durchmesser zusammengeklebt. Er wird an das Endstück *o* und an den Torsionsfaden angekittet, worauf das Stück des Torsionsfadens, das den Bogen überspannt, durchgeschnitten wird.

Das Durofix, das die Stücke *o*, *q* und *r* an den Objektträgern hält, wird in Amylacetat aufgelöst, das man mit Hilfe eines auf Draht aufgewickelten Wattebausches zur Wirkung bringt. Der Torsionsfaden wird zum Waagegehäuse gebracht und die Stiele *o* und *r* werden mit Durofix in die axialen Bohrungen der Messingstäbchen eingekittet, die dann eines nach dem anderen in die entsprechenden Lager eingesetzt werden.

Befestigung des Balkens auf dem Torsionsfaden. Nachdem der Torsionsfaden im Gehäuse richtig eingestellt worden ist, wird der Balken eingesetzt, so daß er wie in Abb. 25 auf dem Torsionsfaden zu sitzen kommt. El-Badry und Wilson setzen den Balken auf die Arretierung und halten ihn in der Vertikalebene, indem sie ihn zwischen den Vertikalflächen zweier Metallblöcke stützen. Wenn der Balken die richtige Lage angenommen hat, wird Durofixlösung in kleinen Anteilen zugesetzt. Wenn der Klebstoff erhärtet ist, werden die Stützen entfernt, worauf man zur Justierung des Balkens schreiten kann.

B. Die Teile der Balkenwaagen.

Der Balken und das Mittellager.

Balken und Lager müssen theoretisch und praktisch als eine Einheit behandelt werden, da die gegenseitige Stellung der Lager die Eigenschaften des Balkens bestimmt und der Balken die Aufgabe hat, die Lager in die gewünschte Stellung zu bringen und dort zu halten.

Der Balken. Strömberg (52) hat die Eignung der Balkenform durch Versuche mit Modellen aus Messingdraht nachgeprüft und ist dabei zur Schlußfolgerung gekommen, daß die wünschenswerten Eigenschaften eines Balkens, d. h. hohe Starrheit, geringe Masse, kleines Trägheitsmoment und daher kurze Schwingungszeit, durch die in Abb. 27 gezeigte Form am besten gewährleistet sind.

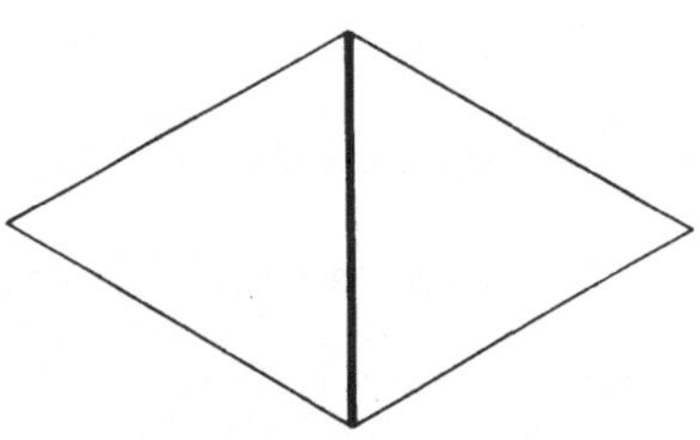

Abb. 27. Günstigste Form des Waagebalkens [nach R. Strömberg (52)].

Die Form besteht buchstäblich aus zwei aneinandergelegten gleichseitigen Dreiecken, so daß der Querschnitt der Vertikalstrebe das Doppelte des Querschnittes der Seitenstreben wird. Diese Form des Balkens benötigt keinerlei Abänderung, wenn man von der Verwendung einer Mittelschneide zur Lagerung absieht.

Die allgemeine Nichtbeachtung der günstigsten Balkenform ist nicht schwer zu erklären. Zunächst ist höchste Steifheit des Balkens für jene Waagen nicht erforderlich, die unter gleichbleibender Belastung arbeiten wie die elektromagnetische Waage von EMICH (S. 143). Weiters hat man erst vor verhältnismäßig kurzer Zeit begonnen, Quarzglasbalken nach genauen Vorlagen herzustellen, und wegen der außerordentlich günstigen Eigenschaften des Quarzglases ist es bisher augenscheinlich noch nicht notwendig gewesen, die Masse des Balkens auf ein Mindestmaß herabzusetzen. Schließlich ist die Form des Balkens verschiedener Mikrowaagen durch äußere Umstände bestimmt. Ein sehr schlanker Balken ist z. B. erforderlich, wenn die Waage in einem Glasrohr untergebracht werden soll. Die von STEELE und GRANT (49) sowie auch von GRAY und RAMSAY (24, 25) gewählten Balkenformen berücksichtigen die Verwendung einer Mittelschneide.

Das geeignetste Material für die Herstellung der Balken sind Stäbchen aus optisch klarem Quarzglas. STEELE und GRANT (49) wiesen nicht nur auf diesen Umstand hin, sondern stellten auch die ersten Balken her, die zu einem Stück homogenen Quarzglases zusammengeschmolzen waren. Der fertige Balken wurde 12 Stunden auf 200° C erhitzt, um Spannungen auszugleichen, die andernfalls Schwankungen der Leeranzeige im Laufe von wenigen Tagen verursachten. Obschon es scheint, daß derartige innere Spannungen durch geeignetes Vorgehen beim Bau des Balkens vermieden werden können (24), sollte man diese Vorsichtsmaßregel im Auge behalten, die im Falle von STEELE und GRANT zu der ganz bemerkenswerten Leistungsfähigkeit ihrer Balken beigetragen hat. Es sei dahingestellt, ob der Ausgleich innerer Spannungen oder irgendeine andere Erscheinung die Beständigkeit der Leeranzeige verbessert hat.

EMICH (18), NEHER (40) und andere Autoren haben Balken verwendet, die im Wesentlichen aus einem geraden Stäbchen bestehen. Die Masse des Balkens kann herabgesetzt werden, indem man Kapillaren an Stelle von Stäbchen verwendet. Dabei ist aber zu beachten, daß alle Teile des Lumens der Kapillaren mit der Atmosphäre in Verbindung bleiben, so daß deren Dichteänderungen keine Auftriebsfehler bewirken können. Kapillaren haben den Nachteil, daß sie die Oberfläche des Balkens etwa verdoppeln, was prinzipiell unerwünscht ist. Ob die Kapillaren offen oder geschlossen sind, das Wandern eines Kondensates zufolge ungleichmäßiger Erwärmung würde ernstliche Störungen des Balkengleichgewichtes zur Folge haben.

Ursprünglich wurden Balken (und Gehänge) aus Quarzglas vor der endgültigen Anbringung gründlich gereinigt. Hierzu wurde der Balken entweder unter einer Glasglocke Bromdampf, Chlorwasserstoff oder einem aus Königswasser entweichenden Gemisch von Chlor und Nitrosylchlorid ausgesetzt oder mit Säure oder Oxydationsgemischen benetzt (besprüht), dann mit destilliertem Wasser gründlich gespült und schließlich vielleicht auch noch schwach ausgeglüht.

Heute zieht man vor, Balken und Gehänge aus verläßlich reinen Teilen so zusammenzustellen, daß eine Verunreinigung ausgeschlossen ist und Balken und Gehängefäden nicht mit Fremdkörpern in Berührung kommen. Die Bestandteile werden aus sorgfältig gereinigtem Quarzglas nach Möglichkeit frisch hergestellt und so gehandhabt, daß die schließlich die Waage bildenden Teile keinen Körper berühren, der Fremdstoffe abgeben oder die Oberfläche ritzen könnte. Eine Reinigung vor dem Einbau des Balkens in das Gehäuse wird dadurch überflüssig.

Die Justierung des Balkens. Die endgültige Justierung des Balkens muß oft nach seinem Einbau erfolgen. Man muß daher trachten, justierbare und leicht zugängliche Teile am Balken vorzusehen, die wie die Stellschrauben in

Abb. 5 eine Verlegung des Schwerpunktes und eine Änderung der Gleichgewichtslage gestatten, ohne daß an der wesentlichen Form des Balkens irgend etwas geändert zu werden braucht.

Zur Einstellung der Empfindlichkeit durch Verlegung des Schwerpunktes sieht man nach dem Beispiel von Steele und Grant (49) (Abb. 29, 39, 43) Quarzglasstäbchen vor, die in der Mittellinie des Balkens oberhalb oder (und) unterhalb der Mittelachse angebracht sind. Der Schwerpunkt des Balkens wird durch Ansetzen von Quarztröpfchen an das Ende des Stäbchens und durch Abziehen von Quarzglas gehoben und gesenkt, ohne daß es nötig ist, den Balken zu berühren.

Die Änderung der Empfindlichkeit kann dabei aus der Schwingungsdauer des Balkens ungefähr geschätzt werden. Für eine gegebene Waage (Balken) ist die Empfindlichkeit dem Quadrate der Schwingungsdauer beiläufig proportional. Die letzte Feinadjustierung erfolgt nach Steele und Grant (49) durch kurzes Erhitzen der Enden der Quarzglasstäbchen mit der Sauerstoffflamme. Dabei können zwei Umstände zur Verlegung des Schwerpunktes beitragen: Einerseits die Formänderung des Stäbchens, dessen Ende der Tropfenform zustrebt und anderseits die Verflüchtigung des Quarzglases. Pettersson (43) fand keine Schwierigkeit, eine Schwingungsdauer von 20 bis 30 Sekunden zu erhalten. Dagegen stellt er fest, daß Geduld und Geschicklichkeit erforderlich sind, wenn eine Schwingungsdauer von 80 bis 100 oder mehr Sekunden erreicht werden soll.

Die Justierung der Gleichgewichtslage von Quarzglasbalken kann mit derselben Arbeitsweise mit entsprechenden Quarzglasstäbchen an den Enden des Balkens erfolgen. Häufig (3, 18, 41, 49, 51, 53) wird eine größere Masse auf einer Seite des Balkens durch einen Quarzglastropfen auf der anderen Seite ausgeglichen. Im allgemeinen ist es jedoch am einfachsten, das Gleichgewicht mit Hilfsgewichten einzustellen, die in geeigneter Weise (Haken, Rahmen des Gehänges) auf eine Endschneide wirken. Die Masse eines Hilfsgewichtes aus Quarzglas wird wiederum durch Anschmelzen und Abziehen von Quarzglas eingestellt und zur Feinjustierung macht man ebenfalls von der Verflüchtigung im Sauerstoffgebläse Gebrauch.

Vor allem ist bei der Einstellung des Gleichgewichtes des Balkens zu beachten, daß ein Übergewicht auf einer Seite stets durch Zugabe eines Stoffes *gleicher Dichte* auf der anderen Seite aufgehoben wird. So soll eine am rechten Arm befestigte Stahlnadel durch ein metallisches Objekt ähnlicher Dichte auf dem linken Arm ausgeglichen werden. Dabei ist es nicht notwendig, daß die beiden metallischen Körper gleiches Gewicht haben und im gleichen Abstande von der Drehachse des Balkens wirken; es ist nur erforderlich, daß sie gleiche Drehmomente ausüben.

Das Mittellager. Die Drehachse des Hebels ist durch das Mittellager gegeben, das so ausgeführt sein muß, daß die Reibung auf ein Mindestmaß herabgesetzt ist. Diese Forderung kann auf verschiedene Weise wenigstens annähernd erfüllt werden: 1. Harte, scharfe Schneiden (oder Kreiszylinder von sehr kleinem Durchmesser), die auf einer ebenen, harten Unterlage spielen. 2. Aufhängung an Fäden, die sich an Kreiszylindern abwickeln, die am Balken angebracht sind. 3. Aufhängung an elastischen Federn, Bändern oder Fäden. 4. Befestigung an einem mehr oder minder horizontal gespannten Faden, Band oder Feder.

Die von W. Weber (56) vorgeschlagene Lagerung nach dem Abwicklungsprinzip ist bisher nur bei der Waage von Ångström (1, 18) für das Mittellager zur Anwendung gekommen, wobei Kokonfäden über in einem Aluminiumbalken von 9 cm Länge und 2,3 g Gewicht eingezogene Glasröhrchen liefen.

Balken mit Schneiden. Der Balken der primitiven Waage von WARBURG und IHMORI (55) bestand aus einer Glaskapillare von 8 cm Länge und 1 mm Durchmesser, an der die als Lager dienenden Bruchstücke eines Rasiermessers mit Siegellack befestigt waren. Trotzdem wurde mit Spiegelablesung eine Empfindlichkeit von zwei Skalenteilstrichen je Mikrogramm erreicht.

Die große Leistungsfähigkeit von Quarzglasschneiden, die auf Quarzglasplatten spielen, ist durch die hochempfindlichen Mikrowaagen von STEELE und GRANT, von GRAY und RAMSAY (24) und die Gasdichtewaage von ASTON (3) erwiesen. Schneiden von 0,4 bis 1 mm Länge werden am Ende eines Quarzglasstäbchens geschliffen, das hierauf an den Balken angeschmolzen wird. Die Waagen ließen Gewichtsunterschiede von 2 bis 40 ng erkennen. Ein gewichtiger Nachteil von Schneiden ist aber die Tatsache, daß Staubteilchen zuweilen unter die Schneide geraten und die Waage unbrauchbar machen, bis der Übelstand behoben ist (43). Überdies erfordern Waagen mit Mittelschneiden eine verläßlich arbeitende Arretierungsvorrichtung, die den Balken immer in derselben Lage hält.

Nach HARTUNG (27) bieten Staubteilchen in Schneidenlagern keine Schwierigkeiten, wenn die Ungewißheit der Anzeige $\pm$ 1 μg übertrifft. Doch muß in jedem Falle, wie bereits von STEELE und GRANT erkannt, die Arretierung so eingerichtet werden, daß der Balken nur in seiner Bewegung gehindert wird, ohne daß die Schneiden von ihrer Unterlage abgehoben werden. Wird der Balken angehoben, so bleibt die Leeranzeige besonders bei hochempfindlichen Waagen nicht konstant. HARTUNG nimmt an, daß Arretierungsvorrichtungen nicht imstande sind, die Lage der Schneide so genau wiederherzustellen, daß eine Änderung der Leeranzeige trotz des hohen Druckes im Lager unterbleibt.

STEELE und GRANT sowie auch GRAY und RAMSAY haben Modelle für höhere Belastung (100 mg bzw. 25 mg) mit einem Mittellager versehen, das aus zwei kurzen Quarzglasschneiden besteht, die sich in einer Entfernung von etwa 1 cm in einer Vertikalebene zur Balkenebene befinden. Auch diese Waagen zeigten eine erstaunliche Konstanz der Leeranzeige bei einer Ablesegenauigkeit von 0,1 μg bzw. 14 ng.

Schließlich kann eine lange Schneide lediglich durch ihre Endpunkte wirksam sein, wie dies bei den Spitzenwaagen der Fall ist. Das Mittellager besteht dann aus je einer Spitze auf beiden Seiten des Balkens (Abb. 44). Die Firma P. Stückrath in Friedenau bei Berlin hat bereits im Jahre 1879 eine Präzisionswaage für 1 g Belastung gebaut, deren Balken, Schalen und Gehänge aus Aluminium angefertigt waren und deren Mittel- und Endlager aus je zwei Achatspitzen bestanden, die auf Achatplatten spielten (18). Die Beobachtungen konnten innerhalb $\pm$ 0,5 μg wiederholt werden.

McBAIN und TANNER (37) erreichten eine Empfindlichkeit von 4 ng mit einem einfachen Quarzglasbalken (Stäbchen von 1,1 mm Durchmesser und 22 cm Länge), der mittels zweier Spitzen aus Siliziumcarbid auf einer Quarzglasplatte schwingt. Carborundumkristalle dienten als Spitzen und wurden zu diesem Zwecke an die Enden des Querstückes des Balkens angesetzt. Dies geschieht unter Vermittlung von Pyrexglas. Kleine Tröpfchen von Pyrexglas werden auf das Quarzglasstäbchen aufgesetzt und für einige Sekunden flüssig gehalten, so daß eine Mischung von Pyrexglas mit der Unterlage erhalten wird. Dann schmilzt man etwas Pyrexglas an den Karborundumkristall. Dieser wird mit einer vernickelten Messingpinzette in eine in Luft brennende Wasserstoffflamme gehalten, worauf man die erhitzte Stelle mit einem Pyrexfaden berührt. Jeder Überschuß von Pyrexglas wird abgezogen. Schließlich werden die Pyrexstellen von Kristall und Quarzglasstäbchen in der Wasserstoffflamme verschmolzen.

Wolframdraht von 0,125 mm Durchmesser und 2,5 cm Länge wird von Czanderna und Honig (10) durch anodische Auflösung zugespitzt. Das Ende des Drahtes wird mechanisch auf kurze Zeitintervalle in 20%ige Natriumhydroxydlösung eingetaucht, wobei eine Spannung von 10 Volt angelegt ist. Drähte, die unter optischer Vergrößerung eine leicht konvex abgerundete Spitze mit nicht mehr als 1 μm Durchmesser zeigen, werden mit geschmolzenem Silberchlorid in den Balken eingesetzt. Die Bildung eines konkaven Kraters an der Spitze wird durch Fortsetzung der Behandlung bei verminderter Spannung behoben. Spaltet sich der Draht in der Längsrichtung, so wird die elektrolytische Behandlung fortgesetzt, bis der unversehrte Teil des Drahtes erreicht ist. Die derart hergestellten Wolframspitzen spielen in parabolisch geformten Näpfchen, die nach den Anweisungen von Johnston und Nash (29) leicht angefertigt werden können. Die Einstellung der Spitzen muß mit großer Sorgfalt vorgenommen werden. Sie müssen auf den tiefsten Stellen der Näpfchen ruhen und eine vertikale Lage einnehmen, wenn der Balken in der Nullstellung ist. Eine mit einem solchen Mittellager versehene Waage für elektromagnetische Kompensation gab eine Präzision von 50 ng; s. a. S. 146.

Die Gasdichtewaagen von Stock und Ritter (51) waren mit Stahlspitzen versehen, die in Saphirlagern („untere Steinlager für A. E. G.-Elektrizitätszähler"), Näpfchen von 2,5 mm Öffnung und 0,5 mm Tiefe, ruhten. Die Spitzen von Nr. 10- oder Nr. 11-Nähnadeln werden unter dem Mikroskop ausgemessen und Nadeln von 10 bis 20 μm Spitzendurchmesser ausgewählt. Die Nadeln werden dann 5 mm von der Spitze abgekneift und die kurzen Stücke in die kapillaren Enden der Füßchen f, Abb. 44 B, eingeführt. Man läßt die Kapillaren zusammenfallen, so daß die Nadelspitzen knapp passen und dadurch ihre Lage beibehalten. Der Balken wird mit den Nadelspitzen auf eine Glasplatte gestellt und die Länge der Nadelspitzen auf ihre Richtigkeit geprüft. Die Nadelspitzen werden hierauf mit „Bakelite A fest", der zwischen 50 und 60° C sintert, zwischen 60 und 80° C schmilzt und bei 100° C leichtflüssig wird, eingekittet. Das Bakelite wird zu einem dicken Faden ausgezogen. Stückchen dieses Fadens werden in die Kapillaren eingeführt, aus denen die Nadelspitzen entfernt wurden, und der Balken wird in umgekehrter Lage in einem Trockenschrank auf 100° C erhitzt. Die Nadelspitzen werden in die mit geschmolzenem Bakelite halb gefüllten Kapillaren eingeführt und der Balken hierauf langsam abkühlen gelassen. Die Saphirlager s werden zwischen je drei Zäpfchen eingesetzt, die an den Glasrahmen g angeschmolzen sind, mit dem der Balken in die ihn umhüllende Glasröhre eingeführt wird. Die Zäpfchen werden zum Weichwerden erhitzt und an die Lager angepreßt, worauf man den Rahmen langsam abkühlen läßt. Zur genauen Justierung mißt man den Abstand zwischen den beiden Nadelspitzen und zwischen den tiefsten Stellen der beiden Lagernäpfchen mit dem Zirkel.

Mittellager dieser Art sind zufriedenstellend, wenn die Gasdichtewaage keinen nennenswerten Erschütterungen ausgesetzt ist. Anwesenheit von Vibrationen verursacht fortwährende Änderungen der Nullage des Balkens, die von Lehrer und Kuss (34) durch Verwendung einer 6 mm langen Schneide, die auf einer planpolierten Achatplatte spielte, und Einführung einer wie bei Analysenwaagen üblichen Arretierungsvorrichtung erfolgreich bekämpft werden konnte (50).

Zur genauen Horizontalstellung der Platte für das Mittellager bringt man zwei Senkbleie nahebei so an, daß man ihre Spiegelbilder sieht, wenn man die hochpolierte Oberfläche der Platte in zwei zueinander normalen Richtungen anvisiert. Die Lage der Platte wird so lange geändert, bis jedes Lot mit seinem Spiegelbild in eine Gerade fällt. Es versteht sich wohl, daß man vor Justierung der Lagerplatte die Lage von Mittelsäule oder Grundplatte des Gehäuses mittels Wasserwaage oder Lot sorgfältig einstellt.

Die Theorie der auf Schneiden spielenden Hebelwaagen wurde im Zusammenhang mit den Präzisionshebelwaagen besprochen, S. 48.

Biegungslager. W. WEBER (56) machte den Vorschlag, die Prinzipien der Federwaage und der Hebelwaage zu vereinigen, indem man die Drehung zweier fester Körper gegeneinander durch die Beugung einer elastischen Feder so ersetzt, daß die Beugung Null wird, wenn Gleichgewicht hergestellt ist, wie groß auch die Gewichte auf den Schalen seien. Man verbindet dabei die Vorteile beider Waagenarten, ohne ihre Nachteile in Kauf zu nehmen. Die Veränderungen in der Elastizität der Federn spielen keine Rolle, da die Elastizitätskräfte nicht gemessen oder zur Ausgleichung des Gewichtes benutzt werden und die äußeren Einflüssen ausgesetzte mechanische Wirkungsweise der Schneidenlager ist durch die innere Reibung eines elastischen Körpers ersetzt.

Bei Aufhängung an Quarzglasfäden sind in den Lagern wirkende Reibungskräfte fast ganz ausgeschaltet. Die innere Reibung ist im Falle von Quarzglas so gering, daß die Schwingungen der Waage beinahe nur mehr durch die Reibung in Luft gedämpft werden. Wenn der Luftdruck im Gehäuse der Waage von PETTERSSON auf 0,0001 mm Quecksilber herabgesetzt wurde, änderte sich die Amplitude der Schwingung des Balkens innerhalb von 30 Minuten nicht merklich.

WEBER bezieht sich auf einen Balken, der in der Mitte von zwei Sägeblättern getragen wird. Das eigentümliche Verhalten eines solchen Balkens ist anschaulich beschrieben. „Die Federkraft der Stahlblätter ist nämlich eine Kraft, welche den Wagebalken bei jeder Ablenkung von der horizontalen Lage in diese Lage zurücktreibt. Die Schwerkraft ist dagegen eine Kraft, welche dasselbe nur dann bewirkt, wenn der Schwerpunkt tief genug liegt, wenn er aber hoch liegt, das entgegengesetzte bewirkt. Es leuchtet daher ein, daß wenn man den Schwerpunkt bei diesen Wagen nur hoch genug legt, zwischen der Federkraft und Schwerkraft eine Kompensation hergestellt werden müsse, wodurch der Grad der Empfindlichkeit nach Belieben abgemessen, und doch jede Kraft vermieden werden könne, welche, gleich der Reibung unbestimmbar sei."

WEBER (56), PETTERSSON (43) und CUNNINGHAM (9) beschäftigen sich mit der Theorie des Hängebalkens. Dabei ist angenommen, daß auch die Endlager Biegungslager sind, was zwar für die bisher benutzten Hängebalken zutrifft, aber durchaus nicht erforderlich ist. Betreffend die Einzelheiten der theoretischen Behandlung sei auf diese Autoren verwiesen.

Wenn der Balken schwingt, krümmt sich die elastische Feder (Quarzglasfaden) nahe am Balken an einer Stelle, die durch den Drehungswinkel, die Belastung und die Kraft der Feder bestimmt ist (Abb. 28). Die Lage der Drehungsachse T des Balkens ist durch diese Faktoren bestimmt und die Empfindlichkeitsgleichung der klassischen Hebelwaage gilt in Beziehung auf die Drehungsachsen T, T_1 und T_2. Da die Lage der Drehungsachsen aber eine Funktion der Belastung und der Stärke der Federn ist, wird die Empfindlichkeit in komplizierter Weise vom Bau des Balkens und der Belastung abhängig. Es ist dabei zu erwarten:

a) Daß die Empfindlichkeit um so weniger von dem Neigungswinkel α des Balkens abhängen wird, je kleiner die elastischen Kräfte in den Lagern sind, je leichter der Balken und je größer die Belastung ist. Man wird daher trachten, zur Aufhängung sehr feine Quarzglasfäden zu verwenden. Da aber das Gelenk, d. h. das Stück des Fadens an der Befestigungsstelle, in dem die Biegung auftritt, bei feinen Fäden sehr kurz ist (weniger als 1 mm), folgt, daß der Faden nur auf eine kurze Strecke sehr fein ausgezogen sein muß.

b) Daß die Empfindlichkeit des Balkens stark von der Belastung abhängt, wobei es möglich ist, daß der Balken nur für einen gewissen Bereich von Belastungen im stabilen Gleichgewicht ist, an den Grenzen dieses Bereiches höchste Empfindlichkeit besitzt und außerhalb dieses Bereiches labil wird. Dies hängt natürlich damit zusammen, daß der Balken in Beziehung auf die Stelle Z (Abb. 28), an der er gehalten wird, nicht im stabilen Gleichgewicht ist und umkippen würde, wenn er nicht durch die Elastizitätskräfte der Tragfäden in seiner Lage gehalten würde.

Es erscheint außerdem theoretisch möglich, Balken so zu entwerfen, daß mit großen Belastungen eine sehr hohe Empfindlichkeit erhalten wird. Nach dem Bericht von Kuck, Altieri und Towne (33) kann man jedoch mit einiger Berechtigung zweifeln, ob diese theoretische Möglichkeit praktischer Verwirklichung zugänglich ist. Es mag aber sein, daß der horizontale Torsionsfaden der Waage von Garner einen Einfluß auf das Verhalten des vertikalen Aufhängefadens hat und daß das Verhalten dieser Waage nicht zur Kritik der Biegungslager herangezogen werden kann.

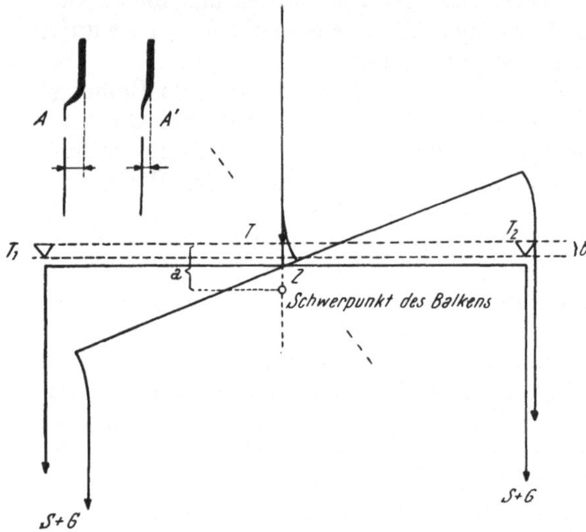

Abb. 28. Biegungslager nach Wilhelm Weber (56). T, T_1 und T_2 markieren die Lagen der theoretischen Schneiden. A und A' zeigen ein unrichtig ausgeführtes Biegungsgelenk (oder Ansatz eines Torsionsfadens) unter geringer und hoher Belastung.

Jedenfalls ist hervorzuheben, daß Biegungslager bei relativ geringer Belastung für die Waage von Pettersson die höchste bisher erreichte Empfindlichkeit gegeben haben, so daß die Zweckmäßigkeit der Aufhängung an Quarzglasfäden (bei der Waage von Pettersson von nicht mehr als 3,5 μm Durchmesser) bei der Konstruktion hochempfindlicher Mikrowaagen nicht bestritten werden kann. Wenn man von Neigungswaagen absieht, spielt es dabei keine Rolle, wenn sich die Empfindlichkeit mit dem Neigungswinkel des Balkens ändert; es ist nur wesentlich, daß der Balken für kleine Ausschläge das stabile Gleichgewicht beibehält und damit als verläßlicher Indikator zur Anzeige hergestellten Gleichgewichtes dienen kann.

Bei der Konstruktion hochempfindlicher Mikrowaagen mit einem Biegungslager als Mittelschneide ist im Auge zu behalten, daß die theoretische Mittelschneide etwas (weniger als 1 mm) über der Befestigungsstelle Z (Abb. 28) des feinen Tragfadens liegen muß. Es wird sich ferner empfehlen, den Balken so leicht als möglich zu bauen und die Tragfäden an der Ansatzstelle an den Balken möglichst fein auszuziehen. Man wird auch trachten, den Balken so zu formen, daß alle theoretischen Schneiden so nahe als möglich in dieselbe Ebene zu liegen kommen. Die Empfindlichkeit für die gewünschte Belastung wird schließlich empirisch eingestellt, indem man den Schwerpunkt des Balkens nach Erfordernis verlegt.

Da man mit Quarzglasbalken den Ausgleich größerer Massen immer nach dem Prinzip der Substitution durchführt, ist es ein Leichtes, alle Wägungen bei wesentlich gleichbleibender Belastung vorzunehmen, d. h. bei jener Belastung, die die gewünschte Empfindlichkeit gewährleistet.

PETTERSSON (43) hat die Tragfäden aus dem Balken ausgezogen und dabei Sorge getragen, daß die feinsten Stellen (Gelenke) in jener Höhe begannen, die dem Drehpunkt des Balkens entsprach. Die Tragfäden endeten in Quarzglashaken, die in verstellbare Messinghaken des Gehäuses eingehängt wurden, während der Balken auf den Arretierungshaken ruhte. Obschon die Biegegelenke der Tragfäden Durchmesser von nur 3 μm bzw. 1,5 μm hatten, vermochten sie einen aus Stäbchen von 1 mm Durchmesser hergestellten, verhältnismäßig schweren Balken und eine Nutzlast von 250 mg zu tragen.

CARMICHAEL (8) weist auf einen Umstand hin, der das Armverhältnis eines Balkens und seine Empfindlichkeit von der Belastung abhängig macht, wenn Biegungs- oder Torsionslager unrichtig ausgeführt sind. In jedem Fall nimmt die Theorie an, daß der Torsions- oder Tragfaden in der Längsachse des jeweiligen Konstruktionsteiles des Balkens ansetzt. Wird aber ein Quarzglasfaden aus einem Stäbchen ausgezogen, so ist es manchmal schwer zu vermeiden, an der Ansatzstelle eine Biegung zu erhalten, wie dies in A, Abb. 28, gezeigt ist. Stellt A ein Biegungsgelenk am Ende des Balkens dar, so zeigt Vergleich von A und A' deutlich, daß eine Vergrößerung der an A' hängenden Last den Hebelarm verlängern oder verkürzen wird, je nachdem sich das Biegegelenk am rechten oder linken Ende des Balkens befindet. Entsprechende Folgen werden eintreten, wenn A und A' die Ausführung eines Biegegelenkes der Mittelschneide oder des Ansatzes eines Torsionsfadens an die Querstrebe eines Waagebalkens darstellen.

Torsionslager. Der Balken wird von einem mehr oder minder horizontal gespannten elastischen Faden (Band oder Feder) getragen, der vertikal zur Schwingungsebene des Balkens verläuft. Wenn der Balken schwingt, treten in dem Tragfaden Scherkräfte auf, die ihn gegen die Ruhelage zurücktreiben.

Die Theorie einer Waage mit derart gelagertem Balken ist im wesentlichen dieselbe wie jene für einen Balken mit Mittelschneide, S. 48. Gl. (36) braucht nur durch ein drittes Glied, das die im Mittellager auftretende Torsionskraft berücksichtigt, ausgebaut zu werden (8). Der Wert des Teilstriches der Zeigerskala wird dann

$$z/\mathrm{tang}\ \alpha = a\ B/L + 2\ b\ (S + G)/L + \pi\ T\ \varrho^4/l \cdot L, \qquad (47)$$

wobei T, ϱ und l den Torsionskoeffizienten, den Radius und die Gesamtlänge des zylindrischen Torsionsfadens sind und α, a, b, z, B, G, L und S dieselben Größen wie in Gl. (36) vertreten.

Es zeigt sich, daß der Wert des Teilstriches klein (die Empfindlichkeit groß) wird, wenn sich das dritte Glied dem Wert Null nähert, d. h. wenn l groß ist und T und ϱ klein gehalten werden. Dabei wirkt sich die Verringerung des Radius des Torsionsfadens mit der vierten Potenz aus. Da aber wegen Abnahme der Tragkraft der Herabsetzung von ϱ eine Grenze gesetzt ist, scheint es vorteilhaft, lange Torsionsfäden zu benutzen, wovon RIESENFELD und MÖLLER (44) augenscheinlich zuerst Gebrauch gemacht haben.

Die Torsionslagerung des Waagebalkens wurde zuerst von NERNST und RIESENFELD (41, 42) beschrieben und ist in der Folgezeit häufig bei der Konstruktion von Neigungswaagen und Waagen mit elektromagnetischer Kompensation verwendet worden. NEHER (40) hat schließlich eine sehr einfache Waage beschrieben, bei der der Torsionsfaden des Mittellagers auch dazu benutzt wird, ein Übergewicht auf einer Seite des Balkens zu messen, indem man den Balken durch entsprechendes Drehen eines Endes des Tragfadens in die Leerstellung zurückführt; der Tragfaden dient dabei gleichzeitig zur Messung des Gewichtes.

Neher hat es notwendig gefunden, durch Einbau einer Feder den Torsionsfaden aus Quarzglas gleichbleibend gespannt zu halten. Diese Maßregel wurde von Kirk, Craig, Gullberg und Boyer (30) beibehalten, aber von Carmichael (8) und auch Rodder (39) wieder aufgegeben.

Riesenfeld und Möller (46), Edwards und Baldwin (16), Neher (40), Kirk, Craig, Gullberg und Boyer (30) sowie Carmichael ziehen vor, den Torsions- (oder Trag-) Faden straff zu spannen, während Nernst und Riesenfeld (42), Emich (18) und Rodder (39) vorziehen, ihn ziemlich stark durchhängen zu lassen. Da der Torsions- (Trag-) Faden auf jeden Fall durch das Gewicht des Balkens gespannt erhalten wird, ist nur insofern ein prinzipieller Unterschied erkenntlich, als der durchhängende Faden es dem Balken möglich macht, sich pendelnd gegen seine Enden hin zu bewegen. Dies kann auch zu einem leichten Anheben des Balkens führen und könnte bei solchen Waagen Störungen verursachen, bei denen seitliche Zugkräfte auf den Balken wirken.

Die Ausführung der Torsionslager war anfänglich ziemlich primitiv. Nernst und ᵇRiesenfeld klebten das den Balken bildende Glasstäbchen zuerst mit Was erglas und später mit Schellack auf den Tragfaden auf. Die Hygroskopizität des Schellacks scheint nicht bedenklich, wenn er zur Herstellung des Mittellagers dient. Der Schellack wird zu einem feinen Faden ausgesponnen, den man dann wie einen Glasfaden (S. 81) zu einem Winkel von etwa 45° biegt. Dessen Schenkel werden einige Millimeter von der Winkelspitze mit der Schere abgeschnitten, so daß ein Häkchen aus Schellack erhalten wird. Auf die Enden der Gabel, die den obersten Teil der Säule im Waagegehäuse bildet, schmelzt man Schellacktröpfchen auf, in die man mit dem Messer je eine Kerbe eindrückt, bevor der Schellack erstarrt. Ein Quarzglasfaden von etwa 30 µm Durchmesser wird in die Kerben gelegt, so daß er die Gabel wie eine Brücke, die etwas durchhängt, überspannt. Zur Festlegung des Fadens werden die Schellacktröpfchen durch Annäherung einer Mikroflamme vorsichtig zum Schmelzen erhitzt. Nach dem Erkalten werden die überflüssigen Enden des Fadens mit der Schere abgeknipst. Der auf der Arretierung ruhende Balken wird in der gewünschten Lage durch Senken der Arretierung auf den Quarzglasfaden aufgelegt. Das vorbereitete Schellackhäkchen wird mit der Pinzette auf den Faden gebracht, so daß es den Balken berührt. Ein heißer Glasstab wird von unten her angenähert und der Schellack schmilzt zu einem kleinen Tropfen, der sich an die Unterseite des Balkens ansetzt. Die Feinjustierung des Balkens muß erfolgen, nachdem er derartig auf dem Faden befestigt wurde.

Wird der Balken so ausgeführt, daß seine Lage auf dem Tragfaden eindeutig bestimmt ist, dann kann die Justierung fast völlig zu Ende geführt werden, ohne den Balken anzukleben. Dies trifft zu, wenn der Balken mit einem Bügel auf den Tragfaden aufgesetzt wird (Abb. 29). Die Füße des Bügels haben Kerben für den Tragfaden. Die Füße können geformt werden, indem man zuerst Tröpfchen an den Enden der Glas- oder Quarzglasstäbchen schmelzt, die dann auf einer Glasplatte zu Halbkugeln abgeschliffen werden. Die Rinnen in den ebenen Flächen können in primitivster Weise mit einer feinen Feile hergestellt werden. Es besteht auch die Möglichkeit, Y-Stützen (S. 87) als Füße zu benutzen.

J. Donaus Balken für die Nernst-Waage, Abb. 29, wurde aus Glasstäbchen von 0,75 mm Durchmesser in vier Teilen (der eigentliche Balken, die beiden Bügel und der Zeiger) hergestellt (18). Die Bügel wurden senkrecht zur Ebene des Balkens und möglichst parallel zueinander an den Balken angeschmolzen, worauf der Zeiger angesetzt wurde. Das Stück des Tragfadens zwischen den beiden Füßen des Bügels kann nach dem Ankleben mit Schellack herausgeschnitten werden. — Emichs hochempfindliche Mikrowaage mit elektromagnetischer Kompensation (18) hat die gleiche Ausführung des Mittellagers, doch wurde der Durchmesser des Tragfadens bis auf 2 μm herabgesetzt (57).

RIESENFELD und MÖLLER (46) kitteten den aus einer geraden Glaskapillare bestehenden Balken mit sprödem braunem Siegellack auf einen 9 cm langen Quarzglasfaden von 12,5 μm Durchmesser, der zwischen den Zinken einer Messinggabel gespannt war. Die Gabel wurde vor dem Ankitten des Fadens etwas zusammengedrückt, so daß der Faden nach dem Loslassen straff gespannt

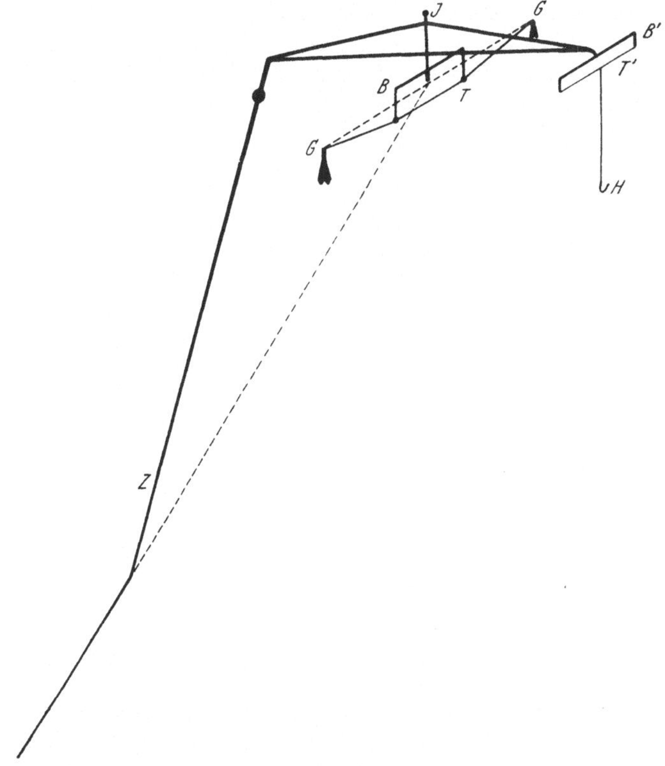

Abb. 29. DONAUs Balken für die NERNST-Waage (18).

war. Eine Quarzglasgabel wurde ungeeignet befunden, da sie nicht genügend federte.

Die Verwendung von Wolframtragfäden von etwa 14 μm Durchmesser wurde bereits von RUFF (18) vorgeschlagen. BARRETT, BIRNIE und COHEN (4) befestigen einen derartigen Tragfaden an Glas (Balken aus Glas), indem sie die Stelle des Glases mit einer kleinen Gebläseflamme zum Schmelzen erhitzen. Das flüssige Glas wird auf den Wolframdraht aufgesetzt. Oxydation des Drahtes läßt sich auf diese Art weitgehend vermeiden.

Die Gasdichtewaage von TAYLOR (53) (Abb. 43), die auch hinsichtlich der Form des Balkens, der Ausbildung des Gehäuses und die ausschließliche Verwendung von Quarzglas zum Bau der bewegten Teile vorbildlich wirkt, zeigt einen ziemlich langen Tragfaden aus Quarzglas, der mit dem Quarzglasbalken zu einem Stück verschmolzen ist. Die beiden Hälften des Tragfadens könnten aus dem Querstück des Balkens ausgezogen werden, bevor dieses mit dem Balken verschmolzen wird.

Auf ähnliche Weise befestigen Edwards und Baldwin (16) den Quarzglasbalken ihrer Waage mit elektromagnetischer Kompensation in dem Rahmen, der ebenfalls aus Quarzglas besteht. Die Arretierungsarme des Rahmens werden aufwärts gebogen, so daß sie den Balken, der auf ihnen mit Wachs oder Selen befestigt wird, ungefähr in seiner endgültigen Stellung halten. Mit Hilfe der kleinen Gebläseflamme wird dann eine Seite des Querstäbchens des Balkens zu einem Faden von 10 μm Durchmesser und etwa 1 cm Länge ausgezogen und sogleich das abgezogene Ende des Stäbchens an den Tragarm des Quarzglasrahmens angeschmolzen (Abb. 30). Nachdem der Balken auf diese Weise mit beiden Tragarmen verbunden wurde, werden beide Hälften des Tragfadens soweit als möglich angezogen, indem man die Ansatzstellen an die Tragarme zum Schmelzen erhitzt, so daß die hohe Oberflächenspannung die feinen Fäden straff zieht.

Unregelmäßigkeiten der Anzeige, die möglicherweise von auf den Magnet wirkenden seitlichen Kräften herrühren, wurden beobachtet, wenn der Trag-

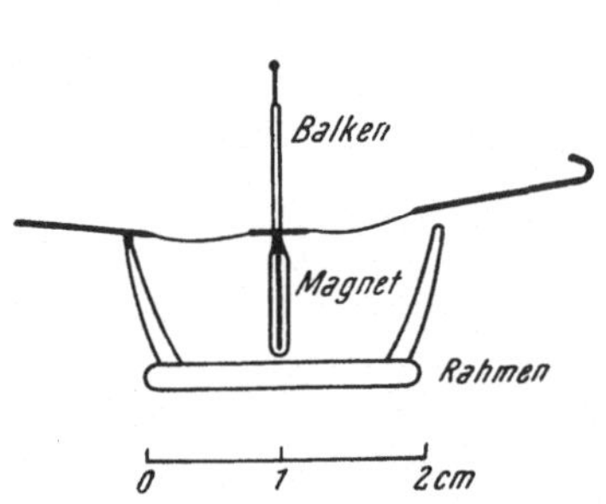

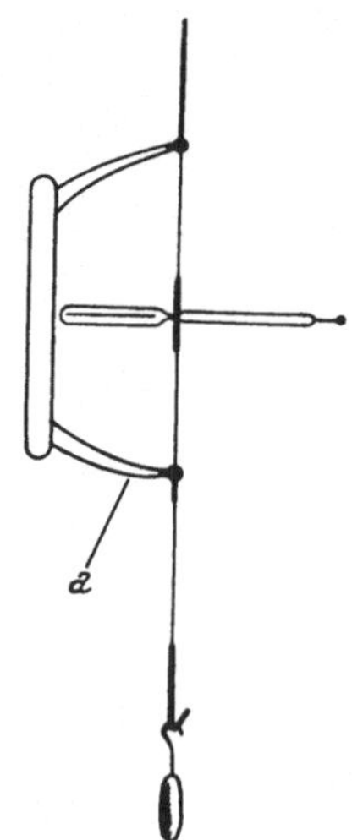

Abb. 30. Befestigung des Tragfadens nach Edwards und Baldwin (16).

Abb. 31. Spannen des Tragfadens nach Edwards und Baldwin (16).

faden nicht sehr straff gespannt war (und der Balken daher seitliche Bewegungen ausführen konnte?). Um die erforderliche Spannung an den Tragfaden anzulegen, wurde wie folgt verfahren. Der Tragrahmen wurde aufgerichtet, wie in Abb. 31 gezeigt ist, und der Balken von den Arretierungsarmen losgelöst. An den unteren Tragarm wird entweder ein Quarzglashaken angesetzt und ein Faden ausgezogen, oder das bereits vorgeformte Ende des ursprünglichen Querstäbchens einfach ausgezogen. Der Haken wird mit einer Glasperle oder einem Drahtstück von 1 bis 2 g Gewicht beschwert, worauf der Tragarm bei *a* zum Erweichen erhitzt wird. Zum Schluß werden die Arretierungsarme so weit zurückgebogen, daß der Balken etwa 1 mm freies Spiel erhält.

Es sei hierzu bemerkt, daß das Ausziehen der kurzen Fäden von 1 cm Länge ziemlich viel Übung erfordert. Der Verfasser würde Fäden von 10 μm Durchmesser an beiden Seiten des Querstäbchens ausziehen, bevor dieses an den Balken angeschmolzen wird.

Wenn die Rückführung des Balkens in die Leerstellung durch Erzeugung einer Torsionskraft im Tragfaden bewirkt werden soll, so wird es notwendig, das Ende des Tragfadens unverrückbar in der Achse einer Scheibe mit Bogenteilung, die die angelegte Drehung zu messen gestattet, zu befestigen. Hierzu werden die Stäbchen an den Enden der Torsionsfäden in die zentralen Höhlungen von Metallprismen eingekittet, die dann einerseits in die Achse der Scheibe und anderseits in die Achse eines Justierlagers eingesetzt werden, das erlaubt, die Leerstellung des Balkens zu berichtigen. Die Scheibe und das ihr gegenüberliegende Justierlager werden am besten an einem kräftigen Metallbügel befestigt, der schließlich, wenn der Balken eingesetzt und richtig justiert ist, in das Waagegehäuse eingesetzt werden kann. Ein solcher Bügel ist bereits bei der Waage von NEHER (Abb. 50) angedeutet. CARMICHAEL (8) hat das Waagegehäuse so entworfen, daß dieser Bügel nach dem Übertragen des justierten Balkens in das Gehäuse wieder entfernt wird.

Die Spannung im Torsionsfaden hängt in allen Fällen vom Gewicht des Balkens samt Zubehör und von der Neigung des Torsionsfadens gegen die Horizontale ab. Je mehr sich die Lage des Torsionsfadens der Horizontalen nähert, desto größer muß die angelegte Spannkraft sein, damit der immer kleiner werdende Bruchteil, der auf die Vertikalkomponente entfällt, dem Gewicht des Balkens gleich wird. Augenscheinlich spannt CARMICHAEL den Torsionsfaden am stärksten (Neigung nur 1 : 600) und RODDER am wenigsten (Neigung 1 : 5), während KIRK, CRAIG, GULLBERG und BOYER einen Mittelweg wählen (Neigung 1 : 20). RODDER gibt auch dem Torsionsfaden den größten Durchmesser (40 μm gegenüber 25 μm bei KIRK und CARMICHAEL) und die größte Länge (30 cm gegenüber 10 cm bei den anderen Autoren). Weitere Einzelheiten s. S. 148 ff. Betreffend Änderungen von Empfindlichkeit und Armverhältnis des Balkens, wenn der Torsionsfaden nicht koaxial an der Querstrebe des Balkens befestigt ist, s. Abb. 28 A und S. 150.

Endlager und Gehänge.

Schneiden und Reiter. STEELE und GRANT (49) fanden, daß die üblichen Schneidenlager für hochempfindliche Waagen am wenigsten geeignet sind. Dies mag mit der Schwierigkeit zusammenhängen, eine zufriedenstellend arbeitende Arretierung für Endlager herzustellen (vgl. S. 43). Endlager, bestehend aus Quarzglasplättchen, die auf je einer Quarzglasspitze spielen, Abb. 32, wurden von STEELE und GRANT brauchbar gefunden, wenn eine Wägegenauigkeit von 0,25 μg genügte.

Die einfachste Form der Schneidenlagerung, das Einhängen eines das Objekt tragenden Hakens in eine Kerbe des Balkens, wurde bei den ersten Mikrowaagen, der Federwaage von SALVIONI (47) und der Neigungswaage von NERNST (41), angewendet. Da es sich im Wesentlichen um einen Reiter in einer Kerbe handelt, kann man nach FELGENTRÄGER (20) annehmen, daß die relative Präzision der Wägungen auf etwa $\pm$ 0,001 des vom Haken getragenen Gesamtgewichtes beschränkt sein dürfte. Demnach wird die relative Präzision des Gewichtes des Objekts um so ungünstiger, je mehr von dem am Haken lastenden Gesamtgewicht auf Gehänge, Schalen und andere Behälter entfällt. Die Präzision wird am günstigsten, wenn das Objekt (Draht, Faser, Faden) unmittelbar in die Kerbe gehängt werden kann. Jedenfalls müssen Haken, Gehänge und Behälter für Substanzen sehr leicht gehalten werden. Da diese Bedingungen sowie die zu erwartende Präzision auch für Federwaagen im allgemeinen zutreffen, ist es nicht zu verwundern, daß die „Reiterlagerung" bei Federwaagen vielfach Verwendung finden: z. B. bei den Spiralfederwaagen von Hartmann & Braun, Bartsch, Quilitz & Co. und der Roller-Smith Company (s. S. 166 und 167).

GIESSEN (22) befestigte eine Nadelspitze mit Siegellack am Ende des Tragfadens der SALVIONI-Waage und ließ darauf einen Platinhaken spielen (Abb. 32); FABERGÉ (19) legte die Ösen an den Enden des Balkens seiner einfachen Torsionswaage in Ebenen senkrecht zur Längsrichtung des Balkens (Abb. 32).

Die „geringe Belastung" der hochempfindlichen Torsionswaage von Neher (40) ergibt sich zwangsweise aus der Verwendung der Reiterlagerung. Lowry (36) bringt das Gewicht des Gehänges auf ein Mindestmaß, indem er die Objekte in sehr leichten Quarzglasösen wägt, die unmittelbar an den Haken seiner Federwaage gehängt werden.

Tragfäden. Das Webersche Prinzip der Abwickelungslagerung (Abb. 32) ist auf die Endlager leicht angewendet, da es nur notwendig ist, den Tragfaden

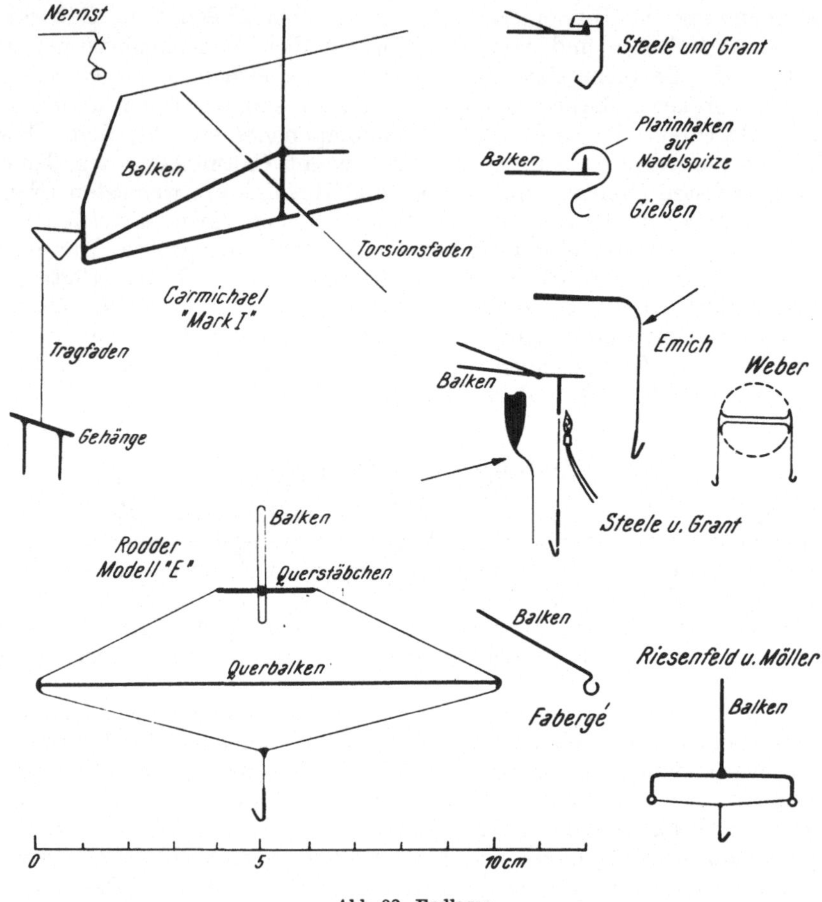

Abb. 32. Endlager.

durch eine Rille, die dem Drehkreis entspricht, zu legen. Diese Idee scheint aber seit Ångström (1) nur von I. B. Johns (16) verwendet worden zu sein. Dagegen hat Webers (56) Vorschlag, elastische Tragbänder zu benutzen, weite Anwendung gefunden, seit Emich (18) dazu übergegangen ist, die Reiterlagerung der Nernst-Waage durch einen Tragfaden aus Quarzglas von 5 μm Durchmesser zu ersetzen, den er mit Selen an den Balken anklebte. Dabei wies Emich darauf hin, daß Selen ein gewichtsbeständiger Kitt ist.

Steele und Grant (49) begannen damit, den Tragfaden an den Quarzglasbalken anzuschmelzen (Abb. 32). An den Balken wurde ein T-Stück angesetzt und mit dem Balken verschmolzen. Das untere Ende des Vertikalstäbchens des T wurde dann zum Schmelzen erhitzt, das erweichte Glas mit einem Quarzglashäkchen berührt und der feine Tragfaden mit freier Hand ausgezogen. EMICH (18) zog in ähnlicher Weise den Tragfaden aus dem Ende des Balkens aus (Abb. 32). Dabei soll der feinste Teil des Tragfadens nahe an der Ansatzstelle am Balken sein (weniger als 5 μm Durchmesser). Die richtige Feinheit der Ansatzstelle erkennt man aus der Art des Drehens und Tanzens des Häkchens, wenn der Balken leichten Erschütterungen ausgesetzt ist. Mit freiem Auge scheint es, als ob sich der Tragfaden an der feinsten Stelle im scharfen Winkel abknicken ließe, doch sieht man vor dem Mikroskop, daß die Richtungsänderung nicht plötzlich erfolgt, sondern daß der Faden gekrümmt ist (Pfeil, Abb. 32). Auch beim Ausziehen eines vertikal gestellten Stäbchens tritt Krümmung des Fadens ein, wenn die kleine Gebläseflamme von der Seite gegen das Stäbchen gerichtet wird (Pfeil, Abb. 32).

Es ist ohne weiteres klar, daß sich der Krümmungsradius des gebogenen Teiles des Tragfadens mit der am Haken wirkenden Last ändern muß und daß sich dadurch die Armlänge des Balkens mit der Belastung ändert, vgl. S. 99. Dies hat bei Neigungswaagen, deren Skala empirisch geeicht ist, keinen Nachteil. Bei EMICHS hochempfindlicher Mikrowaage mit elektromagnetischer Kompensation ist das am Endlager wirkende Gewicht zur Zeit der Ablesung immer dasselbe, da die veränderliche Nutzlast nicht vom Balken, sondern vom Magneten getragen wird (Abb. 47). — Im allgemeinen jedoch ist die Änderung der Armlänge mit der Belastung unerwünscht und man trachtet, die Krümmung des Tragfadens zu vermeiden.

STEELE und GRANT, KIRK und Mitarbeiter (29) sowie GARNER (33) setzen den Tragfaden an ein am Balken befindliches vertikales Stäbchen an. Dabei kann man nach G. A. AMPT (27) und WIESENBERGER (57) so vorgehen, daß man ein Quarzglashäkchen ansetzt, das nötigenfalls noch mit einem kurzen Glasstäbchen belastet wird. Hierauf erhitzt man die Ansatzstelle durch öfteres kurzes Berühren mit dem Saum einer kleinen, lotrecht brennenden Gebläseflamme (Abb. 32). Die Ansatzstelle wird nach WIESENBERGER auf einen Durchmesser von 2 bis 3 μm ausgezogen. Besichtigung mit dem Mikroskop soll die Abwesenheit einer Krümmung in der „Gelenkstelle" zeigen, wenn der Waagebalken eine horizontale Lage einnimmt.

GRAY und RAMSAY (24) fanden es einfacher, einen Tragfaden an das T-Stück des Balkens anzuschmelzen, als ihn aus dem T-Stück auszuziehen. CARMICHAEL (8) schmelzt den Tragfaden von 5 μm Durchmesser an ein zur Achse des Balkens paralleles Stäbchen an, das von einem an den Balken angesetzten horizontalen V getragen wird (Abb. 32); das horizontale Stäbchen wird von oben her mit der Flamme erhitzt. In allen Fällen muß vermieden werden, daß die Flamme den feinen Faden berührt. Die Tragfäden von GRAY und RAMSAY erwiesen sich als ziemlich gebrechlich und CARMICHAEL betont, daß feine Quarzglasfäden, die als Torsions- oder Tragfäden benutzt werden sollen, mit nichts anderem in Berührung kommen dürfen als mit dem Quarzglas, an das sie angeschmolzen werden. Sie sollen weder mit der Hand noch mit irgendwelchen Gegenständen in Berührung kommen, da ihre Stärke scheinbar von der Vollkommenheit ihrer Oberfläche abhängt.

Die Torsionswaage, Modell „E", von RODDER (39) hat Endlager von der in Abb. 32 gezeigten Ausführung, — dem Prinzip nach eine Aufhängung an zwei Fäden, die so angeordnet ist, daß die „Gelenkstellen" in eine Ebene zu liegen kommen, die zur Ebene des Balkens vertikal ist. Ob die Tragfäden gleichförmige Durchmesser haben oder ob „Gelenkstellen" von kleinerem Durchmesser (nahe am Querstäbchen?) vorhanden sind, ist aus den verfügbaren Abbildungen nicht ersichtlich. Diese Endlager haben sicherlich den Nachteil eines verhältnismäßig großen Gewichtes, aber ihre Form wirkt bestechend und die außerordentliche Stabilität der Waage scheint auch die Eignung der Endlager zu bestätigen.

Torsionslager. Die Torsionslagerung für die Endlager wurde von Riesenfeld und Möller (45) eingeführt und mag zur hohen Präzision ihrer Waage beigetragen haben. Die angegebenen Autoren haben die Ebene des 3 cm weiten Bügels horizontal gewählt und die Quarzglasfäden augenscheinlich mit braunem Siegellack an den Bügel und aneinander angekittet (Abb. 32). Der horizontale Torsionsfaden wird zuerst mit Schellack an den Enden einer elastischen Drahtgabel befestigt und dann im gespannten Zustand an den Bügel angekittet. Der vertikale Faden, der den Haken trägt, soll einen Durchmesser von weniger als 40 μm haben. Als Kitt sollte Selen der Vorzug gegeben werden und mit der vorgeschrittenen Arbeitsweise bestünde nun keine Schwierigkeit, Torsionsschneiden auch als Endlager vollständig aus Quarzglas herzustellen.

Torsionsendlager wurden in der Folgezeit zur Hauptsache von Donau (13, 14, 18) beim Bau verschiedener Neigungswaagen angewendet. Donau legt die Bügel in Vertikalebenen und verwendet als Kitt teils Schellack, teils Selen. Außer Quarzglasfäden haben auch Wollastonfäden, Wolfram- (Glüh-) Fäden und Draht aus Phosphorbronze (23) Verwendung gefunden. Betreffend die Folgen unrichtiger Ausführung sei auf S. 122 verwiesen.

Gehänge. Das Gehänge ist bei aus Quarzglas gebauten Mikrowaagen in der Regel sehr einfach, da man bei der verhältnismäßig geringen Tragfähigkeit der Quarzglasfäden mit dem Gewicht sparen muß. Bei den Waagen von Nernst (42), Donau (13) und Emich (18) besteht das Gehänge lediglich aus einem Quarzglasfaden, der in einem Häkchen endet, das aus einem Stäbchen desselben Materials (etwa 0,1 mm Durchmesser) geformt ist. Schalen im Sinne der Analysenwaagen sind überhaupt nicht vorgesehen. Die sehr leichten Apparate, wie Arbeitsschälchen, Filterschälchen aus Platinfolie[1] oder Kapillaren, sind mit Bügeln oder Haken versehen und werden direkt am Haken der Waage aufgehängt. In den einfachsten Fällen ist der Balken so justiert, daß die Gleichgewichtslage hergestellt ist, wenn sich der leere Apparat am Haken der Waage befindet. Dies macht es erforderlich, daß alle Arbeitsgeräte nahezu dasselbe Gewicht haben; die Leereinstellung wird in der Regel mit Hilfe eines zu diesem Zwecke bereitgehaltenen Kontrollschälchens geprüft. Der Apparat kann am anderen Arm des Balkens durch das Ansetzen eines ständigen Gegengewichtes (Verdickung des Glases, Anschmelzen eines Stäbchens oder Tropfens, Einsetzen eines Platinstiftes usw.) austariert werden. Ist ein Haken oder Gehänge auch am anderen Arm des Balkens vorhanden, so gibt sich die Möglichkeit, die Tara dem Gewicht der Apparate entsprechend zu ändern.

Bei den Auftriebswaagen ergibt sich die Notwendigkeit, die Gewichte von Apparat (Objekt der Wägung, Arbeitsgerät) und einer Quarzglaskugel auf dasselbe Endlager wirken zu lassen. Bereits Steele und Grant (49) unternahmen den logischerweise nächsten Schritt, die Unterbringung eines Taragewichtes, das zur Substitutionswägung schwererer Objekte dienen konnte. Gray und Ramsay (24) hängten dementsprechend an den Haken des Tragfadens einen Quarzglasrahmen, der Raum zum Aufhängen von Arbeitsgerät, Auftriebskugel und einer Reihe von Gewichten für Substitutionswägung darbot, und Pettersson (43) hat diese Einrichtung übernommen (vgl. S. 135).

Ein Bügel zum Auflegen der Arbeitsgeräte wurde von Kirk und Mitarbeitern (30) vorgesehen und von El-Badry und Wilson (Abb. 25) sowie auch von Garner (Abb. 33) und Rodder beibehalten.

---

[1] S. 266 ff.

Die Arretierung.

Die Arretierung kann im allgemeinen viel einfacher als bei mit Schneiden versehenen Präzisionswaagen sein, da es sich in der Regel nur darum handelt, die Lager zu entlasten, indem man den Balken und gegebenenfalls die Gehänge stützt (s. S. 155). Häufig kann man auf eine eigentliche Arretierung ganz verzichten und lediglich durch Anschläge den Winkel, durch den der Balken schwingen kann, beschränken. Wenn dann entweder das Arbeitsschälchen vom Haken der Waage abgehoben oder der die Apparate und Gewichte tragende Rahmen durch eine „Gehängearretierung" angehoben wird, so legt sich der schwerere Arm des Balkens auf den entsprechenden Anschlag auf und wird durch ihn gestützt.

Wenn man darauf Wert legt, daß die Mikrowaage ohne besondere Vorbereitung transportiert werden kann, dann ist es natürlich notwendig, eine Arretierung vorzusehen, die alle beweglichen Teile sicher in einer solchen Lage erfaßt, daß Lager und Tragfäden durch Erschütterungen nicht beansprucht werden können. Dies ist durchaus möglich und der Verfasser hat es erlebt, daß eine RODDER-Waage, die eben eine Reise in einem Privatauto hinter sich hatte, auf seinen Schreibtisch gestellt wurde und damit zur Benutzung bereit war.

Eine Verbesserung der Präzision der Anzeige durch die Arretierung ist im Falle von Schneidenlagern zu erwarten, wenn die Arretierung so funktioniert, daß sie den Balken genauer in seiner Lage erhält, als dies ohne Arretierung der Fall wäre. Das Abheben der Schneiden trägt außerdem wesentlich zu ihrer Erhaltung bei, wenn die Waage dauernden Erschütterungen ausgesetzt ist. Es ist daher nicht unmöglich, daß die Arretierung des Mittellagers (Schneidenlager) bei der Gasdichtewaage von LEHRER und KUSS (34) wesentlich zur Verbesserung der Präzision der Anzeige beigetragen hat. Diese Annahme scheint um so mehr berechtigt, da STOCK, RAMSER und EYBER (50) vergleichend hervorheben, daß ihre auf Nadelspitzen gelagerten und nicht arretierbaren Gasdichtewaagen zwar im ruhigen Kaiser-Wilhelm-Institut befriedigten, aber an der Technischen Hochschule in Karlsruhe, wo sie Vibrationen ausgesetzt waren, derartige Mängel zeigten, daß der Übergang zu der von LEHRER und KUSS vorgeschlagenen Ausführungsweise eine „Erlösung" bedeutete.

Es sei übrigens bemerkt, daß eine Verschiebung des Balkens in seiner Längsrichtung zwar die Anzeige eines vertikalen Zeigers unmittelbar ändert, aber jene eines horizontalen Zeigers oder einer Spiegelablesung nicht notwendigerweise beeinflußt (s. jedoch S. 150). Es trifft sich somit günstig, daß die meist auf Schneiden oder Spitzen schwingenden Gasdichtewaagen wegen Unterbringung in horizontalen Röhren einen horizontalen Zeiger bevorzugen müssen und daß die auf Schneiden spielenden hochempfindlichen Mikrowaagen mit Spiegelablesung ausgerüstet wurden. Die auf Mittelschneiden spielenden, hochempfindlichen Mikrowaagen von STEELE und GRANT sowie von GRAY und RAMSAY waren gegen Erschütterungen geschützt aufgestellt und es mag deshalb daraus kein Nachteil entstanden sein, daß die Arretierung so eingerichtet war (49), daß der Balken nur gestützt, aber nicht von der Unterlage abgehoben wurde. Ein durch einen Exzenter o (Abb. 39) betätigter Arm hob sich wie bei Analysenwaagen und feine Quarzglasgabeln s stützten den Balken. Da das Gehäuse dieser Auftriebswaagen evakuiert werden mußte, war es natürlich notwendig, daß der den Arretierungsarm tragende Vertikalstab h durch eine luftdichte Packung in das Waagegehäuse eingeführt wurde. Diese Schwierigkeit wurde von PETTERSSON umgangen, indem er die Arretierung seiner Auftriebswaage durch einen Elektromagneten E (Abb. 41) von außerhalb des Gehäuses her betätigte. Die

Tragfäden des Mittellagers wurden entlastet, indem der Balken durch mehrere an einem Messingrahmen befestigte Quarzglashaken erfaßt und angehoben wurde.

Bei den verschiedenen Neigungswaagen von Nernst, Emich und Donau (18) wurde eine einfache Balkenarretierung benutzt, die wie bei Analysenwaagen den Balken an beiden Seiten des Mittellagers stützt und anhebt. Riesenfeld und Möller (46) benutzten eine Arretierung, bei der der lange Arm des Balkens nahe an einem Ende zwischen zwei horizontal liegenden Vogelfedern eingeklemmt wurde.

Anspruchsvolle Arretierungsvorrichtungen findet man bei den in letzter Zeit beschriebenen Torsionswaagen und dies ist nicht überraschend, wenn man bedenkt, daß sie von feinmechanischen Werkstätten für den Handel gebaut werden. Bei der Waage von Kirk und Mitarbeitern sind nur Anschläge zur Begrenzung der Schwingung des Balkens vorgesehen, doch können die zur Aufnahme der Apparate und Schalen bestimmten Rahmen dadurch arretiert werden, daß ein kleines Tischchen mechanisch angehoben wird, bis der Rahmen darauf ruht und dessen Anheben den Tragfaden entlastet. Diese Ausführung der Schalenarretierung ist auch beim Modell „E" der Waage von Rodder (Abb. 52) beibehalten, doch kann auch der Balken durch zwei horizontale Quarzglasstäbchen arretiert werden, die durch Schrauben einzeln angehoben und gesenkt werden können.

Eine empfehlenswerte Arretierung der Gehänge ist bei zwei Waagen vorgesehen. Beim Modell Mark I von Carmichael (Abb. 56) wird der horizontale Querbalken des Gehänges durch das mechanische Anheben eines Ringes aus

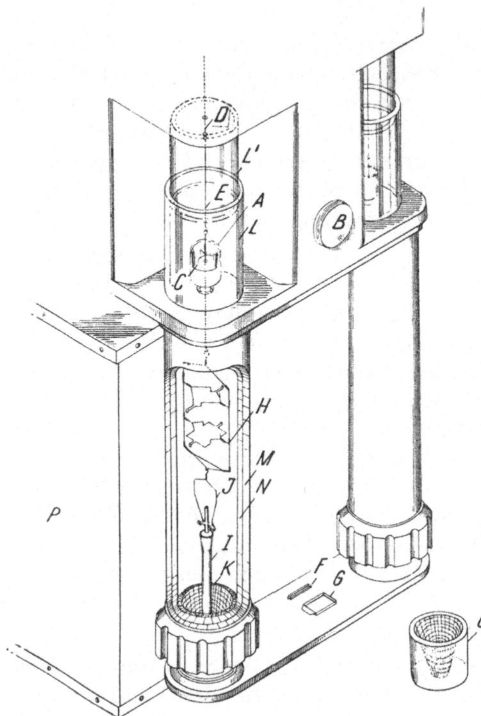

Abb. 33. Gehänge der Waage von Garner.

rostfreiem Stahl so unterstützt, daß durch Manipulationen am Gehänge keinerlei Beanspruchung von Tragfaden oder Balken hervorgerufen werden kann. Die obere Kante des Ringes ist zu einer Schneide zugeschliffen. Die Bewegung des Balkens ist durch zwei Anschläge über den Armen des Balkens eingeschränkt und außerdem sind zwei Schneiden aus rostfreiem Stahl unterhalb des Balkens vorgesehen, die im Notfalle als Aushilfsarretierung benutzt werden können.

Bei der Waage von Garner (Abb. 33) ist ein Platindreieck C vorgesehen, das an einen Platindraht angeschweißt ist, der zwischen Tragfaden E und Rahmen H eingeschaltet ist. Zur Arretierung der „Schale" wird der konische Ring A durch Drehen des Knopfes B angehoben, wodurch das knapp passende Platindreieck C sich in der Mitte des Ringes aufsetzt und gehoben wird. Diese Art der Arretierung und das Hakengelenk zwischen C und Rahmen H sorgen dafür, daß durch Manipulationen am Rahmen erzeugte seitliche Schwingungen nicht auf Tragfaden und Balken übertragen werden können.

Ebenso wie bei der einfachen Torsionswaage von NEHER nur die Bewegung begrenzende Anschläge für den Balken vorgesehen waren, genügt dies für fast alle Federwaagen wie die von Hartmann & Braun, vom Jolly-Typus usw. Außerdem kann man sich anscheinend auch bei hochempfindlichen Waagen mit bewegungsbegrenzenden Anschlägen für den Balken begnügen, wenn dieser nicht auf Schneiden gelagert ist, wie dies für die Gasdichtewaage von TAYLOR und die Waagen mit elektromagnetischer Kompensation (16, 18) zutrifft. Wenn der Balken aus Quarzglas besteht, ist der Verfasser geneigt, Anschläge aus Platindraht, die mit dem Gehäuse elektrisch leitend verbunden sind, zu befürworten. Es ist ein Leichtes, ihnen die Form eines V, dessen Schenkel einen Winkel von 90° einschließen, zu geben und damit auch seitliche Bewegungen des Balkens etwas einzuschränken.

Beobachtung der Balkeneinstellung.

Die bei den Analysenwaagen übliche Einrichtung von Skala und Zeiger ist nur bei der Torsionswaage von NEHER (S. 151) in der einfachsten Form beibehalten. Bei den Neigungswaagen spielt ein verhältnismäßig langer Zeiger vor einer auf Glas angebrachten Skala; die genaue Stellung des Zeigers wird jedoch mittels eines mit Okularmikrometer ausgerüsteten Horizontalmikroskops abgelesen. Das Mikroskop und gegebenenfalls ein damit starr verbundener Beleuchtungskondensor werden so an einem Stande befestigt, daß man mit dem horizontal eingespannten Mikroskop der Bewegung des Zeigers folgen kann (Abb. 35, S. 124). Während der Ablesung muß das Mikroskop starr gehalten werden; hierzu benutzte EMICH Holzkeile oder Anschläge an dem das Mikroskop tragenden Stand. Zur genauen Einstellung des Mikroskops sollte überdies irgendeine Feinstellvorrichtung vorgesehen werden.

Die Skala, vor der der Zeiger spielt, wird an der Bodenplatte des Waagegehäuses befestigt. Am besten eignen sich sorgfältig gravierte Skalen, die von optischen Firmen bezogen werden können. Da Zeiger und Skala nicht in derselben Ebene liegen, muß das Mikroskop so eingerichtet werden, daß beide gleichzeitig scharf abgebildet werden können. Dies kann durch eine Kreisblende oder einen Spalt, die sich in dem im Tubus gelegenen Brennpunkt des Objektivs befinden, erzielt werden. Die Öffnung der Kreisblende wird so bemessen, daß Skalenteile und Zeiger bei einer „mittleren" Einstellung des Mikroskops scharf in der Ebene des Okularmikrometers abgebildet werden. Einem Spalt senkrecht zum Zeiger wird die Breite des Durchmessers der Kreisblende gegeben; er gibt bei passender Beleuchtung eine beträchtliche Steigerung der Helligkeit, allerdings auf Kosten der Schärfe des Bildes an den Rändern.

EMICH (18) wählte Objektivbrennweite und Tubuslänge so, daß ein Teil der Zeigerskala zehn Teilen der Okularmikrometerskala entsprach. Da das Mikroskop hierzu etwa 35fach vergrößerte, erschienen die Teilstriche billiger geätzter Zeigerskalen ziemlich dick, so daß auf den Rand der Teilstriche eingestellt werden mußte. Die Striche der Zeigerskala der einfachen Neigungswaage (Abb. 29) waren etwa 0,25 mm voneinander entfernt und die Skala von 5 cm Länge enthielt 200 Teilstriche. Dies entsprach etwa 17 Bogengraden, da die Spitze des Zeigers in einem Abstand von 17 bis 18 cm von der Drehungsachse war. Zur Beleuchtung der Skala kann ein hinter dem Waagegehäuse aufgestelltes Spiegelchen dienen, das entweder reflektiertes Tageslicht oder das Licht einer Deckenlampe durch die Skala in das Mikroskop sendet. Verwendet man ähnlich wie beim Schlierenmikroskop eine Kondensorlinse mit Spaltblende, so läßt es sich erreichen, daß sich Zeiger und Skalenteile scharf von einem hellen Hintergrund abheben (17).

Bei einer ganzen Reihe von Mikrowaagen wurde von der Verwendung einer Zeigerskala abgesehen und lediglich die Einstellung des Zeigerbildes auf der Okularmikrometerskala eines Horizontalmikroskops beobachtet. Dabei kann das Fadenkreuz eines Okularschraubenmikrometers mit Vorteil zur Kennzeichnung der Nullage (Leereinstellung) des Zeigers dienen. Salvioni (Abb. 61 C, S. 163) spannte am Ende des sich durchbiegenden Glasfadens ein kurzes Stück eines Spinnwebfadens, dessen Lage mit dem Okularmikrometer des Horizontalmikroskops bestimmt wurde. Giesen (22) bog das Ende des Glasfadens um, so daß der Spinnwebfaden in eine Vertikalebene zur Längsrichtung des elastischen Fadens gebracht war und vom Ende des Waagegehäuses her beobachtet werden konnte. Lowry (36) bestimmte die Höhenlage eines willkürlich gewählten Punktes am Ende des Tragfadens innerhalb $\pm$ 0,01 mm mittels eines Kathetometers, das vor der Federwaage aufgestellt war.

Die Beobachtung einer am Ende des Balkens angebrachten Zeigerspitze mit Hilfe der Mikrometerteilung eines Horizontalmikroskops wurde ferner bei hochempfindlichen Gasdichtewaagen (3, 53) angewendet und auch für die Beobachtung der Nullstellung des Zeigers von Waagen mit elektromagnetischer Kompensation übernommen (18).

In diesem Zusammenhange weisen Barrett, Birnie und Cohen (4) mit Nachdruck auf die Fehler hin, die man selbstverständlich erwarten muß, wenn Signal (Zeigerspitze) und Bezugsmarke (Mikrometerteilung, Fernrohrskala oder Skala auf einem Projektionsschirm) nicht nahe aneinander und an benachbarten Orten ein und desselben Konstruktionsteiles angebracht sind. In ihrem Falle spielte der den Zeiger tragende Glasbalken auf einem von einem Glasrahmen getragenen Wolframfaden. Der Rahmen wurde durch eine Glasfeder in einem Glasrohr gehalten, das mit einer Vakuumleitung verbunden und in einen Thermostat eingesenkt war. Der Stand, der das Rohr mit der Waage hielt, stand auf einem Tisch, dessen Füße auf einer Reihe von Holzblöcken (12 $\times$ 12 $\times$ 2,5 cm) ruhte, die durch kurze Stücke dickwandigen Gummischlauches voneinander und von dem Betonfußboden getrennt waren. Da das Mikroskop auf einem zweiten Tisch stand, waren Zeigerspitze und Mikrometerteilung vermutlich durch mehr als 2 m Konstruktionsmaterial der verschiedensten Art, einschließlich Holz und Gummi, getrennt. Es läßt sich ohne weiteres vorstellen, daß die Leeranzeige zufolge Temperaturschwankungen im Raum und Änderung des Feuchtigkeitsgehaltes der Luft sowie durch die langsame Formänderung der Gummischläuche sich in kurzen Zeiträumen ändern mußte. Tatsächlich wurde beobachtet, daß sich die Zeigerstellung um vier Teilstriche je Grad Temperaturänderung im Raum veränderte.

Man kann dabei wohl mit einiger Berechtigung vermuten, daß der Hauptteil der Anzeigeänderung durch Schwellen und Verziehen der Holzblöcke verursacht wurde. Wenn Zeiger und Bezugspunkt ausschließlich durch Glas, Metall und Beton getrennt sind, so lassen sich starke Anzeigeänderungen durch Wärmeausdehnung schwer erklären, da diese nur etwa 10 bis 20 μm je Grad Temperaturänderung und Meter Entfernung betragen würde und dabei noch mit einer teilweisen Kompensation gerechnet werden muß. Die linearen Ausdehnungskoeffizienten sind von der Größenordnung 1 bis 2 $\times$ 10^{-5} für Glas, Metalle, Legierungen, Granit und Beton; etwa 5 $\times$ 10^{-6} für Ziegelwerk, Marmor, Sandstein und Schiefer.

Die aus derartigen Lageveränderungen sich ergebenden Schwierigkeiten sind leicht zu vermeiden, indem man einen festen Bezugspunkt nahe am Zeiger anbringt und die Mikrometerteilung des Mikroskops oder Fernrohres nur zur Messung der Abweichung des Zeigers von diesem Bezugspunkt benutzt. EDWARDS und BALDWIN (16) benutzen jene Zeigerstellung als Bezugspunkt, die sich ergibt, wenn der Balken auf dem Anschlag ruht, der seine Bewegung begrenzt. Noch besser ist es, ähnlich wie STOCK und RITTER (51) dies getan haben, an dem den Balken tragenden Rahmen einen Zeiger anzubringen (Abb. 44, S. 140), der als Bezugsmarke für die Einstellung des Zeigers des Balkens verwendet wird. Eine merkbare Änderung der relativen Lage eines derartigen Zeigers wird unmöglich, wenn man den Balken und den den Zeiger tragenden Rahmen aus einem Stück Quarzglas herstellt.

Die Lage des Balkens im Raum ändert sich mit der Belastung, wenn der Balken von Fäden getragen wird, die sich der Beanspruchung entsprechend elastisch dehnen. Es ist zu erwarten, daß mit Torsionslagerung, wobei der Torsionsfaden an einem elastischen Bogen befestigt ist, besonders starke Lageveränderungen zu erwarten sind. Die daraus sich ergebenden Schwierigkeiten werden vermieden, indem man entweder die Belastung konstant erhält oder nur die Neigung des Balkens, nicht die absolute Lage eines an ihm befestigten Zeigers, beobachtet.

Hierzu haben STEELE und GRANT (49), GRAY und RAMSAY (24) und auch PETTERSSON (43) von der Spiegelablesung Gebrauch gemacht. Die ersten schmelzten an den Balken einen platinierten Hohlspiegel von 4 mm Durchmesser und 25 cm Brennweite an, der das Bild eines glühenden NERNST-Stiftes auf eine Skala projizierte. Der Spiegel wurde in der Drehachse des Balkens befestigt. PETTERSSON verwendete einen mit Palladium besprühten Spiegel. NERNST-Lampe und Skala wurden in einer Entfernung von 3 bis 4 m von der Waage aufgestellt. Da die Wärmestrahlung störte, wenn der Luftdruck im Waagegehäuse 20 mm überschritt, wurde das Metallgehäuse der NERNST-Lampe mit einer sehr kleinen Öffnung versehen und der Lichtstrahl durch eine Kühlzelle gesendet[1]. Außerdem wurde der Lichtstrahl durch einen Asbestschirm abgeblendet und nur während der kurzen für die Beobachtung erforderlichen Zeitspannen auf den Spiegel des Balkens fallen gelassen. Die bemerkenswerte Beständigkeit der Leeranzeige bei diesen Waagen mag als Bestätigung dafür betrachtet werden, daß geringe Änderungen der Lage von Lampe, Spiegel und Skala auf Winkelmessungen wenig Einfluß haben können. Beträchtliche Lageänderungen konnten kaum auftreten, da diese Waagen, ebenso wie die von RIESENFELD und MÖLLER, in mehr oder minder gleichmäßig temperierten Kellerräumen auf Sockeln aus Mauerwerk aufgestellt waren.

Wenn die Neigung des Balkens beobachtet werden soll, ist es wichtig, daß die für die Spiegelablesung erforderlichen Fenster im Waagegehäuse aus planparallelen Platten bestehen, die keine optischen Störungen verursachen. Diese Forderung ist jedoch überflüssig, wenn der Balken zur Wägung immer in dieselbe Lage zurückgeführt wird.

RIESENFELD und MÖLLER (46) befestigten am Ende des kurzen Armes des Balkens ihrer Waage ein Spiegelchen, das die Torsionsschneide am anderen Ende ausbalancierte. Das Spiegelchen wurde aus dem vierten Teil eines Deckgläschens durch Versilberung hergestellt, doch stellte sich heraus, daß gewöhnliche Deckgläschen nicht flach genug sind und sorgfältig eben geschliffen werden müssen. Die Ablesung erfolgte mit Fernrohr und Skala, die in der Regel auf ein und demselben Stand befestigt werden, wodurch Änderungen in der Höhe des Stativs

---

[1] EMICH empfiehlt für die Absorption der Wärmestrahlen Füllung mit einer 5%igen Lösung von Kupfersulfatpentahydrat oder einer gesättigten Lösung von Eisen(II)-sulfat.

zufolge Wärmeausdehnung harmlos werden. Trotz Verwendung von Siegellack und einer Glaskapillare als Balken hatte die Waage eine bemerkenswerte Konstanz der Leeranzeige, die sich aber — und dies unterstützt eine bereits erwähnte Vermutung — wesentlich verschlechterte, von $\pm\,0{,}1$ auf $\pm\,5$ bis 8 Skalenteile je Tag, wenn die Waage auf einem Holzbrett aufgestellt wurde.

Bei den neuerdings entworfenen Torsionswaagen folgen CARMICHAEL, RODDER und auch EL-BADRY und WILSON dem Beispiel von KIRK und Mitarbeitern und beobachten die Neigung eines Bezugsfadens, der von einem Ende des Balkens zum anderen ausgespannt ist. Die beiden Enden des Bezugsfadens werden optisch nebeneinander abgebildet (im Gesichtsfeld eines Vergleichsmikroskops oder projiziert) und die Nullstellung des Balkens wird daran erkannt, daß die Bilder der Enden sich entweder decken oder in einer Geraden liegen. Die „horizontale" Lage des Balkens oder des Bezugsfadens ist dabei durch die Justierung der Optik bestimmt und muß sich mit einer Lageänderung des optischen Apparates ändern. Es soll in diesem Zusammenhange darauf hingewiesen werden, daß ein Senkblei in einfacher Weise eine verläßlich gleichbleibende Bezugsrichtung liefern würde. Es könnte am Quarzglasrahmen, der den Balken trägt, befestigt und mit Hilfe eines Ablesefernrohres mit einem am Balken befindlichen vertikalen Bezugsfaden verglichen werden.

Die optische Einrichtung der Mark I-Mikrowaage (8) enthält ein großes Prisma mit vier versilberten Flächen, das die von den beiden Objektiven erzeugten Bilder der Enden des Bezugsfadens in den beiden Hälften des Gesichtsfeldes vereinigt. Die beiden Objektive können unabhängig voneinander auf den Bezugsfaden eingestellt werden; dies ist notwendig, da der sehr leicht gebaute Balken der Waage sich unter Belastung so merklich verbiegt, daß die Einstellung auf die Enden des Bezugsfadens individuelle Korrektur erlauben muß. Durch Änderung der Einstellung der Objektive kann natürlich auch die durch sie bestimmte Lage der „Horizontalen" verändert werden. Dies ist jedoch belanglos, wenn die Einstellung der Objektive nicht innerhalb einer zusammengehörenden Reihe von Wägungen korrigiert werden muß.

Wenn A der Abstand zwischen den Achsen der beiden Objektive und u der geringste Höhenunterschied ist, der im mikroskopischen Bild erkannt werden kann, so folgt der erkennbare Neigungswinkel des Balkens aus tang $\alpha = u/A$. Bei der Mark I-Waage ist eine Ablenkung von 4,1 Bogensekunden noch merkbar, da $A = 7{,}62$ cm und $u = 1{,}5\,\mu$m sind. CARMICHAEL nimmt an, daß diese Empfindlichkeit mit Spiegelablesung schwer erreichbar sei. (Wenn die Teilung auf 0,5 mm abgelesen wird, müßten sich Skala und Fernrohr in einer Entfernung von 12,5 m von der Waage befinden.)

Bei der Torsionswaage von GARNER ist der Balken wie bei Analysenwaagen mit einem vertikalen Zeiger versehen, der am Ende ein kleines rechteckiges Stück Platinfolie trägt, dessen Vertikalkante auf eine Mattscheibe projiziert wird. Angaben über die Winkelempfindlichkeit dieser Einrichtung liegen nicht vor.

Für die Beleuchtung der Ablesevorrichtungen hochempfindlicher Waagen empfiehlt es sich, die infrarote Strahlung nach Möglichkeit ganz auszuschalten. Als Mittel stehen hierzu geeignete Wahl von Lichtquellen (Glühentladung, Natriumdampflampe), Verwendung von Filtern (S. 111) und möglicherweise Gebrauch eines einfachen Prismenmonochromators zur Verfügung. Außerdem kann das Waagegehäuse durch passende Anbringung von Schirmen aus Aluminiumfolie gegen Wärmestrahlung geschützt werden. Es wird allgemein vorteilhaft sein, ein Beobachtungsverfahren zu benutzen, das keine starke Beleuchtungsquelle fordert. Die Intensität der Lichtquelle kann weiter herabgesetzt werden, indem man durch Arbeiten in einem verdunkelten oder halbverdunkelten Raum die Empfindlichkeit des Auges erhöht. Störungen durch den Strahlungsdruck wurden bisher nur von PETTERSSON und von McBAIN und TANNER (37) erwähnt.

Das Gehäuse.

Die Stellung oder Bewegung des Balkens einer Waage, die auf Bruchteile eines Mikrogramms empfindlich ist, muß natürlich bereits durch außerordentlich kleine Kräfte beeinflußt werden. Es ist daher zu erwarten, daß die Anzeige hochempfindlicher Mikrowaagen bereits durch geringfügige Strömungen in der Luft des Gehäuses beeinflußt werden muß, so daß PETTERSSON (43) zur Schlußfolgerung kam, daß die höchste Genauigkeit unzweifelhaft dann erreicht würde, wenn im Gehäuse ein Hochvakuum hergestellt ist. Außerdem wird die Anzeige von Mikrowaagen auch um so mehr durch sich auf Balken und Gehänge absetzenden Staub gestört, je höher die Empfindlichkeit getrieben wird.

Das Gehäuse hochempfindlicher Waagen muß daher so entworfen werden, daß die beiden genannten Arten von Störungen auf ein Mindestmaß herabgesetzt werden. Zur Fernhaltung von Staub werden die Gehänge zur Auswechslung von Objekten und Gewichten nur von der Seite oder Unterseite des Gehäuses her durch kleine Öffnungen zugänglich gemacht. CARMICHAEL (8) findet, daß selbst mit diesen Vorkehrungen die Anzeigekonstanz abnimmt, wenn das Waagegehäuse zwischen den Beobachtungen geöffnet wird. Dabei dürfte es sich allerdings zur Hauptsache um Gewinn und Verlust von Staubteilchen an der Oberfläche des Wägegutes handeln, eine Möglichkeit, die nur dadurch ausgeschlossen werden kann, daß man in einer durchaus staubfreien Atmosphäre arbeitet [hierzu wurde die Bestimmung der Halbwertszeit der α-Strahlung von Americium in einer luftdichten Trockenkammer (21) vorgenommen, in der auch die Waage aufgestellt war].

Zur Unterbindung von Luftströmungen soll das Gehäuse zunächst so gebaut sein, daß durch Bewegungen von Balken und Gehängen verursachte Strömungen rasch abklingen. Vor allem soll das Gehäuse eine isotherme Hülle um die den Balken umgebende Luft bilden (43). Eine derartige Hülle schließt die Bildung von Temperaturgefällen und Konvektionsströmungen im Inneren aus. Schließlich muß das Gehäuse so dicht schließen, daß Strömungen in der äußeren Atmosphäre nicht auf das Innere des Gehäuses übertragen werden können.

Gleichheit der Temperatur an der Innenfläche des Gehäuses läßt sich nur dadurch praktisch verwirklichen, daß man das Gehäuse aus einem guten Wärmeleiter baut. Außer Silber und Kupfer eignen sich Aluminium und Aluminiumlegierungen. Wenn es sich auch *in praxi* nicht vermeiden läßt, daß einzelne Teile des Gehäuses durch die Gegenwart des Beobachters und die von ihm ausgeführten Handhabungen ungleich erwärmt werden, so werden sich Temperaturgefälle in einem solchen Gehäuse doch rasch ausgleichen und Konvektionsströmungen rasch wieder abklingen.

Wenn das Gehäuse aus einer verhältnismäßig dünnen Schicht des guten Wärmeleiters besteht (z. B. Kupferblech), so versteht es sich wohl, daß Temperaturkonstanz des Wägezimmers, Abwesenheit von Strahlern und Bedächtigkeit des Beobachters wesentlich zur Aufrechthaltung der Isothermie der Innenfläche des Waagegehäuses beitragen müssen. Bedeutend günstiger wäre es, das Gehäuse so in drei Schalen herzustellen, daß die äußere und innere Schale aus einem guten Leiter bestehen und durch eine ein paar Zentimeter dicke Schicht eines guten Isoliermaterials getrennt sind (Silber- oder Kupferblech durch Glaswolle getrennt). Zeitweilig sich an der Außenfläche bildende Temperaturgefälle würden sich dann ausgleichen, bevor sie die Innenfläche erreichen können. Taylor (53) und Carmichael (8) erreichen den Ausgleich, bevor das Gefälle die Innenfläche erreicht, indem sie die Wand des Gehäuses sehr dick machen; die eigentliche Waage wird in eine geeignet geformte Ausnehmung eines Metallblockes (Bronze- oder Aluminiumlegierung) eingesenkt. Das massive Gehäuse der Mikrowaage Mark I (8) (Abb. 55) macht es möglich, Gehäuse, Kreisteilung für den Torsionsfaden und Beobachtungsmikroskop kompakt zu vereinigen. Die Waage kann ohne besondere Vorsichtsmaßregeln in einem Laboratorium benutzt werden und ihre Anzeige wird weder durch den Beobachter noch durch die in Laboratorien üblicherweise verwendeten Heizkörper gestört.

Emich hatte anläßlich seiner hochempfindlichen Mikrowaage mit elektromagnetischer Kompensation (Abb. 37) bereits damit begonnen, ein kleines Gehäuse aus starkem Kupferblech gewissermaßen in den Stand des Beobachtungsmikroskops einzubauen. Bei Carmichael wird nun das Stativ zu einem abgerundeten Metallblock, der eine Höhlung zur Aufnahme des Balkens besitzt (Abb. 56). Optischer Apparat und Waage sind dadurch zu einer Einheit verschmolzen, die infolge ihrer Masse und ihrer Starrheit gut imstande ist, äußeren Einflüssen zu widerstehen.

Andere Torsionswaagen der letzten Jahre haben jedoch scheinbar mit Erfolg das althergebrachte rechteckige Waagegehäuse beibehalten. Da keine vergleichenden Versuche vorliegen, bei denen nur das Gehäuse unter Gleichhaltung aller übrigen Faktoren geändert wurde, läßt sich kein abschließendes Urteil fällen.

Was immer auch die Form des Gehäuses sein möge, so ist es notwendig, daß Balken und Gehänge zur Vornahme von Ausbesserungen leicht zugänglich sind. Gleichgültig, ob hierzu das Gehäuse von der Grundplatte abgehoben, der Deckel des Gehäuses gelüftet oder ein den Balken tragender Rahmen aus dem Gehäuse entfernt werden muß, empfiehlt es sich, das erste Anheben nach dem Beispiele von Steele und Grant mittels einer hierzu angebrachten Schraube (Abb. 34, 39) erschütterungsfrei vorzunehmen.

Steele und Grant machten auch das Gehänge derart zugänglich, daß die Bodenfläche des Gehäuses eine kreisförmige Öffnung mit eingekittetem Tubus erhielt, auf den ein Glaszylinder aufgeschliffen wurde (Abb. 39). Der Haken des Tragfadens wurde durch Abnehmen des Zylinders zugänglich. Die verschiedenen Nachteile dieser Konstruktion wurden durch Abänderungen überwunden. Die Glas- oder Quarzglaszylinder wurden durch Metallhülsen ersetzt, um das Auftreten von Temperaturgefällen zu verhindern. Das Erschüttern der Waage durch das Öffnen und Schließen eines Schliffes sowie das Erwärmen der Hülsen durch Berührung mit der Hand wurde durch die Einführung verschiedener mechanischer Einrichtungen verhindert. Carmichael (Abb. 56) hebt und senkt die das Gehänge umschließenden Metallbecher mit Hilfe einer durch eine Kurbel bedienten Schraube. Garner (Abb. 33) und Rodder (Abb. 52) haben den Becher mit einer dicht anliegenden Metallhülse umgeben; das Innere wird dadurch zugänglich, daß man die Hülse mittels eines Griffes dreht, so daß das Fenster in der Hülse mit dem Fenster des Bechers übereinstimmt.

Bei den neueren Torsionswaagen hat der den Balken enthaltende Teil des Waagegehäuses oft keinerlei Fenster, da der zur Beobachtung dienende optische Apparat in das Waagegehäuse eingebaut ist. Fenster sind jedoch bei jenen Waagen erforderlich, die entweder mit Spiegelablesung arbeiten oder einen Zeiger haben, der von außerhalb des Gehäuses her beobachtet wird. Derartige Fenster aus Glas oder Quarzglas sind natürlich geneigt, die isotherme Hülle zu unterbrechen und außerdem geben sie der infraroten Strahlung Zutritt zum

Inneren des Waagegehäuses. Es empfiehlt sich daher, sie so klein als möglich zu halten und Infrarot absorbierendes Glas zu verwenden. Überdies könnte man versuchen, die Wärme- (und Elektrizitäts-) Leitfähigkeit der Fensterchen dadurch zu verbessern, daß man sie an der Innenseite leicht versilbert und so montiert, daß die Silberschicht das Metall des Gehäuses berührt. Außerdem könnte man vor dem Fensterchen ein Metallrohr so anbringen, daß alle seitliche Strahlung aufgefangen wird und nur das zur Beobachtung erforderliche Licht an das Fensterchen gelangt.

Es versteht sich, daß Auftriebswaagen mit einem luftdichten Gehäuse versehen werden müssen, das derart an eine Vakuumleitung angeschlossen ist, daß der Druck im Gehäuse genau gemessen und reguliert werden kann und eintretende Luft sorgfältig von Wasserdampf und Staub befreit wird (Abb. 39). Die Konstruktion solcher Gehäuse wurde von STEELE und GRANT und von PETTERSSON ausführlich beschrieben (18), doch soll hier darauf nicht weiter eingegangen werden.

Offenkundig muß ein ganz aus Metall bestehendes Waagegehäuse zur Verhinderung der Ausbildung und zur Ableitung elektrostatischer Ladungen wesentlich beitragen. CARMICHAEL empfiehlt, das Gehäuse zu erden.

Bei Auftriebswaagen wird die Atmosphäre im Gehäuse getrocknet, so daß man aus dem Druck der trockenen Luft den Auftrieb ohne Schwierigkeit genau berechnen kann. Auch bei Waagen, die entweder einen Balken aus weichem Glas haben oder gar Kitte, wie Schellack, Siegellack usw., bei Konstruktion von Balken und (oder) Gehänge verwenden, ist es notwendig, die Luft im Waagegehäuse trocken zu halten, um Anzeigeänderungen zufolge von Adsorption von Wasserdampf an Glas und Kitt zu verhindern. Auch wenn Balken und Gehänge ganz aus Quarzglas bestehen und das Auftriebsprinzip nicht zur Wägung benutzt wird, könnte man erwarten, daß die Tragfähigkeit der Quarzglasfäden besser erhalten bleiben könnte, wenn die Atmosphäre im Gehäuse frei von Wasserdampf gehalten wird (vgl. S. 73). Es ist jedoch anzunehmen, daß eine derartige Maßnahme nicht notwendig ist, wenn das Material des Balkens während der Herstellung der Waage weder mit den Fingern noch mit anderen Fremdkörpern in Berührung kamen. Unter dieser Voraussetzung empfiehlt CARMICHAEL (8), von der Verwendung von Trockenmitteln im Waagegehäuse abzusehen und die Waage im klimatischen Gleichgewicht mit einer ziemlich trockenen Laboratoriumsatmosphäre zu benutzen.

Die Aufstellung von Mikrowaagen.

Zunächst sei darauf hingewiesen, daß es sich empfiehlt, besonders leichte Waagen an ihrer Unterlage zu fixieren. Hierzu befestigt man nach EMICH in der Grundplatte der Waage einen Metallhaken und faßt diesen mit dem krummgebogenen Ende eines Bolzens, der durch eine Bohrung in der Konsolplatte geführt und gegen die letztere mittels Metallfeder und Flügelschraube verspreizt wird (Abb. 34). Die Füße des Gehäuses sollen dabei auf Messingplättchen ruhen, die auf der glatten Konsolplatte gleiten und deshalb durch Temperaturschwankungen verursachte Spannungen ausgleichen können.

Bezüglich der erschütterungsfreien Aufstellung sei auf S. 17 verwiesen und hinzugefügt, daß die empfindlichste Waage — die Waage von PETTERSSON — an einem Grundpfeiler so befestigt war, daß die lotrechte Skala für die Spiegelablesung in einer Entfernung von 412 cm an der gegenüberliegenden Wand angebracht werden konnte. Die von dem Verkehr in den umliegenden Straßen herrührenden Erschütterungen waren dadurch nicht ausgeschaltet und es war notwendig, die Wägungen bei Nacht auszuführen, wobei nur jene verhältnismäßig seltenen und kurzen Zeitabschnitte benutzt werden konnten, während deren sich kein Fahrzeug in der Nähe der Hochschule bewegte[1]. Riesenfeld und Möller, ebenso wie Gray und Ramsay hatten bei ähnlicher Aufstellung ihrer allerdings weniger empfindlichen Waagen auf Steinpfeilern von Kellergeschossen augenscheinlich keine ernstlichen Störungen durch Erschütterungen.

Zu dem auf S. 15 über Temperatureinflüsse Gesagten muß hinzugefügt werden, daß der Einfluß von Konvektionsströmungen in der Luft des Gehäuses mit zunehmender Empfindlichkeit der Waage so bemerkbar wird, daß Pettersson zur Schlußfolgerung kam, daß diese Strömungen es unmöglich machen, jene Wägepräzision im luftgefüllten Gehäuse zu erreichen, die mit evakuiertem Gehäuse erhalten werden kann. Wie nahe man an die theoretisch mögliche Präzision bei luftgefülltem Gehäuse herankommen kann, hängt wesentlich von dem Grade ab, in dem man die Ausbildung von Temperaturgefällen vermeiden kann. Evakuierung des Waagegehäuses zwecks Ausführung von Wägungen ist für die meisten chemischen Arbeiten praktisch nicht durchführbar (S. 128).

Die Verhinderung der Ausbildung kleiner Temperaturgefälle durch genaue Kontrolle der Lufttemperatur im Wägezimmer ist schwierig. Deighton (12) beschreibt eine Anlage, die es gestattet, die Temperatur in einem Raum von $4,8 \times 2,7 \times 2,4$ m innerhalb von $\pm 0,01°$ C gleichzuhalten. Ein an der kurzen Wand befindliches Fenster wurde völlig abgeschlossen und ebenso wie die Wände mit einer Lage „Cellotex" Isolierpappe bedeckt. Ein Ventilator blies die Luft durch drei mit Heizdrähten bespannte Rahmen (500 W, 750 W und 750 W) gegen die das Fenster deckende Verkleidung, vor der die heiße Luft durch ein Netz von Kupferröhren (die „Bremse") mußte, das ebenso wie eine in 1 m Höhe um die Wand herumgeführte Kupferröhre mit Paraffinöl gefüllt war, dessen Ausdehnung den Quecksilberthermostaten betätigte. Drei weitere Ventilatoren beförderten die Luft wieder an das gegenüberliegende Ende des Raumes. Ohne die Bremse funktionierte der Thermostat höchstens alle 2 bis 3 Minuten, mit der Bremse aber in Zeiträumen von 10 bis 15 Sekunden. Es zeigte sich, daß die Intervalle 25 Sekunden nicht übersteigen durften, wenn die Temperaturschwankungen in den anfangs angegebenen Grenzen bleiben sollten.

Es ist wohl verständlich, daß sich die Luft im Raum in immerwährender, heftiger Wirbelströmung befinden mußte — ein für ein Wägezimmer nicht wünschenswerter Zustand —, wenn sich entwickelnde Temperaturunterschiede trotz der geringen Leitfähigkeit der Luft rasch ausgeglichen werden sollten. Trotz alledem herrschte ein Temperaturunterschied von etwa $0,03°$ C zwischen den beiden Enden des Raumes.

Es ist also nicht zu erwarten, daß ein Wägezimmer von unerwünschten Temperaturgefällen gänzlich freigehalten werden kann. Somit wird die Unterdrückung von Konvektionsströmungen im Waagegehäuse zur Hauptsache wiederum die Aufgabe des Beobachters, falls Form und Ausführung des Gehäuses nicht imstande sind, diesen Zustand bei sinnreichem Vorgehen des Beobachters zufriedenstellend herbeizuführen.

Wird eine wünschenswerte hohe Temperatur (25 bis 30° C) thermostatisch kontrolliert, so ist es am besten, daß sich die Heizkörper in temperaturkontrollier-

---

[1] Der Bericht von Pettersson enthält die folgende Danksagung: "My sincerest thanks are due to the Superintendent of Police in Stockholm, W. A. Tamm, esqu., by whose courtesy a police guard was ordered to divert traffic from the byestreets at the back of the Högskola during certain nights when I had particularly delicate observations to take."

ten Räumen befinden, die das Wägezimmer umgeben (S. 15). RIESENFELD und MÖLLER benutzten ihre Waage in einem Kellerraum, der von Natur aus eine gleichbleibende Temperatur besaß, und verließen sich dabei ebenso wie TAYLOR (52) auf das große Wärmefassungsvermögen der Umgebung, das verhindert, daß ein zwei- bis dreiminutiges Verweilen des Beobachters die Temperatur des Raumes merklich ändert.

WIESENBERGER (57) kam dem Gehäuse der hochempfindlichen Waage mit elektromagnetischer Kompensation zu Hilfe, indem er die ganze Waage mit einem größeren Gehäuse aus schlechtleitendem Material umgab, das den im Raume auftretenden Luftströmungen den Zutritt zur Waage verweigerte. Der aus 8 mm dicken Eichenholzbrettern angefertigte Schutzkasten besaß eine Türe zur Bedienung der Waage, zwei Fenster aus wärmeabsorbierendem Robonglas (Schott & Gen., Jena) und eine kreisförmige Öffnung für das Objektiv des Beobachtungsfernrohres. Zwischen die Wand des Gebäudes und die Waage war nach dem Rate von FELGENTRÄGER (20) ein Aluminiumschirm in einem Abstand von 1,5 cm von der Wand eingeschaltet.

EL-BADRY und WILSON (17) sind dem Beispiele von KIRK und Mitarbeitern (28) gefolgt und haben ähnlich wie WIESENBERGER das Metallgehäuse der Waage mit einem aus Isoliermasse hergestellten Kasten überdeckt.

Bei den Auftriebswaagen entsteht eine Schwierigkeit dadurch, daß die Druckänderungen im Gehäuse entsprechende Temperaturänderungen nach sich ziehen. Diese müssen ausgeglichen werden, bevor man zur Ablesung schreiten kann, und es wäre unzweckmäßig, die Waage hierzu mit einem isolierenden Mantel zu bedecken. GRAY und RAMSAY und auch PETTERSSON haben zwecks Temperaturausgleich ihre Waagen mit einem großen Kasten aus blankem Zinnblech zugedeckt und dadurch gleichzeitig ihre Waagen gegen Strahlung und Konvektionsströmungen im Arbeitsraum geschützt (28) (S. 16). Die Luftschicht zwischen den beiden Metallgehäusen übernimmt dabei die Rolle des Isoliermaterials zwischen den beiden Metallschalen eines doppelwandigen Waagegehäuses (S. 113).

Literatur.

British Scientific Instrument Research Association, „Sira", (South Hill, Chislehurst, Kent) kündigt eine Serie von Literaturberichten über Instrumentteile an, die die Veröffentlichungen seit 1900 berücksichtigt. Die Bändchen von 40 bis 60 Seiten enthalten kurze Einleitungen, die die wichtigsten in den zitierten Literaturstellen enthaltenen Neuerungen zusammenfassen. Die ersten drei Bändchen beschäftigen sich mit Lagern: Nr. 1: P. J. GEARY, Flexure Devices (elastische Bänder und Fäden zur Aufhängung bewegter Instrumentteile); Nr. 2: P. J. GEARY, Knife-Edge Barings; Nr. 3 (angekündigt): Torsionslager.

(1) ÅNGSTRÖM, KNUT JOHAN, Öfersigt af Kongl. Vetenskaps-Akademiens Förhandlingar **52**, 643 (1895). — (2) ASBURY, H., R. BELCHER u. J. S. WEST, Mikrochim. Acta [Wien] **1956**, 598. — (3) ASTON, F. W., Proc. Roy. Soc. London, Ser. A **89**, 439 (1914).

(4) BARRETT, H. M., A. W. BIRNIE u. M. COHEN, J. Amer. Chem. Soc. **62**, 2839 (1940). — (5) BENEDETTI-PICHLER, A. A., Mikrochem. **34**, 39 (1948). — (6) BLACET, F. E., u. D. H. VOLMAN, Ind. Eng. Chem., Analyt. Ed. 9, 44 (1937). — (7) BOYS, C. V., Trans. Roy. Soc. London, Philosophical **143**, 159 (1889).

(8) CARMICHAEL, H., Canad. J. Physics **30**, 524 (1952). — (9) CUNNINGHAM, B. B., Nucleonics 5, 62 (1949). — (10) CZANDERNA, A. W., u. J. M. HONIG, Analyt. Chemistry **29**, 1206 (1957).

(11) DE GRAY, R. J., Ind. Eng. Chem., Analyt. Ed. 5, 70 (1933). — (12) DEIGHTON, T., J. Sci. Instruments **13**, 298 (1936). — (13) DONAU, J., Mikrochemie 9, 1 (1931). — (14) Mikrochem. **13**, 155 (1933). — (15) DRANE, H. D. H., Philos. Mag. London, Ser. 7, **5**, 559 (1928).

(16) EDWARDS, F. C., u. R. R. BALDWIN, Analyt. Chemistry **23**, 357 (1951). — (17) EL-BADRY, H. M., u. C. L. WILSON, The Royal Institute of Chemistry, London,

Report No. 4 (1950). — (18) EMICH, F., Methoden der Mikrochemie in ABDERHALDENS Handbuch der biologischen Arbeitsmethoden, Abt. I, Teil 3, S. 45—324. Wien und Berlin: Urban & Schwarzenberg. 1921.

(19) FABERGÉ, A. C., J. Sci. Instruments 15, 17 (1938). — (20) FELGENTRÄGER, W., Feine Waagen, Wägungen und Gewichte. Berlin: Springer-Verlag. 1932. — (21) FRANKLIN, A. J., u. S. E. VOLTZ, Analyt. Chemistry 27, 865 (1955).

(22) GIESEN, J., Ann. Physik, Ser. 4, 10, 830 (1903). — (23) GRAHAM, I., Mikrochim. Acta [Wien] 1954, 746. — (24) GRAY, R. WHYTLAW, u. Sir WM. RAMSAY, Proc. Roy. Soc. London, Ser. A 84, 536 (1910). — (25) Proc. Roy. Soc. London, Ser. A 86, 270 (1911). — (26) GRIFFITH, A. A., Trans. Roy. Soc. London, Ser. A 221, 163 (1920).

(27) HARTUNG, E. J., Philos. Mag. London 43, 1056 (1922).

(28) JAEGER, F. M., u. D. W. DYKSTRA, Z. anorg. Chem. 143, 233 (1925). — (29) JOHNSTON, E. W., u. L. K. NASH, Rev. Sci. Instruments 22, 240 (1951).

(30) KIRK, P. L., R. CRAIG, J. E. GULLBERG u. R. Q. BOYER, Analyt. Chemistry 19, 427 (1947). — (31) KIRK, P. L., u. R. CRAIG, Rev. Sci. Instruments 19, 777 (1948). — (32) KIRK, P. L., u. F. L. SCHAFFER, Rev. Sci. Instruments 19, 785 (1948). — (33) KUCK, J. A., PATRICIA L. ALTIERI u. ALMA K. TOWNE, Mikrochim. Acta [Wien] 1953, 254.

(34) LEHRER, E., u. E. KUSS, Z. physik. Chem., Abt. A 163, 73 (1933). — (35) LOEBE, W.-W., u. R. KÜHN, Z. Instrumentenkunde 53, 21 (1933). — (36) LOWRY, O. H., J. Biol. Chem. 140, 183 (1941). J. Histochem. Cytochem. 1, 420 (1953).

(37) McBAIN, J. W., u. H. G. TANNER, Proc. Roy. Soc. London, Ser. A 125, 579 (1929). — (38) MAUERSBERGER, H. R. (Herausgeber), Matthews' Textile Fibers, 6. Aufl. New York: Wiley. 1954. — (39) Microtech Services Co., Berkeley 9, California.

(40) NEHER, H. V., in J. STRONG, Procedures of Experimental Physics, 2. Aufl. New York: Prentice-Hall. 1942. — (41) NERNST, W., Z. Elektrochem. 9, 622 (1903); Nachr. kgl. Ges. Wiss. Göttingen 1902, H. 2. — (42) NERNST, W., u. E. H. RIESENFELD, Ber. dtsch. chem. Ges. 36, 2086 (1903).

(43) PETTERSSON, H., Göteborgs Kungl. Vetenskaps- och Vitterhets-Samhälles Handlingar 16, 1 (1913). — (44) PIDGEON, L. M., Canad. J. Res. 10, 252 (1934). — (45) REINKOBER, O., Physik. Z. 38, 112 (1937). — (46) RIESENFELD, E. H., u. H. F. MÖLLER, Z. Elektrochem. 21, 131 (1915).

(47) SALVIONI, ENRICO, Misura di masse comprese fra g 10^{-1} e g 10^{-6}. Messina. 1901. — (48) SOSMAN, R. B., The Properties of Silica. New York: Reinhold Publ. 1927. — (49) STEELE, B. D., u. KERR GRANT, Proc. Roy. Soc. London, Ser. A 82, 580 (1909). — (50) STOCK, A., H. RAMSER u. G. EYBER, Z. physik. Chem., Abt. A 163, 82 (1933). — (51) STOCK, A., u. G. RITTER, Z. physik. Chem., Ser. A 119, 333 (1926). — (52) STRÖMBERG, R., Ann. Physik, Ser. 4, 47, 939 (1915).

(53) TAYLOR, T. S., Physic. Rev., Ser. 2, 10, 653 (1917).

(54) VOLLER, F., Z. angew. Chem. 28 (I), 54 (1915).

(55) WARBURG, E., u. T. IHMORI, Ann. Physik. Chem., N. F. 27, 481 (1886); 31, 1006 (1887). — (56) WEBER, WILH. E., De Tribus Novis Librarum Construendarum Methodis, Göttingen 1841; Vorlesung vor der kgl. Ges. d. Wiss., Göttingen 1837; aus WILHELM WEBERS Werke, Bd. I, S. 489—515. Berlin: J. Springer. 1892. — (57) WIESENBERGER, E., Mikrochem. 10, 10 (1931).

C. Wägungsprinzipien und ihre Anwendung; Mikrowaagen.

Allgemeine Regeln
für das Arbeiten mit hochempfindlichen Mikrowaagen.

Chemische Arbeit mit Mikrogramm- und kleineren Stoffmengen kann mit so geringem Aufwand an Material und Energie ausgeführt werden, daß die geringe damit verbundene Wärmeentwicklung und die winzigen Quantitäten der dabei etwa verflüchtigten Stoffe es möglich machen, derartige Arbeiten in der Nähe hochempfindlicher Waagen auszuführen. Dies kann zuweilen im Wägezimmer selbst und stets in einem Nebenraum erfolgen. Für Arbeiten mit Mikrogramm- und kleineren Mengen ist es dabei wünschenswert, daß die in die Arbeitsräume eingeführte Luft filtriert und etwa auch auf eine relative Feuchtigkeit von 30 bis 40% gebracht wird. Man sollte außerdem nicht verfehlen, alle Maßnahmen zu treffen, die geeignet sind, eine Verstaubung des Arbeitsraumes zu verhindern: glatte Wände, Böden und Arbeitsflächen, häufiges Aufwischen mit feuchten Schwämmen, besondere Arbeitskleidung, die keine Fasern abgibt.

Jede neue Waage (Balken) soll vor Gebrauch in dem für sie bestimmten Raum wenigstens einen bis mehrere Tage stehen, wobei das Gehäuse derart geöffnet sein soll, daß eine Verstaubung des Inneren nicht eintreten kann (das Gehäuse einer Auftriebs- oder Gasdichtewaage wird hierzu mit Trockenmittel beschickt und ausgepumpt). Erfahrung hat gezeigt, daß diese Wartezeit zur Erreichung einer beständigen Leeranzeige häufig notwendig ist. Es muß aber dahingestellt bleiben, ob es sich um die Herstellung eines Absorptionsgleichgewichtes mit der Umgebung, um das Abfließen elektrischer Ladungen oder um den Ausgleich von Spannungen im Balken handelt. Möglicherweise spielen alle diese Faktoren und einige noch unerkannte Umstände so zusammen, daß die bisher vorliegenden vereinzelten Berichte eine zweckdienliche Auslegung nicht zulassen.

CARMICHAEL (9) findet, daß sich die Leeranzeige einer empfindlichen Waage aus Quarzglas stundenlang um etwa $0,5\,\mu g$ pro Stunde ändert, wenn man ein kleines Stück feuchten Filtrierpapieres in das geschlossene Waagegehäuse (genau genommen, auf den Boden eines der Becher, die die Gehänge umschließen) legt. Es kann sich dabei um Adsorption sowohl wie um eine Auftriebsänderung handeln. Die normale Leeranzeige kann rasch wieder hergestellt werden, indem man das Gehäuse in einem Raum mit trockener Atmosphäre öffnet. Dagegen wird die normale Leeranzeige nur langsam erreicht, wenn man ein Trockenmittel in das geschlossene Waagegehäuse bringt. Es folgt daher, daß es im allgemeinen am günstigsten sein dürfte, das Innere des Gehäuses im Feuchtigkeitsgleichgewicht mit der ziemlich trockenen Luft des Wägezimmers zu halten. Auftriebswaagen, Waagen mit hygroskopischen Konstruktionsteilen und die Wägung stark hygroskopischer Substanzen fordern die Verwendung von Trockenmitteln in einem gut abgedichteten Gehäuse.

Aus Quarzglas bestehende Teile der Waage, Gewichte, Taren und zu wägende Apparate müssen mit Sorgfalt behandelt werden, da die geringste Reibung sie für lange Zeit elektrisch aufladet, so daß sie Staubteilchen anziehen, selbst von Objekten der Umgebung angezogen werden und zuweilen daran haften bleiben. Man kann sich nach EMICH (20) helfen, indem man Quarzglasobjekte durch ein Flämmchen zieht, bevor man sie ins Waagegehäuse bringt oder, wenn dies nicht angeht, sie anderweitig entlädt (S. 8). CARMICHAEL (9) verlangt, daß das Metallgehäuse stets geerdet sei und daß auch Metallpinzetten (Platinhaken), die zum Handhaben der zu wägenden Quarzglasobjekte dienen, stets mittels einer Drahtfeder geerdet seien. Am Balken sitzende Ladungen verschwinden selbst dann nur sehr langsam, wenn die Luft im Gehäuse durch stark radioaktive Präparate ionisiert wird. Die Nützlichkeit schwacher Strahler, wie Pechblende, muß bezweifelt werden; nach CUNNINGHAM (10) ist eine α-Aktivität entsprechend einer Million Impulse pro Minute zufriedenstellend. Falls erforderlich, ist es möglich, Balken, Tragfäden und Gehänge elektrisch leitend zu machen, indem man sie nach dem Sprühverfahren mit einem Edelmetallfilm überzieht. Die Quarzglasteile der Torsionswaage von RODDER sind z. B. mit Gold überzogen. Da der Metallüberzug auch das Wärmeleitvermögen verbessert, mag er auch zur Verhinderung von Temperaturgefällen und mithin von Konvektionsströmungen beitragen.

Wägungsfehler durch Gewinn oder Verlust von Staubteilchen treten häufig als Folge der Handhabung von Gewichten oder Apparaten außerhalb des Waagegehäuses auf. Sie verraten sich dadurch, daß sich die Anzeige der Waage nach dem Auflegen des Objekts plötzlich um 0,1 bis 1 μg (meist 0,1 bis 0,2 μg) ändert, durch eine Reihe von Manipulationen gleich bleibt und sich schließlich wiederum plötzlich um einen ähnlichen Betrag vermehrt (Einfangen eines weiteren Staubteilchens) oder vermindert (Verlust eines Staubteilchens) (9).

Zur Abhilfe wird man natürlich zunächst die Verstaubung des Arbeitsraumes bekämpfen. Im übrigen empfiehlt es sich, Gewichte und Taren immer im Waagegehäuse zu belassen und dort, wenn nicht in Gebrauch, an einem dazu bestimmten Rahmen aufzuhängen (Abb. 2). Außerdem vermeide man, zu wägende Objekte auf irgendeiner Unterlage abzulegen. Alle zu wägenden Objekte werden am besten mit einem Haken oder Bügel versehen, so daß sie während der Benutzung, Übertragung und Aufbewahrung nie abgesetzt werden müssen, sondern immer in hängender Lage verweilen können. Dadurch wird die Fläche, die mit Fremdkörpern in Berührung kommt, auf ein Mindestmaß gebracht. Wenn immer möglich, halte man zu wägende Objekte entweder im Waagegehäuse oder unter einer Glasglocke. Ist dies nicht praktisch, so kann man das Objekt wenigstens durch einen darüber eingespannten Glastrichter schützen. Endlich kann man die Vorsichtsmaßregel anwenden, ein zu wägendes Objekt vor jeder Wägung unter dem binokularen Mikroskop zu besichtigen, wofür es in einer sorgfältig rein gehaltenen Glaskammer untergebracht werden kann.

Im äußersten Falle kann alle Arbeit in einer hermetisch abgeschlossenen Kammer ausgeführt werden, die mit filtrierter Luft beschickt wird und nur durch Benutzung gasdicht eingebauter Gummihandschuhe zugänglich ist. Der Bau einer einfachen, aus Kunststoff bestehenden Trockenkammer wurde z. B. von Franklin und Voltz (23) beschrieben. Für die Bestimmung der α-Halbwertszeit von Americium 241 wurde auch die Mikrowaage in der Trockenkammer untergebracht (9).

Beim Erhitzen von Geräten muß natürlich sorgfältig darauf geachtet werden, daß Temperatur, Heizmethode und Erhitzungszeit so gewählt sind, daß die Flüchtigkeit des Gefäßmateriales nicht merkbar werden kann. Dabei empfiehlt es sich, Platingeräte an einem Quarzglashaken hängend zu erhitzen und Quarzglasgeräte an einem Platindraht aufzuhängen; unterhalb 900° C haben diese beiden Stoffe keine Neigung, aneinander haften zu bleiben.

Unerwartete Schwierigkeiten kann das Wägen radioaktiver Stoffe bieten. So fanden Gray und Ramsay, daß eine mit Radon gefüllte Kapillare immer wärmer als die Umgebung war. Der scheinbare Gewichtsverlust durch die Reibung der um die Kapillare aufwärts strömenden Luft konnte durch Wägung im Vakuum vermieden werden. Außerdem wurde die Kapillare immerfort elektrisch aufgeladen, so daß sie Staubteilchen an sich zog und dadurch ihr scheinbares Gewicht vermehrte. Diese Erscheinung konnte bei der benutzten Auftriebswaage bekämpft werden, indem man die in das Gehäuse eintretende Luft sorgfältig filtrierte. Derartige Erscheinungen müssen beim Arbeiten mit kräftigen Strahlern ganz allgemein in Rechnung gezogen werden.

Neigungswaagen.

Der Vorteil der Neigungswaagen ist die bestechende Einfachheit von Konstruktion und Benutzung. Außerdem gestatten sie sehr rasches Wägen.

Wie bereits auf S. 50 angedeutet, kann jede Hebelwaage als Neigungswaage benutzt werden, und Neigungswägung wie auch Gewichtsvergleich kann bei allen Hebelwaagen zu Hilfe gezogen werden, wenn auch die Wägung zur Hauptsache durch Messung des Auftriebes, der Torsionskraft, einer Federspannung oder der elektromagnetischen Anziehung ausgeführt wird. Im engeren Sinne sollen daher unter Neigungswaagen nur jene Hebelwaagen verstanden werden, bei denen die Masse des eigentlichen Objekts der Wägung lediglich aus der Änderung der Ruhelage des Balkens erschlossen wird. Die Arbeitsgeräte werden dabei in der Regel durch Gegengewichte am anderen Hebelarm austariert.

Es ist dabei nur natürlich, daß man trachten wird, auch verhältnismäßig große Ablenkungswinkel α (Abb. 10) auszuwerten, um einen zufriedenstellenden Wägebereich zu erhalten. Dies macht es im allgemeinen ratsam, die Proportionalität der Anzeige über den ganzen Bereich zu prüfen und nötigenfalls eine Eichkurve herzustellen (S. 24). Da überdies die Masse des Objekts mit guter relativer Präzision bestimmt werden soll, wird es außerdem notwendig, die Ruhelage des Balkens (Zeigers) sehr genau festzulegen. Hierzu haben NERNST, EMICH und DONAU ein Ablesemikroskop mit Okularmikrometer verwendet, während RIESENFELD und MÖLLER zur Spiegelablesung übergingen.

Die Beziehung zwischen Neigungswinkel α und dem Gewicht des Objekts ist wesentlich durch das Hebelgesetz bestimmt, wird aber auch durch die Art der Lager beeinflußt. Im folgenden ist dabei angenommen, daß die Form des Balkens durch das Gewicht der gewogenen Objekte nicht merkbar geändert wird.

Gl. (37) auf S. 51 gibt den Wert des Teilstriches der Zeigerskala (Reziprokwert der Empfindlichkeit) für Balken, deren End- und Mittellager auf ebenen Platten spielende Schneiden sind:

$$z/\tang \alpha = (a + r)\, B/L + (2\,b + 2\,r + r_1 + r_2)\,(S + G)/L \quad \text{Gewichtseinheiten pro Teilstrich.} \tag{37}$$

Dabei ist z das Gewicht, das die Ruhelage des Balkens um den Winkel α ändert. B, S und G sind die Massen des Balkens, einer „Schale" mit ihrem Gehänge und der Gesamtlast auf der „Schale", die das Objekt der Wägung trägt; r, r_1 und r_2 sind die Krümmungsradien von Mittel- und Endschneiden, L ist die Länge des Hebelarmes und a und b sind die Abstände, in denen sich die Drehachse des Balkens einerseits oberhalb seines Schwerpunktes und anderseits oberhalb der Ebene durch die Drehachsen der Endlager befindet.

Ersetzt man die Endschneiden durch an die Balkenenden angesetzte Tragfäden (Biegungslager, Abb. 32), so ändert sich die Gleichung zu

$$z/\tang \alpha = (a + r)\, B/L + 2\,b\,(S + G)/L + \varrho_1{}^2\, \sqrt{\pi\, E\,(S + G)}/L, \tag{48}$$

deren drei Summanden Lage und Krümmungsradius der Mittelschneide, Lage der Endachsen in bezug auf die Mittelachse und den Einfluß der Steifheit in den Gelenken der Tragfäden berücksichtigen. E ist der YOUNGsche Elastizitätsmodul (etwa 10^7 g/cm² für feine Quarzglasfäden) und ϱ_1 der Radius im Gelenk des Tragfadens. Offenkundig bessert sich die Empfindlichkeit, d. h. verringert sich der Wert des Teilstriches, wenn man das Gelenk des Tragfadens so fein als möglich macht.

Für eine Kombination von Torsionsschneide für das Mittellager und Tragfäden mit Biegungsgelenken für die Endlager folgt (10):

$$z/\tang = a\, B/L + \pi\, \varrho^4\, T/l\, L + 2\,b\,(S + G)/L + \varrho_1{}^2\, \sqrt{\pi\, E\,(S + G)}/L. \tag{49}$$

Der erste und dritte Summand berücksichtigen die relativen Lagen von Achsen und Schwerpunkt des Balkens und entsprechen Gl. (36) auf S. 51. Das zweite Glied gibt die im Mittellager auftretende Torsionskraft für einen Faden von l cm Gesamtlänge und ϱ cm Radius aus einem Material mit dem Torsionskoeffizienten T (g/cm²). Das Endglied gibt wie in Gl. (48) die Wirkung der Biegegelenke der Endlager.

Man mag annehmen, daß der Abstand der Mittelachse vom Schwerpunkt des Balkens durch die Belastung eines starren Balkens nicht verändert werden kann, wenn der Torsionsfaden gerade ist und keinerlei Krümmung nahe der Ansatzstelle zum Balken aufweist. Die Gleichung zeigt an, daß der Wert des Teilstriches sinkt und die Empfindlichkeit wächst, wenn der Torsionsfaden fein und lang genommen wird.

Ausführung der Endlager als Torsionslager sollte das letzte Glied von Gl. (49) zum Verschwinden bringen, so daß sich der Wert des Teilstriches zu

$$z/\text{tang } \alpha = a\, B/L + \pi\, \varrho^4\, T/l\, L + 2\, b\, (S + G)/L \tag{50}$$

ergibt.

Torsionsschneiden als Endlager könnten die Empfindlichkeit des Balkens auf zweierlei Weise beeinflussen: a) Eine Veränderung der Länge des Hebelarmes würde sich ergeben, wenn der Torsionsfaden so steif ist, daß die Ansatzstelle des Tragfadens drehend angehoben wird und sich im letzteren ein Biegungsgelenk (ähnlich wie in Abb. 28) ausbildet. Es ist aber anzunehmen, daß diese Erscheinung sich kaum bemerkbar machen wird, wenn der Torsionsfaden genügend · fein und lang genommen wird und die darauf hängende Last ausreicht, die Torsionskraft zu überwinden. Die Forderung von RIESENFELD und MÖLLER (53), daß der Durchmesser des Tragfadens 40 µm nicht erreichen soll, scheint aber darauf hinzuweisen, daß das Endlager der Waage dieser Autoren vielleicht doch keine reine Torsionsschneide war. b) Durch eine Senkung des Angriffspunktes des Gewichtes von Gehänge und Last infolge Dehnung des Torsionsfadens. Diese Senkung ergibt sich in erster Annäherung aus

$$\varDelta = G\, l/4\, \pi\, \varrho_1^2\, E \text{ cm}, \tag{51}$$

wobei G das wirkende Gewicht (Gewichtsänderung) in Gramm, l die Gesamtlänge des Torsionsfadens in Zentimeter, ϱ_1 sein Radius in Zentimeter und E der YOUNGsche Elastizitätsmodul (g/cm²) ist. Für einen Torsionsfaden von 2 cm Länge, 5 µm Radius und $E = 10^7$ g/cm² (Quarzglas) ergibt sich $\varDelta = 0{,}07\, G$ cm, d. h. eine Senkung von 0,18 mm für ein wirkendes Gewicht von 0,25 g und von nur 0,7 µm für 1 mg. Da nun die Gewichtsänderungen beim Arbeiten mit hochempfindlichen Neigungswaagen selten 3 mg erreichen, dürfte die Senkung des Angriffspunktes der Last bei einem zweckmäßig entworfenen Torsionslager für praktische Zwecke zu vernachlässigen sein.

Für alle Arten von Lagern erhält man die Bedingung für indifferentes und labiles Gleichgewicht des Balkens, indem man $z/\text{tang } \alpha \leqq z/\infty = 0$ setzt. Im Falle von Gl. (50) führt dies zu

$$a\, B + 2\, b\, (S + G) \leqq -\pi\, \varrho^4\, T/l$$

und für $b = 0$

$$a \leqq -\pi\, \varrho^4\, T/l\, B \text{ cm}, \tag{52}$$

was darauf hinweist, daß bei einem auf einer Torsionsschneide spielenden hochempfindlichen Balken (ähnlich wie bei WEBERscher Biegungslagerung, S. 104) der Schwerpunkt etwas über die Drehachse gehoben werden kann, ohne das stabile Gleichgewicht zu verlieren.

Alle bisher beschriebenen Neigungswaagen benutzen ein Torsionslager als Mittellager. Der Balken hat in der Regel nur ein Endlager, das entweder ein Biegungslager oder ein Torsionslager ist. Das andere Ende des Balkens ist meist nach dem Beispiele von NERNST als langer Zeiger ausgebildet (Abb. 29), der vor der auf Glas hergestellten Skala spielt. Es empfiehlt sich, die Gleichförmigkeit der Skala durch Ausmessung unter dem Miskroskop zu prüfen. Der Wert des Skalenteiles wird natürlich durch rein empirische Eichung gefunden und in der Regel nur ungefähr im metrischen Maß bestimmt (S. 21).

Waage von Warburg und Ihmori (68) [1886], Empfindlichkeit von 30 Skalenteilen pro 0,1 mg (23 Skalenteile pro 0,1 mg mit 1 g Last) bei einem Wägebereich von 50 Skalenteilen. Da die Anzeige vollkommen konstant war, sollte es möglich

gewesen sein, wenigstens Fünftel-Skalenteile zu schätzen, was einer Anzeigegrenze von etwa 0,5 μg entspräche. Der Balken bestand aus einem 8 cm langen
Glasröhrchen von 1 mm Durchmesser. Die Schneiden bestanden aus Bruch-
stücken einer Rasierklinge und spielten ursprünglich auf Messingplatten. Unterhalb der Mittelschneide war ein versilbertes Deckgläschen angebracht, dessen
Neigung mit Fernrohr und Skala in einem Abstand von 2,72 m beobachtet wurde.
Schneiden und Spiegelchen waren ursprünglich mit Siegellack angekittet. Nachdem dessen Hygroskopizität erkannt worden war, wurde die Befestigung mit
Metallklammern vorgenommen. Bei diesem letzteren Modell spielte die Mittelschneide auf Achat und auf die Endschneiden wurden Rinnen aus Platinblech
aufgesetzt.

Eine Arretierung war nicht vorgesehen. Die Waage wurde unter einer Glocke
auf einen Luftpumpenteller auf einer Wandkonsole aufgestellt. Sie diente zur
Bestimmung der Wasserhaut an Glas, Bergkristall, Metallen usw. und alle
Wägungen wurden im Vakuum ausgeführt. Gewichte waren für die Bestimmung
der kleinen Gewichtsänderungen nicht erforderlich.

Waage von Walter Nernst (50) [1902], Empfindlichkeit 3 μg bei etwa 0,2 g
Belastung; der Balken bestand aus einem Glasstäbchen, das links in einem
Winkel von etwa 60° nach unten gebogen war, um ähnlich wie in Abb. 29 den
vor der Skala schwingenden Zeiger zu bilden; an der Biegestelle und am rechten
Ende des Balkens waren V-förmige Platindrahthaken angesetzt, in die Tara
und Last eingehängt wurden; der Balken war ursprünglich mit hygroskopischem
Wasserglaskitt und später mit Siegellack oder Zelluloidkitt (7) auf einem Torsionsfaden aus Quarzglas aufgekittet. Die Waage wurde für die Wägung kleiner
Mengen anorganischer Substanzen, die zur Bestimmung des Molekulargewichtes
nach dem Verfahren von VIKTOR MEYER in einer kleinen Iridiumbirne verdampft
wurden, gebaut (49). Sie diente außerdem zur Ausführung einfacher Rückstandsbestimmungen (50) und in verbesserter Form zu elektrolytischen Versuchen
und zur Bestimmung der Dichte kleiner fester Objekte (Kristalle), deren Volumen
aus unter dem Mikroskop bestimmten Ausmaßen berechnet werden kann (9).

Modifizierte Nernst-Waage von Emich und Donau (20) [1909 bis 1915], Empfindlichkeit etwa 1 μg bei etwa 0,5 g Belastung; Balken aus Glas oder Quarzglas
wie in Abb. 29, mit einem Glaskügelchen oder besser Platinstift von 0,3 bis
0,4 g Gewicht am linken Ende, und so justiert, daß eine Nutzlast von 5 mg
den Zeiger ans obere Ende der Skala bringt; Mittellager ist ein lose gespannter
Quarzglasfaden von etwa 30 μm Durchmesser, auf dem der Balken mit
Schellack befestigt ist; Endlager ursprünglich Biegungslager: Quarzglasfaden
von 5 μm Durchmesser entweder mit Selen an das Ende des Balkens angekittet
oder aus dem Ende des Balkens ausgezogen. Der an den Quarzglasfaden angeschmolzene Haken trägt, am besten unter Vermittlung eines S-Hakens aus
Quarzglas oder Platin, das Arbeitsgerät, das durch die Glaskugel oder den Platinstift am linken Ende des Balkens austariert ist. Als Arbeitsgerät wurden meist
Schälchen und Filterschälchen aus Platinfolie verwendet; Arretierung ähnlich
wie bei Analysenwaagen: Balken an zwei Stellen angehoben. Über Zeigerskala
und Ablesemikroskope sehe man S. 109. Das Gehäuse ist (30 × 15 × 45 cm hoch)
ein in einem Metallrahmen gefaßter Glaskasten mit einer einzigen kreisrunden
Öffnung in der rechten Seitenwand, die sich durch eine aufgeschliffene, gefettete
Glasplatte mit angekittetem Korkgriff verschließen läßt. Als Bodenplatte diente
eine Schieferplatte, die groß genug genommen wird, daß auf ihr auch die das
Ablesemikroskop tragende Säule befestigt werden kann. Die Waage wurde
in der Regel auf einer Wandkonsole im Laboratorium aufgestellt. Das Innere
des Gehäuses wurde mit Calciumchlorid getrocknet.

Hochempfindliche Neigungswaage von Emich (19) [1915], Modell A, Präzision
± 0,1 µg bei 15 mg Belastung (Abb. 34 und 35); Balken aus Quarzglas, 10 cm
lang und 0,4 mm im Durchmesser, am linken Ende zur Zeigerspitze ausgezogen

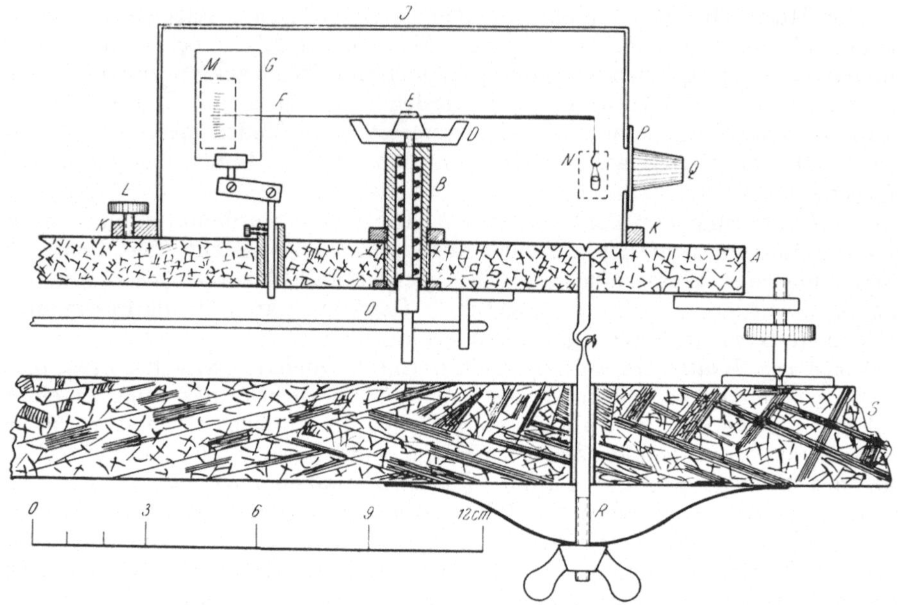

Abb. 34. Hochempfindliche Neigungswaage von Emich.

und mit einem mit Selen aufgekitteten Platinreiter versehen, der das Arbeitsschälchen aus Platin austarieren und den Schwerpunkt des Balkens tiefer legen
soll; Schwingungsperiode des Balkens war 3 Sekunden und eine Nutzlast von
0,24 mg brachte den Zeiger an das obere Ende der Skala. Der Balken war mit
Selen auf den Torsionsfaden aufgekittet. Als Endlager wurde das Ende des Balkens zu einem Faden mit einem Biegegelenk von weniger als 5 µm Durchmesser ausgezogen. Der Faden endete in einem Quarzglashaken für die Arbeitsgefäße, Platinfolieschälchen von 15 mg Gewicht. (Es empfiehlt sich, drei Schälchen gleichzeitig zu justieren: zwei Arbeitsschälchen und ein Kontrollschälchen. Zur Feinausgleichung verringert man das Gewicht, indem man die Schälchen in der Mekerflamme glüht. Um ihr Gewicht etwas zu erhöhen, bringt man ein Tröpfchen verdünnte Platinchloridlösung

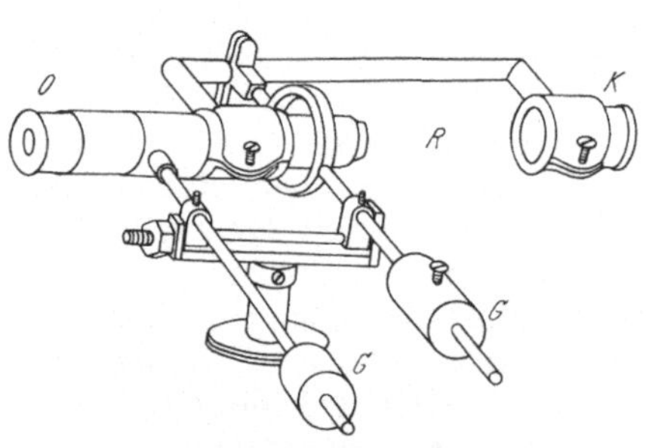

Abb. 35. Ablesemikroskop und Beleuchtungskondensor für die hochempfindliche Neigungswaage von
Emich. *G*, Gegengewichte; *K*, Kondensor, *O*, Okular,
R, Raum für die Waage.

in das Schälchen, verdampft und erhitzt einen Augenblick zu kräftigem
Glühen. Die Schälchen werden auch auf diese Weise wieder brauchbar ge-
macht, wenn sie durch Reinigung nach Gebrauch Gewicht einbüßen.) Zur
Arretierung wird der Balken an zwei Punkten erfaßt und angehoben.

Die auf Glas gravierte Skala war 1,5 cm lang und umfaßte 60 Teilstriche.
Die Intervalle von 0,25 mm wurden durch Ausmessen unter dem Mikroskop

geprüft. Das Ablesemikroskop wurde mit einem Schraubenmikrometerokular ausgestattet und so eingestellt, daß ein Teilstrich der Zeigerskala 50 Trommelteilstrichen des Mikrometerokulares entsprach. Abb. 35 zeigt Ablesemikroskop und Kondensorlinse so auf dem Stativ befestigt, daß sie die gemeinsame optische Achse beibehalten, wenn das Mikroskop der Zeigerspitze folgt. Kondensor und Mikroskop waren ähnlich wie beim Schlierenmikroskop mit parallelen Spaltblenden versehen, um Zeiger und Skala gleichzeitig scharf einstellen zu können.

Das Gehäuse aus dünnem Kupferblech, $12 \times 4{,}5 \times 8$ cm hoch, war auf einen eben geschliffenen Metallrahmen aufgelötet, der nach Einfetten dicht auf die Schiefergrundplatte, 20×20 cm, aufgesetzt werden konnte. Die Grundplatte war groß genug, um auch die Befestigung des Ablesemikroskops zu ermöglichen. Zwei einander gegenüberliegende Fenster dienten für Beleuchtung und Beobachtung der Skala; zum Abschluß wurden Objektträger oder „Deckgläschen" mit Kanadabalsam auf das Metall aufgekittet. Ein weiteres Fensterchen in der Rückwand diente zur Beleuchtung des Arbeitsschälchens. Eine runde Öffnung in der rechten Seitenwand machte den Haken der Waage zugänglich und wurde durch einen aufgeschliffenen Schieber verschlossen.

Die Waage wurde zur Hauptsache für Rückstandsbestimmungen benutzt und wurde zu diesem Zweck in einem ruhigen Laboratorium direkt auf der Platte eines Arbeitstisches befestigt. Das Gehäuse wurde mit Ätzkali als Trockenmittel und mit Pechblende beschickt. Zur Abschirmung der vom Kopf des Beobachters ausgehenden Wärmestrahlung genügte es, das Beobachtungsfernrohr durch die zentrale Öffnung eines leichten Papierschirmes von 15 bis 20 cm Durchmesser hindurchzuführen.

Eine etwas einfachere Ausführung der Waage, Modell B, hatte eine Präzision von $0{,}3\,\mu$g bei 50 mg Belastung. Eine NERNST-Waage mit einer Empfindlichkeit von $0{,}1\,\mu$g wurde im Jahre 1908 auch von BRILL und EVANS (8) erwähnt.

Waage von Riesenfeld und Möller (53) [1915], Präzision $\pm\,0{,}03\,\mu$g bei 17 mg Belastung; ungleicharmiger Balken aus einer Glaskapillare von 13 cm Länge und 78 mg Gewicht, der am Ende des kurzen (3 cm) Armes ein Spiegelchen trägt, das aus dem vierten Teil eines gut geschliffenen Deckgläschens durch Versilberung hergestellt wurde und 180 mg wiegt; Mittelschneide: der Balken ist auf einen straff gespannten Torsions- (Quarzglas-) Faden von 9 cm Länge und $12{,}5\,\mu$m Durchmesser mit sprödem braunem Siegellack aufgekittet. Endlager: Torsionsschneide am Ende des 10 cm langen Armes, bestehend aus einem 3 cm langen, horizontal gespannten Quarzglasfaden von $12{,}5\,(?)\,\mu$m Durchmesser, in dessen Mitte ein in einem Häkchen endender Quarzglasfaden von weniger als $40\,\mu$m Durchmesser angekittet wurde. Die durch den Spiegel austarierten Arbeitsgeräte von 17 mg Gewicht wurden direkt an den Haken des Tragfadens gehängt. Fernrohr und Skala waren in einer Entfernung von 1,5 m vom Mittellager des Balkens aufgestellt und die Empfindlichkeit des Balkens wurde so eingestellt, daß 0,1 mg einer Ruhepunktsänderung von 33 cm entsprach (Wert des Zentimeters $= 3\,\mu$g). Die wiederholte Wägung eines Platindrahtes gab die Ablesungen: 45,10, 45,09, 45,09, 45,10, 45,10 und 45,10 cm, aus denen sich eine mittlere Schwankung von $\pm\,0{,}005$ cm $= \pm\,0{,}015\,\mu$g errechnen läßt. Wägebereich war daher 0,3 mg.

Die Arretierung war derart eingerichtet, daß zwei kleine Vogelfedern den Balken nahe an der Endschneide faßten. Das Gehäuse, $10 \times 10 \times 20$ cm hoch, war in der bei Analysenwaagen üblichen Weise aus Holz und Glas zusammengefügt und auf einer Schieferplatte, $20 \times 30 \times 1{,}6$ cm dick, befestigt. Auf der Gehängeseite befand sich eine Tür und die gegenüberliegende Seite wurde durch eine Spiegelglasplatte gebildet, um die Ablesung mit Fernrohr und Skala möglich zu machen. Alle Öffnungen waren mit Tuch abgedichtet und das Innere des Gehäuses wurde mit Phosphorpentoxyd getrocknet, das jeden Tag erneuert wurde.

Die Waage wurde auf einer in die Wand eingemauerten Schieferplatte in einem sehr gleichmäßig temperierten Kellerraum aufgestellt. Zur Kontrolle der Leereinstellung diente ein Glastropfen mit zwei Haken. Die Waage wurde im Zusammenhang mit mikrogravimetrischen Versuchen (Elektrolysen und Rückstandsbestimmungen) benutzt.

Die aperiodische Mikrowaage von Donau (14, 15) [1931 bis 1933], Präzision etwa $\pm\,1\,\mu$g bei 2 g Höchstbelastung; annähernd gleicharmiger Balken von

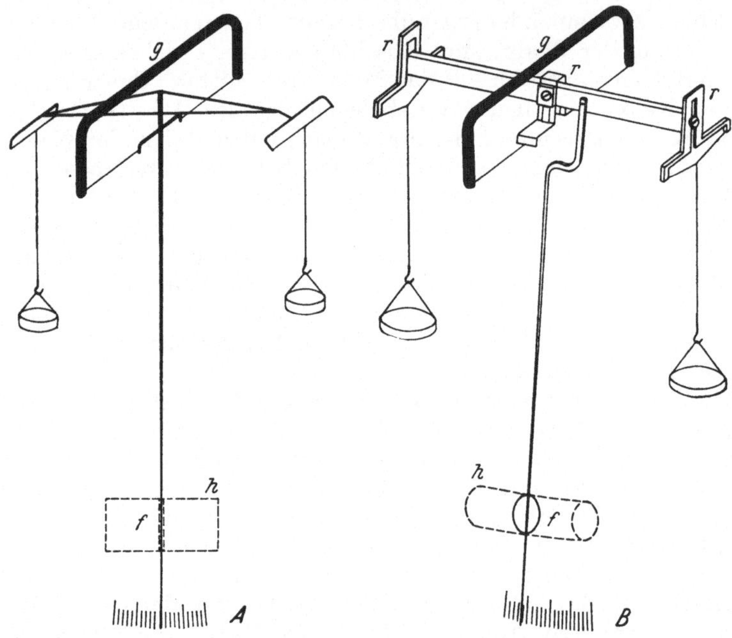

Abb. 36. Balken für die aperiodische Neigungswaage von Donau. *A*, aus Glas; *B*, aus Metall.

7 cm Länge und 0,3 bis 0,8 g Gewicht (Abb. 36 und 37) besteht aus Glas, Magnalium oder Duraluminium. Zeiger von etwa 20 cm Länge ist wie bei einer Analysenwaage in der Mitte des Balkens angesetzt und hat ein Glimmerplättchen angekittet, das in der Luft der es lose umgebenden Metallhülse so viel Widerstand findet, daß der ausgelöste Balken in wenigen Sekunden zur Ruhe kommt. Die Torsionsfäden der drei Lager bestehen aus Quarzglas oder Wolframdraht und als Kitt dienen Schellack oder Selen, die durch leichte Berührung mit dem heißen Ende eines Glasstäbchens, an dem sich der geschmolzene Klebstoff befindet, aufgetragen werden. Der Torsionsfaden des Mittellagers ist stets über einen kräftigen Glasbügel gespannt. Die drei Schneiden werden so gut als möglich in eine Ebene gebracht, um die Empfindlichkeit von der Belastung unabhängig zu machen; die Stellung der Endlager wird berichtigt, bis die Empfindlichkeit bei Verwendung von Schälchen von 400 mg Gewicht dieselbe ist wie bei Verwendung von Schälchen von 150 mg Gewicht. Dabei werden auch Proportionalität von Gewicht und Anzeige im Skalenbereich gewonnen.

Da der Balken symmetrisch gebaut ist, können Arbeitsgeräte (Schälchen) verschiedenen Gewichtes durch entsprechende Taren (Schälchen) am anderen Balkenende ausbalanciert werden, wobei man immer trachtet, daß der Zeiger bei leerem Arbeitsgerät eine Ruhelage nahe am Anfang der Skala einnimmt.

Der Zeiger ist eine zu einer feinen Spitze ausgezogene Glaskapillare. Die hundertteilige, auf Glas gravierte Skala ist sorgfältig auf Gleichmäßigkeit geprüft und das Ablesemikroskop ist so eingestellt, daß 20 Skalenstriche des Okularmikrometers einem Teilstrich der Zeigerskala entsprechen. Die Empfindlichkeit des Balkens wird durch Verschieben des Glimmerplättchens entlang des Zeigers und durch Ankleben von Selen an das Glimmerplättchen oder den Zeiger so eingestellt, daß der Wert des Teilstriches der Zeigerskala 25 bis 60 μg wird. Der durch die Skala verfügbare Wägebereich wird dementsprechend 2,5 bis 6 mg, kann aber durch Verwendung von Gewichten (die ins Taraschälchen gelegt werden können, wenn sie derart geeicht wurden, daß man eine hohe Zeigerstellung durch ihr Einlegen in das Taraschälchen verringerte) auf ein Vielfaches des Skalenbereiches vergrößert werden.

Das Gehäuse von quadratischem Querschnitt besteht aus dicken Spiegelscheiben in einem Holzrahmen. Die beiden Öffnungen in den Seitenwänden werden durch Verschieben von aufgeschliffenen und mit Vaseline gefetteten Glasscheiben gleichzeitig geöffnet und geschlossen. Die Grundplatte, von der das Gehäuse abgehoben werden kann, trägt auch die Säule (die Trag-

Abb. 37. Aperiodische Neigungswaage von Donau.

bügel, Arretierungsvorrichtung und Dämpfungshülse hält), das Ablesemikroskop und die verstellbare Zeigerskala.

Die Waage, die zur Benutzung bei allgemeiner quantitativer Arbeit im Milligramm- und Dezimilligramm-Maßstab gedacht ist, kann im Laboratorium aufgestellt werden. Donau empfiehlt eine Konsole, die an einer Wand angebracht ist, die quer zu einer naheliegenden Straße gerichtet ist; eine 4 mm dicke Bleiplatte hat sich als Unterlage bewährt. Für das Arbeiten mit hygroskopischen Substanzen wird das Gehäuse mit einem Trockenmittel beschickt. Eine Wägung erfordert etwa 15 Sekunden.

Vakuumwaage von Gulbransen (31) [1944], $\pm\,0{,}3\,\mu$g bei 0,7 g Belastung; der etwa 15 cm lange Balken besteht aus einem Quarzglasstäbchen von 1,8 mm Durchmesser, das zur Anbringung von Torsionsschneiden an beiden Enden zu einer Y-Gabel geformt wurde. Für Mittel- und Endschneiden wurden Wolframdrähte von 0,025 mm Durchmesser verwendet, die am Quarzglas (und aneinander) mit geschmolzenem Silberchlorid befestigt wurden. Die Neigung des Balkens wurde mit dem Okularmikrometer eines Horizontalmikroskops bestimmt. Der

Balken wurde auf einem ein Parallelepiped umschreibenden Gestell aus trüben Quarzglasstäben montiert und derart in die Vakuumapparatur eingeführt. Die Waage diente zum Studium von Absorptionserscheinungen und wurde zu diesem Zweck später auch von Rhodin (52) und von Bowers und Long (6) verwendet.

Rhodin verlängerte den Balken auf 20 cm, benutzte Wolframfäden von nur 10 μm Durchmesser und steigerte die Präzision der Anzeige auf $\pm$ 0,1 μg (Schwingungsdauer = 11 Sekunden). Die Ablesung erfolgte mit einem Kathetometer, dessen Horizontalstellung mit einem mit Quecksilber gefüllten U-Rohr geprüft wurde, wobei sich die Menisken in der Nähe der beiden Enden des Balkens befanden. Innerhalb eines Zentimeters konnten Höhenunterschiede mit einer Präzision von besser als 0,01 mm abgelesen werden. Zu Absorptionsmessungen bei der Temperatur des flüssigen Heliums wurde der Balken in einem vakuumdichten Messinggehäuse mit Glasfenstern untergebracht. Dieses wurde auf einer Stahlplatte (10 $\times$ 7,5 $\times$ 3,7 cm dick) von 675 kg Gewicht aufgestellt, die von Vibrationsdämpfern getragen wurde. Obschon das Kathetometer auf einem besonderen Tisch aufgestellt war und schwere Maschinen nebenan arbeiteten, konnte die Waageanzeige während 6 Stunden konstant erhalten werden.

Auftriebswaagen.

Unter Auftriebswaagen sollen hier nur jene Waagen verstanden werden, die die Änderung des Gasdruckes im Waagegehäuse zur Bestimmung des Gewichtes eines Objekts heranziehen. Dies schließt nicht nur die Gasdichtewaagen, sondern auch die Wägung mit Hilfe des *Cartesianischen* Tauchers (32, 36, 70) aus.

Die bisher beschriebenen Auftriebswaagen sind nahezu ausschließlich gleicharmige Hebelwaagen. Das Prinzip der Wägung wurde augenscheinlich unabhängig und gleichzeitig von Steele und Grant in Australien und von Gwyer (29) in England erdacht. Es gestattet nicht nur die rechnerische Bestimmung kleiner Gewichte ohne Bezugnahme auf Eichgewichte, sondern hat auch die günstigste bisher berichtete Wägungspräzision ermöglicht.

Die Ausführung der Wägungen im stark luftverdünnten Raum setzt voraus, daß das Waagengehäuse hermetisch geschlossen werden kann. Außerdem muß die eintretende Luft getrocknet und von Kohlendioxyd befreit werden, so daß man die Dichte der im Gehäuse befindlichen Luft ohne Schwierigkeit aus Druck und Temperatur berechnen kann. Außerdem muß Vorsorge getroffen werden, daß Druck und Temperatur im Waagengehäuse mit einer Präzision von $\pm$ 0,1 bis $\pm$ 0,02 mm bzw. $\pm$ 0,1° C bestimmt werden können. Da das Auspumpen des Waagegehäuses und jede folgende Einstellung des Druckes zu Temperaturänderungen führen, die ausgeglichen werden müssen, bevor man zur Beobachtung der Gleichgewichtslage des Balkens schreiten kann, ergibt sich, daß die Wägungen ziemlich viel Zeit beanspruchen müssen. Weiters muß bei analytischem Gebrauch von Auftriebswaagen in Betracht gezogen werden, daß das Wägen wasserhaltiger (Feuchtigkeit, Kristallwasser) und flüchtiger Stoffe dadurch erschwert ist, daß das Waagengehäuse ausgepumpt werden muß. Einige Hydrate zeigen zwar bemerkenswerte Stabilität und sind in trockener verdünnter Luft für kurze Zeiträume gewichtskonstant; andere Hydrate und Flüssigkeiten müssen in zugeschmolzenen Röhrchen zur Wägung gebracht werden, was oft Schwierigkeiten bereitet und immer die Bestimmung von Korrekturen für das Volumen des geschlossenen Gefäßes nötig macht (34).

Weiters muß beachtet werden, daß infolge plötzlicher Druckänderungen ein Verstäuben feingepulverter Substanzen aus offenen Wägegefäßen erfolgen kann.

Ein derartiger Unfall macht es nötig, die Waage einer gründlichen Reinigung zu unterziehen, da die Gegenwart von Staub im Gehäuse unberechenbare Wägefehler hervorzurufen imstande ist.

Der Bau der Gehäuse, die Anordnung für die Messung und Regulierung des Druckes und die Reinigung und Filtration der eintretenden Luft wurden von PETTERSSON (20, 51) ausführlich beschrieben.

Die Wägung erfolgt durch Substitution. Die Quarzglaskugel wird am rechtsseitigen Gehänge aufgehängt und mit Quarzglastaren am linken Gehänge so ausgeglichen, daß die Waage bei evakuiertem Gehäuse im Gleichgewicht ist (dabei kommt das Gewicht der von der Kugel eingeschlossenen Luft voll zur Wirkung). Nachdem das Objekt an das rechtsseitige Gehänge gebracht wurde, läßt man Luft in das Gehäuse eintreten, bis wieder Gleichgewicht hergestellt ist (wenn der Druck außerhalb der Kugel denselben Wert erreicht wie innerhalb derselben, dann wird der Auftrieb dem Gewicht der eingeschlossenen Luft gleich; der Anstieg des Druckes im Gehäuse vermindert daher das anscheinende Gewicht der von der Kugel eingeschlossenen Luft, um es endlich ganz auszugleichen). Wenn Gleichgewicht herrscht, ist der auf den Hohlraum der Kugel wirkende Auftrieb dem Gewicht des Objekts gleichzusetzen.

Ist V das Fassungsvermögen der Kugel in Milliliter, dann gibt 0,0012 V Gramm das ungefähre Höchstgewicht, das durch den Auftrieb ausgeglichen werden kann, wenn man Atmosphärendruck im Gehäuse nicht überschreiten will. Da aber bei Drucken unterhalb 5 mm Störungen durch den Strahlungsdruck auftreten können und bei Drucken oberhalb 50 mm Fehler durch Konvektionsströmungen in der Luft in Erscheinung treten, empfiehlt es sich zur Erhaltung höchster Präzision, alle Wägungen im Druckintervall von 5 bis 50 mm Quecksilbersäule auszuführen. Damit verringert sich aber die Höchstlast, die durch den auf den Kugelhohlraum wirkenden Auftrieb getragen werden kann, zu   0,0012 $\times$ 50 $V/760 = 0,00008\ V$ Gramm.   Zur Erweiterung des Wägebereiches befinden sich am Rahmen des rechten Gehänges eine Reihe von Quarzglasgewichten, die am besten durch Duplikate am linken Rahmen ausgeglichen werden (Abb. 38 A).

Ein Arbeitsgefäß aus Platin (oder irgendeinem anderen Stoff) wird durch ein entsprechendes Platingefäß am anderen Arm des Balkens ausgeglichen, so daß Gleichgewicht bei jedem Druck herrscht, wenn die Glaskugel und ihr Gegengewicht entfernt werden. Bei ausschließlicher Verwendung von optisch klarem Quarzglas (auch für das Arbeitsgefäß) sollte im Druckgebiet von 5 bis 80 mm eine nur eben merkliche Änderung der Gleichgewichtslage des Balkens beobachtet werden (58).

Ausführung der Wägung. Die Rahmen der Gehänge tragen: Quarzglasgewichte und ihre Duplikate; die Hohlkugel mit Innenraum V und ein Quarzglasgegengewicht, das einerseits das Glas der Kugel und anderseits das Gewicht der in ihr enthaltenen Luft ausgleicht; und das Arbeitsschälchen und ein dasselbe austarierendes Taraschälchen aus dem gleichen Material. Die Massen sind so ausgeglichen, daß der Balken im Gleichgewicht ist (Leeranzeige a'), wenn im Gehäuse der Druck p' und die Temperatur T' herrschen. Die sich ausgleichenden Kräfte ergeben sich dann aus Abb. 38 A zu:

Gewicht der Luft in der Kugel minus Auftrieb $=$ Gewicht des kleinen Gegengewichtes minus Auftrieb

$$\delta V - D'\,V = dv - D'\,v,$$

$$dv = \delta V - D'\,V + D'\,v, \tag{53}$$

wenn δ die Dichte der in der Kugel eingeschlossenen Luft, d die Dichte des Quarzglases, D' die Dichte der Luft im Waagegehäuse, schließlich V und v die Volumina der eingeschlossenen Luft und ihrer Quarzglastara vorstellen. Die Erdbeschleunigung erscheint in der Gleichung nicht, wenn die Kräfte in Grammgewichten gegeben werden.

Nach Beobachtung der Leeranzeige gleicht man den Druck im Gehäuse dem Außendruck an und trägt das Objekt in das Arbeitsschälchen ein. Hierauf

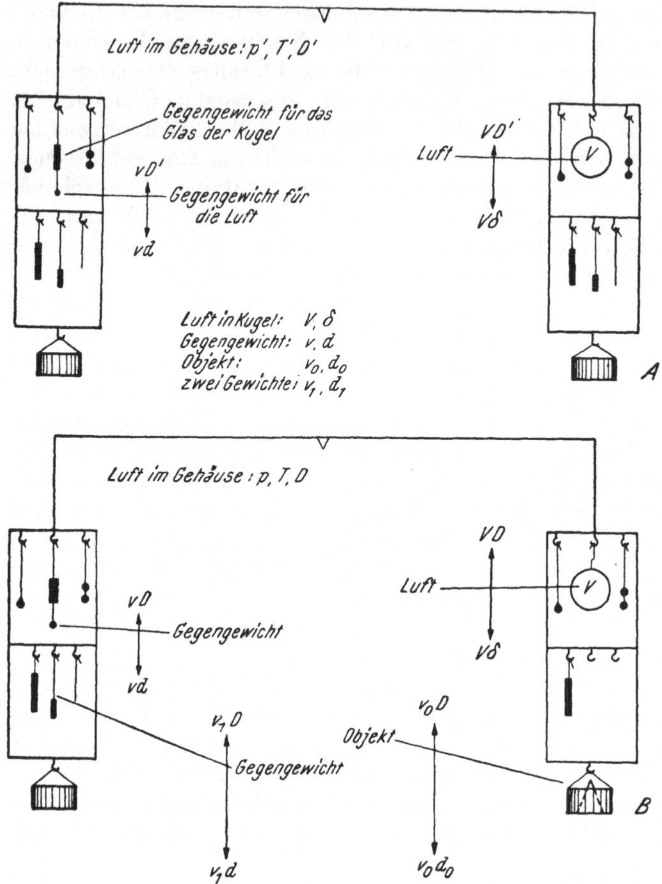

Abb. 38. Prinzip der Auftriebswägung.

werden vom rechten Rahmen Quarzgewichte entfernt, bis die rechte Seite um nicht mehr als 0,0012 V Gramm (0,00008 V Gramm, wenn der Druck unterhalb 50 mm gehalten werden soll) schwerer ist als die linke. Ein Gewicht von dieser Größe sollte sich zu diesem Zweck auf dem Rahmen befinden. Das Waagegehäuse wird geschlossen und ausgepumpt, worauf man langsam getrocknete, von Kohlendioxyd befreite und filtrierte Luft eintreten läßt, bis der Balken wieder im Gleichgewicht ist. Das Waagegehäuse wird mit einem blank verzinnten Blechkasten zugedeckt, bis der Temperaturausgleich eingetreten ist. Hierauf wird der Blechkasten entfernt und die Zeigerstellung a, Druck p und Temperatur T

abgelesen. Die Bedingung für das Gleichgewicht mit Luft der Dichte D im Waagengehäuse ergibt sich aus Abb. 38 B:

$$\underset{\text{minus Auftrieb}}{\text{Gewicht des Objekts}} + \underset{\text{Kugel minus Auftrieb}}{\text{Gewicht der Luft in}} = \underset{\text{gewichte minus Auftrieb}}{\text{Gewicht aller Quarzglasgegen-}}$$

$$(d_0\, v_0 - D\, v_0) \quad + \quad (\delta V - D V) \quad = \quad (dv_1 - D\, v_1) + (dv - D\, v),$$

wenn v_0 und d_0 Volumen und Dichte des Objekts sind und v_1 das Gesamtvolumen der entfernten Quarzglasgewichte (ihrer Duplikate auf der linken Seite) vertritt.

Nach Substituieren des Wertes von dv aus Gl. (53) ergibt sich das Gewicht $v_0\, d_0$ des Objekts zu:

$$v_0\, d_0 = v_1\, d + V\,(D - D') + D\,(v_0 - v_1) + v\,(D' - D). \tag{54}$$

Die Dichte der von Wasserdampf und Kohlendioxyd befreiten Luft errechnet sich aus

$$D = D_0\,(p\, T_0/p_0\, T) = 0{,}0012931\,(p\, T_0/p_0\, T) = 4 \cdot 6467 \times 10^{-4}\, p/T = k\, p/T. \tag{55}$$

Substitution der Funktionen von p und T für D und D' gibt schließlich:

$$\underset{\text{Objekts}}{\text{Gewicht des}} = \underset{\text{Gewichte}}{\text{Summe der}} + \underset{\text{Kugel}}{\text{Auftrieb der}} + \underset{\text{korrektur}}{\text{übliche Auftriebs-}} +$$

$$v_0\, d_0 \quad = \quad v_1\, d \quad + k\, V\left(\frac{p}{T} - \frac{p'}{T'}\right) + \quad (v_0 - v_1)\, k\, p/T \quad -$$

$$1{,}000000 \quad = \quad 0{,}92262 \quad + \quad 0{,}07745 \quad - \quad 0{,}000028 \quad -$$

$$+\ \underset{\text{Kugelauftriebes}}{\text{Korrektur des}} + \underset{\text{— Leeranzeige}}{\text{Instrumentanzeige}} + \underset{\text{Heterogenität}}{\text{Korrektur für}}$$

$$-\ k\, v\left(\frac{p}{T} - \frac{p'}{T'}\right) + \quad (i - i_0) \quad + \quad K. \tag{56}$$

$$-\quad 0{,}000046$$

Das Gewicht des Objekts ist wesentlich durch die zwei ersten Glieder gegeben. Zu seiner Berechnung benötigt man die genaue Kenntnis der Masse der Quarzglasgewichte, des Druckes und der Temperatur der Luft im Waagegehäuse bei Beobachtung der Leeranzeige und bei der Wägung und des Hohlraumes V der Kugel; die Kenntnis der Dichte der Luft in der Kugel *wird nur für die Korrektur des für die Kugel berechneten Auftriebes benötigt* (viertes Glied).

Die Masse der Gewichte ist durch Eichung bekannt und kann bei Verwendung der Auftriebswaage mit hoher Präzision ermittelt werden (S. 26 und 28). Da die Raumtemperaturen T und T' nahe an $300°$ K sind, gibt sich die relative Präzision der Temperaturmessung zu etwa $\pm\,0{,}1°/300° = \pm\,0{,}0003$. Wenn der Druck mit Quecksilbermanometer und Kathetometer auf $\pm\,0{,}02$ mm gemessen wird, folgt für $p - p'$ eine relative Präzision von etwa $\pm\,0{,}03$ mm/ 45 mm $= \pm\,0{,}0007$, wenn das Druckintervall von 5 bis 50 mm ausgenützt wird (Benutzung eines Intervalles von 5 mm bis wenigstens 300 mm hätte, wenn der Einfluß von Konvektionsströmungen ausgeschaltet werden könnte, den Vorteil, daß die durch die Temperaturmessung bedingte Präzision von $\pm\,0{,}0003$ erhalten bliebe). Da das Gewicht des Objekts proportional zu $p - p'$ ist, folgt für dasselbe eine Präzision von etwa $\pm\,0{,}0007$, wenn $p - p' \approx 45$ mm.

Der Hohlraum V der Auftriebskugeln, die an der Stelle, an der sie zugeschmolzen werden sollen, zu einer sehr feinen Kapillare ausgezogen sein müssen, wird bestimmt, indem man die Kugeln mit Luft und mit Quecksilber gefüllt wägt. Zur Füllung mit Quecksilber werden sie evakuiert. Zur Entfernung des Quecksilbers werden sie schließlich vor dem Zuschmelzen wiederholt erhitzt und ausgepumpt.

Wenn die Kapillare an der Abschmelzstelle einen inneren Durchmesser von 0,1 mm hat und das Abschmelzen innerhalb 1 mm von der richtigen Stelle erfolgt, kann die Volumbestimmung mit einer Genauigkeit von 0,01 μl erfolgen. Da dies einem Quecksilbergewicht von 0,14 mg entspricht, können die Wägungen ohne weiteres (mit geeichten Gewichten) auf einer Analysenwaage vorgenommen werden. Die relative Genauigkeit des Volumens V, die die relative Genauigkeit der Wägungen mit der Kugel bestimmt, hängt natürlich von der Größe des Hohlraumes der Kugel ab (0,00001 für $V = 1$ ml und 0,01 für $V = 1 \mu$l). Dabei sei nicht vergessen, daß ein Fehler in der Bestimmung von V die Präzision der Wägungen mit der Kugel nicht berührt und daß für die meisten Zwecke des Analytikers eine Auswertung der Wägungen in metrischen Einheiten nicht erforderlich ist. Außerdem kann man die Kugel (V) auch durch Wägungen von Objekten bekannten Gewichtes eichen (S. 26). Gray und Ramsay (29) haben auf diese Weise die Auftriebswägung geprüft und eine Übereinstimmung von nicht besser als $\pm$ 0,01 erhalten, die vermutlich darauf zurückzuführen ist, daß das Gewicht des verwendeten Aluminiumdrahtes durch Ausmessung unter dem Mikroskop ermittelt wurde.

Das dritte, vierte und letzte Glied von Gl. (56) brauchen in der Regel nicht berücksichtigt werden, wenn das Gewicht nur mit vier Stellen angegeben werden soll. Die Zahlen unter den Gliedern der Gleichung sind Gewichte in Milligramm, die sich unter der Voraussetzung berechnen, daß ein Objekt von 1 mg Gewicht und Dichte 10 g/ml mit Quarzgewichten (0,92262 mg, Dichte 2,2) und einer Kugel mit 1,0000 ml Hohlraum gewogen wird, wobei $T = T' = 300,0$ °K, $p' = 0,00$ mm und $p = 50,00$ mm. Das dritte und vierte Glied machen zusammen noch nicht eine ganze Einheit der bereits zweifelhaften vierten Dezimalstelle aus. Dies ist bezüglich des auf S. 36 bereits Gesagten nicht verwunderlich. Die Korrektur für die Auftriebswägung (viertes Glied) würde ausfallen, wenn man den Hohlraum der Kugel evakuiert (Volumen v des Quarzglases, das das Gewicht der enthaltenen Luft ausgleicht, wird Null). Jedenfalls genügen rohe Schätzungen der Volumina v, v_0 und v_1 für die Berechnung der Korrekturen.

Bisher war stillschweigend vorausgesetzt, daß bei der Wägung die Gleichgewichtslage des Balkens vor Auflegung des Objekts genau wieder hergestellt wurde. Dies ist jedoch zeitraubend und es ist praktischer, die ursprüngliche Gleichgewichtslage des Balkens nur nahezu wieder einzustellen. Das fünfte Glied der Gl. (56) bezieht sich auf die Auswertung der Neigungswägung. Da der Balken bei Wägung und Beobachtung der Leeranzeige gleich belastet ist, kann man erwarten, daß der Wert des Teilstriches der Zeigerskala für beide Ablesungen derselbe ist. Das durch die Änderung der Stellung des Balkens angezeigte Gewicht ergibt sich daher, indem man die Differenz der Ablesungen $(a - a')$ mit dem Wert des Teiles der Zeigerskala multipliziert. Diesen findet man, indem man nach erfolgter Wägung den Druck im Gehäuse geringfügig ändert und die sich ergebenden Größen a_2, p_2 und T_2 bestimmt.

$$\text{Wert des Teilstriches} = 4{,}65 \times 10^{-4}\, V \cdot \left(\frac{p_2}{T_2} - \frac{p}{T}\right) / (a - a_2) \ \text{Gramm.} \qquad (57)$$

Es ist dabei gleichgültig, ob a', a und a_2 Ausschläge oder Ruhelagen des Zeigers sind (S. 52). Im allgemeinen dürfte es vorzuziehen sein, mit Ausschlägen zu arbeiten, wenn der Luftdruck im Gehäuse niedrig gehalten wird und die Schwingungen nur sehr langsam abklingen, wie dies bei der Waage von Pettersson der Fall ist.

Die Korrektur K [sechstes Glied von Gl. (56)] wird meist zu vernachlässigen sein, wenn außer dem Objekt nichts als optisch klares Quarzglas von der Mittelschneide getragen wird. Ungleichmäßig im Quarzglas verteilte Gasbläschen haben jedoch eine Wirkung, die der Gegenwart einer zweiten Hohlkugel am rechten oder linken Gehänge (Vergrößerung oder Verkleinerung des Hohlraumes der Auftriebskugel) gleichgesetzt werden kann. Dieselbe Erscheinung wird durch unrichtige Verteilung anderer Stoffe, deren Dichte merklich von der des Quarzglases (2,2) abweicht, hervorgerufen. Ist z. B. das Gewicht eines Platingerätes nicht ganz durch eine Platintara ausgeglichen, so wirkt das Mehrvolumen des Quarzglases am linken Gehänge (da Quarzglas den Gewichtsausgleich irrtümlicherweise besorgt) wie eine evakuierte Hohlkugel daselbst, deren Fassungsraum dem Unterschied der Volumina, der sich ausbalancierenden Glas- und Platinmassen gleich ist. Rechnet man die Instrumentanzeigen positiv, wenn sich der das Objekt und die Auftriebskugel tragende Arm des Balkens senkt, so bewirkt eine Hohlkugel am entgegengesetzten Balkenende ein Ansteigen der Instrumentanzeige, wenn der Druck im Waagegehäuse zunimmt; es scheint, als ob der Fassungsraum der Auftriebskugel verkleinert wäre.

Derartige unrichtige Verteilung von Stoffen (mithin Dichte, Volumen und Auftrieb) hat keinen Einfluß auf die Präzision der Wägungen, so lange die Stoffverteilung unverändert bleibt, und ist daher nicht von unmittelbarer Wichtigkeit bei analytischer Verwendung der Waage. Die unrichtige Stoffverteilung wirkt sich einfach wie ein Fehler in der Bestimmung des Hohlraumes der Auftriebskugel aus: die Auftriebswägungen werden in willkürlichen Einheiten erhalten. Die Korrektur K kann aber jederzeit leicht aus:

$$K = -\, k\, F \left(\frac{p}{T} - \frac{p'}{T'} \right) \text{ Gramm} \tag{58}$$

berechnet werden, worin F der Fassungsraum einer evakuierten Hohlkugel auf der Objektseite ist, die die Heterogenität von Balken, Gehängen und Last vertritt ($k = 0{,}00046467$).

Zur Bestimmung des Fassungsraumes F werden die Auftriebskugel und das ihr entsprechende Gegengewicht abgenommen, während alle bei den Wägungen am Balken befindlichen Taragewichte und Arbeitsgeräte (Schälchen) am Balken bleiben. Hierauf bestimmt man die Instrumentanzeige i', Druck p' und Temperatur T' für einen niedrigen Druck und die entsprechenden Daten i, p und T für einen zweckmäßig gewählten höheren Druck:

$$F = \frac{i - i'}{k} \cdot \frac{T\, T'}{p'\, T - p\, T'} \text{ ml.} \tag{59}$$

Wegen der Änderung der Belastung ist es dabei zweckmäßig, die Bestimmung des Wertes des Teilstriches der Zeigerskala in Verbindung mit der Bestimmung von F zu wiederholen.

Leistungsgrenze der Auftriebswägung. Da die Bestimmung des Hohlraumes der Auftriebskugel eine absolute Genauigkeit von etwa $0{,}01\,\mu l$ zuläßt, kann man an die Verwendung einer Auftriebskugel von $1\,\mu l$ Fassungsraum denken, wenn eine Annäherung innerhalb $\pm\,0{,}01$ an metrische Einheiten zufriedenstellend ist. Für eine derartige Auftriebskugel gibt das zweite Glied von Gl. (56) die absolute Präzision der Wägungen zu (vgl. S. 135):

$$k\, V\, (p - p')/T = 4{,}65 \times 10^{-4} \times 10^{-3}\, (\pm\, 0{,}03)/300 =$$

$$= \pm\, 5 \times 10^{-11}\, \text{g} = \pm\, 5 \times 10^{-5}\, \mu\text{g} = \pm\, 0{,}05\, \text{ng} = \pm\, 50\, \text{pg},$$

eine Präzision, die Pettersson mit einer im Radiumforschungsinstitut in Wien aufgestellten Waage augenscheinlich erreichen konnte. Dies setzt natürlich voraus, daß dem Balken eine entsprechende Empfindlichkeit gegeben wird.

Die den Analytiker in erster Linie interessierende relative Präzision der Auftriebswägung

$$\text{absolute Präzision/Wägungsbereich} = \left(k\,V\,\frac{\pm\,0{,}03}{T}\right)/0{,}00008\,V = \pm\,0{,}0006$$

ist dabei vom Fassungsraum der Auftriebskugel unabhängig und bleibt daher im Wesentlichen auch bei höchst empfindlich eingestellten Waagen erhalten. Sie ändert sich mit dem Grad, in dem der Wägungsbereich ausgenutzt wird, und sie kann gesteigert werden, indem man ihn durch Benutzung geeigneter Gewichte erweitert.

Waage von Steele und Grant (58) [1909], 5 ng bei vermutlich 0,1 g Belastung (Abb. 39 und 40), Quarzglasbalken von 10,2 cm Länge und 35 Sekunden Schwingungsdauer mit angeschmolzenem Spiegel aus Quarzglas, Auftriebskugel ($V = 8{,}65\,\mu$l) und Gegengewicht im Gesamtgewicht von 0,18 g; Mittellager: Quarzglasschneide von 1 mm Länge an den Balken angeschmolzen, auf Quarzglasplatte spielend; Endlager: nur an einem Ende des Balkens ein Tragfaden mit Biegegelenk; Kugel und Arbeitsgeräte mit mehreren Haken versehen, so daß Kugel, Geräte und Taren in einer Reihe aneinander gehängt werden konnten.

Der Spiegel von 4 mm Durchmesser und 25 mm Brennweite warf das Bild eines glühenden Nernst-Stiftes auf eine Skala; Empfindlichkeit: 3,8 ng/Skalenteil. Das Licht wurde durch eine Alaunlösung geschickt und, wenn nicht benötigt, durch einen doppelwandigen Asbestschirm abgeblendet.

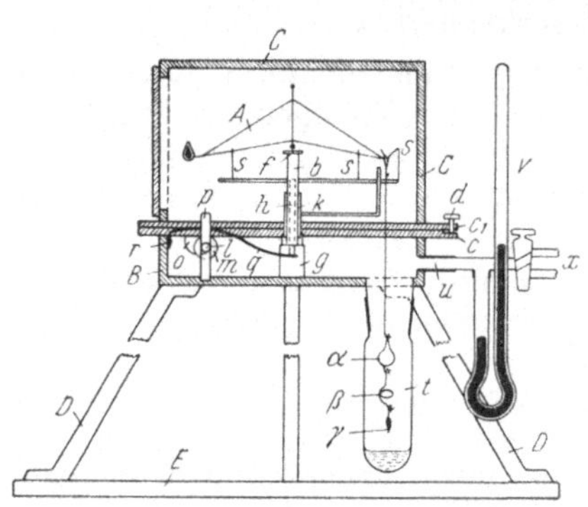

Abb. 39. Waage von Steele und Grant.

Arretierung: mittels Exzenter o und Hebel q, so daß die Quarzglasgabeln s (Abb. 39) den Balken stützten, aber nicht anhoben.

Gehäuse: $12 \times 6 \times 9{,}5$ cm hoch, wurde aus 3 mm dickem Messingblech angefertigt, das innen und außen schwer verzinnt war. Dessen Unter- und Oberteil konnten mit Hilfe eben geschliffener Ränder von 1,5 cm Breite dicht aufeinander gesetzt werden. Zur Vermeidung von Erschütterungen beim Trennen der beiden Teile diente die Schraube d, Abb. 39. Das Gehäuse stand auf drei mit Stellschrauben versehenen Füßen. Die linke Seitenwand hatte ein mit einer Spiegelscheibe verglastes Fenster von 4×5 cm. Die Bodenplatte besaß eine Öffnung von 23 mm Durchmesser, in die der Stutzen eingekittet wurde, auf den das Glasrohr t aufgeschliffen war. Das eingekittete Rohr u verband mit Manometer, Luftpumpe und Reinigungsanlage für eintretende Frischluft.

Als Kitt diente eine Mischung von Schellack mit 5% Nelkenöl. Ein Druck von 4 mm blieb durch 16 Stunden unverändert. Chlorcalcium diente zum Trocknen der eintretenden Luft und wurde auch auf den Boden des Rohres t gegeben. Die Waage stand auf einer Glasplatte, die von Gummistopfen (5 cm Durchmesser und 2,5 cm dick) getragen wurde.

Die Waage wurde von Ampt und von Hartung (33, 34) für die Ausführung von Rückstandbestimmungen, das Studium von Silberhalogenidfilmen und auch für das Wägen von Niederschlägen benutzt. Der Balken wurde vor dem Einbauen mit Königswasser behandelt, mit Wasser gewaschen und schließlich für 12 Stunden auf 200° C erhitzt. Die Anzeige konnte derart durch 2 Wochen innerhalb eines Teilstriches (3,8 ng) konstant gehalten werden.

Ein zweites, weniger empfindliches Modell (250 ng/Skalenteil) hatte eine Auftriebskugel mit $V = 0{,}42$ ml und einen Balken mit einer Schwingungsdauer von 13,5 Sekunden (Gesamtgewicht von Balken, Kugel und Gegengewicht $= 0{,}93$ g); das Mittellager bestand aus zwei Schneiden in einem Abstand von 1 cm voneinander.

Ein von GRAY und RAMSAY (29) zur Bestimmung der Gasdichte des Radons gebautes Modell (Präzision $\pm\,2$ ng) hatte eine Auftriebskugel mit $V = 22\,\mu l$. Der Balken spielte auf einer von Adam Hilger, Ltd., geschliffenen Quarzglasschneide von nicht mehr als 0,4 mm Länge. Die Waage wurde auf einem Steinsockel in einem gleichmäßig temperierten Kellerraum aufgestellt. Die Leeranzeige blieb durch Tage unverändert und änderte sich bei großen Druckänderungen im Gehäuse nicht, wenn die Auftriebskugel entfernt wurde. Zur Wägung wurde die Leeranzeige durch passende Druckänderung wieder genau eingestellt; dadurch entfällt die Möglichkeit, mit der Neigungswägung Fehler einzuschleppen, die auf die Änderung der Armlänge (im Biegungsgelenk) mit dem Neigungswinkel zurückzuführen sind.

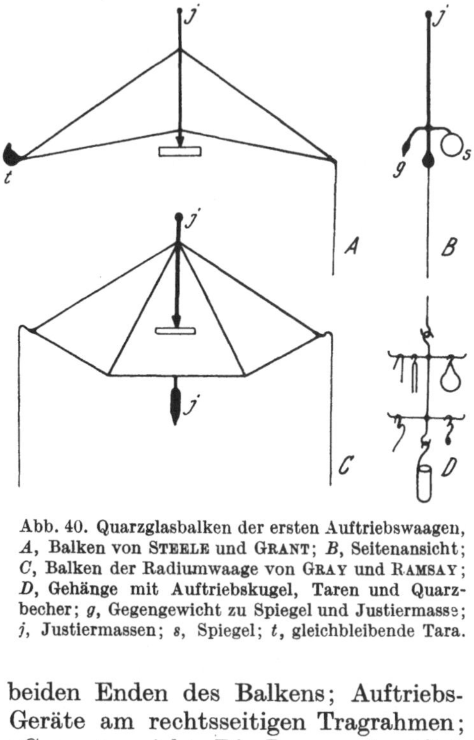

Da die Schwingungen bei auf Schneiden spielenden Balken innerhalb 5 bis 10 Minuten zur Ruhe kommen, wurde in der Regel die Ruhestellung des Lichtsignales beobachtet.

Radiumwaage von Gray und Ramsay (30) [1912], $\pm\,14$ ng bei vermutlich 0,5 g Belastung; Balken (Abb. 40) aus Quarzglas mit einer Doppelschneide für das Mittellager (wie beim weniger empfindlichen Modell von STEELE und GRANT) und Biegungsgelenken, Tragfäden und Rahmen an beiden Enden des Balkens; Auftriebskugel mit $V = 0{,}16$ ml, Gewichte und Geräte am rechtsseitigen Tragrahmen; Satz von Quarzglasgewichten von 24 mg Gesamtgewicht. Die Leeranzeige blieb ständig gleich. Das Gehäuse war mit Bariumoxyd beschickt.

Abb. 40. Quarzglasbalken der ersten Auftriebswaagen. *A*, Balken von STEELE und GRANT; *B*, Seitenansicht; *C*, Balken der Radiumwaage von GRAY und RAMSAY; *D*, Gehänge mit Auftriebskugel, Taren und Quarzbecher; *g*, Gegengewicht zu Spiegel und Justiermasse; *j*, Justiermassen; *s*, Spiegel; *t*, gleichbleibende Tara.

Die Waage diente zur Bestimmung des Atomgewichtes des Radiums, wozu Bromid wiederholt in Chlorid und dieses wieder in Bromid übergeführt wurde. Hierzu konnte das Gewicht von 1 mg Radiumsalz mit fünf Dezimalstellen bestimmt werden.

Waage von Pettersson (51) [1913], 0,25 ng bei etwa 0,25 g Belastung; Balken, 10 cm lang und 0,38 g schwer, aus Quarzglasstäbchen von 1 mm Durchmesser hergestellt, hatte bei höchster Empfindlichkeit eine Schwingungsdauer von 120 Sekunden; Quarzglasspiegelchen und Gegengewicht sind auf beiden Seiten des Balkens in der Drehachse angesetzt; Biegungsgelenke von 3 und $1{,}5\,\mu m$ Durchmesser an der Gelenkstelle der Quarzglasfäden dienen als Mittellager für den Balken; die Aufhängefäden sind in Metallhaken eingehängt, die in der Höhe verstellt werden können; Tragfäden an beiden Enden des Balkens mit Durchmessern von 1,5 bis $3{,}5\,\mu m$ an den Gelenkstellen. Tragrahmen mit Haken für Auftriebskugel, Gewichte und Geräte; Auftriebskugeln mit $V = 8\,\mu l$, $40\,\mu l$

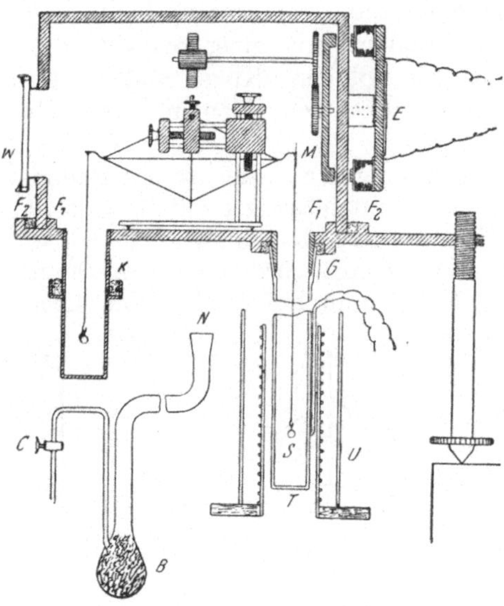

Abb. 41. Waage von Pettersson.

und 0,55 ml. Ablesung: Bild eines Nernst-Stiftes auf einer Millimeterskala 4 m vom Spiegel der Waage.

Zur Arretierung wird der Balken durch Quarzglashäkchen an mehreren Stellen erfaßt und angehoben. Der Arretierungsarm wird durch einen Elektromagneten betätigt, so daß es unnötig ist, eine Kurbelwelle oder Treibstange gasdicht durch die Gehäusewand zu führen.

Das Gerüst, das den Balken und den Arretierungsarm trägt, kann mit montiertem Balken und Tragfäden von der Bodenplatte abgenommen werden. Das Gehäuse besteht aus verzinnten Messingplatten von 5 mm Dicke und paßt in eine Rinne der Messing-Grundplatte, die durch Eingießen einer bei 80° C schmelzenden Legierung gedichtet wird. Das Glasfenster W (Abb. 41) wird an den Rändern mit Quarzpulver angerauht, hierauf platiniert und dann erst mit Kupfer und schließlich mit Zinn überzogen, damit die bei 140° C schmelzende Legierung (4 Pb, 4 Bi, 3 Sn, 1 Cd),

die zum Ausgießen der Fugen dient, besser haftet. Die Schliffstelle der Messingröhre K ist ebenfalls mit Legierung ausgegossen; die Quarzglasröhre T ist dagegen auf einen Invarstutzen aufgeschliffen, wobei aber die Dichtungsrinne G ebenfalls mit Legierung ausgegossen wird (Quarzglasrohr außen platiniert).

Die Waage diente zum Studium der Gewichtsveränderungen beim Erhitzen von Gold und von Quarzglas und der magnetischen Suszeptibilität von Gasen. Hierzu wurde die Waage auf einem Grundpfeiler in einem Kellerraum aufgestellt, wodurch es aber nicht möglich war, störende Erschütterungen ganz auszuschalten

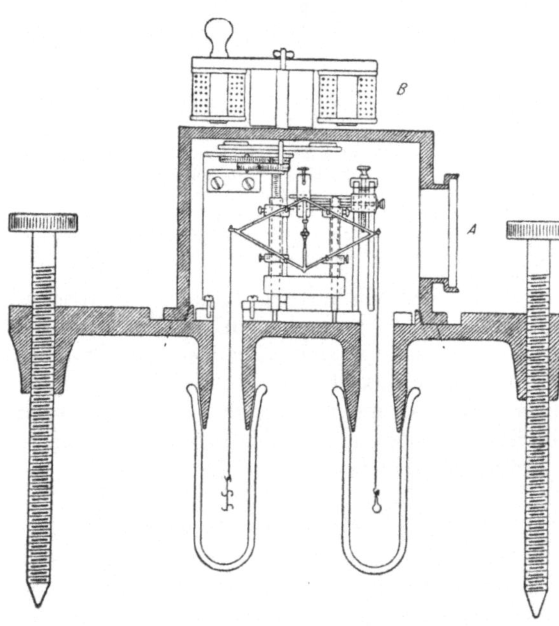

Abb. 42. Waage von Strömberg.

(s. S. 116). Die in das Gehäuse eintretende Luft wurde durch Röhren mit Natronkalk, Phosphorpentoxyd und reine, trockene Watte geschickt; der Boden der Quarzglasröhre wurde mit Bariumoxyd beschickt und in das Gehäuse kam je ein Tiegelchen mit Bariumoxyd und mit Pechblende.

Da die Biegungslager fast frei von Reibung sind, besteht bei geringen Drucken im Gehäuse nahezu keine Dämpfung; daher wurden meist die Zeigerausschläge beobachtet. Schwingungsdauer und Empfindlichkeit sind von der Belastung und von der Neigung des Balkens abhängig; die Leeranzeige zeigte eine Höchstschwankung von vier Skalenteilen (1 ng).

Waage von Strömberg (61, 62) [1929], $\pm$ 50 ng bei 0,05 g Belastung (Abb. 42), ist im Wesentlichen eine Modifikation der Waage von PETTERSSON. Hervorzuheben sind die Form des Balkens von nur 0,13 g Gewicht und 13 Sekunden Schwingungsdauer, der zweckmäßige Bau des Gehäuses mit dem Elektromagneten auf der Deckplatte und die Verwendung der Ablesung mit Spiegel und Skala in einem Abstand von 4 m von der Waage.

Schwebewaagen zur Bestimmung der Gasdichte.

Schwebewaagen tragen eine Hohlkugel, deren Auftrieb einen bestimmten Wert annimmt, wenn die Waage auf Null einspielt. Die Waagen dienen nur als Indikator für diesen Zustand.

Wenn das Volumen der Kugel unveränderlich ist, hängt der Auftrieb nur von der Dichte des die Kugel umgebenden Gases ab, und nur für eine bestimmte Dichte d des Gases wird der Zeiger der Waage auf einen festen Bezugspunkt einspielen. Aus dem Gasgesetz ergibt sich

$$p'/dT' = p_0/d_0' \, T_0 \quad \text{oder} \quad d = d_0' \, (p' \, T_0/p_0 \, T'), \tag{60}$$

worin p' und T' den Druck und die Temperatur angeben, wenn die Waage mit dem Eichgas auf den Bezugspunkt einspielt, und d_0' die bekannte Dichte des Eichgases unter Normalbedingungen, $p_0 = 760,0$ mm und $T_0 = 273,1°$, ist.

Wenn die Waage mit dem Versuchsgas für p und T auf den festen Bezugspunkt einspielt, so hat es ebenfalls die Dichte d angenommen und

$$p/dT = p_0/d_0 \, T_0.$$

Setzt man den Wert für d aus Gl. (60) ein, so errechnet sich die Dichte des Versuchsgases unter Normalbedingungen zu

$$d_0 = d_0' \, (p' \, T/p \, T'). \tag{61}$$

In der Regel wird die Temperatur konstant gehalten, so daß sich die Dichte des Bezugsgases aus der Normaldichte des Eichgases durch Multiplikation mit dem Druckverhältnis ergibt.

Es ist natürlich wünschenswert, die Abweichungen vom Gasgesetz auszuschalten, indem man die Versuchstemperatur hoch über dem Siedepunkt des Gases wählt und den Balken so justiert, daß sich die Bezugslage bei Drucken unterhalb 100 bis 400 mm einstellt. Wird überdies das Eichgas so gewählt, daß seine Dichte nicht sehr von der des Versuchsgases abweicht, so findet man p nahezu gleich p' und Änderungen des Volumens der Kugel (und der Länge des Hebelarmes) sind wegen des geringen Druckunterschiedes kaum zu befürchten, wenn die Kugel robust ausgeführt ist. In günstigen Fällen ist die Genauigkeit der Bestimmung der Normaldichte nur von der Richtigkeit der Dichte des Vergleichsgases und von der Präzision der Druckmessungen begrenzt. Temperaturänderungen gleichen sich wegen der Geringfügigkeit der beteiligten Gas- und Wärmemengen rasch aus, so daß lange Wartezeiten nicht erforderlich sind und Bestimmungen in Intervallen von 10 Minuten auf einander folgen können.

Nach LEHRER und KUSS (41) sind Fehler infolge der den Druckänderungen im Gehäuse folgenden Volumänderungen der Auftriebskugel zu vernachlässigen. Dagegen wird von ihnen die Korrektur ausführlich beschrieben, die die Gleich-

gewichtänderungen des Balkens berücksichtigt, die sich daraus ergeben, daß
der Schwerpunkt der Auftriebskugel seine Lage gegen die Drehachse ändert,
wenn die Kugel schrumpft und anschwillt. Dieser Fehler ist dadurch bedingt,
daß die Auftriebskugel starr mit dem Balken verbunden ist, und er könnte
vermieden werden, indem man die Kugel wie bei den eigentlichen Auftriebswaagen unter Vermittlung eines Biegungs- oder Torsionsgelenkes an das Ende
des Balkens hängt.

Die Empfindlichkeit der Schwebewaage gegenüber Dichteänderungen im
umgebenden Gas hängt von der Empfindlichkeit des Balkens und von der Größe
des Hohlraumes der Auftriebskugel und ihrer Entfernung von der Drehachse
ab. Bei Hebelwaagen scheint keinerlei Schwierigkeit zu bestehen, die Empfindlichkeit des Balkens so einzustellen, daß die Präzision der Messungen lediglich
durch jene der Druckmessungen bestimmt ist. Der Balken und die Auftriebskugel
werden am besten aus Quarzglas angefertigt, um Störungen durch die Adsorption
von Gasen und Dämpfen (an Glas) zu vermeiden. Das Waagengehäuse muß gasdicht
sein und einen geringen Fassungsraum besitzen, wenn mit kleinen Gasmengen gearbeitet werden soll.

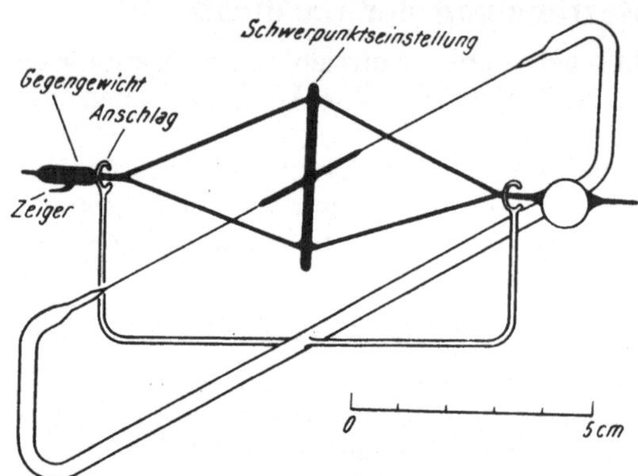

Abb. 43. Gasdichtewaage von Taylor. Balken und Tragrahmen sind zu einem Stück Quarzglas verschmolzen.

Die Waage von Aston (3) [1914], Präzision der Druckmessung = = ± 0,05 mm; der Balken von 5 cm Länge aus Quarzglasstäbchen von 0,5 mm Durchmesser hatte weniger als 0,2 g Gewicht; die Quarzglaskugel von 0,3 ml Hohlraum an einem Ende des Balkens wurde durch
Verdickung des Balkens auf 2 mm nahe dem anderen Ende, das den Zeiger
bildet, ausgeglichen; der Balken spielte mit einer von A. Hilger geschliffenen
Schneide von 0,5 mm Länge auf einer Quarzplatte von wenigen Quadrat-
millimeter Fläche, die sorgfältig horizontal eingestellt wurde. Der Balken
wurde vor Einbringung in das Gehäuse sorgfältig gereinigt. Die Zeigerstellung
wurde mit einem Horizontalmikroskop beobachtet.

Das Gehäuse war 3 mm weit und bestand zur Hauptsache aus mit Siegellack verkitteten Glasplatten. Die Auftriebskugel ragte in ein kurzes Glasrohr
hinein, das durch einen eingeschliffenen Stopfen abgeschlossen war; der Gesamt-
fassungsraum von Gehäuse und Manometer war etwa 3,5 ml. Das Gehäuse
war von einer Bleibüchse umgeben, deren Temperatur auf 0,1° C bestimmt
werden konnte. Zur Druckmessung diente ein Quecksilbermanometer mit Nonius
und 10 mm Rohrdurchmesser.

Die Waage diente zur Bestimmung der Gasdichte des Neons; sie mußte hierzu
eine „Empfindlichkeit" von wenigstens 0,04 μg haben. Als Vergleichsgas diente
Sauerstoff; Einstellung auf die Bezugsmarke fand bei 75 bis 100 mm Druck
statt. Die Waagen arbeiteten zufriedenstellend, trotzdem eine von ihnen auf
einem Arbeitstisch stand und im Nebenraum schwere Maschinen liefen.
Schwankungen der Instrumentanzeige verschwanden, nachdem die Waagen
eine Woche mit evakuiertem Gehäuse standen.

Gasdichtewaage von Taylor (63) [1917], Abb. 43. Der Balken von weniger
als 1 g Gewicht hatte eine Auftriebskugel von 1 cm Durchmesser und war mit

dem ihn tragenden Rahmen zu einem Stück Quarzglas verschmolzen. Da vollkommene Konstanz der Instrumentanzeige mit Schneiden nicht erhalten werden konnte, wurde ein Torsionslager benutzt. Die Lage des Zeigers wurde mit dem Okularmikrometer eines schwach vergrößernden Mikroskops beobachtet.

Die Quarzglaseinheit wurde mit kochender Salpetersäure und destilliertem Wasser gereinigt, gründlich getrocknet und dann in das Gehäuse eingesetzt, das aus einem Bronzeblock mit einer kreuzförmigen Aushöhlung von geringem Fassungsraum bestand.

Die Waage diente für die Bestimmung der Dichte des Heliums, die mit einer Präzision von $\pm$ 0,00007 (relativ) erhalten wurde. Der Balken war so justiert, daß der Zeiger bei einem Druck von etwa 0,17 Atm. Gleichgewicht anzeigte. Als Bezugsgase dienten Sauerstoff und Wasserstoff. Der Druck wurde mittels Quecksilbermanometer und Kathetometer bestimmt.

Die Waage war in einem temperaturkonstanten Raum mit großem Wärmefassungsvermögen aufgestellt, so daß zwei- bis dreiminutenlanges Verweilen eines Beobachters die Temperatur nicht merklich beeinflußte und die täglichen Schwankungen von 0,2° C auch an solchen Tagen nicht überschritten wurden, an denen die Außentemperatur große Änderungen erfuhr.

Die Gasdichtewaage von Edwards (17) [1917] mit Spitzenlagerung, kann von Apparatefirmen bezogen werden. Nach HOELSCHER, KAYSER und PRICE (35) können Gasdichten auf $\pm$ 0,0005 unter Benutzung der im Handel befindlichen Modelle mit offenem Manometer, ruhendem Wasser im Kühlmantel und Nadelventilen für den Einlaß von Gasen bestimmt werden. Die genannten Autoren erreichen eine lediglich durch die Genauigkeit der Druckmessungen bestimmte relative Präzision von $\pm$ 0,0001, indem sie die von A. H. Thomas (Philadelphia, Pa.) gelieferte Waage (Balken und Lagerung) in einem einseitig zugeschmolzenen Pyrexrohr von 55 mm innerem Durchmesser, das durch eine aufgeschliffene Kappe verschlossen wird, befestigen. Oberhalb des Balkens hat dieses Gehäuse vier Kapillaren von 1 mm Lumen angesetzt, die zu einem geschlossenen Manometer und zu den auf einem Brett befestigten Glashähnen führen. Die Schliffkappe wird mit Wachs auf das Gehäuse aufgekittet, das hierauf in ein ständig leicht gerührtes Wasserbad von 25° C eingesenkt wird.

Die Glashähne sind besser geeignet als die Nadelventile, die allmählich undicht werden und deren Öffnen die Waage genügend erschüttert, um eine Anzeigeänderung herbeizuführen. Das Rohr, das zum geschlossenen Manometer führt, ist auch mit einem offenen Quecksilbermanometer verbunden, dessen offener Schenkel mit einem Gummiballon verbunden ist. Durch Drücken dieses Ballons kann der Balken in Schwingung versetzt werden, was es ermöglicht, sich von der Reproduzierbarkeit der Zeigerstellung zu überzeugen.

Gasdichtewaagen von Stock und Ritter (60) [1926], Abb. 44. Für den Einbau in Vakuumapparaturen zur Beobachtung des Erfolges von Trennungen und Prüfung der Reinheit flüchtiger Stoffe wurde eine Reihe von Auftriebswaagen gebaut, die Lagerung auf Stahlspitzen gemein hatten (Abb. 44 *B*). Die einfache Schwebewaage (Abb. 44 *A*) wurde aus Glas ausgeführt und gab eine relative Präzision der Dichtebestimmungen von $\pm$ 0,01, die für viele analytische und präparative Zwecke ausreichend erschien. Die entsprechende Präzisionsschwebewaage wurde aus Quarzglas ausgeführt und in ein Bad aus einer Eis-Wasser-Mischung eingesenkt, um eine relative Präzision von $\pm$ 0,0001 zu erreichen.

Bei Balken von der Form der Abb. 44 *C*, mit einer magnetisierten Stahlnadel *ns* mit Marineleim im Horizontalröhrchen befestigt, ist es möglich, dem an der Kugel wirkenden Auftrieb durch Annäherung eines starken Stabmagneten

so entgegenzuwirken, daß der Zeiger bei beliebig gewähltem Gasdruck auf den
Bezugspunkt einspielen wird, ohne daß es nötig ist, am Balken eine Änderung
vorzunehmen. Die Verstellung des Stabmagneten wirkt dabei wie die Verschiebung eines Laufgewichtes am Balken. Außerdem wurde ein Modell mit elektromagnetischer Kompensation nach dem Prinzip des Kruspeschen Elektro-
dynamometers (39) gebaut, das es ermöglichte, den zu bestimmenden Auftrieb
durch Messung der Stromstärke· auszuwerten (vgl. S. 143).

Die Waagen bewährten sich in den ruhigen Laboratorien des Kaiser-Wilhelm-
Institutes, erwiesen sich aber ungeeignet, wenn sie Erschütterungen ausgesetzt
werden mußten. Dieser Mangel wurde durch die von Lehrer und Kuss angegebenen Abänderungen überwunden (59).

Gasdichtewaage von Lehrer und Kuss (41). Die Gleichförmigkeit der Instrumentanzeige wurde gegenüber den Waagen von Stock und Ritter verbessert, indem

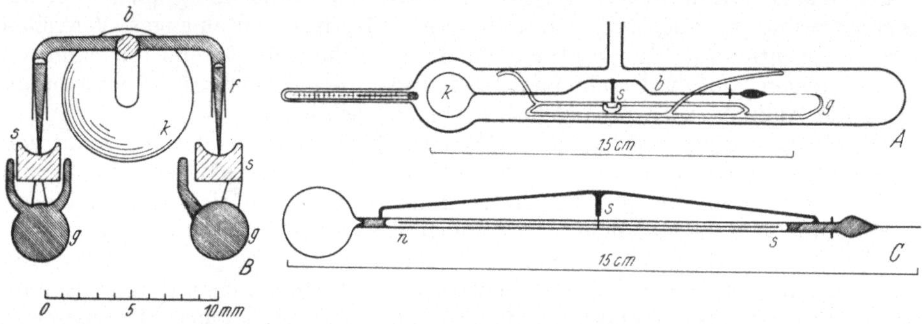

Abb. 44. Gasdichtewaagen nach Stock und Ritter. *A*, Balken *b* mit Kugel *k* auf Gestell *g* mit Federn in einem
Rohr montiert; *B*, Schnitt durch die Lager *s*; *C*, Balken für magnetische Kompensation oder Justierung der
Leeranzeige mit Magnet *ns*.

die Spitzenlagerung durch eine 6 mm lange Schneide, die auf einer Achatplatte
spielt, ersetzt wurde. Weiters wurde eine Arretierung des Balkens vorgesehen und
die Störung durch äußere Magnetfelder durch Verwendung eines astatischen
Magnetpaares verhindert. Der Balken ist aus Quarzglas ausgeführt und trägt auf
jeder Seite des Mittellagers je einen gut gealterten Koerzitmagneten (10 mm lang
und 2 mm dick). Das den Balken umgebende Rohr hat einen eingeschliffenen
Stopfen, der beim Drehen die Arretierungsvorrichtung betätigt, die den Balken
wie bei Analysenwaagen immer in der gleichen Stellung absetzt. Das Waagegehäuse befindet sich in einem Aluminiumblock, der in einen Thermostaten
eingesenkt werden kann.

Die Stellung der Zeigerspitze wurde mit dem Okularmikrometer eines
Beobachtungsmikroskops innerhalb 15 μm bestimmt. Bei einer Schwingungsdauer des Balkens von 11 Sekunden ergab sich ein Temperaturkoeffizient der
Zeigerstellung von 30 μm je Grad Celsius. Einstellung des Druckbereiches
mit Hilfe eines Magneten ist vorgesehen und bei Wägung mit elektromagnetischer
Kompensation entsprach ein Spulenstrom von 0,01 Milliampere einer Änderung
von 45 μm in der Zeigerstellung und einer Druckänderung von 4,37 mm Quecksilber.

Waagen mit elektromagnetischer Kompensation.

Das Gewicht des Objekts wird durch eine entgegengesetzt gerichtete elektromagnetische Kraft ausgeglichen (5). Unter der Voraussetzung, daß die beiden
Bauelemente, zwischen denen die elektromagnetische Kraft auftritt, im Zeit-

punkt der Messung immer dieselben Lagen im Raum einnehmen, ist die Kraft der Stromstärke und diese selbst daher dem Gewicht des Objekts proportional. Da auch sehr geringe Stromstärken schnell, einfach und mit guter Präzision bestimmt werden können, scheint die Wägung durch elektromagnetische Kompensation, wie schon PETTERSSON erkannt hat, besonders aussichtsreich für die präzise Bestimmung außerordentlich kleiner Massenänderungen. Für den Chemiker ist es dabei von besonderem Interesse, daß die Wägungen für analytische Zwecke bei Atmosphärendruck und im allgemeinen bei beliebigem Druck im Vakuum oder in einem beliebigen Gas vorgenommen werden können; damit sind die Beschränkungen vermieden, die die in bezug auf Präzision und Empfindlichkeit etwa gleich vielversprechende Auftriebswägung auferlegt. Überdies kann eine elektromagnetische Waage ähnlich wie eine Federwaage zur fortlaufenden Beobachtung oder Registrierung von Gewichtsänderungen in ein vollkommen geschlossenes System gebracht und zum Studium des Verlaufes von Reaktionen herangezogen werden.

Eines der aufeinander wirkenden elektromagnetischen Elemente muß natürlich mit der Waage oder dem zu wägenden Objekt verbunden sein. Dem anderen muß eine in bezug auf die Waage unverrückbar festgesetzte Lage gegeben werden. Um die eingangs erwähnte Bedingung genau gleicher Lage im Raum im Zeitpunkt der Messung zu erfüllen, wird die Stromstärke immer dann abgelesen, wenn eine bestimmte Einstellung der Waage durch Kompensation hergestellt ist. Wird dabei das Gewicht des Objekts unmittelbar von dem elektromagnetischen Element getragen, wie dies bei der Waage von EMICH der Fall ist (Abb. 47), so ist die Waage (Balken) zur Zeit der Strommessung immer gleich beansprucht, was alle Fehler ausschließt, die durch Formänderungen der Waage (des Balkens) infolge von Belastungsänderungen hervorgerufen werden. Diesen Vorzug teilt eine richtig entworfene Waage mit elektromagnetischer Kompensation mit den Auftriebswaagen, bei denen die eigentliche Waage auch nur als empfindlicher Indikator des Kräfteausgleiches dient.

Das von der Waage getragene elektromagnetische Element mag ein permanenter Magnet, ein ferromagnetischer Körper oder ein von einem Strom durchflossener Leiter (Solenoid) sein. Das außerhalb der Waage befindliche Element ist in der Regel ein Solenoid, das mit Strom beschickt wird, dessen Stärke genau geregelt und gemessen werden kann.

Der Strom wird am besten von einem Akkumulator geliefert. Zur Regelung der Stärke können geeignete Regulierwiderstände in Serie mit dem Solenoid, hoher Widerstand im ständig geschlossenen Akkumulatorenkreis und Abzweigung zum Solenoid oder eine Kombination beider benutzt werden. Zur Messung des Solenoidstromes dient entweder ein Präzisionsgalvanometer in Serie oder die Messung des über einen gegebenen Widerstand auftretenden Spannungsgefälles mittels Kompensation. Ein in Serie mit dem Solenoid arbeitendes Milliamperometer, das am besten mit einer Spiegelskala ausgerüstet ist und einen Bereich hat, der durch Zusatzwiderstände geändert werden kann, erlaubt sehr rasche Wägung mit ziemlich zufriedenstellender relativer Präzision: etwa $\pm\,0{,}0007$, wenn beinahe die ganze Skala eines Instrumentes mit 150 Skalenteilen ausgenützt werden kann und das Instrument eine Präzision von $\pm\,0{,}1$ Skalenteil gibt.

Höhere relative Präzision der Messung des Solenoidstromes und damit des Gewichtes gibt eine in Abb. 45 angedeutete Kompensationsanordnung. Die Stromstärke I des durch das Solenoid gehenden Stromes ist

$$I = E \cdot [w/w' \, (W + w)], \tag{62}$$

wobei die Bedeutung der Buchstaben aus der Abbildung hervorgeht. Wenn der Widerstand w' und die elektromotorische Kraft E des Akkumulators konstant angesehen werden können, ist die relative Präzision der gefundenen Stromstärke I jener der Messung des Widerstandes w gleich, da $W + w$ wenigstens innerhalb einer Wägungsreihe unverändert bleibt. Dem Gefällsdraht kann bei 10 m Länge leicht ein Tausendstel des Widerstandes W gegeben werden. Läßt sich die Stellung des Schleifkontaktes mit ± 1 mm reproduzieren, so ist ohne weiteres eine Wägungspräzision von $\pm$ 0,0002 bis 0,0001 zu erreichen. Es versteht sich, daß möglichste Unabhängigkeit der Widerstände von der Temperatur wünschenswert ist. Die Stromstärke im Solenoid- und Meßkreis wird sich bei Mikrowaagen im Bereich von 0,1 μA bis 0,15 A bewegen.

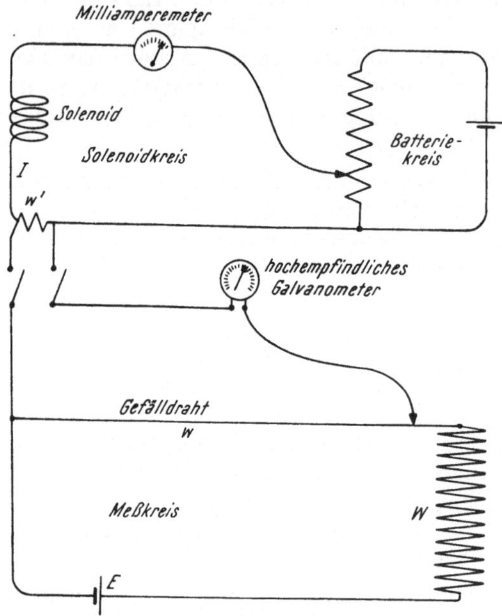

Abb. 45. Regulierung und Messung des Solenoidstromes.

Die Wechselwirkung zwischen den beiden Elementen, die der elektromagnetischen Kompensation dienen, kann dazu benutzt werden, eine schwingende Waage (zur Beobachtung der Ruhelage) rasch zum Stillstand zu bringen oder (zur Kontrolle der Ruhelage) in Schwingung zu versetzen. Es empfiehlt sich, hierzu in den Solenoidstrom einen Morsetaster einzuschalten.

Für analytische Zwecke genügt es meist, an Stelle der Gewichte die entsprechenden elektrischen Einheiten (Ampere, Ohm oder Zentimeter Gefällsdraht) zu verwenden. Die Umwandlung in metrisches Gewicht (sowie die Prüfung der Proportionalität der Anzeige) muß auf dem Wege empirischer Eichung (S. 21—26) erfolgen.

Eine mit elektromagnetischer Kompensation verbundene Schwierigkeit ist durch den Joule-Effekt verursacht. Fließt durch ein Solenoid vom Widerstand ω ein Strom von I Ampere, so werden je Sekunde etwa $0,24 \, \omega \, I^2$ Grammkalorien in Freiheit gesetzt. Bei 10 Ohm Widerstand würde ein Strom von 63 Milliampere eine isolierte Masse von 64 g Kupfer je Minute um $0,1°$ C erwärmen. Im Hinblick auf den bei hochempfindlichen Waagen äußerst stark störenden Einfluß von Konvektionsströmungen wird es sich daher empfehlen, eine Isoliermasse zwischen Solenoid und Waagegehäuse einzuschieben, das Solenoid so zu bauen (Kühlrippen von Luft durchstrichen), daß sich die Wärme rasch verteilt, und den Widerstand des Solenoids und dadurch die Stromstärke klein zu halten, indem man das an der Waage wirkende magnetische Moment nahe an das Solenoid heranbringt und so stark als möglich macht. Für die Bestimmung sehr kleiner Gewichte ist dabei vorteilhaft, daß zwar die Stromstärke proportional mit dem Gewicht abnimmt, die Wärmetönung sich aber mit dem Quadrat des Gewichtes verkleinert.

Selbstverständlich setzt elektromagnetische Kompensation voraus, daß die Waage dem Einfluß fremder elektrischer und magnetischer Felder entzogen werden muß. Schwankungen im erdmagnetischen Feld werden sich ebenfalls bemerkbar machen, wenn die Empfindlichkeit der Waage entsprechend gesteigert wird.

Waage von Knut Johan Angström (1) [1895], Wägung auf 1 μg bei 1 g Belastung; Aluminiumbalken von 2,3 g Gewicht und etwa 9 cm Länge mit WEBERschen Abwicklungslagern (s. S. 94) für Mittel- und Endlager: Glasröhrchen vertikal zur Ebene des Balkens eingesetzt, an denen auf jeder Seite des Balkens je ein Kokonfaden befestigt war. Beide Endlager trugen kleine Schalen und unterhalb der rechten Schale war ein kleiner Stabmagnet angehängt, dessen unterer Pol eben noch in die obere Öffnung des Hohlraumes des vertikal gestellten Solenoids hineinreichte. Die Ablesung erfolgte mit Fernrohr und Skala (1 m Abstand) unter Benutzung eines Spiegelchens, das nahe an der Drehachse am Balken befestigt war. Keine Arretierung war vorgesehen, aber die Schwingung des Balkens war durch einen Anschlag beschränkt.

Die Waage diente zur Eichung kleiner Gewichte.

Präzisionswaage von Kruspe (39) [1898]. Am Balken ist eine kleine Spule vorgesehen, die durch das darunter anzubringende Solenoid angezogen werden sollte.

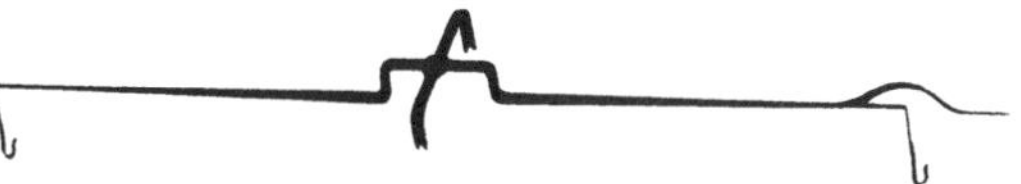

Abb. 46. Quarzglasbalken nach E. WIESENBERGER (69).

Waage von Urbain (65) [1912], Wägung auf 10 μg bei 0,1 g Belastung. Ein Balken von 8 cm Länge und der Form eines Dreieckes wurde durch Zusammenschmelzen von Glasstäbchen von 0,4 mm Durchmesser erhalten. Zur Herstellung der Lager dienten Platindrähte von 30 μm Durchmesser. Kompensation erfolgte mit Spule und Magnetnadel.

Die Waage wurde zum Studium der Verwitterung von Kristallen gebaut und Wägungen wurden ausgeführt, während die auf einer Schale sich befindende Substanz in einem kleinen elektrischen Ofen erhitzt wurde.

Emichs Mikrowaage mit elektromagnetischer Kompensation (20) [1916], Wägung auf 15 ng bei 0,2 g Belastung. Der Balken aus Quarzglas war ursprünglich ein beiderseits zugeschmolzenes gerades Röhrchen (besser ist ein Stäbchen) von 0,7 mm Durchmesser, 0,15 mm Wandstärke und 8 cm Länge. An beiden Enden des Balkens wurde ein kurzer Tragfaden mit Haken und Biegegelenk angesetzt. An ein Ende wurde überdies mit Selen ein Quarzglasfaden als Zeiger angesetzt. WIESENBERGER (69) formte den Balken aus einem Quarzglasstäbchen, das in der Mitte einen Durchmesser von 1 mm hatte und gegen beide Enden auf 0,5 mm ausgezogen war; der Zeiger wurde aus dem Balken ausgezogen (Abb. 46). Das Mittellager war ein Torsionslager mit ziemlich kurzen Quarzglastragfaden.

An den Haken wurde unterhalb des Zeigers zunächst ein magnetisiertes Stück (10 mg Gewicht, 12 mm lang) einer 0,4 mm starken Nähnadel mit Hilfe eines Platindrahthakens von 0,05 mm Durchmesser angehängt. Der Platindraht formte schließlich einen Haken, in den das Arbeitsschälchen eingehängt wurde. Abb. 47 zeigt das aus starkem Kupferblech angefertigte Gehäuse, das mit einem ENGELMANNschen Ablesemikroskop zusammen auf ein und demselben Messingstativ befestigt war. Ein passender Teilstrich des Okularmikrometers oder das Fadenkreuz eines Okularschraubenmikrometers dienten als Bezugsmarke für die Einstellung des Zeigers, der durch ein kleines Fenster im Gehäuse beobachtet wurde.

Das auf dem Deckel des Gehäuses über dem Magneten aufsitzende Solenoid wurde aus 150 m Kupferdraht von 0,7 mm Durchmesser gewickelt und war

in Serie mit einem Morsetaster, einem Präzisionsmilliamperemeter und einem
Stöpselrheostaten (0,1 bis 20000 Ohm) an eine Akkumulatorenbatterie von vier
Zellen angeschlossen. Je nach Wahl des Nebenschlusses am Amperemeter war
der Wert eines Teilstriches 10, 1 oder 0,2 Mikroampere. Zur Feineinstellung des
Zeigers der Waage wurde empfohlen, zwischen Batterie und Stöpselrheostaten
einen Schieberwiderstand einzuschalten, der aus U-förmig gespanntem Nickelin-
draht von 1 mm Dicke und 50 cm Länge und einer darauf gleitenden Messing-
spange bestehen kann.

An Stelle der Arretierung wurden aus Platindraht passend geformte Anschläge
für den Balken vorgesehen. Ein auf den Tubus des Horizontalmikroskops auf-
gesetzter Papierschirm schütz-
te die Waage vor den Wärmestrahlen, die vom Kopf des
Beobachters ausgehen.

Die Waage wurde zur Aus-
führung quantitativer Be-
stimmungen (Rückstandsbe-
stimmungen und Elektrolysen
mit Mikrogramm-Mengen) benutzt. Schwankungen der Anzeige während Gewittern (69)
könnten ebensowohl durch Auf-
triebsänderungen wie durch
magnetelektrische Störungen
hervorgerufen worden sein, da
bei Austarierung der Massen
augenscheinlich der richtigen
Verteilung der Materialien
verschiedener Dichte nicht genügend Aufmerksamkeit ge-
schenkt wurde.

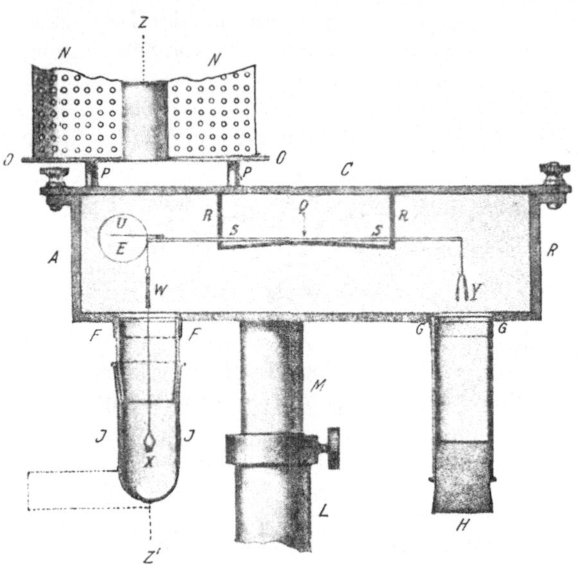

Abb. 47. Hochempfindliche Waage mit elektromagnetischer Kompensation nach Emich.

Arbeits-, Kontroll- und
Taraschälchen werden so ab-
geglichen (s. S. 124), daß der
Zeiger mit Arbeits- und Kontrollschälchen nahezu die gleiche Lage einnimmt. Abweichungen können durch elektromagnetische Kompensation oder
durch Neigungswägung (Eichung der Skala mit dem Amperemeter) ausgewertet
werden. Die Schälchen wurden mit Platinlöffeln übertragen; wenn nicht in
Gebrauch, wurden sie an Platinhaken gehängt, die von der Unterseite eines
Korkes in das Innere eines Pulvergläschens hineinragten.

Das Absetzen der Schälchen an den Haken der Waage setzt den Balken in
kräftige Schwingung, die dadurch gebremst wird, daß man den Kompensationsstrom mit dem Morsetaster für kürzere oder längere Zeit wirken läßt, wobei
ein sehr großer Widerstand eingeschaltet ist. Der Widerstand wird systematisch
verkleinert, bis sich der Zeiger auf die gewählte Bezugslinie einstellt. Das Amperemeter wird zunächst auf geringste Empfindlichkeit geschaltet und diese nach
und nach, dem Bedarf entsprechend, gesteigert.

Das Glasröhrchen J des Gehäuses (Abb. 47) hat einen Griff K aus Kork,
um das Erwärmen des Röhrchens zu vermeiden. Es läßt sich aber nicht vermeiden, daß die Waage beim Abnehmen und Aufsetzen des Röhrchens stark
erschüttert wird. Die leichteste Berührung des Schälchens mit der Schliffstelle
würde überdies Fett an das Schälchen übertragen.

Die Mikrowaage von McBain und Tanner (45) [1929] zeigte 4 ng bei einer Belastung von vermutlich einigen Dezigrammen an. Der 22 cm lange Balken bestand aus einem 1,1 mm starken Stäbchen aus Quarzglas, das in der Mitte mit einem ⊓-förmig gebogenen Querbalken verschmolzen war, der an jedem Ende eine Carborundumspitze trug. Die beiden Arme des Balkens senkten sich gegen die Enden hin, so daß sie einen Winkel von etwa 10° mit der Horizontalen bildeten.

Ein 2 cm langes Stück Weicheisendraht von 0,5 mm Durchmesser wurde in eine Kapillare eingeschlossen und diese über der Mittelachse an den Balken in lotrechter Stellung angesetzt. Ein scheibenförmiges Solenoid wurde in horizontaler Lage über dem Eisendraht so befestigt, daß die Achse des Solenoids nach rechts oder links etwas gegen die dazu parallele Längsrichtung des Drahtes verschoben war. Wechselstrom von 110 Volt und der Frequenz 60 je Sekunde wurde in Serie durch eine 40-Watt-Glühbirne und einen 330-Ohm-Widerstand geschickt. Von diesem wurde mittels eines Gleitkontaktes der Strom durch ein Milli-

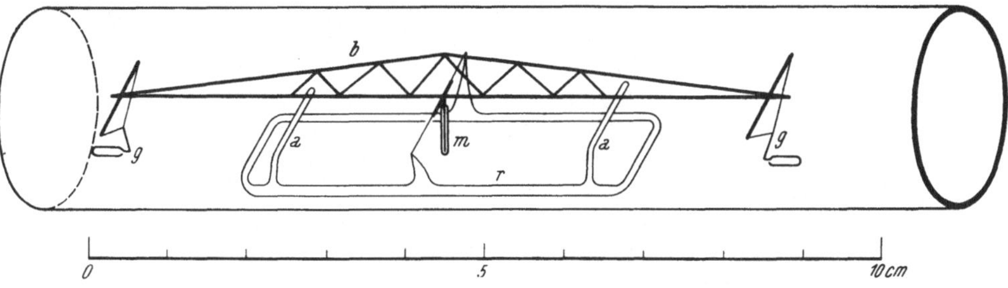

Abb. 48. Waage von EDWARDS und BALDWIN mit elektromagnetischer Kompensation. *a*, Anschläge; *b*, Balken; *g*, Gehänge; *m*, Magnet; *r*, Rahmen.

amperemeter an das Solenoid abgezweigt. Der Weicheisendraht nahm im magnetischen Wechselfeld eine stabile Gleichgewichtsstellung ein. Das Zurückbleiben magnetischer Reste wurde dadurch vermieden, daß der durch die Spule gehende Strom vor Unterbrechung immer allmählich auf Null zurückgeführt wurde. Eine Abschirmung gegen magnetische Felder wurde für nicht notwendig befunden, wenn die Waage von starken Magneten, großen Eisenmassen und von Wechselstromfeldern (Quecksilberdampflampen) ferngehalten wurde.

Die Waage diente zum Studium der Adsorption organischer Dämpfe an Platin und wurde zu diesem Zweck in einer Glasglocke untergebracht, die evakuiert werden konnte. Die Glasglocke wurde auf einem isolierten Betonsockel aufgestellt. Ein sorgfältiges Studium der im Anfange beobachteten unregelmäßigen Anzeigeschwankungen zeigte, daß diese durch elektrische Ladungen an Teilen der Waage und an Objekten der Umgebung verursacht waren. Die Störungen wurden durch Einbringen von Uranoxyd in das Waagegehäuse beseitigt.

Mikrowaage von Edwards und Baldwin (16) [1951], Präzision von ± 0,2 µg entsprechend einem Teilstrich der Mikrometerskala oder 6 Bogenminuten bei 150 mg Belastung; Bereich der elektromagnetischen Kompensation von 1 bis 1,2 mg. Der 9 cm lange Balken (Abb. 48) von 300 bis 350 mg Gewicht wurde durch Verschmelzen von Quarzglasstäbchen von 0,3 mm Durchmesser hergestellt. Balken, Torsionstragfaden des Mittellagers und Rahmen sind zu einem Stück verschmolzen. Der Tragfaden des Mittellagers ist straff gespannt (s. S. 102), um seitliche Bewegungen des Balkens zu begrenzen. Endlager: Kurze Querbalken an beiden Enden des Balkens tragen je einen aus einem feinen

Quarzglasfaden bestehenden Bügel mit Biegegelenken nahe am Querbalken. Die Platinfolienschälchen sind in die Bügel eingehängt.

Der den Balken tragende Rahmen ist aus Quarzglas (Stab von 3 mm Durchmesser) geformt und trägt horizontale Querstäbchen, die die Schwingungen des Balkens einschränken und auf denen der Balken aufliegt, wenn er nicht im Gleichgewicht ist. Eine Arretierung ist nicht vorgesehen.

Zur Beobachtung des Gleichgewichtes ist ein Balkenende zu einer feinen Spitze ausgezogen, auf die das Fadenkreuz des Beobachtungsmikroskops eingestellt wird.

Ein *Cunife*- oder *Alnico*-Magnet von 5 bis 7 mm Länge, 0,6 mm Durchmesser und etwa 10 mg Gewicht ist in einer dünnwandigen Kapillare eingeschmolzen und mit der NS-Achse lotrecht unterhalb des Mittellagers an den Balken angesetzt. Er wird magnetisiert, indem man den fertigen Balken einem Feld von wenigstens 160 Amperewindungen je Millimeter des permanenten Magnetes aussetzt.

Das Gehäuse besteht aus einer beiderseits offenen Röhre von Borosilikatglas von 25 mm lichter Weite und 12 cm Länge. Das Solenoid mit 1000 Windungen von baumwollbesponnenem Kupferdraht von 0,4 mm Durchmesser wird über das Gehäuse geschoben. Der Strom wird von einem oder mehreren Akkumulatoren geliefert. Regulierwiderstände von 2500 Ohm, 25 Ohm und 1 Ohm sowie ein konstanter Widerstand von 3 Ohm sind mit dem Solenoid in Reihe geschaltet. Die drei ersteren dienen zur Regulierung des Solenoidstromes. Der 3-Ohm-Widerstand aus Konstantandraht von 0,22 mm Durchmesser, dessen Änderung mit der Temperatur vernachlässigt werden kann, ist zur Messung des Potentialgefälles auch an ein Potentiometer von Leeds und Northrup (Type K) angeschlossen.

Die ziemlich widerstandsfähige Waage ist für den analytischen Gebrauch und für Wägungen in geschlossenen Systemen (Dampfspannung-Gewicht-Beziehungen, Gasdichte mit angehängter Auftriebskugel, Reaktionen mit gasförmigen Reagenzien oder Produkten) gedacht und kann bei Temperaturen bis zu 150 und 200° C benutzt werden.

Die *Mikrowaage von* Czanderna und Honig (12) (1957) verfügt über eine Präzision von $\pm$ 50 ng entsprechend dem Auflösungsvermögen von 1 μm des Kathetometers, das bei der ziemlich tiefen Lage des Balkenschwerpunktes die Leistungsfähigkeit begrenzt. Massen bis zu 10 mg können mit einer relativen Präzision von $\pm$ 0,001 und besser, durch elektromagnetische Kompensation bestimmt werden. Der symmetrische Balken von 16 cm Länge ist wie jener von Rodder vertikal und horizontal versteift, aus Quarzglasstäbchen von 1 mm Durchmesser zusammengeschmolzen und spielt mit eingesetzten Wolframspitzen (S. 96) in Näpfchen, die in ein Gerüst von Quarzglas eingebaut sind, das auch die Nullmarke und die Schwingung des Balkens begrenzende Anschläge trägt. Beide Enden des Balkens haben die Form einer Y-Gabel zur Aufnahme je eines quergespannten Wolframdrahtes, der in der Mitte zur Aufnahme eines Hakens aus Vycorglas V-förmig durchgebogen ist. Der Krümmungsradius des Hakens darf nicht zu klein gewählt werden, wenn die Reibung gering gehalten werden soll.

Der Balken ist in ein horizontales Glasrohr eingebaut, das mit der Vakuumleitung verbunden ist. Zwei Quarzglasrohre sind unter Vermittlung von mit Apiezon-W-Wachs gedichteten Schliffen vertikal angesetzt und enthalten die Gehänge, Vycorglasfäden von 40 bis 50 cm Länge, von denen der eine den Magneten und eine Quarzglastara und der andere eine Auftriebskugel, Platingewichte und das Arbeitsgerät aus Quarzglas trägt. Der Magnet ist in eine Glaskapillare eingeschlossen und besteht aus einem 7,5 cm langen Alnicodraht. Der Spulenstrom wird mit Hilfe einer Potentiometereinrichtung gemessen und die Potentiometeranzeige durch Auftriebswägung geeicht (S. 129—134).

ʻDie Waage diente zu Absorptionsstudien und wurde zu diesem Zwecke so in ein gut isoliertes Holzgehäuse eingesetzt, daß das Waagegestell unter Vermittlung von Schaumgummiblöcken auf einer Papierlage von 4 cm Dicke ruhte. Das Gehäuse stand ebenfalls auf Blöcken aus Schaumgummi. Bei Verwendung langer Gehängefäden konnte das Waagegehäuse ohne Vermittlung eines Spiralrohres direkt an die Vakuumapparatur angeschlossen werden. Die Temperatur der Luft innerhalb des Gehäuses wurde mittels Ventilators, elektrischen Heizdrahtes und Kühlschlange innerhalb $\pm$ 0,1° C konstant gehalten. Die Waage erwies sich als ziemlich robust. Mittelmäßige bis schwere Erschütterungen änderten nur die Gleichgewichtslage. Bei Unterbleiben solcher Erschütterungen blieb die Anzeige bei konstantem Gasdruck im Gehäuse in zwei Versuchen durch 5 Tage unverändert. Temperaturschwankungen gaben bei einem Auftriebsvolumen von etwa 0,5 ml Anzeigeänderungen von 1 μg pro Grad Celsius.

Eine *elektrische* („*Elektrona I*", „*ELMIC*") *Mikrowaage von Sartorius* mit einer Tragkraft von 0,5 g ist mit drei Bereichen für elektrische Kompensation mit einer relativen Präzision von $\pm$ 0,01 verfügbar: Von 0 bis 0,1 mg ($\pm$ 1 μg); von 0 bis 0,2 mg ($\pm$ 0,2 μg) und von 0 bis 0,5 mg ($\pm$ 5 μg). Der Balken ist ein Quarzglasstab, der auf einem Torsionsfaden schwingt. Zur Kompensation ist ein kleines Solenoid in der Mitte des Balkens so befestigt, daß es sich im Felde eines größeren Solenoids bewegt. Die dadurch im schwingenden Solenoid auftretenden Spannungen werden verstärkt und regulieren den Kompensationsstrom automatisch so, daß Gleichgewicht hergestellt wird und die Schwingung des Balkens zum Stillstand kommt. Die dem Gewicht proportionale Stärke des Kompensationsstromes kann mit Milliamperemeter und Spiegelskala oder mit Spiegelgalvanometer abgelesen oder registriert werden. Zur Registrierung rascher Gewichtsänderungen eignet sich das photographische Verfahren besser als die Schreibfeder.

Arbeitsgefäße werden durch ein Taragewicht ausgeglichen, das am anderen Arm des Balkens verschoben werden kann.

Das Gehäuse besitzt ein zylindrisches Fenster, das nach oben geschoben werden kann und dabei die Waage vollkommen freilegt. Die Schale wird durch einen Hebel vom Gehänge abgehoben und durch ein automatisch funktionierendes Türchen zum Auflegen der Last außerhalb des Gehäuses gebracht. Für die Arbeit im Vakuum ist die Waage in einem Glasrohr montiert erhältlich.

Die tragbare CAHN-*Electrobalance*[1] (64) der Cahn Instrument Company, Downey, Kalifornien, eignet sich für Belastungen bis zu 70 mg, mit einer Höchstempfindlichkeit von 1 μg und einer Präzision von $\pm$ 0,2 Skalenteilen der 1000-teiligen Potentiometerskala und vier Wägebereichen. Die Bereiche 0 bis 5 mg, 0 bis 10 mg und 0 bis 20 mg werden durch elektrische Umschaltung, der Bereich 0 bis 50 mg durch Einfügung eines zweiten Gehänges und eines Gegengewichtes eingestellt. Die Waage ist in eine mit Handgriff versehene Kassette von etwa 20 cm $\times$ 20 cm $\times$ 10 cm eingebaut, die auch die zum Betrieb erforderliche Batterie sowie Solenoid, Meßbrücke und Galvanometer enthält. Die robuste kleine Waage kann zur Verwendung in einer Trockenkammer oder hinter einem Strahlungsschild o. dgl. aus der Kassette herausgenommen und durch Leitungsdrähte mit den in der Kassette verbleibenden Instrumenten verbunden werden.

---

[1] USA-$ 615.— komplett mit Batterie, 2 Nichrombügeln, 10 Aluminiumfolieschälchen, Pinzette, 3,2-mg-Gegengewicht und einem Satz Gewichte der Klasse M bestehend aus 5, 10, 20 und 50 mg.

Der Balken besteht aus einem Aluminiumröhrchen von 0,5 mm Durchmesser und 10 mg Gewicht. Die Schalen (USA-$ 4,35 für 20 Stück) von 8 mg Gewicht sind aus Aluminiumfolie hergestellt und können wiederholt benutzt oder auch nach Gebrauch weggeworfen werden.

Die *Waage von* T. J. Gray *und* T. J. Jennings (21), Alfred University, England, mit einer Präzision von ± 50 ng ist ebenfalls im Handel erhältlich. Der Quarzglasbalken hat eine Brückenträgerform ähnlich wie bei der Waage von Edwards und Baldwin. Als Lager dienen entweder mit Silberchlorid angekittete Wolframfäden oder angeschmolzene Quarzglasfäden. Im ersten Falle wird der Balken in Helium bei 250° C und Ionenbestrahlung entgast, im letzteren durch Erhitzen im Vakuum auf 450° C. Ein Draht aus μ-Metall ist 45° zur Längs-

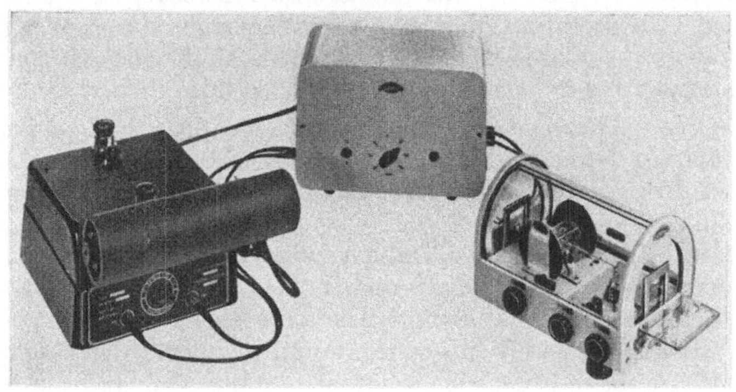

Abb. 49. Elektrische Mikrowaage von Sartorius („Elektrona I" oder „Elmic").

richtung des Balkens geneigt in diesen eingebaut und der Spulenstrom wird mit einem Präzisionspotentiometer auf ± 0,00001 genau gemessen. Das Gewicht kann auch automatisch registriert werden.

Federwaagen.

Das Gewicht des Objekts wird durch die Wirkung elastischer Kräfte so ausgeglichen, daß die letzteren in einfacher Weise bestimmt werden können. Da Federn das zu wägende Objekt unmittelbar tragen können, ist es im allgemeinen nicht üblich, die elastische Kraft unter Vermittlung eines schwingenden Balkens zur Wirkung zu bringen. Dabei geht aber auch die Möglichkeit verloren, Apparate durch Gegengewichte so auszugleichen, daß der ganze Bereich der elastischen Kräfte zur Wägung der Substanz verfügbar wird. In vielen Fällen wird der Hauptteil des verfügbaren Bereiches von den Geräten beansprucht; dadurch wird der für die Nutzlast (das Objekt) übrige Bereich so klein, daß man mit einer relativen Präzision von ± 0,01 bis ± 0,001 des Objektgewichtes zufrieden sein muß.

Zur Klassifizierung der Waagen ist im folgenden die Form der Federn und die damit verbundene Weise ihrer Beanspruchung verwertet.

a) Torsions- oder Fadenwaagen.

Torsionsfäden werden in der Physik verschiedentlich zur Messung kleiner Kräfte verwendet. Zur Wägung wurde das Prinzip anscheinend zuerst von Ritchie (54) angewandt, der im Jahre 1830 auf die vorzüglichen elastischen Eigenschaften von Glasfäden hinwies und verschiedene Beispiele für die Verwendung von Torsionsfäden aus Glas gab.

Die Feder hochempfindlicher Torsionswaagen hat in der Regel die Form eines dünnen Fadens, der beim Zwirbeln um seine Längsachse die das Gewicht aufhebende elastische Kraft erzeugt. Hierzu könnten Torsionswaagen ohne weiteres als einarmige Hebelwaagen so ausgeführt werden, daß ein Ende des Hebels am Torsionsfaden befestigt wird, während das andere das zu wägende Objekt trägt. Da aber eine derartige Ausführung, abgesehen von den damit verbundenen Nachteilen, keinerlei offensichtliche Vorteile hat, wurden die Torsionswaagen bisher als zweiarmige Hebelwaagen ausgeführt. Sie genießen dadurch natürlich den Vorteil aller Hebelwaagen: die Möglichkeit, Apparate nach Bedarf mit Hilfsgewichten austarieren zu können, so daß die volle Torsionskraft des Fadens zum Ausgleich des Gewichtes des Objekts verfügbar wird, woraus sich bei geschickter Wahl von Objektgewicht und Torsionsfaden eine sehr günstige relative Präzision der Wägungen ergibt.

Die Konstruktion der Waagen ist im Prinzip sehr einfach. Der Faden des Torsionslagers des Balkens wird an einem Ende unverrückbar festgelegt und am anderen Ende genau in der Rotationsachse einer zum Faden vertikal stehenden Scheibe befestigt, die an ihrem Umfang eine Teilung trägt, die eine genaue Bestimmung der Verdrehung des Fadens ermöglicht.

Der Faden, der das Mittellager einer Torsionswaage bildet, übernimmt dabei eine Doppelrolle und dient als Tragfaden und als Quelle der elastischen Kraft, die das Gewicht des zu wägenden Objekts ausgleicht. Dabei kann man sich den Torsionsfaden an der Stelle, an der der Balken befestigt ist, entzweigeschnitten denken. Tatsächlich wird die der Drehscheibe zugewandte Hälfte als Torsionsfaden und die abgewandte Hälfte *nur* als Tragfaden benutzt. Daß die der Drehscheibe abgewandte Hälfte des Fadens nicht zur elastischen Kraft beitragen kann, die dem Objektgewicht die Waage hält, geht daraus hervor, daß in dieser Hälfte keine Verdrehung des Fadens vorliegt, nachdem der Balken durch Spinnen der Drehscheibe wieder in die Leerstellung zurückgebracht wurde.

Es ist üblich, das Ende der Tragfadenhälfte am Ende eines Stiftes zu befestigen, dessen Achse eine Fortsetzung der Drehachse der Meßscheibe ist. Drehung des Stiftes, die im allgemeinen durch eine Arretiervorrichtung verhindert wird, macht es dann möglich, durch eine Vorspannung der Tragfadenhälfte die Leeranzeige der Waage auf einen gewählten Bezugspunkt (Null) einzustellen (vgl. Abb. 50).

Das zur Ausgleichung des Objektgewichtes angewendete Drehmoment ist

$$K L = b \varrho^4 \, T/l \text{ Gramm Gewicht je Zentimeter,} \qquad (63)$$

wobei K die Elastizitätskraft, L die Länge des Hebelarmes, b der am Meßkreis abgelesene Bogen, ϱ der Radius, l die Länge des Torsionsfadens und T der Torsionskoeffizient ist. Dabei beziehen sich ϱ und l nur auf die dem Meßkreis zugewandte Hälfte des Torsionsfadens.

Es ergibt sich, daß das Gewichtsäquivalent eines Bogengrades des Meßkreises um so kleiner und die Meßempfindlichkeit um so höher sein wird, je feiner und je länger der Torsionsfaden ist. Die Weite des Meßbereiches hängt wesentlich von der Länge des Fadens ab, da die Zahl der Drehungen, die dem Faden aufgezwungen werden können, ohne die Elastizitätsgrenze zu überschreiten oder Reißen herbeizuführen, der Länge direkt proportional sein müssen. Dabei bezieht sich das über Länge und Radius Gesagte nur auf die „Torsionshälfte" des Fadens.

Präzision und auch Genauigkeit der Wägung hängen natürlich wesentlich von der Größe, Ausführung und Lagerung der Meßscheibe und von den zur Ablesung der Teilung herangezogenen Mitteln ab. Dabei ist vorausgesetzt, daß die Empfindlichkeit des Balkens jener der Meßvorrichtung wenigstens ebenbürtig ist. Betreffend die Auswertung der Wägungen in metrischem Gewicht durch empirische Eichung und die Prüfung der Proportionalität der Anzeige s. S. 21 ff.

Der Torsionsfaden leidet unter allen Mängeln, die eine Torsionsschneide befallen können (s. S. 99), und ist außerdem noch den beim Drehen des Meßkreises auftretenden Unregelmäßigkeiten ausgesetzt. Diese wurden von Carmichael (9) besprochen.

Falls Balkenachse und Drehachse der Meßscheibe parallel bleiben, wenn die Balkenachse bei Belastung der Waage sinkt, so ergibt sich daraus nur jene Änderung des Drehmomentes, die aus der Verlängerung und Abnahme des Durchmessers des sich dehnenden Tragfadens mit Gl. (63) berechnet werden kann. Carmichael (9) schätzt derart eine Abnahme der elastischen Kraft auf 0,999 derselben, wenn die mit 0,3 g belastete Waage mit der unbelasteten Waage verglichen wird (bei 0,3 g Last auf jeder Schale und einem Quarzglasfaden von 5 cm Länge und 25 μm Durchmesser sank die Achse des Balkens um 1,5 mm). Übersteigen die beobachteten Abweichungen die berechneten, so ist die Ursache in Unregelmäßigkeiten der Balkenkonstruktion zu suchen.

Endspiel in der Achse des Meßkreises ändert die Spannung des Torsionsfadens und verursacht Fehler, wenn der Faden nicht ganz gerade ist. Dieses Endspiel muß daher mit geeigneten Mitteln behoben werden.

Wenn der Torsionsfaden exzentrisch an der Drehachse des Meßkreises befestigt ist, so ändert sich die Ebene, in der der Balken schwingt, mit der Stellung des Meßkreises (9); die Schärfe des mikroskopischen Bildes eines Zeigers ändert sich entsprechend. Es empfiehlt sich, die Ansatzstelle des Torsionsfadens und die Achse des Meßkreises während seiner Drehung mit einem Ablesemikroskop zu beobachten. Ist der Torsionsfaden an ein Quarzglasstäbchen angeschmolzen, das in die Achse des Drehkreises eingesetzt ist, so biegt man das Glasstäbchen, bis die Exzentrizität verschwunden ist.

Zusammenfassend sei auf einen Nachteil hingewiesen, der in der Natur der Torsionswaagen liegt und aus dem oben Gesagten hervorgeht. Mittellager und Balken sind einseitig beansprucht. Nur in der Torsionshälfte des Tragfadens sind Scherkräfte am Werk und das am Balken wirkende Drehmoment rührt nur von der Torsionshälfte des Fadens her. Außerdem gleicht die in der Mitte des Balkens wirkende Scherkraft das am Ende des Balkens angreifende Gewicht aus, wodurch die beiden Arme des Balkens ungleich beansprucht werden.

Die *Torsionswaage von Ritchie* (54) [1830] besaß einen 38 cm langen Balken aus Holz, der an beiden Enden Schalen trug und auf einer Stahlschneide spielte. In der Drehachse des Balkens befand sich auf der einen Seite der bis zu 3 m lange Torsionsfaden aus Glas und auf der anderen Seite ein kurzer Seidenfaden. Das zweite Ende des Torsionsfadens war an die Achse der Zählscheibe angesetzt. Der Seidenfaden war unter Vermittlung einer gespannten Spiralfeder aus Messing an einer Vertikalstrebe des Waagegehäuses befestigt. Die Feder hatte wie der Bogen *b* der Waage von Neher (Abb. 50) die Aufgabe, den Torsionsfaden straff gespannt zu erhalten; die Ankerung des Balkens an der Vertikalstrebe war notwendig, um eine seitliche Verschiebung des Balkens zu verhindern. Die schwingenden Teile der Waage wurden mit einem Gehäuse umgeben, aber der Zählkreis und der größte Teil des Torsionsfadens befanden sich außerhalb.

Einer der verwendeten Torsionsfäden benötigte eine Verdrehung um 5000 Bogengrade, um eine Last von 65 mg (1 grain) auszugleichen. Vorausgesetzt daß die Konstanz der Anzeige dies zuließ, wäre es somit möglich gewesen, mit einer einfachen Gradeinteilung des Zählkreises Gewichtsunterschiede von 6 μg (pro 30 Bogenminuten) und weniger festzustellen.

Torsionswaage von Stanbury und Tunstall (57) [1930], die eine Nutzlast von 3 mg auf etwa $\pm 10\,\mu$g genau angab. Der Balken bestand aus einem Aluminiumröhrchen von 2,4 mm Durchmesser und 21 cm Länge, das an beiden Enden Kerben hatte, in die Drahthaken eingelegt wurden. Die Mitte des Röhrchens wurde auf einem Streifen Federstahl (1,25 mm breit und 0,04 mm dick) befestigt, dessen eines Ende an der Achse eines einfachen Meßkreises befestigt war. Über der Mitte des Balkens wurde ein kleines Spiegelchen und ein Aluminiumflügel angebracht, welch letzterer zwischen den Polen eines Magneten schwang und die Bewegung des Balkens fast vollständig dämpfte. Die Waage wurde für Versuche mit Textilfasern gebaut.

Eine *Torsionswaage für rasches Wägen von Glühfäden* wurde im Jahre 1934 von den Vereenigte Draadfabrieken Nijmwegen zum Patent angemeldet. Der Torsionsfaden sollte aus Wolfram bestehen und eine Wägegenauigkeit von $1\,\mu$g geben (26).

Einfache Torsionsfederwaage von Fabergé (22) [1938] mit Wägebereichen von 0,4 und 2,3 mg und einer relativen Präzision der Wägung von etwa $\pm 0,002$ (der Nutzlast). Als Balken diente ein beiderseits zugeschmolzenes Glasröhrchen, das an beiden Enden zu einer Öse gebogen war, die in einer zum Balken vertikalen Ebene lag. In diese Ösen wurden zu wägende Objekte oder Schälchen eingehängt. Der ungleicharmige Balken wurde mit Schellack am Torsionselement befestigt, das aus Phosphorbronzedraht bestand, der zu einer Spirale gewunden wurde. Die folgenden Angaben beziehen

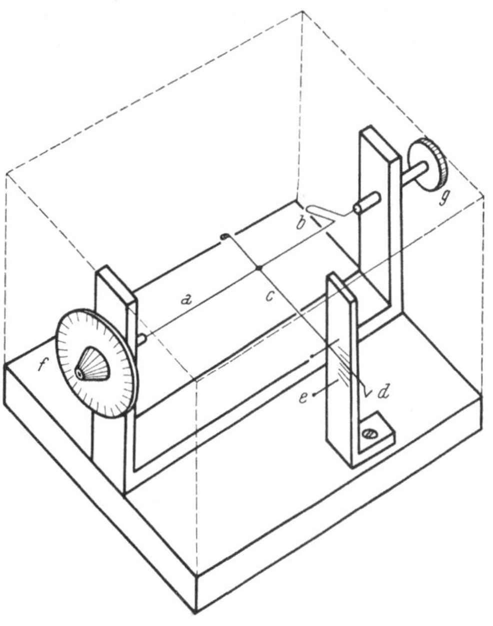

Abb. 50. Torsionswaage von NEHER. *a*, Torsionsfaden; *b*, Quarzglasbogen; *c*, Balken; *d*, Haken für das Wägegut; *e*, Skala und Anschläge für den Balken; *f*, Torsionsscheibe; *g*, Justierschraube für die Einstellung der Leeranzeige.

sich auf zwei ausgeführte Modelle: Bereich 0,42 (2,3) mg; Präzision $\pm 1\,(\pm 5)\,\mu$g; längerer Arm 35 (72) mm; Spirale mit 40 Windungen: Durchmesser des Drahtes 0,023 (0,041) mm, Länge der Spirale 16 (32) mm, äußerer Durchmesser der Spirale 0,9 (1,8) mm.

Die Torsionsachse hatte einen Zeiger aufgesetzt, der sich vor einer geteilten Aluminiumscheibe von 30 cm Durchmesser bewegte. Die erforderliche Zeigerdrehung war dem Gewicht praktisch proportional. Etwa 30 Sekunden wurden für eine Wägung benötigt. Die Waage wurde bei biologischen Studien verwendet.

Waage von Neher (48) [1938] für eine Belastung von weniger als 1 mg und Empfindlichkeiten von 1 bis 100 ng je Teilstrich des Meßkreises. Die Waage ist mehr oder minder als ein Beispiel oder eine Aufgabe für Übung im Arbeiten mit Quarzglas beschrieben und es ist darauf hingewiesen, daß Schwankungen der Anzeige nicht zu befürchten sind, wenn alle Verbindungen durch Zusammenschmelzen des Quarzglases ausgeführt werden, da dieses bis zum Brechen vollständig elastisch bleibt. Die Waage (Abb. 50) hat einen langen Torsionsfaden, dessen Tragfadenhälfte durch Vermittlung eines Quarzglasbogens in die Drehachse des Justierlagers eingesetzt ist. Der Bogen soll die Spannung des Torsionsfadens gleich erhalten; das Justierlager wird zur Einstellung der Leeranzeige benutzt. Das Ende des Balkens ist zu einem Haken gebogen, in den das Objekt eingehängt werden kann. Die Stellung des Balkens wird mit unbewaffnetem Auge an einer Vertikalteilung abgelesen. An Stelle einer Arretierung sind Anschläge für den Balken vorgesehen.

Ein Vergleich mit den im folgenden beschriebenen Waagen läßt deutlich erkennen, daß namhafte Verfeinerungen erforderlich sind, um eine empfindliche Torsionswaage für höhere Belastungen benutzbar zu machen.

Waage von Kirk, Craig, Gullberg und Boyer (37) [1947], Wägungen bis $\pm\,0{,}5$ ng (46) bei austarierter Belastung von bis 200 mg (37). Ein gleich-

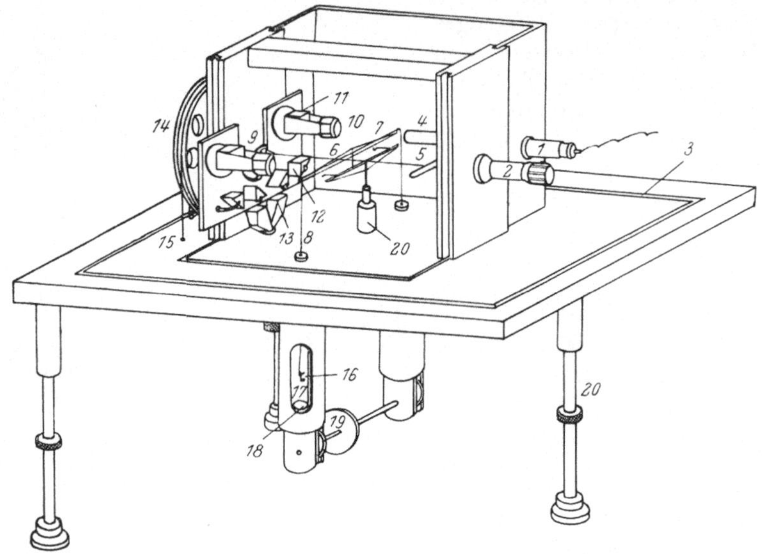

Abb. 51. Torsionswaage von Kirk, Craig, Gullberg und Boyer.

armiger Quarzglasbalken von 10 cm Länge, der ursprünglich aus Stäbchen von 0,2 mm und 0,08 mm Durchmesser zusammengeschmolzen wurde, wird von einem Quarzglasfaden von etwa 25 μm Durchmesser und 10 cm Gesamtlänge getragen. Biegungslager an beiden Enden des Balkens tragen Quarzglasbügel, auf die Platinschälchen aufgesetzt werden können (Abb. 51). Die Waage kann von der Microchemical Specialties Co. bezogen werden und wird mit einem schweren Gehäuse ($15 \times 20 \times 15$ cm hoch) aus Duraluminium geliefert, das auf drei etwa 6 cm hohen Füßen steht. Alle Quarzglasteile sind vergoldet und geerdet, um Störungen durch elektrische Ladungen zu vermeiden. Die Gehänge befinden sich in Metallröhren, die so konstruiert sind, daß Luftströmungen den Balken kaum erreichen können, wenn die Rohre geöffnet werden.

Der am Balken angeschmolzene horizontale Bezugsfaden wurde ursprünglich mit einem Vergleichsmikroskop beobachtet, wird aber nun auf einer Mattglasscheibe abgebildet. Eingebaute Glühbirnen benötigen eine Stromquelle mit 6 Volt Spannung. Die Torsionsscheibe ist mit einem Nonius versehen. Der Balken wird nicht arretiert, aber Anschläge begrenzen seine Schwingung. Die Tragbügel der Gehänge werden arretiert, indem man Scheibchen anhebt, so daß sie auf diesen aufsitzen.

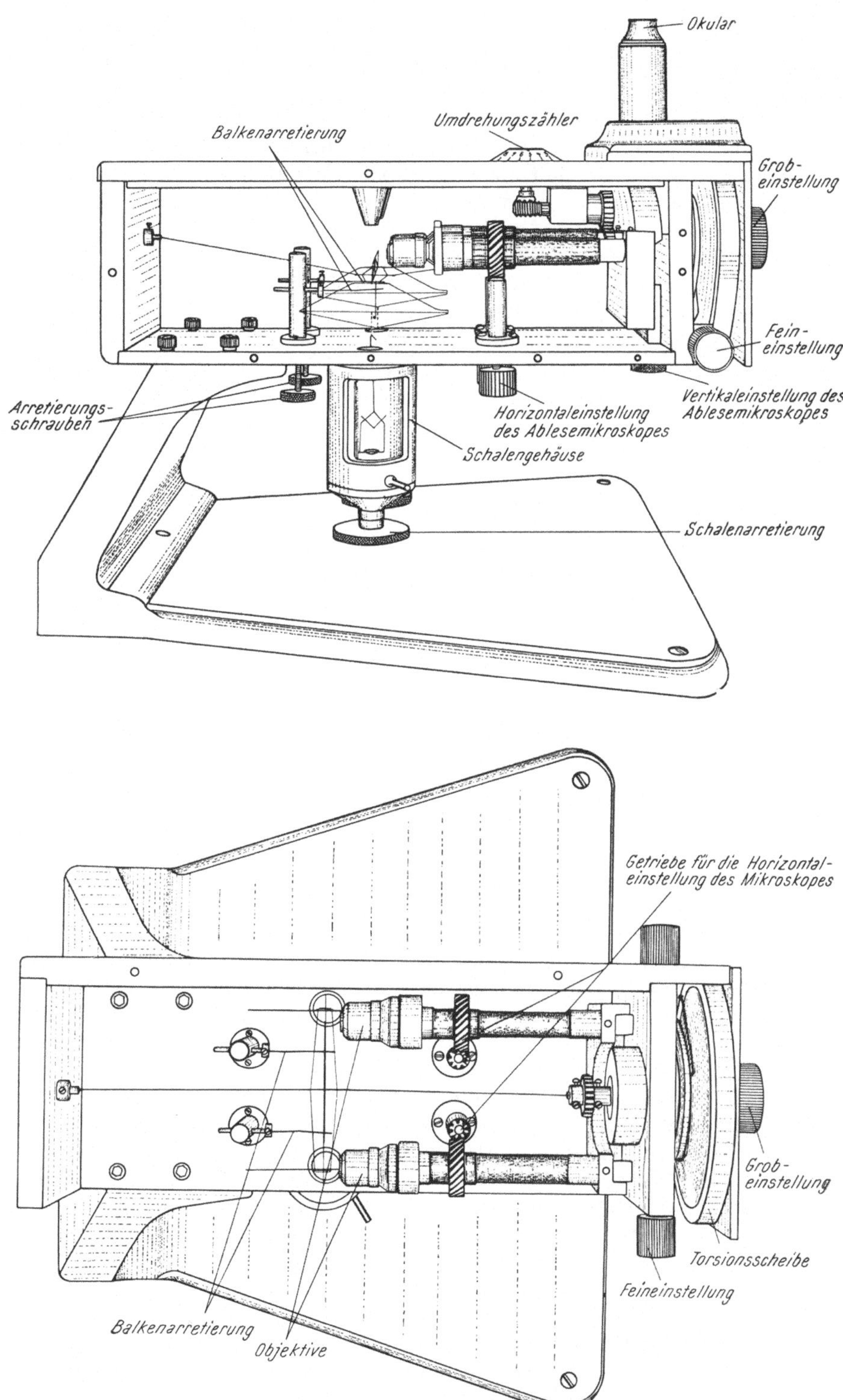

Abb. 52 *a* und *b*. Ultramikrowaage von RODDER, Modell E.

Die Waage wurde zur Ausführung chemischer Arbeiten mit Mikrogramm-Mengen entwickelt. Microchemical Specialties Co. gibt an, daß die angewandte Torsionskraft über den ganzen Wägungsbereich dem Gewicht direkt proportional ist, die Wägungen weniger als 1 Minute beanspruchen und keine besonderen Maßnahmen für die Ausschaltung von Störungen durch Erschütterungen oder Temperaturschwankungen erforderlich sind.

Torsionswaage von El-Badry und C. L. Wilson (18) [1949], Präzision der Wägung ± 40 ng bei einem Wägebereich von etwa 0,4 mg. Die Waage ist der von *P. L. Kirk* und Mitarbeitern ursprünglich beschriebenen Torsionswaage nachgebildet, unterscheidet sich aber wesentlich dadurch, daß die Quarzteile nicht verschmolzen, sondern zusammengekittet sind (S. 89).

Ultramikrowaage von Asbury, Belcher und T. S. West (2) [1956], ± 43 ng, vereinigt die einfache Konstruktion des Balkens nach *El-Badry* und *Wilson*

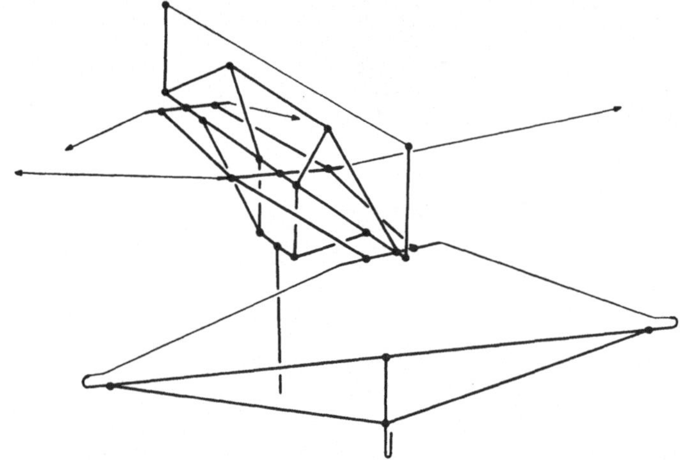

Abb. 53. Ultramikrowaage von Rodder, Modell E.

mit dem Einbau in einen Metallblock nach dem Prinzip von Carmichael. Das Gehäuse ist einfach gebaut; durch Benutzung einer Übersetzung entspricht eine Verdrehung des Torsionsfadens um 360° 20 Umdrehungen des Teilkreises.

Die *Ultramikrowaage von Rodder, Modell E* (6, 47) [1955] zeigt von 100 bis 1 ng bei viermillionenfacher Belastung an. Abb. 52 und 53 zeigen die von Microtech Services Co. (47) gewählte Ausführung. Balken, Lager und Gehänge sind zu einem Stück Quarzglas verschmolzen und schließlich wie alle Quarzglasteile vergoldet und geerdet. Der gleicharmige Balken ist etwa 10 cm lang und trägt einen sehr feinen, horizontal gespannten Bezugsfaden ähnlich wie der Balken der Waage von Kirk und Mitarbeitern. Die beiden Hälften des das Mittellager bildenden Torsionsfadens von 40 μm Durchmesser sind je 15 cm lang; der Quarzglasbogen von Neher ist weggefallen und der Faden ist nicht straff gespannt, sondern hängt mit einem Winkel von 10 bis 15° gegen die Horizontale durch. Der Torsionsfaden und auch die Biegungsendlager sind an Querstäbchen (etwa 2 cm lang) des Balkens angeschmolzen. Als Endlager dient eine Doppelhängung (Abb. 32) mit 10 cm langem Querbalken. Die Bügel für die Apparate hängen in zylindrischen Kammern, wo sie leicht zugänglich sind.

Gleichgewicht wird wie bei der Waage von Kirk und Mitarbeitern mit Hilfe eines auf den Bezugsfaden eingestellten Vergleichsmikroskops erkannt. Für den Transport der Waage wird der Balken durch Heben der sonst nur seine

Schwingung beschränkenden Anschläge arretiert. Die Apparatebügel in den Ladekammern werden ähnlich wie bei der Waage von KIRK durch Scheiben gestützt, die in der Höhe verstellt werden können.

Die Waage ist mit einem kräftigen Metallgehäuse versehen und kann, wenn die Anzeigegrenze $\pm$ 0,1 μg ist, auf irgendeinem stabilen Tisch im Laboratorium aufgestellt werden. Empfindlichere Modelle sollten gegen Erschütterungen geschützt werden; auch empfiehlt sich ein Wägezimmer mit gleichbleibender Temperatur von etwa 27° C.

Torsionswaage von Carmichael (9) [1952], Präzision von etwa $\pm$ 10 ng bei Belastung bis 300 mg. Die Waage wurde auf Grund systematischer Unter-

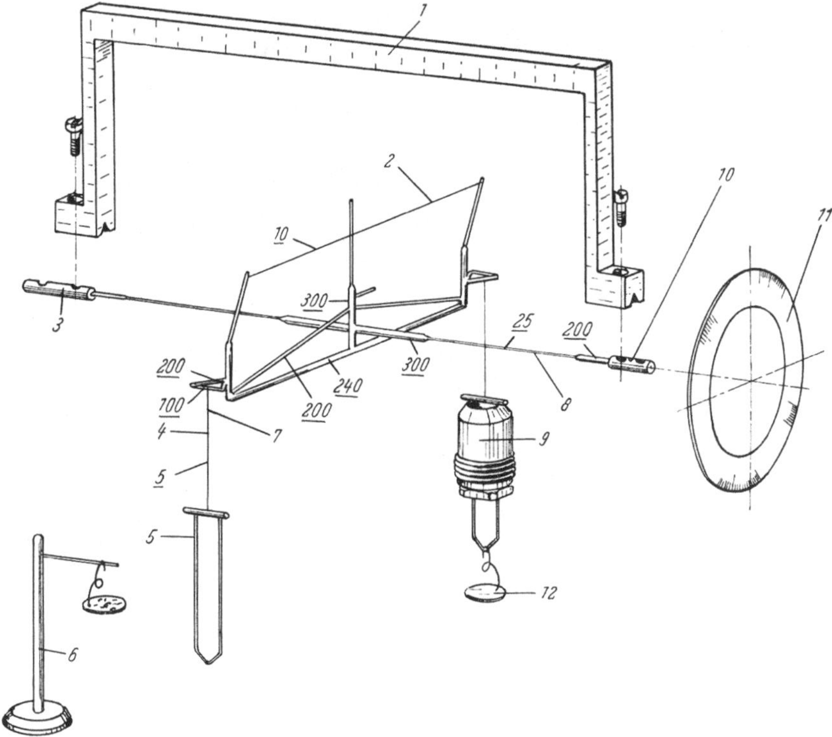

Abb. 54. Balken und Gehänge der Torsionswaage von CARMICHAEL (9).

suchungen aus der von KIRK und Mitarbeitern entwickelt. Der Balken (Abb. 54), Torsionsmittellager, Biegungsendlager und Apparatbügel sind zu einem Stück Quarzglas verschmolzen und werden außerhalb des Gehäuses an einem Metallbügel befestigt justiert. Das Gehäuse besteht aus einem Metallblock mit kreuzförmiger Aushöhlung, in die der Balken mit dem Metallbügel eingeführt wird (Abb. 55 und 56). Vergleichsmikroskop zur Beobachtung des Bezugsfadens und Gehäuse sind zu einer Einheit verbunden. Der Quarzglasbogen von NEHER ist weggelassen und der Torsionsfaden mittels Stellschrauben gespannt, so daß die Achse des unbelasteten Balkens 0,18 mm unterhalb der Drehachse der Meßscheibe zu liegen kommt. Der Apparatebügel ist kräftig ausgeführt und wird, um Biegungsgelenk und Balken gegen Unfälle zu schützen, an seinem Querbalken von dem Rand eines verengten Rohres aufgefangen (Abb. 54). Diese „Arretierungsringe" bestehen aus scharfen Schneiden an den Enden der Rohre aus rostfreiem Stahl. Auch zwei weitere Hilfsanschläge für den Balken (die beim normalen Gebrauch aber nicht zur Wirkung kommen) sind als Stahlschneiden ausgeführt, um das „Kleben" hintanzuhalten. Zur Verteilung elektrischer Ladungen wird das Gehäuse mit einem Strahler beschickt.

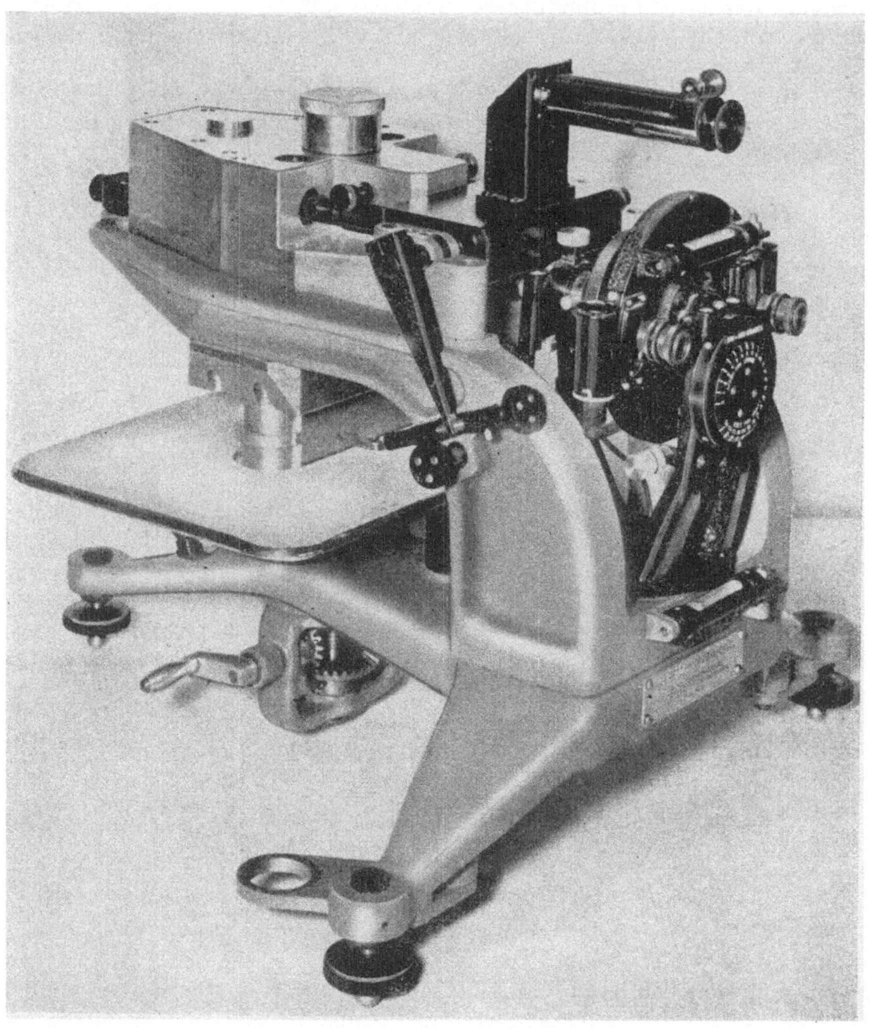

Abb. 55. Torsionsmikrowaage Mark I, gebaut im Chalk River Laboratorium des National Research Council of Canada [nach Carmichael, in Canadian Journal of Physics **30**, 524 (1952)].

Die aus dem eigentlichen Gehäuse heraushängenden Apparatebügel werden von Metallbechern umschlossen, die durch ein Triebgewinde gehoben und gesenkt werden. Zur Ablesung dient ebenfalls ein Vergleichsmikroskop.

Die Waage wurde zum Gebrauch bei chemischen Arbeiten mit Mikrogramm-Mengen ausgebildet und ein weiteres Modell, Mark II, wurde von der Watts Division von Hilger and Watts Ltd., London, gebaut. Das Gehäuse dieses Modells kann evakuiert oder mit inertem Gas gefüllt werden. Die Waage wird am besten auf einem sich vom Grund erhebenden Pfeiler aufgestellt. Vom

Grund übertragene Vibrationen stören nur, wenn Resonanz eintritt (z. B. Un-schärfe des Bildes des Bezugsfadens). Kleine Temperaturschwankungen stören kaum wegen der besonderen Ausführung des Gehäuses.

Garners Mikrogrammwaage für hohe Belastung (40) [1949] (10), Präzision von Zehntelmikrogrammen bei einer Belastung bis zu 5 g. Die Tragfähigkeit ist dadurch erhöht, daß der Torsionsfaden durch Aufhängung des Balkens an einem lotrechten Faden C (Abb. 57) entlastet ist. Die Verwendung des Biegungs-

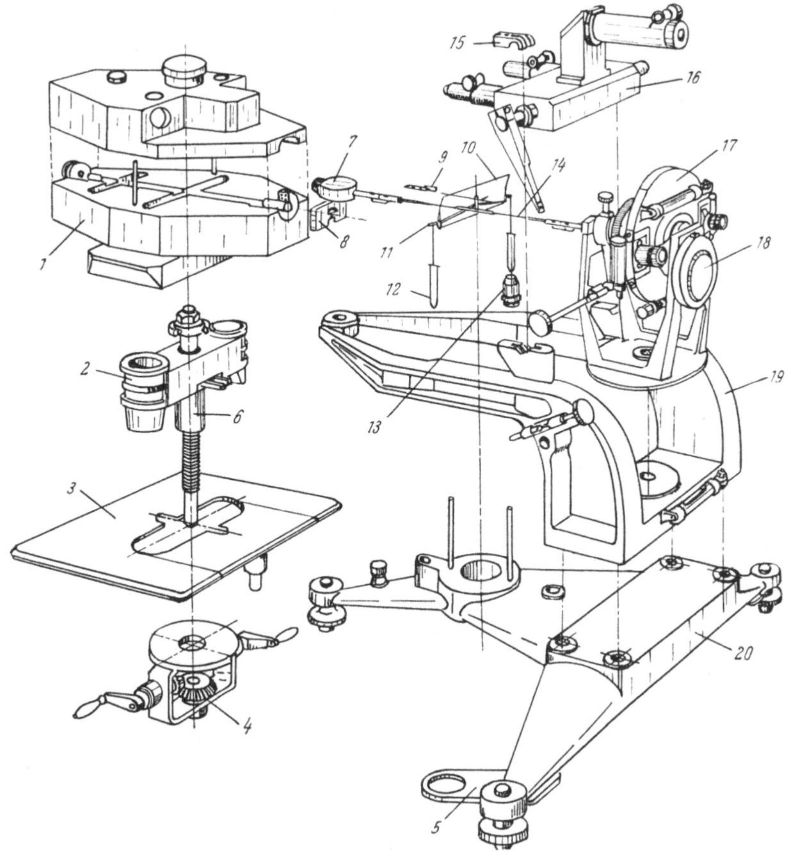

Abb. 56. Teile der Torsionsmikrowaage Mark I [nach CARMICHAEL (9)].

lagers in Verbindung mit der Torsionslagerung macht die Empfindlichkeit zu einer komplizierten Funktion (10) von Balkenkonstanten und Belastung; die Waage nimmt ein labiles Gleichgewicht an, wenn die Belastung den Bereich von 0,6 bis 5 g verläßt, d. h. nach unten oder oben hin überschreitet. Aus der Abb. 57 ist zu ersehen, daß der Torsionsfaden durch die Anbringung von Bögen an beiden Enden gespannt ist und daß die Torsionshälfte des Fadens sehr lang gewählt ist. Biegungslager dienen auch als Endlager; Balken und Tragfäden sind aus Quarzglas verschmolzen. Die Tragrahmen der Gehänge befinden sich in Glasröhren unterhalb des Gehäuses (Abb. 33).

Der Balken ist mit einem vertikalen Zeiger versehen und der Schatten von dessen Spitze wird durch die optische Einrichtung auf einer Mattscheibe sichtbar.

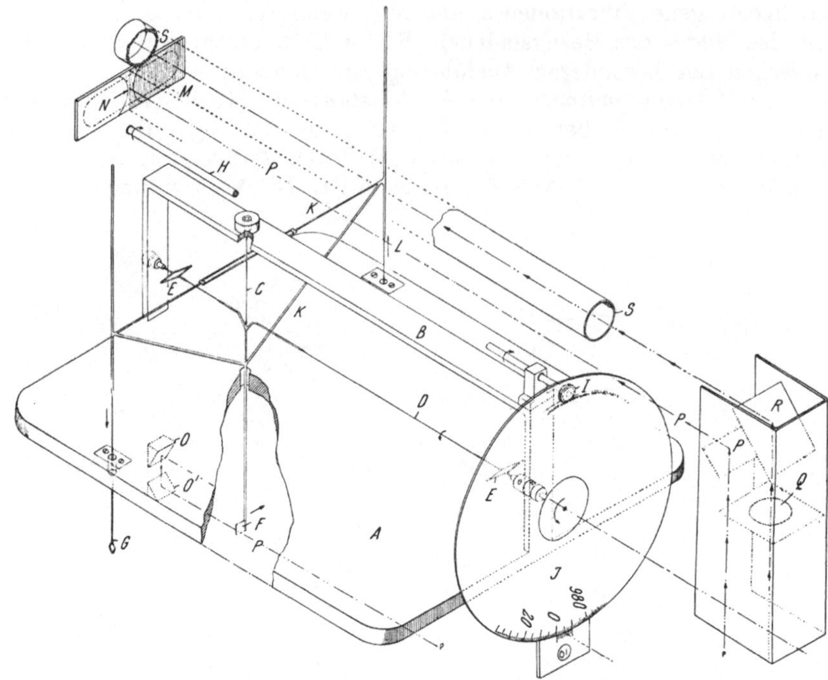

Abb. 57. Mikrogrammwaage von Garner (nach Kuck, Altieri und Towne).

Die bereits beschriebene Arretierung greift nur an den Gehängen an (S. 108). Das rechteckige Gehäuse ist aus Metall verfertigt. Platin ist für die Anfertigung der Gehängerahmen verwendet.

Die von der Vortox Company, Claremont, Californien, vertriebene Waage wird von Kuck und Mitarbeitern (40) in Verbindung mit der Elementaranalyse organischer Substanzen bei Einwaagen von Zehntelmilligrammen verwendet und gibt für diesen Zweck eine Präzision, die mit mikrochemischen Waagen nicht erreicht wird. Die Waage ist gegenüber Erschütterungen (S. 18) und Temperaturschwankungen empfindlich.

Die Torsionswaage für höhere Belastung von Gorbach und Sartorius (26) [1954], Präzision von $\pm\,10\,\mu g$ bei 2 bis 5 g Belastung, benutzt einen stabförmigen Duraluminiumbalken von 13 cm Länge und 12 g Gewicht, der von einem straff gespannten Torsionsdraht (Wolfram) getragen wird. Um einen kräftigen Torsionsdraht verwenden zu können, wird die Drehung des Fadens durch ein totgangfreies Übersetzungsgetriebe vergrößert. Die robuste Waage ist mit Projektionsablesung versehen und kann zur raschen Ausführung von Wägungen

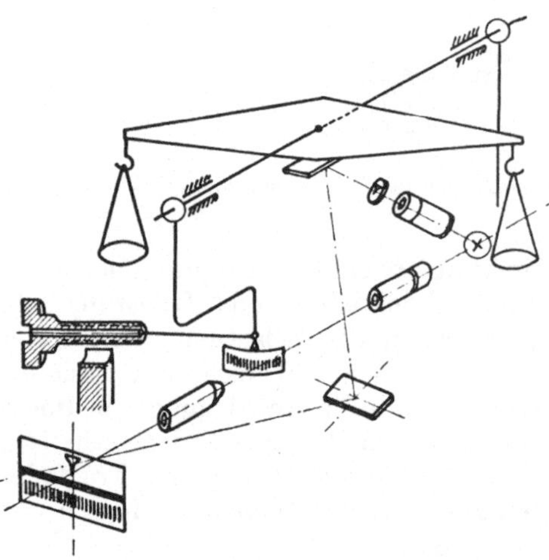

Abb. 58. Torsionswaage für höhere Belastung von Gorbach und Sartorius.

im Laboratorium aufgestellt werden. Die einfachen Gehänge sind für die Aufnahme verschiedener mikrochemischer Geräte geeignet.

Die einfache Torsionswaage von Graham (28) [1954], erreicht eine Präzision von
$\pm$ 10 μg bei einer Belastung von 0,5 g unter Benutzung eines Balkens von
14 cm Länge, der aus Glaskapillaren von 0,8 mm Durchmesser zusammengesetzt
(z. T. verschmolzen, z. T. mit Araldite Adhesive Type 1 der Aero Research Ltd.,
Duxford, England, verkittet) ist (Abb. 59). Der Torsionsfaden (Streifen aus
Phosphorbronze, 0,28 mm weit, 0,019 mm dick und 17 cm Gesamtlänge) ist
durch die quergestellte Kapillare des Balkens gezogen und mit Araldit eingekittet.

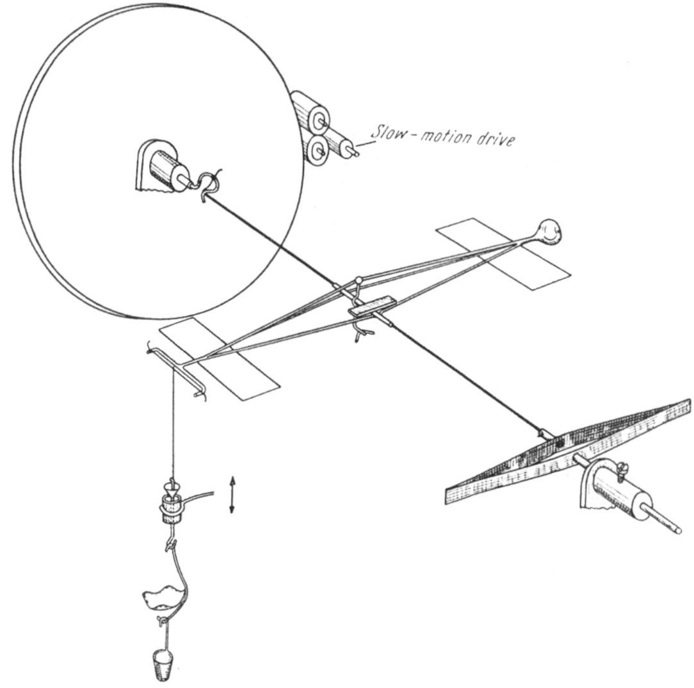

Abb. 59. Einfache Torsionswaage von GRAHAM.

An derselben Kapillare ist das horizontal gestellte Spiegelchen für Fernrohr-
oder Projektionsablesung befestigt. Das Endlager ist ein Torsionslager aus
Phosphorbronzedraht; der straff gespannte Horizontaldraht ist an die Gabel
des Balkens angekittet und der Vertikaldraht an den Horizontaldraht angelötet.
Das Gehänge besitzt einen aus Platinfolie geformten Kegel, der sich auf den
oberen Rand eines kurzen Glasrohres aufsetzt, wenn dieses zur Arretierung des
Gehänges angehoben wird. Die konstante Last ist durch einen Glastropfen
von 0,6 g Gewicht am anderen Ende des Balkens austariert. Die rechteckigen
(50 $\times$ 20 $\times$ 0,03 mm), an den Balken angekitteten Glimmerblättchen befinden
sich in geringem Abstand über nicht ganz parallel liegenden Glasplatten
(Dämpfung).

Der Torsionsfaden ist unter eine Spannung von 100 g Gewicht gebracht,
um Proportionalität von Torsionskraft und Gewicht zu erhalten. Der Bogen
ist aus Stücken Uhrfeder zusammengelötet. Die stets gleichbleibende Belastung
wird zur Konstanz der Anzeige beitragen. Für die beträchtlichen täglichen

Änderungen der Leeranzeige (20 bis 30 μg) könnten die Verwendung von Kapillaren, Glas, Metall und Kitt bei der Herstellung des Balkens und die daraus sich ergebenden Auftriebs- und Adsorptionserscheinungen verantwortlich sein.

Die Waage erlaubt sehr rasche Arbeit und wurde zur Ausführung chemischer Untersuchungen an Lack und Ölfarbfilmen gebaut.

b) Stabfederwaagen.

Ein elastischer Stab wird in ungefähr horizontaler Lage an einem Ende fest eingespannt; das zu bestimmende Gewicht läßt man auf das freie Ende des Stabes wirken und bestimmt es aus der Senkung des freien Endes, das als Zeiger dient. Die Bezeichnung „einarmige Hebelwaage" (cantilever balance) wird häufig auf diesen Waagentypus angewandt, soll aber hier nicht verwendet werden, da sie das Prinzip der Wägung (Messung des Gewichtes durch eine entgegengesetzte elastische Kraft) in keiner Weise andeutet.

Cunningham (10) hat eine Gleichung für die Empfindlichkeit angegeben, die auch den Unterschied zwischen den Längen von Zeiger und Hebelarm sowie die Wirkung eines Biegungsgelenkes berücksichtigt. Zur Schätzung der geeigneten Ausmaße des elastischen Stabes (Balkens) sei angenommen, daß das Gewicht am freien Ende wirkt und dieses auch als Zeiger dient. Wenn der Balken einen Radius ϱ mm und eine Länge L mm hat, erzeugt ein Gewicht von G mg ein Absinken des freien Endes um einen Höhenunterschied h:

$$h = GL^3/\pi \, \varrho^4 \, E \text{ mm } (= 4{,}5 \cdot 10^{-11} \, GL/\varrho^4 \text{ mm}),\tag{64}$$

worin E der Youngsche Elastizitätsmodul des Stabmaterials ist (und der eingeklammerte Ausdruck das Absinken eines Quarzglasfadens für $E = 7 \times 10^9$ angibt).

Das einem Teilstrich entsprechende Längenintervall in metrischem Maße hängt natürlich nicht nur vom elastischen Stab, sondern auch und im wesentlichen Maße von der Wahl des Beobachtungsverfahrens ab. Zum allgemeinen Vergleich sei das Gewichtsäquivalent für den Millimeter Höhenunterschied berechnet:

$$(G/h) = \pi \, \varrho^4 \, E/L^3 \text{ mg/mm } (= 2{,}2 \cdot 10^{10} \, \varrho^4/L^3 \text{ mg/mm}).\tag{65}$$

Die Masse des Balkens folgt aus seiner Dichte D (2,7 für Quarzglas) und seinen Ausmaßen:

$$B = \pi \, \varrho^2 \, DL \text{ mg } (= 8{,}5 \, \varrho^2 \, L \text{ mg}).\tag{66}$$

Für eine gegebene Länge und festgelegtes Material des Balkens könnte man nun den für ein gewünschtes Gewichtsäquivalent (G/h) erforderlichen Radius ϱ aus (65) berechnen. Dabei kann es aber vorkommen, daß der Balken mit dem für die gewünschte Empfindlichkeit berechneten Durchmesser nicht imstande ist, sein Eigengewicht zu tragen. Es ist daher besser, wie folgt vorzugehen: Der Balken biegt sich unter seinem Eigengewicht so, als würde die Hälfte seines Eigengewichtes am freien Ende angreifen. Die Annahme, daß ein Balken gut geeignet ist, wenn sein Ende unter dem Eigengewicht um die Hälfte der Länge des Balkens absinkt (Abb. 60), dürfte ein vernünftiges Mittelmaß halten. Es ergibt sich dann

$$h = 0{,}5 \, L = 0{,}5 \, BL^3/\pi \, \varrho^4 \, E \text{ mm}.\tag{64'}$$

Wenn man nun den Wert für B aus (66) einsetzt und die erhaltene Gleichung für ϱ löst, so gibt sich der wünschenswerte Radius des Balkens zu

$$\varrho' = + \sqrt{DL^3/E} \text{ mm } (= + \sqrt{4 \cdot 10^{-10} \, L^3} \text{ mm}).\tag{65}$$

Die Ausmaße, die sich derart für einen Quarzglasbalken von 20 cm Länge errechnen, sind in Abb. 60 angeführt. Das festgelegte Ende des Balkens ist an einer horizontal gelagerten Kurbelwelle befestigt, die zur Einstellung der Leeranzeige auf einen beliebigen Skalenpunkt dient. Abb. 60 zeigt den Faden in den Stellungen, die er außerhalb und im Schwerefeld der Erde einnehmen sollte. Läßt man nun auf das Ende des Balkens ein Gewicht $G = 0,5\,B = 2,65$ mg wirken, so sinkt das Ende wiederum $0,5\,L = 10$ cm ab und die schattierte Fläche gibt den Wägebereich an. Für chemischen Gebrauch bleibt von diesem Wägebereich allerdings nur das Intervall $2,65 — T$ mg übrig (doppelt schattierte Fläche), da ein Teil des theoretisch verfügbaren Bereiches zum Ausgleichen des Apparatgewichtes (der Tara T) erforderlich ist.

Wie das Beispiel zeigt, ist man gezwungen, die für die chemische Arbeit bestimmten Apparate und Gefäße sehr leicht zu halten. Diese Einschränkung ist bedauerlich, da dieser Waagentypus bemerkenswerte Vorzüge besitzt: Waagen dieser Art können einfach, schnell und ohne große Kosten hergestellt werden, die Wägun-

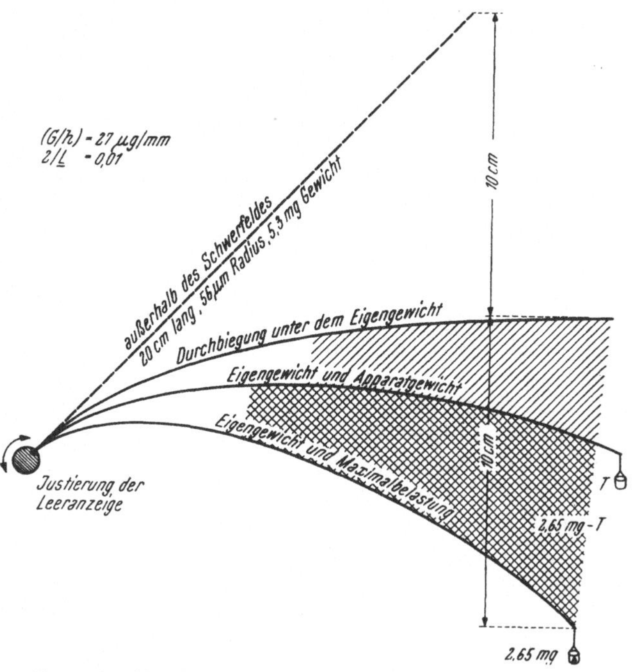

Abb. 60. Durchbiegung eines elastischen Stabes (Quarzglasfaden von 0,11 mm Radius und 20 cm Länge).

gen können schnell ausgeführt werden und überdies sind diese Federwaagen für die Bestimmung sehr kleiner Gewichte geeignet.

In Beziehung auf Abb. 60 sei noch bemerkt, daß man beim praktischen Gebrauch der Waage die Justierungswelle so einstellen würde, daß die doppelt schattierte Fläche von einer Horizontalen halbiert wird. Im nutzbaren Wägebereich nimmt das Ende des Fadens (der Zeiger) dann immer eine nahezu horizontale Lage ein.

Trotz der kurzen Skalenlänge (wenige Zentimeter), die für die Wägungen des Chemikers zur Verfügung steht, kann man eine ziemlich gute relative Präzision der Wägungen erreichen, indem man die Höhenunterschiede unter Zuhilfenahme optischer Mittel sehr genau bestimmt. Der mögliche Beitrag des Balkenentwurfes zur relativen Präzision der Wägungen läßt sich schätzen, indem man das Gewichtsäquivalent von 1 mm Höhenunterschied durch den Wägebereich dividiert und für den Stabradius ϱ den in (65) gegebenen Ausdruck für den günstigsten Radius ϱ' einsetzt. Es folgt

$$(G/h)/0,5\,B = 2/L, \tag{66}$$

was man von vornherein erwarten sollte, da die Ablesung von 1 mm in einer verfügbaren Höhe von $0,5\,L$ mm einer relativen Genauigkeit von $2/L$ entspricht. Jedenfalls zeigt sich, daß die relative Wägungspräzision sich proportional mit zunehmender Länge verbessern sollte, vorausgesetzt, daß die absolute Präzision der Höhenmessung konstant gehalten werden kann. Im Beispiel von Abb. 60 ergäbe sich eine relative Präzision von $\pm$ 0,0002, wenn die Stellung der Zeigerspitze auf $\pm$ 10 μm abgelesen und die Hälfte (1,3 mg = 5 cm) des theoretisch zur Verfügung stehenden Wägungsbereiches ausgenützt wird.

Die Waage von Enrico Salvioni (55) [1901], 1 bis 20 μg bei Belastungen von 1 bis 200 mg. Als Feder diente ein Glasfaden von etwa 10 cm Länge und 0,1 mm Durchmesser: die Ablesung erfolgte mittels Skala, Beobachtungsmikroskop und Okularmikrometer. Am freien Ende des Glasfadens war mit Siegellack eine Nadelspitze n (Abb. 61 C) aufgekittet, auf der der Platinhaken h spielte. Als Zeiger diente ein Spinnwebfaden, der über einen Bogen des Glasfadens gelegt wurde. Der Bogen wurde von Giesen (25), wie in Abb. 61 C angedeutet, vertikal zur Längsrichtung der Feder umgebogen, so daß es möglich wurde, den Faden durch die Endplatte des Gehäuses zu beobachten. Der Glaskasten der Salvioni-Waage hatte das Mikroskop in die Vorderwand eingelassen; Giesen brachte die Glasfeder in einem tubulierten Glasrohr von 10 cm Durchmesser und 14 cm Länge an, auf dessen Enden 8 mm dicke Spiegelglasplatten aufgeschliffen waren. Das derart geformte Gehäuse konnte evakuiert werden; der Spinnwebfaden wurde mit dem Mikroskop durch eine der Spiegelglasplatten beobachtet.

Giesen eichte die Skala der Waage mittels 4 mm langer Stückchen eines Aluminiumdrahtes von 0,1 mm Durchmesser, von denen zwanzig zusammen auf einer Analysenwaage gewogen wurden. Die von Salvioni beobachteten elastischen Nachwirkungen der Glasfeder wurden bei den Wägungen berücksichtigt.

Die Waage diente zur Bestimmung der Flüchtigkeit von Stoffen, der Gasdichte und der Adsorption von Wasser und Gasen. Es sei daran erinnert, daß die fortlaufende Beobachtung von Gewichtsänderungen des auf der Waage befindlichen Stoffes von der Präzision des Arbeitens des Endlagers ziemlich unabhängig ist, da die Feder zwischen den Beobachtungen nicht arretiert und die Last nicht berührt zu werden braucht.

Waage von Bazzoni (4) [1915]. Unter Verwendung eines Quarzglasfadens von 0,13 mm Durchmesser wurde eine Empfindlichkeit von 0,07 μg je Teilstrich der Mikrometerskala erreicht (0,01 μg mit einem noch feineren Faden). Der Glasfaden befand sich in einem einfachen Glasgehäuse, das auf einem schweren Tisch aufgestellt war und die Durchbiegung des Fadens wurde von außerhalb des Gehäuses mit Mikroskop und Okularskala beobachtet.

Vereinfachte Salvioni-Waagen, seit etwa 1920, etwa $\pm$ 0,01 bis $\pm$ 0,1 mg, sollen nur erwähnt werden, da sie kaum als Mikrowaagen angesehen werden können. Die Stabfeder, eine Glaskapillare, Metalldraht usw. spielt vor einer einfachen Skala und ihre Stellung wird mit unbewaffnetem Auge geschätzt. Emich (20) hat zuerst auf die Nützlichkeit derartiger einfacher Waagen, die zur Wägung kleiner Reagensmengen auf dem Arbeitstisch Aufstellung finden können, hingewiesen; s. auch Friedrich (24).

Waage von Lowry (43) [1941], Präzision von $\pm$ 0,1 μg bei einer Belastung von 0,2 bis 0,3 mg. Ein Ende einer feinen Quarzglaskapillare von 20 cm Länge wurde so an einen aus Quarzglasstäben hergestellten Dreifuß angeschmolzen, daß das freie Ende der sich unter dem Eigengewicht durchbiegenden Kapillare 12 bis 15 cm höher zu liegen kam als das befestigte Ende. Als Gehäuse diente eine Metalldose (*gallon can*), 25 cm hoch und 18 cm im Durchmesser, die, auf der Seite liegend, auf einem schweren Holzblock befestigt wurde. Der Dreifuß wurde nahe dem geschlossenen Ende des Metallzylinders so aufgestellt und mit

De Khotinsky-Zement befestigt, daß das freie Ende der feinen Kapillare 3 bis 4 cm innerhalb der Öffnung der Dose verblieb, die mit einer dicht aufsitzenden Glasplatte verschlossen werden konnte. Das freie Ende der Kapillare wurde zu einem winzigen V-Häkchen gebogen, dessen Ebene vertikal zur Längsrichtung der Kapillare war. Zur Beobachtung der Durchbiegung der Kapillare wurde ein beliebig gewählter Punkt am freien Ende der Kapillare mit einem Kathetometer durch die Glasplatte anvisiert. Auf diese Weise konnten Höhenunterschiede von 0,01 mm abgelesen werden.

Die Rolle der Waagschale wurde von Quarzglas-Doppelösen D (Abb. 61) übernommen, die ungefähr 0,03 mg wogen. Die Ösen von 2 mm Durchmesser wurden erhalten, indem man das Ende eines Quarzglasfadens so in der Spitze der Sauerstoffflamme wendete, daß die von den strömenden Flammengasen ausgeübte Zugkraft dem Faden die gewünschte Form gab. Nach Anfertigung der ersten Öse wurde die Länge des verbleibenden Quarzglasfadens so zugeschnitten, daß alle Doppelösen nahezu das gleiche Gewicht erhielten.

Zur Übertragung der Doppelösen von einem Tragrahmen zum V-Häkchen der Waage und umgekehrt diente eine Glasnadel, die am Ende auf 0,2 mm ausgezogen und 5 mm vom Ende im rechten Winkel gebogen war. Das Ende der feinen Quarzglaskapillare wurde dabei mit einer geraden Glasnadel gehalten. Eine Doppelöse diente als Bezugsgewicht, mit

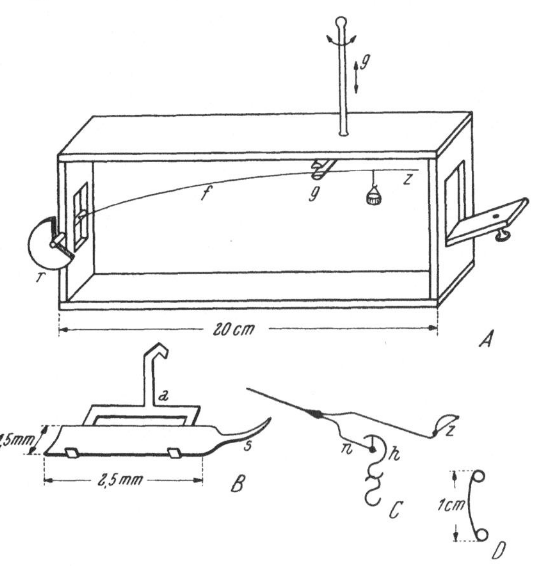

Abb. 61. Stabfederwaage. *B*, Schale und Tragrahmen nach Cunningham und Werner; *C*, Endlager und Zeiger nach Giesen; *D*, Quarzglasösen nach Lowry.

dessen Hilfe die einmal gewählte Stellung des Kathetometers immer wieder hergestellt werden konnte.

Zur Eichung wurden genau gemessene Mengen von Salzlösungen bekannter Konzentration in den Arbeitsösen eingedampft und auch die Gewichtsänderung bei der Überführung eines Natriumchloridrückstandes in Natriumsulfat ausgewertet. Doppelösen und Waage dienten schließlich zur Bestimmung von Fett in Gewebsdünnschnitten. Es ist deutlich ersichtlich, daß die Nützlichkeit der Waage wesentlich von der geschickten Wahl eines Arbeitsverfahrens abhängt, das es gestattet, mit einem sehr leichten Apparat zu arbeiten. Dadurch wird der größte Teil des Wägungsbereiches für das Objekt der Untersuchung verfügbar.

Waage von Cunningham und Werner (11) [etwa 1942, veröffentlicht 1949], $\pm$ 0,03 μg. Hohe Empfindlichkeit bei verhältnismäßig hoher Belastung wurde durch Verwendung eines Horizontalmikroskops von einer Vergrößerung, die noch eine Verlegung der Zeigerspitze um 0,5 μm erkennen ließ, erreicht. Als Feder diente ein Quarzglasfaden von etwa 0,1 mm Durchmesser und 12 cm Länge, der, wie in Abb. 61 gezeigt, an einem Ende in einen Messingstab eingefügt wurde. Drehung des Rades r ermöglicht eine grobe Einstellung des freien Endes der Feder. Das Ende der Feder war zur Zeigerspitze ausgezogen und

2 cm von dieser Spitze wurde an die Feder ein kleiner Quarzglashaken angeschmolzen, der in die Ebene senkrecht zur Längsrichtung der Feder gelegt wurde. Ohne Zweifel wäre es noch besser, Haken und Zeigerspitze so auszubilden, wie es Wiesenberger im Falle der Waage mit elektromagnetischer Kompensation (Abb. 46) getan hat. Das Gehäuse wurde, wie in Abb. 61 gezeigt, aus Holz und Glas angefertigt. Die Gabel g dient zur Arretierung während des Ladens und Entladens der Feder. Sie kann mit Hilfe des vertikalen Stabes in der Höhe verstellt und zur Seite geschwungen werden.

Als chemisches Arbeitsgerät diente ein winziger Platinspatel s (Abb. 61 B), der aus 12 μm dicker Folie hergestellt wurde und ungefähr 0,2 mg wog. Zum Wägen wurde der Spatel auf den Rahmen a (aus Aluminiumfolie, 0,2 mg Gewicht) aufgelegt, der seinerseits am Quarzglashaken der Feder hing. Spatel und Tragrahmen wurden unter einem 30fach vergrößernden binokularen Mikroskop mit der Hand aus Folie, die auf der glatten Oberfläche eines Blockes aus weichem Föhrenholz lag, ausgeschnitten. Zum Schneiden diente ein Bruchstück einer Rasierklinge und das Biegen der ausgeschnittenen Stücke wurde durch Reiben des Metalles mit einem winzigen Glasstab („*by rubbing the metal with a tiny glass rod*") ausgeführt. Eine kleine, mit Platinspitzen versehene Reißfeder eignete sich zum Einspannen des Spatelstieles vor der Zugabe von Substanz. Zum Aufhängen des Rahmens am Haken der Waage und zum Auflegen des Spatels auf den Rahmen wurde von einem einfachen mechanischen Manipulator Gebrauch gemacht.

Da Ablesemikroskop und Waage getrennt aufgestellt waren, ließ sich erwarten, daß sich das Bild der Zeigerspitze im mikroskopischen Feld wegen der verschiedenen Ausdehnung der Konstruktionsteile bei Temperaturänderungen im Zimmer langsam verschieben würde. Die Autoren geben ein Beispiel, in dem sich das Bild der Zeigerspitze im Laufe von $1^3/_4$ Stunden um 11,6 Trommelteile des Okularschraubenmikrometers verschob. Obschon das Bild der Spitze meist viel langsamer wanderte, war es doch notwendig, die Ablesungen für die mit einem Kontrollgerät von nahezu gleichem Gewicht beobachteten Änderungen der Anzeige zu korrigieren.

Die Proportionalität der Anzeige wurde durch das Wägen geeigneter Taren geprüft (s. S. 23). Zur Eichung der Waageanzeige in metrischen Einheiten wurden zwei unabhängige Verfahren benutzt. Einerseits wurde mit einer mit Manipulator bedienten Pipette 1,27 μl einer Thoriumnitratlösung bekannter Konzentration auf dem Platinfolienspatel abgesetzt und nach Verdunsten und Glühen bei 800° C das hinterbleibende Thoriumdioxyd gewogen. Als Mittel aus drei Bestimmungen ergab sich der Wert des Trommelteilstriches des Okularmikrometers zu 0,0630 $\pm$ 0,0003 μg. Anderseits wurden zwei weitere Salvioni-Waagen von höherer Tragkraft und geringerer Empfindlichkeit dazu benutzt, die Lücke in der Leistungsfähigkeit zwischen Analysenwaage und Stabfederwaage zu überbrücken. Die wenigst empfindliche Federwaage wurde mit einem Milligrammgewicht geeicht und diente dazu, einen Platindraht zu eichen. Dieser diente zur Eichung der empfindlicheren Federwaage, auf der schließlich ein Quarzglasfaden von etwa 10 μg Gewicht gewogen wurde, der dann zur Eichung der Skala der empfindlichen Stabfederwaage diente. Auf diese Weise wurden in zwei Versuchen mit verschiedenen Sätzen von Hilfsgewichten die Werte 0,0630 μg und 0,0634 μg für den Trommelteil des Mikrometers bestimmt.

Die Waage diente zur Bestimmung der Wertigkeit des Plutoniums in Plutoniumjodat und der α-Aktivität von Plutonium 239, welch letztere wiederum zur Bestimmung der Löslichkeit verschiedener schwerlöslicher Plutoniumverbindungen verwendet wurde.

Nach den Angaben von CUNNINGHAM und KOCH gebaute Waagen mit einem
Aluminiumgehäuse (etwa $5 \times 21 \times 18$ cm hoch) und angebautem Beobachtungsmikroskop sind nun im Handel erhältlich (46). Das Gehäuse ist außen weiß
emailliert und innen anodisch geschwärzt, um Reflexion der Wärmestrahlung
einerseits zu unterstützen und anderseits zu unterdrücken. Die Tragfähigkeit
ist etwa das 5000fache des kleinsten bestimmbaren Gewichtes, das zwischen
den Grenzen $0,01\,\mu g$ und $1\,\mu g$ gewählt werden kann. Platinfoliespatel und
Schälchen werden in verschiedenen Größen und Formen geliefert.

c) Spiralfederwaagen.

Spiralfederwaagen haben bisher nur als Schnellwaagen mittelmäßiger Empfindlichkeit Anwendung gefunden. Offenbar wird nur ein kleiner Bruchteil
der verfügbaren Federkraft zum Ausgleich des Gewichtes verwendet und die

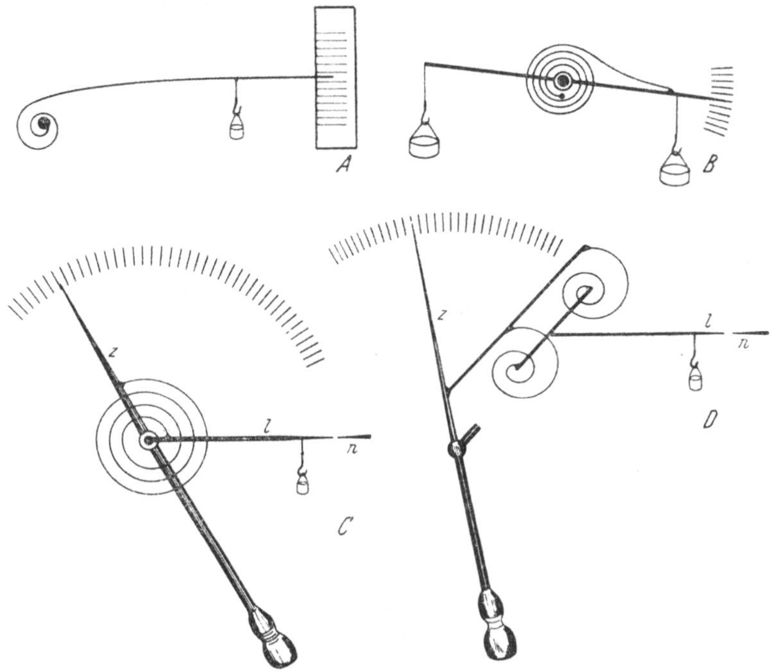

Abb. 62. Spiralfederwaagen. *A*, Kombination mit Stabfeder; *B*, Spiralfeder, auf festgelagerten zweiarmigen
Hebel wirkend; *C*, zwei festgelagerte Hebel, durch Spiralfeder verbunden; *D*, nur Zeigerarm festgelagert.

anscheinende Proportionalität von Gewicht und Skalenanzeige sollte daher
nicht sehr überraschen.

Wenn man von der Kombination von Spiral- und Stabfeder (Abb. 62 *A*),
wie man sie z. B. bei der vereinfachten SALVIONI-Waage nach FRIEDRICH (24)
antrifft, absieht, benutzen Spiralfederwaagen in der Regel einen Hebel, auf
den die Last ein Drehmoment ausübt, das durch die Federkraft ausgeglichen
wird. Die daraus sich ergebende Neigung des Balkens kann auf einer Kreisteilung
abgelesen werden, die nach empirischer Eichung das Gewicht unmittelbar angibt
(Abb. 62 *B*). Bei den empfindlichsten Waagen dieser Art greifen die beiden
Enden der Spiralfeder an zwei unabhängig gelagerten Hebeln an (Abb. 62 *C*
und *D*). Die Zeigerspitze des Lastarmes l wird stets zur Nullmarke n zurückgeführt, indem man die Feder durch entsprechendes Drehen des Zeigerarmes

spannt. Die Federspannung und — nach empirischer Eichung — das Gewicht werden an einer Kreisteilung unmittelbar abgelesen.

Es wird nicht überraschen, daß Spiralfederwaagen dieser Art von feinmechanischen Werkstätten ausgebildet wurden, die in der Herstellung von Meßinstrumenten mit fast reibungslosen Lagern Erfahrung besitzen. Dabei wurde zunächst nicht beachtet, daß ein einarmiger Lasthebel, wie in Abb. 62 *C* und *D* gezeigt, keine Möglichkeit gibt, zu chemischen Arbeiten benötigte Apparate so auszutarieren (Abb. 62 *B*), daß der ganze Wirkungsbereich der Feder für die Substanz benutzt werden kann. Dieser Mangel wurde später durch Modelle mit zweiarmigen Lasthebeln behoben.

Federwaage von Hartmann & Braun A. G., Frankfurt a. M. (66, 67) [1912],

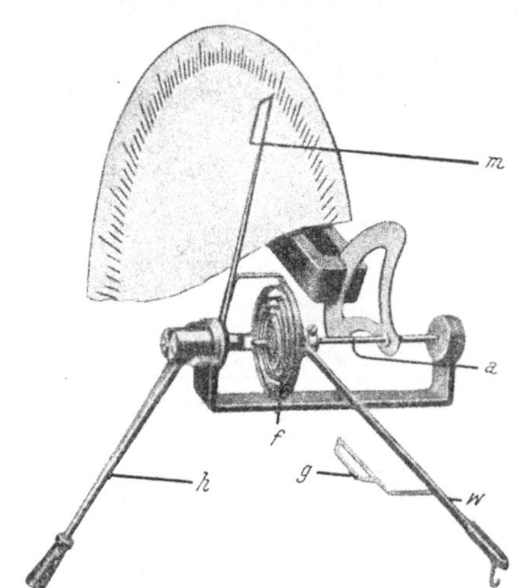

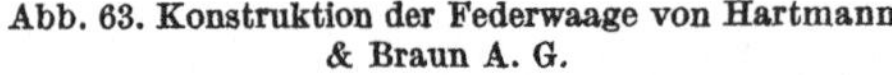

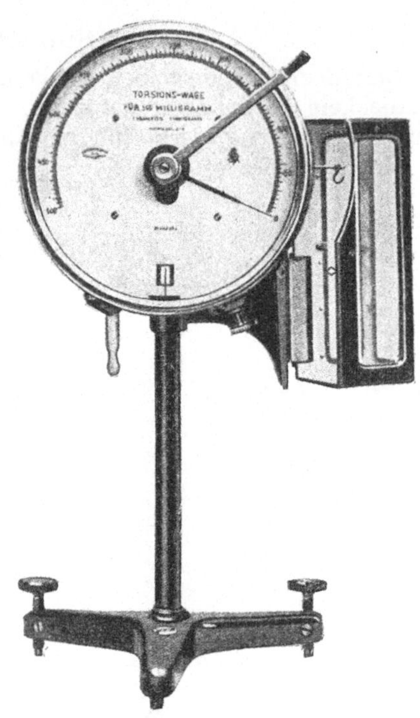

Abb. 63. Konstruktion der Federwaage von Hartmann & Braun A. G.

Abb. 64. Federwaage der Hartmann & Braun A. G., Frankfurt a. M.

Abb. 63 und 64, Meßbereiche von 5 mg bis 5 g und absolute Präzision von etwa ± 0,001 bis ± 0,0005 des Meßbereiches. Für analytische Verwendung eignen sich die Modelle mit Vorbelastung, bei denen der Zeiger des Lastarmes erst mit eingehängtem Apparat auf Null einspielt. Für Meßbereiche von 5 bis 25 mg ist die Vorbelastung 100 mg.

Die Waage wurde für die Kontrolle des Gewichtes von Glühfäden entwickelt und ermöglicht die Ausführung von 400 bis 600 solcher Wägungen je Stunde. Bereits im Jahre 1913 wurde sie von Ivar Bang für Schnellwägungen bei Ausführung von Mikrobestimmungen in Blut und Serum empfohlen.

Präzisionswaage der Roller-Smith Company, Bethlehem, Pennsylvania (13) [1900], Abb. 65, Wägebereiche von 3 mg bis 50 g, absolute Präzision etwa ± 0,001 bis ± 0,0005 des jeweiligen Wägebereiches. Die Waagen sind auch mit zweiarmigen Lasthebeln erhältlich, was die Anwendung von Taren und Gewichten ermöglicht. Leichte Geräte (bis zu einem Drittel des Wägebereiches) können überdies durch Vorspannen der Feder ausbalanciert werden. Geprüfte Kontrollgewichte, Gegengewichte, Pinzetten und Wägebehelfe aller Art aus Aluminium und Platin sind erhältlich.

Die Waage wird empfohlen für: Kontrolle des Gewichtes von Glühlampenfäden, kleinen Maschinenteilen, Schießpulverladungen, Garn usw.; das Wägen von Edelsteinen und wertvollen Erzen; Bestimmung der Oberflächenspannung mit der Ringmethode.

Waage von Bartsch, Quilitz & Co., A. G., Berlin NW 40 (42) [1933], ablesbar auf 1 μg bei einer Belastung von 1,5 bis 3 mg. Lagerung des Lastarmes ist durch dessen Verbindung durch zwei Spiralfedern mit dem Zeigerarm vermieden

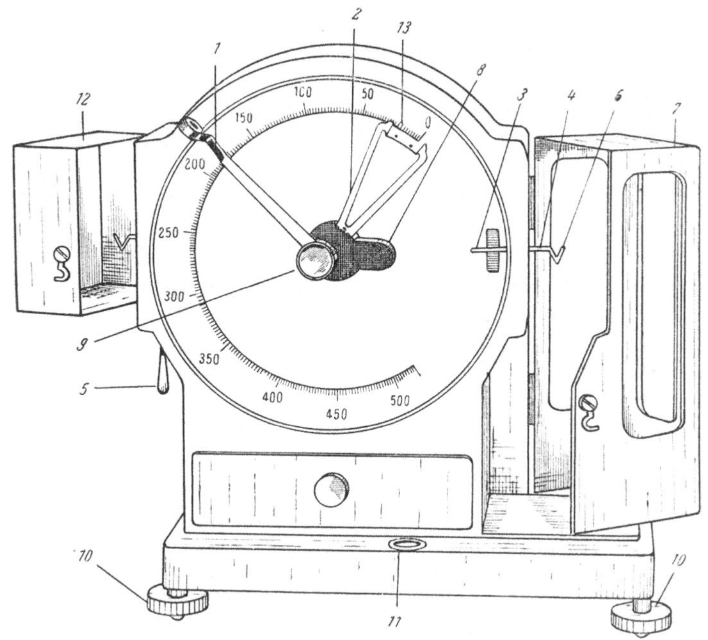

Abb. 65. Waage der Roller-Smith Company. *1* Handgriff für den Zeigerarm; *2* Zeiger; *3* Nulleinstellung des Lastarmes (Schneide vor Spiegel); *4* Lastarm; *5* Balkenarretierung; *6* Haken für die Last; *7* Gehäuse um die Last; *9* Mutter, die Griffarm und Zeiger mit dem Zeigerarm verstellbar verbindet; *10* Stellschrauben; *11* Wasserwaage; *12* Gehäuse für die Tara; *13* Nonius des Zeigers.

(Abb. 62 *D*). Durch die Abwesenheit eines Feinlagers ist die Waage außerordentlich robust und leidet selbst bei einem Fall von zwei Metern, wenn sachgemäß verpackt, keinen Schaden. Die angegebene Anzeigeverläßlichkeit wird durch Temperaturschwankungen zwischen 21 und 28° C nicht beeinträchtigt. Ob die Anzeige sich bei Temperaturschwankungen zwischen 4 und 33° C ändert, ist nicht mit Sicherheit nachgewiesen. Die elastische Nachwirkung ist gering; wird die Waage durch 100 Stunden mit 1,5 mg belastet, so erscheinen Gewichte bis zu 5 μg verändert.

Eine im Prinzip ähnliche Waage, die Luftdämpfung benutzt, wurde von AUGUST SAUTER (56) ausgebildet und ist auch in zweiarmiger Ausführung erhältlich. Angeboten werden elf Modelle, die sich durch den Wägebereich unterscheiden, der zwischen 0 bis 1 mg und 0 bis 2,5 g gewählt werden kann. Als Ablesegenauigkeit wird 0,001 der oberen Grenze des Bereiches angegeben, woraus sich $\pm$ 1 μg für das empfindlichste Modell ergibt.

Spiralfederwaage der Microchemical Specialties Co. (46) (Abb. 62 *B*) für Wägebereiche von 50 und 200 mg und Anzeigeverläßlichkeiten von 0,5 und 2 mg und einer Gesamttragkraft von 5 g, eignet sich wie die vereinfachten

Salvioni-Waagen für rasche Gewichtsschätzungen bei Halbmikroarbeit. Der zweiarmige Balken mit der Zeigerspitze und die Spiralfeder sind aus Quarzglas hergestellt und auf einem Gestell aus anodisch geschwärztem Aluminiumblech und Kunstmasse frei montiert.

d) Helixfederwaagen.

Dieser Waagentypus ist unter dem Namen Spiralfederwaage vom Marktplatz her wohl allgemein bekannt und wurde von dem Physiker P. von Jolly (1809 bis 1884) in die Laboratoriumspraxis eingeführt.

Die Verlängerung der von dem Draht gebildeten und am besten sehr dicht gewickelten Helix ist dem wirkenden Zug nur dann genau proportional, wenn die Abweichung von der wahren Helixform (geometrischer Ort aller Stellungen eines Punktes, der eine gleichförmige Kreisbewegung ausführt und sich gleichzeitig mit gleichförmiger Geschwindigkeit vertikal zur Kreisebene bewegt; es ergibt sich eine einem Kreiszylinder aufgeschriebene Schraubenlinie, die beim ebenen Ausbreiten der Zylinderfläche zu einer Geraden wird) unmerklich ist und das Material des Drahtes elastischer Nachwirkung wenig unterliegt. Offenkundig wird es am günstigsten sein, kleine Längenveränderungen an einer langen Helix mit vielen Windungen, die überdies wenig vorgespannt ist, mit großer Genauigkeit zu messen. Das Gewicht des Apparates muß möglichst klein gehalten werden, um die Vorspannung der Feder auf ein Mindestmaß herabzusetzen.

Es scheint, daß McBain und Bakr (44) zuerst eine Helixfeder aus Quarzglas verwendet haben, dessen vorteilhafte elastische Eigenschaften für diesen Zweck höchst erwünscht sind und dessen chemische Widerstandsfähigkeit und geringer Ausdehnungskoeffizient die Verwendung derartiger Federwaagen in Berührung mit hochreaktiven Gasen und Dämpfen und in einem weiten Temperaturbereich möglich machen.

Kirk und Schaffer (38) haben die Herstellung von Helixfedern aus Quarzglas eingehend studiert (vgl. S. 84) und Federn mit Ausdehnungsempfindlichkeiten von 100 mm/mg bis 0,1 mm/mg sind nun im Handel erhältlich (46). Es folgen:

$$\text{Nutzlast} = l/a \text{ mg,} \tag{67}$$

$$\text{absolute Wägungsgenauigkeit} = \Delta w \text{ mg,} \tag{68}$$

wenn l die Länge der Skala in Millimeter, a die Ausdehnungsempfindlichkeit in Millimeter je Milligramm, $w = a^{-1}$ der Wert des Millimeters der Skala in Milligramm und Δ die Ablesegenauigkeit der Skala in Millimeter ist. Die relative Höchstgenauigkeit ist dann Δ/l.

Kirk und Schaffer geben die folgenden Zahlen für Quarzglashelixfedern von etwa 40 cm Länge und 1,4 cm Durchmesser der Helix:

Zahl der Windungen:	Durchmesser des Quarzglasfadens: μm	Ausdehnungsempfindlichkeit: mm/mg
65	175	1,02
85	115	6,6
110	110	6,8
43	80	23
60	80	26,5
50	35	115

Die Feder wird am einfachsten in einem Glasrohr aufgehängt, wie dies Abb. 66 zeigt. Für analytische Zwecke wird das Rohr am besten auf ein flaches

Aluminiumgehäuse aufgesetzt, das seitlich mit einem Türchen t versehen ist und an zwei gegenüberliegenden Seiten zur Beobachtung des Zeigers z lange Fensterschlitze f hat, die mit planparallel geschliffenen Glasplatten verschlossen sind. Soll die Waage zur Verfolgung von Absorptionserscheinungen oder chemischen Reaktionen dienen, so daß sich das Wägegut im Reaktionsraum befinden muß, dann wird das die Feder enthaltende Glasrohr mit einem Schliff auf das Reaktionsgefäß aufgesetzt.

Zur Bestimmung der Dehnung der Feder beobachtet man eine in passender Lage am Quarzglasfaden angeschmolzene Zeigerspitze z. Die Lage der Zeigerspitze kann mit Hilfe von Ablesemikroskop und Okularteilung, mit einem Kathetometer oder durch Projektion (20) ihres Bildes auf eine Skala, die leicht aus Millimeterpapier hergestellt werden kann, ermittelt werden. Wenn die Wägungen nicht präzis sein müssen, genügt Schätzung der Zeigerstellung mit einer Teilung, die am Glasrohr selbst angebracht sein kann. In solchen Fällen versieht man die Helix mit einem langen Haken, der nahe der Helix die Zeigerspitze angeschmolzen hat (Abb. 66 A). Zur Ablesung mit unbewaffnetem Auge ist auch eine Spiegelskala erhältlich, die es ermöglicht, parallaktische Fehler dadurch konstant zu erhalten, daß man die Zeigerspitze zur Ablesung mit ihrem Spiegelbild zur Deckung bringt.

Sollen Messungen bei hohen oder tiefen Temperaturen ausgeführt werden, so macht man sich von der Verschiedenheit der Ausdehnung von Quarzglashelix und Glasrohr abhängig, indem man die Stellungen der Zeigerspitze auf jene eines Bezugszeigers b, der das Ende eines vertikal hängenden Quarzglasfadens darstellt, bezieht. Betreffend die Änderung des Elastizitätsmoduls s. S. 74.

Wenn das Bild des Zeigers projiziert wird, ist es möglich, die Zeigerstellung selbst aus großer Entfernung ziemlich verläßlich zu schätzen. Dies zusammen mit dem geringen, für eine Wägung erforderlichen Zeitaufwand macht eine Projektionsfederwaage für die Vorführung quantitativer Vorlesungsversuche hervorragend geeignet und EMICH (20) hat sie u. a. zur De-

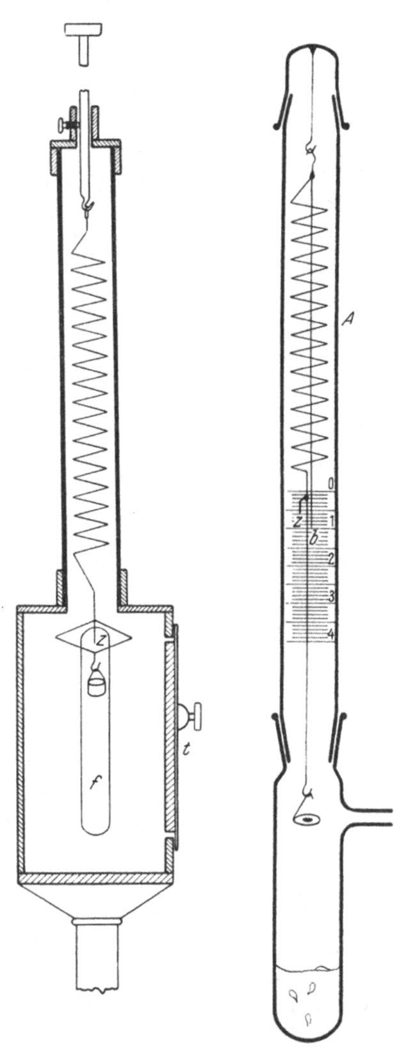

Abb. 66. Helixfederwaagen.

monstration der Gesetze der konstanten und multiplen Proportionen, Bestimmung der Gasdichte und des Molekulargewichtes, Bestimmung des Äquivalentgewichtes durch Rückstandsbestimmungen und den Beweis für die Flüchtigkeit von Platin und Quarz benutzt. Es sollte keine Schwierigkeit bieten, weitere wünschenswerte Vorlesungsversuche zu finden. Verschiedentliche Anwendungen in der chemischen Forschung wurden bereits erwähnt. KIRK und SCHAFFER weisen darauf hin, daß es ohne weiteres möglich ist, eine Federwaage mit Quarzglashelix zu sterilisieren und zu quantitativen Versuchen mit Bakterien oder Gewebskulturen zu verwenden.

Literatur.

(1) ÅNGSTRÖM, KNUT JOHAN, Öfersigt af Kongl. Vetenskaps-Akademiens Förhandlingar 52, 643 (1895). — (2) ASBURY, H., R. BELCHER u. T. S. WEST, Mikrochim. Acta [Wien] 1956, 598. — (3) ASTON, F. W., Proc. Roy. Soc. London, Ser. A 89, 439 (1914).

(4) BAZZONI, C. A., J. Franklin Inst. 180, 463 (1915). — (5) BEAMS, J. W., C. W. HULBURT, W. E. LOTZ, Jr. u. R. M. MONTAGUE, Jr., Rev. Sci. Instruments 26, 1181 (1955). — (6) BOWERS, R., u. E. A. LONG, Rev. Sci. Instruments 26, 337(1955). — (7) BRILL, O., Ber. dtsch. chem. Ges. 38, 140 (1905). — (8) BRILL, O., u. CLARE DE BRERETON EVANS, J. Chem. Soc. London 93, 1442 (1908).

(9) CARMICHAEL, H., Canad. J. Physics 30, 524 (1952). — (10) CUNNINGHAM, B. B., Nucleonics 5, 62 (1949). — (11) CUNNINGHAM, B. B., u. L. B. WERNER, J. Amer. Chem. Soc. 71, 1521 (1949). — (12) CZANDERNA, A. W., u. J. M. HONIG, Analyt. Chemistry 29, 1206 (1957).

(13) DE GRAY, R. J., Ind. Eng. Chem., Analyt. Ed. 5, 70 (1933). — (14) DONAU, J., Mikrochem. 9, 1 (1931). — (15) Mikrochem. 13, 155 (1933).

(16) EDWARDS, F. C., u. R. R. BALDWIN, Analyt. Chemistry 23, 357 (1951). — (17) EDWARDS, J., Nat. Bur. Standards, Techn. Paper 89 (1917). — (18) EL-BADRY, H. M., u. C. L. WILSON, The Royal Institute of Chemistry, London, Report No. 4 (1950). — (19) EMICH, F., Mh. Chem. 36, 412 (1915). — (20) Methoden der Mikrochemie in ABDERHALDENS Handbuch der biologischen Arbeitsmethoden, Abt. I, Teil 3, S. 45—324. Wien und Berlin: Urban & Schwarzenberg. 1921. — (21) Equipment Bericht, CaEN 35. 79 (August 26, 1957).

(22) FABERGÉ, A. C., J. Sci. Instruments 15, 17 (1938). — (23) FRANKLIN, A. J., u. S. E. VOLTZ, Analyt. Chemistry 27, 865 (1955). — (24) FRIEDRICH, A., Mikrochem. 15, 36 (1934).

(25) GIESEN, J., Ann. Physik, Ser. 4, 10, 830 (1903). — (26) GORBACH, G., Mikrochem. 20, 254 (1936). — (27) Mikrochim. Acta [Wien] 1954, 352. — (28) GRAHAM, I., Mikrochim. Acta [Wien] 1954, 746. — (29) GRAY, R. WHYTLAW, u. Sir WM. RAMSAY, Proc. Roy. Soc. London, Ser. A 84, 536 (1910). — (30) Proc. Roy. Soc. London, Ser. A 86, 270 (1911). — (31) GULBRANSEN, E. A., Rev. Sci. Instruments 15, 201 (1944).

(32) HALLER, W. K., u. G. L. CALCAMUGGIO, Rev. Sci. Instruments 26, 1064 (1955). — (33) HARTUNG, E. J., Phil. Mag. London 43, 1056 (1922). — (34) Rep. Australasian Assoc. Advancement Sci. 17, 241 (1924). — (35) HOELSCHER, H. E., R. F. KAYSER u. R. H. PRICE, Chemist-Analyst 44, 43 (1955). — (36) HOLTER, H., Mikrochem. 33, 368 (1948).

(37) KIRK, P. L., R. CRAIG, J. E. GULLBERG u. R. Q. BOYER, Analyt. Chemistry 19, 427 (1947). — (38) KIRK, P. L., u. F. L. SCHAFFER, Rev. Sci. Instruments 19, 785 (1948). — (39) KRUSPE, H., D. R. P. 102936 vom 27. Jänner 1898. — (40) KUCK, J. A., PATRICIA L. ALTIERI u. ALMA K. TOWNE, Mikrochim. Acta [Wien] 1953, 254.

(41) LEHRER, E., u. E. KUSS, Z. physik. Chem., Abt. A 163, 73 (1933). — (42) LOEBE, W.-W., u. R. KÜHN, Z. Instrumentenkunde 53, 21 (1933). — (43) LOWRY, O. H., J. Biol. Chem. 140, 183 (1941).

(44) McBAIN, J. W., u. A. M. BAKR, J. Amer. Chem. Soc. 48, 690 (1926). — (45) McBAIN, J. W., u. H. G. TANNER, Proc. Roy. Soc. London, Ser. A 125, 579 (1929). — (46) Microchemical Specialities Co., Berkeley 3, California. — (47) Microtech Services Co., Berkeley 9, California.

(48) NEHER, H. V., in J. STRONG, Procedures of Experimental Physics, 2. Aufl. New York: Prentice-Hall. 1942. — (49) NERNST, W., Z. Elektrochem. 9, 622 (1903); Nachr. kgl. Ges. Wiss. Göttingen 1902, H. 2. — (50) NERNST, W., u. E. H. RIESENFELD, Ber. dtsch. chem. Ges. 36, 2086 (1903).

(51) PETTERSSON, H., Göteborgs Kungl. Vetenskaps- och Vitterhets-Samhälles Handlingar 16, 1 (1913).

(52) RHODIN, T. N., J. Amer. Chem. Soc. 72, 4343 (1950). — (53) RIESENFELD, E. H., u. H. F. MÖLLER, Z. Elektrochem. 21, 131 (1915). — (54) RITCHIE, W., Phil. Trans. Roy. Soc. London 1830, 402.

(55) SALVIONI, ENRICO, Misura di masse comprese fra g 10^{-1} e g 10^{-6}. Messina. 1901. — (56) SCHAAR and Company, 754 W. Lexington Street, Chicago 7, Illinois, USA. — (57) STANBURY, G. R., u. N. TUNSTALL, J. Sci. Instruments 7, 343 (1930). — (58) STEELE, B. D., u. KERR GRANT, Proc. Roy. Soc. London, Ser. A 82, 580 (1909). — (59) STOCK, A., H. RAMSER u. G. EYBER, Z. physik. Chem., Abt. A 163, 82 (1933). — (60) STOCK, A., u. G. RITTER, Z. physik. Chem., Abt. A 119, 333 (1926). — (61) STRÖMBERG, R., Ann. Physik, Ser. 4, 47, 939 (1915). — (62) Svenska Vetenskapsakad. Handlingar III, 6, Nr. 2 (1929).

(63) Taylor, T. S., Physic. Rev., Ser. 2, **10**, 653 (1917). — (64) The Laboratory **26**, Nr. 1, 18 (1957), Fisher Scientific Company, Pittsburgh, Pa.

(65) Urbain, G., C. r. acad. sci., Paris **154**, 347 (1912).

(66) Verschaffelt, J. E., u. Van de Casteele, Natuurwetensch. Tijdschr. **10**, 35 (1928). — (67) Voller, F., Z. angew. Chem. **28** (I), 54 (1915).

(68) Warburg, E., u. T. Ihmori, Ann. Physik Chem., N. F. **27**, 481 (1886); **31**, 1006 (1887). — (69) Wiesenberger, E., Mikrochem. **10**, 10 (1931).

(70) Zeuthen, E., Nature **159**, 440 (1947); C. r. trav. lab. Carlsberg, sér. chim. **26**, 243 (1948).

Geräte zur anorganischen Mikro-Gewichtsanalyse.

Von

Friedrich Hecht.

Professor für analytische Chemie.

Analytisches Institut der Universität Wien.

Mit 125 Textabbildungen.

Inhaltsverzeichnis.

Inhaltsverzeichnis. 173

I. Wägungsformen.

1. Eigenschaften der für die Mikroanalyse geeigneten Wägungsformen.

Da bei den Wägungen mit der Mikrowaage weitestgehende Angleichung der zu wägenden Gefäße an die Temperatur der Waage und überhaupt an das sogenannte „Klima" des Waagenraumes unerläßliche Bedingung für die Gewichtskonstanz ist, müssen solche Wägungsformen der Niederschläge gewählt werden, die nicht ein Erkalten im Exsiccator erfordern. Es sind also von vornherein alle diejenigen Niederschläge ausgeschlossen, die an der Luft nicht völlig unverändert bleiben und Feuchtigkeit oder Kohlendioxyd anziehen. Bei der Ausarbeitung neuer mikroanalytischer Bestimmungsformen muß demnach stets das Verhalten der Niederschläge in dieser Beziehung untersucht werden.

Ein weiterer Gesichtspunkt ist der, daß die manchmal nicht unbeträchtlichen Schwierigkeiten, bei den Mikrowägungen eine Gewichtskonstanz von 10 μg oder weniger zu erzielen, zur Bevorzugung solcher Wägungsformen zwingen, die in einem möglichst großen Molekül einen möglichst geringen Prozentsatz des gesuchten Bestandteiles enthalten. Der unvermeidliche Wägefehler führt also zur Suche nach Verbindungen, bei denen der sogenannte „Umrechnungsfaktor" möglichst klein ist.

Weiterhin wird die Auswahl der Bestimmungsformen dadurch beeinflußt, daß das — verschiedenartige — Material der Mikrogefäße, in denen die Niederschläge ausgewogen werden, nicht gleichmäßig bei allen Temperaturen Gewichtskonstanz aufweist. Es darf nicht vergessen werden, daß — im Gegensatz zu den Verhältnissen bei der Makroanalyse — bei der Mikroanalyse in der Regel ein gewaltiges Mißverhältnis zwischen dem bloß Milligramme oder sogar nur Zehntelmilligramme betragenden Gewicht der Niederschläge und demjenigen der Gefäße besteht, die stets mitgewogen werden. Das Gewicht der Gefäße liegt meist in der Größenordnung von 10 g. Nimmt man das Gewicht der zu wägenden Niederschläge mit 10 bis 0,5 mg an, so beläuft sich das Verhältnis des Niederschlagsgewichtes zum Gewicht des Gefäßes auf 1 : 1000 bis 1 : 20000. Ausnahmen stellen Rückstandsbestimmungen und die Verfahren dar, die mit Hilfe der Donauschen Fällungs- und Filterschälchen ausgeführt werden (s. a. S. 266ff.). Bei diesen ist, wegen des nur einige Zehntelgramm betragenden Gefäßgewichtes, das bezeichnete Verhältnis um eine Zehnerpotenz günstiger, also etwa 1 : 100 bis 1 : 1000. In der Makroanalyse wägt man dagegen meist Niederschläge von etwa 5 mg bis 1 g in Tiegeln von 10 bis 20 g Gewicht. Das Verhältnis zwischen Niederschlags- und Tiegelgewicht ist daher 1 : 10 bis 1 : 2000 (oder höchstens 1 : 4000), von Ausnahmefällen abgesehen. Es unterscheiden sich also die entsprechenden Verhältniszahlen bei der Mikro- und der Makroanalyse in den Grenzwerten um 1 bis 2 Zehnerpotenzen zuungunsten der Mikroanalyse. Daraus wird ersichtlich, daß in der Mikroanalyse eine besonders große Aufmerksamkeit der Gewichtsbeständigkeit der Gefäße zuzuwenden ist, in denen die Niederschläge gewichtskonstant gemacht werden müssen. Die Verhältnisse liegen vergleichsweise so, als ob in der Makroanalyse die Fällungsgefäße (Bechergläser) zusammen mit den Niederschlägen gewogen würden. Über die Gewichtsbeständigkeit der Gefäße handelt Abschnitt V, 1. Hier soll indessen vorweggenommen werden, daß die Beziehungen zwischen der Gewichtskonstanz der Wägungsgefäße und der Temperatur dazu führen, solche Verbindungen als Wägungsformen zu bevorzugen, die entweder bei Zimmertemperatur oder bei normaler Trockenschranktemperatur getrocknet werden können. Auch Glühtemperaturen von 600 bis 800° sind noch ohne wesentliche Schwierigkeiten zulässig. Höhere Temperaturen hingegen sollten möglichst nur in solchen Fällen angewendet werden, in denen bis jetzt keine bessere Methode bekannt ist. Es wird das Ziel künftiger mikroanalytischer Forschung sein müssen, diese Fälle auf ein Minimum zu beschränken.

Ferner ist, ebenso wie in der Makroanalyse, von den Niederschlägen bzw. Wägungsformen zu fordern, daß sie „formelrein", also in stöchiometrisch definierter Zusammensetzung, vorliegen und nicht zum Einschluß von Fremdbestandteilen neigen. Man wird daher nach Möglichkeit Niederschläge verwenden, die nicht amorph, sondern kristallin ausfallen und gut filtrier- und auswaschbar sind.

2. Anorganische und organische Wägungsformen.

Wenn man nun auf Grund der vorangehenden Überlegungen die Eignung anorganischer und organischer Wägungsformen vergleichend ins Auge faßt, ergibt sich, daß zahlreiche anorganische Niederschläge ohne weiteres auch den verschärften Anforderungen der Mikroanalyse bezüglich Gewichtskonstanz und Unveränderlichkeit an der Luft genügen. Dies ist z. B. bei den meisten Oxyden

und Sulfaten der Fall, die deshalb bei den später zu besprechenden Rückstandsbestimmungen (S. 191ff.) eine wesentliche Rolle spielen, ebenso bei manchen
Pyrophosphaten. Hingegen entsprechen die genannten Verbindungen in sehr
geringem Maße der Forderung nach einem günstigen Umrechnungsfaktor für die
zu bestimmenden Elemente und zudem, zumindest sofern die Oxyde in Frage
kommen, auch nur zum geringen Teil dem Verlangen, hohe Glühtemperaturen
zu vermeiden. Die Wägung in Form der Oxyde ist daher vom Standpunkt der
Mikroanalyse eigentlich nur als Notbehelf anzusehen.

Bezüglich der „Formelreinheit" bestehen die gleichen Verhältnisse wie in
der Makroanalyse. Die anorganischen Bestimmungsformen sind also innerhalb
gewisser Grenzen meist als „formelrein" zu bezeichnen. Ebenso gilt dies von
den organischen Wägungsformen kristalliner Struktur (vgl. das Folgende).

Betrachten wir die organischen Fällungs- und Bestimmungsformen, so sehen
wir, daß diese sich dem vorhin gekennzeichneten Ideal weitgehend nähern; sie
sind an der Luft unveränderlich und ziehen weder Wasser noch Kohlendioxyd
an; sie weisen wegen ihres hohen Molekulargewichtes fast immer günstigere
Umrechnungsfaktoren als die anorganischen Verbindungen auf; sie sind meist
weitgehend formelrein, kristallin, gut filtrier- und auswaschbar und benötigen
daher, wenn diese Bedingungen erfüllt sind, keine Glühtemperaturen, sondern
erreichen ihre Gewichtskonstanz entweder nach geeigneter Vorbehandlung
schon bei Zimmer- oder doch bei Trockenschranktemperaturen. Bestimmungsmethoden unter Anwendung organischer Reagenzien, bei denen ein Verglühen
des Niederschlages zu Oxyd erforderlich ist, sind demnach von dem vorhin
gekennzeichneten Gesichtspunkt aus auch nur als Provisorium zu betrachten.
Der heutige Stand der Mikrogravimetrie erlaubt allerdings noch nicht, diesen
Standpunkt folgerichtig in allen Fällen in die Praxis zu übertragen. Einer der
Gründe dafür ist der, daß organische Reagenzien vielfach in organischen Lösungsmitteln (z. B. Alkohol oder Aceton) aufgelöst werden müssen, da sie meist *nicht
wasserlöslich* sind. Daher tritt manchmal in mehr oder minder hohem Maße
eine Ausfällung des organischen Reagens in der zu stark wäßrigen Lösung und
infolgedessen Okklusion durch den Niederschlag ein, so daß man gezwungen ist,
ihn zu verglühen. Als Idealreagens erscheint daher das wasserlösliche Fällungsmittel. Immerhin stellt auch in dem genannten Falle das organische Fällungs-
reagens ein Hilfsmittel sowohl zur Erzielung einer *intermediären Fällungs-
form* als auch zur Durchführung von Trennungen dar. Anderseits scheint für die
Eignung einer organischen Verbindung als *Wägungsform* die Frage, ob das
Reagens „spezifisch"[1] ist oder nicht, von geringerer Bedeutung. Das o-Hydroxy-
chinolin („Oxin") z. B. kann gewiß nicht als spezifisch bezeichnet werden,
eignet sich jedoch für die mikroanalytische Bestimmung einer Reihe von
Elementen ganz ausgezeichnet. Demnach ist die Spezifität der organischen
Reagenzien nicht so sehr für die Erzielung guter Wägungsformen als vielmehr
für die *Trennung* der einzelnen Ionen wichtig[2]. Trotzdem ist selbstverständlich
— eben wegen der sich bietenden Trennungsmöglichkeiten — der Gebrauch
spezifischer oder möglichst selektiver organischer Fällungsmittel so weitgehend
wie möglich anzustreben.

---

[1] Im Sinne der Beschlüsse der „Internationalen Kommission für neue analytische
Reaktionen und Reagenzien" vom Mai 1937 (1) sollen „solche Reaktionen (Reagenzien), die unter bestimmten Versuchsbedingungen für einen Bestandteil *ganz eindeutig*
sind, als *spezifisch* bezeichnet werden, dagegen solche Reaktionen (Reagenzien) als
selektiv, mit denen sich nur eine *engere* Auswahl treffen läßt, weil sie für einige
(wenige) Bestandteile charakteristisch sind".

[2] Eine mehr oder minder große „Selektivität", also Fähigkeit zur Fällung bestimmter
Ionen*gruppen*, ist ja allen gebräuchlichen organischen Reagenzien eigen.

Aus dem Gesagten ergibt sich, daß die Auffindung geeigneter organischer Reagenzien und die Ausarbeitung entsprechender Bestimmungsmethoden für die quantitative Mikroanalyse von noch viel wesentlicherer Bedeutung als für die Makroanalyse ist, ja in vielen Fällen geradezu als eines der wichtigsten Probleme gelten kann. Es sei an dieser Stelle auf ein Werk von F. FEIGL (2) verwiesen, aus dem der Mikroanalytiker sich über die bis jetzt erforschten Zusammenhänge zwischen Atomgruppierungen organischer Verbindungen und ihrer besonderen Eignung als Reagenzien für bestimmte Ionen zu orientieren vermag. Zweifellos wird auch der quantitative Mikroanalytiker daraus viele Anregung für seine Arbeiten entnehmen können. Insbesondere wegen der eben erwähnten Tatsache, daß spezifische oder selektische Wirkungen sich auf ganz bestimmte Atomgruppierungen zurückführen lassen, ist eine systematische Forschung nach neuen organischen Reagenzien unerläßlich. Bezüglich der in der quantitativen Makro- und Mikroanalyse gebräuchlichen organischen Fällungsmittel sei auf die Werke von W. PRODINGER (3) und F. J. WELCHER (4) verwiesen.

Weniger als Wägungsform als vielmehr zur intermediären Abscheidung gewisser Elemente kommen die durch Mikroelektrolyse erzeugten Niederschläge in Betracht. Als Wägungsformen eignen sie sich deshalb nicht so sehr, weil der Umrechnungsfaktor = 1 ist, also das betreffende Element ganz ohne vergrößernden Faktor unmittelbar gewogen wird. Hingegen bietet die selektive elektrolytische Abscheidung zahlreiche Möglichkeiten zur Trennung von Ionen und zur Reinigung von Niederschlägen. Nach dem gegenwärtigen Stand der Mikroanalyse empfiehlt sich allerdings manchmal eine unmittelbare Wägung des Niederschlages eher als ein Auflösen und Überführen in eine andere Wägungsform, nämlich dann, wenn noch keine genügend einwandfreie Bestimmungsmethode anderer Art bekannt ist, bzw. wenn die bei der Umfällung möglichen Fehler voraussichtlich größer als die bei der unmittelbaren Wägung zu erwartenden Wägefehler sind. Das Gebiet der Mikroelektrolyse verdient zweifellos eine weit intensivere Erforschung, als ihm bis heute zuteil geworden ist.

Literatur.

(1) Internationale Kommission für neue analytische Reagenzien, Mikrochem. **22**, 258 (1937); Mikrochim. Acta 1, 253 (1937).

(2) FEIGL, F., Chemistry of Specific, Selective and Sensitive Reactions. New York: Academic Press. 1949.

(3) PRODINGER, W., Organische Fällungsmittel in der quantitativen Analyse, 4. Aufl. Stuttgart: F. Enke. 1957.

(4) WELCHER, F. J., Organic Analytical Reagents, 4 Bde., 2. Aufl. New York: D. Van Nostrand. 1948.

II. Vorbereitungen zur Analyse.

1. Probenahme.

Die Probenahme zählt zu den Vorbereitungshandlungen, von deren einwandfreier Durchführung das Gelingen der Analyse in weitgehendem Maße abhängt[1]. Verbreitet ist die Meinung, daß es für die Mikroanalyse häufig ganz besonders schwierig, wenn nicht manchmal unmöglich sei, richtige Durchschnittsproben der zu analysierenden Substanzen zu erlangen. Diesbezüglich wurde weitgehende

---

[1] Vgl. W. F. HILLEBRAND, G. E. F. LUNDELL, H. A. BRIGHT und J. I. HOFFMAN (9). Dort heißt es u. a.: „The sampling of the material that is to be analyzed is almost always a matter of importance and not infrequently it is a more important operation than the analysis itself."

Klärung durch mathematisch fundierte Überlegungen sowie praktische Versuche von A. Benedetti-Pichler (4) herbeigeführt, durch die er nachweisen konnte, daß in allen jenen Fällen, in denen Substanzen weitgehend zerkleinert werden konnten, in Einwaagen von 3 bis 5 mg geeignete Durchschnittsmuster zu gewinnen waren. Den Berechnungen wurden Substanzen vom spezifischen Gewicht 2 zugrunde gelegt. Ein praktischer Versuch, bei dem ein Gemisch grober Kristalle von Kaliumnitrat und Kaliumbichromat nur 2 Minuten lang in einer Reibschale verrieben wurde, ergab Teilchen von 80 bis 7 μ größter Ausdehnung. Untersuchungen an verschiedenen anderen Gemengen führten ebenso wie diese Berechnungen zu dem Ergebnis, daß immer dann, wenn sich ein festes Gemisch mehrerer Substanzen aufs feinste verreiben und gründlich zerteilen ließ[1], es ohne weiteres möglich war, geeignete Durchschnittsmuster von 3 bis 5 mg oder noch weniger zu erhalten[2].

Folgende Faktoren sind nach den Feststellungen A. Benedetti-Pichlers (l. c.) für das Zustandekommen einer richtigen Durchschnittsprobe von wesentlicher Bedeutung: Die Dichte des Materials hat auf das Gewicht der einzelnen Teilchen nur einen linearen Einfluß. Gegebenenfalls wären bei sehr großen Unterschieden im spezifischen Gewicht der einzelnen Teilchen Entmischungen zu befürchten. Auch verschiedene Härte der einzelnen Gemischbestandteile mag insofern stören, als die härteren Teilchen durch Einbettung in die weichere Grundmasse die Zerkleinerung erschweren können. Bei Metallen und insbesondere bei Legierungen ist es im allgemeinen nicht möglich, eine geeignete Durchschnittsprobe von 5 mg zu erhalten. Dagegen gelingt in manchen Fällen das Homogenisieren der Probe durch Zusammenschmelzen, falls der Regulus beim Abkühlen keine Seigerungserscheinungen zeigt. Auch Metallaschen und andere Materialien, in denen Metallteilchen enthalten sind, lassen sich in der Regel nicht durch Zerkleinern der Mikroanalyse zugänglich machen.

Daß gerade Metallegierungen, Stähle usw. der Entnahme von Durchschnittsproben oft große Schwierigkeiten entgegensetzen, ist allgemein bekannt, und genaue Vorschriften über die diesbezüglichen Verfahren sind (auch in anderen Fällen) den einschlägigen Handbüchern zu entnehmen. So ist, um nur ein Beispiel anzuführen, bei grauem Roheisen ein Hobeln über den ganzen Querschnitt, womöglich sogar an zwei oder drei verschiedenen, weit voneinander liegenden Querschnitten erforderlich (22). Grobe Späne müssen zerschlagen und mit dem feineren, graphitreicheren Material vermengt werden. Gegebenenfalls hat man noch durch Absieben zwei oder drei verschiedene Anteile zu bilden, diese zu wägen und im Verhältnis ihrer Gewichte zur Analyse heranzuziehen. Im allgemeinen kann man erwarten, daß in den Fällen, in denen für die Makroanalyse richtige Durchschnittsproben gewonnen werden können, auch geeignete Mikrodurchschnittsproben zu erhalten sind. Es ist jedoch zu bedenken, daß die Bedeutung der Mikroanalyse vielfach gerade darin liegt, die qualitative und quantitative Feststellung geringfügiger Inhomogenitäten zu ermöglichen, wozu man bisher bei Anwendung rein makroanalytischer Methoden nicht imstande war (vgl. das weiter unten Gesagte).

In geeigneten Fällen ist manchmal der Ausweg möglich, größere Legierungsproben einzuwägen, zu lösen, die Lösung auf ein bestimmtes Volumen aufzufüllen und die Mikroanalyse mit einem entsprechend kleinen aliquoten Teil der Lösung auszuführen. Dieses Verfahren hängt von zwei Voraussetzungen ab: daß einerseits sich ein Lösungsmittel finden lasse, das bei der nachfolgenden

---

[1] Ohne daß beim Zerreiben mehr Mühe, als in der Makroanalyse üblich, angewendet werden mußte.

[2] Vgl. auch R. Strebinger und L. Radlberger (20).

Analyse nicht stört oder ohne Schaden wieder entfernt werden kann, und daß anderseits genügend Material vorhanden sei. Letzteres wird natürlich überflüssig, wenn es sich aus bestimmten Gründen darum handelt, die eben vorliegende *Partikel* der Legierung zu analysieren.

Dies führt uns zu allen denjenigen Fällen, in denen nicht eine Durchschnittsanalyse benötigt wird. Der Wert der Mikroanalyse besteht, wie erwähnt, darin, daß sie die Möglichkeit bietet, *kleinste* Substanzmengen einwandfrei zu analysieren. Es sei beispielsweise auf die Erz- und Mineralanalyse verwiesen, bei der der ,,Makroanalytiker'' oft genug gezwungen ist, eine große Anzahl einzelner Mineralindividuen oder Kriställchen zusammen zu pulvern, damit überhaupt eine quantitative Analyse ausführbar wird. Dadurch wird häufig wertvollstes Untersuchungsmaterial zerstört, und manche Frage des Feinbaues kann nicht beantwortet werden. Es treten eben klar zwei Vorzüge der Mikroanalyse zutage: einerseits ihre Anwendbarkeit zwecks Ersparnis von Zeit, Arbeit und Reagenzien, ohne daß man jedoch durch Mangel an Ausgangsmaterial dazu gezwungen ist; anderseits die Tatsache, daß *erst die Mikroanalyse* die Ermittlung der Zusammensetzung einer kostbaren oder spärlichen Probe oder die Feststellung von Inhomogenitäten einer größeren Probe gestattet. Im letztgenannten Falle kommt eine Durchschnittsprobe an sich nicht in Frage. Bezüglich der Probenahme bei Platinlegierungen vgl. auch R. STREBINGER und H. HOLZER (19).

2. Einwaage.

Wie bereits erwähnt, erstreckt sich der Bereich der quantitativen Mikroanalyse, der mit Hilfe der Waagen vom NERNST- und KUHLMANN-Typus beherrscht werden kann, von etwa 0,1 mg bis zu rund 50 mg Einwaage. Bei der letztgenannten Zahl haben wir schon das Gebiet der ,,Milligrammverfahren'' weit überschritten und sind im Bereich derjenigen Mengen angelangt, die der analytischen Technik der ,,Centigrammverfahren'' zugänglich sind. Bei noch größeren Mengen sind Sonderverfahren, wie z. B. Bestimmung einzelner Bestandteile in aliquoten Teilen der gelösten Probe, unvermeidlich, denn die Anwendung der gebräuchlichen mikroanalytischen[1] Arbeitstechnik auf derart große Mengen ist mit solchen Unbequemlichkeiten verbunden, daß sie weit mehr Nachteile als Vorteile im Gefolge hat. Auch schon bei Einwaagen von 50 mg einer zusammengesetzten Probe sind Mikrobecher, Tiegel usw. notwendig, deren Größe das sonst übliche Maß bei weitem überschreitet. Solche Einwaagen sind überhaupt nur bei äußerst ungünstiger Zusammensetzung der Probe gerechtfertigt, d. h. wenn einzelne oder die Mehrzahl der Bestandteile nur in geringen Prozentgehalten anwesend sind. Auch ist dann die Anwendung sogenannter ,,Halb''- oder ,,Semi''-Mikrowaagen mit einer Empfindlichkeit von 0,01 mg ausreichend und eher zu empfehlen als die Benutzung der eigentlichen Mikrowaagen[2].

Wenn angängig, wird man bei *zusammengesetzten* Proben die Einwaage am besten zu etwa 10 bis 20 mg wählen. Rechnet man mit einem Wägefehler von 5 bis 10 μg, so kann sich dieser bei der Ausführung einer aus zwei Wägungen bestehenden Einwaage im ungünstigsten Fall auf das Doppelte erhöhen, also 10 bis 20 μg erreichen. Das entspricht einem Fehler von 0,1% der Einwaage. Bestimmt man nun beispielsweise einen Bestandteil, dessen Menge 10% des Gemisches, also 1 bis 2 mg, entspricht, so würde der Wägefehler, der bei Differenzwägungen im ungünstigsten Fall wieder bis zu 10 oder 20 μg ansteigen kann,

---

[1] Im weitesten Sinne des Wortes gebraucht.
[2] Vgl. die eingehenden und klaren Ausführungen von C. J. VAN NIEUWENBURG (13).

(maximal) schon 1% dieses Bestandteiles gleichkommen. Verwendet man jedoch eine Bestimmungsform mit günstigerem Umrechnungsfaktor, z. B. 0,20, so beträgt der Fehler nur noch 0,2% des betreffenden Bestandteiles bzw. — bei Beziehung auf die Einwaage — 0,02%.

Es braucht nicht betont zu werden, daß sowohl die richtige Ausführung jeder Einwaage als auch die exakte Ermittlung der Auswaagen eine tadellose Nacheichung der Bruchgrammgewichte von 1 bis 100 mg gegen den Reiter erfordern.

Handelt es sich darum, Beleganalysen für eine neu auszuarbeitende Mikromethode auszuführen, so stellt man eine das zu bestimmende Ion enthaltende Lösung nach einer bewährten makroanalytischen Methode ein und verdünnt 50 oder 100 ml dieser Lösung mit Hilfe geeichter Pipetten in geeichten Meßkolben von 1000 ml oder 2000 ml Inhalt bei der der Eichung entsprechenden Temperatur. Da der erlaubte Fehler der Vollpipette von 5 ml 0,01 ml, also 0,2%, der der 2-ml-Vollpipette 0,006 ml, d. h. 0,3% beträgt, so kann beim nun folgenden Einpipettieren der zu analysierenden Probelösung ein gleich großer Maximalfehler entstehen. Eine zweite Möglichkeit ist die, das spezifische Gewicht der „Mikrolösung" zu ermitteln und die Probelösungen für die einzelnen Analysen auf der gewöhnlichen analytischen Waage mit einer Genauigkeit von einem Zehntelmilligramm einzuwägen [in bedeckten Gefäßen oder verschlossenen Filterbechern (7); vgl. dazu S. 200]. Da 1 g mit einer guten Analysenwaage leicht auf 0,1 bis 0,2 mg genau einwägbar ist, würde bei dieser Genauigkeit ein Einwägefehler von 0,01 bis 0,02% entstehen. Die erlaubten Fehler geeichter Pyknometer mit einem Fassungsraum von 100 ml, geeichter Meßkolben von 1 oder 2 l Inhalt und Pipetten zu 50 oder 100 ml sind so gering (Hundertstelprozente), daß man in allen Fällen damit rechnen kann, beim Einwägen einer so hergestellten „Mikrolösung" einen Wägefehler von höchstens 0,1% zu begehen, der jedoch meistens unterschritten werden dürfte. Auf diese Weise ist es natürlich möglich, die Mengen eines zu bestimmenden Ions mit so großer Genauigkeit in das Fällungsgefäß einzumessen, daß man die Beleganalysen in lückenloser Reihenfolge an Substanzmengen von Zehntelmilligrammen bis zu 5 und 10 mg ausführen kann. Die Methode des Einwägens der Probelösungen hat gegenüber der Verwendung von Pipetten auch den Vorteil einer Variationsmöglichkeit innerhalb weiterer Grenzen.

Einwaage hygroskopischer Substanzen; Trockenpistolen; Mikroexsiccatoren.

Dieses Problem kommt in der anorganischen Mikroanalyse ungleich seltener als in der organischen vor. Für Sonderfälle sind geeignete Vorrichtungen kon-

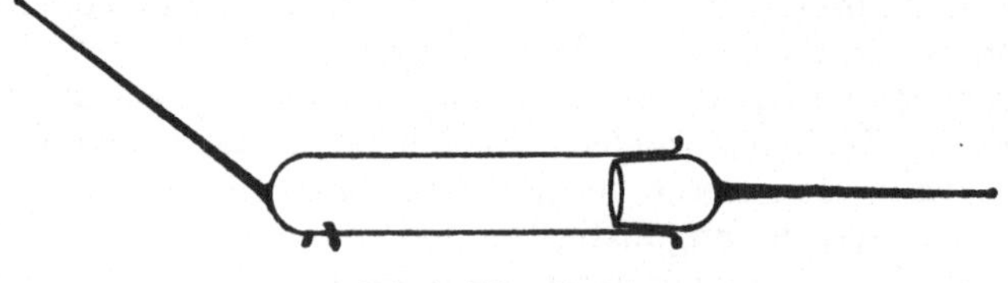

Abb. 1. Wägegläschen.

struiert worden, z. B. für die Einwaage von Phosphorpentoxyd zur Bestimmung seiner Dampfdichte (6). Bei weniger hygroskopischen Substanzen genügt Trocknung in einer Trockenpistole (S. 182, 183) und Wägung des Schiffchens mit der getrockneten Substanz in einem Wägegläschen (14) mit dünnen Griffen (Abb. 1) zur Vermeidung der Erwärmung beim Anfassen. Dieses Wägegläschen befindet sich für gewöhnlich im Waagengehäuse und darf aus diesem nur zum Transport des Schiffchens zur Trockenpistole und wieder zurück entfernt werden, um möglichst gewichtskonstant zu bleiben. Die Griffe sind selbstverständlich nur mit Rehleder anzufassen. Jede Erwärmung muß vermieden werden, da sonst bis zur Herstellung der Gewichtskonstanz längere Zeit vergeht. Ebensowenig soll das Wägeröhrchen in einen Exsiccator gebracht werden, damit der Feuchtigkeitsbelag seiner Oberfläche und infolgedessen sein Gewicht sich nicht ändert.

Substanzen, die nicht allzu stark hygroskopisch sind, können im Mikroexsiccator nach F. Pregl (15) (Abb. 2) getrocknet werden. Dieser besteht aus einer 240 mm langen Glasröhre von 10 mm äußerem Durchmesser, die ungefähr in der Mitte zu einer haarfeinen Kapillare verengt ist. In die eine Hälfte füllt man auf eine mehrfache Lage von festgepreßter Watte gekörntes Calciumchlorid in einer etwa 50 mm langen Schicht und hält es mit einer weiteren Lage festgepreßter Watte fest. Den Verschluß der Mündung bildet ein Gummistopfen, durch den ein kapillar verengtes Glasrohr führt. Eine olivenförmige Auftreibung dieses Rohres wird mit festgepreßter Watte gefüllt. Die leer gebliebene Hälfte der langen Glasröhre nimmt das Schiffchen auf. Den Verschluß des offenen Endes bildet ein Gummistopfen, durch den der Schnabel eines kleinen, mit Calciumchlorid gefüllten Rohres gesteckt wird, das durch ein Zwischenstück mit der Saugpumpe in Verbindung steht. Der „Mikroexsiccator" wird, wie es die Abb. 2 zeigt, in den „Regenerierungsblock" (S. 235, Abb. 72) eingelegt und darin erhitzt. Zwei über die Rohrhälfte mit der Substanz gesteckte, genau passende Korke K verhindern durch festes Anpressen an den Kupferblock eine Drehung des Exsiccatorrohres um seine Längsachse. Anfeilen von ebenen Flächen an die Korke gibt die Möglichkeit, den Mikroexsiccator samt Schiffchen und Substanz auf die Tischplatte zu legen, ohne daß er seine Lage ändert. Die Pumpe wird erst abgestellt, nachdem ein Schraubenquetschhahn an den Pumpenschlauch angelegt worden ist. Nach Erreichen des Druckausgleiches wird das Calciumchloridrohr mit dem Gummischlauch aus der Mündung entfernt und das Platinschiffchen mit einem Platinhaken so weit vorgezogen, daß es mit einer Pinzette erfaßt werden kann. Nach Auskühlen auf dem Metallblock (S. 225) wird das Schiffchen in die Waage gebracht.

Statt des Regenerierungsblockes kann der Mikroexsiccator mittels des Heizkörpers der Glaswerke Schott & Gen. (11) erhitzt werden, der auf Anregung von F. Reuter entwickelt wurde (Abb. 3). Die Trocknung erfolgt bei der Siedetemperatur der jeweils verwendeten Flüssigkeit, weshalb noch ein Wasserkühler angebracht ist.

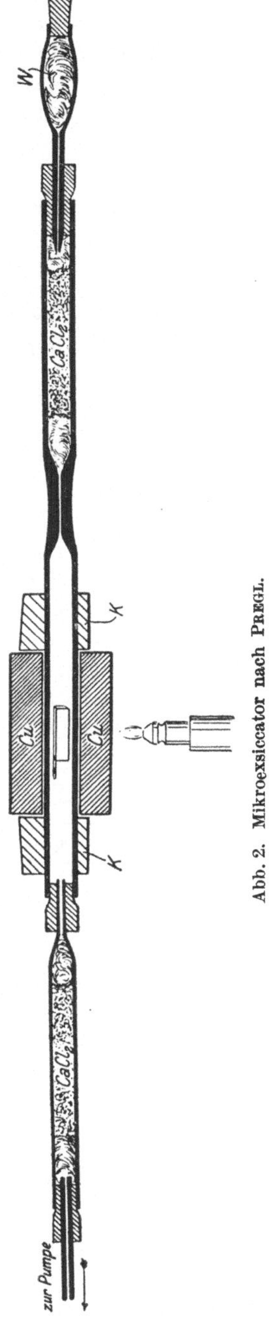

Abb. 2. Mikroexsiccator nach Pregl.

Trockenpistolen.

Schwer zu trocknende, äußerst hygroskopische Substanzen können in dem von J. Unterzaucher (21) angegebenen Hochvakuumexsiccator getrocknet werden (Abb. 4). Ein Revolverexsiccator (Trockenpistole) *a* enthält im Inneren eine Gleitvorrichtung *d*, in der der Wäge-behälter *c* von kubischem Querschnitt mittels zweier ange-setzter Flügel *e* sich so bewegen kann, daß er samt dem Schiff-chen *b* in waagrechter Lage bleibt und bei der Entnahme nicht mit dem Schlifffett des Exsiccators in Berührung kommen kann. Ein an dem Stopfen des Wägebehälters angebrachter Schaft *f* ermöglicht das Schließen des Wägebehälters im Exsiccatorrohr. Wägebehälter und Exsiccator sind mit Schraubenschliffen versehen. Das Gleiten des Wägebehälters in der Vorrichtung *d* beim Neigen des Exsiccators bzw. beim Öffnen durch Herausdrehen des Stopfenschaftes wird da-durch verhindert, daß an der für den Wägebehälter be-stimmten Stelle von *d* beiderseits für die Flügel passende Ver-tiefungen angebracht sind. Der das Schiffchen enthaltende Wägebehälter wird verschlossen gewogen und hierauf mittels des Stopfenschaftes *f* in den Exsiccator geschoben. Nun wird der Stopfen abgenommen und in der Gleitvorrichtung *d* liegen

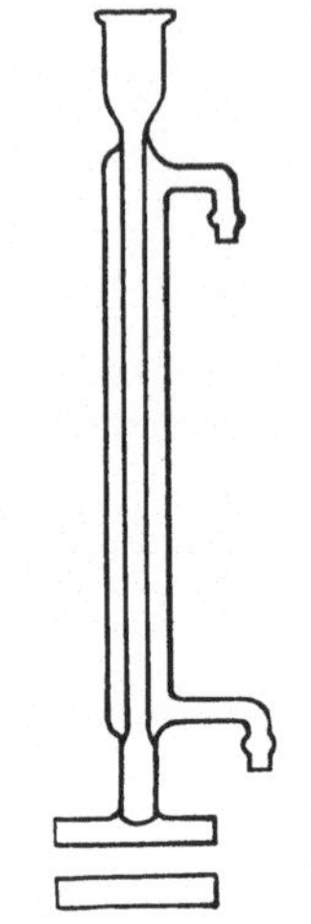

Abb. 3. Heizkörper für Mikroexsiccator.

gelassen. Nach Aufsetzen der mit frischem Phosphorpentoxyd beschickten Verschlußkappe des Exsiccators legt man Hoch-vakuum an und bringt gegebenenfalls den die Substanz enthaltenden Teil des Apparates in die seitliche Bohrung eines regulierbaren Trocken-schrankes. Nach Beendigung der Trocknung und darauffolgender Abkühlung

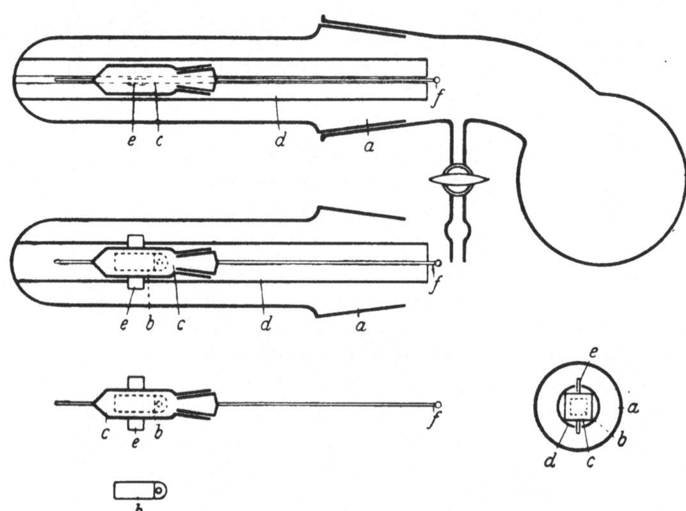

Abb. 4. Hochvakuumexsiccator.

leitet man durch ein mit Phosphorpentoxyd auf Bimsstein gefülltes, am anderen Ende mit einer feinen Kapillare versehenes Rohr trockene Luft ein, öffnet dann den Exsiccator, verschließt den Wägebehälter noch in der Gleitvorrichtung *d* und bringt ihn (unter Anfassen mit Rehleder) in die Waage.

Der Mikroexsiccator nach P. Röscheisen und P. Brettner (17) (Abb. 5) ist nicht mehr nach dem Vorbild der Trockenpistole gebaut. Seine Form bewirkt, daß das Schiffchen bei jeder Handhabung in einer gleichmäßigen Lage verbleibt. Der Exsiccatoreinsatz wird statt in einem Trockenschrank in dem Trockenblock nach F. Pregl (S. 235, Abb. 72) erhitzt. Das Schiffchen wird in einem „Wäge-schweinchen" gewogen, dessen Stopfen mit einem langen Schaft versehen ist. Es wird mit Hilfe des Blättchens a in der flachen Stelle b des Exsiccatorrohres so fixiert, daß sich der Schliffstopfen des Schweinchens mittels des langen Schaftes hinein- und herausdrehen läßt, ohne daß das Schweinchen der Drehbewegung folgen kann. Der Schliffkern des Trockenrohres ist am Exsiccatoreinsatz bei c so verengt, daß das Schweinchen eine Führung erhält, die eine Berührung mit dem Schlifffett verhindert. Der Exsiccator wird mit einem Trockenmittel (Calciumchlorid oder Phosphorpentoxyd) gefüllt. Die beiden Hähne und der Schliff am Exsiccatoreinsatz werden gefettet. Das das Schweinchen enthaltende Exsiccatorrohr wird in den Preglschen Trockenblock eingebracht, während der Trockenmittelbehälter auf ein vorgebautes Auflagebänkchen gelegt wird. Eine Wasch-

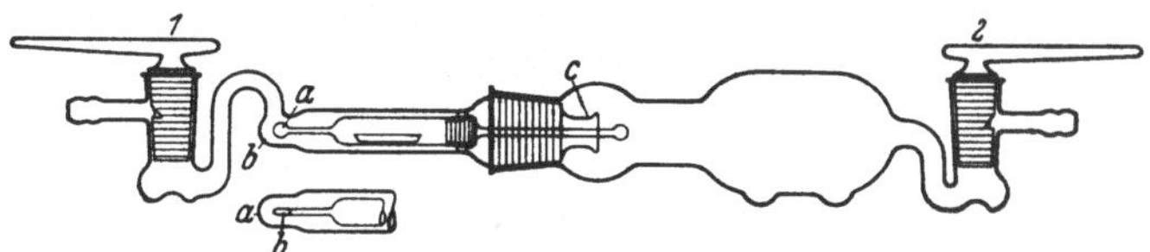

Abb. 5. Mikroexsiccator nach Röscheisen und Brettner.

flasche mit konz. Schwefelsäure und ein Trockenrohr mit demselben Trockenmittel wie im Exsiccator wird dem Hahn 1 vorgeschaltet, während an den Hahn 2 die Saugpumpe angeschlossen wird. Zur Einwaage wägt man das Schweinchen erst mit dem leeren, dann mit dem mit Substanz gefüllten Schiffchen. Hierauf wird das Schweinchen in das Exsiccatorrohr eingeführt, bis das angeschmolzene Blättchen a in die flache Stelle b zu sitzen kommt. Nach Herausziehen des Schweinchenstopfens mit Hilfe des langen Schaftes schließt man den Exsiccator und saugt mit der Pumpe bei Hahn 2. Die Geschwindigkeit der durchströmenden Luft wird durch langsames Öffnen des Hahnes 1 geregelt, bei Trocknung im Hochvacuum bleibt jedoch Hahn 1 geschlossen. Nach beendeter Trocknung schließt man Hahn 2 und läßt durch Hahn 1 trockene Luft einströmen. Der Exsiccator wird sodann geöffnet, das Schweinchen durch feste Drehung des Schliffstopfens geschlossen und in der Waage auskühlen gelassen, was 10 bis 15 Minuten erfordert. Falls man einen Trockenblock mit drei Bohrungen verwendet, kann man gleichzeitig mit drei Exsiccatoren arbeiten.

Von Bedeutung für das Trocknen kleiner Mengen fester und flüssiger Substanzen ist eine Untersuchung von H. K. Alber (1), bezüglich deren auf das Original verwiesen sei.

Wenn mehrere Substanzen nicht hygroskopischer Art bei derselben Temperatur getrocknet werden sollen, wird dafür eine Trockenpistole mit Aluminiumeinsatz verwendet, in die man die Einwaagegefäße mit den Substanzen bringt. Als Heizflüssigkeiten werden solche mit entsprechendem Siedepunkt verwendet (z. B. Wasser 100° C, Toluol 111° C, Xylol 139° C). Elektrisch geheizte Trockenpistolen haben sich für diesen Zweck bewährt. Abb. 6 stellt eine solche dar, die mit Paraffinöl als Umlaufflüssigkeit und einem Wattregler bis 135° C betrieben werden kann (16). Als Trockenmittel dient z. B. Phosphorpentoxyd.

R. T. E. Schenck und T. S. Ma (18) beschreiben einen elektrisch geheizten Trockenblock mit Temperaturregelung (Abb. 7), der aus einer außen mit Heiz-

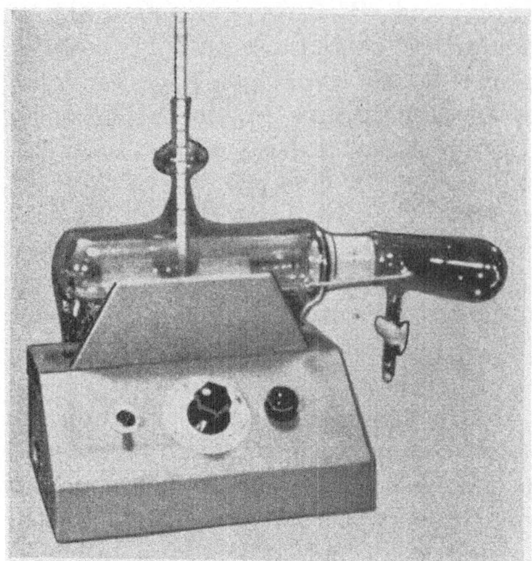

Abb. 6. Trockenpistole mit elektrischer Heizung Desaga.

draht umwundenen Aluminiumspule besteht, deren Bohrung so bemessen ist, daß sie sich zur Aufnahme eines Trockenrohres oder einer Abderhaldenschen Trockenpistole (3) eignet. Der Ofen wird natürlich in erster Linie für organisch-mikroanalytische Zwecke verwendet, doch kann auch in der anorganischen Mikroanalyse Bedarf zu seiner Benützung auftreten. Die Temperatur wird mit einem Widerstand, einem regulierbaren Transformator (Variac, Powerstat) oder einem elektrisch regulierten Thermostaten eingestellt. Mit dem letztgenannten Kontrollgerät können Temperaturen zwischen 25 und 30° C mit einer Präzision von $\pm\,2°$ C oder besser eingehalten werden. Dabei wird innerhalb von ungefähr 5 Minuten Temperaturkonstanz erreicht. Falls die Probe in einer besonderen Atmosphäre getrocknet werden soll, wird ein Trockenrohr verwendet (Abb. 8), das eine Modifikation des von A. A. Benedetti-Pichler angegebenen Gerätes (5) darstellt. Das Trockengefäß ist darin durch einen Stopfen ersetzt, der Einlaß- und Auslaßrohr für das inerte Gas besitzt.

Hochvakuum-Mikroexsiccator
mit elektrisch geheiztem Trockenblock.

Da zur Bestimmung anorganischer Bestandteile organischer Substanzen diese verascht werden

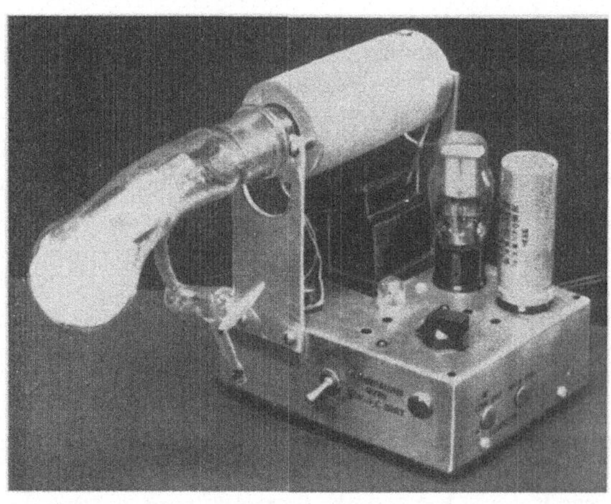

Abb. 7. Elektrisch geheizter Trockenblock.

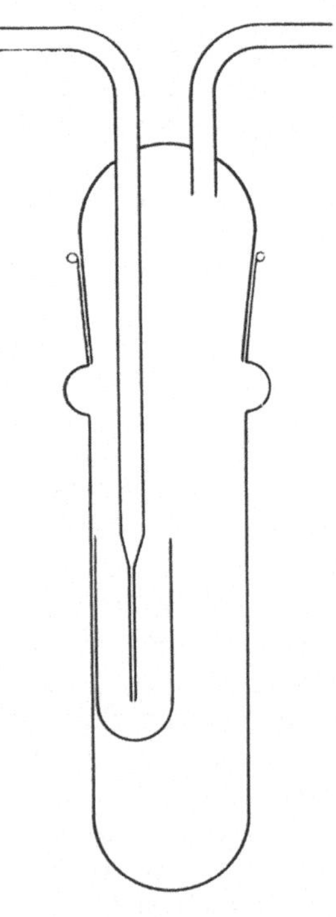

Abb. 8. Trockenrohr.

müssen, sei hier auch der von E. Wiesenberger (23) entwickelte Hochvakuum-Mikroexsiccator (Abb. 9) beschrieben, der das Trockenmittel in dem Behälter I

enthält. Mit diesem ist durch einen Schliff der Exsiccatoreinsatz *II* verbunden,
in dem die Substanz auf die gewünschte Temperatur erhitzt wird. Der
Einsatz ist am anderen Ende verjüngt und hat an dieser Stelle (Schnitt *AB*)
quadratischen Querschnitt gleich dem Wägebehälter *III* (Schnitt *CD*).
Die beiden kubischen Formen passen so ineinander, daß der Behälter zwar mit
ausreichendem Spielraum eingeführt, aber nach keiner Seite hin verdreht werden
kann. Eine Lagefixierung in der Längsrichtung des Rohres ist überflüssig, weil
der Schliffstopfen das Wägeschweinchen bereits durch eine unter leichtem
Druck ausgeführte Drehbewegung dicht abschließt und durch eine ohne Zug-
wirkung erfolgende entgegengesetzte Drehung wieder geleert werden kann.
Durch Abschleifen des Schliffhalsrandes parallel zu einer Fläche des quader-
förmigen Körpers (*III, a*) erhält das Wägeschweinchen bei einer Ablage auch
außerhalb des Exsiccatoreinsatzes genügend Standfestigkeit.

Statt in einem Schiffchen kann die Substanz auch in kurz- bzw. langstieligen
Wägeröhrchen eingewogen werden. Die kurzstieligen Röhrchen sind so gefertigt,

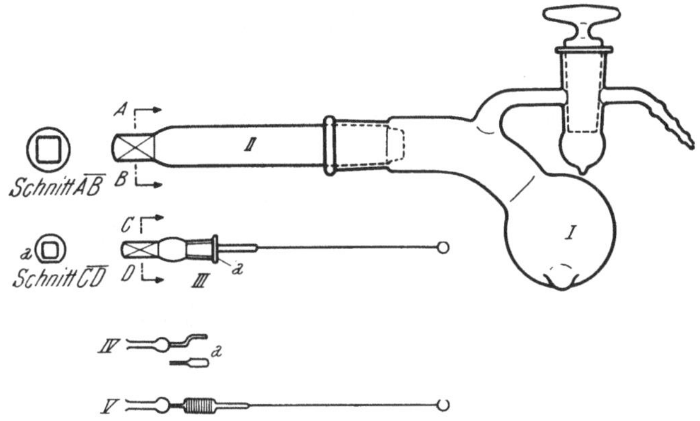

Abb. 9. Hochvakuum-Mikroexsiccator nach WIESENBERGER.

daß sie an Stelle eines Schiffchens für den normalen Wägebehälter passen. Der
gekröpfte Stiel (*IV, a*) reicht dabei in das Innere des Hohlschliffstopfens. Für
die langstielige Form hingegen sind eigene Wägeschweinchen bestimmt, an
deren Schliffstopfen die Röhrchen angeschmolzen sind (Abb. 9, *V*).

Vor der erstmaligen Verwendung reinigt man den Wägebehälter mit Chromschwefelsäure und spült mit dest. Wasser nach. Nach Abwaschen mit
einem Leinen- oder Rehlederläppchen wird er in einem reinen Reagensglas im
Trockenschrank bei 80 bis 100° C getrocknet. Die so vorbehandelten Wägebehälter bewahrt man in den mit gleichen Nummern bezeichneten Pistolen auf.

Für das Einwägen organischer Substanzen wird der Wägebehälter mit einem
dünnen Rehlederläppchen leicht abgewischt und in einem Reagensglas neben
die Waage gestellt. Nach 5 Minuten bringt man den Wägebehälter mit einem
Platinschiffchen auf die Waage und wägt nach 10 Minuten gegen ein Gegengewicht. Zum rascheren Abwägen der Substanz kann das Schiffchen neben den
Wägebehälter auf die Waagschale gestellt und, nachdem man das endgültige
Gewicht bzw. die eingewogene Substanz festgestellt hat, in den Wägebehälter
eingeführt werden. Der Mikroexsiccator wird in eine Stativklammer eingespannt
und hierauf der Wägebehälter bis in die Verjüngung des Exsiccatorrohres vorgeschoben, wobei man ihn mit einem Rehlederläppchen an dem Griff erfaßt.
In der Verjüngung wird der Wägebehälter durch Drehen des Schliffstopfens
geöffnet. Dann wird der Teil der Pistole, in dem sich das Trockenmittel befindet,

mittels des mit Hochvakuumhahnfett versehenen Schliffes an das Trockenrohr
angeschlossen. Das Fett wird vor jeder Entnahme des Wägebehälters mit
benzolbefeuchteter Watte entfernt. Beim Evakuieren des Exsiccators wird erst
dann das Hochvakuum angelegt, wenn die gewählte Trocknungstemperatur
erreicht ist, die mit Heizbädern, besser aber mit metallenen Trockenblöcken
eingestellt werden kann.

Um den Trocknungsverlust einer Substanz festzustellen, nimmt man zuerst
die Trockenpistole aus dem Heizblock, spannt sie in eine Stativklammer ein
und läßt sie auf Raumtemperatur abkühlen. Hierauf läßt man vorsichtig bis

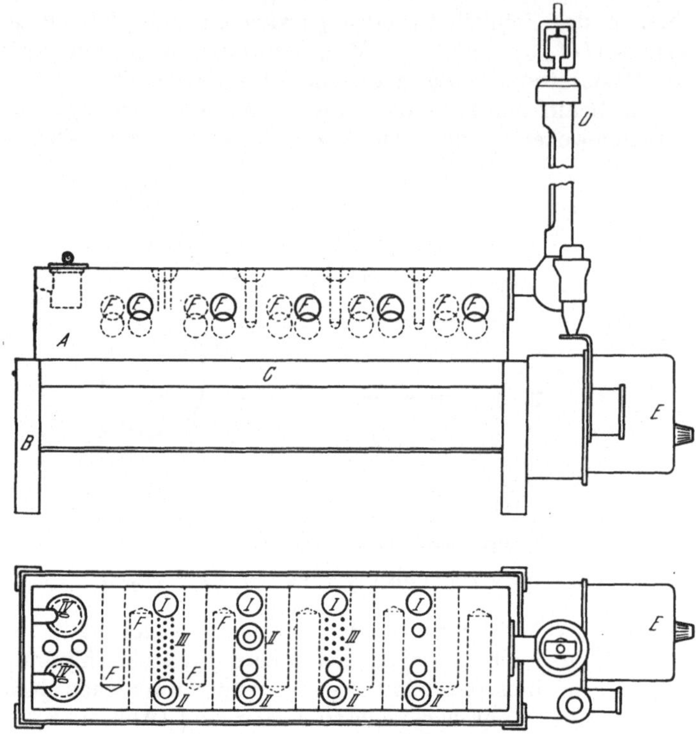

Abb. 10. Heizblock nach WIESENBERGER.

zum Druckausgleich in die Pistole Luft einströmen, die in einer Waschflasche
mit konz. Schwefelsäure und einem Trocknungsrohr mit Magnesiumperchlorat
getrocknet worden ist. Dann wird der Schliffteil I der Pistole mit dem Trockenmittel entfernt und der Wägebehälter noch in der Trockenpistole durch Eindrehen
des Schliffstopfens an dem Griff sogleich verschlossen. Das Hochvakuumfett
wird vom Rand des Schliffes entfernt und der Wägebehälter neben die Waage
gestellt. Nach gleicher Wartezeit wie bei der Substanzeinwaage wird gewogen.

Diese Trockenpistole kann in dem Heizblock nach E. WIESENBERGER (23)
getrocknet werden (Abb. 10). Ein aus Aluminiumguß hergestellter Block (A)
ruht auf einem eisernen Gestell und wird elektrisch geheizt. Der Heizkörper C
ist unterhalb der Grundfläche des Blockes angebracht und für Temperaturen bis
250° C geeignet. Ein Kontaktthermometer D hält zusammen mit einem Schalter E
die Temperatur mit der Konstanz von 1° ein. An den beiden Längsfronten des
Blockes verlaufen je fünf Bohrungen mit geringer Neigung, die zur Aufnahme

der Trockenpistolen dienen, so daß zehn Substanzen gleichzeitig getrocknet werden können. Abb. 11 gibt den Ofen in Gesamtansicht wieder.

Der Heizblock kann durch Anbringen weiterer Bohrungen und Vertiefungen auch zum Erhitzen, Trocknen und Abdampfen für mikroanalytische und mikropräparative Zwecke benützt werden. Die Bohrungen *I* sind zur Aufnahme von Mikrobechern verwendbar, die Vertiefungen *II* für Mikrotiegel, die Bohrkanäle *III* zum Erhitzen von Lösungen und Reaktionsgemischen im ausgezogenen Röhrchen. In den mit Deckeln verschließbaren Öffnungen *IV* können Mikrofilterbecher aufgenommen werden.

Mikroexsiccator.

Der Mikroexsiccator nach Abb. 12 (10) besteht aus einer Pyrexglaskammer *A* mit aufgeschliffenem Deckel. Auf den seitlichen Ansatz ist der Exsiccatorteil *B* aufgeschliffen (Befestigung mit Federn). Die Kammer *A* kann über einem Mikrobrenner in einem Ölbad erwärmt werden. In ihr befindet sich der Ständer *C*, in den verschiedene offene Gefäßchen mit den zu trocknenden Substanzen eingestellt werden können. Das Trockenmittel *B* liegt in niedrigerer Ebene als

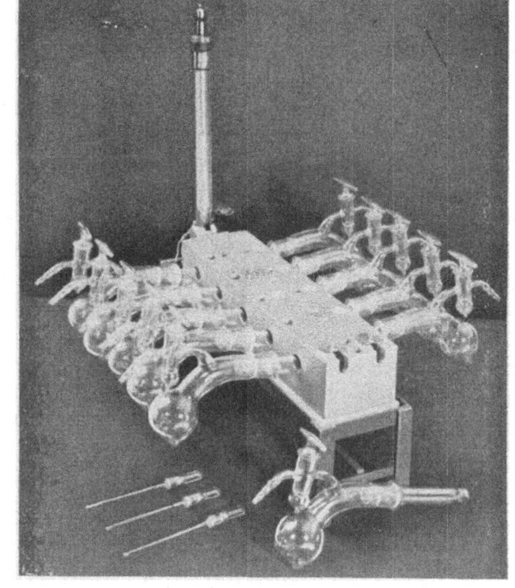

Abb. 11. Heizblock nach WIESENBERGER.

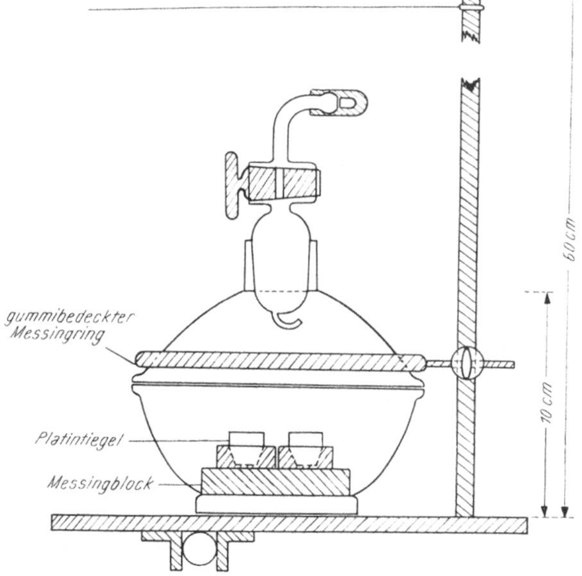

Abb. 12. Mikroexsiccator.

Abb. 13. Mikro-Vakuumexsiccator.

der Verbindungsarm. Es wird auf den Boden von *B* zwischen zwei Wattebäusche gebracht. Das um 180° gebogene, mit einem Hahn verschließbare andere Ende wird an das Vakuum angeschlossen.

Mikro-Vakuumexsiccator.

Die Abb. 13, die keiner näheren Erklärung bedarf, stellt einen Mikro-Vakuumexsiccator dar, der in einem thermostatisch kontrollierten Bad montiert werden kann und für Mikrobestimmungen von Molekulargewichten verwendet wurde (12).

3. Lösen und Aufschließen.

Die Substanz wird in dem Gefäß, in dem sie eingewogen worden ist, also in dem Glasbecher bzw. dem Porzellan- oder Platintiegel, in Wasser oder Säure gelöst. Die Säure wird mittels Kapillarpipetten (S. 211, Abb. 42) zugesetzt.

Zu beachten ist folgendes: Substanzen, die Eisen enthalten, dürfen in Platintiegeln nicht in Salzsäure gelöst werden, da salzsaure Eisen(III)-chloridlösung, insbesondere beim Eindampfen, Platin beträchtlich angreift, es sei denn, daß die Verunreinigung der Lösung durch Platin für die späteren Bestimmungen ohne Einfluß und auch das ursprüngliche Gewicht des Platintiegels nicht mehr von Interesse[1] ist. Schwefelsäure darf nicht in Porzellantiegeln bis zum Rauchen erhitzt werden, sondern möglichst nur in Platingefäßen, da Porzellantiegel dabei meist etwas angegriffen werden. Alkalische Lösungen wirken selbstverständlich auf Glasgeräte schädlich ein, auf Berliner Porzellantiegel hingegen weniger.

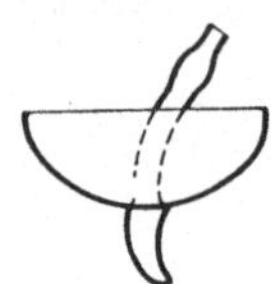

Abb. 14. Gasüberleitungsrohr.

Bei Carbonaten, die mit Salzsäure zersetzt werden müssen, wird dies mit Hilfe des in Abb. 14 dargestellten „Gasüberleitungsrohres" ausgeführt (8). Es ist aus Jenaer Geräteglas gefertigt und besteht aus einem halbkugelig gewölbten Teil und einer oben zur Olive erweiterten Gaseinleitungskapillare, die in den gewölbten Teil zentral eingeschmolzen ist und sich unterhalb der gewölbten Fläche noch ein kurzes Stück fortsetzt. An ihrem unteren Ende weist sie eine kleine seitliche Öffnung auf. Dieses „Gasüberleitungsrohr" wird auf den Tiegel oder schnabellosen Becher, der die 1 bis 2 cm hoch mit Wasser zu überschichtende Substanz enthält, aufgesetzt. Mit Hilfe eines Gasentwicklungsapparats bekannter Art (Rundkolben und Tropftrichter) wird aus Natriumchlorid „p. a." und konz. Schwefelsäure „p. a." Salzsäuregas entwickelt und in langsamem Strom nach Passieren einer Waschflasche mit konz. reinster Salzsäure durch die Kapillare über die Lösung geleitet. Auf diese Weise tritt ganz allmählich Lösen des Carbonats ein, ohne daß es zu heftigem Spritzen und dadurch bedingten Verlusten kommen kann. Sobald die Lösung sauer ist, was im allgemeinen nach längstens 1 Stunde der Fall ist, wird das Gasüberleitungsrohr mit heißem Wasser (Mikrospritzflasche, S. 229, Abb. 62) auf der gewölbten Unterseite abgespritzt und auch das Innere der Kapillare durchgespült, wobei man das Spülwasser in die Lösung tropfen läßt. Sodann bedeckt man den Tiegel oder Becher mit einem passenden Uhrglas und erwärmt einige Zeit auf dem Wasserbad (S. 259 ff.), bis keine Kohlendioxydblasen mehr beobachtet werden können. Hierauf wird mit Hilfe der Mikrospritzflasche die Unterseite des Uhrglases mit heißem Wasser abgespült und die Lösung soweit als nötig eingeengt.

In bestimmten Fällen erweist es sich als notwendig, in einem Tiegel befindliche Niederschläge unter Beibehaltung eines gegebenen Volumens in der Wärme aufzulösen. Die Verwendung von Uhrgläsern kann eine teilweise Verdampfung der Flüssigkeit nicht verhindern, von der sich ein Teil auf der Unterseite des Uhrglases und an den Tiegelinnenwänden kondensiert. Die mit Dorn versehenen

---

[1] Ein Beispiel dafür ist die Kieselsäurebestimmung in säureunlöslichen Silikaten unter Abrauchen mit Flußsäure.

Glaskugeln (S. 263, Abb. 112) bilden aber nicht immer einen dichten Verschluß, weil die wenigsten Porzellantiegel einen genau kreisförmigen Querschnitt aufweisen. Abb. 15 zeigt eine Vorrichtung (2), die die erwähnten Nachteile vermeidet. Sie besteht aus drei Teilen: dem Druckregler A, der Kühlschlange B und dem Wasserbadaufsatz C, der zu dem Mikrowasserbad nach W. REICH-ROHRWIG (S. 259, Abb. 106) paßt. Der Druckregler hat den Zweck, Druckunterschiede des Kühlwassers auszugleichen. Ein etwaiger Überdruck wird dadurch abgeschwächt, daß sich das in die Birne einströmende Wasser darin ansammelt, das Volumen der eingeschlossenen Luft verkleinert und so den Druck im Innern erhöht. Der gesteigerte Druck innerhalb der Birne wirkt hemmend auf das nachströmende Wasser. Drosselt man die Wasserzufuhr, so kann als Folge unter Umständen zu wenig Wasser zufließen. In diesem Fall, der auch durch Überbeanspruchung der Wasserleitung von selbst eintreten kann, sinkt der Wasserspiegel in dem Druckregler unter das Normalniveau, der freie Raum wird vergrößert und der Druck mithin vermindert, wodurch jedoch der Wasserzutritt wieder erleichtert wird. Auf diese Weise können kleine Druckdifferenzen automatisch geregelt werden. Der Wasserbadaufsatz C ist so beschaffen, daß der Porzellantiegel 5 mm tief in den Dampfraum einsinkt. Um ihn einzusetzen, bringt man die Zinnkühlschlange, die durch Einspannen des Korkes a in ein kleines Stativ festgehalten wird, über den Wasserbadaufsatz und setzt sodann den Tiegel in die Kühlschlange. Während der unterste Teil vom heißen Wasserdampf erwärmt wird, so daß die Auflösung der Substanz erfolgen kann, wird der übrige Teil

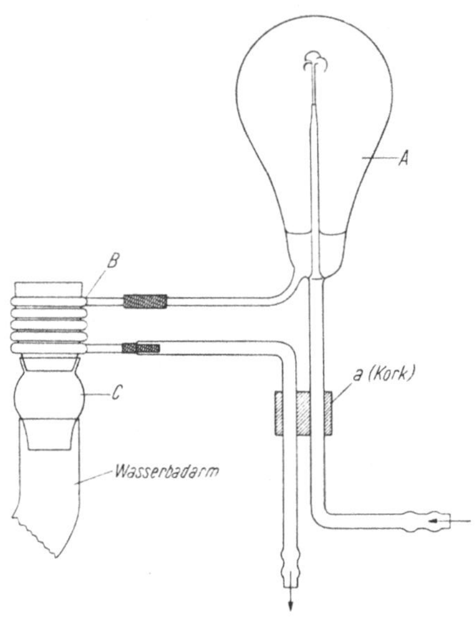

Abb. 15. Auflösung von Niederschlägen.

der Tiegelwandung gut gekühlt, wodurch ein Verdampfen der Flüssigkeit vermieden wird. Der Durchmesser des Zinnrohres ist klein gewählt, um eine größere Strömungsgeschwindigkeit zu erzielen. Die gute Schmiegsamkeit des Rohres gleicht den erwähnten Nachteil des häufig nicht kreisrunden Querschnittes der Porzellantiegel aus.

Aufschlüsse mit Soda bzw. Soda-Salpeter-Gemisch erfolgen im Platintiegel und werden an anderer Stelle für den Fall der Kieselsäurebestimmung in unlöslichen Silikaten bzw. der Mikrobestimmung des Schwefels in Gesteinen beschrieben werden. Pyrosulfataufschlüsse werden derart ausgeführt, daß die Substanz in einem Platintiegel mit so viel Kalium- oder Natriumpyrosulfat überschichtet wird, daß der Boden des Tiegels beim Aufschluß 0,5 bis 1 cm hoch von der Schmelzmasse bedeckt ist. Das Pyrosulfat stellt man in größeren Mengen aus Kalium- oder Natriumhydrogensulfat her, indem man die Salze in einem großen Platintiegel völlig entwässert und bis zum beginnenden Entweichen von Schwefelsäuredämpfen erhitzt. Die Schmelze wird in eine große Platinschale ausgegossen und erkalten gelassen. In einer Achatschale zerschlägt man sie dann in erbsengroße Stücke, die in einem gut verschlossenen Pulverglas mit Schliffdeckel aufbewahrt werden. Zur Ausführung des Aufschlusses wird der Tiegel auf ein passendes Ton- oder Platindreieck gestellt und sodann mit kleiner Flamme eines Bunsenbrenners unter „Fächeln" langsam erhitzt. Sobald das Pyrosulfat vollständig geschmolzen ist, erhitzt man ganz vorsichtig immer stärker, zum Schluß mit rauschender Flamme des Brenners, bis endlich eine dunkelgelbe bis rotbraune Schmelze entstanden ist, aus der starke Dämpfe von Schwefeltrioxyd aufsteigen. In diesem Stadium des Aufschlusses löst sich die Substanz gewöhnlich sehr schnell klar auf. Mit Hilfe einer Platinspitzenpinzette schwenkt man den Tiegel etwas um, damit die Schmelze auch die Tiegelwände möglichst weitgehend benetzt. Hierauf beendet man das Erhitzen rasch, um nicht alles überschüssige Schwefeltrioxyd auszutreiben. Die Schmelze darf während des starken Erhitzens noch nicht unter Ausscheidung von Kalium- bzw. Natriumsulfat zu erstarren beginnen, sonst fehlt es an Pyrosulfat. In diesem Falle läßt man 5 Minuten lang abkühlen und fügt hierauf noch etwas Pyrosulfat hinzu[1]. Dann wird abermals bis zum Auftreten der Dunkelbraunfärbung erhitzt. Man läßt die Schmelze erkalten und löst sie dann auf einem Wasserbad in der ausreichenden Menge Wasser. Gegebenenfalls kann die Auflösung durch Zugabe von etwas Salz- oder Salpetersäure beschleunigt werden, falls für die weitere Analyse die Anwesenheit dieser Säuren nicht schädlich ist.

Literatur.

(1) Alber, H. K., Mikrochem. **25**, 47, 167 (1938).
(2) Ballczo, H., Mikrochem. **26**, 252 (1939).
(3) Brahm, C., u. J. Wetzel, in Abderhaldens Handbuch der Biochemischen Arbeitsmethoden, Bd. 1, S. 296. Berlin: Urban und Schwarzenberg. 1910.
(4) Benedetti-Pichler, A., Z. analyt. Chem. **61**, 305 (1922).
(5) Benedetti-Pichler, A. A., Mikrochem., Pregl-Festschrift 962 (1929).
(6) Britzke, E. V., u. E. Hoffmann, Mikrochem. **22**, 121 (1937).
(7) Dworzak, R., u. W. Reich-Rohrwig, Z. analyt. Chem. **86**, 108 (1931).
(8) Hecht, F., Mikrochim. Acta **2**, 191 (1937).
(9) Hillebrand, W. F., G. E. F. Lundell, H. A. Bright and J. I. Hoffman, Applied Inorganic Analysis, 2. Aufl., S. 52. New York: J. Wiley. 1929.
(10) Ingram, G., u. W. A. Waters, in: R. F. Milton u. W. A. Waters (hg.), Methods of Quantitative Micro-Analysis. 2. Aufl., S. 27. London: Edward Arnold. 1955.
(11) Jenaer Glaswerke Schott & Gen., Mikrochem. **21**, 131 (1936/37). — Vgl. auch Pregl-Roth, S. 30.
(12) Morton, J. E., A. D. Campbell, u. T. S. Ma, Analyst **78**, 722 (1953).
(13) Nieuwenburg, C. J. van, Mikrochem. **21**, 184 (1937).
(14) Pregl-Roth, Mikroanalyse, S. 28.
(15) Pregl-Roth, Mikroanalyse, S. 29. — Vgl. F. Vetter, Mikrochem. **10**, 408 (1932).
(16) Pregl-Roth, Mikroanalyse, S. 27.
(17) Röscheisen, P., u. P. Brettner, Mikrochem. **22**, 254 (1937).
(18) Schenck, R. T. E., u. T. S. Ma, Mikrochem. **40**, 236 (1953).
(19) Strebinger, R., u. H. Holzer, Mikrochem. **9**, 412 (1931).
(20) Strebinger, R., u. L. Radlberger, Österr. Chem.-Ztg. **22**, 67 (1919).
(21) Unterzaucher, J., Mikrochem. **18**, 315 (1935).
(22) Weihrich, R., Untersuchungsmethoden für Roheisen, Stahl und Ferrolegierungen, 2. Aufl., S. 1. Stuttgart: F. Enke. 1939.
(23) Wiesenberger, E., Mikrochim. Acta [Wien] 1955, 962. — Vgl. Pregl-Roth, S. 30.

Anm.: Pregl-Roth, Mikroanalyse = Abkürzung für Pregl-Roth, Quantitative organische Mikroanalyse, 7. Aufl. Wien: Springer-Verlag. 1958.

---

[1] Von einer Zugabe von konz. oder rauchender Schwefelsäure zur Ergänzung des entwichenen Schwefeltrioxyds ist abzuraten, weil dadurch wieder etwas Wasser in die Schmelze gelangt und beim neuerlichen Erhitzen infolge der Durchmischung der wasserfreien mit der wasserhaltigen Substanz ein Spritzen fast nicht zu vermeiden ist.

III. Reagensbehälter.

Die Reagenzien werden mit wenigen Ausnahmen in Fläschchen aus Jenaer Geräteglas mit *aufgeschliffener* Kappe aufbewahrt. Eine sehr geeignete Form (1) ist in Abb. 16 dargestellt. Ein starkwandiges Fläschchen aus Jenaer Glas in der Größe von 22 zu 65 mm steht in einem Holzsockel, der von einem gut schließenden, übergreifenden Holzsturz licht- und staubfrei überdeckt ist. Durch das Aufschleifen der Verschlußkappe wird verhindert, daß vom Schliff abgeriebene Glaspartikelchen oder sonstige Verunreinigungen, wie sie sich bei *ein*geschliffenen Stöpseln leicht ansetzen, in das Fläschchen fallen. Diese Reagensfläschchen können auch in einem Holzgestell zu einem Satz vereinigt werden.

Abb. 17 zeigt ein ähnlich gestaltetes Indikatorfläschchen (3), das sich vor allem zur Aufbewahrung lichtempfindlicher Indikatoren eignet, aber auch ganz

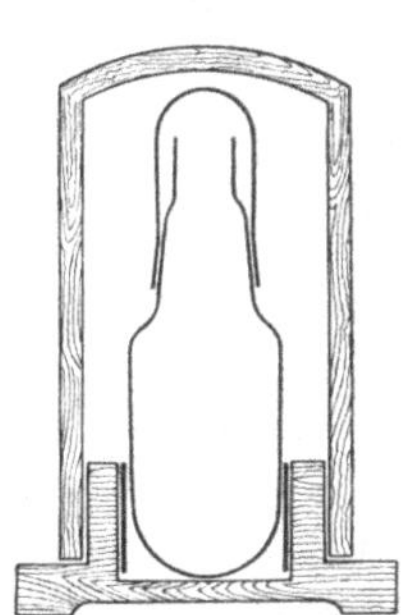

Abb. 16. Reagensbehälter.

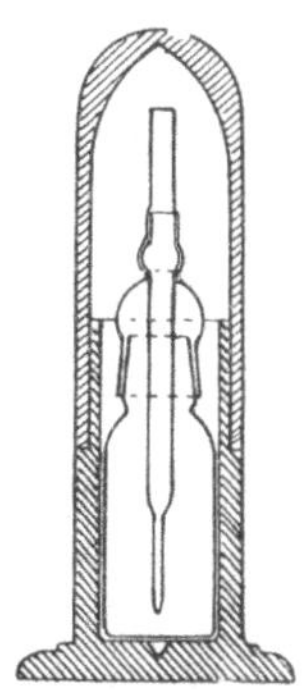

Abb. 17. Indikatorfläschchen.

allgemein verwendet werden kann. Die Pipettenspitze reicht nicht bis zum Boden, da die Indikatoren sehr oft kleine Mengen unlöslicher Bestandteile abscheiden.

Andere Reagensfläschchen werden von J. T. STOCK und M. A. FILL (2) beschrieben.

Falls Ammoniak überhaupt aufbewahrt wird, hat dies in Platinfläschchen oder in mit einem Deckel gut bedeckten Platintiegeln zu erfolgen. Wegen des hohen Preises von Platinfläschchen kommen diese nicht für die allgemeine Verwendung in Betracht.

Flußsäure kann nur in Platinflaschen aufbewahrt werden. Die Flasche wird zweckmäßig gegen äußere Verunreinigung geschützt, indem man sie in einen verschließbaren Holzbehälter stellt.

Literatur.

(1) FUHRMANN, F., Mikrochem., MOLISCH-Festschrift, 133 (1936).
(2) STOCK, J. T., u. M. A. FILL, Metallurgia **33**, 323 (1946).
(3) VIDITZ, F. v., Mikrochim. Acta **2**, 211 (1937).

IV. Rückstandsbestimmungen.

Bei diesen wird eine Verbindung ohne Gefäßwechsel und ohne Filtration in eine andere einheitliche Verbindung übergeführt. Die wichtigsten Arten der Rückstandsbestimmung sind das Verglühen einer Substanz zu Oxyd und das Abrauchen mit Schwefelsäure mit darauffolgender Wägung des Sulfats (9).

In manchen Fällen stört die Flüchtigkeit der Substanz. Beispielsweise sind fast alle Metalloxinate wegen ihrer Flüssigkeit nicht ohne vorhergehendes Überschichten mit sublimierter Oxalsäure verglühbar.

1. Organische Substanzen.

a) Im Mikrotiegel.

Handelt es sich darum, anorganische Bestandteile organischer Substanzen zu bestimmen, so verwendet man kleine Tiegel aus Berliner Porzellan oder besser solche aus Platin-Iridium-Legierung. Sehr bewährt haben sich nach F. Pregl Tiegelchen von ungefähr 15 mm Höhe, einem oberen Durchmesser von 12 mm und einem unteren von 10 mm mit dazu passendem Deckel.

α) Rückstandsbestimmung durch Veraschen.

Beim Glühen der Platintiegel dient als Unterlage ein größerer Platintiegeldeckel (30 bis 40 mm Durchmesser), der auf ein Quarzdreieck gesetzt wird. Die Porzellantiegelchen werden in einem Schutztiegel aus Berliner Porzellan geglüht. Sehr vorteilhaft ist ein elektrischer Tiegelofen, in dem man den großen Platintiegeldeckel (gegebenenfalls nach Aufbiegen der Zunge) bzw. den Porzellanschutztiegel auf ein in dem Ofen befindliches Quarzdreieck stellt. Nach 5 bis 10 Minuten Erhitzen bei Dunkelrotglut bringt man den Mikrotiegel samt seinem Deckel mit Hilfe der Platinspitzenpinzette (S. 215, Abb. 50) auf einen Kupferblock, läßt ihn auf diesem einige Minuten abkühlen und setzt ihn sodann auf einen neben der Waage befindlichen, wärmeausgleichenden zweiten Kupferblock, der in einem „Mikro-

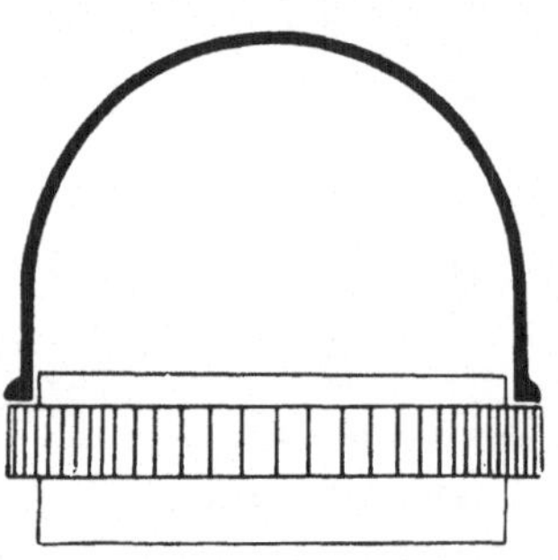

Abb. 18. Mikro-Handexsiccator.

Handexsiccator" (Abb. 18) (6) liegt (vgl. auch S. 225). Nach insgesamt 10 Minuten (bei Platintiegeln) bzw. nach 20 Minuten (bei Porzellantiegeln) stellt man den Tiegel auf die eine Waagschale, während man auf die andere einen gleichartigen, gleich schweren Taratiegel mit Deckel bringt und mit dem Reiter und, wenn nötig, auch mit kleinen Gewichtsstücken austariert[1]. Nach 5, besser nach 10 Minuten kann die Einwaage ausgeführt werden[2].

Nun stellt man den Mikrotiegel auf den Platintiegeldeckel bzw. in den Porzellanschutztiegel, der auf einem Quarzdreieck ruht, und erhitzt mit der entleuchteten Flamme eines Bunsenbrenners vorsichtig den Deckel des Mikrotiegels von *oben* her. Nach Verkohlen der Substanz wird das Heizen allmählich immer stärker von *unten* her fortgesetzt. Ist nach 5 Minuten noch Kohle im Tiegel zu beobachten, bringt man mit einem Glasfaden oder einer fein ausgezogenen Kapillarpipette einen Tropfen konz. Salpetersäure zu dem Rückstand und erhitzt den bedeckten Tiegel neuerlich vorsichtig. Unter Umständen ist die Zugabe von Salpetersäure mehrmals zu wiederholen. Hierauf läßt man den Mikrotiegel, wie vorher beschrieben, auf zwei Kupferblöcken auskühlen und wägt. Man

---

[1] Um Gewichtsstücke entbehrlich zu machen, gleicht man die Gewichte des Bestimmungs- und des Taratiegels zweckmäßig mit Hilfe von Platindrahtstückchen bzw. kleinen Porzellanscherben soweit wie möglich an.

[2] Hygroskopische organische Substanzen werden mit Hilfe des sogenannten „Stickstoffwägeröhrchens" nach H. Lieb und H. G. Krainick (4) eingewogen; Öle bringt man mit einem Glasfaden auf den Boden des Tiegels. Näheres darüber bei F. Pregl-H. Roth (4).

überzeugt sich auf jeden Fall durch nochmaliges kurzes Glühen, gegebenenfalls nach Zusatz eines Tropfens Salpetersäure, von der Gewichtskonstanz.

Über Rückstandsbestimmungen chlorhaltiger organischer Gold- und Platin-verbindungen vgl. F. PREGL-H. ROTH (9).

β) Rückstandsbestimmung durch Abrauchen mit Schwefelsäure.

Auch diese Bestimmungsart ist im Sinne des oben Gesagten zu den Rück-standsbestimmungen zu rechnen. Die Substanz wird wie vorhin in den Mikro-tiegel eingewogen und sodann aus einer 20 cm langen Kapillare von 1 bis 2 mm Durchmesser mit fein ausgezogener Spitze mit einem Tropfen Schwefelsäure (1 : 5) befeuchtet. Nun wird der Deckel aufgesetzt und von oben her durch sekundenlanges Berühren mit der entleuchteten Bunsenbrennerflamme erhitzt, wobei jedesmal geringe Schwaden von Schwefelsäuredämpfen auftreten. Nach völligem Abrauchen der Schwefelsäure wird der Tiegel 3 Minuten lang von unten mit kräftiger Flamme geglüht. Dies verfolgt den Zweck, die Bisulfate in Sulfate überzuführen. Ist noch etwas Kohle wahrzunehmen, wird nach Zugabe eines Tropfens konz. Salpetersäure nochmals geglüht. Auch bei diesem Verfahren ist nach der ersten Wägung die Prüfung auf Gewichtskonstanz durch nochmaliges Abrauchen mit einem Tropfen Schwefelsäure und Glühen unerläßlich.

γ) In der Mikromuffel.

Bei Verbindungen, die sich beim Abrauchen mit Schwefelsäure nicht allzu stark aufblähen, kann dies in der Mikromuffel nach F. PREGL (10) (Abb. 19) vorgenommen werden. Diese be-steht aus einem waagrecht in einer Stativklammer eingespann-ten Supremaxrohr von 200 mm Länge und 10 mm Durchmesser. Über das eine Rohrende zieht man ein rechtwinkelig gebogenes Hartglasrohr von 12 bis 14 mm Innendurchmesser. Eine Zwi-schenlage von Asbestpapier ge-währleistet gutes Aufsitzen des äußeren auf dem inneren Rohr. Der kürzere Schenkel des Hart-glasrohres besitzt eine Länge von 50 mm, der längere (senkrechte) von 150 mm. Über den letzteren schiebt man eine zweifach ge-

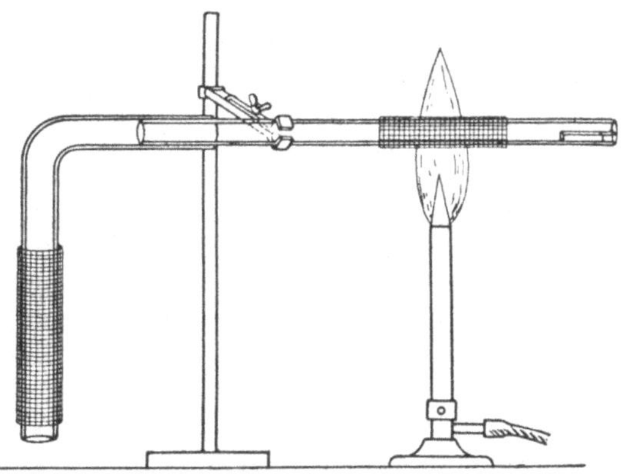

Abb. 19. Mikromuffel nach F. PREGL.

wickelte Drahtnetzrolle (80 mm lang), während über das waagrechte Supremax-rohr eine leicht verschiebbare, 50 mm lange ebensolche Rolle gezogen wird.

Während der Ausführung der Bestimmung wird die senkrechte Rolle (in der Abb. 19 links) dauernd mit einem schräg eingespannten Bunsenbrenner erhitzt, so daß durch das Innere des Hartglasrohres ein Luftstrom aufsteigt, der sodann in das verengte waagrechte Rohr eintritt und dadurch noch etwas an Geschwindig-keit gewinnt. Inzwischen hat man die Substanz in ein Platinschiffchen einge-wogen und mit Hilfe einer feinen Kapillarpipette mit einem Tropfen Schwefel-säure (1 : 5) befeuchtet. Hierauf wird das Schiffchen mit einer Platinspitzen-pinzette in die Mündung des waagrechten Rohres eingesetzt und die waagrechte Drahtnetzrolle in einem Abstand von 30 mm vom Schiffchen, wie dies in der

Abb. 19 dargestellt ist, mit der Flamme eines Bunsenbrenners erhitzt. Nun schiebt man das Drahtnetz ebenso wie die Flamme allmählich näher an das Schiffchen heran, was sehr vorsichtig erfolgen muß, damit kein Überschäumen der Schwefelsäure eintritt. Bei richtiger Ausführung sind schwache aus der Rohrmündung austretende Schwefelsäuredämpfe wahrnehmbar. Gegen Ende der Bestimmung wird das Drahtnetz über das Schiffchen geschoben, wobei dauernd mit dem Brenner erhitzt wird. Sodann entfernt man die Rolle gänzlich, nicht jedoch den Brenner. Falls nach einer Minute Erhitzen mit voller Flamme noch Kohleteilchen im Schiffchen wahrzunehmen sind, wird es mit der Platinspitzenpinzette erfaßt und kurze Zeit unmittelbar in der rauschenden Flamme ausgeglüht. Das Auskühlen auf dem Kupferblock und Wägen erfolgt wie bei α.

Das Verfahren eignet sich wegen des zu Verlusten führenden Aufblähens mancher Substanzen nicht für jeden Fall. Aus diesem Grund wurde von C. J. Rodden (11) eine Mikromuffel angegeben, die statt der Drahtnetzrolle einen elektrischen Röhrenofen aufweist. Die dadurch zustande kommende gleichmäßige Erhitzung soll das unangenehme Spritzen der Substanzen verhindern[1].

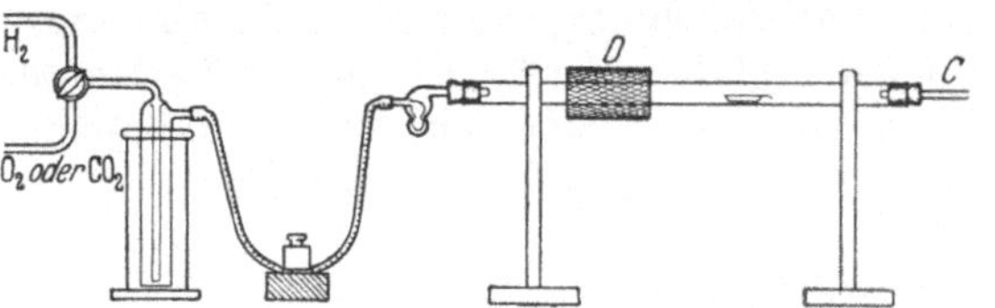

Abb. 20. Mikromuffel nach J. Meyer und K. Hoehne.

H. K. Alber (1) entgeht der Möglichkeit von Substanzverlusten sehr zweckmäßig dadurch, daß er das Platinschiffchen im Innern des waagrechten Rohres in einen Zylinder aus Platinblech (0,04 mm Dicke) von 7,5 mm Durchmesser und 30 mm Länge stellt. An das eine Ende des Zylinders, der nur 0,5 g wiegt, ist ein Platindraht von 15 mm Länge und 0,1 mm Dicke angelötet, der 2 mm vor seinem Ende rechtwinkelig umgebogen ist und so einen Haken bildet, der dazu dient, den Zylinder in der richtigen Lage in das Rohr zu schieben. Der Platinzylinder wird vor und nach der Veraschung zusammen mit dem Platinschiffchen gegen ein gleichartiges zweiteiliges Gegengewicht gewogen. Das Verfahren hat den Vorteil, daß die benötigte Schwefelsäure zur Gänze auf einmal zugegeben werden kann und das Erhitzen etwas weniger vorsichtig ausgeführt werden muß, da verspritzte Substanz von dem Platinzylinder zurückgehalten wird.

Von J. Meyer und K. Hoehne (5) wurde für die mikroanalytische Metallbestimmung in Komplexsalzen eine ähnliche Mikromuffel konstruiert (Abb. 20). Bei dieser fehlt das rechtwinkelig gebogene Rohr, da die Gase unmittelbar aus Bomben oder Kippschen Apparaten entnommen werden und somit das Erzeugen der Strömung durch Erwärmung überflüssig ist. Das Supremaxrohr[2] besitzt einen Durchmesser von 1 cm, ist 30 cm lang und auf der einen Seite durch ein Kapillarrohr C verschlossen, das beim Hindurchleiten von Wasserstoff die Bildung von Knallgas infolge des Eintrittes von Luft verhindern soll. Die Kupferdrahtnetzrolle D ist 6 cm lang. Die Gase passieren zur Einstellung gleichmäßiger Geschwindigkeit erst eine (in der Abbildung nicht dargestellte) Mariottesche Flasche (8), hierauf einen (ganz links gezeichneten) Druckregler (7), der über einen Präzisionsquetschhahn mit dem mit konz. Schwefelsäure beschickten Blasenzähler in Verbindung steht. Man läßt während der Bestimmung, deren Einzelheiten im analytisch-methodischen Teil bei den verschiedenen so bestimmten Metallen beschrieben werden sollen, abwechselnd Sauerstoff und Wasser-

---

[1] Vgl. auch H. J. Coombs (2).
[2] Dieses ruht auf einem Eisengestell.

stoff bzw. Kohlendioxyd durch die Apparatur streichen und glüht die im Schiffchen befindliche Substanz im Gasstrom.

Die Mikromuffel nach G. GORBACH[1] (3) (Abb. 21) stellt ein Zusatzgerät zum Universalheizstativ (S. 249) desselben Autors dar und dient zum Veraschen und Verglühen von Niederschlägen. Durch Benützung eines hochtemperaturbeständigen Chromnickeldrahtes können Temperaturen bis 1000° erreicht werden. Da das Verglühen kleiner Substanzmengen nur kurze Zeit beansprucht, wird die Zunderbildung am Heizdraht vermieden. In dem Deckel ist die Stromzuführung angebracht, während die untere (eigentliche) Mikromuffel mit Hilfe eines passenden Ringes auf das erwähnte Universalheizstativ aufgesetzt werden kann. Der Strom schaltet sich ein, wenn die Kontaktstifte des oberen Teiles in die Kontakthülsen des unteren eingreifen. Der Kontakt selbst wird durch das Eigengewicht des Deckels gegeben. Die Stifte sind aus Ohmanit gefertigt und zeigen kaum Zunderbildung. Zur Auskleidung der Muffel werden Schamotteringe verwendet, in die der eigentliche Heizkörper eingelegt ist. Die Schamotteringe haben je zwei gegenüberliegende Bohrungen, wodurch die Einführung eines Thermoelementes zur Temperaturmessung bzw. die Luftzirkulation ermöglicht wird. Diese Öffnungen können mittels eines Ringes mehr oder weniger geschlossen werden. In der beschriebenen Muffel sind kleine Porzellan- oder Platintiegelchen verwendbar. Für die Platintiegel empfiehlt sich eine Höhe von 7 mm und eine obere Weite von 13 mm. Der Rauminhalt beträgt dann 0,5 ml, das Gewicht etwa 1 g. Die Temperatur der Muffel wird mit einem Schiebewiderstand (3,7 Ampere, 75 Ohm) geregelt. Das Abheben des Deckels während des Betriebes der Muffel erlaubt deren schnelle Abkühlung, so daß sie sehr rasch mit neuen Proben beschickt werden kann.

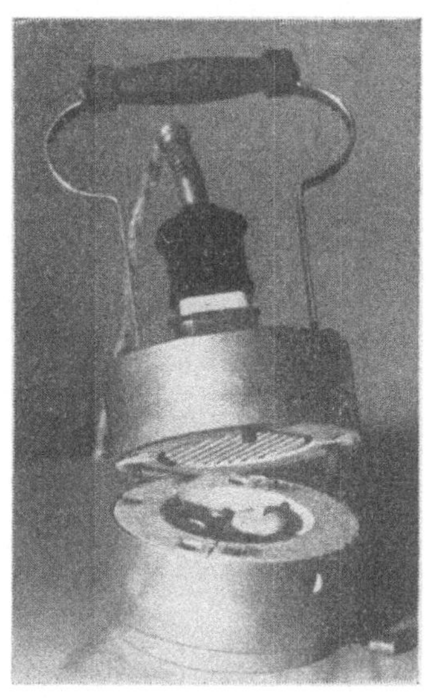

Abb. 21. Mikromuffel nach G. GORBACH.

2. Anorganische Substanzen.

Rückstandsbestimmungen haben in der anorganischen Mikrogewichtsanalyse, seitdem zahlreiche Fällungsmethoden für viele Elemente und Verbindungen zur Verfügung stehen, einigermaßen an Bedeutung eingebüßt, weil sie zu ungünstigen Wägungsformen, nämlich Metallen oder Metalloxyden, bestenfalls Sulfaten, führen. Bei ganz geringen Substanzmengen, etwa einigen Zehntelmilligramm, wird man sich ihrer allerdings auch heute noch bedienen, da infolge des Fortfallens komplizierterer Behandlung eigentlich nur die Wägefehler als Bestimmungsfehler in Betracht kommen, sofern durch sachgemäßes Vorgehen Substanzverluste durch Verspritzen oder Verstäuben vermieden werden. Rückstandsbestimmungen von anorganischen Stoffen sind im allgemeinen einfacher ausführbar als mit organischem Material, weil das Veraschen fortfällt, das leicht zu den bezeichneten Verlusten führen kann. Besonders eignet sich für Bestimmungen dieser Art neben Mikrotiegeln das Fällungsschälchen nach J. DONAU (S. 268). In einigen

---

[1] Beziehbar bei der Fa. P. Haack, Wien, IX., Garnisongasse 3.

wenigen Fällen sind Rückstandsbestimmungen bisher kaum durch andere, bessere Verfahren ersetzbar, wie z. B. bei der Summenbestimmung der Alkalimetalle oder bei der Berylliumbestimmung als Sulfat. Auch die Bestimmung gewisser Metalle in anorganischen Komplexsalzen unterscheidet sich grundsätzlich nicht von der im vorangehenden geschilderten Bestimmung dieser Metalle in Komplexverbindungen mit organischen Bestandteilen.

Es soll auch nicht bestritten werden, daß derartige Rückstandsbestimmungen für den mikroanalytischen Anfänger von großem didaktischem Wert sind. Der erfahrenere Mikroanalytiker wird jedoch meist Bestimmungsmethoden bevorzugen, bei denen Fällungen und Filtrationen von Niederschlägen vorgenommen werden.

Literatur.

(1) Alber, H. K., Mikrochem. 18, 95 (1935).
(2) Coombs, H. J., Biochemic. J. 21, 404 (1927).
(3) Gorbach, G., Mikrochem. 34, 189 (1949).
(4) Lieb, H., u. H. G. Krainick, Mikrochem. 9, 367 (1931); s. a. Pregl-Roth, Mikroanalyse, S. 15.
(5) Meyer, J., u. K. Hoehne, Mikrochem. 16, 187 (1935).
(6) Pregl-Roth, Mikroanalyse. S. 16.
(7) Pregl-Roth, Mikroanalyse. S. 41.
(8) Pregl-Roth, Mikroanalyse. S. 48.
(9) Pregl-Roth, Mikroanalyse. S. 190.
(10) Pregl-Roth, Mikroanalyse. S. 191.
(11) Rodden, C. J., Mikrochem. 18, 97 (1935).

Anm.: Pregl-Roth, Mikroanalyse = Abkürzung für Pregl-Roth, Quantitative organische Mikroanalyse. 7. Aufl. Wien: Springer-Verlag. 1958.

V. Fällen und Fällungsgeräte.

1. Fällungsgefäße.

a) Methodik nach F. Emich.

Die Fällungsgefäße können aus dem schwer schmelzbaren Jenaer Geräteglas[1], Berliner Porzellan oder Geräteplatin (Platinlegierung mit 5% Iridiumzusatz) bestehen. Quarzgefäße haben sich wegen ihrer unzulänglichen Gewichtskonstanz nicht bewährt (11).

Die Mikrobecher sind kleine Bechergläser von breiter oder hoher Form und einem Rauminhalt von 1 bis 25 ml. Die kleinsten mit 2 ml Inhalt besitzen einen Durchmesser von 12 mm und eine Höhe von 22 mm, während die größten einen Durchmesser von 28 mm und eine Höhe von 46 mm aufweisen. Sie sollen mit einem oder zwei Schnäbeln versehen sein, die dem Filterstäbchen (S. 217 ff.) Stütze gewähren. Man kann sich auch aus Glasröhrchen (Jenaer Geräteglas) durch Zuschmelzen auf einer Seite und Rundschmelzen des oberen Randes kleine Becher selbst anfertigen.

Als *Beispiel* für eine Standardisierung von Mikrobechern sei die britische Standardisierung angeführt (7). Sie wurde auf Wunsch der British Laboratory Ware Association ausgeführt; die ganze Serie trägt die Bezeichnung B. S. 1428, „Microchemical apparatus". Die Mikrobecher findet man im Teil E 2 der Gruppe E der genannten Serie, während E 1 Platin- und Porzellanmikrotiegel, E 3 Zentrifugenröhrchen, G 1 Heiz- und Kühlblöcke für Mikrobecher umfassen.

---

[1] Dieses hat sich als besonders widerstandsfähig erwiesen.

Die Abb. 22, 23 und 24 zeigen verschiedene Mikrobecherformen, deren Maße in den Tab. 1, 2 und 3 wiedergegeben sind. Abb. 25 beschreibt Hohldeckel für Mikrobecher und Mikrotiegel (s. Tab. 4). Diese Deckel laufen unten konisch mit einem Winkel von ungefähr 130° zu und enden in einen kleinen Knopf von

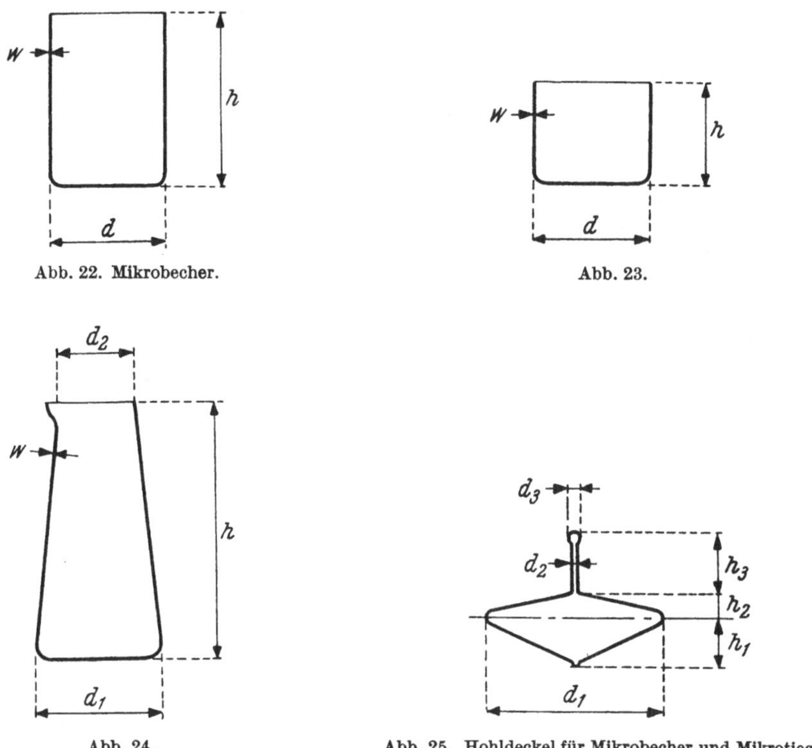

Abb. 22. Mikrobecher.

Abb. 23.

Abb. 24.

Abb. 25. Hohldeckel für Mikrobecher und Mikrotiegel.

nicht mehr als 1 mm Länge. Der Schwerpunkt soll so niedrig wie möglich liegen. Bei allen angegebenen Dimensionen ist eine Toleranz von $\pm$ 1 mm erlaubt, wenn nicht anders angegeben.

Tabelle 1. *Hohe Mikrobecher.*

Nomineller Fassungsraum	ml	1	5	7	15	20
Äußere Höhe (h)	mm	15	25	35	42	55
Äußerer Durchmesser (d)	mm	11	18	18	24	24
Wanddicke bei Glasbechern (w)	mm	0,5—0,75			0,75—1,0	
Wanddicke bei Quarzbechern (w)	mm	0,75—1,25			1,0—1,5	

Tabelle 2. *Niedrige Mikrobecher.*

Nomineller Fassungsraum	ml	3	10
Äußere Höhe (h)	mm	15	28
Äußerer Durchmesser (d)	mm	18	24
Wanddicke bei Glasbechern (w)	mm	0,5—0,75	0,75—1,0
Wanddicke bei Quarzbechern (w)	mm	0,75—1,25	1,0—1,5

Tabelle 3. *Konische Mikrobecher.*

		5	10	20
Nomineller Fassungsraum	ml	5	10	20
Äußere Höhe (h)	mm	37	45	56
Äußerer Durchmesser an der Basis (d_1)	mm	20	24	29
Äußerer Durchmesser am oberen Ende (d_2)	mm	12	15	19
Wanddicke bei Glasbechern (w)	mm	0,75—1,0		
Wanddicke bei Quarzbechern (w)	mm	0,75—1,25		

Tabelle 4. *Deckel für Becher und Tiegel.*

Gesamtdurchmesser (d_1)	mm	27	27	34
Höhe des unteren Teiles (h_1)	mm	5	7	9
Höhe des oberen Teiles (h_2)	mm	2,5	3,5	4
Höhe des Griffes (h_3)	mm	8	9	10
Durchmesser des Griffes (d_2)	mm	1,0—1,5		
Durchmesser des Knopfes (d_3)	mm	1,5—2,0		

Die Berliner Porzellantiegel besitzen gleichfalls die hohe Form und haben ein Volumen von 1 bis 25 ml. Falls sie gewogen werden sollen, muß auch die Unterseite der Bodenfläche glasiert sein. Zum Glühen bei Temperaturen über 500 bis 600° sind sie allerdings nicht benutzbar, da sonst die Gefahr besteht, daß die glasierte Bodenfläche an der Unterlage anklebt. Für Glühtemperaturen über 800 bis 900° sind Porzellantiegel wegen der in diesem Fall schwer erreichbaren Gewichtskonstanz überhaupt wenig empfehlenswert. Ferner muß, wie erwähnt, bei den Temperaturen von 800 bis 900° auf den Vorteil der auch außen glasierten Bodenfläche verzichtet werden, so daß auf die Reinhaltung der rauhen Bodenfläche um so größere Sorgfalt zu verwenden ist. Bei richtiger Behandlung läßt sich jedoch ausreichende Gewichtskonstanz erreichen, wenn die genannte Höchsttemperatur nicht überschritten wird und die Tiegel schon einige Zeit in Verwendung stehen und braungebrannt sind.

Die Platintiegel von ähnlicher Form wie die Porzellantiegel werden für Fällungen, Eindampfen, Wiederauflösen sowie Glühen von Niederschlägen nach vorangegangener Filtration zweckmäßig in folgenden zwei Größen verwendet: 1. Unterer Durchmesser 17 mm, oberer Durchmesser 28 mm, Höhe 40 mm, Fassungsraum 20 ml. 2. Unterer Durchmesser 15 mm, oberer Durchmesser 25 mm, Höhe 30 mm, Fassungsraum 12 ml. Sie können auf Bestellung in dünnwandiger Ausführung angefertigt werden, so daß selbst die größere der angeführten Typen nur 10 bis 11 g schwer ist. Die im Laufe der Zeit eingetretene Gewichtsverminderung spielt nur eine geringe Rolle[1].

Voraussetzung der Eignung solcher Platintiegel für die Mikroanalyse ist selbstverständlich ihre Anfertigung aus erstklassigem Material (s. oben), das unter anderem auch eisenfrei sein muß. Sie zeigen auch nach halbstündigem (und sogar längerem) Glühen bei 950 bis 980° keine merkliche Gewichtsabnahme. Hingegen sind Glühtemperaturen von 1100° bei zur Wägung bestimmten Platingeräten zu vermeiden, sa sonst Gewichtsverluste unvermeidlich werden. Anderseits wird der Platinheizdraht des Elektrotiegelofens bei derart

---

[1] Es braucht wohl nicht betont zu werden, daß Differenzwägungen von Platingefäßen nach Aufschlüssen mit schmelzenden Alkalien oder Alkalipyrosulfat zwecklos sind. Solche Aufschlüsse dienen lediglich dazu, eine Substanz in lösliche Form überzuführen oder den Tiegel zu reinigen.

hoher Glühhitze allmählich zerstäubt, was insbesondere bei Porzellantiegeln zu Gewichtszunahmen führen kann. Wie jedoch bemerkt, ist derartig hohes Erhitzen grundsätzlich zu unterlassen. Der Elektrotiegelofen muß durch einen Widerstand regulierbar sein, der womöglich so gewickelt sein soll, daß die Temperaturänderungen zwischen 250 und 1000° linear proportional dem Abstand des Schiebers von der Nullstellung sind.

Becher und Tiegel, die nicht in augenblicklicher Verwendung stehen, werden unter einer Glasglocke auf einer Glas- oder Porzellanunterlage bzw. in einem Handexsiccator aufbewahrt.

Im allgemeinen ist zu sagen, daß Porzellangeräte gegen chemische Agenzien widerstandsfähiger als Glasgefäße sind. Bei den in Wien ausgeführten Mineralanalysen wurden deshalb fast ausschließlich Platin- und Porzellangeräte angewendet, ausgenommen die anschließend besprochenen Filterbecher. Fällungen in stärker alkalischem Medium sind, wo nur irgend angängig, in Platintiegeln vorzunehmen.

Ein außerordentlich zweckmäßiges Fällungs- sowie Filtrationsgerät stellt der sogenannte Jenaer *Mikrofilterbecher* (s. z. B. Abb. 26, S. 200) nach F. EMICH und E. SCHWARZ-BERGKAMPF[1] (12) dar, der aus dem Fällungs- und Filtergefäß nach E. GARTNER (13) hervorgegangen ist. Er ist aus Jenaer Geräteglas angefertigt und besteht aus einem zylindrischen, oben geschlossenen Fällungsgefäß, das seitlich einen offenen „Einfüllstutzen" und einen „Filtrierstutzen" besitzt, in den eine Glasfilterplatte eingeschmolzen ist. Oberhalb der Filterplatte verengt sich das Rohr zu einer dickwandigen Kapillare, deren äußerer Durchmesser 3,5 und deren innerer 2 mm beträgt. Der Durchmesser des Bechers ist 23 bis 24 mm, die Höhe 25 mm, der Durchmesser der Filterplatte 10 mm. Das durchschnittliche Innenvolumen der Filterbecher ist rund 10 ml, doch kann es für die Fällungen nicht voll ausgenützt werden. Man darf ein Fällungsendvolumen von 6 bis 7 ml nicht überschreiten. Auf besondere Bestellung sind allerdings bei der Herstellerfirma auch größere Filterbecher erhältlich. Die Filterbecher normaler Größe haben ein Gewicht von 6 bis 7 g. Sie sind im Gebrauch beinahe unverwüstlich, gegen heiße verdünnte Säuren und kalten Ammoniak sehr gewichtsbeständig, bei Trockenschranktemperaturen sehr leicht zur Gewichtskonstanz zu bringen, und stellen eines der vollkommensten mikroanalytischen Arbeitsgeräte dar. Das Prinzip ihrer Verwendung ist denkbar einfach: Der Filterbecher wird gewogen, worauf man die Probelösung einbringt und die Fällung des Niederschlages vornimmt. Nach dem Absetzen der Fällung wird der Filterbecher um 90° in seiner Lage gedreht und die Lösung durch die Filterplatte abgesaugt. Der Niederschlag bleibt auf der Filterplatte und an den Becherwänden verteilt zurück, worauf der Filterbecher bei der vorgeschriebenen Temperatur getrocknet und gewogen wird. Die Einzelheiten der hier nur kurz skizzierten Arbeitsweise sind im nächsten Abschnitt (Filtration und Filtergeräte) besprochen. Es sei noch darauf hingewiesen, daß die Filterbecher auch in einer Ausführung mit waagrecht angesetzten Filtrierstutzen erzeugt werden. Da bei dieser Type das ausnutzbare Fällungsvolumen vor allem wegen der Gefahr, beim Umschwenken die Lösung noch *vor* der quantitativen Fällung des Niederschlages mit der Filterplatte[2] in Berührung zu bringen, geringer als bei der anderen Ausführungsart ist, sollte hauptsächlich die erstbeschriebene verwendet werden.

---

[1] Der Filterbecher wird von der Firma Schott und Gen. erzeugt.

[2] Dies würde zur Folge haben, daß die in die Filterplatte eingesaugte gelöste Substanz teilweise der Fällung entginge, da Teilchen des in der Platte gebildeten Niederschlages beim späteren Absaugen aus dem Filterbecher herausgeschwemmt würden.

Wenn es sich um die Gehaltsbestimmung einer Lösung handelt, so läßt sich der sogenannte Pipettenfehler vermeiden, indem man die Probelösung einwägt, statt sie einzupipettieren. Man muß in diesem Fall selbstverständlich ihr spezifisches Gewicht bestimmen. Zur Vermeidung der Verdunstung während des Wägens wird der Filterbecher mit Glasverschlüssen (10) versehen, wie sie aus Abb. 26 ersichtlich sind, die jedoch nicht strenge passen dürfen, sondern noch ganz leicht beweglich sein müssen. Man wägt den gewichtskonstant getrockneten Filterbecher ohne Verschlüsse auf der Mikrowaage[1] und beschickt ihn hierauf mit einigen Tropfen dest. Wassers, um den Luftraum mit Wasserdampf zu sättigen. Nach einigen Minuten wägt man den nunmehr mit den Verschlüssen[2] versehenen Filterbecher auf der gewöhnlichen Analysenwaage (gegen Metallgewichte), entfernt den Verschluß des Einfüllstutzens, bringt die Probelösung ein, ohne den Rand des Stutzens zu benetzen, verschließt den Filterbecher und wägt ihn wiederum. Da es sich hier um eine schnell ausführbare Differenzwägung mit einer Genauigkeit von nur 0,1 mg handelt, kann von der Verwendung eines gleichartigen Taragefäßes abgesehen werden. Aus dem durch die Wägungen ermittelten Gewicht und der Dichte der Lösung ist auf einfache Weise ihr Volumen berechenbar. Bei Lösungen, die durch exaktes Verdünnen einer „Makrolösung" hergestellt worden sind (S. 180), unterscheidet sich das spezifische Gewicht von dem des Wassers nur wenig.

Abb. 26. Mikrofilterbecher mit Verschlüssen.

b) Methodik nach F. Pregl.

Bei diesem Verfahren wird die Fällung des Niederschlages in Fällungsreagensgläsern („Fällungsröhrchen") aus Jenaer Geräteglas von 10 bis 15 ml Volumen vorgenommen. Die Filtration ist auf S. 236 ff. beschrieben.

2. Fällen.

Der Zusatz der Reagenzien erfolgt aus Mikropipetten (S. 211, Abb. 42). Man kann sich diese auch leicht durch Ausziehen einer Kapillare aus Jenaer Geräteglas anfertigen und so eine sehr geringe Tropfengröße erzielen. Die Fällungsreagenzien werden in der Regel[3] tropfenweise unter ausreichendem Umschwenken bzw. mäßiger, kreisender Bewegung des Fällungsgefäßes zugesetzt. Von der Verwendung von Mikrorührern sieht man — von Sonderfällen abgesehen — besser ab, da sie das Arbeiten nicht unwesentlich erschweren und entweder mitgewogen oder nach der Fällung abgespritzt werden müssen, was bei dünnen Glas- oder Platinfäden nicht ganz leicht mit nur wenig Spülflüssigkeit ausführbar ist.

Für das Arbeiten nach der Preglschen Methodik, bei der ein Fällungs- und ein Filterröhrchen verwendet werden, hat J. Pollak (27) eine bequeme Art der Durchmischung durch Einleiten von Luft angegeben, wozu das Heberrohr

---

[1] Dies ist deshalb erforderlich, weil der Filterbecher später — nach Beendigung der Filtration und Trocknung des Niederschlages — selbstverständlich wieder (ohne Verschlüsse) auf der Mikrowaage gewogen werden muß.

[2] Diese kann man in einfacher Weise aus Glasstäbchen selbst herstellen. Nach R. Dworzak und H. Ballczo (9) haben sich ähnliche Verschlüsse, die mit einem leicht abwischbaren Griff versehen waren, auch dann gut bewährt, wenn es sich um die Wägung getrockneter, jedoch leicht hygroskopischer Niederschläge in Filterbechern handelte. Die Wasseraufnahme dieser Niederschläge wurde ganz erheblich verzögert, so daß eine normale Wägung auf der Mikrowaage möglich war.

[3] Wenn nicht Zusatz in einem Guß vorgeschrieben ist.

(S. 234, Abb. 71) benutzt wird. Die Luft wird dabei durch Watte filtriert und so von Staub befreit. Bei Halogenfällungen muß sie auch noch eine Füllung von mit Silbernitrat imprägnierter Asbestwolle passieren.

Wenn die Fällungen in der Wärme ausgeführt werden müssen, wird das Fällungsgefäß entweder in einem Wasserbadaufsatz (S. 259, Abb. 105) oder auf dem „Mikrowasserbad" nach W. REICH-ROHRWIG (31) (S. 259, Abb. 106) oder in einem Aluminiumblock (Abb. 27) mit entsprechenden Bohrungen für Mikrobecher, Tiegel, Filterbecher oder Fällungsröhrchen erwärmt. Der Aluminiumblock kann auf einem Stativ der PREGLschen Apparatur für die Mikroelektrolyse (30) der Höhe nach verschiebbar befestigt und mit einem Mikrobrenner

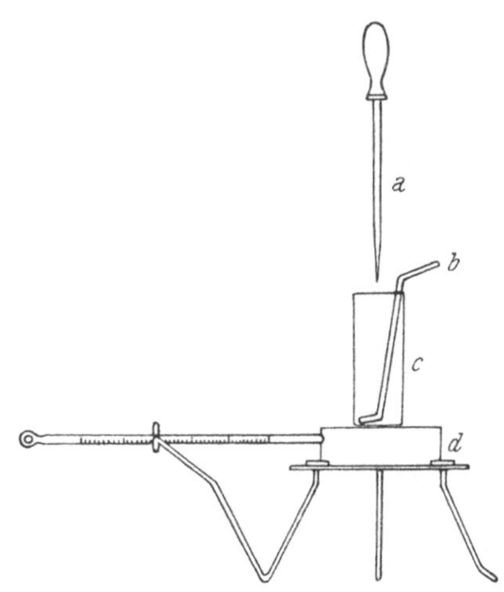

Abb. 27. Aluminiumblock.   Abb. 28. Heizblock für Fällungen im Mikrobecher.

geheizt werden. Ein schräg eingesetztes Thermometer dient zur Ablesung der Temperatur, die sich auf 1 bis 2° genau einstellen läßt. Der Aluminiumblock eignet sich auch vorzüglich dazu, Flüssigkeiten in Bechern usw vor der Fällung zum gelinden Sieden zu bringen, ohne daß es zu Verlusten durch Spritzen kommt, da die Erhitzung gleichmäßig nicht nur vom Boden, sondern auch von den Seiten her erfolgt.

Sind mehrere Fällungsröhrchen gleichzeitig zu erwärmen, so eignet sich dazu gut ein von J. POLLAK (28) angegebener Wasserbadeinsatz, der in ein Becherglas mit heißem Wasser eingehängt wird und sechs Fällungsröhrchen gleichzeitig aufnehmen kann.

CH. CIMERMAN und M. ARIEL (8) verwenden einen Heizblock[1], der in Abb. 28 dargestellt und auch für Fällungen verwendbar ist. Auf einem Metallblock mit Thermometer steht der Mikrobecher. Ein doppelt abgewinkelter Glasstab dient zum Rühren (oberster Teil) und Abwischen des Niederschlages (unterster Teil), wenn dieser zu nahe an die Filterplatte gesaugt worden ist und so die Filtration und das Waschen behindert. Der Glasstab kann gegebenenfalls samt dem Aggregat mitgewogen werden.

---

[1] Fisher Scientific Co., New York, USA, Cat III (1952), Modern Laboratory Appliances, S. 895 (Cat. No. 20 — 262).

3. Rühren.

Abb. 29 zeigt eine Rührvorrichtung (4), die auch in solchen Fällen verwendbar ist, in denen gleichzeitig Kühlung bzw. Erwärmung erfolgen soll. Der Apparat besteht aus zwei Teilen, dem äußeren Mantel M und dem inneren tulpenförmigen Teil T mit angesetztem Flügelrad R. Im unteren Drittel des Mantels M mündet schräg in den Turbinenraum das Wasserzuleitungsrohr in Form einer verlängerten Düse. Es ist so eingebaut, daß der austretende Wasserstrahl gerade das Turbinenrad R trifft. Das Wasser, das auf diese Weise den tulpenförmigen Teil T, in den der Tiegel eingesetzt wird, in drehende Bewegung bringt, erfährt in dem geräumigen Mantel eine Verringerung seiner Geschwindigkeit und tritt endlich aus dem

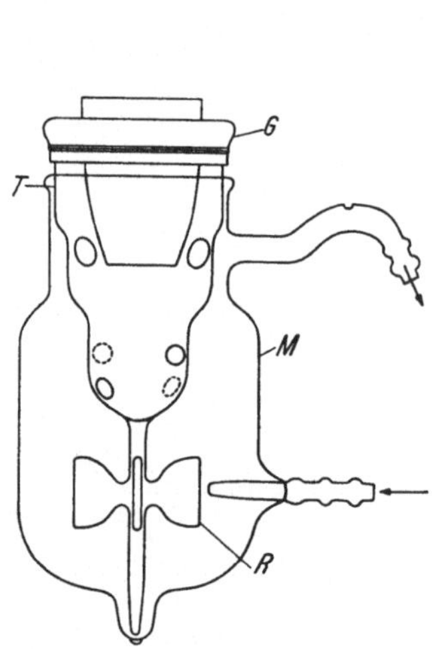

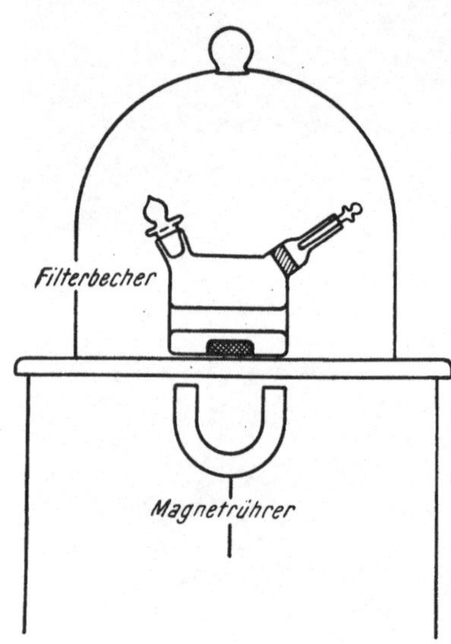

Abb. 29. Rührvorrichtung für Fällungen.   Abb. 30. Magnetrührer für Mikrofilterbecher.

oberen Teil des Mantels aus der halsförmigen Verengung durch ein weites Heberrohr aus. An dessen höchstgelegener Stelle ist ein Loch angebracht, um das Niveau des Wassers auf dieser Höhe konstant zu halten. Am Grunde des Mantels befindet sich das Lager der Turbinenachse in Form einer kleinen ausgezogenen Vertiefung. Oberhalb des Flügelrades erweitert sich der innere Teil T blumenkelchartig und gewährt durch seitliche Löcher dem Wasser Zutritt in sein Inneres und somit auch zur Außenseite des Tiegels. Dieser wird mittels einer Gummimuffe G festgehalten. Die halsförmige Verengung des Mantels umschließt mit einem nur kleinen Spielraum den oberen Teil von T, so daß sich dieser eben noch leicht bewegen läßt. Das Wasser, das kapillar dazutritt, vermittelt eine gute Beweglichkeit des drehbaren Teiles T und vermindert so die Reibung. Das Heberrohr hat den Zweck, das Wasser höher steigen zu lassen und dadurch auch den Tiegel wirksamer zu kühlen.

Das einströmende Wasser treibt das Flügelrad und dreht infolgedessen den Tiegel. Bevor es wieder austritt, dringt es in das Innere von T ein und bewirkt auf diese Weise ausgiebige Kühlung des Tiegels. Ein mit einem Stativ fixierter dünner Glasstab, der in das Innere des rotierenden Tiegels reicht, rührt die Fällung durch.

T kann herausgehoben werden, was das Einsetzen des Tiegels erleichtert.

Als Antriebsmittel können neben kaltem Wasser auch Preßluft oder Dampf dienen, wodurch es möglich wird, gegebenenfalls auch bei Dampfhitze zu rühren.

Falls bei Fällungen in Mikrofilterbechern Rührung erforderlich ist, kann dies nach H. BALLCZO und H. SCHIFFNER (5) auf magnetischem Weg ausgeführt werden. Als Rührkörper dienen kleine, in Glasröhrchen eingeschmolzene Magnete, die ständig im Filterbecher verbleiben und auch mitgewogen werden (Abb. 30).

4. Mikrorückflußkühler.

In Sonderfällen kann auch in der *anorganischen* Mikroanalyse die Notwendigkeit auftreten, eine Flüssigkeit unter Rückflußkühlung zu erhitzen. Die Abb. 31

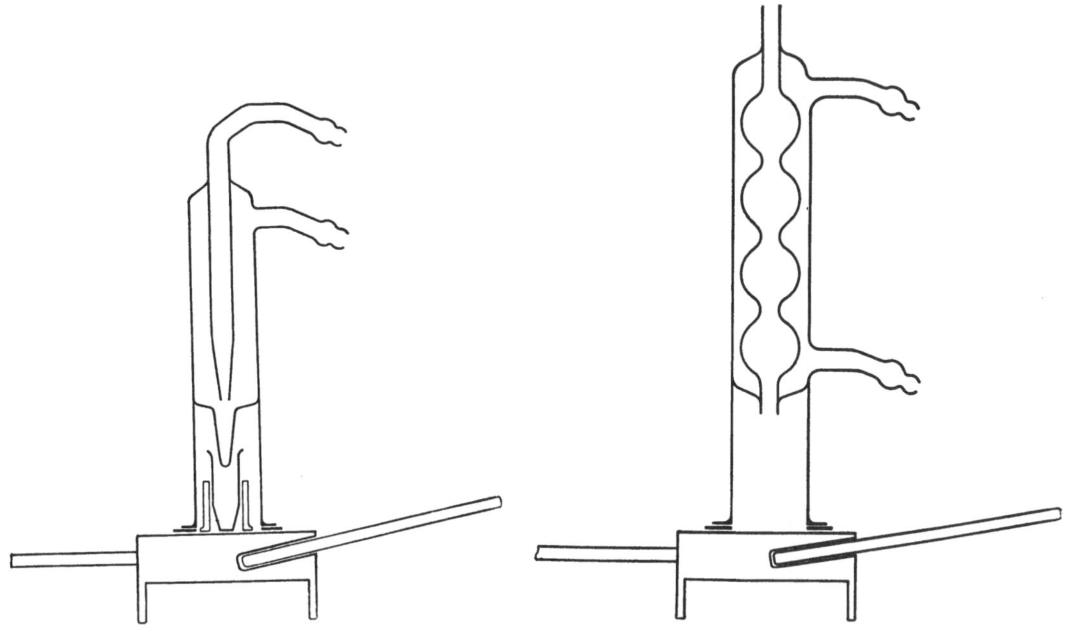

Abb. 31. Haubenkühler für kleinere Flüssigkeits‧mengen.

Abb. 32. Haubenkühler für größere Flüssigkeitsmengen.

gibt einen sogenannten „Haubenkühler" (14) mit gekühlter Kühlerspitze für kleine Gefäße und Flüssigkeitsmengen bis etwa 2 ml, die Abb. 32 den Haubenkühler für größere Gefäße und Flüssigkeitsmengen bis etwa 16 ml wieder. Das Prinzip ist durch die Abbildungen ohne weiteres verständlich. An den Kühler ist ein Glasrohr gleicher Weite angeschmolzen, das einen breiten Schliffrand besitzt, mit dem der Kühler, unter Zwischenlage eines passenden Asbestringes abgedichtet, auf dem plangedrehten Heizdraht aufsitzt. In den auf diese Weise gebildeten Raum können Gefäße verschiedenster Form, wie Mikrobecher, Kölbchen, Spitzröhrchen u. dgl., untergebracht werden, so wie dies die gewählten Weiten- und Höhenmaße der Kühlerhaube zulassen. Das Lösungsmittel kondensiert sich an der Kühlerspitze bzw. im Kugelkühler, zum Teil auch an der gekühlten oberen Wandung der Haube, von der es zur Spitze bzw. zum Kühlerrohrende abfließt. Hingegen tritt keine Kondensation an der durch den Heizblock warm gehaltenen Seitenwandung auf. Es kommt daher zu keinen Verlusten an Lösungsmittel.

Die Größe der Haubenkühler richtet sich nach den Lösungsmitteln, mit denen gearbeitet werden soll, da bei einem Mißverhältnis zwischen Kondensationsraum und Lösungsmittelmenge zuviel verdampft und damit eine in vielen Fällen unerwünschte Konzentration eintritt. Der kleine Haubenkühler (Abb. 31) für kleinere Flüssigkeitsmengen besitzt daher eine Kühlspitze, die durch Einfließenlassen des Leitungswassers durch das zentrale, unten verengte Rohr des Kühlers besonders gut gekühlt wird. Die Spitze soll außerdem in die Gefäße zum Teil hineinragen. Damit wird erreicht, daß die verdampfende Flüssigkeit rasch kondensiert und dem Reaktionsgemisch wieder zugeführt wird. Auf diese Weise läßt sich in den Spitzröhrchen (vgl. S. 241 ff. und Abb. 82) mit Mengen bis nur etwa 0,3 ml arbeiten. Durch die Spitze ist allerdings eine Abhängigkeit hinsichtlich der Höhe der Gefäße gegeben. Es bewährte sich die Benutzung von Kühlern mit einer Gesamthöhe von 13 cm, wobei die Haubenhöhe etwa 4 cm, die Weite etwa 2 cm beträgt. Die Kühlerspitze ist 2 cm lang.

Für größere Gefäße und Flüssigkeitsmengen spielt die Kondensationsgeschwindigkeit eine geringere Rolle. Man kann hier die übliche Kühlung mit einem Kugelrohr verwenden, wie dies Abb. 32 zeigt. Die Gesamthöhe des Kühlers beträgt ungefähr 20 cm, die innere Weite etwa 3 cm, die Haubenhöhe 5 cm. Es können jedoch auch noch weitere und höhere Hauben angewendet werden, sofern mit größeren Flüssigkeitsmengen als etwa 16 ml gearbeitet werden soll. Ein offener Kühler, der oben erforderlichenfalls mit einem Trockenrohr versehen werden kann, hat verschiedene Vorteile. Man kann z. B. durch dieses Kühlerrohr ein Rührwerk einführen und die Substanz zum Zweck des leichteren Lösens in Lösungsmitteln etwa beim Umkristallisieren oder Heißextrahieren rühren.

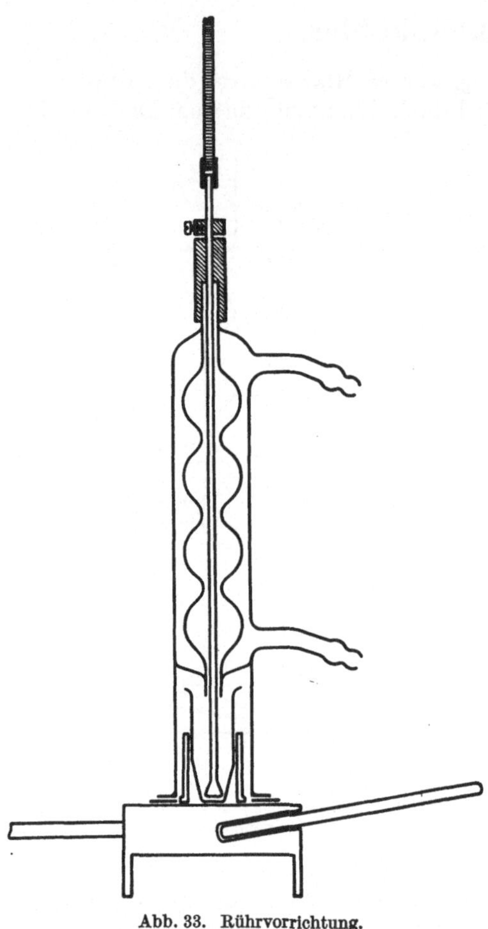

Abb. 33. Rührvorrichtung.

Eine solche Einrichtung zeigt die Abb. 33. Als Rührer dient ein ungefähr 2 mm dicker Glasstab, der unten entsprechend abgeplattet, oben durch eine auf das Kühlerrohr passende Führungshülse zentrisch geführt wird und durch einen darüber angeordneten Stellring in der Höhe eingestellt werden kann. Angetrieben wird der Glasstab über eine Gummischlauchverbindung und Drahtspindel mit einem kleinen Motor, der am selben Stativ wie Kühler und Heizblock befestigt ist. Soll das am Rührer klebende Material gewonnen werden, so wird der Stellring nach Hochheben des Kühlers gelöst, wodurch das Rührerende aus dem Kühler hervortritt und bequem in das auf dem Block stehende Gefäß abgespült werden kann. Der Rührer steht durch diese Führungshülse frei im Kühlerrohr, so daß die Kondensation des Lösungsmittels im Kühlerrohr nicht behindert wird. Die gleiche Einrichtung kann auch zum Arbeiten in sauerstofffreier Atmosphäre dienen. An Stelle des Rührers wird dann ein gleichkalibriertes, zur Spitze ausgezogenes Glasrohr eingeführt, das ebenfalls mit dem Stellring in der Höhe einstellbar ist. Durch dieses wird das sauerstofffreie Gas (N_2, CO_2 usw.) eingeführt, das durch das Kühlerrohr nach oben auf dem Weg durch die lose aufgesetzte Führungshülse entweicht.

5. Einleiten bzw. Überleiten von Gasen.

Abb. 34 zeigt ein halbkugelig gewölbtes Uhrglas (20) (aus Jenaer Geräteglas), durch dessen Mitte eine eingeschmolzene Kapillare führt, die an ihrem oberen Ende in eine Olive übergeht. Dieses „Mikro-Gaseinleitungsrohr" kann in verschiedenen Größen angefertigt werden und wird auf den die Flüssigkeit enthaltenden Mikrobecher oder Porzellantiegel aufgesetzt, in den das Gas (z. B. Schwefelwasserstoff) eingeleitet werden soll. Man kann das gewölbte Uhrglas auch mit kleinen Gewichten beschweren, doch ist dies entbehrlich. Die Länge der Kapillare muß so bemessen sein, daß sie etwa 0,5 cm über dem Boden des Bechers oder Tiegels endet.

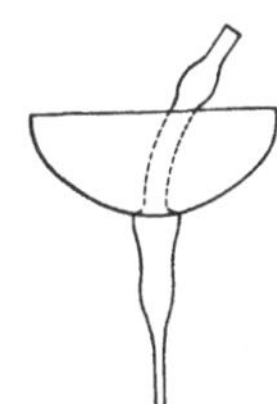

Abb. 34. Mikro-Gaseinleitungsrohr für Mikrobecher.

Eine ähnliche Vorrichtung (S. 188, Abb. 14) mit etwas kürzerer Kapillare, deren untere Öffnung seitlich angebracht ist, dient zum Aufleiten von Gasen auf Flüssigkeiten. Mit ihrer Hilfe ist es z. B. möglich, carbonathaltige Lösungen durch Überleiten von Salzsäuregas verlustlos zu neutralisieren.

Das Einleiten von Schwefelwasserstoff in Filterbecher zum Zwecke von Sulfidfällungen geschieht am besten mit Hilfe einer in den „Einfüllstutzen" eingeschliffenen Kapillare, die vor und nach der Bestimmung mitgewogen wird.

Ein Gerät zur Entwicklung und Einleitung von Gasen in kleine Flüssigkeitsmengen beschreibt H. WEISZ (39). In das Gasentwicklungsgefäß G_1 (Abb. 35), das 65 mm hoch ist und 25 mm Durchmesser hat, führt durch eine Schliffkappe ein Zuleitungsrohr mit Hahn H_1, ein Tropftrichter T und ein Überleitungsrohr $Ül$; in das gleichdimensionierte Gaseinleitungsgefäß G_2 mündet das Gaseinleitungsrohr und das Gasabsaugrohr mit Hahn H_3. Das Überleitungsrohr ist zur leichteren Reinigung mit einem Schliff versehen; außerdem ist am Überleitungsrohr eine kugelförmige Erweiterung angebracht, die mit Watte gefüllt wird, um gegebenenfalls mitgerissene Flüssigkeitstropfen zurückzuhalten. An dem Ende des Überleitungsrohres, das in das Gaseinleitungsgefäß ragt, ist mit einem Kautschukschlauch ein Einleiteröhrchen El Glas an Glas befestigt. Man hält zweckmäßig verschieden lange Einleitungsspitzen vorrätig, um je nach Art des Fällungsgefäßes und der Flüssigkeitsmenge die jeweils optimale Eintauchtiefe zu erzielen. Außerdem ist die Reinigung der ganzen Apparatur durch die Verwendung auswechselbarer Einleiteröhrchen sehr erleichtert, weil nur diese gereinigt werden müssen.

Im Gaseinleitungsgefäß ist das eigentliche Fällungsgefäß, beispielsweise eine Mikroeprouvette Me, untergebracht. Die ganze Apparatur steht in einem Aluminiumblock geeigneter Dimension, dessen Bohrungen mit Asbest ausgekleidet sind; außerdem trägt er eine Bohrung zur Aufnahme eines Thermometers unmittelbar neben dem Gaseinleitungsgefäß, da man durch Erwärmen des Aluminiumblocks die Möglichkeit hat, Fällung und Gasentwicklung auch bei höherer Temperatur vorzunehmen. Die gesamte Apparatur wird aus Jenaer Glas hergestellt.

Die Arbeitsweise des Gerätes ist folgende, wobei als Beispiel die Entwicklung von Schwefelwasserstoff gewählt sei: In das Gasentwicklungsgefäß wird eine ausreichende Menge Zinksulfid eingebracht, in das Einleitungsgefäß die Mikroeprouvette mit dem Probetropfen; an das Überleitungsrohr wird ein passendes Einleiteröhrchen angesteckt, der Apparat geschlossen; sodann fügt man in den Tropftrichter Salzsäure $(1 + 1)$. Vor die Zuleitung H_1 wird ein Sicherheitsröhrchen mit Watte zur Luftfiltration geschaltet. Am Gasabsaugrohr wird unter Zwischenschaltung einer Sicherheitsflasche ganz schwach mittels einer Wasserstrahlpumpe gesaugt. Alle Hähne sind zunächst geschlossen. Dann werden H_2

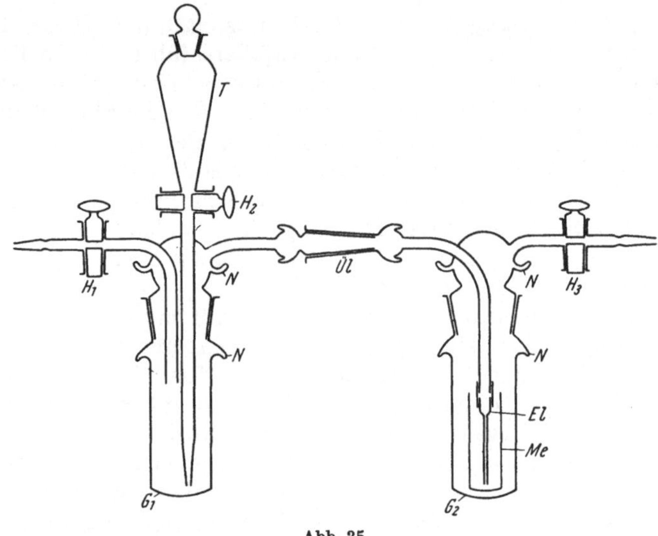

Abb. 35.

und H_3 ein wenig geöffnet, Salzsäure einfließen gelassen und H_2 sofort wieder geschlossen. Hierauf wird H_1 soweit geöffnet, daß ein ganz schwacher Luftstrom durch die Apparatur streicht, der als transparentes Medium für den Schwefelwasserstoff dient. Man kann auch einen inerten Gasstrom durchleiten, wenn man bei Zuleitungsrohr H_1 einen Gasbehälter mit dem entsprechenden Gas anschließt. In diesem Fall erübrigt es sich, bei H_3 zu saugen. Die Fällung mit Schwefelwasserstoff kann auch bei einem geringen Überdruck erfolgen, wenn alle Hähne geschlossen sind, da durch die Spiralfedern, die zwischen den Nasen N angebracht sind, die Apparatur fest verschlossen gehalten wird. Nach der Fällung leitet man noch einige Zeit Luft oder einen anderen Gasstrom hindurch, um den Schwefelwasserstoff zu entfernen, so daß bei anschließendem Öffnen des Apparats kein Schwefelwasserstoff in die Laboratoriumsluft dringt.

Das Gerät kann auch zu Oxydationen mit Bromluft verwendet werden (besonders zur Lösung von Sulfidniederschlägen). Zu diesem Zweck wird in das Gasentwicklungsgefäß Bromwasser bzw. Br_2 eingebracht, oder KBr und $KBrO_3$, und dann durch einen Tropftrichter Salzsäure zufließen gelassen.

Bei einer Einleitevorrichtung für Schwefelwasserstoff (36) (Abb. 36) schlägt der Hammer einer elektrischen Klingel auf das dünne Gummidiaphragma über der Mündung von A. Die Ventile B und C sind dünne Gummischeiben, die mit einem Korkbohrer ausgestanzt werden.

Einen einfachen Entwicklungsapparat für Schwefelwasserstoff mit *geringem* Druck beschreiben J. T. STOCK und P. HEATH (38). Ein 500-ml-ERLENMEYER-

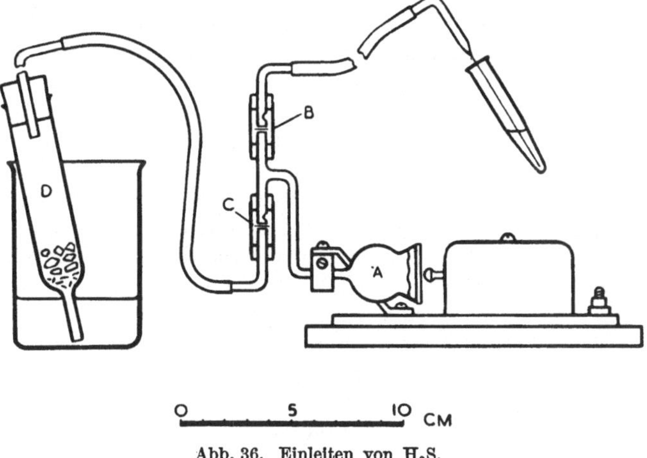

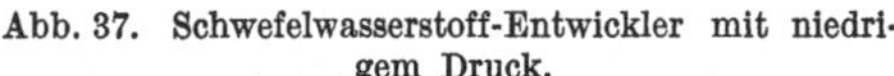
Abb. 36. Einleiten von H_2S.

Kolben (Abb. 37) A wird zu zwei Drittel mit Salzsäure $(1 + 1)$ gefüllt und mit einem Stopfen B verschlossen, der zum Luftausgleich eingekerbt ist. Durch diesen wird leicht gleitbar ein unten offenes Röhrchen C eingeführt, das mit kleinen Stückchen Schwefeleisen gefüllt ist. In das obere Ende von C ist mittels des Gummistopfens E ein mit Glaswolle gefülltes Röhrchen D als Gaswäscher eingesetzt. An den Einleiteschlauch F kann natürlich auch statt der in der

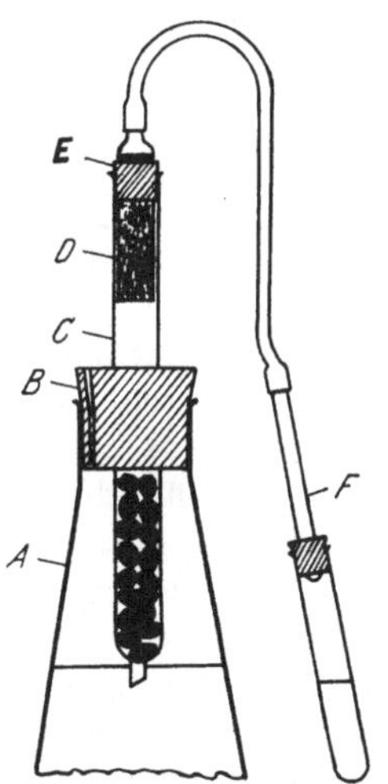

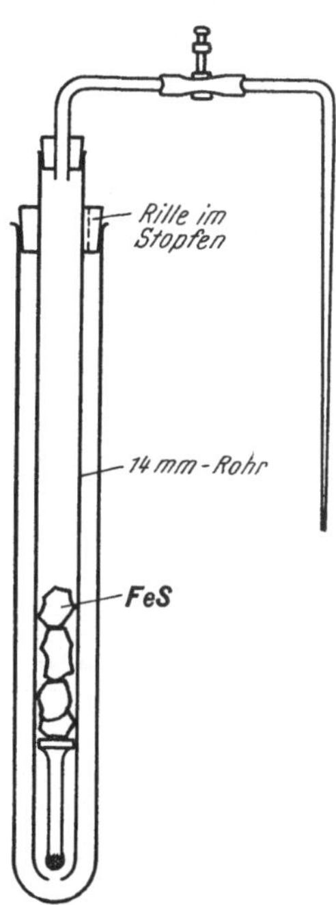

Abb. 37. Schwefelwasserstoff-Entwickler mit niedrigem Druck.

Abb. 38. Schwefelwasserstoffentwickler.

Abb. 37 dargestellten Eprouvette ein kapillares Gaseinleiteröhrchen angeschlossen werden. Die Gasentwicklung beginnt, sobald das bis dahin oberhalb der Salzsäure befindliche Schwefeleisenröhrchen in die Säure hinuntergeschoben wird. Der Gaswäscher muß trocken bleiben. Nach Beendigung des Gaseinleitens zieht man das Schwefeleisenröhrchen wieder aus der Salzsäure heraus.

Abb. 38 stellt einen von L. C. W. Baker und J. E. Stouffer (3) angegebenen Mikrogenerator für Schwefelwasserstoff dar, der sich besonders bei mikroanalytischen Kursen für Studenten bewährt hat. Damit das Gerät funktioniert, müssen bestimmte Dimensionen genau eingehalten werden: Der Abstand zwischen der Innenwand der äußeren Eprouvette und der Außenwand des inneren, unten offenen Rohres (Gasentwicklungsrohr) soll 4 mm betragen, die Weite des Loches am Boden des Gasentwicklungsrohres 3 bis 4 mm, der Abstand zwischen dem Kopf des „Glasnagels" und der Innenwand des Gasentwicklungsrohres 1,5 bis 2 mm. Glaswolle statt des Glasnagels hat sich nicht bewährt. Die Schwefeleisenkörnchen sollen etwa 4 mm Durchmesser haben und nicht mehr als drei oder vier an der Zahl sein. Die Salzsäure (6 n) wird in das Außenrohr so weit eingefüllt, daß ihr Niveau etwa 25 mm unterhalb des Verschlußstopfens der äußeren Eprouvette liegt, wenn das innere Rohr leer ist. Zur Erleichterung der Neufüllung mit Säure wird an der Eprouvette eine Marke angebracht, die dem Niveau der Säurefüllung entspricht, wenn das innere Rohr entfernt wird. Nach jeder Verwendung wird das innere Rohr unter der Wasserleitung gründlich innen und außen abgespült.

Hochdruck-Schwefelwasserstoffentwickler.

Um einen genügenden, die Oberflächenspannung überwindenden Druck zu erreichen, wird bei der Schwefelwasserstofferzeugung im Kippschen Apparat der Säurespiegel auf 50 cm oder mehr erhöht. Eine andere Möglichkeit besteht darin, das Gas bei Atmosphärendruck oder ein wenig darunter zu entwickeln und dann durch die Untersuchungslösung hindurchzupumpen.

Bei der beschriebenen Apparatur (37) wird der Trichter A mittels eines gerillten Korkes in die Mündung eines Säurebehälters B eingesetzt. Dieser besteht aus einer 500-ml-Flasche von konischer Form und wird mit Salzsäure (1 + 1) bis zu der in Abb. 39 gezeigten Höhe gefüllt.

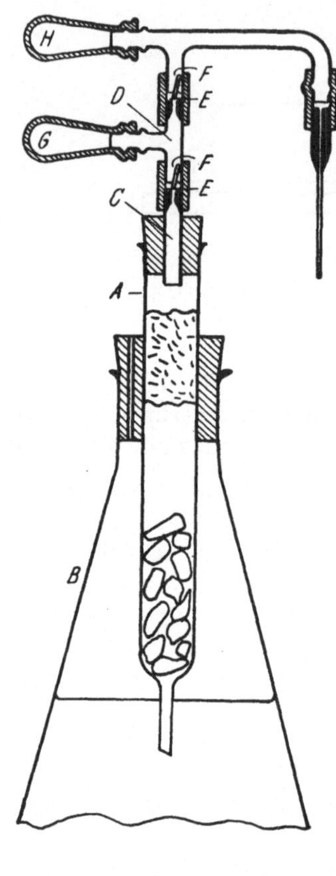

Abb. 39. Hochdruck-Schwefelwasserstoffentwickler.

Das Trichterrohr A wird mit zerkleinerten Eisensulfidstücken und oberhalb davon mit einem Glaswollebausch gefüllt, um Sprühtröpfchen zurückzuhalten. Es wird an seinem oberen Ende mit einem Gummistopfen verschlossen, der die Pumpvorrichtung trägt. Die oberen Enden der Verbindungsstücke C und D sind auf eine Lochweite von 1 mm verengt und quadratisch und flach geschliffen. Die Ventile EE sind Scheiben, die mittels eines Korkbohrers aus einem dünnen Gummiblatt herausgeschnitten werden. Ihr maximaler Hub beträgt etwa 1,5 mm. Glasknöpfe oder -stäbe FF drücken die Ventilscheiben leicht auf ihre Unterlage. G und H sind gewöhnliche Gummiballone.

Erst wenn der untere Ballon G leicht gepreßt und wieder ausdehnen gelassen worden ist, wird Säure in das Trichterrohr gehoben und setzt die Gasentwicklung ein. Weitere Betätigung des Ballons treibt die Luft aus und bewirkt eine Schwefelwasserstoffentwicklung von ausreichendem Druck für die Verwendung einer Gaseinleitungskapillare von 0,1 mm Mündungsweite. Auf diese Weise kann durch außerordentlich feine Gasblasen eine Lösung mit einer kleinsten Gasmenge gesättigt werden, ohne daß es zu einer plötzlich vermehrten Gasbildung kommt. Dadurch wird auch verhindert, daß Säure bis in die Pumpe aufsteigt. Die Reservoirwirkung des oberen Gummiballs H reicht aus, um einen kontinuierlichen Gasstrom zu erzeugen, wenn G nur zweimal in der Minute gepreßt wird. Die Kapillare darf selbstverständlich erst in die Lösung eingetaucht werden, wenn die Gasentwicklung bereits im Gang ist. Eine Reinigung der Kapillare kann durch Abwischen mit Filtrierpapier erfolgen.

Handbetätigter Druckgenerator für Schwefelwasserstoff.

Dieser Apparat (19) (Abb. 40) ist leichter zu konstruieren, zu reinigen und wieder zusammenzusetzen als die früheren Ausführungsformen nach P. HEATH.

Verdünnte Salzsäure (1 + 1) befindet sich in einer 1-l-Flasche (A). Der Trichter C wird durch den gerillten Kork B gehalten. Das offene Ende des Trichters wird mit einem speziell durchbohrten Gummistopfen L verschlossen, der das Gasreservoir H und die Pumpvorrichtung trägt. Das Gasreservoir wird aus einer 25-ml-Pipette konstruiert und hat ein inneres Ventil F. Es wird an einem Ende mit dem ausgebohrten Stück G eines Gummistopfens verschlossen. Die Kapillardüse J wird am anderen Ende des um 180° gebogenen Pipettenrohres befestigt. Die Pumpvorrichtung besteht aus einem Glasrohr und einem darüber angesetzten starken Gummisaugball K. Sie enthält ein inneres Ventil E, ähnlich dem erwähnten

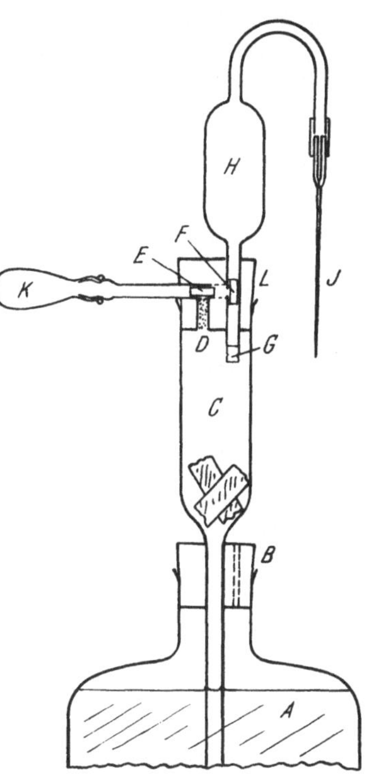

Abb. 40. Handbetätigter Druckgenerator für Schwefelwasserstoff.

Ventil F, zu dem das offene Ende des Glasrohres unmittelbar führt. Das Ventil E ist mit dem Trichter C durch ein Loch D verbunden, das mit Watte verschlossen wird, um Sprühtröpfchen zurückzuhalten.

Die Ventile E und F stellt man her, indem man ein kleines Loch in der Rohrwand mit einem rechteckigen Stück einer feinen Gummimembran bedeckt, das eingerollt und mit einem Glasstab in die richtige Stellung gebracht wird. Diese Gummimembran muß sich völlig um die innere Rohrwand legen, so daß sie durch ihre Elastizität in ihrer Lage festgehalten wird.

Beim Betrieb des Gerätes treibt ein Druck auf K Gas durch F. Hört man mit dem Pressen von K auf, so schließt sich F, während sich E öffnet, so daß Gas aus C in den Ballon K gezogen und Säure in den Trichter C gesaugt wird, wo Schwefelwasserstoff erzeugt wird. Drückt man K 3- bis 4mal in der Minute, so entsteht innerhalb von H ein Überdruck und Schwefelwasserstoff entweicht kontinuierlich aus der Düse J.

Entwicklungsapparat für Wasserstoff.

Zu Reduktionszwecken wird auch in der anorganischen Mikroanalyse manchmal gasförmiger Wasserstoff benötigt. Ein dafür geeigneter Entwicklungsapparat wird von W. Schöniger (32) beschrieben, der an Stelle eines Kippschen Apparates verwendet werden kann. Das Prinzip dieser Vorrichtung wurde schon 1924 von V. Bayerle und M. Tamele (6) veröffentlicht. Auch von J. Heyrovský (22) wird auf diese Weise Wasserstoff für polarographische Messungen dargestellt. Der hier beschriebene Apparat gestattet die Gasentnahme unter verschiedenem Druck; der dabei durch elektrolytische Zersetzung von verdünnter Salzsäure gewonnene Wasserstoff ist ziemlich rein.

Der Entwickler (Abb. 41) ist ein Erlenmeyer-Kolben von 1,5 bis 2 l Inhalt mit eingeschliffener Kappe. An diese ist einerseits ein Gasableitungsrohr an-

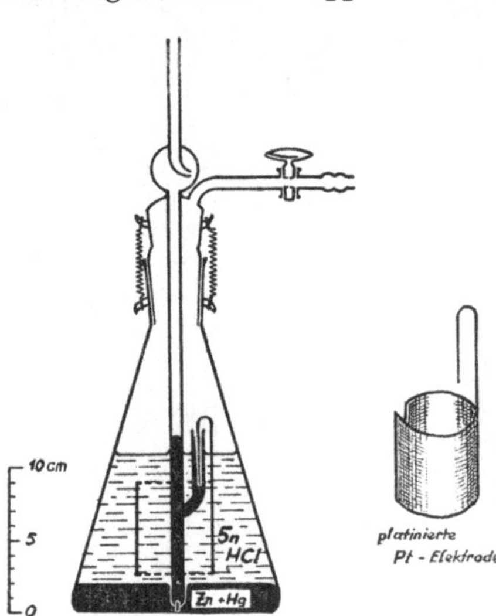

Abb. 41.

geschmolzen, anderseits ein bis zum Boden des Kolbens reichendes vertikales, unten geschlossenes Glasrohr eingefügt, in das unten ein Platindraht zur Herstellung einer leitenden Verbindung eingeschmolzen ist. Ungefähr in der Mitte dieses Kontaktrohres befindet sich ein seitlicher, nach oben abgewinkelter offener Ansatz. Das Rohr ist fast bis zur Höhe des seitlichen Schenkels mit Quecksilber gefüllt. In diesen reicht 30 bis 40 mm tief ein Platindraht, an dem ein platiniertes Platinblech angenietet ist. Dazu können auch alte Netzelektroden (Makroelektroden) verwendet werden, die elektrolytisch platiniert werden. Auf den Boden des Kolbens wird eine 20 mm hohe Schicht von Zinkamalgam eingefüllt. Dann wird der Apparat zur Hälfte mit 5 n Salzsäure gefüllt. Der Schliff muß mit Federn zusammengehalten werden.

Bei verschlossenem Hahn des Ableitungsrohres drückt der Wasserstoff das Quecksilber aus dem offenen Rohr zurück, bis der Kontakt unterbrochen wird, worauf die Wasserstoffentwicklung endet. Entnimmt man hierauf Wasserstoff, so wird der Kontakt wiederhergestellt. Der Wasserstoff muß vor Verwendung getrocknet werden.

Ein Entwicklungskolben von 1,5 l Inhalt, der mit 800 ml 5 n Salzsäure beschickt war, lieferte bei einer Elektrodenoberfläche von 80 cm² und ununterbrochenem Betrieb:

41 cm³ H₂ je Minute nach 2 Stunden Laufzeit,
22 ,, ,, ,, ,, ,, 10 ,, ,, ,
20 ,, ,, ,, ,, ,, 14 ,, ,, .

Bei starkem Nachlassen der Gasentwicklung hebert man die verbrauchte Salzsäure ab und beschickt das Gerät mit frischer 5 n Salzsäure.

Herstellung des Zinkamalgams: Die zur Füllung des Gerätes nötige Quecksilbermenge wird in einer Porzellanschale auf dem siedenden Wasserbad erwärmt. Bei 70° C lösen sich 7% Zink in Quecksilber. Man berechnet die nötige Zinkmenge und trägt diese in Form von Zinkspänen nach und nach in das Quecksilber ein. Es ist vorteilhaft, wenn man die Zinkspäne mit etwas verdünnter Salzsäure anätzt.

Dies kann geschehen, wenn sich das Zink schon auf dem Quecksilber befindet. Ist alles Zink verbraucht, so läßt man etwas abkühlen und gießt das Zinkamalgam noch warm in den vorgewärmten Kolben. Nach dem Abkühlen erstarrt es. Man überschichtet mit etwas Quecksilber und setzt dann den Apparat wie beschrieben zusammen.

6. Mikropipetten.

Die Reagenzien werden aus den Behältern mit Hilfe von Pipetten aus Jenaer Geräteglas entnommen, die man sich unter Umständen leicht durch Ausziehen einer Kapillare selbst anfertigen kann (Kapillarpipette: Abb. 42a). Sehr geeignet sind solche von 0,25 ml und graduierte von 0,5 ml Fassungsraum (Abb. 42b).

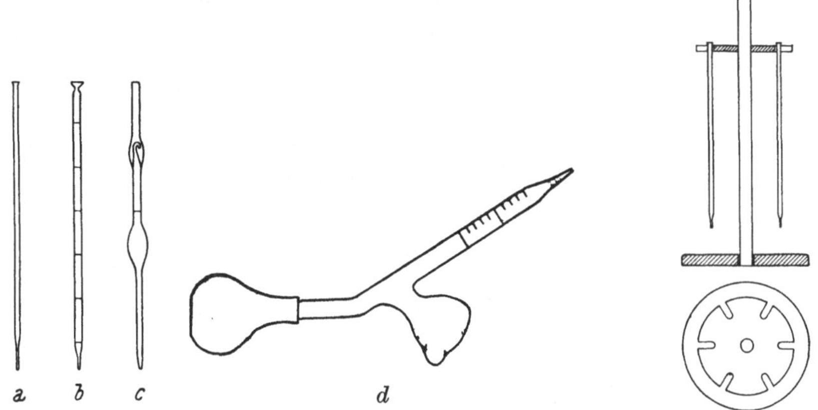

<table>
<tr><td>Abb. 42a—c. Mikropipetten.</td><td>Abb. 42d. Spritzpipette.</td><td>Abb. 43. Mikropipettenhalter.</td></tr>
</table>

Abb. 42c zeigt eine besonders brauchbare Form (24), die die Verunreinigungen der Reagenzien durch Speichel oder den Fingern anhaftendes Fett oder Schmutz verhindert.

In Abb. 43 (20) ist ein gläserner Mikropipettenhalter in Auf- und Grundriß dargestellt.

Spritzpipette.

Den Nachteil der Berührung mit dem Mund vermeidet die sogenannte Spritzpipette (15). Bei dieser wird die Flüssigkeit mittels eines kapillaren Fülltrichters von oben her in die Blase (Abb. 42d) eingefüllt. Sodann wird der Spritzballon angesetzt. Das Meßrohr besitzt zweckmäßigerweise eine Teilung für Milliliter und Zehntelmilliliter. Durch Neigen der Pipette wird die Flüssigkeit aus der Blase bis zur gewünschten Marke des Meßrohres einfließen gelassen. Die Einteilung des Volumens erfordert wenige Sekunden und ist weitaus leichter als das Dosieren mit den gebräuchlichen Pipetten.

Die Spritzpipette kann auch als Meßeinrichtung für Reagenzien benutzt werden. Dazu besitzt sie an der Blase zwei kleine Ausstülpungen als Füße, während der Spritzballon selbst als dritter Fuß dient. So können Reagenzien der verschiedensten Art jederzeit griffbereit gehalten werden.

Sich selbst füllende Mikropipetten.

Eine sich selbst füllende Mikropipette nach H. H. ANDERSON (2) (Abb. 44) von $5,00\,\mu l$ Fassungsvermögen ist 110 mm lang. Die Länge der selbstfüllenden Kapillare beträgt 65 mm. Das Teilstück AB ist 30 mm lang mit einem äußeren

Durchmesser von 1,5 mm, einem inneren Durchmesser von 0,2 mm und einem äußeren Durchmesser von nur 0,5 mm an der Spitze; das Teilstück BC ist 10 mm lang mit einem äußeren Durchmesser von 5,5 mm und 0,6 mm Innendurchmesser; das Teilstück CD ist 25 mm lang, mit einem äußeren Durchmesser von 1,5 mm und einem Innendurchmesser von 0,2 bis 0,3 mm. Das Kappenrohr CEF dient zum Anfassen und Ansaugen. Am besten bewährt sich dieses Gerät für einen Volumsbereich von 1 bis 10 μl. Die Kapazität kann auch auf 0,5 μl verringert werden, wenn noch engere Kapillaren angewendet werden.

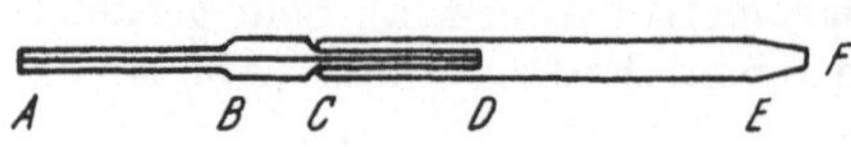

Abb. 44. Mikropipette (Selbstfüller).

Eine andere Mikropipette, die sich selbst adjustiert, wird von B. W. Grunbaum und P. L. Kirk (18) beschrieben (Abb. 45). An ihr oberes Ende kann eine Pipettenspritze mit Schraube oder auch nur ein Gummischläuchchen für die Betätigung mit einem Gummiballon angebracht werden. Die Kapillare ist, wenn erwünscht, in der Mitte markiert, wodurch ihr Fassungsraum in zwei gleiche Hälften geteilt wird. Sollen schwer ausspülbare Flüssigkeiten mit Pipetten ausgemessen werden (z. B. organische oder viskose Lösungen), geht man folgendermaßen vor: Die Waschflüssigkeit wird mit einem dünnen Plastikschläuchchen durch die obere Öffnung in den Pipettenbauch („Reservoir") gebracht. Die abzumessende Probelösung wird in die horizontal gehaltene Mikropipette durch Kapillarwirkung oder durch Ansaugen mit einer Pipettenspritze eingesaugt.

Während der Füllung wird das gebogene Kapillarenende innerhalb des Reservoirs nach aufwärts gerichtet. Man läßt die Kapillare entweder vollaufen oder füllt sie nur bis zu einer Marke. Die Probelösung wird sodann wieder hinausgedrückt. Hierauf wird das gebogene Kapillarenende innerhalb des Reservoirs durch Drehen in die Waschflüssigkeit eingetaucht. Die Kapillare füllt sich mit der Waschflüssigkeit und durch Drehen wird wieder der vorherige Zustand hergestellt, so daß nur eine bestimmte Menge Waschflüssigkeit hinausgedrückt werden kann.

Wenn die Pipette mit Desicote (17) überzogen worden ist und die Flüssigkeiten sich mit diesem Material vertragen, ist die Pipette nach dem Ausspülen trocken und sofort für die nächste Messung verwendbar. Bei Benützung für organische oder viskose Flüssigkeiten kann die Pipette auch durch Zentrifugieren völlig entleert werden. Will man hingegen *aus* der Pipette bestimmte Mengen Probelösung nacheinander ausmessen, wird diese von oben her in das Reservoir eingeführt. Behandlung mit Desicote gestattet völlige Entfernung wäßriger Lösungen. Hierauf wird

Abb. 45. Mikropipette (Selbstfüller).

durch Drehen das Kapillarenende innerhalb des Reservoirs unter den Flüssigkeitsspiegel gebracht und die Kapillare, gegebenenfalls unter Anwendung von etwas Druck, gefüllt. Der Meniskus stellt sich selbst ein. Durch neuerliches Drehen wird das Kapillarenende abermals aus der Flüssigkeit gehoben und hierauf die Pipette durch Lufteinpressen entleert. Unter Umständen kann durch Zentrifugieren nachgeholfen werden. Der Vorgang wird hierauf wiederholt.

H. A. Sissingh gibt eine Überlauf-Mikropipette zum schnellen Abmessen bestimmter kleiner Flüssigkeitsmengen an (35). Diese besteht aus einem beidseitig zu halbkapillaren Enden ausgezogenen Glasrohr a (Abb. 46), das mittels eines Gummistopfens d in einem größeren Glasrohr b befestigt ist. Ein Gummistopfen e schließt das Rohr ab. An der Seite des Rohres sind pilzförmige Vorsprünge f (hohl, mit einer Öffnung) und g (massiv) angebracht. Ein Gummirohr c wird aus einem Schlauch entsprechenden Durchmessers hergestellt, beiderseits mit Gummistopfen h verschlossen und durch zwei kleine Bohrungen an den Vorsprüngen f und g festgehalten. Durch Betätigen des Gummirohres wird die Flüssigkeit eingesaugt. Der Überschuß sammelt sich im Rohr b und kann durch gelegentliches Öffnen des Stopfens e entfernt werden. Die Entleerung der Pipette, die 0,5 bis 5 ml faßt, erfolgt durch Zudrücken des Gummirohres.

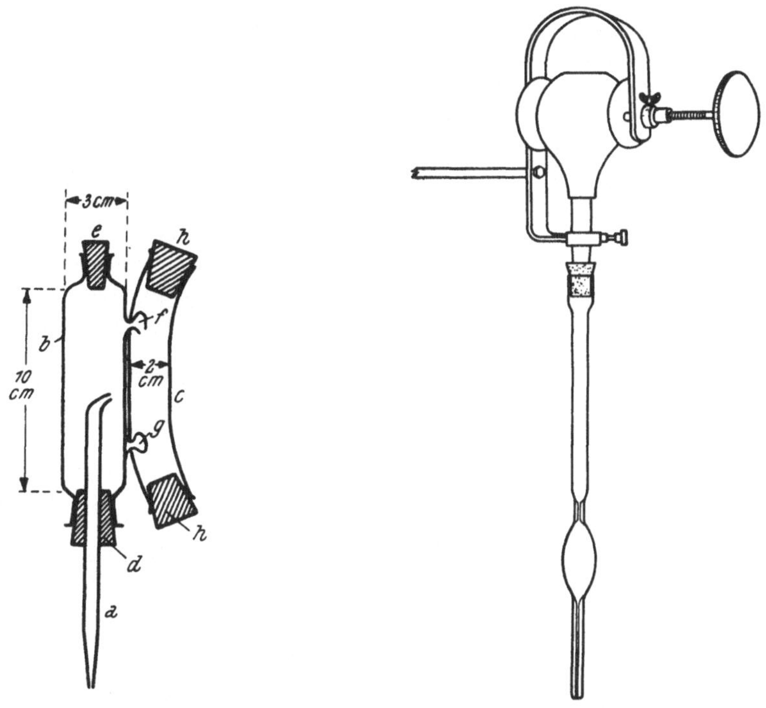

Abb. 46. Überlauf-Mikropipette.   Abb. 47.

Präzisionsauswaschpipetten.

Die Präzisionsauswaschpipette von G. GORBACH und P. HAACK (Abb. 47) (16) hat einen trichterförmig erweiterten Ansaugschaft, durch den sie ausgewaschen wird. Vor ihrem Bauch ist sie kapillar verengt und mit einer Millimeterteilung auf weißem Untergrund versehen. Infolgedessen ist es nicht nötig, die Flüssigkeit auf die Marke einzustellen, da die Ablesung auch an einer anderen Stelle innerhalb der Kapillare erfolgen kann. Der Eichschein gibt das genaue Volumen auf 0,001 bis 0,002% an. Mit Hilfe einer einfachen Ansaugpumpe (s. die Abb. 47) wird die Flüssigkeit durch die kapillare Spitze angesaugt. Flüssigkeit von annähernd dem spezifischen Gewicht des Wassers wird in der Pipette so festgehalten, daß an der Spitze außen haftende Lösung mit Filtrierpapier entfernt werden kann. Das Hochsaugen der Flüssigkeit wird mit der an dem Gummiballon angebrachten Mikrometerschraube reguliert. In den Ballon ist ein Glasröhrchen eingesetzt, an dessen Ende sich ein Gummistopfen befindet, der in den Hals der Auswaschpipette paßt und unabhängig vom Pipetteninhalt stets gleich dimensioniert ist. Die Flüssigkeit stellt sich nach dem Aufsaugen automatisch auf eine Marke der kapillaren Verengung ein, wobei jeder Millimeter Höhe Bruchteilen eines Mikroliters entspricht. Die Flüssigkeit wird von der kapillaren Pipettenspitze so festgehalten, daß diese zur Erhöhung der Genauigkeit mit Filtrierpapier abgewischt werden kann. Die Spitze wird von außen gereinigt, das Volumen im Bereich der Marke abgelesen und die Lösung dann in das Analysengefäß ausgedrückt. Hierauf entfernt man die Pumpe und wäscht die Pipette, die auf Einguß geeicht ist, mit der jeweils benötigten Lösung von der trichterförmigen Erweiterung her nach der Spitze hin aus. Diese Präzisionsauswaschpipette wird für Volumina von 0,1, 0,2, 0,5, 1,0 und 2,0 ml hergestellt.

Die zu lösende Substanz wird in einem Wägegläschen oder einem Wägeröhrchen nach LIEB und KRAINICK (25) eingewogen. Hierauf wird sie in einen Mikrobecher oder ein Schliffspitzröhrchen übergeführt, die mit Marken je nach dem zu verwendenden Volumen versehen sind. Dieses Volumen muß kleiner als das beabsichtigte Endvolumen sein. Die Substanz wird dann durch Zugabe des Lösungsmittels bis zur Marke gelöst, gegebenenfalls nach Verschluß mit einem passenden Schliffstopfen unter Schütteln oder nach Aufsatz eines passenden Rückflußkühlers (Abb. 48) unter Erwärmen. Beim Aufsaugen in die Auswaschpipette muß natürlich das Lösungsgefäß nachgewaschen werden. Dazu eignet sich die Spritzpipette (S. 211, Abb. 42d). Durch Neigen kann diese mit bekannten Mengen von Lösungsmittel gefüllt und die Wandung des Gefäßes mit vordosierten Flüssigkeitsmengen nachgewaschen werden (drei Waschungen genügen meist). Schließlich wird mit soviel Lösungsmittel nachgewaschen, bis die Marke der Auswaschpipette erreicht ist (mit Hilfe der Mikrometerschraube am Gummiballon). Dann wird die Lösung, wieder mittels der Mikrometerschraube, in einen Mikrobecher ausgedrückt und durch Schütteln homogenisiert. Die Pipette ist für 20° geeicht, so daß diese Temperatur nach Möglichkeit eingehalten werden muß. Die beschriebene Auswaschpipette wird auch für Volumina von nur 0,5, 0,2 und 0,1 ml hergestellt.

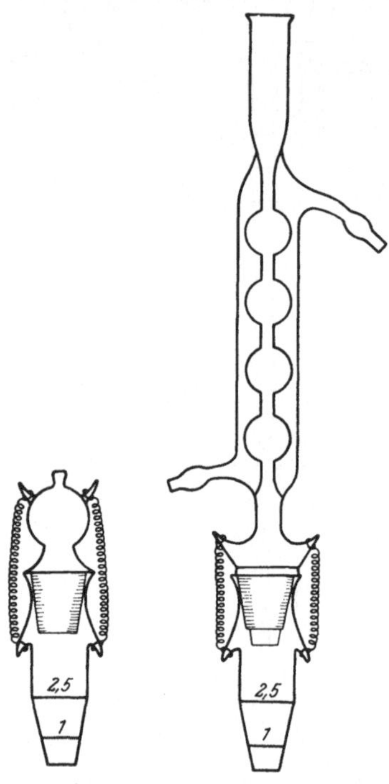
Abb. 48. Auflösen einer Substanz unter Rückflußkühlung.

Auswaschpipette für Mikrolitermengen.

Aus früheren Ausführungen von Pipetten zum genauen Abmessen kleinster Flüssigkeitsmengen (23, 34) wurde von W. SCHÖNIGER (33) eine Auswaschpipette für Mikrolitermengen entwickelt, welche das Ausspülen organischer Lösungsmittel erleichtert, zumal stets die gleiche Menge Spülflüssigkeit verwendet wird. Sie ist aus einer Kapillarpipette der üblichen Konstruktion abgeleitet, indem etwa 20 mm hinter der Eichmarke in der Verlängerung der Achse ein besonderer Ansatz angebracht wird (Abb. 49a). Er besteht aus einem Glasrohr von gleichem äußerem Durchmesser, wie ihn das Kapillarrohr aufweist; dieses Rohr ist am Ende konisch verjüngt und dient zum Einsetzen der Pipette in eine Ansaugvorrichtung (Injektionsspritze). 10 bis 15 mm hinter der Verbindungsstelle dieses Glasrohres mit der Kapillare befindet sich ein *seitlicher* Ansatz mit einem Fassungsraum bis zu 200 λ Flüssigkeit. Die Kapillare selbst geht in ein recht-

winkelig abgebogenes Glasröhrchen von gleichem innerem Durchmesser über.
Dieses Glasröhrchen reicht bis zum Boden des seitlichen Ansatzgefäßchens.

Abb. 49b zeigt eine zweite Ausführungsform dieser Auswaschpipette. Ein
innerer Schliff ermöglicht das Einsetzen eines kleinen Kölbchens in den erwähnten
seitlichen Ansatz. Auf diese Weise wird eine Verunreinigung der Waschflüssigkeit
mit dem Schliffdichtungsmittel hintangehalten.

Bei Verwendung der Pipette nach Abb. 49a wird mit einer zweiten Pipette
vom oberen Ende her die gewünschte Menge Waschflüssigkeit eingebracht.
Der seitliche Ansatz muß dabei nach oben zeigen, um von Flüssigkeit frei zu

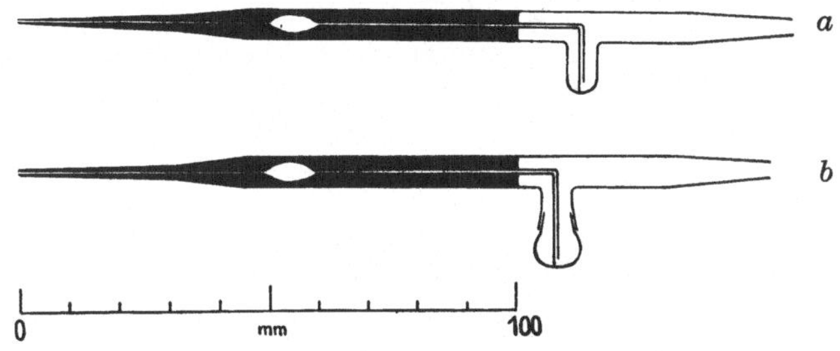

Abb. 49. Auswaschpipette für Mikrolitermengen.

bleiben, die sich an der Ansatzstelle der Kapillare sammeln könnte. Die Pipette
wird hierauf in die Ansaugvorrichtung eingesetzt und die gewünschte Lösungs-
menge angesaugt. Das Volumen wird in der üblichen Weise genau eingestellt
und die Pipette langsam in das darunter gestellte Auffanggefäß entleert, wobei
der seitliche Ansatz nach oben zeigen muß. Sodann wird die Pipette in die in
der Abbildung gezeigte Stellung gedreht, so daß die Waschflüssigkeit in den
Ansatz fließt. Mit Hilfe der Spritze wird nun die Waschflüssigkeit durch die
Pipette gedrückt. Bei Verwendung der in Abb. 49b dargestellten Vorrichtung
wird nach dem Entleeren der Pipette die gewünschte Menge Waschflüssigkeit
in das seitlich angebrachte Kölbchen eingefüllt. Zweckmäßig kann man das
leere Ansatzkölbchen gegen das mit der Spülflüssigkeit gefüllte Kölbchen aus-
tauschen.

7. Pinzetten und Tiegelzangen.

Zum Anfassen der Mikrogeräte in gewogenem Zustand ist eine Pinzette aus
rostfreiem Stahl mit angenieteten Platinspitzen (Abb. 50) (29) (im folgenden
stets als „Platinspitzenpinzette" bezeich-
net) unentbehrlich. Auch eine Tiegelzange
aus rostfreiem Stahl mit Platinschuhen
ist für manche Zwecke gut brauchbar.
Ferner muß eine gewöhnliche Tiegelzange,

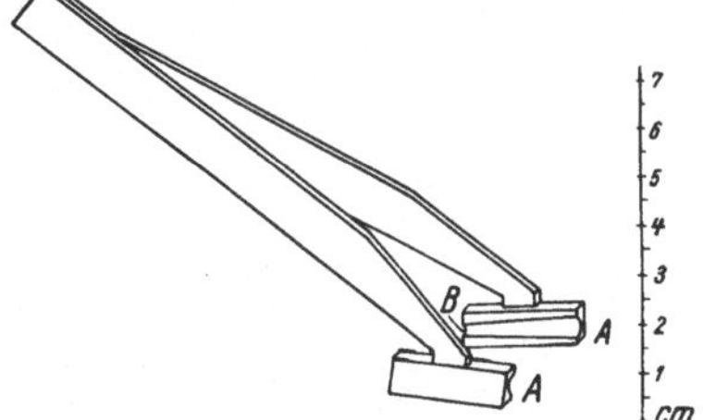

Abb. 50. Platinspitzenpinzette.

Abb. 51. Pinzette für Filterstäbchen.

ebenfalls aus rostfreiem Stahl, vorhanden sein, mit deren Hilfe Mikrogefäße in
Chromschwefelsäure eingelegt bzw. aus dieser herausgenommen werden können.
Zum Anfassen der unten (Abschn. VI, 1) besprochenen Filterstäbchen eignen

sich besonders Pinzetten von der in Abb. 51 dargestellten Form (1) mit halb-zylindrisch ausgehöhlten Schuhen.

Zum Anfassen und Transport kleiner Platinschiffchen und anderer Geräte, oder für die Handhabung von Filterstäbchen zwecks Vermeidung einer Be-rührung mit den Fingern, bewährt sich auch die Pinzette nach Abb. 52 (26). Das Filterstäbchen wird zwischen den beiden Rillen R eingeklemmt, mit F fixiert und so transportiert (siehe Abb. 53).

Literatur.

(1) Alber, H. K., Mikrochem. **18**, 93 (1935).

(2) Anderson, H. H., Analyt. Chemistry **20**, 1241 (1948); vgl. a. **24**, 579 (1952).

(3) Baker, L. C. W., u. J. E. Stouffer, J. Chem. Education **31**, 593 (1954).

(4) Ballczo, H., Mikrochem. **26**, 248 (1939).

(5) Ballczo, H., u. H. Schiffner, Mikrochim. Acta [Wien] **1956**, 1829.

(6) Bayerle, V., u. M. Tamele, Chem. Listy pro Vědu a Průmysl **18**, 389 (1924).

(7) British Standards, B. S. 1428 Part E 2, 1954.

(8) Cimerman, Ch., u. M. Ariel, Analyt. Chim. Acta **14**, 49 (1956).

(9) Dworzak, R., u. H. Ballczo, Mikrochem. **26**, 333 (1939).

(10) Dworzak, R., u. W. Reich-Rohrwig, Z. analyt. Chem. **86**, 108 (1931).

(11) Emich, F., Lehrbuch der Mikrochemie. 2. Aufl. München: J. F. Bergmann. 1926; Mikrochemisches Prak-tikum. 2. Aufl. München: J. F. Bergmann. 1931.

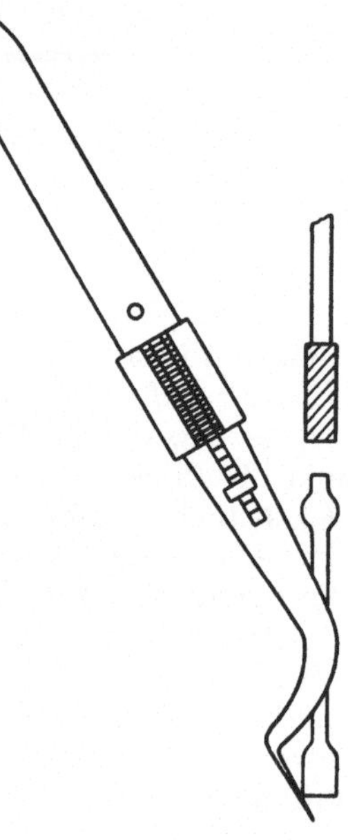

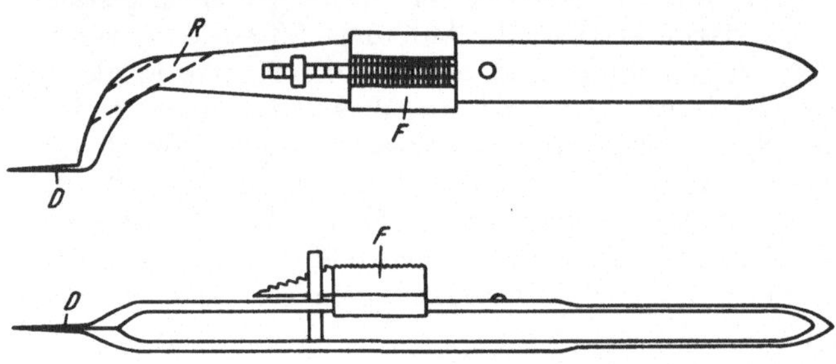

Abb. 52. Mikropinzette.

Abb. 53. Mikropinzette (für Trans-port von Filterstäbchen).

(12) Emich, F., u. E. Schwarz-Bergkampf, Z. analyt. Chem. **69**, 336 (1926).

(13) Gartner, E., Mh. Chem. **41**, 480 (1920).

(14) Gorbach, G., Mikrochem. **31**, 112 (1944).

(15) Gorbach, G., Mikrochem. **34**, 183 (1948).

(16) Gorbach, G., u. P. Haack, Mikrochim. Acta [Wien] **1956**, 1751. — Pregl-Roth, Mikroanalyse. S. 115.

(17) Grunbaum, B. W., u. P. L. Kirk, Mikrochem. **39**, 268 (1952).

(18) Grunbaum, B. W., u. P. L. Kirk, Analyt. Chemistry **27**, 333 (1955).

(19) Heath, P., Analyst **79**, 787 (1954).

(20) Hecht, F., u. W. Reich-Rohrwig, Mikrochem. **12**, 288 (1933).

(21) Hecht, F., u. W. Reich-Rohrwig, Mikrochem. **25**, 242 (1938).

(22) Heyrovský, J., Polarographie. Wien: Springer-Verlag. 1941.

(23) Kirk, P. L., u. R. Craig, J. Lab. Clin. Med. 18, 81 (1932).

(24) Krumholz, P., Mikrochem. **25**, 242 (1938).

(25) Lieb, H., u. H. G. Krainick, Mikrochem. **9**, 367 (1931).

(26) Malissa, H., Mikrochem. **34**, 395 (1948).

(27) Pollak, J., Mikrochem. **2**, 189 (1924).

(28) Pollak, J., Mikrochem. **2**, 191 (1924).

(29) Pregl-Roth, Mikroanalyse. S. 16.

(30) Pregl-Roth, Mikroanalyse. S. 194.
(31) Reich-Rohrwig, W., Mikrochem. 12, 189 (1933).
(32) Schöniger, W., Mikrochem. 34, 295 (1949).
(33) Schöniger, W., Mikrochem. 40, 27 (1953).
(34) Sisco, R. C., B. Cunningham, u. P. L. Kirk, J. Biol. Chem. 139, 1 (1941).
(35) Sissingh, H. A., Chem. Weekblad 49, 722 (1953); durch Z. analyt. Chem. 142, 297 (1954).
(36) Stock, J. T., u. M. A. Fill, Metallurgia 38, 118 (1948); Analyst 74, 52 (1949); Mikrochim. Acta [Wien] 1953, 96.
(37) Stock, J. T., u. P. Heath, Analyst 76, 496 (1951).
(38) Stock, J. T., u. P. Heath, Metallurgia 47, 51 (1953); durch Z. analyt. Chem. 139, 288 (1953).
(39) Weisz, H., Mikrochim. Acta [Wien] 1953, 14.

Anm.: Pregl-Roth, Mikroanalyse = Abkürzung für Pregl-Roth, Quantitative organische Mikroanalyse. 7. Aufl. Wien: Springer-Verlag. 1958.

VI. Filtration, Filtergeräte, Auswaschen.

Die Filtration kann in der Mikroanalyse nach sechs verschiedenen Verfahren (einschließlich der Methode von J. Donau) ausgeführt werden, denen auch sechs Typen von Filtergeräten entsprechen. Dementsprechend sollen die einzelnen Methoden getrennt besprochen werden.

1. Verfahren nach F. EMICH und seiner Schule.

a) Anwendung des Filterstäbchens (Methode der umgekehrten Filtration).

α) Filterstäbchen.

Das Prinzip des Saug- oder Filterstäbchens ist die Filtration mit Hilfe einer von oben her in die Flüssigkeit eingetauchten kapillaren Röhre, deren unteres Ende durch eine Filterschicht gebildet wird („Tauchfilter"). Während diese letztere den Niederschlag im Fällungsgefäß zurückhält, wird die überstehende Lösung durch das Kapillarrohr in ein Auffanggefäß abgesaugt. Der größte Vorteil dieser Methode ist der, daß es sich völlig erübrigt, den Niederschlag aus dem Fällungsgefäß zu entfernen und quantitativ auf irgendein Filter zu bringen, da es keine Rolle spielt, wenn nicht der gesamte Niederschlag auf die Filterschicht gelangt, sondern ein Teil davon an den Wänden des Fällungsgefäßes haften bleibt. Das Filterstäbchen wird vor und nach der Bestimmung *stets zusammen mit dem Fällungsgefäß* gewogen. Man hat, ebenso wie bei den Rückstandsbestimmungen, auch für den Grundgedanken dieser Arbeitsweise die Bezeichnung „Methode der drei Wägungen" gebraucht. Unter diesen drei Wägungen werden verstanden: 1. die Leerwägung; 2. die Substanzeinwaage; 3. die Wägung der Bestimmungsform, die ohne Entfernen des Niederschlages aus dem ursprünglichen Fällungsgefäß unmittelbar in diesem ausgeführt wird. Die erwähnte Bezeichnung ist insofern nicht völlig wörtlich zu nehmen, als infolge der — bei exakter Arbeit unerläßlichen — Konstanzwägungen des Fällungsgefäßes ohne den bzw. mit dem Niederschlag tatsächlich mehr als drei Wägungen erforderlich sind. In diesem Sinne verstanden gehören auch die Verfahren der Rückstandsbestimmung zu den „Methoden der drei Wägungen". Anderseits erfolgt bei der Analyse von Gemischen nur eine einzige Einwaage, während die Bestimmung der einzelnen Komponenten in Fällungsgefäßen vorgenommen wird, die nur vor und nach der Bestimmung zu wägen sind (also je zweimal, vermehrt um die Zahl der Konstanzwägungen).

Das Filterstäbchen besteht in seiner ursprünglichen Ausführungsform (4, 20) aus einer Kapillare aus schwer schmelzbarem Jenaer Glas von 5 bis 9 cm Länge und 2 mm Außendurchmesser (Abb. 54a). Das untere Ende ist ausgebaucht. Diese Ausbauchung bildet den sogenannten „Kopf" des Stäbchens, der etwa 8 mm lang ist und einen größten Durchmesser von rund 6 mm besitzt. Die dem „Kopf" benachbarte Stelle der Kapillare wird durch Zusammenfallenlassen in der Flamme verengt. In die Verengungsstelle wird mittels eines Glasstabes ein Kügelchen zusammengeknüllter Platinfolie eingedrückt. Nun wird „chemisch reiner" Asbest, der sehr lange weiche Fasern besitzen muß und nicht spröde sein darf, ungeglüht in den Stäbchenkopf eingefüllt. Zuunterst kommt eine Schicht groben Asbests, auf die sodann fein zerzupfte Asbestfasern aufgebracht werden.

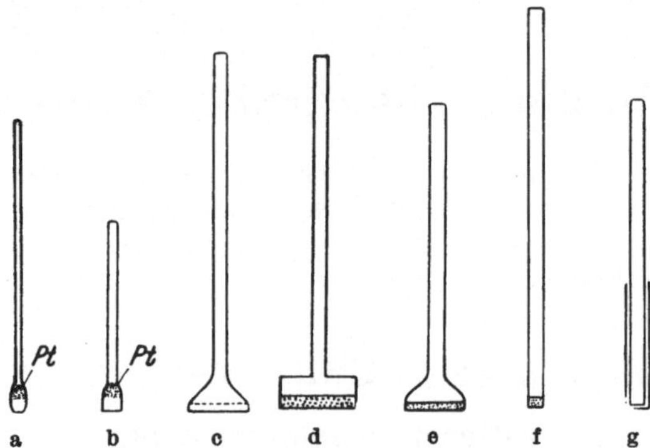

Abb. 54. Typen von Filterstäbchen.

Nun wird das Stäbchen mit einer Saugvorrichtung (s. weiter unten) verbunden, worauf mehrmals bei stark aufgedrehter Pumpe dest. Wasser hindurchgesaugt wird. Sodann drückt man die Asbestschicht mit einem Glasstab leicht fest, saugt noch feinen, in wenig Wasser aufgeschlämmten Asbest auf die Schicht und wäscht neuerlich fünf- bis sechsmal mit Wasser. Die gesamte Dicke der Asbestschicht beträgt 2 bis 4 mm und wird der zu fällenden Niederschlagsmenge angepaßt. Vor der ersten Filtration eines Niederschlages wird das Stäbchen in einem Mikrobecher 5 Minuten lang im siedenden Wasserbad mit heißer Chromschwefelsäure erhitzt und hierauf mehrmals gründlich mit heißem Wasser durchgespült. Sodann folgt eine gleichartige Reinigung mit heißer Salpetersäure und heißem Wasser.

Es ist leicht möglich, derartige Filterstäbchen aus Glas durch Ausziehen aus einem dickeren Glasrohr selbst herzustellen (4, 11, 20). In den Anfängen der quantitativen Mikroanalyse wurden ausschließlich derartige asbestgefüllte, aus dem Glas von Jenaer Verbrennungsröhren angefertigte Stäbchen, aber auch solche aus Quarzglas (4, 12, 20) (Abb. 54b) verwendet. Sie erleiden auch beim Erhitzen auf Dunkelrotglut keine Deformation. Auf die Dauer konnten diese Stäbchen jedoch nicht befriedigen. Abgesehen von der nicht immer ganz leicht erzielbaren Gewichtskonstanz, die auch von der Art des verwendeten Asbests abhängt, besteht doch gelegentlich eine, wenn auch nicht sehr große, Gefahr von Asbestverlusten und die Anpassung der Dicke der Asbestschicht an den jeweils zu fällenden Niederschlag verlangt immerhin eine nicht unbeträchtliche Erfahrung. Ferner verstopft sich die Asbestschicht manchmal (5). Aus all diesen Gründen erfand F. Emich sehr bald Filterstäbchen aus Platin und, als die Filterplatten aus gesintertem

Glas, Quarz und Porzellan bekannt wurden, auch Stäbchen aus diesen Materialien mit eingeschmolzener Filterplatte. Sie haben gegenwärtig die mit Asbest versehenen Filterstäbchen weitgehend verdrängt, so wie in der Makroanalyse der asbestgefüllte Gooch-Tiegel durch den Glas- oder Porzellansintertiegel ersetzt worden ist.

Die Platinfilterstäbchen (Abb. 54 c) bestehen aus Platin-Iridium-Legierung und haben eine Länge von insgesamt 5,5 cm. Der Außendurchmesser des Stieles ist 2 mm, der Durchmesser der Filterplatte, die aus einer festgepreßten Schicht von feinverteiltem Platin-Iridium (nach Neubauer) besteht, beträgt 10 mm. Der hohle, kegelförmige Kopf des Stäbchens geht unterhalb der Filterplatte in einen ringförmigen, 1 mm hohen Rand über. Die Stäbchen sind etwa 3,5 g schwer und können ohne Schaden jahrelang benützt werden. Lediglich nach Ausführung vieler Aufschlüsse mit Pyrosulfat oder Soda kommt es vor, daß sich in der Filterfläche mit der Zeit Risse zeigen oder daß sie sich von dem erhöhten Rand abtrennt, so daß Undichtigkeiten entstehen. Das Stäbchen muß stets in der Schmelze langsam erkalten gelassen werden, damit die Zusammenziehung nicht zu rasch erfolgt. Schnelles Abkühlen ist unter allen Umständen zu unterlassen. Es werden auch kleinere Platinfilterstäbchen von 3,5 cm Länge und nur 1,5 g Gewicht erzeugt. Zum Filtrieren mittels der Platinstäbchen genügt schon ein ganz geringer mit der Pumpe erzeugter Unterdruck, worauf besonders bei der Filtration feiner Niederschläge (z. B. Bariumsulfat) zu achten ist.

Ähnlich gebaute Porzellanfilterstäbchen (Abb. 54 d) mit Filterplatte aus poröser Tonmasse werden von der Berliner Porzellanmanufaktur hergestellt[1]. Sie filtrieren sehr rasch, sind für jede Art von Niederschlag undurchlässig und sehr widerstandsfähig gegen verdünnte Säuren und auch gegen ziemlich konzentrierte Salz- und Salpetersäure. Verdünnter Ammoniak führt gleichfalls zu keinen wesentlichen Gewichtsverlusten. Hingegen werden die Stäbchen durch heiße konz. Schwefelsäure stark angegriffen. Auch kalte Chromschwefelsäure bedingt Gewichtsabnahmen. Das Gewicht der Stäbchen beträgt durchschnittlich 1,5 g. Bei Trockenschranktemperatur weisen sie sehr gute Gewichtskonstanz auf, für Glühhitze werden jedoch weit besser Platinstäbchen verwendet.

Von dem Glaswerk Schott & Gen. werden Quarzfilterstäbchen mit einer Filterplatte aus gesintertem Quarz hergestellt (Abb. 54 e). Ihre Filtrationsgeschwindigkeit ist geringer als die der Porzellanstäbchen, auch eignen sie sich nicht sehr für die Filtration schleimiger Niederschläge (43). Der Durchmesser der Filterplatte beträgt 9 mm, die Länge des Stäbchens 56 mm, das Gewicht 1 bis 2 g. Wegen der Gewichtsabnahme bei hohen Glühtemperaturen und der auch sonst weniger guten Gewichtskonstanz sind diese Stäbchen nicht so sehr für Bestimmungen von Niederschlägen als vielmehr zur Filtration solcher Fällungen verwendbar, die wieder aufgelöst werden.

Dieselbe Firma erzeugt auch ebenso gebaute Glasfilterstäbchen (Abb. 54 e) mit zwei verschiedenen Porengrößen der Filterplatte[2, 3]. Die Gestalt und Größe ist die gleiche wie die der Quarzfilterstäbchen. Das Gewicht beträgt 2 bis 3 g. Selbstverständlich dürfen die Glasfilterstäbchen nicht geglüht werden, da sonst die Filterplatte verdorben wird. Die Gewichtskonstanz der Stäbchen nach der Trocknung bei Trockenschranktemperatur ist gut. Warme oder konzentrierte,

---

[1] Bezüglich der Überprüfung ihrer Brauchbarkeit vgl. E. Schwarz-Bergkampf (43).

[2] Katalognummer 91 G 3 (für gröbere Niederschläge) und 91 G 4 (für feinere Niederschläge) (91 = Form; G = Geräteglas; 3 bzw. 4 = Korngröße der Filterschicht [Kennziffer]).

[3] Gegenwärtig erzeugen auch andere Firmen solche Filterstäbchen (z. B. die Corning Glass Works, U. S. A.).

alkalisch reagierende Lösungen dürfen selbstverständlich nicht durch die Glasstäbchen gesaugt werden.

Ein anderes Filterstäbchen[1] (Abb. 54f) eignet sich wegen der nur 3 mm im Durchmesser betragenden Filterplatte besonders für ganz kleine Mikrobecher. Es wird mit sehr langem Kapillarrohr geliefert, das man in der gewünschten Länge abschneiden kann. Dementsprechend fällt auch das Gewicht des Stäbchens unter Umständen sehr gering aus. Die Porengröße der Sinterschicht „3" paßt für mittelfeine Niederschläge. Da beim Einschmelzen der kleinen Filterplatte leicht ein Anschmelzen des Randes erfolgen kann, filtrieren manche dieser Filterstäbchen nur recht langsam. Man wird daher solche mit größerer Filtrationsgeschwindigkeit auswählen.

Im allgemeinen läßt sich sagen, daß man, von Ausnahmefällen abgesehen (vgl. das Folgende!), mit Platin- und Porzellanfilterstäbchen recht wohl das Auslangen findet, doch sind auch Glasfilterstäbchen in manchen Fällen empfehlenswert.

Im folgenden seien zwei Filterstäbchen aus Jenaer Geräteglas beschrieben, bei denen die Filtration mit Hilfe von aschearmen Papierfiltern erfolgt. Das eine (45) wird wie das asbestgefüllte Stäbchen (S. 218, Abb. 54a) durch Ausziehen aus einem dickeren Glasrohr hergestellt. Die nicht verengte Öffnung hat einen Durchmesser von nur 2 mm. Auf diese folgt die durch Zusammenfallen des Glases in der Flamme hergestellte Verengung. Aus einem weichen, aschefreien Filtrierpapierstreifen von 3 mm Breite und 10 bis 20 mm Länge stellt man mit frisch gewaschenen Fingern ein Röllchen her, das man in den „Kopf" des Filterstäbchens einsetzt und dann anfeuchtet. Das Röllchen muß ganz dicht zusammengerollt sein und sich gerade noch in die Öffnung des Filterstäbchens einsetzen lassen. Die Herstellung des Filters erfordert einige Erfahrung, wenn einerseits das Filtrieren nicht zu langsam erfolgen, anderseits der Niederschlag nicht durchlaufen soll. Nach dem Filtrieren des Niederschlages und Abspülen des Stäbchens wird das Röllchen mit Hilfe eines kleinen Stückchens Filtrierpapier aus dem Stäbchen herausgenommen, der Rand des Stäbchens abgewischt, das gesamte Filtrierpapier in den vorher gewogenen Tiegel gebracht und in diesem nach dem Trocknen verascht. Die Verwendung dieser Art Filterstäbchen ist auf diejenigen Fälle beschränkt, in denen ein Niederschlag bei der Bestimmung geglüht werden muß.

Eine zweite Ausführungsart des Glasfilterstäbchens mit Papierfilter ist die folgende (34): Abb. 54g zeigt ein Stäbchen von 2 mm Innendurchmesser aus Jenaer Geräteglas, über dessen leerbleibenden „Kopf" eine zylindrische Hülse aus aschearmem Filtrierpapier[2] gestülpt wird. Diese ist nach dem Filtrieren und Auswaschen des Niederschlages vom Stäbchen mit Hilfe der Platinspitzenpinzette und eines kleinen Stückchens aschenfreien Filtrierpapiers abzustreifen und zu veraschen. Das Stäbchen darf während des Filtrierens nur so tief in die Flüssigkeit eingetaucht werden, daß diese nicht den oberen Rand der Hülse erreicht. Dieser muß sich vielmehr mindestens 0,5 cm oberhalb des Flüssigkeitsniveaus befinden. Man kann sich sehr leicht und schnell selbst einen Ersatz für derartige Hülsen herstellen, indem man aus einem Blaubandfilter (9 cm Durchmesser) ein kreisrundes Filter von 4,5 cm Durchmesser ausschneidet, dieses mit frisch gewaschenen Fingern nach Art eines Faltenfilters zusammen- und um das eine Ende der Glaskapillare herumlegt, fest anpreßt und schließlich noch mit einem schnurartig zusammengedrehten Streifen Filtrierpapier (Blauband)[3] am oberen

---

[1] Wird ebenfalls von Schott & Gen. erzeugt.

[2] In der Gestalt ähnlich den bekannten Extraktionshülsen für Soxhlet-Apparate, jedoch weitaus kleiner.

[3] Dieser im ausgebreiteten Zustand 1 cm breite und 7 cm lange Streifen wird aus

Rand zusammenbindet. Die freistehenden Enden dieser „Papierschnur" und der obere Rand des Faltenfilters werden abgeschnitten. Der durchschnittliche Aschengehalt solcher Filter beträgt etwa 25 μg und ist innerhalb der Wägegenauigkeit völlig konstant. Er ist selbstverständlich von dem Gewicht des geglühten Niederschlages abzuziehen. Die Verwendung des beschriebenen Filters empfiehlt sich dann, wenn ein Niederschlag geglüht werden muß, dessen chemische Entfernung von der Filterplatte eines Platinstäbchens dieses schädigen würde. Eine gewaltsame mechanische Entfernung von in feiner Schicht auf die Platinfilterplatte aufgebrannten Niederschlägen ist unter allen Umständen zu unterlassen. Abspritzen mit einem scharfen Wasserstrahl führt auch nicht immer mit Sicherheit zum Ziel.

Eine solche Mikrofilterhülse [„Fingerhut" (6)] wird als nahtloser Zylinder aus Whatman-Filterpapier hergestellt. Sie ist an einem Ende geschlossen (Abb. 55). Die Länge beträgt 10 mm, der Durchmesser 5 mm, das Gewicht ungefähr 0,02 g. Die Hülse kann auch in einen zylindrischen Trichter eingelegt werden (Abb. 56).

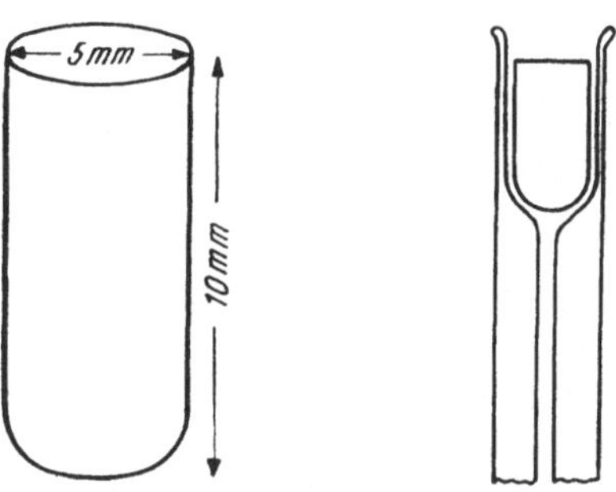

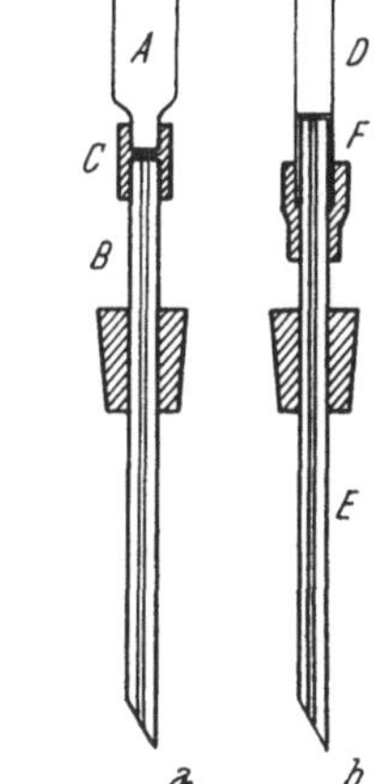

Abb. 55 und 56. Filterhülsen.

Abb. 57. a = Schwinger-Filter, b = King-Filter.

Verwendet man sie für die umgekehrte Filtration, so wird sie von außen über das glatt geschmolzene Ende des Filterstäbchens gezogen (mit drehender Bewegung). Der nach auswärts gebogene Boden der Filterhülse verleiht ihr größere Stärke. Das leichte Anschwellen in Wasser bietet die Gewähr, daß keine festen Niederschlagsteilchen zwischen Glas und Papier hindurchlaufen.

Zu erwähnen ist noch das Mikrofilter nach E. J. King (28, 35, 37) (Abb. 57 b), bei dem ein glatt passendes Glasrohr, gegebenenfalls Kunststoffröhrchen, D auf die Kapillare E aufgesetzt wird, wobei das Kreisfilter F auf das kapillare Ende aufgelegt wird. Das Filtergerät kann sowohl als Filterröhrchen wie auch für die Methode der umgekehrten Filtration verwendet werden. Nach beendeter Filtration läßt man das Papier im Tiegel und wischt das Glas mit einem kleinen Stück aschefreiem Filtrierpapieres aus, das dann ebenfalls in den Tiegel gelegt wird. Zum Schluß verascht man Niederschlag und Filter im Tiegel.

Auch für *präparative* Zwecke kann die Filterstäbchen- und Filterröhrchentechnik (s. a. S. 233ff.) verwendet werden, z. B. zum Absaugen geringer Kristallfraktionen. Das Schwinger-Filter (37) (Abb. 57 a) eignet sich besonders für Mengen in der Größenordnung von etwa 5 mg. Ein Trichterchen A wird mit einem Gummischlauch auf die Kapillare B aufgesetzt (Schliffflächen!). Da-

---

demselben 9-cm-Filter zurechtgeschnitten, aus dem das kreisförmige Filter gewonnen wurde.

zwischen wird ein kreisförmiges, gehärtetes Filterpapier C eingelegt, das mit einem Korkbohrer ausgeschnitten worden ist. Das Gerät wird mit der Kapillare B in eine Absaugflasche eingesetzt. Die Kristalle können mit Hilfe eines dünnen Glasstabes aus dem Trichter A auf ein Uhrglas gebracht werden.

β) Absaugvorrichtungen.

Abb. 58 zeigt eine Absaugvorrichtung (24), wie sie mit Vorteil beim Filtrieren mit Hilfe von Filterstäbchen oder Filterbechern (s. später) Anwendung findet. Sie besteht aus einem unteren Teil, der die Gestalt eines dickwandigen, schnabellosen Becherglases von 9 cm Höhe und 5,5 cm Innendurchmesser hat und dessen waagrecht umgebogener oberer Rand auf der Oberseite einen Planschliff aufweist. Auf diesen ist eine an zwei exzentrischen Stellen kreisförmig durchbohrte Glasplatte aufgeschliffen. In der einen Bohrung sitzt ein Gummistopfen, durch den ein dreimal rechtwinkelig gebogenes Glasrohr von etwa 3 mm lichter Weite hindurchführt, das den Anschluß zur Wasserstrahlpumpe vermittelt. Der in der Abbildung dargestellte Hahn kann auch entfallen. In die zweite Bohrung wird ein kurzes Glasrohr (3 cm lang) von der aus der Abbildung ersichtlichen Gestalt, durch ein Schlauchstück abgedichtet, eingeschoben. In diesem Rohr sitzt wieder, gleichfalls durch ein Schlauchstück gedichtet, ein Tropfrohr, das unten kapillar ausläuft und gegen das Ende zu ein kleines Loch aufweist[1]. Dieses verhindert bei mäßigem Saugen das Auftreten von Luftblasen, welche die aus dem Kapillarrohr austretenden Tropfen leicht zum Platzen bringen können. Es ist auch möglich, das kurze Glasrohr wegzulassen und das Tropfrohr unmittelbar durch die in diesem Fall engere Bohrung der Glasplatte hindurchzuführen, doch verzichtet man dann auf den Vorteil, das Tropfrohr in der Weise höher oder tiefer einstellen zu können, daß seine untere Mündung der Höhe des Auffangtiegels oder -bechers angepaßt wird.

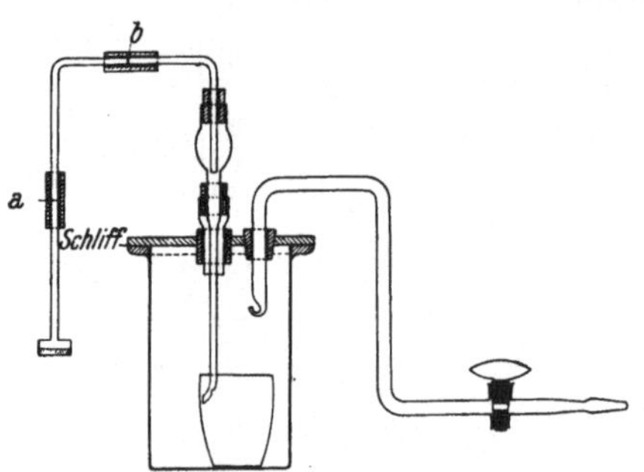

Abb. 58. Absaugvorrichtung (kleinere Type).

Der obere Teil des Tropfrohres ist bauchig erweitert und nimmt ein rechtwinkelig gebogenes Kapillarrohr von 2 mm lichter Weite und 30 mm Länge des waagrechten und 40 mm Länge des senkrechten Schenkels auf. Aus diesem fallen beim Filtrieren die einzelnen Tropfen deutlich erkennbar in den verengten Teil des Tropfrohres. Eine zweite rechtwinkelig gebogene Kapillare ist mit der ersten bei b durch ein Schlauchstück, besser noch durch ein kurzes Stück Fahrradventilschlauch, drehbar verbunden. Bei a schließt ein (Porzellan-) Filterstäbchen an, das ebenfalls durch ein Stück Fahrradventilschlauch (1 cm lang) festgehalten wird, wobei der Schaft des Stäbchens selbstverständlich dicht an das rundgeschmolzene Ende der Kapillare passen muß. Die Gummischlauchstücke, die mit dem kurzen Glasrohr in Berührung sind, müssen öfters als die übrigen ausgewechselt werden, da sie sonst „festwachsen" und das Einstellen des Tropfrohres auf verschiedene Höhe verhindern.

In Abb. 59 ist eine ähnliche Absaugapparatur (30) dargestellt, die infolge ihrer Größe auch die Verwendung kleiner Bechergläser (etwa von 100 ml Inhalt) als Auffanggefäß gestattet. Der Durchmesser von a und die Höhe betragen je 10 cm. Diese Vorrichtung wird insbesondere beim Absaugen größerer Flüssig-

---

[1] Es erscheint in der Abbildung als Kerbe.

keitsmengen von geringfügigen Niederschlägen verwendet. Es genügt in diesem Falle die aus der Zeichnung ersichtliche unmittelbare Hindurchführung einer Tropfkapillare durch die Glasplatte, zumal das Austreten der einzelnen Tropfen aus der unteren Mündung der Kapillare bequem beobachtbar ist. Handelt es sich um das Übersaugen einer geringen Flüssigkeitsmenge, wie sie beim Auflösen des vorher filtrierten Niederschlages in wenig Säure zustande kommt, und Auffangen dieser Lösung in einem Mikrobecher oder -tiegel, so wird entweder

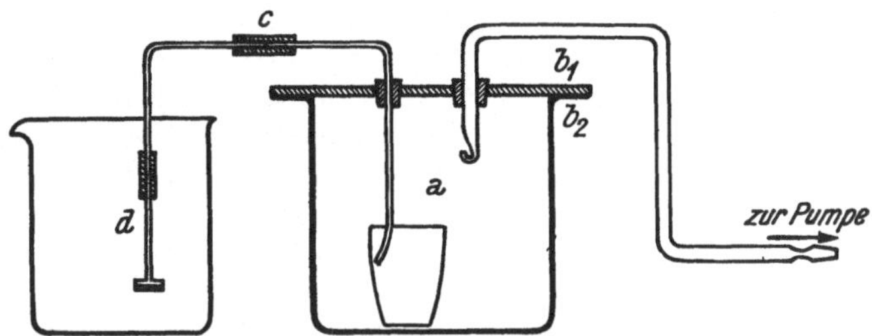

Abb. 59. Absaugvorrichtung (größere Type).

die Apparatur laut Abb. 58 (S. 222) oder aber die eben besprochene verwendet. Im zweiten Falle dient dann eben dieser erwähnte Mikrobecher oder -tiegel als Auffanggefäß[1]. Im übrigen ist es nicht sehr wesentlich, ob das Tropfrohr nach Abb. 58 oder nach Abb. 59 gestaltet ist, da auch bei der zweitgenannten Apparatur anfänglich mäßiges Saugen das Austreten einzelner Tropfen aus der Kapillare durchaus verbürgt und dies durch die aufgeschliffene Glasplatte beobachtet werden kann. Vor der Filtration warmer Flüssigkeiten spült man das Innere von a sowie die Unterseite der Glasplatte mit warmem Wasser ab, um das lästige Beschlagen der Platte mit Kondenswasser, das die Durchsicht in das Innere beeinträchtigt, zu verhindern.

Die beschriebenen Apparaturen ermöglichen, falls infolge mangelnder Vorsicht etwas von dem Filtrat verspritzt, das Gefäß a auszuspülen und so die verspritzten Anteile des Filtrats wieder zu sammeln.

Ein weiteres Gerät zur Filtration mittels Filterstäbchen ist auf S. 241 (Abb. 79 b) abgebildet. Es vermeidet die Einführung des Auffanggefäßes für das Filtrat von oben her, sondern wird vom Boden aus eingeführt und ist durch Unterlagscheiben in beliebiger Höhe fixierbar.

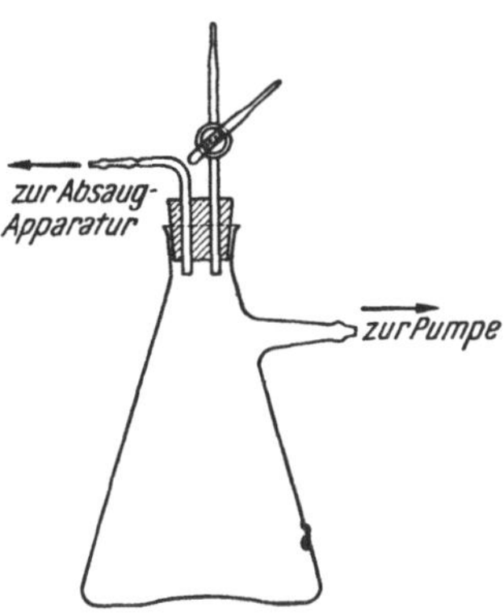

Abb. 60. Vakuumregulierflasche.

γ) Vakuumregulierflasche.

Zwischen die Absaugvorrichtung und die Wasserstrahlpumpe ist eine Saugflasche mit doppelt durchbohrtem Gummistopfen eingeschaltet (22) (Abb. 60), durch dessen eine Bohrung ein rechtwinkelig gebogenes Rohr als Verbindung zur Absaugapparatur führt, während in der anderen ein Glasrohr mit Hahn sitzt, dessen Spindel einseitig verlängert ist, um eine feinere Einstellung zu ermöglichen. Auf diese Weise läßt sich der bei der Filtration angewendete Unterdruck regulieren

---

[1] Dieser Fall ist in der Abb. 59 dargestellt.

und stets ein ruhiges, gleichmäßiges Absaugen des Filtrats erzielen. Auch wird ein Zurücksteigen des Wassers aus der Wasserstrahlpumpe bei zu jähem Abdrehen vermieden.

δ) Trocknen und Wägen.

Die Filterstäbchen werden stets zusammen mit einem Mikrobecher oder -tiegel gewogen.

Nach Auflösen des endgültig gewogenen Niederschlages in Chromschwefelsäure, Salz- oder Salpetersäure, nötigenfalls Königswasser, wird das Stäbchen 10 Minuten lang in ein Becherglas mit destilliertem, gegebenenfalls heißem Wasser gelegt; sodann stellt man es in ein 25-ml-Becherglas (hohe Form), füllt dieses mit heißem Wasser, spritzt das Filterstäbchen am oberen Schaftende mit Wasser ab, verbindet es mit der Absaugapparatur und saugt das Wasser vollständig hindurch (vgl. die weiter unten folgenden Ausführungen über Filtration). Das Wasser wird in dem Unterteil der Absaugapparatur aufgefangen und, bevor noch soviel darin gesammelt ist, daß es das untere Ende des Tropfrohres erreicht, ausgegossen. In dieser Weise saugt man vier- bis sechsmal den gesamten Inhalt des Bechers an heißem Wasser durch das Stäbchen hindurch. Hierauf wird die Verbindung mit der Saugapparatur gelöst.

In einer Reagenspapierdose bewahrt man ständig einen feuchten Flanelllappen von ungefähr 10 × 15 cm oder etwas größerer Fläche auf. Das Befeuchten erfolgt derart, daß das Flanellstück in einer Schale mit dest. Wasser naß gemacht, hierauf ausgewunden und sodann in ein reines trockenes Handtuch eingerollt wird. Durch Auspressen wird der größte Teil des Wassers entfernt. In einer zweiten Reagenspapierdose befindet sich ferner ein Rehlederlappen von gleichen oder etwas größeren Ausmaßen, der von Zeit zu Zeit eine Stunde lang in die Dose mit dem feuchten Flanellstück gebracht wird, um einen gewissen Feuchtigkeitsgehalt anzunehmen. Dieser verleiht dem Rehleder große Geschmeidigkeit und leichte Gleitfähigkeit über Metall- und Glasoberflächen. Das Rehleder kann jedoch auch sehr gut in einem Exsiccator über zerfließendem Calciumchlorid aufbewahrt werden. Dies empfiehlt sich insbesondere bei dauernder Benutzung. Diese Flanell- und Rehlederlappen dienen zum Abwischen und Reinigen der Oberflächen der Mikrogefäße. Man kann auch nach F. Pregl von jeder Gattung zwei Läppchen (6 × 10 cm) verwenden, von denen dann das eine zum Halten des Mikrogefäßes, das andere zum Abwischen dient. Wir fanden für das Abwischen der Fällungs- und Filtergeräte nach F. Emich den Gebrauch nur je eines Lappens von genügender Größe vollständig ausreichend und zweckentsprechend.

Das Abwischen wird, wie folgt, ausgeführt: Der Schaft des Filterstäbchens wird zu zwei Drittel seiner Länge[1] erst mit dem feuchten (Flanell-), dann mit dem trockenen (Rehleder-) Lappen *ohne* starkes Reiben leicht abgewischt, bis man beim Rehleder das Gefühl des leichten Hinweggleitens über die Oberfläche hat. Man untersucht vorsichtshalber auch die Filterfläche des Filterstäbchens auf etwa anhaftende Fremdkörper, die mit der Platinspitzenpinzette entfernt werden[2]. Nun wird das Filterstäbchen in den Becher oder Tiegel gestellt und dieser in aufrechter Stellung an der äußeren Oberfläche erst feucht, dann trocken abgewischt, wobei ebenfalls starkes Reiben oder Drücken unterlassen wird. Stäbchen und Becher (Tiegel) dürfen von jetzt an vor der Wägung nicht mehr mit den Fingern berührt werden. Man stellt sie mit der Platinspitzenpinzette in einen Trockenschrank auf eine stets völlig rein zu haltende Glasplatte oder in einen sauberen

---

[1] Vgl. jedoch S. 248 (Abschnitt VIII): Abwischen von Filterstäbchen nach Filtration von Niederschlägen.

[2] Dies ist natürlich bei mit Asbest präparierten Filterstäbchen kaum möglich.

Exsiccatoreinsatz. Besonders eignen sich dazu Einsätze, die so gestaltet sind, daß der Tiegel oder Becher darin etwas schief liegt. Die Trocknung erfolgt selbstverständlich bei derjenigen Temperatur, die für die Behandlung des später zu fällenden Niederschlages vorgeschrieben ist. Z. B. zeigen Platinfilterstäbchen, die im Trockenschrank getrocknet werden, bei der nachfolgenden Wägung ein etwas höheres Gewicht (bis zu 80 μg), als wenn sie im elektrischen Ofen bei 700 bis 900° geglüht worden sind.

Über Abkürzung der Trocknungszeiten durch Trocknen im Luftstrom s. S. 235 und 249ff.

Sollen Tiegel und Stäbchen geglüht werden, bringt man sie mit der Platinspitzenpinzette nach 10 Minuten aus dem Trockenschrank in einen elektrischen Tiegelofen, der mit einem Berliner Porzellantiegeldeckel bedeckt wird, dessen Durchmesser nur um etwa 0,5 cm größer ist als die Öffnung des Elektroofens. Größere Tiegeldeckel springen beim Erhitzen des Ofens auf 900 bis 1000° leicht infolge ungleichmäßiger Erwärmung. Der Tiegel ruht im elektrischen Ofen auf einem kleinen Quarzdreieck. Die Temperatur des Ofens wird durch einen mittels Thermoelements geeichten Widerstand mit Spezialwicklung eingestellt. Diese ist so bemessen, daß die erreichte Temperatur annähernd proportional der Stellung des Schiebers ist (s. S. 199).

Nach Beendigung des Trocknens oder Glühens wird der Tiegel (Becher) samt dem darin ruhenden Stäbchen mit der Platinspitzenpinzette unter eine Glasglocke auf einen Kupfer- oder Nickelblock gestellt. Während Platingeräte schon nach 2 Minuten sehr weitgehend abgekühlt sind, benötigen Porzellangeräte dazu länger. Das Abkühlen läßt sich beschleunigen, indem man Tiegel und Stäbchen nach 1 Minute Stehen auf dem Block auf einen zweiten Metallblock neben die Waage stellt. Der Transport erfolgt in einem Handexsiccator[1], in dessen Einsatz sich vier saubere Berliner Porzellantiegel von geeigneter Größe zur Aufnahme der Mikrobecher oder -tiegel befinden. Auch der Metallblock neben der Waage ruht unter einer Glasglocke. Platingeräte werden nach insgesamt 5 bis 10 Minuten, Glas- und Porzellangeräte nach 20 Minuten Auskühlen auf den beiden Metallblöcken auf die Waagschale der gelüfteten Waage gestellt und durch gleichartige Gegengewichte austariert. Die Differenz wird durch kleine Gewichtsstücke und den Reiter ausgeglichen. Nach 5, besser nach 10 Minuten wird die Waage geschlossen und nach einigen weiteren Minuten die Wägung ausgeführt. Das Auskühlen ist mit Sicherheit nach den genannten Zeiten beendet, doch können sie ohne irgendwelchen Nachteil auch etwas ausgedehnt werden, wenn man gelegentlich an ihrer Einhaltung verhindert ist.

Die reinen Tiegel, Becher und Filterstäbchen, die nicht unmittelbar zu baldiger Wägung bestimmt sind, bewahrt man am besten zusammen (Becher bzw. Tiegel mit je einem Filterstäbchen) in Exsiccatoren ohne Trockenmittel auf, indem man sie in größere Berliner Porzellantiegel stellt. Einzelne Filterstäbchen, die nicht gewogen werden, sondern zum Filtrieren von später wieder aufzulösenden Niederschlägen dienen sollen, legt man in Glasdosen auf eine Unterlage von Rehleder. Alles übrige im Augenblick nicht verwendete Gerät stellt bzw. legt man unter große Glasglocken.

ε) Filtrieren und Auswaschen.

In Abb. 58 (S. 222) ist bei der Filtration das Filterstäbchen in einem Tiegel (Becher) befindlich zu denken, in dem sich nach Ausführung einer Fällung eine Lösung sowie ein Niederschlag befinden. Dieser Tiegel ruht in einem Exsiccator-

---

[1] Eine Füllung des Exsiccators mit einem Trockenmittel ist überflüssig.

einsatz aus Porzellan mit vier verschieden großen Einsatzlöchern. Der Einsatz befindet sich seinerseits auf Holzunterlagscheiben, von denen ein ganzer Satz verschieden hoher Stücke vorhanden sein soll. Man geht nun derart vor, daß der Kopf des Filterstäbchens etwas unter das Flüssigkeitsniveau im Tiegel eingetaucht und sodann bei voll geöffnetem Hahn der Vakuumregulierflasche die Wasserstrahlpumpe mäßig aufgedreht wird. Ganz allmählich dreht man jetzt den Hahn der Regulierflasche so weit, daß ein geringer Unterdruck entsteht und die Flüssigkeit durch die Sinterfläche des Filterstäbchens langsam in die Kapillare oberhalb a gesaugt wird und in dieser hochsteigt. Die Geschwindigkeit der Filtration darf nicht gesteigert werden, bevor Flüssigkeitstropfen in die bauchige Erweiterung des Tropfrohres zu fallen beginnen. Nach kurzer Zeit löst sich der erste Tropfen aus der unteren Mündung des Tropfrohres und fällt in das Auffanggefäß. Wie erwähnt, läßt sich die Bildung von Luftbläschen in den austretenden Tropfen nur bei mäßigem Unterdruck vermeiden. Es hat sich beim praktischen Gebrauch herausgestellt, daß das tropfenweise Austreten des Filtrats einem kontinuierlichen Ausfließenlassen unter Anlegen der Kapillarenmündung an die Wand des Auffanggefäßes vorzuziehen ist, da auf diese Weise etwaige Bläschenbildung sofort erkannt und beseitigt werden kann. Letzteres geschieht dadurch, daß mit Hilfe des Regulierhahnes der Unterdruck vermindert wird. Schnelleres Filtrieren *ohne Bläschenbildung* läßt sich vor allem durch stärkeres Aufdrehen der Wasserstrahlpumpe, jedoch nur in weit geringerem Maß durch Zudrehen des Regulierhahnes erreichen. Durch Einschieben geeigneter Holzunterlagscheiben oder durch Versetzen des Tiegels in engere Löcher des Exsiccatoreinsatzes wird er allmählich höher gestellt, so daß der Kopf des Filterstäbchens stets in die Flüssigkeit eingetaucht bleibt, bis die Sinterplatte schließlich den Tiegelboden erreicht. Es ist falsch, nunmehr die Flüssigkeit sofort durch starkes Aufdrehen der Pumpe oder Schließen des Regulierhahnes vollständig abzusaugen. Vielmehr *öffnet* man diesen völlig (dies darf keinesfalls vergessen werden) und spritzt aus einer Mikrospritzflasche (s. S. 229, Abb. 62) zuerst den Schaft, dann den Kopf des Filterstäbchens sowie die untere Innenwand des Tiegels mit ungefähr 0,5 bis 1 ml Waschflüssigkeit ab. Durch langsames Drehen des Regulierhahnes erreicht man sodann, daß der in den Kapillaren oberhalb a und rechts von b befindliche Teil des Filtrats fast ohne Vermischung durch die Waschflüssigkeit verdrängt wird und tropfenweise in den Auffangbecher fällt. Vergißt man jedoch, den Hahn vorher gänzlich zu öffnen, so wird das Filtrat sehr rasch aus der Kapillare und durch das Tropfrohr gesaugt, da man gewöhnlich seit Beginn der Filtration die Wasserstrahlpumpe schon etwas stärker aufgedreht hat. Dies ist noch mehr beim späteren Auswaschen des Niederschlages der Fall. Ist wiederum die ganze Flüssigkeit aus dem Tiegel abgesaugt, wird das Abspülen von Stäbchen und unterer Tiegelwandung mit 0,5 ml Waschflüssigkeit wiederholt. Sobald aus dem Tropfrohr unten kein Tropfen mehr austritt, schließt man langsam den Regulierhahn vollständig. Wenn nach 2 bis 3 Minuten sich die Flüssigkeit innerhalb der Kapillaren nicht in Bewegung setzt, d. h. aus dem Tropfrohr kein Tropfen abfällt, wird die Wasserstrahlpumpe bis zur Höchstwirkung aufgedreht. Mit der rechten Hand erfaßt man sofort wieder den Regulierhahn und beobachtet scharf das Auftreten des ersten Tropfens. Ist dieser hinuntergefallen, so wird der Regulierhahn ziemlich schnell geöffnet, währenddessen in der Regel schon der zweite Tropfen aus dem Tropfrohr austritt. In diesem Augenblick muß auch schon der Hahn gänzlich oder zumindest fast ganz offen sein, da andernfalls die Flüssigkeit sofort vollständig aus der Kapillare gerissen wird. Mit der Hand am Hahn kann man hingegen das Austreten des Tropfens sehr leicht mit der richtigen Geschwindigkeit regeln. Der Niederschlag wird hierauf noch so oft mit Waschflüssigkeit gewaschen, als in der betreffenden Fällungsvorschrift angegeben ist. Zu diesem Zweck spült man mit möglichst wenig Waschflüssigkeit den oberen Tiegelrand im Kreis herum ab und trachtet dabei, die ganze Wand zu benetzen, was mit warmen oder alkoholischen Waschflüssigkeiten erheblich leichter als mit kalten wäßrigen gelingt. Die Flüssigkeit wird neuerlich in der schon beschriebenen Weise vollständig abgezogen und aus den Kapillaren herausgesaugt. Für gewöhnlich ist der Niederschlag nun noch ein- bis dreimal zu waschen. Dies führt man in folgender Weise aus: Man trachtet durch leichtes Schütteln zu erreichen, daß der Kopf des Filterstäbchens von obenauf haftender Flüssigkeit befreit wird, ergreift mit der linken Hand den Tiegel, schiebt mit der rechten die Unterlagscheiben und den Exsiccatoreinsatz beiseite, senkt zunächst den Tiegel mit der linken Hand und entfernt ihn vom Filterstäbchen. Nun faßt man mit der Rechten die Spritzflasche und spült möglichst rasch mit dünnem Strahl die Tiegelwände von oben her ab, wobei man sich im allgemeinen bemüht, mit 0,5 ml Waschflüssigkeit auszukommen. Sodann dreht man den Tiegel mit beiden Händen in fast waagrechter Lage mehrmals im Kreis herum, wobei die Flüssigkeit soweit als möglich die ganze Tiegelwandung bis in 1 oder 1,5 cm Entfernung vom oberen Rand bespült haben muß. Dies ist nicht ganz leicht und erfordert geschicktes Manipulieren, um einzelne an bestimmten Stellen der Wand haftende Tropfen wieder zu vereinigen. Man erreicht auf diese Weise, daß man mit nur sehr wenig Waschflüssigkeit das Auslangen findet. Da während der ganzen Zeit die Pumpe läuft, fällt der Niederschlag nicht vom Filter ab. Die Waschflüssigkeit wird nunmehr wieder vollständig durch das Stäbchen abgesaugt und in das Auffanggefäß übergeführt, wobei man den Tiegel frei in der linken Hand hält. Falls vorgeschrieben, wird noch ein oder mehrere Male in der beschriebenen Art gewaschen. Man spült dabei auch noch einmal den Schaft und den Kopf des Filterstäbchens ab. In Fällen, bei denen es sich um sehr schwer lösliche Niederschläge handelt (wie z. B. bei den Metalloxychinolaten) und auch eine etwas größere Menge des Filtrats nicht von Schaden ist, kann man auf diese etwas schwierige Art der Manipulation verzichten und den Tiegel während des ganzen Auswaschens im Exsiccatoreinsatz stehen lassen. Dies gilt auch für die Anwendung alkoholischer Waschflüssigkeiten, die, wie erwähnt, die Wandungen stets gut benetzen.

Gallertige oder voluminöse Niederschläge werden beim Auswaschen mit dem Filterstäbchen aufgerührt, mit einem scharfen Strahl der Waschflüssigkeit vom Kopf des Stäbchens abgespritzt und zum Schluß möglichst trockengesaugt.

Oftmals ist es empfehlenswert, den Niederschlag nicht sofort trockenzusaugen, sondern erst mehrmals durch „Dekantation" zu waschen. Die Filterplatte des Stäbchens darf in diesem Falle den Boden des Tiegels während des Dekantierens, bevor die Flüssigkeit endgültig abgesaugt wird und das eigentliche Waschen beginnt, nicht berühren. Man hat in diesem Falle mit einem etwas größeren Volumen des Filtrates als bei der vorhin beschriebenen Arbeitsweise zu rechnen.

Soll heiß filtriert werden, setzt man die Mikrobecher oder -tiegel bzw. die Filterbecher in die passende Bohrung des auf entsprechende Temperatur erhitzten Aluminiumblocks (S. 201, Abb. 27).

Dem Anfänger kann nicht dringend genug angeraten werden, sich die Vorgangsweise beim Filtrieren durch mehrmalige Übung praktisch zu eigen zu machen, bevor er an die Ausführung wirklicher Analysen schreitet. Erfahrungsgemäß beherrscht aber jeder angehende Mikroanalytiker diese Arbeitsweise sehr bald.

Zu beachten: Nach Beendigung jeder Filtration ist die Absaugapparatur aus einem Mikrobecher durch die Kapillaren, ohne daß bei *a* ein Filterstäbchen angeschlossen wird, mehrmals mit 20 ml heißem Wasser durchzuspülen. Hierauf spritzt man die Unterseite der aufgeschliffenen Glasplatte sowie das untere Ende des Tropfrohres mit heißem Wasser ab. Es ist völlig falsch, nach einer Filtration die Apparatur in benutztem Zustand stehen zu lassen, ohne sie sofort zu reinigen.

ζ) Mikrofiltrierpipette.

Die Mikrofiltrierpipette vermeidet den Nachteil der Absaugglocken, daß das Filtrat beim Mitsaugen von Luft mehr oder weniger in das Auffanggefäß spritzt[1]. Die Abb. 61 (18) zeigt eine Ausführungsform mit Entlüftungshahn und Gummiballon. Sie besteht aus einer Kugel oder Birne wechselnder Größe; einem kapillaren, etwa 6 cm langen Unterteil mit schwach konisch zulaufender Spitze, an die das Filterstäbchen mittels eines kurzen Gummischläuchchens angeschlossen wird; schließlich aus einem ungefähr 8 mm weiten und 14 cm langen Oberteil mit Olive. Um das Verspritzen von Flüssigkeit in den Oberteil zu verhindern, ist dieses weitere Glasrohr knapp oberhalb der Kugel auf etwa 2 mm verengt.

Man drückt bei angeschlossenem Filter mit dem Gummiballon die Luft zunächst durch den Entlüftungshahn nach außen und stellt dann durch entsprechendes Drehen des Hahnes die Verbindung des entlüfteten Ballons mit der Pipette her, die nun unter vermindertem Druck steht. Die Saugwirkung kommt durch das Bestreben des Ballons zustande, seine Gestalt wieder anzunehmen. Sie ist also um so größer, je stärker die Wanddicke des Ballons ist. Man kann die Filtrationsgeschwindigkeit überdies durch verschiedene Einstellung des Hahnes regeln. Die Saugwirkung kann gegebenenfalls durch erneutes Entlüften des Gummiballons durch den Entlüftungshahn verstärkt werden. Die Maße der Pipette richten sich nach dem Verwendungszweck. Sie kann mit verschiedenem Kugeldurchmesser hergestellt werden, je nach der Menge des zu erwartenden Filtrats samt den Waschwässern, die mit aufgesaugt

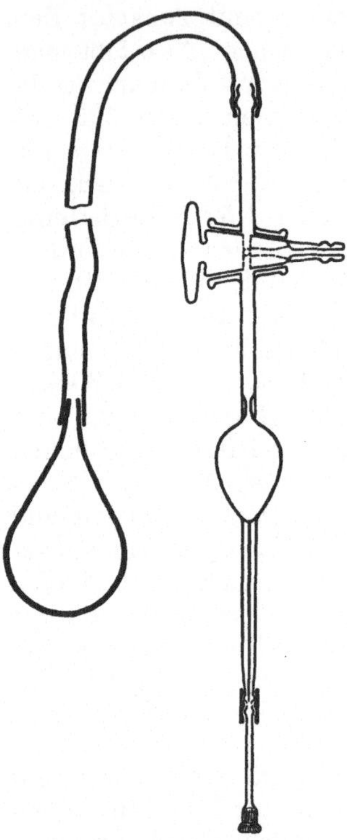
Abb. 61. Mikrofiltrierpipette.

werden und sich untereinander schichten. Will man nun einen aliquoten Anteil des Filtrats weiterverarbeiten, so verwendet man zweckmäßig geeichte Pipetten, die im verengten Teil oberhalb der Kugel die Marke tragen. Man füllt dann bis zur Marke mit Waschflüssigkeit auf, nimmt das Filterstäbchen unter Abknicken des Verbindungsschläuchchens ab und läßt das gesamte Filtrat in einen Mikrobecher ausfließen. Nach gutem Umrühren entnimmt man davon einen abgemessenen Teil. Wird das gesamte Filtrat weiter verarbeitet, so wäscht man dreimal durch Aufsaugen von etwas Waschflüssigkeit und Schwenken der aus dem Stativ genommenen Pipette aus.

Verluste bei der Abnahme des Filterstäbchens sind nicht zu befürchten, da die Kapillarspitze nach der Filtration nur Waschflüssigkeit enthält und diese überdies durch Einsaugen von Luft zuvor noch etwas hochgesaugt werden kann.

---

[1] In diesem Fall muß man den Unterteil der Absaugglocken ausspülen, um das Filtrat vollständig wiederzugewinnen.

Soll das Filtrat eingeengt werden, läßt sich die Pipette hierfür ebenfalls gut verwenden, da man die Flüssigkeit mit Hilfe des Entlüftungshahnes während des Eindampfens in den Mikrotiegel oder -becher tropfenweise ablassen kann.

η) Mikrospritzflaschen.

Die Mikrospritzflaschen (Abb. 62a, b) (13), deren Volumen 20 bis 30 ml beträgt, besitzen einen *auf*geschliffenen Kappenteil, damit nicht durch abgeriebenen

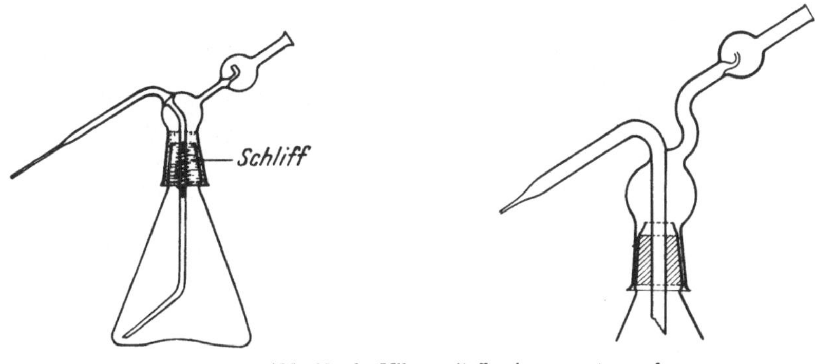

a   Abb. 62a, b. Mikrospritzflaschen.   b

Glasstaub die Flüssigkeit verunreinigt wird. Besonders zweckmäßig hat sich eine Form erwiesen (1), bei welcher der Kolbenhals entsprechend der Abb. 62b an seinem oberen Ende etwas eingezogen und am Rande rundgeschmolzen ist, so daß der Schliff nicht unmittelbar bis an diesen oberen Rand heranreicht. Der Rand des Kappenteiles ist unten etwas ausgeweitet. Dadurch wird ein Absplittern der Ränder, das sonst im Laufe der Zeit aufzutreten pflegt, vermieden.

Für jede der verschiedenen Waschflüssigkeiten soll stets nur ein und dieselbe Spritzflasche verwendet werden, weshalb auch Aufschriften, die auf der Außenseite des Kolbenteiles aufgebrannt werden, sehr vorteilhaft sind. Es ist auch möglich, die Spritzflaschen in einem Stück herzustellen. In diesem Fall müssen sie durch Einsaugen der Flüssigkeit gefüllt werden. Das Spritzrohr ist kapillar und muß das Austreten eines so feinen Strahles gestatten, daß dieser in einer Entfernung von 2 cm von der Spitze zerstäubt.

Zu beachten: Beim Erwärmen der gefüllten Spritzflaschen ist selbstverständlich der Kappenteil abzunehmen. Spritzflaschen aus einem Stück müssen während des Erwärmens in kurzen Zwischenräumen geschüttelt werden, da sonst leicht

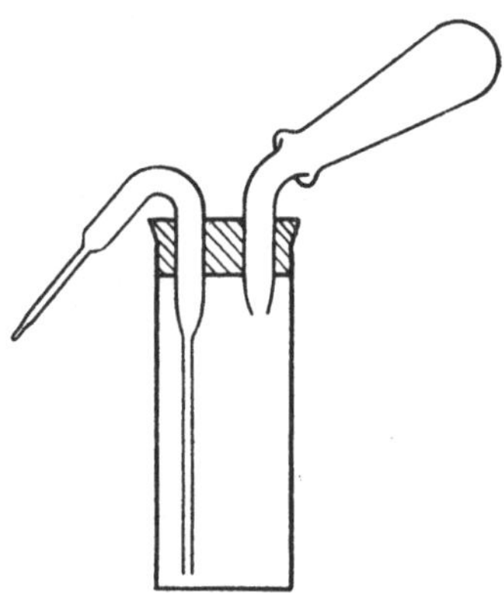

Abb. 63. Mikrospritzflasche.

Siedeverzug eintritt und zur Zersprengung der Spritzflasche führt, was böse Verletzungen des Analytikers zur Folge haben kann.

Die in Abb. 63 (49) dargestellte Mikrospritzflasche besteht aus einem Glasrohr von etwa 50 mm Länge und 20 mm Durchmesser, das mit einem doppelt durchbohrten Gummistopfen versehen ist. Das Spritzrohr ist ein 5-mm-Rohr, das laut Abbildung verengt bzw. zu einer feinen Kapillare ausgezogen ist. Das Ende des Druckrohres wird in einer Brennerflamme erweicht und dann mit einem Kohlestab erweitert, damit der Gummiballon eng anschließend darübergezogen werden kann. Das Spritzfläschchen wird mit der Hand umschlossen und der Ballon mit Daumen und Zeigefinger betätigt.

Spritzflasche für reproduzierbare Mengen Waschflüssigkeit.

Eine Spritzflasche für reproduzierbare kleine Mengen Waschflüssigkeit wird von J. T. STOCK und M. A. FILL (46) beschrieben (Abb. 64). In das innere Gefäß A ist ein Siphonrohr B eingeschmolzen. Das Spritzrohr C hat eine Bohrungsweite von 1,5 mm. D ist ein Stück Fahrradventilschlauch, E ein Luftauslaßrohr. Bei Kochen des Waschwassers wird E mit einem Finger (mit einem Gummifingerling schützen!) geschlossen, bis das Niveau in A über das obere Ende von B gestiegen ist. Die Spritzflasche wird hierauf von der Heizplatte entfernt und die überschüssige Flüssigkeit durch das Siphonrohr in das Hauptgefäß zurückfließen gelassen, wobei E geöffnet wird. Dann wird E neuerlich verschlossen und der Inhalt von A auf einmal ausgeblasen. Auf diese Weise können Volumina von 0,5 bis 5 ml mit einer Reproduzierbarkeit von 0,05 ml oder weniger angewendet werden. Die Flüssigkeitsmenge kann durch Verschieben von C in dem Stopfen variiert werden. Wird unterhalb des Siedepunktes gearbeitet, kann A durch Einblasen bei E gefüllt werden.

Über graduierte Mikrospritzflaschen s. S. 232 (Abb. 66).

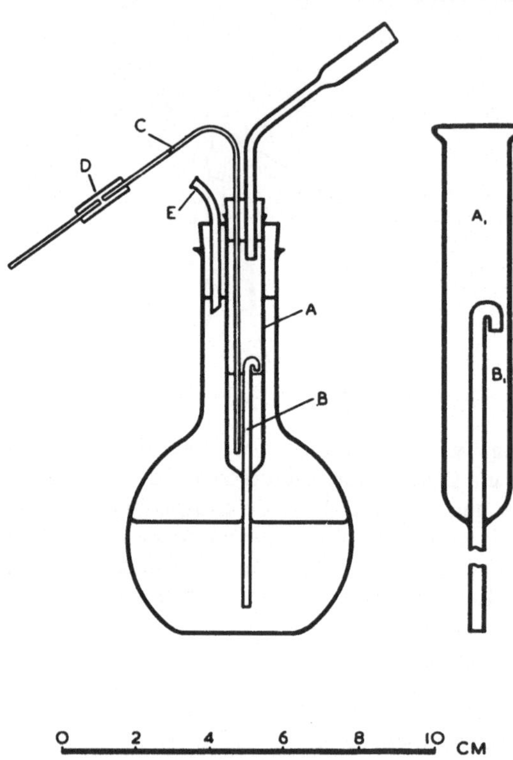

Abb. 64. Spritzflasche für reproduzierbare Mengen Waschflüssigkeit.

b) Anwendung des Jenaer Mikrofilterbechers.

Der Filterbecher (S. 199 f., Abb. 26) ist bereits im vorhergehenden Abschnitt (Fällen und Fällungsgeräte) beschrieben worden. Auch er gehört zu den von F. EMICH und seinen Schülern erdachten Geräten (44).

α) Trocknen und Wägen.

Nach dem Auflösen des zuletzt bestimmten Niederschlages in Chromschwefel-, Salz- oder Salpetersäure, nötigenfalls Königswasser, werden die Filterbecher viermal nacheinander mit heißem Wasser angefüllt[1] und jedesmal mittels der Absaugapparatur (S. 222, Abb. 58) leergesaugt. Die Kapillare des Filtrierstutzens ist dabei jedesmal zu entleeren. Hierauf wird die gesamte äußere Oberfläche der Filterbecher mit den beschriebenen Flanell- bzw. Rehlederlappen (S. 224) erst feucht, dann trocken abgewischt. Da die Filterbecher nun vor der Wägung nicht mehr mit den Fingern berührt werden dürfen, werden sie mit Hilfe einer

---

[1] Mit Hilfe einer gewöhnlichen Spritzflasche.

Gabel aus Aluminiumdraht, die unter den beiden seitlichen Ansatzstutzen angreift, in einen Trockenschrank gestellt. Nach unseren Erfahrungen ist es auch ohne irgendeinen Nachteil möglich, vorsichtig das eine Ende der Platinspitzenpinzette in die Kapillare des Filtrierstutzens einzuschieben und die Filterbecher so zu fassen. Sollen die Filterbecher in kürzerer Zeit unter Luftdurchsaugen getrocknet werden, setzt man sie unter Anfassen mit dem trockenen Rehlederlappen in die dazu bestimmte Apparatur (S. 253, Abb. 97) ein. Mit eben diesem Rehleder werden sie nach Trocknen und etwaigem Abkühlen wieder aus der Apparatur herausgenommen. Das weitere Auskühlen erfolgt auf einem oder zwei Metallblöcken (s. S. 225). Auch die Wägung wird, wie dort beschrieben, ausgeführt, wobei als Taragefäß ein anderer Filterbecher dient. Die Trocknung vor der Wägung erfolgt selbstverständlich bei derselben Temperatur, bei der später der Niederschlag getrocknet wird.

Reine Filterbecher, die nicht in unmittelbarer Verwendung stehen, werden in Exsiccatoren ohne Trockenmittel aufbewahrt, in deren Einsätzen sich passende Berliner Porzellantiegel befinden. Verfügt man über mehrere Filterbecher, so ist es ratsam, mit einem Diamant fortlaufende Nummern fein einzuritzen. Diese ganz zarten Vertiefungen geben zu keiner Ansammlung von Schmutz oder Staub Anlaß, da sie beim Abwischen ebensogut wie die übrige Oberfläche gereinigt werden können.

β) Filtrieren mittels der Filterbecher; Auswaschen.

Das Filtrieren und Auswaschen erfolgt in ganz ähnlicher Weise, wie es für die Filterstäbchen beschrieben worden ist. Hier ist die Drehbarkeit der Kapillare (zwischen a und b in Abb. 58, S. 222) von großem Vorteil. Sie wird um fast 180° gedreht, so daß der abwärts gebogene Schenkel nach aufwärts weist. Durch einen passenden Gummischlauch von 1 cm Länge ist sie mit dem Filtrierstutzen des Filterbechers verbunden. Der Filterbecher wird dabei zweckmäßig in eine Drahtgabel, wie sie bei einer gewöhnlichen Verbrennungsgarnitur angewendet wird, eingehängt und kann auf diese Weise entsprechend hoch gehängt und geneigt werden. Zu demselben Zweck kann man sich auch eines Glasstativs (Abb. 65) (9) bedienen, bei dem ein schwach glycerinierter Gummistopfen, der ein einseitig geöffnetes Glasdreieck festhält,

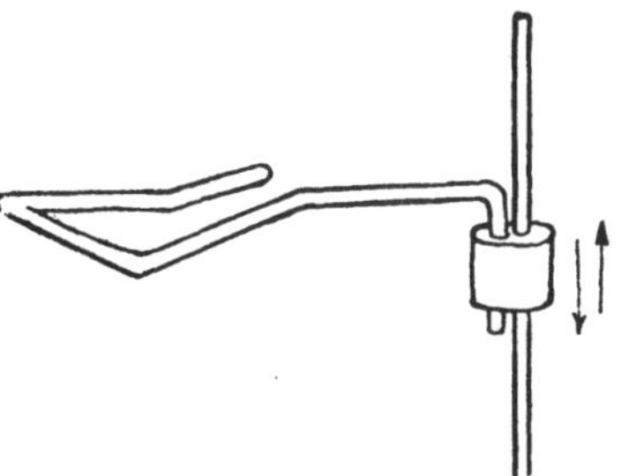

Abb. 65. Glasstativ zum Festhalten der Filterbecher während der Filtration.

entlang eines senkrechten Glasstabes verschiebbar ist. Der Filterbecher wird bei der Filtration in das Glasdreieck eingelegt.

Das Auswaschen erfolgt durch Abspülen der Innenwände mit einer Mikrospritzflasche und geeignetes Schwenken des Bechers, um die Innenwände mit der Waschflüssigkeit zu benetzen. Der Niederschlag wird bei den ersten zwei bis drei Malen beim Auswaschen möglichst nicht auf die Filterplatte gebracht, sondern die Flüssigkeit durch Saugen abdekantiert. Das völlige Absaugen des Filtrats aus den Kapillaren erfolgt erst nach dem zweiten bis dritten Waschen (vgl. S. 226f.). Mit einiger Geschwicklichkeit gelingt es ohne weiteres, bei jedem einzelnen Auswaschen, wenn nötig, mit nur 0,3 bis 0,5 ml Waschflüssigkeit auszukommen.

Die Filtriergeschwindigkeit der Filterbecher soll tunlichst so beschaffen sein, daß das Leersaugen des vollen Gefäßes bei ganz aufgedrehter Wasserstrahlpumpe nicht länger als 120 Sekunden und nicht kürzer als 40 Sekunden währt.

γ) Spritzflaschen.

Zum Auswaschen haben sich Spritzflaschen von der in Abb. 66 (25) dargestellten Gestalt sehr bewährt, die erforderlichenfalls graduiert werden. Der waagrechte Ansatz der Spritzkapillare gestattet leicht das Abspülen der Deckfläche des Filterbechers auf der Innenseite.

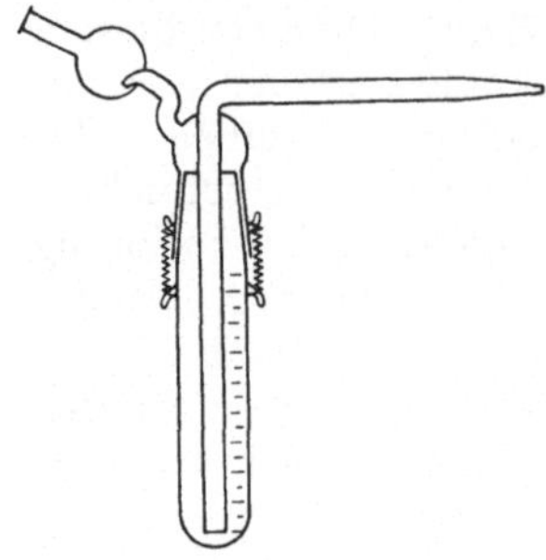

Abb. 66. Graduierte Spritzflasche für Filterbecher.

δ) Filtrieren und Übersaugen von Lösungen in die Filterbecher.

Soll ein in einem Becher oder Tiegel befindlicher Niederschlag mittels eines Filterstäbchens filtriert und das Filtrat in einem Filterbecher aufgefangen werden, so verfährt man, wie es in Abb. 67a (24) dargestellt ist. Eine spitzwinkelig gebogene Kapillare aus Jenaer Geräteglas wird dabei mit Hilfe eines (nicht spröden) Gummistopfens in den Einfüllstutzen des Filterbechers eingesetzt. In der gleichen Weise geht man vor, wenn es sich darum handelt, eine Lösung in einen Filterbecher überzusaugen, ohne daß ein Niederschlag vorliegt. Dieser Fall tritt ein, wenn ein größeres Flüssigkeitsvolumen zwar in einem Tiegel eingedampft worden ist, der Niederschlag jedoch in einem Filterbecher ausgefällt werden soll. Das Stäbchen ermöglicht dabei langsames und tropfenweises Übersaugen der Flüssigkeit in den Becher. Die „Übersaugkapillare" darf, wie aus der Abbildung hervorgeht, nirgends die innere Filterbecherwandung berühren, damit nicht etwa ein Teil der Lösung entlang der Wandung auf die Filterplatte gesaugt wird. Vermeidet man dies, so fällt Tropfen um Tropfen in das Innere des Bechers und es besteht nicht die mindeste Gefahr der erwähnten Art. Auch hier wird die Kapillare erst beim dritten Nachspülen leergesaugt, wozu stärkeres Saugen nötig ist. Dabei muß wiederum das Vakuum bzw. der bedeutende Unter-

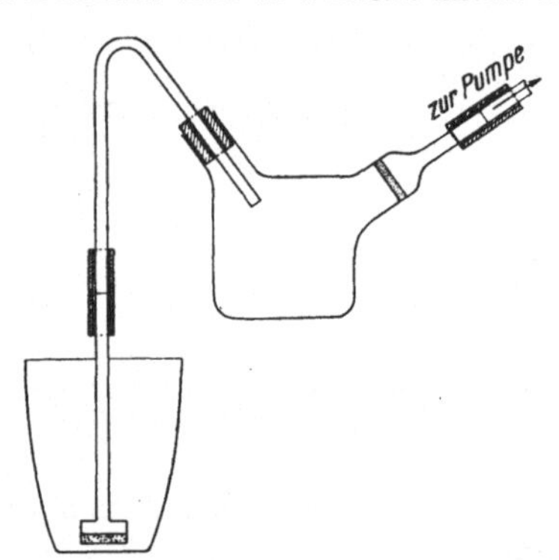

Abb. 67a. Übersaugen in einen Filterbecher.

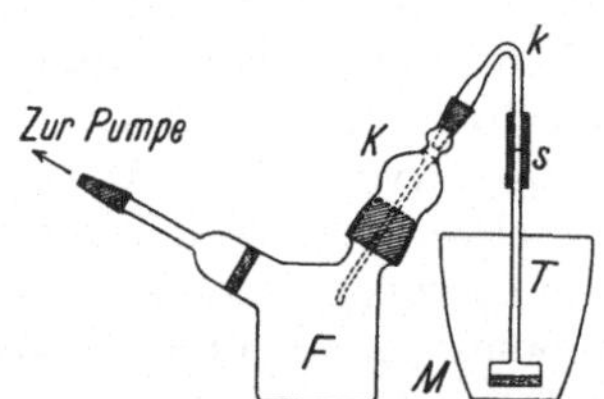

Abb. 67b. Übersaugen in Filterbecher mit Schliffen.

druck sofort mit Hilfe des Hahnes der Regulierflasche (S. 223, Abb. 60) aufgehoben werden, sobald der zweite Tropfen in das Innere des Filterbechers fällt. Bei einiger Übung wird es bald gelingen, beim Übersaugen mit sehr wenig Waschflüssigkeit (drei- bis viermaligem Nachspülen) auszukommen, da das Volumen der Lösung vor den meisten Fällungen wegen des beschränkten Fassungsraumes des Filterbechers (durchschnittlich 10 ml) höchstens 4 oder sogar nur 3 ml betragen darf.

Will man für das bloße Übersaugen von Lösungen in den Filterbecher die Anwendung eines Filterstäbchens unbedingt vermeiden, wovon jedoch abzuraten ist, so kann es auch mit Hilfe der Übersaugkapillare allein bewerkstelligt werden.

Dabei darf aber das Ansaugen unter keinen Umständen mit der Pumpe, sondern nur mit dem Munde vorgenommen werden. Man zieht zu diesem Zweck über den Filterstutzen einen längeren Schlauch, an dessen Ende man leicht ansaugt.

Wenngleich die Gefahr keineswegs übertrieben werden soll, kann die Verwendung eines Gummistopfens zum Einpassen der Übersaugkapillare doch gelegentlich eine Verunreinigung der Lösung durch kleinste Gummiteilchen zur Folge haben. Man kann dies dadurch umgehen (21), daß man (Abb. 67 b) einen Filterbecher F mit aufgeschliffener Kappe K aus Jenaer Geräteglas benutzt, durch die eine eingeschmolzene Kapillare zentral hindurchführt. Die Kappe K ist ihrerseits wieder mittels eines genau passenden Schliffes mit der spitz-

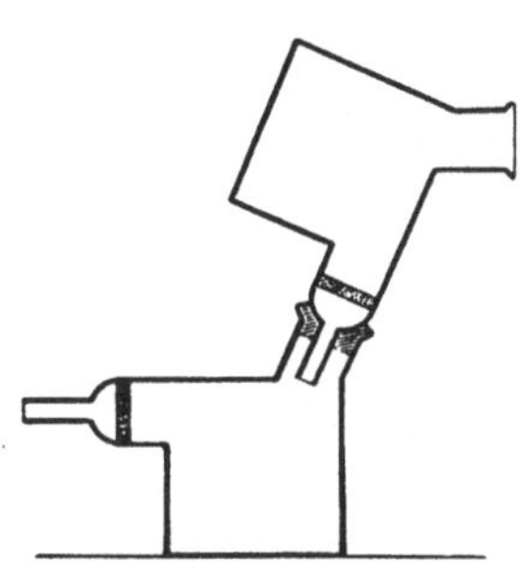

Abb. 68. Filtrieren aus einem Filterbecher in einen zweiten.

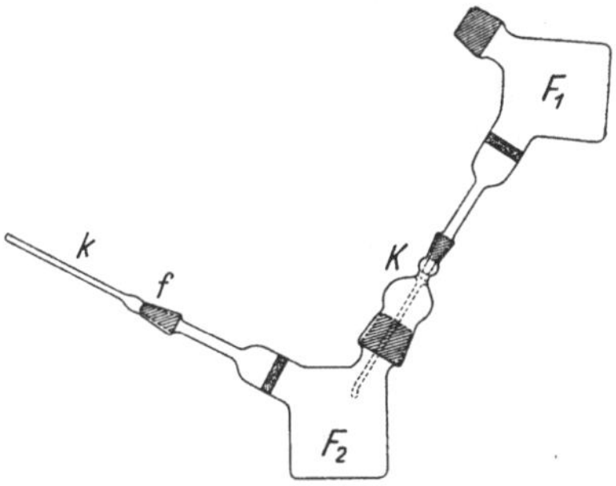

Abb. 69. Filtrieren mit Hilfe von Filterbechern unter Benützung von Schliffstücken.

winkelig gebogenen Kapillare k verbunden. Dieses Filtriersystem läßt sich aus seinen Bestandteilen mit Hilfe von zwei Handgriffen bequem und schnell zusammensetzen.

Abb. 68 zeigt, wie aus einem Filterbecher in einen zweiten filtriert wird (44).

Aus Abb. 69 (21) ist ersichtlich, wie vermittels der Schliffkappe K auch die Verbindung zwischen zwei Filterbechern F_1 und F_2 hergestellt werden kann. In diesem Falle sind jedoch nur schnell filtrierende Filterbecher verwendbar, da sonst infolge der zwei Sinterplatten die Filtration nur langsam vor sich geht.

Bei vorzüglich hergestellten Schliffen genügt bloßes Ineinanderfügen ohne größere Drehung, um einen genügend festen Zusammenhalt des Systems zu erreichen. Von einer merklichen und die Gewichtskonstanz beeinträchtigenden Abnutzung der Schliffflächen während *einer* Bestimmung kann infolgedessen nicht die Rede sein.

Filterbecher mit derartigen Schliffstücken fanden z. B. bei der Mikrobestimmung des Antimons als Sb_2S_3 Anwendung (23).

2. Verfahren nach F. PREGL und seiner Schule.

a) Anwendung des Filterröhrchens.

α) Das Filterröhrchen (40).

Dieses wurde von F. Pregl für das Sammeln von Halogensilber und Phosphorammoniummolybdat-Niederschlägen erfunden, die bei der Bestimmung der Halogene und des Phosphors in organischen Substanzen anfallen. Abb. 70 zeigt die Type[1] mit eingeschmolzener Glassinterplatte.

---

[1] Als die Glassinterplatten noch nicht gebräuchlich waren, wurde in eine verjüngte Stelle beim Ansatz des Schaftes spiralig gedrehter Platindraht und auf diesen eine Asbestfüllung gebracht.

Statt Einätzung der Nummer an der Außenseite, was Wägefehler zur Folge haben kann, werden die Filterröhrchen mit einer *innen* eingeätzten Nummer versehen. Bei einer Gesamtlänge des Filterröhrchens von 15 cm bzw. einer Länge des Schaftes von 10 cm sind die oberen 4,5 cm zu einem Glasrohr von 1 cm Innendurchmesser erweitert. Die Filterplatte ist 2 bis 3 mm stark und mißt 12 mm im Durchmesser. Die lichte Weite des Schaftes beträgt 3 mm. Das Gewicht soll 7 g nicht überschreiten. Vor der Verwendung des Filterröhrchens

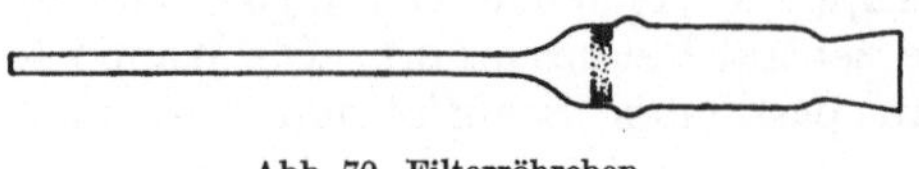

Abb. 70. Filterröhrchen.

ist auf die Filterplatte (in· der Abbildung punktiert dargestellt) eine dünne Asbestschicht aufzusaugen, was mittels der Absaugvorrichtung (s. unten) ausgeführt wird. Um der Asbestschicht einen Halt zu geben, damit sie beim Gebrauch nicht von der Frittenplatte abgehoben wird, ist das Röhrchen knapp über der Glasfritte etwas gekröpft (33). F. Canal (7) zieht statt der Kröpfung eine kleine Verengung des Innenraumes knapp ober der Fritte vor, wodurch auch dünne Asbestschichten gut haften.

β) Die Absaugvorrichtung (Abb. 71) (40).

In eine Absaugflasche von 250 ml Inhalt wird mittels eines Gummistopfens ein verschiebbares Glasrohr *Gr* eingesetzt, über dessen oberen Rand eine Gummimanschette *Gm* in Gestalt eines 20 mm langen Schlauchstückes gezogen ist, das 10 mm über den Rand von *Gr* hinausragt. Durch die Bohrung des Stopfens *S* wird der Schaft des Filterröhrchens *F* geführt, das oben durch einen weiteren Stopfen verschlossen ist. In dessen Bohrung wird ein Heberrohr *H* von 3 mm lichter Weite eingepaßt. Der lange vertikale Schenkel dieses Rohres hat eine Länge von 20 bis 25 cm, so daß mit seiner Hilfe das Halogensilber bequem aus einem Bombenrohr aufgesaugt werden kann. Öfters werden die Fällungen jedoch in einem weiten Reagensglas *R* vorgenommen.

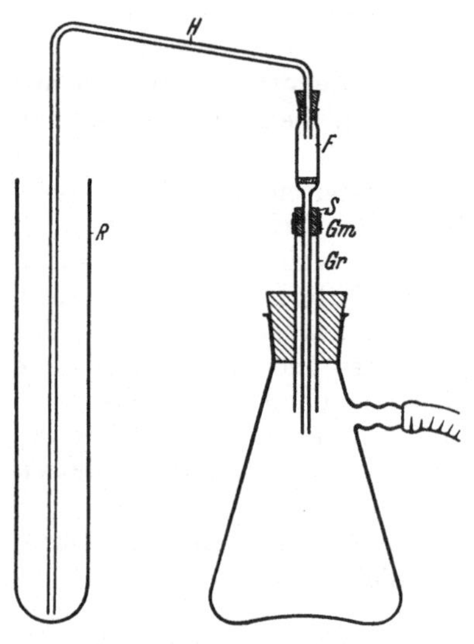

Abb. 71. Absaugvorrichtung für das Filterröhrchen (¹/₄ der natürlichen Größe).

γ) Das Präparieren des Filterröhrchens mit Asbest.

In das von dem Heber samt Gummistopfen befreite Filterröhrchen bringt man bei mäßigem Saugen der Pumpe aufgeschlämmten, mittelfeinen Goochtiegelasbest und drückt ihn mit einem scharfkantigen Glasstab fest. Nach zweimaliger Wiederholung soll eine festgepreßte Asbestschicht von 1,5 bis 2 mm Höhe und ebener Oberfläche vorhanden sein. Man saugt viel Wasser, hierauf dreimal heiße Chromschwefelsäure und neuerlich viel Wasser hindurch. Zum Schluß wird noch der Reihe nach mit heißer Salpetersäure, Wasser und Alkohol gewaschen. Sodann trocknet man das Filterröhrchen unter Durchsaugen eines schwachen, staubfreien Luftstromes (vgl. S. 249, 251 ff.) bei 120° im Trocken- oder Regenerierungsblock (s. das Folgende).

δ) Der Trocken- oder Regenerierungsblock.

Abb. 72 (41) zeigt den sogenannten Regenerierungsblock, der aus zwei aufeinandergeschliffenen Kupferblöcken mit je zwei einander ergänzenden Halbrinnen besteht. Der eine der so entstehenden Kanäle mißt 12 mm im Durchmesser und dient zum Trocknen des erweiterten Teiles des Filterröhrchens, während der andere Kanal, dessen Durchmesser nur 8 mm beträgt, den Schaft aufnehmen kann, damit auch dieser getrocknet zu werden vermag. Das Erhitzen wird mit Hilfe eines Mikrobrenners ausgeführt, der die Temperatur auf 2 bis 3° genau einzustellen erlaubt. Ein waagrechtes Thermometer steckt, wie aus der Abbildung ersichtlich, in einer Bohrung des unteren Kupferblockes. Der obere Block trägt einen Handgriff.

ε) Trocknen und Wägen.

Das in der Absaugeapparatur (S. 234, Abb. 71) mit salpetersäurehaltigem Wasser und hierauf mit Alkohol, wie vorhin beschrieben, gewaschene Filterröhrchen wird mit einem Luftfilter verschlossen und aus dem Gummistopfen S der Apparatur herausgezogen. Das Luftfilter besteht zweckmäßig aus einer kleinen Jenaer Glasnutsche, deren zylindrischer Kopfteil oberhalb der Sinterplatte mit

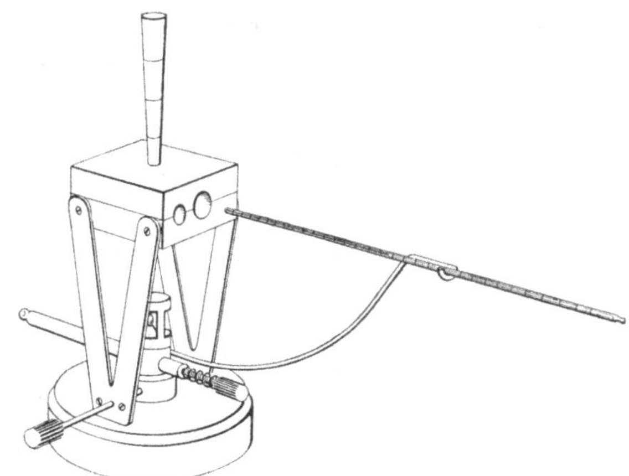

Abb. 72. Regenerierungsblock nach Pregl.

Watte gefüllt und deren Schaft durch einen Kork gesteckt wird. Der Kork wird in die Mündung des Filterröhrchens gesetzt. Man wischt dieses nun außen mit einem Tuch ab und verbindet seinen Schaft über ein Glaszwischenstück mit dem Vakuumschlauch der Wasserstrahlpumpe. Hierauf wird der erweiterte Kopfteil des Filterröhrchens unter schwachem Durchsaugen von Luft 5 Minuten lang in der weiten Bohrung des Regenerierungsblockes bei 120° erhitzt. Das gleiche erfolgt während weiterer 5 Minuten, indem der Schaft in die enge Bohrung des Blockes gelegt wird. Nach Entfernung des Filterröhrchens aus dem Trockenblock und Unterbrechung der Verbindung zur Pumpe entfernt man das Luftfilter und wischt das Filterröhrchen erst mit zwei feuchten Flanelllappen und sodann mit zwei Paar Rehlederläppchen ab. Dies wird nach F. Pregl folgendermaßen ausgeführt: Die beiden Flanelläppchen von 6 × 10 cm werden nach S. 224 befeuchtet und in einer Glasdose aufbewahrt, in die auch die gleichgroßen Rehlederläppchen von Zeit zu Zeit für 1 Stunde gelegt werden (vgl. das auf S. 224 über die Aufbewahrung der Rehlederläppchen Gesagte). Für gewöhnlich sind sie in zwei verschiedenen Glasdosen untergebracht. Man nimmt nun das eine Flanelläppchen in die linke Hand und ergreift damit das Filterröhrchen am einen Ende, wobei beachtet werden muß, daß die Mündung stets nach oben zu halten ist. Dies ist wichtig im Hinblick auf die spätere gleiche Behandlung des Röhrchens nach der Filtration von Niederschlägen, die bei anderer Haltung herausfallen könnten. Mit der rechten Hand faßt man das zweite Flanelläppchen und wischt nun mit diesem von der Mitte des Filterröhrchens, indem man es um seine Längsachse dreht, zweimal bis zum Ende.

Nach Wenden des Röhrchens um 180° wird die zweite Hälfte in der gleichen Weise abgewischt. Dasselbe wird hierauf mit dem ersten und weiterhin mit dem zweiten Rehlederläppchenpaar ausgeführt. Das so abgewischte Filterröhrchen wird für 15 Minuten auf ein neben der Waage befindliches Gestell aus Draht[1] gelegt. Hierauf bringt man es mit einer waagrecht zu haltenden Drahtgabel auf die Haken des linken Waagegehänges, tariert es am besten gegen ein gleichartiges leeres Filterröhrchen aus und wägt nach 5 Minuten. Sehr günstig ist es, wenn die Waagegehänge der mikrochemischen Waage beidseitig mit solchen Haken ausgerüstet sind.

ζ) Die Filtration.

Vor jeder Bestimmungsserie wird das Heberrohr H (S. 234, Abb. 71) mit warmer Chromschwefelsäure, Wasser und Alkohol gereinigt. Die Filtrierapparatur wird dann gemäß der Abb. 71 zusammengestellt. Das rechte Ende des Heberrohres muß 2 cm unter dem Stopfen enden, der in der Mündung des Filterröhrchens sitzt. Dieser Stopfen wird vor dem Einpassen mit einem Tropfen destillierten Wassers benetzt, damit die nötige Dichtigkeit gewährleistet ist. Das Abhebern erfolgt in der Weise, daß der lange Schenkel von H knapp über den Niederschlag in das Reagensglas R oder das Bombenrohr eingetaucht wird. Mit Hilfe einer Vakuumregulierflasche (S. 223, Abb. 60) regelt man den Unterdruck so, daß zwei Tropfen in der Sekunde aus dem kurzen Schenkel von H auf die Asbestschicht fallen. Ist fast alle Lösung abgesaugt, so spritzt man z. B. im Falle der Filtration von Halogensilber die innere Wand von R von oben her mit salpetersäurehaltigem Wasser ab, wirbelt den Niederschlag durch Umschütteln auf und hebert Niederschlag und Lösung vollständig ab. An der Wand anhaftende Halogensilberteilchen werden mit der Spritzflasche (S. 229, Abb. 62) auf den Boden des Reagensglases gespült und von dort auf die Asbestschicht übergesaugt. Die letzten Spuren des Niederschlages bringt man mit Hilfe des feinen Strahles einer mit Alkohol gefüllten Spritzflasche von der Wand auf den Reagensglasboden. Man wiederholt hierauf noch

Abb. 73. Federchen
($^2/_3$ der natürlichen
Größe).

zweimal das abwechselnde Abspülen mit salpetersäurehaltigem Wasser und Alkohol. Im Falle des Halogensilbers ist es auf die geschilderte Art fast stets möglich, den Niederschlag völlig von der Wandung des Fällungsgefäßes zu entfernen. Bei anderen Niederschlägen gelingt dies nicht immer. Man bedient sich dann eines „Federchens" (Abb. 73) (38).

Zu diesem Zweck schmelzt man ein 12 bis 15 cm langes Glasrohr von 2 bis 2,5 mm Außendurchmesser an dem einen Ende zu. In das offene Ende des Glasröhrchens bringt man ein kleines Stückchen Glaskitt[2] und erwärmt es auf dem Regenerierungsblock zum beginnenden Schmelzen, worauf man in das dauernd warmgehaltene Glasrohr die Spule einer kleinen Schnepfenfeder ein-

---

[1] Hierzu eignet sich das Auflagegestell für die bei der Mikro-Elementaranalyse verwendeten Absorptionsapparate, das u. a. bei der Firma P. Haack, Wien, erhältlich ist.

[2] Der Krönigsche Glaskitt wird durch Zusammenschmelzen von 1 Teil weißem Wachs mit 4 Teilen Kolophonium bereitet. Die weiche Schmelze wird in zylindrische Formen gegossen (39).

schiebt, die sich für den vorgesehenen Zweck ganz besonders eignet und auch nicht weiter zurechtgeschnitten werden muß. Den die Außenseite des Röhrchens verunreinigenden Kitt entfernt man mechanisch und wäscht das Federchen hierauf nacheinander kurz in Benzol, Alkohol und ammoniakalischem Seifenwasser unter gelindem Reiben zwischen den Fingern. Das so hergestellte „Federchen" bewahrt man in einem mit einem Kork verschlossenen Glasrohr auf.

Nach Beendigung der Filtration nimmt man den Gummistopfen mit dem Heber aus der Mündung des Filterröhrchens und spritzt mit der Alkoholspritzflasche das innere Heberstück ab. Hierauf füllt man das Filterröhrchen bis zum oberen Rand mit Alkohol, saugt ihn ab und setzt das vorhin beschriebene Luftfilter (S. 235) auf. Die Trocknung, das Abwischen und die Wägung erfolgen in der gleichen Weise, wie vorhin angegeben.

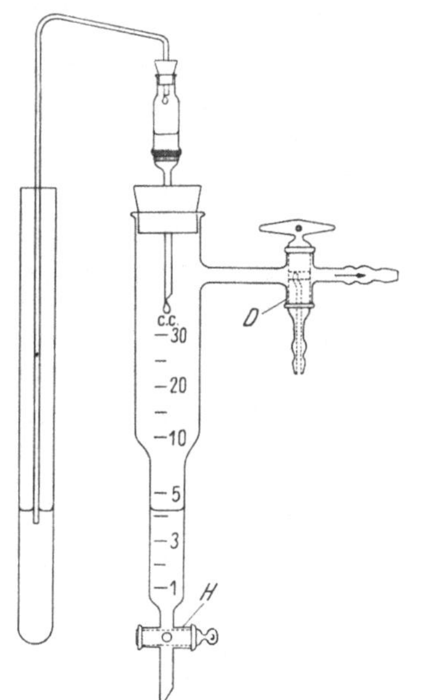

Abb. 74. Volumsmessung des Filtrates.

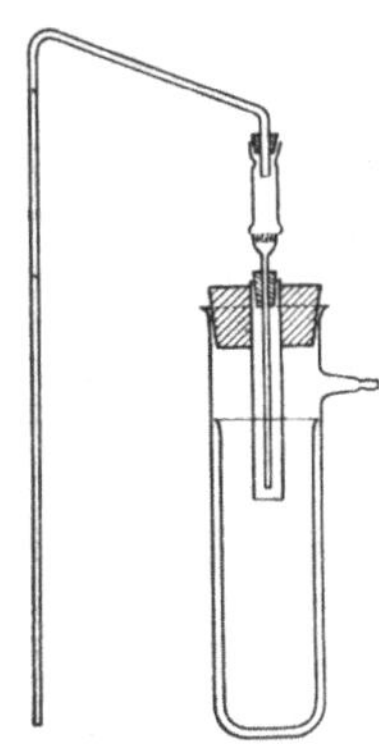

Abb. 75. Auffangen des Filtrates in einem zweiten Reagensglas.

Abb. 74 zeigt einen Behelf (2), der die Volumsmessung des Filtrats für den Fall ermöglicht, daß der Niederschlag mit dem Filtrat bzw. einer bestimmten Menge davon ausgewaschen werden muß.

η) Allgemeine Anwendung der beschriebenen Filtrationsmethode.

Diese Art der Filtration von in „Fällungsröhrchen" nach F. Pregl gefällten Niederschlägen wurde besonders von R. Strebinger, Wien, und seinen Schülern für verschiedene Niederschläge angewendet und auch für Trennungen herangezogen, bei denen das Filtrat in einem zweiten Reagensglas aufgefangen wurde (Abb. 75) (48). Statt Alkohol wurden zum Überführen der letzten Niederschlagsreste in bestimmten Fällen auch andere organische Flüssigkeiten benutzt, so z. B. Benzol bei der Bestimmung des Wismuts als Pyrogallat (47). Die verschiedene Oberflächenspannung von Wasser und Benzol verhindert das Kriechen des Niederschlages. Filtrieren in der Wärme kann in dem auf S. 201 erwähnten Wasserbadeinsatz oder unter Einstellen des Fällungsröhrchens in die Bohrung eines Aluminiumblockes (S. 201) ausgeführt werden.

ϑ) Filtrier-Glasnagel.

Eher für *präparatives* Absaugen von Niederschlägen eignet sich der nachstehend beschriebene Filtrier-Glasnagel. Um die Schwierigkeit zu überwinden, die bei der Verwendung des Willstätterschen Glasnagels (32) darin besteht, daß dieser manchmal im Trichterhals wie ein Stopfen sitzt und das Filtrat nur sehr langsam hindurchläßt, bauten B. Flaschenträger und Samiha M. Abdel-Wahhab (15) aus Tontellerstücken eine Matrize, mit der man einen auf der Unterseite mit zarten Glasrippen versehenen Willstätter-Nagel leicht selbst herstellen kann (Abb. 76). Ein Pyrexglasstab von 5 mm Durchmesser wird so zu einem Glasfaden von 1 bis 2 mm Dicke ausgezogen, daß in der Mitte eine Verdickung von etwa 3 bis 4 mm verbleibt. Man trennt dann unter schwachem Ziehen einen Glasfaden so ab, daß er an einem Ende einen Glastropfen behält, dessen Größe sich nach dem jeweiligen Bedarf zu richten hat. Glas soll jedoch nicht nachträglich hinzugefügt werden. Dieser Tropfen wird rund geschmolzen; gleichzeitig erwärmt man die Matrize und die Tonplatte (Abb. 77). Wenn der Glastropfen fast weißglühend ist, bringt man ihn mit dem Glasfaden vorne in die Matrize und preßt sofort den Tropfen mit der Tonplatte zu einem glatten Nagelkopf. Der Tropfen darf nicht größer sein, als Glas im Konus der Matrize Platz hat.

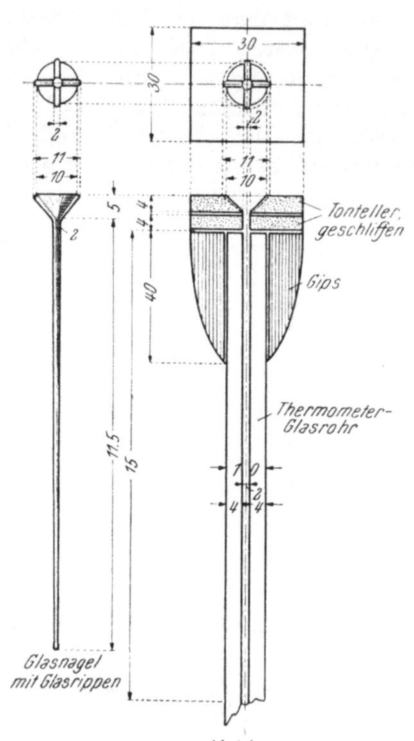

Abb. 76. Filtrier-Glasnagel.

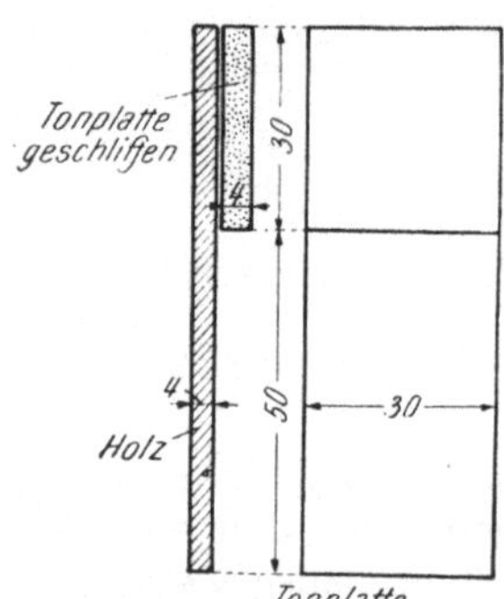

Abb. 77. Tonplatte für den Filtrier-Glasnagel.

Nach einiger Übung sind gerippte Glasnägel ebenso leicht wie gewöhnliche herstellbar. Sie können als Ersatz für kleine Glasfritten in der Absaugvorrichtung nach Pregl verwendet werden (40).

Das Schwinger-Filter, das eigentlich der Preglschen Filtriertechnik entspricht, wurde schon auf S. 221 besprochen.

b) Anwendung des Mikro-Neubauer-Tiegels.

α) Mikro-Neubauer-Tiegel und Porzellanfiltertiegel.

Niederschläge, die geglüht werden müssen, können natürlich nicht unter Verwendung eines gläsernen Filterröhrchens filtriert werden. Man benutzte in diesem Falle früher kleine Mikro-Neubauer-Tiegel aus Platin, die bei der Fa. Heraeus in Hanau erhältlich sind[1]. Von der Berliner Porzellanmanufaktur wurden

---

[1] Ihr Gebrauch ist heute ziemlich eingeschränkt.

ähnliche Porzellanfiltertiegel mit Sinterboden hergestellt, bei deren kleinster Type der Inhalt 1 ml und das Gewicht 2 g beträgt. Bei diesen muß die äußere Glasur bis über die abgerundete untere Kante reichen, da sich sonst unerwünschte Wechselwirkungen mit der Gummimanschette der Absaugeapparatur ergeben. Sie sollten jedoch weniger zum Glühen als hauptsächlich für solche Niederschläge verwendet werden, die bei Trockenschranktemperatur getrocknet werden. Der zum Glühen bestimmte Platin-Mikro-Neubauer-Tiegel wird mit einem Deckel und einer Bodenkappe geliefert. Seine Höhe beträgt 14 mm, der obere Durchmesser 12 mm, der untere 10 mm. Die Filterschicht ist ebenso wie bei den Emichschen Platinfilterstäbchen (S. 218, Abb. 54 c) aus festgepreßtem Platin-Iridium-Schwamm hergestellt. Da manche Tiegel zu langsam filtrieren, sind solche zu wählen, die beim Saugen mit dem Mund im Mittel 4 ml Filtrat in der Minute hindurchlassen. Die meisten Niederschläge lassen sich mechanisch durch Auswischen mit einem auf einem Hölzchen[1] aufsitzenden Wattebausch unter dem Strahl der Wasserleitung entfernen. Selbstverständlich muß der Tiegel vor jeder Verwendung gründlich durchgewaschen werden, vor allem erst mit heißer Salzsäure (1 : 1), dann mehrfach mit heißem Wasser. Wird ein solcher Mikro-Neubauer-Tiegel ständig zur Bestimmung von Bariumsulfat herangezogen[2], ist vor einer neuen Bestimmung das Bariumsulfat in der beschriebenen Art mechanisch zu entfernen. Erst nach längerem Gebrauch wird das im Innern der Filterschicht angesammelte Bariumsulfat mit heißer konz. Schwefelsäure gelöst. Nach einer derartigen Reinigung wird zur besseren Dichtung der Poren ein frisch bereiteter Bariumsulfatniederschlag filtriert und gründlich gewaschen.

β) Trocknen, Glühen und Wägen.

Der Platinfiltertiegel wird gut mit salzsäurehaltigem dest. Wasser durchgewaschen. Hierauf setzt man die Bodenkappe und den Deckel auf und stellt das Ganze auf einen größeren Platintiegeldeckel, der auf einem Quarzdreieck ruht. Nach langsamem Anheizen mit kleiner Flamme, wobei es infolge Dampfbildung öfters zum „Hüpfen" des Tiegelchens kommt, wird dieses nach Trocknung 3 Minuten lang mit starker Flamme auf Rotglut erhitzt und schließlich der mit der Platinspitzenpinzette gefaßte Deckel ausgeglüht. Nun stellt man den Tiegel samt Bodenkappe und Deckel mit der Platinspitzenpinzette für einige Minuten auf einen Kupfer- oder Nickelblock. Im Exsiccator (ohne Trockenmittel) wird das ganze Platingerät sodann zur Waage getragen (vgl. S. 225) und dort unter einer Glasglocke auf einen zweiten Metallblock gesetzt. Nach 10 Minuten werden Tiegel, Kappe und Deckel auf die Waagschale gestellt, gegen gleichartige Gegengewichte austariert und nach weiteren 5 Minuten gewogen. Man kann als Gegengewicht einen Mikro-Neubauer-Tiegel + Platinblech im annähernden Gesamtgewicht der zu wägenden Garnitur benutzen.

Die Porzellantiegel werden ähnlich wie die Filterröhrchen (S. 234, Abb. 70) vor dem Trocknen oder Glühen erst mit feuchtem Flanell und trockenem Rehleder außen abgewischt (nicht jedoch auf der rauhen Unterseite der Bodenfläche).

γ) Absaugvorrichtung und Filtration.

Die Absaugapparatur (Abb. 78) wurde von O. Wintersteiner (50) ursprünglich für die Filtration von Bariumsulfatniederschlägen konstruiert, die bei der Bestimmung des Schwefels in organischen Substanzen ausgefällt werden.

---

[1] Gerauhter Stahldraht ist zu vermeiden, da er leicht den Tiegel beschädigen kann.
[2] Für verschiedene Niederschläge ist jeweils stets ein bestimmter Sintertiegel zu verwenden.

Während des Filtrierens bleiben Deckel und Bodenkappe im Handexsiccator. Den Tiegel T selbst setzt man in die mit Wasser befeuchtete Gummimanschette M der Absaugvorrichtung ein. Das im Absaugkolben steckende Glasrohr G ist 12,5 mm stark (äußerer Durchmesser). Der über die Manschette gestülpte Glasaufsatz A besitzt einen seitlichen Tubus, auf den der 50 cm lange Schlauch II gesteckt wird, der unten durch den Quetschhahn Q_2 verschlossen ist. In der oberen Mündung von A sitzt ein Stopfen, durch den der kürzere Vertikalschenkel des Heberrohres H hindurchführt. Dieser Schenkel weist ein erweitertes Ende S auf, um das Austreten größerer Tropfen zu ermöglichen, während das Lumen des gesamten Heberrohres, falls feine Niederschläge, wie Bariumsulfat, filtriert werden sollen, nur 0,8 mm beträgt. Die Mündung von S befindet sich etwa in

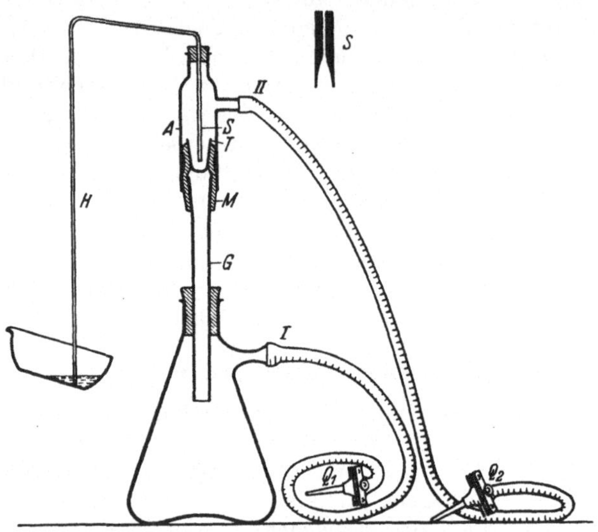

Abb. 78. Absaugapparatur für Filtertiegel.

halber Höhe des Tiegels T. Über den Saugtubus des Absaugkolbens wird ein Gummischlauch I gezogen, der am unteren Ende den Quetschhahn Q_1 trägt.

Zu Beginn des Filtrierens ist die Filterschicht des Tiegels T noch trocken, so daß durch Saugen bei I nach Öffnen von Q_1 die Filtration in Gang gesetzt werden kann. Sie erfolgt solange automatisch, als die Filterschicht des Filtertiegels von Flüssigkeit bedeckt ist. Sinkt jedoch der Unterdruck in A, so ist die Folge, daß nicht genügend Flüssigkeit in den Tiegel übergesaugt und dieser entleert wird. Die feuchte Filterschicht bietet ähnlich wie bei den Emichschen Filterstäbchen (S. 218, Abb. 54) einen zu großen Widerstand, als daß der Unterdruck im Absaugkolben seine Wirksamkeit auf die in A befindliche Luft erstrecken könnte. Man verringert daher den Druck in A durch Öffnen des Quetschhahnes Q_2 und Ansaugen mit dem Mund, worauf die Filtration wieder in Gang kommt. Selbstverständlich darf nicht zu stark gesaugt werden, weil sonst zuviel Flüssigkeit aus dem Heberrohr in den Tiegel gelangen und über dessen Rand überfließen könnte. Wenn alle Flüssigkeit aus dem Schälchen (oder dem an dessen Stelle zu denkenden Reagensglas) übergesaugt ist, wird ohne Unterbrechung der Filtration mit Waschflüssigkeit nachgewaschen. Durch abwechselnde Anwendung von Wasser und einer bestimmten organischen Flüssigkeit von geeigneter Oberflächenspannung (z. B. Alkohol, Benzol, vgl. S. 237) lassen sich alle Niederschlagsreste aus dem Fällungsgefäß in den Filtertiegel überführen.

Es dürfen natürlich nur solche organische Flüssigkeiten gewählt werden, in denen der Niederschlag nicht löslich ist. Zum Schlusse wird Q_2 geöffnet und der Aufsatz A abgezogen. Das Heberrohr wird samt dem Gummistopfen aus A herausgenommen und an seinem Ende über dem Tiegel mit der zuletzt benutzten organischen Waschflüssigkeit abgespült. Darauf wird der Tiegel trockengesaugt.

Nach der Filtration werden Deckel und Kappe auf bzw. unter den Filtertiegel gesetzt und das Glühen und Wägen in der vorhin beschriebenen Weise vorgenommen.

Abb. 79 a zeigt ein anderes Gerät (8) zur verlustlosen Überführung von Niederschlägen in einen NEUBAUER-Tiegel. Das oberste, trichterförmige Gefäß ist in das darunter befindliche, das auf einem Gummistopfen aufsitzt, eingeschliffen. Wenn alle Verbindungen luftdicht sind, bleibt die Flüssigkeit in dem oberen Trichtergefäß so lange, bis man zu saugen beginnt. Die Geschwindigkeit der Filtration kann durch das Ansaugen reguliert werden. Zur Verwendung des Gerätes nach Abb. 79 b siehe auf S. 223.

δ) Allgemeine Anwendung der beschriebenen Filtrationsmethode.

Von verschiedenen Forschern, wie z. B. R. STREBINGER und seinen Schülern, wurde eine Reihe von Mikrobestimmungen unter Anwendung von Mikro-NEUBAUER-Tiegeln ausgearbeitet. G. SPACU verwendete für die Filtration und Wägung der zahlreichen von ihm entdeckten Komplexverbindungen mit organischen Komponenten ausschließlich Mikro-Porzellanfiltertiegel, da diese Verbindungen nur Trockenschranktemperaturen erfordern.

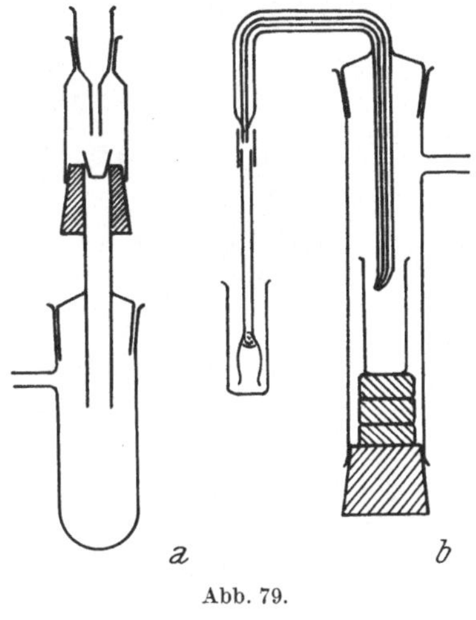

a   *b*

Abb. 79.

3. Zentrifugieren.

Mikrozentrifuge.

Eine geeignete Mikrozentrifuge wird von G. GORBACH beschrieben[1] (19). Sie eignet sich zum Absaugen der überstehenden Flüssigkeit von Niederschlägen bzw. der Mutterlauge von Kristallfällungen. Die Fällungen können sehr geringe Mengen sein, weshalb als Fällungsgefäße eine Art „Spitzröhrchen" mit starkem Rand verwendet werden, die ohne Schutzhülle in die Zentrifuge eingehängt werden können. Die Spitze dieser Röhrchen ist allerdings abgeflacht. Sie haben sich in zwei Größen bewährt: als großes Spitzröhrchen mit 6 cm Länge und etwa 16 mm Durchmesser und als kleines Spitzröhrchen (,,Titrier"-Spitzröhrchen) mit 3 cm Länge und 1 cm Durchmesser. Das Fassungsvermögen ist rund 6 bzw. 3 ml. Die großen Spitzröhrchen wiegen, aus dünnem Glas gefertigt, durchschnittlich 3 bis 4 g, die kleinen nur 0,5 bis 1 g, so daß sich die letztgenannten besonders gut als Wägegefäße eignen. Zum Transport werden die Spitzröhrchen, die zweckmäßig nicht mit der Hand berührt werden sollen, in Glasringe eingehängt.

Der gefällte Niederschlag wird zentrifugiert und dann die überstehende Flüssigkeit in einer Filtrierpipette (S. 228, Abb. 61) oder anderen Apparatur abgesaugt. Man achte darauf, daß die Flüssigkeit nicht bis zum Niederschlag hinab ab-

---

[1] Das Gerät wird von der Fa. P. Haack, Wien, IX., Garnisongasse 3, hergestellt.

gesaugt wird, sondern etwas Flüssigkeit über dem Niederschlag übrig bleibt, so daß kein Niederschlag eingesaugt wird. Nach Zugabe von Waschflüssigkeit rührt man auf und zentrifugiert neuerlich. Absaugen der Flüssigkeit und Auswaschen werden mehrmals wiederholt.

Diese Filtriermethode ist dann zuverlässig, wenn der Unterschied des spezifischen Gewichtes zwischen Flüssigkeit und Niederschlag groß genug ist. Dies kann vielfach durch Zugabe von Alkohol nach der Trennung erreicht werden. Selbstverständlich ist auch eine möglichst große Umdrehungszahl der Zentrifuge vonnöten. Dafür sind kleine, leichte Spitzröhrchen besonders geeignet. Abb. 80 gibt eine einfache Motorzentrifuge wieder, bei der ein Antrieb durch einen 20-W-Motor mit 5000 Touren/Min. völlig genügt, um auch schwer zentrifugierbare Niederschläge abzuscheiden. Das Schutzgehäuse besteht aus Aluminium. Die Gefahr des Abspringens des Glasrandes verringert sich sehr, wenn beide Röhrchen richtig gegeneinander austariert werden. Die freie Aufhängung erlaubt auch zu sehen, ob die Probe schon auszentrifugiert ist.

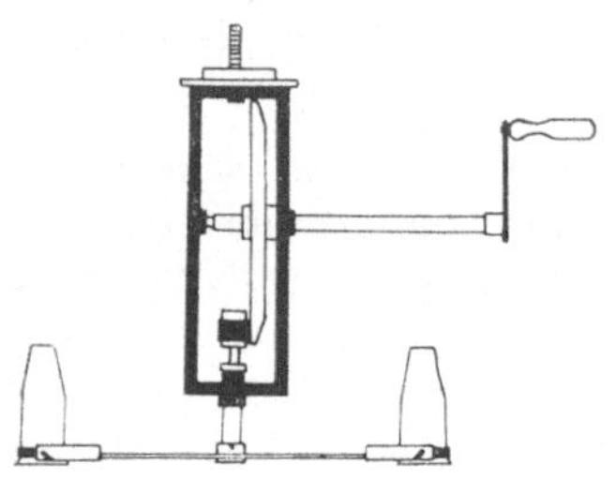

Abb. 80. Motorzentrifuge.   Abb. 81. Mikrozentrifuge nach dem Friktionsprinzip.

Für leichte, besonders voluminöse Niederschläge werden zum Absaugen der Flüssigkeit zweckmäßig Papierfilterstäbchen, Glas- oder Porzellanfilterstäbchen, für besondere Zwecke auch Asbestfilterstäbchen benützt. Das Zentrifugieren bewirkt in diesem Fall immerhin ein besseres Absetzen des Niederschlages und dadurch eine Verkürzung der Filtrationszeit. Abb. 81 gibt eine mit der Hand zu betreibende Mikrozentrifuge wieder, die nach dem Friktionsprinzip arbeitet. Das Antriebsrad ist in einem festen Rahmen untergebracht und läßt sich seitlich in den beiden Achsenstummeln verschieben. In der gleichen Richtung liegt die Zentrifugierachse, die ein Rädchen aus Leder besitzt. Unter der Achse ist in üblicher Weise das Zentrifugiergehänge aufgeschraubt. Die Zentrifuge wird in Bewegung gesetzt, indem man mit Hilfe des Hebels an das Friktionsrädchen drückt. Anfangs ist eine verhältnismäßig große Kraft erforderlich, um die Zentrifuge in Schwung zu bringen, weshalb das Antriebsrad mit der einen Hand an das Leder gedrückt und mit der anderen Hand das Gehänge in Bewegung gesetzt wird. Es können Drehzahlen von 2000 bis 3000/Min. erreicht werden, wenn die Durchmesser von Antriebsrad und Rädchen der Zentrifugenachse entsprechend gewählt werden, wobei das letztgenannte möglichst klein sein soll.

Zentrifugen-Röhrchen.

Ein einfaches Zentrifugen-Spitzröhrchen ist in Abb. 82 a dargestellt (36). Die Typen b und c dienen dazu, eine durch eine Sinterplatte filtrierte Flüssigkeit quantitativ zu sammeln, während der Niederschlag auf der Filterplatte zurückbleibt. Abb. 82 d zeigt das Absaugen der über dem Niederschlag stehenden Flüssigkeit mit einer Pipette.

Angesichts der häufigen Anwendung, die die Zentrifuge in der qualitativen Mikroanalyse als Hilfsmittel zur Trennung fester und flüssiger Phasen erfährt, fehlte es naturgemäß nicht an Versuchen, für die quantitative Mikroanalyse besonders geeignete, wägbare Zentrifugenröhrchen zu konstruieren, die eine Verwendbarkeit in der Mikro*gewichts*analyse gestatten. Im folgenden wird ein solches Zentrifugenröhrchen beschrieben (31).

Die Fällung des Niederschlages erfolgt in dem Fällungsgefäß F (Abb. 83), das oben mit Ausnahme einer seitlichen Öffnung geschlossen ist, während es unten kapillar zuläuft. Bei der Fällung wird es in eine solche Stellung gebracht, daß die Oberfläche der Flüssigkeit die in der Abbildung punktierte Lage einnimmt.

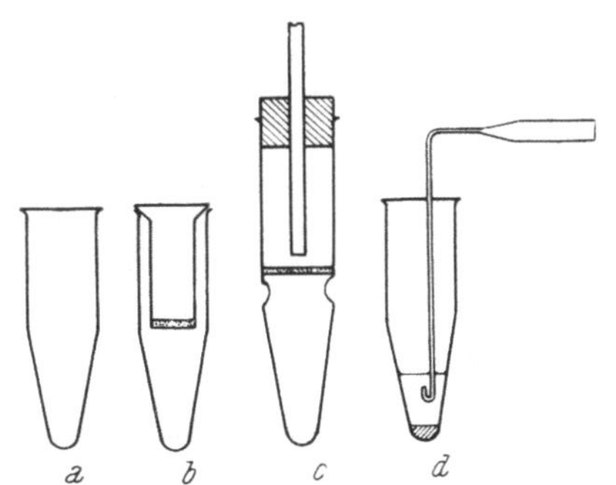

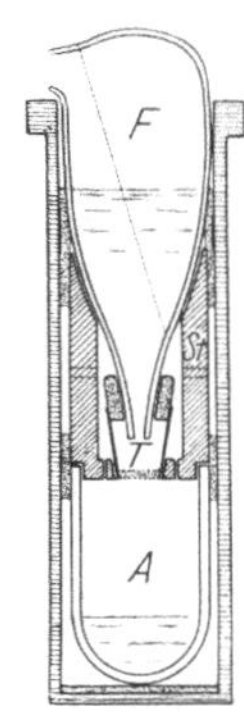

Abb. 82. Zentrifugen-Spitzröhrchen.   Abb. 83. Wägbares Zentrifugenröhrchen.

Gegebenenfalls kann erwärmt werden. Auf einen Gummipfropfen, den man über das eng zulaufende untere Ende von F schiebt, wird ein Mikrofiltertiegel T aufgesetzt, und zwar so, daß dieses Ende von F in den Tiegel hineinragt. Beim Zentrifugieren entsteht dann ein Luftpolster, der ein Vollaufen des Tiegels mit Flüssigkeit verhindert.

Nach der Fällung und dem Absetzen des Niederschlages bringt man F in die in der Abbildung dargestellte senkrechte Lage und setzt die ganze Vorrichtung in den Ebonitständer St. Dieser ist so gebaut, daß F und T gut aufsitzen. Demnach erfordert jede Tiegelgröße einen eigenen Ständer. Um eine Deformation des Tiegels beim Zentrifugieren zu vermeiden, wird durch das Verschieben des erwähnten Gummipfropfens stets die gleiche Stellung des Tiegels T bewerkstelligt.

Das Filtrat und die Waschflüssigkeit werden in einem dickwandigen Gefäß A mit halbrundem Boden aufgefangen, dessen oberer Rand in eine außen am Boden des Ständers befindliche Nute paßt. Eine Marke am Fällungsgefäß F bezeichnet diejenige Flüssigkeitsmenge, die von A aufgenommen werden kann. F und A sind mit St durch zwei breitere, fest anliegende Gummiringe verbunden. Auf diese Weise bildet die ganze Vorrichtung *ein* Stück, das in die Metallhülse der Zentrifuge eingesetzt wird. Um beim Zentrifugieren ein Entweichen der Luft aus A zu ermöglichen, weist St einige Löcher auf.

Die Dauer des Zentrifugierens beträgt nach den Angaben des Autors für Bariumsulfat bei Verwendung einer elektrisch betriebenen Zentrifuge mit 2000 bis 3000 Umdrehungen in der Minute nur einige Minuten. Beim Waschen des Niederschlages bedient man sich entweder eines unten gekrümmten Glas-

stäbchens mit Gummiring oder eines „Federchens" (vgl. S. 236, Abb. 73), das
in diesem Fall an einem steifen Draht befestigt wird. Letzteres ist selbstverständlich nur dann möglich, wenn der Draht von der Waschflüssigkeit nicht chemisch
angegriffen wird. Beim Waschen unterbricht man das Zentrifugieren und reibt
die Wände mit dem Glasstäbchen oder Federchen ab. Die letzten Anteile des
Niederschlages werden unter Nachwaschen mit Alkohol entfernt. Ein allzu
starkes Haften des Niederschlages an den Wänden des Gefäßes F wird vermieden, wenn dieses vor der Verwendung gut
mit Chromschwefelsäure gereinigt worden ist.

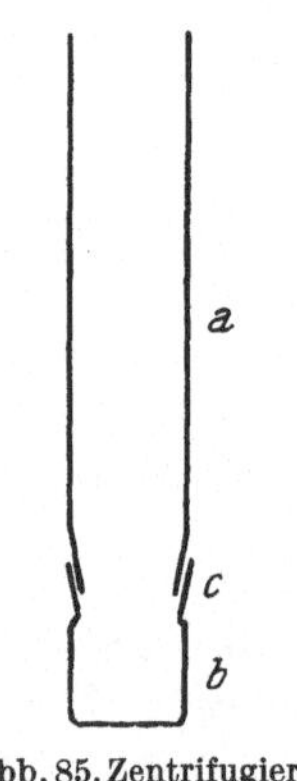

Abb. 84. Einwäge-
schälchen.

Das Fassungsvermögen des Apparates beträgt durchschnittlich 10 bis 12 ml, kann jedoch je nach der vorhandenen Zentri-
fugenhülse vergrößert oder verkleinert werden.

Zur Einwaage fester Stoffe dient ein in Abb. 84 wiedergegebenes Einwaage-
schälchen mit einer oberen und einer seitlichen Öffnung. Nach dem Einwägen
wird die Substanz aus dem um 90° gedrehten Gefäß mit einer sehr geringen Menge
Lösungsmittel in das Fällungsgefäß F gespült, wobei man sich zweckmäßig
einer Spritzflasche bedient, der nur die für die Fällung vorgesehene Menge des
Lösungsmittels entnommen werden kann.

Frühere Ausführungsformen wägbarer Zentrifugenröhrchen
(die teilweise eine abnehmbare Kappe aufweisen, die für sich
allein gewogen wird) beschreiben F. W. Rixon (42), E. Gartner (17), A. Friedrich (16), S. D. Elek (10), D. F. Houston
und C. P. Saylor (26), C. R. Johnson (27).

Bei einer von G. Beck (3) angegebenen Apparatur (Abb. 85)
steckt das Zentrifugierrohr mit dem Schliff c, der nicht zu kurz
sein soll, in einem Tiegel b aus Pyrexglas oder Porzellan, der bei
genügender Wandstärke und nicht allzu hoher Tourenzahl den
Druck aushält, wie durch Versuche ausprobiert wurde. Der
Schliff hält bei gutem Sitz dicht; es wird höchstens zwischen
die Schliffflächen Flüssigkeit hineingepreßt. Man kann diese
Flächen aber auch mit etwas Isoamylalkohol oder Acetylen-
tetrabromid oder bei Tiegeln, die geglüht werden, mit Paraffinöl
einreiben.

Abb. 85. Zentrifugier-
tiegel.

Zur Ausführung einer gravimetrischen Bestimmung wird die
Flüssigkeit, ohne abzuwarten, bis sich der Niederschlag abgesetzt hat, in die Röhre
mit aufgesetztem Tiegel gegossen, zentrifugiert und der Niederschlag beim Auswaschen mit einem Glasstab aufgerührt. Nach dem Auswaschen wird der Tiegel von
der Röhre abgetrennt und getrocknet oder geglüht. Tiegel aus gutem Pyrexglas
können bis 700° erhitzt werden. Mit dieser Methode kann man selbst gelatinöse
Niederschläge rasch aus der Lösung abtrennen; auch kann man die Methode
für präparative Zwecke benützen, denn die Niederschläge sind leicht aus den
kurzen Tiegeln entfernbar. Es gibt aber Niederschläge, wie z. B. das Ammonium-
phosphormolybdat, die in Spuren durch die Flächenspannung am Meniskus
festgehalten werden. Man kann die Verluste vermindern, wenn man eine 1 cm
hohe Schicht Aceton in das Rohr auf die Lösung gießt. Gelatinöse oder amorphe
Niederschläge lassen sich hingegen anstandslos zentrifugieren. Die Tiegel sollen
mit ihren flachen Böden in einer Zentrifugierhülse mit ebenfalls flachem Boden
stehen und seitlich etwa 0,5 mm Abstand haben, sonst werden sie eingeklemmt
und zusammengedrückt.

C. Feldman und J. Y. Ellenburg (14) beschreiben ein zweiteiliges Zentrifugenröhrchen, das besonders für Arbeiten mit radioaktiven Tracern verwendbar ist.
Das Material, aus dem es hergestellt wird, richtet sich nach der beabsichtigten

Art des Trocknens oder Glühens des Niederschlages. Der Oberteil (Abb. 86) ist ein Zylinder, der Unterteil hat Tiegelform mit abgeflachtem Boden. Beide weisen abgeschrägte Kanten auf, die aufeinander geschliffen sind. Vor der Verwendung werden die kreisförmigen Schliffe mit Silikonhahnfett bedeckt. Hierauf werden beide Teile aufeinander gepaßt und mit einer Gummimanschette zusammengehalten. Die Abschrägung der Schliffflächen bewirkt beim Zentrifugieren einen festen Zusammenhalt, so daß keine Flüssigkeit austreten kann. Nach dem Zentrifugieren des Niederschlages wird die Hauptmenge der Flüssigkeit abgezogen, bis ihr Niveau unterhalb des Schliffes liegt. Natürlich ist auch Aufrühren des Niederschlages und neuerliches Zentrifugieren mit Waschflüssigkeit möglich. Die Fällung kann dann in dem tiegelförmigen Unterteil getrocknet bzw. geglüht werden. Für die Glühbehandlung eignet sich Quarz als Material.

Auswaschen von Zentrifugenröhrchen.

Für das Auswaschen von Zentrifugierröhrchen gibt K. KOMÁREK (29) eine einfache Vorrichtung an. Die nach dem Zentrifugieren im konischen Teil befindliche Flüssigkeit wird aus dem senkrecht gestellten Zentrifugierrohr mit einem Röhrchen abgesaugt, das am Ende in eine genügend lange, dünnwandige Kapillare übergeht. Dabei darf nur ein geringer, gleichmäßiger Unter-

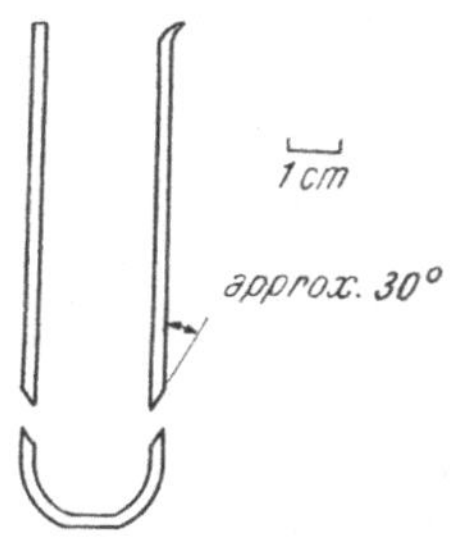

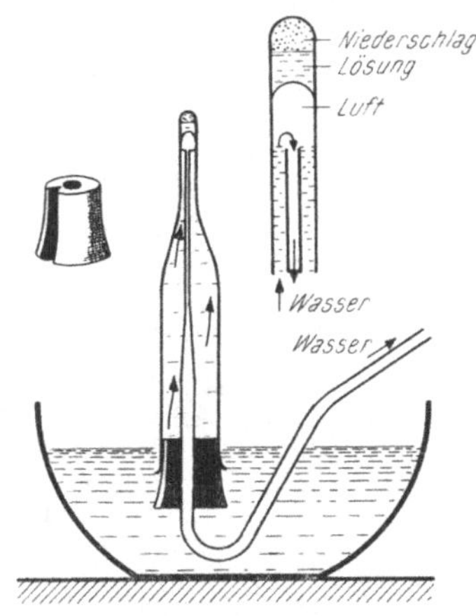

Abb. 86. Zentrifugiertiegel.   Abb. 87. Auswaschvorrichtung für Zentrifugierröhrchen.

druck angewendet werden. Nach dem Absaugen wird das Röhrchen mit dem Boden nach oben gedreht und mit einem Gummistopfen verschlossen, durch den ein endwärts kapillar ausgezogenes Knierohr eingeführt ist (Abb. 87). Das Zentrifugierrohr wird in eine Schale mit dest. Wasser so tief eingetaucht, daß durch einen schmalen Einschnitt im Stopfen bei leichtem Ansaugen sofort Wasser aufsteigt und die Wandungen abwäscht. Der Niederschlag bleibt dabei in der Zentrifugierröhrchenspitze durch eine Luftblase und ein Tröpfchen Lösung vom Wasser isoliert. Sobald das Waschen beendet ist, schiebt man die Kapillare etwas heraus und hebt die Öffnung des Zentrifugenrohres ein wenig über die Wasserfläche, so daß bei leichtem Ansaugen Luft in das Innere des Rohres eindringt und das Wasser aus dem oberen Kapillarenende hinausdrückt. Erst dann wird der Stopfen herausgezogen, während das Zentrifugierröhrchen in seiner Lage bleibt. Sodann wird mit einer abgemessenen Menge Waschflüssigkeit der Niederschlag aufgerührt und abzentrifugiert, worauf man den beschriebenen Vorgang wiederholt.

Literatur.

(1) ABRAHAMCZIK, E., u. F. BLÜMEL, Mikrochem. **24**, 275 (1938).
(2) BALLCZO, H., Mikrochem. **26**, 250 (1939).

(3) Beck, G., Analyt. Chim. Acta 4, 245 (1950).
(4) Benedetti-Pichler, A., Z. analyt. Chem. 64, 410 (1924).
(5) Benedetti-Pichler, A., Z. analyt. Chem. 64, 419 (1924).
(6) Bowden, S. T., Analyst 72, 542 (1947).
(7) Canal, F., Mikrochem. 22, 250 (1937).
(8) Colson, A. F., Analyst 71, 322 (1946).
(9) Dworzak, R., u. H. Ballczo, Mikrochem. 26, 334 (1939).
(10) Elek, S. D., Mikrochem. 19, 129 (1936).
(11) Emich, F., Mikrochemisches Praktikum, 2. Aufl., S. 63. München: J. F. Bergmann. 1931.
(12) Emich, F., Mikrochemisches Praktikum, 2. Aufl., S. 64. München: J. F. Bergmann. 1931.
(13) Emich, F., Mikrochemisches Praktikum, 2. Aufl., S. 14, 68. München: J. F. Bergmann. 1931. — Vgl. a. Hecht, F., u. J. Donau, Anorganische Mikrogewichtsanalyse, S. 86. Wien: Springer-Verlag. 1940.
(14) Feldman, C., u. J. Y. Ellenburg, Analyt. Chemistry 29, 1557 (1947).
(15) Flaschenträger, B., u. Samiha M. Abdel-Wahab, Mikrochim. Acta [Wien] 1954, 72.
(16) Friedrich, A., Mikrochem., Pregl-Festschrift, 103 (1929).
(17) Gartner, E., Mh. Chem. 41, 490 (1920).
(18) Gorbach, G., Mikrochem. 31, 109 (1944).
(19) Gorbach, G., Mikrochem. 34, 185 (1949).
(20) Häusler, H., Z. analyt. Chem. 64, 362 (1924).
(21) Hecht, F., Mikrochim. Acta 1, 284 (1937).
(22) Hecht, F., u. J. Donau, Anorganische Mikrogewichtsanalyse, S. 81. Wien: Springer-Verlag. 1940.
(23) Hecht, F., u. M. v. Mack, Mikrochim. Acta 2, 221 (1937).
(24) Hecht, F., u. W. Reich-Rohrwig, Mikrochem. 12, 289 (1933).
(25) Hecht, F., W. Reich-Rohrwig u. H. Brantner, Z. analyt. Chem. 95, 160 (1933).
(26) Houston, D. F., u. C. P. Saylor, Ind. Engng. Chem., Analyt. Edit. 8, 302 (1936).
(27) Johnson, C. R., Chemist-Analyst 25, 70 (1936).
(28) King, E. J., Analyst 58, 325 (1933).
(29) Komárek, K., Chem. Listy 45, 39 (1951); durch Z. analyt. Chem. 136, 301 (1952).
(30) Kroupa, E., Mikrochem. 27, 167 (1939).
(31) Langer, A., Mikrochim. Acta 3, 247 (1938).
(32) Lieb, H., u. W. Schöniger, in: Hoppe-Seyler-Thierfelder, Handbuch der physiologisch- und pathologisch-chemischen Analyse, 10. Aufl., 1. Bd., S. 38. Herausgegeben von K. Lang u. E. Lehnartz. Berlin: Springer-Verlag. 1953.
(33) Lieb, H., u. A. Soltys, Mikrochem., Molisch-Festschrift, 298 (1936).
(34) Mack, M. v., u. F. Hecht, Mikrochim. Acta 2, 228 (1937).
(35) Vgl. a. Matthews, J. W., Österr. Chem.-Ztg. 41, 175 (1938).
(36) Milton, R. F., in: Milton, R. F., u. W. A. Waters (Hg.), Methods of Quantitative Micro-Analysis, 2. Aufl., S. 32. London: Edward Arnold. 1955.
(37) Milton, R. F., u. W. A. Waters (Hg.), Methods of Quantitative Micro-Analysis, 2. Aufl., S. 26. London: Edward Arnold. 1955.
(38) Pregl-Roth, Mikroanalyse, S. 16.
(39) Pregl-Roth, Mikroanalyse, S. 39.
(40) Pregl-Roth, Mikroanalyse, S. 122.
(41) Pregl-Roth, Mikroanalyse, S. 124.
(42) Rixon, F. W., J. Soc. Chem. Ind. 37, 255 (1919).
(43) Schwarz-Bergkampf, E., Z. analyt. Chem. 69, 327 (1926).
(44) Schwarz-Bergkampf, E., Z. analyt. Chem. 69, 336 (1926).
(45) Schwarz-Bergkampf, E., Mikrochem., Emich-Festschrift, 270 (1930).
(46) Stock, J. T., u. M. A. Fill, Analyst 69, 149 (1944); Metallurgia 34, 166 (1946); Mikrochim. Acta [Wien] 1953, 109.
(47) Strebinger, R., u. E. Flaschner, Mikrochem. 5, 12 (1927).
(48) Strebinger, R., u. J. Pollak, Mikrochem. 2, 128 (1924).
(49) Thomas, W., Metallurgia 33, 103 (1945).
(50) Wintersteiner, O., Mikrochem. 2, 14 (1924).

Anm.: Pregl-Roth, Mikroanalyse = Abkürzung für Pregl-Roth, Quantitative organische Mikroanalyse. 7. Aufl. Wien: Springer-Verlag. 1958.

VII. Lösen und Umfällen von Niederschlägen.

Sehr oft müssen während einer Analyse Niederschläge, die sich in einem Mikrotiegel befinden und mittels eines Filterstäbchens filtriert worden sind, wieder aufgelöst werden, was meist durch verdünnte Salz- oder Salpetersäure, in Ausnahmefällen (z. B. Phosphorammoniummolybdat) durch verdünnten Ammoniak bewirkt wird. Zu diesem Zweck setzt man aus einer Mikrospritzflasche die Säure tropfenweise zu und erwärmt hierauf im Wasserbad (vgl. S. 259). Manchmal besteht dabei die Gefahr, daß es zum Verspritzen der Lösung kommt. Dies ist der Fall beim Lösen von Carbonaten oder Sulfiden in Salzsäure oder beim Auflösen gewisser Niederschläge (z. B. Molybdänsulfid) in Königswasser. Um Verluste zu vermeiden, setzt man entweder nur verdünnte Säure oder aber anfänglich bloß sehr wenig Königswasser zu und bedeckt den Tiegel oder den schnabellosen Becher mit einem Uhrglas (Jenaer Geräteglas), das in der Mitte ein kreisrundes Loch besitzt, in das der Schaft des Filterstäbchens so genau hineinpaßt, daß der Zwischenraum nur wenige Zehntelmillimeter beträgt. Nur in Fällen ganz besonders stürmischer Reaktion, was aber sehr selten eintritt, ist es notwendig, den Tiegel außen gut mit heißem Wasser abzuspülen und in einen größeren Porzellantiegel („Übertiegel") zu stellen, der noch mit einem Uhrglas bedeckt werden kann. Dieser „Übertiegel" wird dann auf dem Wasserbad erwärmt und

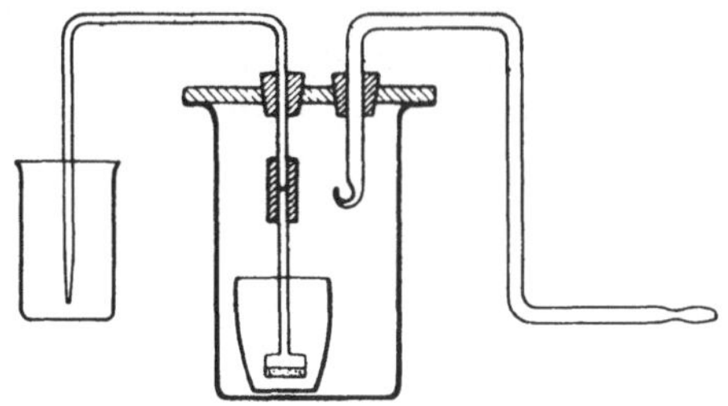

Abb. 88. Wiederauflösen filtrierter Niederschläge.

nach dem Herausnehmen und Abspritzen des inneren Tiegels gut ausgespült (vgl. S. 263). Das Spülwasser wird hierauf in den inneren Tiegel übergespült oder besser übergesaugt.

Nach dem Abspülen des den (inneren bzw. allein vorhandenen) Tiegel bedeckenden Uhrglases mit heißem Wasser wird die saure Lösung durch das Filterstäbchen mit Hilfe der Absaugeapparatur (S. 222, Abb. 58) in einen anderen Tiegel übergesaugt und durch mehrmaliges Nachspülen mit heißer verdünnter Säure quantitativ in diesen gebracht. Nach dem zweiten Spülen wird die Flüssigkeit bei jedem weiteren Male gänzlich aus dem Tropfrohr abgesaugt. In der Regel wird nun die saure Lösung weitgehend oder zur Gänze eingedampft und dann eine neuerliche Fällung vorgenommen.

Das Überführen der Lösung in einen anderen Tiegel ist deshalb notwendig, weil sich ein Teil der Flüssigkeit nach Auflösen des Niederschlages in den Poren der Filterplatte und im Schaftinneren des Filterstäbchens ansammelt und infolgedessen einer zweiten Fällung entgehen würde.

Soll die Fällung jedoch im ursprünglichen Tiegel vorgenommen werden, so bedient man sich der in Abb. 88 dargestellten Apparatur[1]. Wie daraus ersichtlich, wird das Filterstäbchen nach dem Auflösen des Niederschlages mit einem 1 cm langen Gummischlauch an dem unteren Ende des Tropfrohres befestigt. Dann wird durch das fein ausgezogene Ende der Kapillare aus einem Mikrobecher verdünnte Säure in mehreren Portionen verkehrt durch das Filterstäbchen gesaugt. Die Absaugapparatur ist dabei gegen Ende zweimal ein wenig zu öffnen und das Filterstäbchen mit etwas heißem Wasser oder heißer verdünnter Säure in den Auffangtiegel hinein abzuspülen. Die in diesem befindliche Lösung

---

[1] Diese Vorrichtung wurde von W. REICH-ROHRWIG im Wiener Analytischen Universitätslaboratorium eingeführt.

wird schließlich (nach Entfernen des Filterstäbchens) eingedampft und die Fällung wiederholt. Das Filterstäbchen kann unter Umständen nach gründlichem Hindurchsaugen von heißem Wasser wiederum für die Filtration des umgefällten Niederschlages benutzt werden.

In ähnlicher Weise ist es möglich, Niederschläge, die in einem Filterröhrchen nach F. Pregl (S. 234, Abb. 70) gesammelt worden sind, in diesem mit heißer Säure zu lösen und die Lösung unter gründlichem Nachspülen in ein Auffanggefäß zu saugen (S. 237, Abb. 75).

Filterbecher werden stets nur für die *Bestimmung* von Niederschlägen, nicht aber für solche Fällungen in Gebrauch genommen, die wiederum aufgelöst werden müssen. Anders liegt der Fall, wenn z. B. ein Metalloxychinolatniederschlag nach dem Trocknen *und Wägen* in heißer konz. Essigsäure gelöst und die Lösung in einem Tiegel eingedampft werden soll, um nach Zerstörung der organischen Substanz zur weiteren Analyse in Oxyd übergeführt zu werden. Der Filterbecher wird in diesem Falle mit 0,5 bis 1 ml Eisessig in einem Wasserbadaufsatz erwärmt und von Zeit zu Zeit geneigt, so daß der Eisessig einige Augenblicke lang die Filterplatte bespülen kann. Mit Hilfe der Absaugapparatur (S. 222, Abb. 58) wird die Lösung in einen Auffangtiegel (in der Regel einen gewogenen Platintiegel) gesaugt und drei- bis viermal mit heißer Essigsäure (1 : 1) gründlich nachgespült. Beim dritten und vierten Spülen ist die Lösung jedesmal gänzlich abzusaugen. Falls sich der Niederschlag hartnäckigerweise nicht völlig löst oder die Filterplatte dunkel gefärbt bleibt, erwärmt man zwischendurch den Filterbecher noch einmal mit 0,5 bis 1 ml Eisessig auf dem Wasserbad.

Literatur.

(1) Hecht, F., u. J. Donau, Anorganische Mikrogewichtsanalyse, S. 100. Wien: Springer-Verlag. 1940.

VIII. Trocknen der Niederschläge.

Vor dem Trocknen sind alle Mikrofiltergeräte in der gleichen Weise wie vor der Leerwägung feucht und trocken abzuwischen (S. 224, 235). Zu beachten ist, daß das Abwischen der Filterstäbchen nach Filtration eines Niederschlages nur am obersten Ende des Schaftes stattfinden darf, damit nicht etwa anhaftende Niederschlagsanteile entfernt werden.

α) Trockenschrank.

Zum Trocknen der die Niederschläge enthaltenden Mikrofiltergeräte sind verschiedene Vorrichtungen im Gebrauch. Zunächst sei festgestellt, daß man in allen Fällen, in denen es nicht auf möglichst schnelles Trocknen ankommt, mit den gewöhnlichen in der Mikroanalyse üblichen Trockenschränken in zufriedenstellender Weise arbeiten kann. Für gewöhnlich sind die Mikrogefäße, Filterstäbchen usw. innen noch feucht, weshalb man sie zunächst einige Zeit im geöffneten Schrank erhitzt. Erst wenn die Wassertropfen verdampft sind, wird die Tür des Trockenschrankes geschlossen. Es braucht wohl kaum betont zu werden, daß die Trockenschränke bei der Verwendung für mikroanalytische Arbeiten besonders sauber zu halten sind. Auch soll die Temperatur durch einen Regulator auf 1° konstant eingestellt werden können. Sehr geeignet sind die runden Elektrotrockenschränke der Firma W. C. Heraeus.

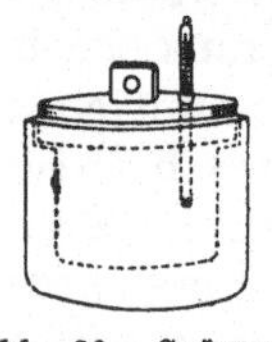

Abb. 89. Stählerscher Block (¹/₂ der natürlichen Größe).

β) Stählerscher Block.

Becher, Filterbecher und Filtertiegel können auch in einem kleinen Stählerschen Block (3) aus Aluminium (Abb. 89) vorgetrocknet werden. In dessen

Deckel ist ein sogenanntes „kurzes Thermometer" (4) eingefügt, das eine Teilung von 5 zu 5° aufweist, nichtsdestoweniger aber bis 360° reicht. Die damit erzielbare Genauigkeit genügt für die meisten Zwecke durchaus.

γ) Trockenvorrichtung nach A. BENEDETTI-PICHLER und F. SCHNEIDER.

Von A. BENEDETTI-PICHLER (1) wurde eine Vorrichtung zum Trocknen der von ihm verwendeten Glasfilterstäbchen mit Asbestfüllung angegeben, deren Konstruktion aus Abb. 90 und 91 wohl eindeutig hervorgeht. B stellt einen zweiteiligen Aluminiumblock ähnlich dem PREGLschen „Regenerierungs- block" (S. 235, Abb. 72) dar. Das glä-

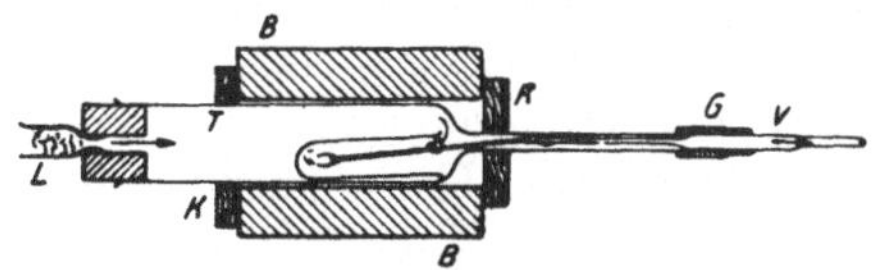

Abb. 90. Trockenvorrichtung für Filterstäbchen ($^1/_6$ der natürlichen Größe).

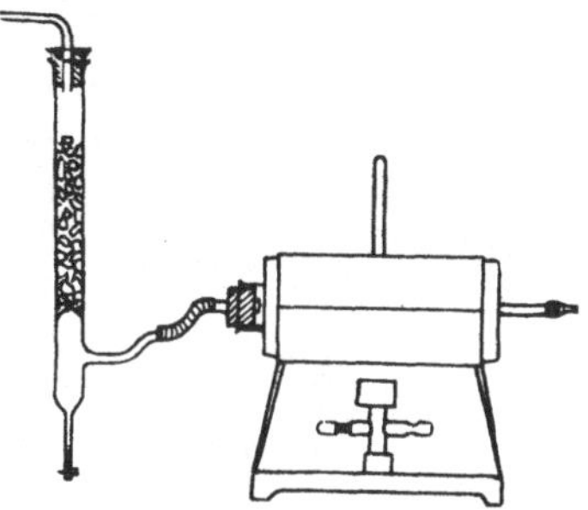

Abb. 91. Trockenvorrichtung nach A. A. BENEDETTI-PICHLER und F. SCHNEIDER.

serne Trockenrohr T wird durch die Korkscheiben K in seiner Lage gehalten. Der Mikrobecher hat die Gestalt einer kurzen Proberöhre. L ist ein Luftfilter. Dieses wird benötigt, weil die Trocknung im Luftstrom stattfindet, wodurch die dazu notwendige Zeit wesentlich abgekürzt wird. Den Weg des Luftstromes bezeichnen die Pfeile. Durch das Glasrohr V wird über ein Schlauchstück die Verbindung zur Pumpe hergestellt. Zum Erhitzen des Blockes dient ein Mikro- brenner (s. Abb. 91).

δ) Universalheizkörper nach G. GORBACH.

Auf ein für die verschiedensten Fälle einheitlich konstruiertes Heizkörper- stativ (Abb. 92) werden die einzelnen, mit den entsprechenden Bohrungen bzw. Ausnehmungen versehenen Trocken- blöcke aufgelegt. Das runde Stativ hat einen Durchmesser von 10 cm. Auf drei vorstehenden, etwa 3 cm hohen zapfen- artigen Lagern ruht der Heizkörper, der mit drei Schrauben befestigt ist und mittels Polschuhen an die beiden unter einer Schutzhaube befindlichen Stecker- stifte angeschlossen wird. Durch Lösen weniger Schrauben läßt sich der Heiz-

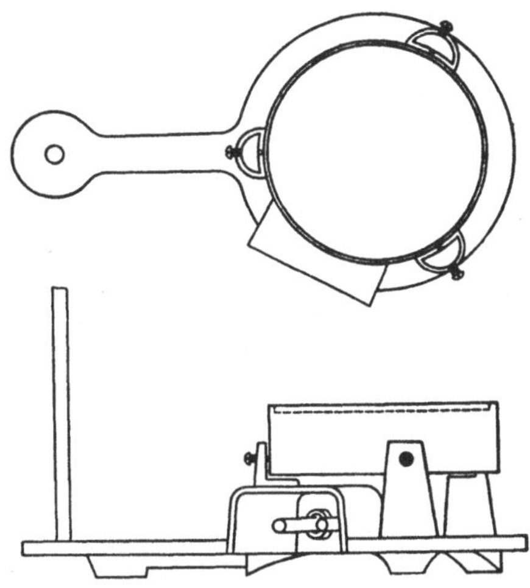

Abb. 92. Universalheizkörper nach G. GORBACH.

körper daher rasch auswechseln, sofern er schadhaft geworden ist oder gegen einen solchen höherer oder niedrigerer Wattzahl vertauscht werden soll. An einem etwa 8 cm langen Seitenarm ist der Stativstab mittels Gewindes auswechselbar angebracht.

Der Heizkörper (Abb. 92, unten) besteht aus einem etwa 2 mm starken, unten offenen und 2 cm hohen Aluminiumzylinder, in den der knapp passende, mit Heizspiralen versehene keramische Körper eingeschoben ist und durch eine

5 mm starke Asbestplatte festgepreßt wird. Um die Wärmeübertragung vom Heizkörper auf das Stativ zu vermindern, wird er vom Auflager durch Zwischenlegen kleiner Asbest- und Glimmerstücke isoliert. Der Heizkörper ist an der Heizfläche abgedreht, so daß ein Rand von 2 mm Höhe und 1 mm Breite entsteht. Auf diesen Rand werden die Trockenblöcke durch entsprechende Ausnehmungen eingepaßt, wie dies die Abb. 93 zeigt. Sie können dadurch nicht abrutschen und ergeben durch den wahlweisen Austausch bzw. durch entsprechende Kombination der einzelnen Blöcke nach dem „Baukastenprinzip" ein vielseitig verwendbares Gerät[1].

In der Abb. 93 ist über dem Heizkörper der Aluminiumvollblock mit einer Thermometerbohrung für die sogenannten „kurzen Thermometer" mit 5°-Einteilung abgebildet. Er dient zum Erhitzen von Flüssigkeiten mit und ohne Rückfluß, Trocknen von Substanzen in flachen Schälchen u. dgl. mehr. Außerdem wird er zwischengeschaltet, wenn eine Temperaturablesung bei Blöcken erwünscht ist, bei denen eine Thermometerbohrung nicht angebracht werden kann. Über diesem vollen Trockenblock ist einer für Spitzröhrchen zu sehen. In diesen Blöcken können für größere Spitzröhrchen oder Tiegel bis zu sechs, für kleinere bis zu zwölf Bohrungen angebracht werden.

Als weitere Möglichkeit ist in derselben Abbildung das Luftbad im Schnitt veranschaulicht, das zum Eindampfen leicht flüchtiger Lösungsmittel verwendet werden kann. Durch Auswechseln der Deckplatte ist diese Einrichtung den Dimensionen der Gefäße, Spitzröhrchen, Mikrobecher, Porzellanschälchen und Tiegel weitgehend anpaßbar. Gefäße mit breitem Rand lassen sich durch Zwischenlegen eines verschieden hohen Glasringes, wie dies in der Abb. 93 an

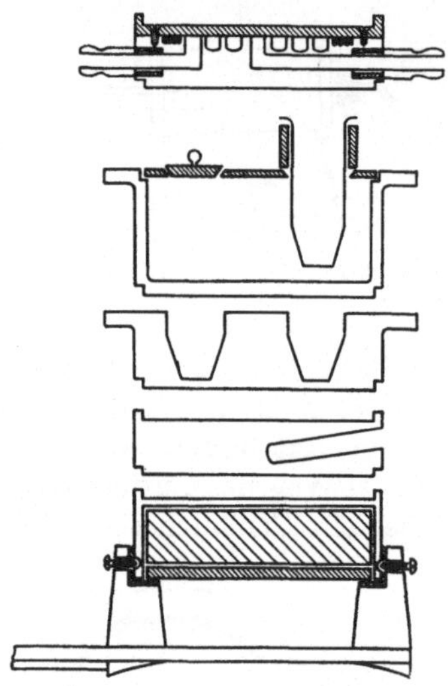

Abb. 93. Trockenblöcke für den Universalheizkörper nach G. Gorbach.

einem Spitzröhrchen gezeigt ist, verschieden tief in das Luftbad einhängen. Bringt man in einer der Bohrungen der Deckplatte einen aus zwei etwa 30 mm großen Kugeln und Wasserfänger bestehenden gläsernen Luftkühler von nur 14 cm an, so kann das Luftbad auch als Mikrowasserbad verwendet werden, wenn man den Hohlraum zu etwa zwei Drittel der Gesamthöhe mit dest. Wasser füllt. Ein Nachfüllen von Wasser ist bei mäßigem Heizen meist erst nach mehreren Stunden nötig.

In Abb. 93 ist (oben) noch ein *Kühlblock* dargestellt, der, auf den Heizkörper aufgelegt, es ermöglicht, Temperaturen unter der Zimmertemperatur anzuwenden und durch entsprechendes Heizen konstant zu halten. Er besteht ebenfalls aus einem Aluminiumblock, der eine Kühlspirale mit Zu- und Abfluß für fließendes Leitungswasser und Kühlsole besitzt, die mit einer Deckplatte und Gummidichtung nach oben flüssigkeitsdicht abgeschlossen ist. Auf diesen Block können wiederum die für die Gefäße entsprechend geformten Blöcke aufgelegt werden.

Die gute Wärmeleitfähigkeit des Aluminiums bringt es mit sich, daß der Temperaturabfall von Block zu Block sich bei mittleren Temperaturen kaum, bei höheren nur innerhalb von 1 bis 2° bewegt, so daß die am zwischengeschalteten

---

[1] Der Autor verwendet es insbesondere für die Mikrofettanalyse.

Vollblock abgelesene Temperatur praktisch der des aufgelegten Blockes entspricht.

Die elektrische Beheizung hat gegenüber der Gasheizung neben den bereits erwähnten Vorteilen auch den der leichteren Einhaltung einer bestimmten Temperatur, die mit einem in das Zuleitungskabel eingebauten Schiebewiderstand eingestellt wird. Außerdem können für bestimmte Fälle Heizkörper mit zwischen 100 und 400° abgestufter Höchsttemperatur verwendet werden. Diese sind stromsparend, da für Temperaturen von 100 bis 200° etwa 40 bis 100 Watt, für Temperaturen bis 400° etwa 200 Watt erforderlich sind. Die Anheizzeit beträgt durchschnittlich 40 Minuten.

Abb. 94 zeigt die Einrichtung für automatische Temperaturregelung, die sich eines Kontaktthermometers bedient. Das zugehörige kleine Relais ist nicht gezeichnet, befindet sich aber in das Zuleitungskabel eingebaut und wird vom Kontaktthermometer durch lösliche Kabelverbindungen gesteuert. Die Regelteilung des Thermometers verläuft von 0 bis 250°, so daß jede Temperatur in diesem Bereich eingestellt werden kann. Die Regelgenauigkeit beträgt innerhalb des weiten Temperaturbereiches immer noch $\pm 2°$, was für viele Fälle ausreicht.

Die Zusammenstellung der Abb. 94 ist auch als Mikroexsiccator brauchbar. Der in die gläserne Vakuumglocke hineinragende kapillare Teil dient zur Verdrängung der Luft durch Stickstoff oder Kohlendioxyd, wobei man diesen Effekt durch Verlängerung dieses Teiles mittels eines Fahrradventilschlauches und einer Glaskapillare bis in den Luftraum des Luftbades verstärken kann. Gleichzeitig läßt er sich auch zum raschen Trocknen von EMICHschen Filterstäbchen verwenden, die

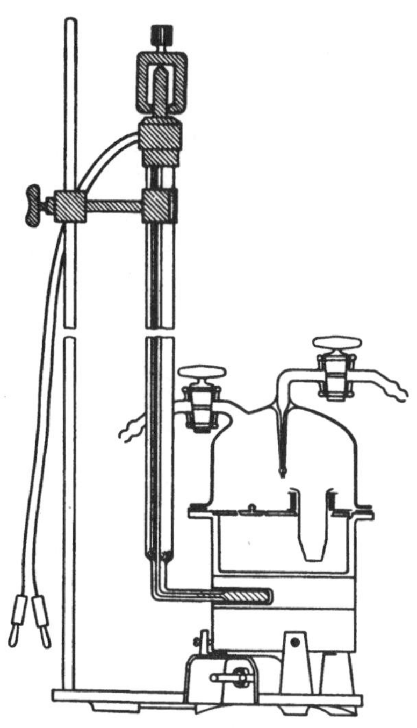

Abb. 94. Heizblock nach GORBACH mit automatischer Temperaturregelung.

daran ebenfalls mit einem kurzen Ventilschläuchchen zum Durchsaugen von Luft bei höheren Temperaturen angeschlossen werden.

ε) Universalapparat nach F. HECHT.

Abb. 95 zeigt einen Apparat, der außer zu anderen Zwecken auch zum Trocknen von Bechern und Tiegeln samt Filterstäbchen (und Niederschlägen) benutzt werden kann (7).

In einen Holzblock H von der Gestalt eines Pyramidenstumpfes ist ein unten offenes Gefäß G aus Jenaer Glas eingepaßt, dessen unterer Teil Zylinderform aufweist. An seinem oberen, schwach konisch verlaufenden Rand ist es umgefaltet und geht in einen tiegelförmigen Teil T über, der — zwischen der äußeren und der inneren Glaswand — von einem konischen Kupferblechmantel M in Gestalt eines Tiegels ohne Boden umschlossen ist. Dieser Kupferring wird durch einen elektrischen Widerstand von bestimmter Dimensionierung geheizt, dessen Windungen W sich innerhalb eines Nickelbleches B befinden. Die Stromzuführung L verläuft innerhalb des Glaskörpers G und des Holzblockes H nach außen zu den elektrischen Steckhülsen St. Drahtspiralen halten G in seiner

Lage fest. Der leere Raum zwischen dem Glasmantel G und dem Nickelblech B bzw. unterhalb von B wird mit ausgeglühtem Asbest gefüllt, um eine gleichmäßige Verteilung der Wärme zu erzielen. Ein auf den oberen Teil von G aufgeschliffener Schutztrichter Tr aus Jenaer Geräteglas, an dessen einer Seite ein Staubfilter F^1 angeschmolzen ist, gestattet das Darüberleiten staubfreier Luft über die zu trocknenden Geräte. Die Schliffe sind in der Abb. 95 mit Sch bezeichnet. Zwischen die Wasserstrahlpumpe und den Apparat wird eine Vakuumregulierflasche (S. 223, Abb. 60) eingeschaltet, die durch Öffnen des Hahnes das Einströmen von Luft und somit Aufheben der Saugwirkung ermöglicht. Der Apparat wird durch ein Steckkabel mit der elektrischen Lichtleitung über einen passenden Zusatzregulierwiderstand[2] verbunden. Dieser wird empirisch für verschiedene Temperaturen geeicht, so daß man bequem wechselnde Trockentemperaturen einstellen kann. Die Eichung kann in einfacher Weise mit Hilfe von „Kurzthermometern" (S. 249) erfolgen, die man in T einbringt. Das Erhitzen auf die gewünschte Temperatur führt man in der Weise aus, daß der Regulierwiderstand anfangs einige Minuten lang in die Stellung für die höchste erreichbare Temperatur gebracht und erst dann auf die der gewünschten Temperatur entsprechende Marke eingestellt wird. Der Trichter sitzt in der Wärme vollständig dicht auf, läßt sich aber schon innerhalb weniger Minuten nach Abstellung der Heizung von dem unteren Teil des Apparates leicht

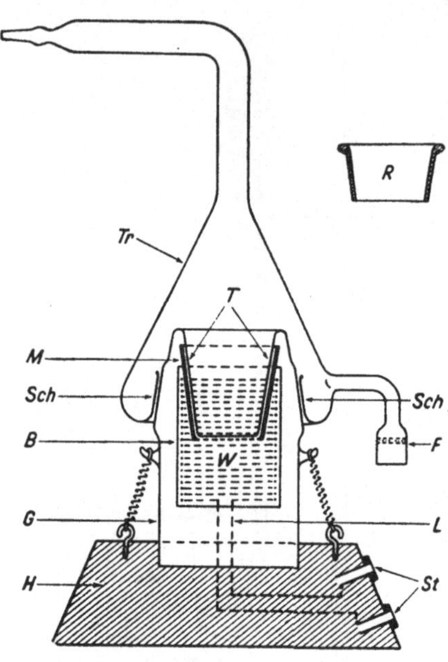

Abb. 95. Universalapparat nach F. Hecht.

abheben. Da die Mikrogeräte nur mit Glas und mit von Staub befreiter Luft in Berührung kommen, ist die Möglichkeit von Verunreinigungen irgendwelcher Art weitgehend ausgeschlossen.

ζ) Trocknungsvorrichtungen für Filterbecher.

Abb. 96 (14) erläutert in Auf- und Grundriß einen kleinen Trockenschrank für Filterbecher, der aus einem durch einen Mikrobrenner heizbaren Kästchen aus Aluminiumblech mit den Innenmaßen $35 \times 40 \times 35$ mm besteht. Er besitzt einen nicht zu stark übergreifenden Deckel, der in der Mitte eine mit einem Porzellanrohr überzogene Messingstange als wärmeisolierten Griff, ferner seitlich einen Stutzen für ein „kurzes Thermometer" (s. S. 249) und hinten ein ovales Loch zur Aufnahme des Einfüllstutzens aufweist. 5 mm über dem Doppelboden des Kästchens befindet sich ein dritter Boden, auf dem der Filterbecher während der Trocknung ruht. Für den Filterstutzen ist auf der vorderen Schmalseite ein Schlitz angebracht. Durch eine seitliche Messingstange ist das Kästchen

---

[1] Jenaer Glasnutsche 30 a G 3, die zur Hintanhaltung allzu rascher Verschmutzung der Filterplatte in ihrem „Kopfteil" mit Watte gefüllt wird.

[2] Die Herstellerfirma P. Haack, Wien, liefert auch einen zu dem Apparat passenden Schiebewiderstand. Der Apparat wird für Netzspannungen von 110 oder 220 Volt hergestellt.

an einem Stativ zu befestigen. In den Einfüllstutzen des Filterbechers steckt man vermittels eines Korkes ein Luftfilter der früher (S. 235) beschriebenen Art.

Eine aus Jenaer Glas angefertigte Apparatur (Abb. 97) (8) besteht aus einem zylindrischen Unterteil mit umgebogenem, oben plangeschliffenem Rand, auf den eine Glasplatte aufgeschliffen ist. Seitlich ist einerseits ein Tubus, der vermittels eines Korkes den Filterbecher aufnimmt, anderseits ein Luftfilter[1] angeschmolzen, dessen Filterplatte mit einer Watteschicht bedeckt ist, damit sie selbst möglichst staubfrei bleibt (vgl. S. 235). Diese Schicht ist öfters zu erneuern. Die beschriebene Trocknungsvorrichtung hat den Vorteil, daß jede Verunreinigungsmöglichkeit des Filterbechers in seinem Inneren durch Gummi- oder Korkstückchen vollkommen ausgeschaltet ist. Zwecks Trocknung bei höherer Temperatur stellt man den Apparat in einen Trockenschrank mit außen in der Seitenwand befindlichem Tubus, in den ein Kork eingepaßt wird, durch den ein gebogenes Glasrohr hindurchführt. Dieses ist außerhalb des Trockenschrankes über eine Vakuumregulierflasche (S. 223, Abb. 60) mit der Wasserstrahlpumpe oder Saugleitung verbunden. Das im Innern des

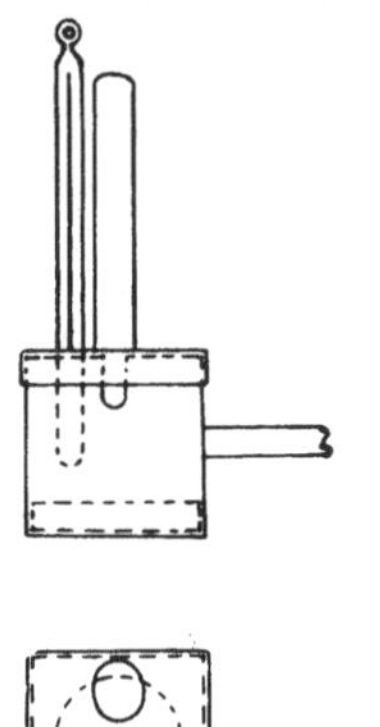

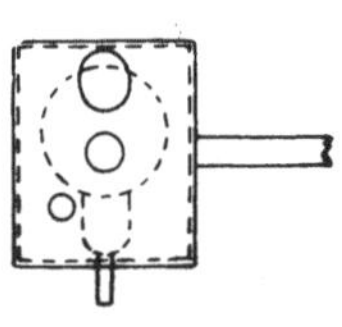

Abb. 96. Trocknungsvorrichtung für Filterbecher nach E. Schwarz-Bergkampf.

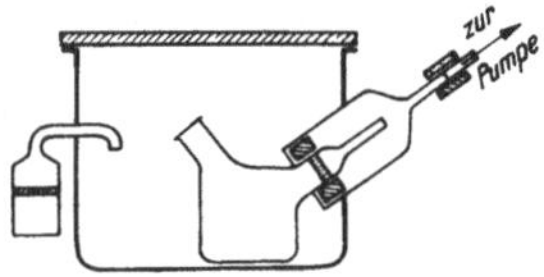

Abb. 97. Trocknungsvorrichtung für Filterbecher nach H. Brantner.

Schrankes befindliche, tiefer liegende Rohrende schließt über ein (in der Abbildung dargestelltes) Schlauchstück an den seitlichen Tubus der Trockenvorrichtung an.

Die Apparatur eignet sich auch ausgezeichnet zum Lufttrockensaugen von Niederschlägen ohne Erwärmung, also bei Zimmertemperatur. Zwecks etwaiger Trocknung des Luftstromes kann man in die Öffnung des Luftfilters einen Gummistopfen einsetzen, durch den das rechtwinkelig abgebogene Ansatzrohr eines mit einem Trockenmittel gefüllten Schutzröhrchens hindurchführt.

η) Trocknungsvorrichtungen für verschiedene Mikro-Filtriergeräte.

T. S. Ma und R. T. E. Schenck (10) haben einen zylindrischen Aluminiumblock konstruiert, der elektrisch geheizt wird und sich zum Abstellen und als Universalheizblock für eine große Zahl verschiedener Mikrogeräte aus Glas oder Porzellan eignet (Abb. 98). Er kann mit automatischer Temperaturkontrolle versehen werden und ist zur allgemeinen Verwendung bei mikroanalytischen und -präparativen Arbeiten bestimmt.

Die Abb. 99 stellt ein zum Erhitzen und Trocknen von Niederschlägen sowie zum Eindampfen kleiner Flüssigkeitsvolumina geeignetes Gerät dar (9). Es besteht aus einem inneren Rohr von 30 mm Durchmesser, das unten verengt ist. Der obere Teil ist mit einem Rohr von 45 mm Durchmesser als Mantel umgeben,

---

[1] Jenaer Glasnutsche 30 a G 3 mit abgebogenem Schaft.

an dessen oberem Ende ein Dampfeinlaßrohr und an dessen unterem Rande ein Dampfauslaßrohr angebracht sind. Das Einlaßrohr ist in einem Abstand von 40 mm von der Mantelwand um 90° nach abwärts gebogen und führt in den Hals eines Dampfentwicklers (zweckmäßig eine konische 1-Liter-Flasche).

Das erwähnte innere Rohr wird oben mit einem Gummistopfen mit zwei Öffnungen verschlossen. Durch eine davon führt ein Glasrohr *a*, das am unteren Ende zu ungefähr dem Durchmesser eines Filterstäbchens ausgezogen ist. Ein solches wird mit einem Gummischlauch angeschlossen. Durch die zweite Öffnung wird ein Glasstab *b* eingeführt, der am unteren Ende einen Knopf trägt. Um diesen wird ein Kupferdraht von der in der Nebenabbildung angegebenen Form geschlungen. Er dient als Halter für den Mikrobecher. Der durch den äußeren Mantel strömende Dampf erwärmt die innere Röhre, in der der

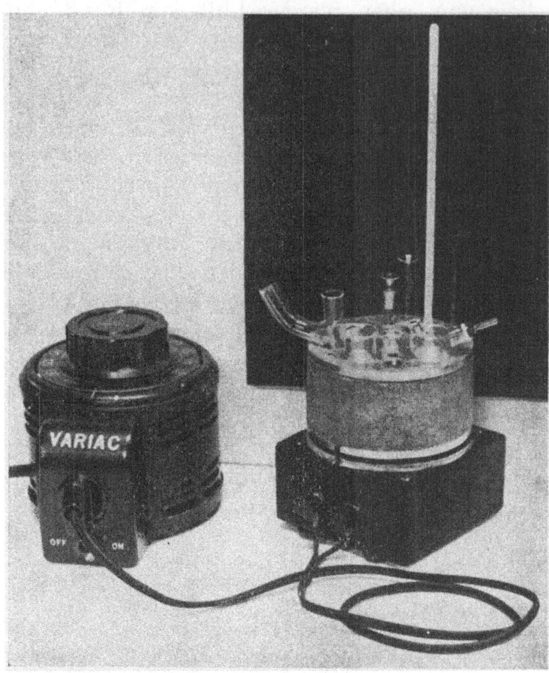

Abb. 98. Universalheizblock für verschiedene Mikrogeräte.

Mikrobecher mit dem Filterstäbchen angebracht wird. Man kann mit dieser Vorrichtung Niederschläge bei 100°, aber auch bei niedrigerer Temperatur trocknen, wobei durch *c* langsam Luft eingesaugt wird. Will man im Vakuum trocknen, wird der verengte Rohransatz *c* mit einem Glasröhrchen verschlossen, das zu einer feinen Kapillare ausgezogen ist. Ebensogut kann *c* über einen Gummischlauch mit einem Trockenturm verbunden werden, der ein Trockenmittel enthält. Um das Einsaugen von Staub oder Partikeln des Trockenmittels zu verhindern, wird *c* mit einem Wattebausch verschlossen.

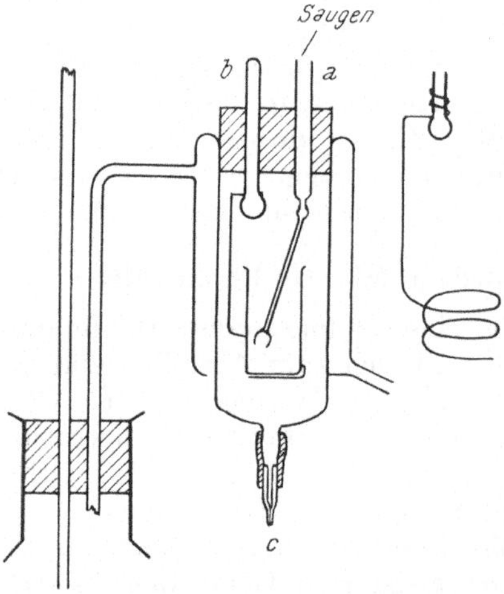

R. K. Maurmeyer und T. S. Ma (11) beschreiben ein Gerät zum Trocknen von Niederschlägen in Filterröhrchen, aber auch in Mikrotiegeln mit Filterstäbchen. Das Gerät besteht aus einer hölzernen Grundplatte (Abb. 100) von 42 × 34 cm Länge und Breite, die mit poliertem Aluminiumblech von 0,5 mm Dicke und darüber mit schwerem Asbestpapier bedeckt ist. Der Träger der 500-Watt-Infrarotlampe und die Unterlage des Reflektors bestehen ebenfalls aus

Abb. 99. Trocknungs- und Eindampfofen.

Holzbrettern mit den aus Abb. 100 ersichtlichen Dimensionen. Der Heiz-draht der Lampe ist in einer Quarzröhre angebracht. Der Reflektor selbst

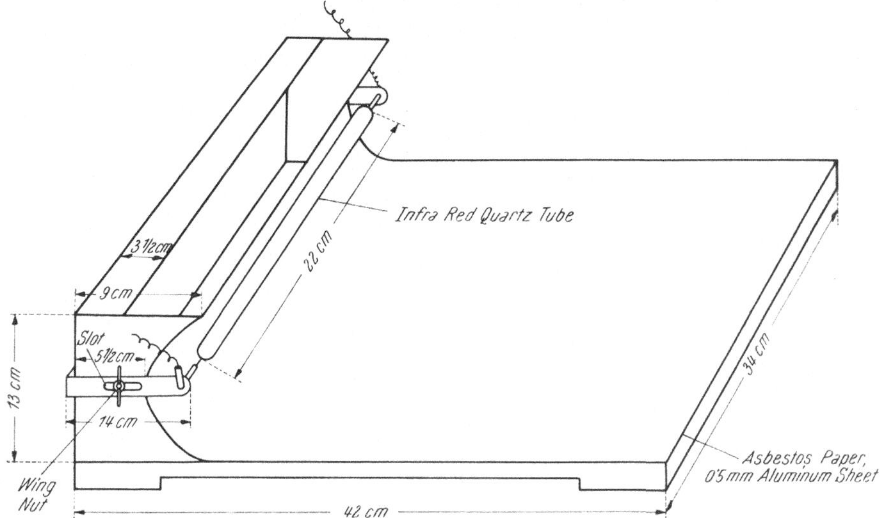

Abb. 100. Gerät zur Trocknung von Niederschlägen.

wird aus dem Aluminiumblech gebildet. Die Infrarotlampe kann in einem beidseitig angebrachten Schlitz verschoben und mit Flügelschrauben in ihrer

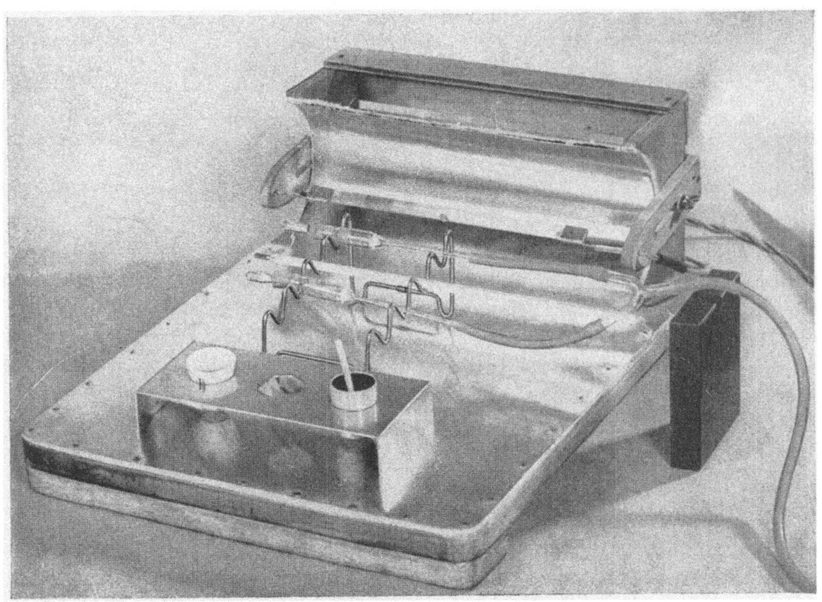

Abb. 101. Das Gerät nach Abb. 100 in Gesamtansicht.

Lage befestigt werden. Die Stromzuleitungsdrähte der Lampe verlaufen durch Glasröhrchen von 3 mm Weite. Die Temperatur der Lampe wird mittels eines regulierbaren Widerstandes eingestellt. Abb. 101 zeigt die Anbringung von Filterröhrchen in einem Metalldrahtgestell, dessen Windungen 5 bzw. 2,5 cm vom Boden abstehen. Die Länge des Gestells ist 13 cm, die Breite 7,5 cm. Mehrere Filterröhrchen werden an einen Aspirator angeschlossen und so mit Hilfe eines filtrierten Luftstromes getrocknet. Ein zweites (in Abb. 101 im Vordergrund dargestelltes) Gestell aus Aluminiumblech (1 mm Dicke) ist für die Aufnahme von Tiegeln und Filterstäbchen bestimmt. Es ist 18 cm lang, 7 cm breit und 3 cm hoch. Die Tiegelböden sind etwa 1 cm von der Bodenplatte entfernt, damit sie auch von außen erwärmt werden können. Das Gerät ist auch zum raschen Einengen von Lösungen geeignet.

Die in Abb. 102 dargestellte Trockenvorrichtung (Fisher-,,Mikroglockenofen") (13) gestattet das gleichzeitige Trocknen von 6 bis 8 Mikrogefäßchen.

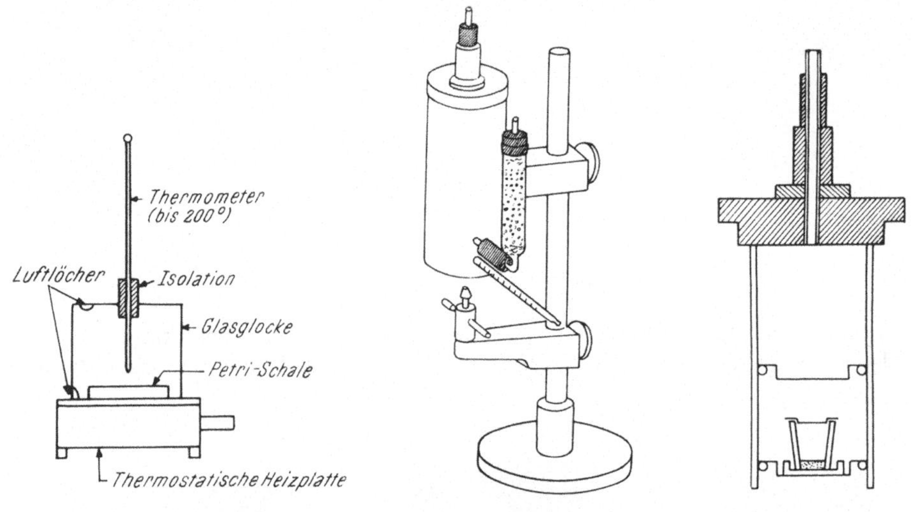

Abb. 102. Mikroglockenofen.   Abb. 103. Trocknungsofen   Abb. 104. Metallständer für
                                        für Mikrogeräte.   Mikrotiegel.

Eine thermostatisch regelbare Heizplatte trägt eine Glasglocke, in die isoliert ein Thermometer eingesetzt wird.

Abb. 103 (12) zeigt einen Trocknungsofen für Mikrobecher, Mikrotiegel oder Filterstäbchen, der aus einem zylindrischen Messingblock von 5 cm Durchmesser und 10 cm Länge mit einer Bohrung von 8 cm Tiefe besteht und mittels eines Stativs über einem Mikrobrenner befestigt wird. Durch ein seitliches Einlaßrohr ist die Trocknungskammer mit einem das Trocknungsmittel und Staubfilter enthaltenden Rohr verbunden. Die Temperatur wird an einem in einer horizontalen Bohrung angebrachten Thermometer abgelesen. Abb. 104 zeigt den Metallständer für Mikrotiegel und das nach oben führende Absaugrohr.

ϑ) Regenerierungsblock.

Das Trocknen von Preglschen Filterröhrchen samt Niederschlägen wird nach dem üblichen Abwischen auch im Regenerierungsblock (S. 235, Abb. 72) ausgeführt, wie bereits auf S. 235 auseinandergesetzt wurde.

ι) Trockenblöcke nach F. Fuhrmann.

Bei diesen handelt es sich um zylindrische Messingblöcke in drei verschiedenen Ausführungen, die an den Stäben eines gemeinsamen, sehr stabilen Eisenstativs mit Hilfe von Schraubenmuffen in der Höhe verschieb- und feststellbar sind und durch gleichfalls verschiebbare Mikrobrenner geheizt werden. Die Temperaturmessung ermöglichen kurze Stabthermometer, die von bis zur Mitte reichenden Bohrungen der Metallblöcke aufgenommen werden. Die gleichmäßige Erhitzung der Blöcke wird dadurch erleichtert, daß sie unten Rohrstutzen zum Auffangen der Wärme besitzen. Der eine Block kann mit einem aufgeschliffenen Deckel bedeckt werden, durch den ein fast bis zum Boden des Blockinneren reichendes Rohr führt, das zum Einleiten von kalter oder warmer Luft oder von indifferenten Gasen dient. Eine zweite Bohrung des Deckels gestattet den Austritt des Gases.

Diese Blöcke ermöglichen ein schnelles und gründliches Trocknen von Schälchen, Röhrchen und Mikrogefäßen verschiedener Art und weisen gute Temperaturkonstanz auf. Sie eignen sich natürlich auch zum raschen Eindampfen von Flüssigkeiten.

Betreffs Einzelheiten vgl. die Originalarbeit (5).

ϰ) Wägen des getrockneten Filtergerätes und Niederschlages.

Um jede neuerliche Verunreinigung der schon vor dem Trocknen gesäuberten Gefäßoberflächen ganz sicher auszuschließen, empfiehlt es sich, die Filtergeräte nach dem Herausnehmen aus der jeweils benutzten Trockenapparatur nochmals leicht abzuwischen, zumindest mit dem trockenen Rehlederlappen. Die Filterstäbchen werden nicht mehr abgewischt, sondern nur die Becher oder Tiegel, mit denen zusammen sie gewogen werden.

Das Erkaltenlassen und Wägen der Filtergeräte erfolgt nach S. 225 bzw. 235. Man unterlasse nie, durch nochmaliges 15 bis 20 Minuten langes Trocknen der gewogenen Geräte die Gewichtskonstanz zu prüfen. Eine weitere Abgabe von Feuchtigkeit findet dabei fast nie mehr statt[1], doch wird einerseits der gewissenhafte Analytiker durch Bestätigung der vorangegangenen Wägung stets die wünschenswerte Sicherheit zu erlangen wünschen, anderseits kann bei Gewichtsdifferenzen, die den noch zulässigen Wägefehler[2] überschreiten, durch eine nochmalige kurze Trocknung und Wägung fast immer ein genügend enges Zusammenfallen von mindestens zweien der Wägeresultate erzielt und durch die Bildung des Mittels aus zwei oder mehr Wägungen der wahrscheinliche Wägefehler vermindert werden. Die nochmalige Trocknung verfolgt dabei vor allem den Zweck, die wiederholte Wägung des Filtergerätes unter Einhaltung stets genau gleicher Vorbehandlung auszuführen.

Es ist bedenklich, in der Mikroanalyse durch Unterlassung von Vorsichtsmaßnahmen, die in der Makroanalyse eine Selbstverständlichkeit bedeuten, eine weitere Abkürzung der Ausführungszeit bewirken zu wollen. Infolgedessen sollte, sofern es sich nicht um eine technische Schnellmethode handelt, auf die Angabe der für eine Bestimmung erforderlichen Zeit kein übertriebenes Gewicht gelegt werden. Die auf Konstanzwägungen aufgewendete Mühe findet ihren Lohn in dem für jeden Analytiker unerläßlichen Bewußtsein einwandfreier Arbeitsweise.

Literatur.

(1) BENEDETTI-PICHLER, A., Mikrochem., PREGL-Festschrift, 6 (1929).
(2) BENEDETTI-PICHLER, A., u. F. SCHNEIDER, EMICH-Festschrift, 10 (1930).
(3) J. DONAU, Mh. Chem. 36, 386 (1915).

---

[1] Hingegen verringern Metalloxinate, die überschüssiges Oxin eingeschlossen enthalten, bei Trockenschranktemperaturen stundenlang ihr Gewicht.
[2] Etwa $\pm 10\ \mu g$; bei Niederschlägen mit sehr kleinem Umrechnungsfaktor unter Umständen $\pm 15\ \mu g$.

(4) Emich, F., Lehrbuch der Mikrochemie, 2. Aufl., S. 82. München: J. F. Bergmann. 1926; Mikrochemisches Praktikum, 2. Aufl., S. 59, 118. München: J. F. Bergmann. 1931.
(5) Fuhrmann, F., Mikrochem. **23**, 167 ff. (Abb. 1 bis 4) (1938).
(6) Gorbach, G., Mikrochem. **31**, 116 (1944).
(7) Hecht, F., Mikrochim. Acta **3**, 129 (1938).
(8) Hecht, F., W. Reich-Rohrwig u. H. Brantner, Z. analyt. Chem. **95**, 159 (1933).
(9) Holt, P. F., Metallurgia **37**, 48 (1947).
(10) Ma, T. S., u. R. T. E. Schenck, Mikrochem. **40**, 245 (1953).
(11) Maurmeyer, R. K., u. T. S. Ma, Mikrochim. Acta [Wien] **1957**, 563.
(12) Milton, R. F., u. W. A. Waters, Methods of Quantitative Micro-Analysis, 2. Aufl., S. 30. London: Edward Arnold. 1955.
(13) Rulfs, C. L., Analyt. Chim. Acta **5**, 46 (1951).
(14) Schwarz-Bergkampf, E., Z. analyt. Chem. **69**, 338 (1926).

IX. Glühen der Niederschläge.

Über das Glühen von Tiegeln (mit und ohne Filterstäbchen) bzw. von Filtertiegeln oder Schiffchen ist schon wiederholt gesprochen worden (S. 192 ff., 198 f., 225, 238 ff.). Andere als die genannten Geräte (und die Schälchen nach J. Donau [S. 266 ff.]) kommen für Glühtemperaturen nicht ernstlich in Betracht.

Tiegel mit Filterstäbchen werden nach der Filtration eines Niederschlages in einem Wasserbadaufsatz (Abb. 105 bzw. 106) 10 Minuten lang vorgetrocknet, worauf sie nach S. 224 bzw. 248 feucht und trocken abgewischt und 10 Minuten lang bei 120 bis 130° in einen Trockenschrank gestellt werden (s. S. 225). Aus diesem bringt man sie in einen elektrischen Tiegelofen, der mit einem passenden Berliner Porzellantiegeldeckel bedeckt wird (s. S. 225). Bei manchen Niederschlägen darf die Temperatur nur allmählich bis zur Glühhitze gesteigert werden, was mit dem regulierbaren Widerstand bewirkt wird.

Filtertiegel werden nicht auf dem Wasserbad, sondern nur im Trockenschrank bei anfänglich geöffneter Türe vorgetrocknet. Platingeräte können mit Hilfe der Platinspitzenpinzette ohne weiteres noch in schwachglühendem Zustand dem Ofen entnommen werden. Nach einer Viertelminute Auskühlen an der Luft werden sie in der schon beschriebenen Weise (S. 225) auf zwei Metallblöcken erkalten gelassen und zur Waage gebracht. Steht nur *ein* Metallblock zur Verfügung, so dauert das Erkalten einige Minuten länger. Ein neuerliches Abwischen der Filtergeräte nach ihrer Entnahme aus dem elektrischen Ofen ist nicht erforderlich. Selbstverständlich muß der Glühraum des elektrischen Ofens von Zeit zu Zeit mit einem feinen Pinsel gereinigt werden.

α) Mikromuffel (2) zum Universalheizkörper nach G. GORBACH (1).

In Verbindung mit dem Universalheizkörperstativ (1) ist eine Mikromuffel verwendbar, die es ermöglicht, Veraschungen und Verglühen von Niederschlägen auszuführen. Sie ist auf S. 195 (Abb. 21) bereits beschrieben worden.

β) Wägung der geglühten Filtergeräte.

Diese wird nach S. 225 bzw. 239 ausgeführt. Auch hier gilt das auf S. 257 Gesagte über die Wiederholung der Wägungen bis zur Gewichtskonstanz nach jedesmaligem neuerlichem, kurzem Glühen.

Literatur.

(1) Gorbach, G., Mikrochem. **31**, 116 (1944).
(2) Gorbach, G., Mikrochem. **34**, 189 (1949).

X. Abdampfen.

1. Geräte.

α) Gewöhnliches Wasserbad mit Glasaufsätzen.

Abb. 105 zeigt einen Aufsatz aus Jenaer Glas, der einen Tiegel hält, dessen Inhalt eingedampft werden soll. Solche Aufsätze, die man einfach auf die Porzellanringe eines gewöhnlichen Wasserbades stellt, können in beliebiger Größe für verschiedene Tiegel angefertigt werden. Wichtig ist dabei, daß sich der Tiegel oder Becher bis etwa 5 oder 6 mm unterhalb seines oberen Randes innerhalb des Aufsatzes befindet und daß dieser sich nach oben verjüngt, damit der Tiegel allseits von heißen Wasserdämpfen umspült wird. Derartige Glasaufsätze sind seit langem in der Makroanalyse, insbesondere für Platintiegel, üblich. Auch Filterbecher können darin vor und während der Fällungen erhitzt werden.

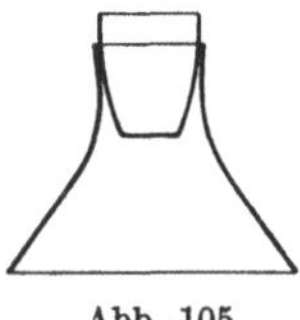

Abb. 105.
Wasserbadaufsatz.

Statt eines kupfernen läßt sich mit Vorteil auch das ganz aus Glas hergestellte Wasserbad der Firma Schott und Gen. verwenden. Es fällt dadurch die Gefahr fort, daß die einzudampfenden Lösungen durch Spuren Kupfer verunreinigt werden.

Das Eindampfen wird weitgehend beschleunigt, wenn man einen Strom filtrierter Luft mit Hilfe einer gebogenen Glaskapillare auf die Flüssigkeitsoberfläche leitet. Die Mündung der Kapillare muß 1 bis 2 cm oberhalb der Flüssigkeit enden. Es ist darauf zu achten, daß die Luft nicht etwa durch Öldämpfe (aus der Pumpe) verunreinigt ist, was zu grobem Verschmutzen der einzudampfenden Lösung führen würde (3). Diese Gefahr ist bei Anwendung einer Wasserstrahlgebläsepumpe vermieden (12). Als Staubfilter benutzt man am besten ein an einer Stelle kugelförmig aufgeblasenes Glasrohr. In die kugelförmige Erweiterung ist ein Wattepfropfen eingebracht. Nach dem Filter wird gegebenenfalls eine Waschflasche mit Wasser eingeschaltet. Trotzdem ist im Auge zu behalten, daß die Laboratoriumsluft unter Umständen gasförmige Verunreinigungen enthalten kann, die in der einzudampfenden Lösung unbeabsichtigte Fällungen hervorrufen (Schwefelbestimmung in gasbeheizten Räumen oder unter Anwendung gasbeheizter Wasserbäder; Halogenbestimmung bei Anwesenheit von Salzsäuredämpfen)[1]. Für die weitaus meisten Bestimmungen kommt jedoch eine derartige Gefahr nicht in Betracht.

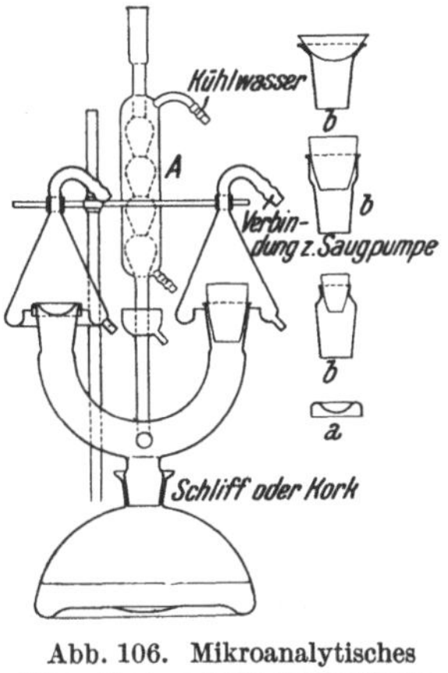

β) Mikroanalytische Wasserbäder.

Verunreinigungen einzudampfender Lösungen durch Metallteilchen oder durch Verbrennungsprodukte des Leuchtgases sind bei der Verwendung des mit Hilfe einer elektrischen Heizplatte erhitzten Wasserbades (Abb. 106) nach W. REICH-ROHRWIG (9) ausgeschlossen. Es besteht aus einem Kolben von Jenaer Glas, der mit dest. Wasser zum Teil gefüllt wird. In seinen Hals ist eine Röhre eingeschliffen[2],

Abb. 106. Mikroanalytisches Wasserbad nach W. REICH-ROHRWIG.

---

[1] Dem kann unter Umständen durch geeignete Absorptionsmittel begegnet werden: J. POLLAK (8).

[2] Die Schliffverbindung ist einer Korkdichtung vorzuziehen und hat bei jahrelangem Gebrauch nie zu Klagen Anlaß gegeben.

die sich in zwei Arme gabelt. Die Mündungen dieser beiden Arme bzw. verschieden
gestaltete Glaseinsätze (Abb. 106b), die in die Mündungen passen, nehmen die
Mikrogefäße (Becher, Tiegel, Schalen) mit den einzudampfenden Flüssigkeiten
auf. Der überschüssige Wasserdampf wird in einem kleinen Birnenkühler
kondensiert, der von der zweiarmigen Aufsatzröhre abzweigt. Über den beiden
Öffnungen des Wasserbades sind gläserne Schutztrichter an einem Stativ waagrecht und senkrecht verstellbar eingespannt, deren unterer Rand nach innen
umgebogen und mit einem Ablaufröhrchen für Kondenswasser versehen ist.
Durch Anschluß dieser Trichter an eine Wasserstrahlpumpe können die beim
Eindampfen entstehenden Dämpfe bequem abgesaugt werden, wodurch es
möglich wird, selbst konzentrierte Säuren oder Ammoniak in einem Raum ohne
Abzug zu verdampfen. Sogar wenn die Mikrowaage im selben Raum aufgestellt

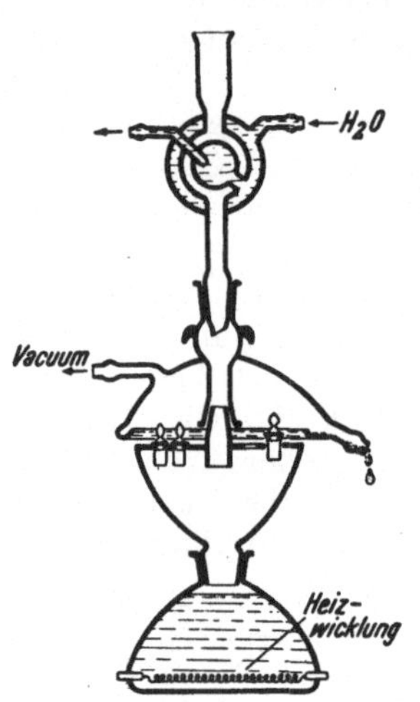

Abb. 107. Mikroanalytisches Wasserbad
nach H. K. ALBER.

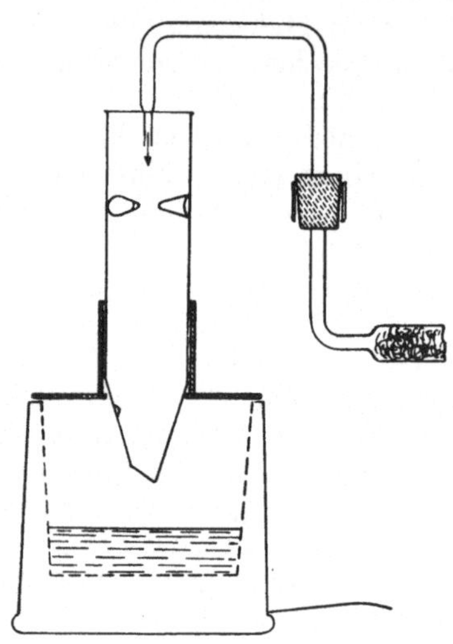

Abb. 108. Mikroanalytisches Wasserbad
nach C. L. RULFS.

ist, erleidet sie auch im Laufe von Jahren keinen Schaden durch schädliche
Dämpfe. Wird eine der beiden Öffnungen des Wasserbades nicht benutzt, so
ist sie mit einer Glaskappe (Abb. 106a) zu verschließen. Das dest. Wasser muß
verhältnismäßig selten nachgefüllt werden. Sein Gebrauch bewirkt auch, daß
die Außenseite der Mikrogefäße stets rein bleibt.

Ein Wasserbad nach H. K. ALBER, worin mehrere Geräte gleichzeitig erwärmt werden können, zeigt die Abb. 107 (2), die für sich selbst spricht.

Bei einem einfachen, von C. L. RULFS (10) angegebenen Gerät (Abb. 108)
wird als Kocher ein Babyflaschenwärmer (Hankscraft Co., Madison, Wis.,
U. S. A.) verwendet, worin kleine Mengen Wasserleitungswasser infolge des
eigenen elektrischen Widerstandes erwärmt werden. Bei allfälliger Verdampfung
des Wassers hört die Erwärmung auf, indem sich das Gerät selbst abschaltet.
Nachfolgende Neufüllung erfolgt am besten mit dest. Wasser, um keine
zu große Konzentration von Salzen hervorzurufen. Ein Wasserbadring enthält
einen zylindrischen, unten konisch zulaufenden Glasträger für Mikrobecher
oder Zentrifugenröhrchen. Filtrierte Luft wird oben aufgeleitet, um das Verdampfen zu beschleunigen.

γ) Universalapparat nach F. HECHT.

Dieselbe Vorrichtung (5), die zum Trocknen von Mikrobechern oder -tiegeln samt Filterstäbchen dient (S. 252, Abb. 95), ermöglicht auch das Eindampfen von Flüssigkeiten in den genannten Mikrogefäßen. Die Abbildung zeigt einen Glasring R, der in die Öffnung der Heizvorrichtung eingesetzt wird und je nach seinem Innendurchmesser verschieden große Tiegel oder Becher aufnehmen kann. Die Temperatureinstellung erfolgt mittels eines geeichten Widerstandes. Infolge der gleichmäßigen Erwärmung gestattet dieser Apparat auch, Flüssigkeiten in Mikrogefäßen zum gelinden Sieden zu erhitzen. Der über die Oberfläche der Flüssigkeit streichende Luftstrom beschleunigt die Verdampfung sehr, die des weiteren auch dadurch gefördert wird, daß z. B. wäßrige Lösungen ohne weiteres auf 95° erhitzt werden können. Bei dem oben beschriebenen Wasserbad wird in Porzellantiegeln eine so hohe Temperatur einzudampfender wäßriger Flüssigkeiten nicht erreicht. Außerdem hat die Apparatur den Vorteil, daß jede Möglichkeit einer Verunreinigung durch Staub mit Sicherheit vermieden ist.

δ) Eindampfen im Filterbecher.

Dies erfolgt in der im Trockenschrank erhitzten, auf der Seite des Saugstutzens hochgestellten Apparatur nach H. BRANTNER (S. 253, Abb. 97).

ε) Eindampfen im Fällungsröhrchen.

Für diesen Zweck haben R. STREBINGER und W. ZINS (11) eine Vorrichtung angegeben (Abb. 109), die aus einem als Wasserbad dienenden Kolben, ferner einem glockenförmigen Glasaufsatz mit Luftfilter und seitlichem Absaugrohr sowie einem Glasrohr zum Luftaufblasen besteht. Das Fällungsröhrchen (ein Jenaer Reagensglas) trägt nahe seinem oberen Rand einen Kautschukschlauch aufgesteckt, auf den der glockenförmige Aufsatz paßt. Zwischen dem Kautschukring und dem Rande des Kolbenhalses befindet sich ein Glasring, der jedoch nicht vollständig geschlossen ist, sondern an einer Stelle eine Unterbrechung aufweist, um dem Wasserdampf den Austritt zu gestatten. Den Kolben füllt man etwa zur Hälfte mit dest. Wasser, das zu schwachem Sieden erhitzt wird. Die Spitze des mit dem Luftfilter versehenen Glasrohres ist von der Flüssigkeitsoberfläche in dem Fällungsröhrchen etwa 1 cm weit entfernt. Man saugt in dem Maße Luft ein, daß an der Oberfläche der Flüssigkeit eine schwache Einbuchtung entsteht.

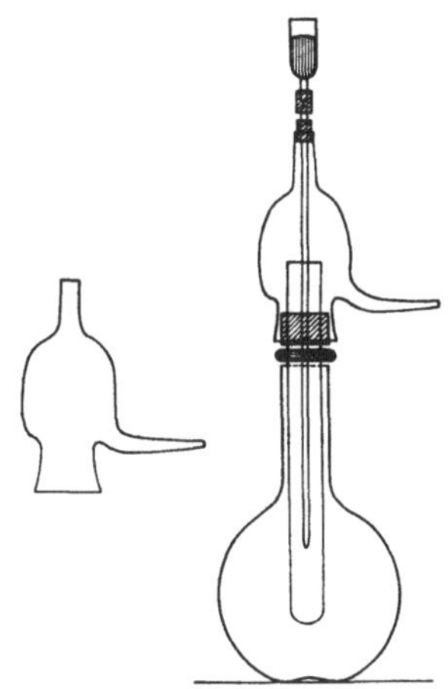

Abb. 109. Eindampfen im Fällungsröhrchen.

ζ) Trockenblöcke nach F. FUHRMANN.

Zum Abdampfen von Flüssigkeiten in den verschiedensten Mikrogefäßen unter Luftaufblasen eignen sich auch gut die auf S. 256 erwähnten Trockenblöcke (4).

η) Andere Eindampfgeräte.

Zum Eindampfen von Flüssigkeiten kann auch das auf S. 254 (Abb. 99) (6) beschriebene Gerät an Stelle eines Wasserbades verwendet werden. Zu diesem Zweck wird durch das obere Ende von a Luft, die einen Wattebausch passiert hat, langsam durchgesaugt. Sie tritt aus einem dünnen Glasröhrchen aus, das an das verjüngte untere Ende von a so angeschlossen wird, daß es selbst etwa 5 mm oberhalb der Flüssigkeitsoberfläche endet. Durch langsames Luftansaugen von c aus wird ein filtrierter, getrockneter Luftstrom über die Flüssigkeitsoberfläche hinweggeführt.

H. Malissa (7) beschreibt einen Gasheizblock (Abb. 110), der als Zusatzgerät zu dem Universalheizkörperstativ nach G. Gorbach (S. 249) gedacht ist und für das Erhitzen von Luft zum Abdampfen nach dem Föhnprinzip dient. Er besteht aus einem Metallblock M und einer mit zwei Planschliffen S_1 und S_2 versehenen Heizschlange H. Durch die Anwendung von Planschliffen werden Gummiverbindungen vermeidbar, die bei hohen Temperaturen Zersetzungsprodukte abgeben und nicht lange haltbar sind. Auch kann die Auswechslung der verschiedenen Vorsatzstücke leicht vorgenommen werden, so daß z. B. zum Verdampfen aus Spitzröhrchen eine längere Düse zur Verfügung steht, während zur qualitativen Arbeit auf einem Objektträger ein breiter Luftstrom mit Hilfe

Abb. 110. Gasheizblock nach H. Malissa.

eines Trichterchens zugeführt wird. Die Temperatur des Heizblocks kann mit Hilfe eines Kontaktthermometers beliebig lang konstant gehalten werden.

ϑ) Oberflächenstrahler.

Für mikroanalytische Zwecke eignet sich ein kleines Modell der im Handel erhältlichen Oberflächenstrahler (E. Abrahamczik [1]). Die von der Hanauer Quarzschmelze hergestellten Geräte (Abb. 111) bestehen aus einer halbkugelförmigen Schale von 6 cm Durchmesser aus Quarzgut mit einem schräg angesetzten Rohr von etwa 15 mm Durchmesser und rund 12 cm Länge. Hiermit wird das Gerät in eine Stativklammer eingespannt. Die Heizwendel befindet sich im Innern der Halbkugel in einem dünneren Quarzröhrchen. Die Regulierung der Wärmezufuhr erfolgt durch einfache Änderung des Abstandes des Strahlers von der zu erhitzenden Oberfläche. Ein Bedecken des Gefäßes, das die zu erwärmende Lösung enthält, mit einem Uhrglas erübrigt

Abb. 111. Oberflächenstrahler.

sich. Mit diesem Strahler können sogar Ammoniumsalze abgeraucht und bei geringem Abstand auch Papierfilter verkohlt werden, ohne daß allerdings ein vollständiges Verbrennen der Filterkohle erfolgt. Eine bestimmte Temperatur des zu erhitzenden Gegenstandes läßt sich nicht einstellen.

2. Methodisches.

Als wichtige Regel hat zu gelten, daß *länger dauerndes* Eindampfen in Gefäßen, die vor einer Bestimmung leer gewogen worden sind, wenn möglich zu vermeiden ist (Platingefäße sind ausgenommen)[1]. In solchen Fällen wird die Lösung vorher in einem anderen Mikrogefäß eingeengt und erst dann in das für die Fällung bestimmte, gewogene Gefäß übergesaugt, oder aber das Gefäß mit der einzudampfenden Lösung wird in einen größeren Porzellantiegel gestellt.

α) Vorsichtsmaßnahmen gegen Spritzen.

Beim Eindampfen mancher Lösungen besteht die Gefahr beträchtlicher Verluste infolge Verspritzens. Dies ist beispielsweise der Fall beim Erwärmen von mit Schwefelwasserstoff gesättigten Lösungen, beim Abrauchen von Eindampfrückständen mit Königswasser und ähnlichen Operationen. Man schützt sich davor in der Weise, daß rechtzeitig eine Glaskugel mit „Dornansatz", wie sie die Abb. 112 wiedergibt, auf den die Lösung enthaltenden Tiegel aufgesetzt wird. Es sind infolgedessen für derartige Arbeiten Porzellantiegel auszuwählen, die einen möglichst kreisrunden Querschnitt aufweisen. Tiegel mit ovalem Querschnitt sind für diesen Zweck unbrauchbar. Im methodisch-analytischen Teil wird in den Fällen, bei denen es zum Verspritzen von Flüssigkeit kommt, darauf hingewiesen werden. Die oben offenen Glaskugeln können auch mit kaltem Wasser gefüllt werden, um die Kondensation der Dämpfe zu erleichtern. Dieses Kühlwasser muß aber sehr oft durch Absaugen und Neueinfüllen ausgewechselt werden, weil es ziemlich schnell heiß wird.

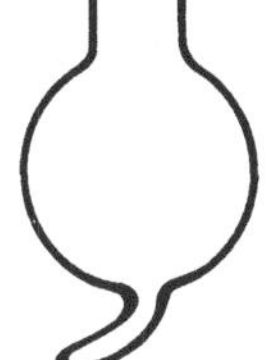

Abb. 112. Glaskugel mit Dornansatz.

Bei starker Gasentwicklung einer Lösung, z. B. beim Zerstören von Hydroxylamin oder beim Abrauchen großer Mengen von Ammoniumsalzen mit Königswasser, ist ein doppelter Schutz gegen Verluste durch Spritzen vorzuziehen. Dieser besteht darin, daß der mit einer Glaskugel bedeckte Tiegel mittels einer gewöhnlichen Spritzflasche außen mit heißem Wasser abgespült und hierauf in einen größeren „Übertiegel" (vgl. S. 265) aus Berliner Porzellan gestellt wird, der ebenfalls die hohe Form aufweist und deshalb den inneren Tiegel auch der Höhe nach überragt. Nach Beendigung der Reaktion wird die Glaskugel auf der den Dämpfen ausgesetzten Unterseite mittels der Mikrospritzflasche mit heißem Wasser in den inneren Tiegel hinein abgespült. Sodann faßt man diesen mit der Platinspitzenpinzette, hebt ihn 1 cm über die Bodenfläche des äußeren Tiegels und spült seine äußere Oberfläche, vor allem seinen oberen Rand, gründlich mit dem dünnen Strahl der Mikrospritzflasche ab. Der Tiegel wird dabei mit der von der linken Hand gehaltenen Pinzette ganz fest gefaßt, um ein Abgleiten zu verhindern, und langsam um seine Achse gedreht, wozu einmalige Aushilfe mit der rechten Hand notwendig ist. Sodann wird er in einen Wasserbadaufsatz gestellt und die Lösung weitgehend eingedampft. Dann kann das in dem Übertiegel aufgefangene Spülwasser zu der im kleineren Tiegel befindlichen Hauptlösung hinzugesaugt werden (Nachspülen!).

Bei nicht allzu heftiger Reaktion, wie z. B. bei der Zerstörung des Cupferrons mit Wasserstoffperoxyd in ammoniakalischer Lösung, bewährt sich ein aus

---

[1] Dies kann besonders bei Glasgefäßen zu geringen Gewichtsverlusten führen, da Glas durch heiße Wasserdämpfe etwas angegriffen wird. In Mikrofilterbechern läßt sich ein Eindampfen bei manchen Bestimmungen nicht umgehen, doch hat dies nach unseren Beobachtungen nie zu nennenswerten Fehlern geführt.

Jenaer Geräteglas geblasenes Uhrglas mit drei symmetrischen, nicht sehr tief eingeschnittenen radialen Rillen auf der Unterseite sehr gut. Bei gewöhnlichen Uhrgläsern bildet sich nämlich zwischen oberem Tiegelrand und Uhrglas ein Ring kondensierter Flüssigkeit aus, der infolge des Überdruckes der sich im Tiegel entwickelnden Gase zum Überfließen über den Tiegelrand neigt. Die mit Rillen versehenen Uhrgläser gestatten ein Entweichen der Gase und Dämpfe, ohne daß es zur Ausbildung eines geschlossenen Flüssigkeitsringes kommt.

β) Eindampfen ammoniakalischer Lösungen.

Das Eindampfen ammoniakalischer Lösungen soll, wenn nur irgend möglich, in Platingefäßen vorgenommen werden. Wenn jedoch nicht anders angängig, benutzt man dazu einen Tiegel aus Berliner Porzellan, doch dürfen die Lösungen dann *nicht sehr stark* ammoniakalisch sein. Glasgefäße sind auf jeden Fall zu vermeiden. Manchmal läßt sich das Eindampfen *ammoniakalischer* Filtrate durch vorheriges Ansäuern umgehen, wobei aber darauf zu achten ist, daß unter Umständen sich Königswasser bilden kann, das bei starkem Einengen zum Verspritzen führt. In diesem Fall ist rechtzeitig eine Glaskugel aufzusetzen, bis die Gasblasenbildung aufgehört hat. Nach Abspritzen der Kugel wird weiter eingedampft. Dabei kann es manchmal zu neuerlichem Auftreten von Gasblasen kommen, worauf die Glaskugel neuerlich aufzusetzen und noch Säure zuzufügen ist (vgl. S. 265). In solchen Fällen muß das Eindampfen unter steter Beobachtung erfolgen.

Literatur.

(1) ABRAHAMCZIK, E., Z. analyt. Chem. **133**, 144 (1951).
(2) ALBER, H. K., Mikrochem. **36/37**, 79 (1951).
(3) BENEDETTI-PICHLER, A., u. F. SCHNEIDER, Mikrochem., EMICH-Festschrift, 7 (1930).
(4) FUHRMANN, F., Mikrochem. **23**, 167 ff. (Abb. 1 bis 4) (1938).
(5) HECHT, F., Mikrochim. Acta **3**, 129 (1938).
(6) HOLT, P. F., Metallurgia **37**, 48 (1947).
(7) MALISSA, H., Mikrochem. **34**, 395 (1949).
(8) POLLAK, J., Mikrochem. **2**, 190 (1924).
(9) REICH-ROHRWIG, W., Mikrochem. **12**, 189 (1933).
(10) STREBINGER, R., u. W. ZINS, Mikrochem. **5**, 173 (1927).
(11) THURNWALD, H., u. A. A. BENEDETTI-PICHLER, Mikrochem. **11**, 206 (1932).

XI. Abrauchen.

Das Abrauchen von Nitraten mit *Salzsäure* zwecks Überführung in Chloride erfolgt durch Aufnehmen des Eindampfrückstandes in einem Glasbecher oder besser Porzellantiegel mit 2 ml Salzsäure (1+1) und Verdampfen auf dem Wasserbad bis auf etwa 0,5 ml. Hierauf fügt man neuerlich 1 ml Salzsäure (1+1) zu und verdampft nunmehr ohne weitere Schwierigkeit bis zur Trockne, es sei denn, daß der Abdampfrückstand verhältnismäßig sehr groß ist. In diesem Fall engt man neuerlich auf 0,5 ml ein, gibt wiederum 1 ml Salzsäure zu und verdampft erst jetzt zur Trockne. Der nunmehr vorliegende Rückstand wird zweimal mit je 0,75 ml konz. Salzsäure + 0,25 ml Wasser abgedampft. Konz. Salzsäure (D = 1,19) darf nie unverdünnt eingedampft werden, da dies zu Spritzen infolge Freiwerdens von Chlorwasserstoffgas Anlaß gibt, oder aber man bedeckt das Mikrogefäß anfänglich mit einem Uhrglas oder einer Glaskugel mit Dornansatz (S. 263, Abb. 112).

Ganz analog wird das Abrauchen von Chloriden mit *Salpetersäure* zwecks Überführung in Nitrate ausgeführt, nur daß die Salpetersäure nach dem ersten

Eindampfen zur Trockne nicht verdünnt zu werden braucht und insgesamt ein- bis zweimal öfter Salpetersäure neuerlich zugesetzt und abgeraucht werden muß.

Über das Abrauchen mit *Flußsäure,* das selbstverständlich in Platingefäßen vorzunehmen ist, braucht an dieser Stelle kaum Näheres gesagt zu werden.

Abrauchen von *Schwefelsäure* in Glas- oder Porzellangefäßen ist zu unterlassen. Es sollen dazu, wenn irgend angängig, nur Platingefäße benutzt werden, wenn es sich nicht um Rückstandbestimmungen handelt (vgl. S. 219). Nachdem das Wasser soweit als möglich auf dem Wasserbad abgedampft worden ist, wird der Platintiegel unbedeckt in einen Aluminiumblock (S. 201, Abb. 27) gestellt und dort ganz allmählich bis zum Auftreten von Schwefelsäuredämpfen erhitzt. Das Abrauchen wird auch im Aluminiumblock zu Ende geführt.

Noch besser und besonders bequem kann bei sonst gleichem Vorgehen Schwefelsäure in dem auf S. 251 f. beschriebenen Universalapparat (Abb. 95) abgeraucht werden. Platintiegel werden in einen passenden Glasring eingesetzt, so daß das Abrauchen gewissermaßen in einem Luftbad erfolgt.

Verfügt man weder über einen Aluminiumblock, noch über den Universalapparat, so stellt man den Platintiegel mit der Schwefelsäure auf ein sauberes Tondreieck und nimmt nun das Abrauchen mit fächelnder Flamme eines Bunsenbrenners vor. Falls der Tiegel sehr viel feste Substanz (wie z. B. beim Aufschluß von Monaziten) und verhältnismäßig wenig Schwefelsäure enthält, empfiehlt es sich, ein Uhrglas mit 1,5 mm weitem Loch in der Mitte aufzusetzen, das selbstverständlich aus Jenaer Geräteglas angefertigt sein muß (S. 247) (1, 2).

Vgl. ferner unter Rückstandsbestimmungen (S. 193).

Abrauchen von Ammoniumsalzen.

Mit Ausnahme des Abrauchens der Ammoniumsalze im Fall der Bestimmung der Alkalimetalle werden die Eindampfrückstände in der Mikroanalyse so gut wie nie durch unmittelbares Erhitzen abgeraucht. Vielmehr dampft man die ammoniumsalzhaltige Lösung in einem Porzellantiegel soweit als möglich ein, d. h. bis zum Entstehen einer Kruste, die weiteres Eindampfen behindert. Dann wird der Tiegelinhalt mit 0,5 bis 1,0 ml kaltem Königswasser versetzt, worauf der Tiegel sofort mit einer Glaskugel mit Dornansatz (S. 263, Abb. 112) bedeckt und bei Anwesenheit von sehr viel Ammoniumsalzen auch in einen „Übertiegel" (s. S. 263) gestellt wird. Der Tiegel bzw. der Übertiegel mit dem kleineren Tiegel wird nun auf einem Wasserbad erwärmt. Sobald die heftige Reaktion beendet ist, fügt man weiteres Königswasser zu. Nach dem Aufhören der Reaktion wird die Glaskugel, gegebenenfalls auch der Innentiegel, außen abgespült und das Spülwasser aus dem Übertiegel mit der Hauptmenge der Lösung vereinigt. Die Flüssigkeit wird sodann eingedampft. Nur in wenigen Ausnahmefällen, wenn noch nicht genug Königswasser zugegeben worden ist, bildet sich nochmals eine Kruste und muß die Operation wiederholt werden.

Literatur.

(1) HECHT, F., Amer. J. Sci. (V) **27**, 331 (1934).
(2) HECHT, F., u. E. KROUPA, Z. analyt. Chem. **102**, 85 (1935).

XII. Methodik nach J. DONAU (5).

Die im folgenden beschriebenen Arbeitsmethoden sind vor allem auf den Grundsatz aufgebaut, die Fällungen in *möglichst kleinen* Gefäßen auszuführen und die Filtration so zu gestalten, daß das Filtrat auf *kürzestem* Weg in das

Auffanggefäß gelangt. Infolge der geringen Oberfläche der Gefäße wird der Niederschlag rasch unter Anwendung von verhältnismäßig wenig Waschflüssigkeit filtriert, während das Filtrat ein Minimum an Volumen aufweist, bevor es zu weiteren Bestimmungen verwendet wird. Beim Gebrauch von Fällungsgefäßen mit verhältnismäßig großer Benetzungsfläche sind besonders bei der Bestimmung sehr geringer Stoffmengen Löslichkeitsverluste zu befürchten, was auch die Verwendbarkeit des Filtrates für weitere Bestimmungen beeinträchtigt.

Als Filter werden kleine Platinblechschälchen, die nach Art der Neubauer-Tiegel mit Platinschwamm als Filtermasse beschickt sind, verwendet, während zur Fällung gleichfalls sehr flache Platinschälchen oder in besonderen Fällen eine Art Hahnröhrchen dienen. Die Fällungsschälchen sind so gebaut, daß sie bequem im Filter Platz finden; sie sind so niedrig, daß ihre Entleerung nach dem Überlaufenlassen *selbsttätig* erfolgt. Da sie vor der Bestimmung zusammen mit dem Filter und einem passenden Deckel austariert werden, liegt auch diesem Verfahren das Prinzip der „drei Wägungen" (S. 217) zugrunde. Dieser Umstand ist besonders wichtig, wenn es sich um die Bestimmung minimaler Stoffmengen handelt, wo tunlichst alle Fehlerquellen ausgeschaltet werden sollen. Falls man es mit nur wenigen Tropfen zu tun hat, kommen ganz kleine Fällungsschälchen in Betracht, die infolge der Oberflächenspannung immerhin bis zu 0,5 ml fassen.

Die *Hahnröhrchen* (s. unten) dienen als Fällungsgefäße beim Vorliegen größerer Flüssigkeitsmengen oder dann, wenn beim Lösen der Probe Verluste durch Verspritzen infolge Gasentwicklung zu befürchten sind, sowie wegen derselben Gefahr auch bei Anwendung gasförmiger Fällungsmittel. Hierbei sind zwar geringe Verluste durch nicht ganz vollständige Entfernung des Niederschlages aus dem Fällungsgefäß und durch die notwendige Verwendung von mehr Waschflüssigkeit nicht völlig ausgeschlossen, doch fallen sie weit weniger ins Gewicht als bei Gefäßen, deren ganze Innenfläche benetzt wird.

1. Geräte.

Apparatur:
α) Filterschälchen.
β) Fällungsschälchen.
γ) Hahnröhrchen als Fällungsgefäß.
δ) Filtertrichter.
ε) Auffanggefäße, Räuchergläschen, Trocknungsblock, Heizplatte.

α) Filterschälchen.

Diese wurden ursprünglich aus dünner Platinfolie hergestellt und hatten ein Gewicht von bloß 0,3 g; da sie jedoch wenig formbeständig waren, wurden sie durch Schälchen aus dünnem Platinblech ersetzt, die wesentlich haltbarer und handlicher im Gebrauch sind.

Obgleich die besten Filterschälchen im Handel erhältlich sind[1], sei im folgenden näher auf ihre Selbstanfertigung eingegangen.

Das Filter besteht aus zwei ineinandergepreßten, dünnen Platinschälchen mit Siebboden und einer Zwischenlage von Platinschwamm als Filtermasse. Die Größe der Gefäße kann nach Bedarf verschieden gewählt werden, doch haben sich im allgemeinen die unten angegebenen Größenverhältnisse als zweckmäßig erwiesen.

Zur Herstellung des äußeren Schälchens wird mittels eines sogenannten Locheisens ein Platinscheibchen von 22 mm Durchmesser ausgestanzt. Das hierzu verwendete Blech hat eine Stärke von 0,05 bis 0,06 mm. Das Ausstanzen wird zur

---

[1] Platinschmelze Heraeus (Hanau a. M.), Bundesrepublik Deutschland.

Schonung des Materials zwischen glattem Papier auf der ebenen Stirnseite eines Hartholzklotzes vorgenommen. Es ist zweckmäßig, das Blech vorher auszuglühen.

Für das innere Schälchen, das über den Platinschwamm zu liegen kommt, wird gleichfalls ein Scheibchen, jedoch aus etwa 0,005 bis 0,01 mm starker Platinfolie, ausgestanzt. Das Vorhandensein feiner Poren, wie sie bei solchem Material meist beobachtet werden, ist belanglos. Der Durchmesser der Folienscheibchen soll um 1 bis 2 mm kleiner sein als bei den Blechscheibchen.

Das siebartige Perforieren der beiden Scheibchen bis auf einen lochfreien Rand von etwa 2,5 mm Breite kann auf verschiedene Art erfolgen: entweder mit der Hand durch Einstechen mit einer dünnen, kurzgefaßten Nadel, oder aber mittels einer Vorrichtung, die aus mehreren hundert in einer einseitig geschlossenen Röhre fixierten, gleich großen, sehr dünnen Nähnadeln besteht; an der Röhre ist ein verschiebbarer Ring angebracht, der dem Durchmesser des Scheibchens entspricht. Um mit diesem Apparat das Scheibchen zu lochen, legt man es nach starkem Ausglühen auf eine etwa 3 mm dicke, nicht zu weiche Gummiplatte zwischen zwei gleich große Papierscheibchen und setzt den Lochapparat so auf, daß der herabgeschobene Ring die Scheibchen gut deckt. Die Lochung wird durch einen kräftigen Hammerschlag auf das obere Ende der Röhre bewirkt. Das Abnehmen des Scheibchens erfolgt durch vorsichtiges Loslösen unter Zuhilfenahme einer Pinzette.

Mangels des beschriebenen Lochungsapparates nimmt man die Operation mit der Nähnadel derart vor, daß man das zwischen zwei dicke Filterpapierscheibchen gelegte Platinscheibchen auf eine ebene Glasplatte bringt. Um den Rand in Form einer etwa 2,5 mm breiten ringförmigen Zone zu schützen, wird ein Kartonring aufgelegt. Sodann locht man mit der kurzgefaßten Nadel den innerhalb des Schutzringes befindlichen Raum möglichst gleichmäßig. Diese Arbeitsweise ist natürlich zeitraubend und mühselig.

Zur Formung des perforierten Blechscheibchens bedient man sich eines eigens angefertigten Preßapparates. Dieser besteht aus einem Stahlstempel mit einem Durchmesser von 18 mm und einem Stahlblock mit einer glatt polierten Bohrung, deren Durchmesser um die Dicke des Blechscheibchens größer ist als der Durchmesser des Stempels. Zur leichteren zentralen Einstellung befindet sich rings um die Bohrung eine seichte Ausnehmung,

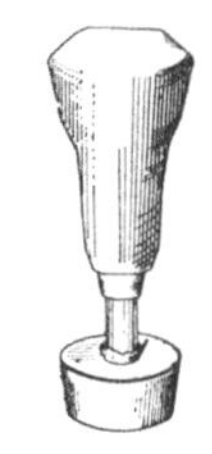

Abb. 113. Preßapparat zur Formung der Schälchen aus Platinfolie ($^1/_{10}$ der natürlichen Größe).

in die sich das Scheibchen einlegen läßt. Vor dem Auflegen des Scheibchens wird der in eine vertikale Führung eingespannte, stark geölte Stempel bis zur Berührung mit dem Block gebracht, gut eingestellt und sodann das ausgeglühte und ebenfalls geölte Blech in die Ausnehmung eingelegt. Hierauf wird mit einem raschen Ruck der Stempel in die genau zentrierte Bohrung eingedrückt. Besonders zu beachten ist, daß das Scheibchen mit den *scharfen* Lochungsrändern nach *oben* gepreßt werden muß. Um das gepreßte Schälchen samt dem Stempel aus der Bohrung zu entfernen, wird dieser von der Gegenseite der Bohrung her mittels eines zweiten Stempels herausgetrieben, worauf sich das Schälchen unschwer vom Stempel abziehen läßt. Der zackige Schälchenrand muß sorgfältig beschnitten werden.

Nun schweißt man an zwei gegenüberliegenden Stellen des Schälchens die Enden eines Platindrahtes von etwa 0,1 mm Dicke und 4,5 cm Länge an. Dieser Draht dient als Henkel zum Transport und Aufhängen des Schälchens. Das Anschweißen nimmt man z. B. in der Weise vor, daß man das betreffende Drahtende an das Scheibchen durch Berührung beider in der rauschenden Flamme eines Brenners zunächst oberflächlich anklebt. Hierauf wird es auf einem schmalen kleinen Amboß mit polierter Bahn in einer feinen, auf die Schlagstelle gerichteten Stichflamme mit kurzen schwachen Schlägen eines kleinen Hammers angeschweißt.

Zur Formung des zweiten, bereits perforierten Scheibchens aus Folie wird es nach vorherigem Ausglühen mit den *scharfen* Lochungsrändern nach *unten* auf eine weiche Gummiplatte gelegt und durch Eindrücken mit einem Metallstempel, dessen Durchmesser gleich der inneren Weite des Blechscheibchens sein soll, zum Schälchen geformt (Abb. 113). Die hierbei entstehenden Falten beeinträchtigen die Brauchbarkeit des Filters in keiner Weise.

Der Boden des mit einem Drahtbügel versehenen Blechschälchens wird nun mit einer Schicht von äußerst feinpulverigem Ammoniumplatinchlorid[1] bedeckt, dessen Menge sich nach der beabsichtigten Dichte des Filters richtet. In der Regel benötigt man für die angegebene Filtergröße ungefähr 0,25 g

---

[1] Es ist feinst pulveriges Salz erforderlich.

des Platinsalzes. Sobald die Schicht mittels eines am unteren Ende eben polierten Glasstabes gut ausgeglichen ist, wird das zweite aus Folie gepreßte Schälchen mit dem zugehörigen Stempel zunächst durch Eindrücken in die Gummiplatte aufgenommen und sodann in das gleichfalls auf den Gummi gelegte Blechschälchen kräftig eingedrückt. Um den Stempel in das Außenschälchen leichter einführen zu können, gestaltet man ihn zweckmäßigerweise ganz schwach konisch und benetzt ihn vor dem Aufnehmen des Folienschälchens ein wenig mit Wasser.

Die beiden ineinandergedrückten Schälchen werden zwecks Umwandlung des Platinsalzes in Platinschwamm auf eine geeignete Unterlage, z. B. ein ebenes Porzellan- oder Quarzscheibchen, gebracht und zunächst ganz allmählich erwärmt. Erst nach der vollständigen Zersetzung des Ammoniumplatinchlorids wird stärker erhitzt und schließlich schwach geglüht.

Um Filterschälchen von fast gleichem Gewicht zu erhalten, verwendet man bei der Herstellung stets die gleiche Menge des Platinsalzes.

Die fertigen Filterschälchen werden schließlich auf die Filterplatte (S. 269, Abb. 116) gebracht und bis zur Gewichtskonstanz mit heißem Wasser gewaschen.

Die Abb. 114 zeigt das Filterschälchen in schematischer Darstellung.

Die Filter sind bei sachgemäßer Behandlung unbegrenzt haltbar. Auf keinen Fall dürfen sie jedoch in der offenen Flamme ohne Unterlage geglüht werden. Dadurch würde die Filtermasse rissig und undicht werden. Ebensowenig darf man ein Filterschälchen, das Carbonate enthält, mit starken Säuren behandeln, da das stürmisch entweichende Kohlendioxyd den Filterboden ebenfalls aufreißen kann. Bei der Reinigung der Filter ist auch stets darauf zu achten, daß hierbei keine platinangreifenden Agenzien angewendet werden. Wenn durch irgendeinen Umstand ein Filter undicht geworden ist, können mittels einer Pinzette die beiden Schälchen vorsichtig auseinandergenommen und gegebenenfalls neuerlich mit Ammoniumplatinchlorid beschickt werden.

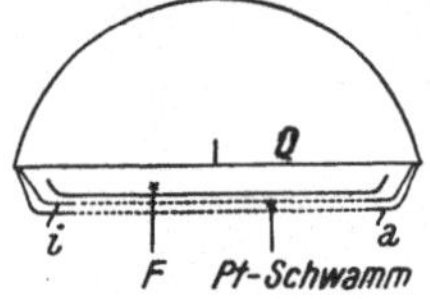

Abb. 114. Filterschälchen (ungefähr natürliche Größe).

Man beschafft sich zweckmäßig Filter von verschiedener Dichte und bedient sich ihrer je nach der Art der zu filtrierenden Niederschläge. Für die Filtration von Bariumsulfat und ähnlichen Stoffen müssen die Filter mit besonderer Sorgfalt behandelt werden. Man versieht sie für diesen Zweck mit einer dickeren Platinschicht als die gewöhnlichen Schälchen und macht sie dadurch noch dichter, daß man den Filterboden mittels eines am unteren Ende ebenpolierten Glasstabes feststampft.

β) Fällungsschälchen.

Diese sind aus Platinfolie oder dünnem Platinblech gepreßte Gefäße, die eine Höhe von annähernd 0,3 mm und je nach Bedarf verschiedenen Durchmesser besitzen. Für die oben angegebenen Dimensionen der Filterschälchen sind im allgemeinen Schälchen mit einem Durchmesser von etwa 12 mm zu empfehlen. Eine Überschreitung der angegebenen Höhe der Fällungsschälchen ist unzweckmäßig, da sich das im Filter befindliche Schälchen beim Überlaufenlassen (vgl. unten) nicht selbsttätig entleeren würde.

An Stelle von Platin können in besonderen Fällen die Schälchen aus widerstandsfähigem Glas, Porzellan oder Quarz angefertigt werden.

Bei der Selbstherstellung der Fällungsschälchen wird in ähnlicher Weise vorgegangen, wie dies bei den Filterschälchen beschrieben worden ist. Bei Folienschälchen ist auf möglichst vollständige Porenfreiheit des verwendeten Materials zu achten. Mangels porenfreier Folie kann man sich dadurch helfen, daß man zwei möglichst porenarme Scheibchen übereinanderlegt und auf die angegebene Weise zusammenschweißt. Zwecks Prüfung der Schälchen auf Dichte werden sie auf rotes Lackmuspapier gelegt und bis zum Rand mit verdünnter Lauge gefüllt, wobei selbst nach längerer Zeit keine Blaufärbung des Papiers eintreten darf.

An die fertigen Schälchen wird nach dem etwaigen Beschneiden des bei der Preßoperation entstandenen ungleichen Randes seitlich ein kurzer, schmaler Platinstreifen angeschweißt, der zum Anfassen mittels der Pinzette dient.

Um die Schälchen gegebenenfalls bedecken zu können, verwendet man ein entsprechend großes Folienscheibchen, an das zum leichteren Anfassen gleichfalls ein kurzes Folienstreifchen angeschweißt wird. Etwa im Deckel vorhandene Poren sind ohne Belang.

γ) Hahnröhrchen.

Die seinerzeit beschriebenen Fällungsröhrchen mit Kugelaufsatz (2) wiesen einige Mängel auf, die eine allgemeinere Verwendung in Frage stellten. Das Arbeiten mit ihnen erforderte eine gewisse Geschicklichkeit und besondere Vorsicht bei der Verwendung gasförmiger Fällungsmittel, die einen geringen Überdruck im Rohr erzeugten und das Filtrieren daher erschwerten.

Abb. 115. Hahnröhrchen (etwa $^1/_3$ der natürlichen Größe).

Die neueren Fällungsröhrchen[1] bestehen aus einem nach unten verjüngten Rohr mit Hahnverschluß (Abb. 115). Die Ausmaße entsprechen den in Betracht kommenden Flüssigkeitsmengen. Man kann daher solche Hahngefäße nicht nur für mikroanalytische Zwecke, sondern bei entsprechender Dimensionierung auch für Arbeiten mit größeren Mengen benutzen.

Der Abflußhahn muß sorgsam eingeschliffen und die tunlichst große Bohrung glattpoliert sein, damit daran kein Niederschlag haften bleibt. Sicherheitshalber wird der Hahn beiderseits der Bohrung schwach eingefettet.

Um das Gefäß leicht in verschiedene Stellungen zu bringen, wird es in einem Stativ mit Kugelgelenk festgehalten. Die Hahnröhrchen werden vor allem in den Fällen angewendet, wo eine größere Flüssigkeitsmenge das Arbeiten mit den vorhin beschriebenen Fällungsschälchen unmöglich macht, ebenso auch dann, wenn beim Auflösen Gasentwicklung eintritt oder beim Fällen mit gasförmigen Reagenzien Verluste durch Verspritzen zu befürchten sind.

Um gegebenenfalls das Rohr auch als Auffanggefäß für ein zu weiteren Bestimmungen benötigtes Filtrat verwenden zu können, benutzt man einen kleinen Ständer aus Aluminium (nicht abgebildet), mit dem es unter die Filtriervorrichtung gestellt wird (vgl. unten). Um den im Hahnrohr erzeugten Niederschlag praktisch quantitativ auf das Platinfilter bringen zu können, bedient man sich zu Ende der Filtration eines Federfähnchens (S. 236, Abb. 73), mit dem das Gefäß unter gleichzeitigem Zutropfenlassen von Waschflüssigkeit innen gereinigt wird. Die Federfahne muß so beschaffen sein, daß sie durch die Hahnbohrung hindurch bis an das Ende des Rohres eingeführt werden kann.

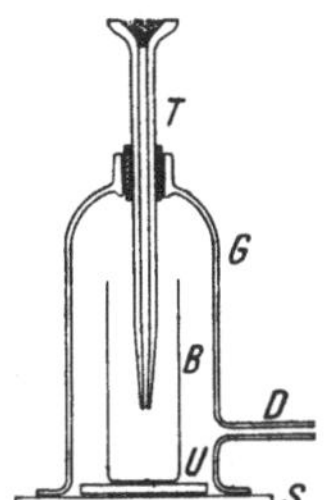

Abb. 116. Filtriervorrichtung für die Fällungs- und Filterschälchen($^1/_6$ der natürlichen Größe.

δ) Filtertrichter.

Die Filtriervorrichtung (Abb. 116) (3) besteht aus einer auf die Mattglasscheibe S aufgeschliffenen Glasglocke G, die oben eine Öffnung besitzt, in die der Glasfrittentrichter T eingesetzt werden kann. Seitlich an der Glocke befindet sich ein Ansatzrohr D zur Anbringung eines Absaugschlauches. Im Innern der Glocke werden die erforderlichen Auffanggefäße B aufgestellt. Der Glasfrittentrichter T[1] ist ein nach unten etwas verjüngtes Glasrohr

---

[1] Herstellerfirma: Glaswerke Schott u. Gen.

von ungefähr 1,5 mm innerer Weite, das oben trichterförmig erweitert und daselbst mit gesinterter Glasmasse von der Porengröße 3 ausgefüllt ist. Die Filtermasse muß imstande sein, Flüssigkeiten sehr rasch hindurchzulassen.

ε) Filtratgefäße, Räuchergläschen, Trocknungsblock, Heizplatte.

Filtrate, die zu keiner weiteren Bestimmung verwendet werden, fängt man in kleinen Zylinderchen auf, die zur Beurteilung der Flüssigkeitsmenge in Milliliter eingeteilt sind.

Bei *Trennungen* werden die Filtrate in besonderen Gefäßen aufgefangen. In diese kann ein eingeschliffenes Röhrchen eingesetzt werden, das sich bis zum Boden erstreckt. Das Rohr reicht über den Hals des Auffanggefäßes noch einige Zentimeter hinaus und ist oben durch einen Hohlstöpsel, der ebenfalls gut eingeschliffen sein muß, verschließbar. Der Stöpsel weist seitlich eine Bohrung auf, so daß nach entsprechender Drehung durch Vermittlung einer zweiten am Röhrchen angebrachten Öffnung eine Verbindung mit der Außenluft erreicht werden kann (Abb. 117). Das Fläschchen wird verschlossen austariert und nach Entfernen des eingeschliffenen Röhrchens in die Glocke gestellt. Der Gefäßboden soll, damit selbst noch die letzten Tropfen des Filtrats verwendet werden können, nicht eben sein, sondern gegen die Mitte zu konisch verlaufen. Zur stabilen Aufstellung des Gefäßes dient ein Aluminiumblechscheibchen mit seitlich aufgebogenen federnden Streifen, die das eingestellte Gefäß genügend festhalten. Beim Filtrieren ist durch entsprechendes Verstellen des Trichters zu vermeiden, daß dessen unteres Ende in das Filtrat eintaucht oder anderseits zu weit von der Oberfläche des Filtrats absteht, was ein Verspritzen zur Folge

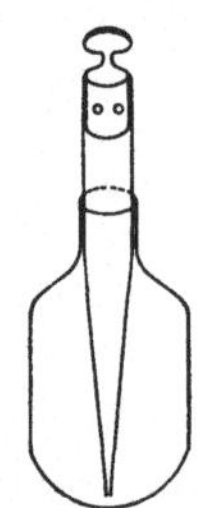

Abb. 117. Wägefläschchen für Flüssigkeiten ($^1/_3$ der natürlichen Größe).

hätte. Nach erfolgter Filtration wird das verschlossene Gefäß abermals gewogen und so die Menge des Filtrats ermittelt. Daraus können nun die erforderlichen Einwaagen für die weiteren Bestimmungen entnommen werden.

Zur etwaigen Weiterbehandlung von filtrierten und gewaschenen Niederschlägen, wie z. B. zur Oxydation, bedient man sich sogenannter „*Räuchergläschen*". Dies sind gewöhnliche Wägegläser, an deren Deckel innen ein Glashaken angeschmolzen ist, an den die Schälchen angehängt werden können. Am Boden des Gefäßes werden die zur Räucherung dienenden Substanzen, wie Salzsäure, Ammoniak, Salpetersäure usw., untergebracht, die nötigenfalls durch Erwärmen verdampft werden.

Zur *Trocknung* der Niederschläge kann man kleine hohle Aluminiumblöcke verwenden, deren Boden eine Bohrung zur Aufnahme eines kleinen Thermometers besitzt. Diese Kurzthermometer sind von 5 zu 5° geteilt und gestatten Ablesungen bis etwa 360° (s. S. 249). Die Blöcke besitzen nach Art der Stählerschen Blöcke (S. 248, Abb. 89) auch noch eine zweite Bohrung (z. B. durch den Aluminiumdeckel hindurch), durch die Gase eingeleitet werden können, so daß Trocknung in einer bestimmten Atmosphäre ermöglicht wird. In der Abb. 89 (S. 248) ist das Thermometer in die Deckelbohrung eingesetzt. Um sich von der Beendigung der Trocknung zu überzeugen, legt man von Zeit zu Zeit ein kaltes Uhrglas als Deckel auf, das sich sogleich mit einer dünnen, leicht erkennbaren Kondensatschicht beschlägt, falls noch immer Dämpfe entweichen.

Nach dem Trocknen bzw. Glühen der Niederschläge werden die Schälchen sogleich in einen gewöhnlichen Exsiccator auf eine geeignete Unterlage gestellt, wo sie nach wenigen Minuten die Temperatur der Umgebung annehmen, worauf sie sofort gewogen werden können.

Um Flüssigkeiten, die sich im Hahnröhrchen befinden, erwärmen und insbesondere *einengen* zu können, kann man sich mit Vorteil der in Abb. 118 dargestellten Vorrichtung bedienen. Sie besteht aus einer dicken Aluminiumplatte, die mit einem etwa kleinfingerdicken Aluminiumstab durch Nieten verbunden ist und auf einem Stativ auf- und abwärts bewegt werden kann. Die Platte enthält eine oder mehrere konische Bohrungen, in welche die Hahnröhrchen so eingestellt werden, daß sie mit ihrem bauchigen Teil in der konischen Vertiefung gut aufliegen. Ferner ist in die Platte ein schräges Loch gebohrt, das zur Aufnahme eines kleinen Thermometers dient (in der Abbildung weggelassen). Um die Platte zu heizen, wird der Aluminiumstab mittels eines Bunsenbrenners entsprechend erhitzt.

Hat man in engen Gefäßen befindliche Flüssigkeiten rasch einzuengen oder abzudampfen, so wird von oben her mittels eines gebogenen Glasrohres ein schwacher Luftstrom aufgeblasen. Die eingeblasene, durch entsprechende Vorkehrungen staubfrei gemachte, gegebenenfalls erwärmte Luft erzeugt auf der Flüssigkeit eine kreisende Bewegung, wodurch ein Aufwallen vermieden wird. Die Verdunstung geht durch die rasche Entfernung der Dämpfe aus dem Gefäß schnell vor sich, ohne daß sich viel Kondensatflüssigkeit an den Wänden bildet. Die Heizplatte ist an den lochfreien Stellen natürlich auch zum Erhitzen der Schälchen und Fläschchen geeignet.

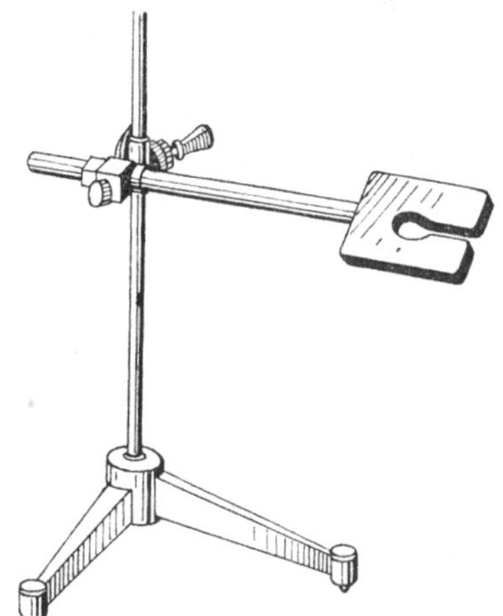

Abb. 118. Vorrichtung zum Erwärmen und Einengen von Flüssigkeiten in Hahnröhrchen ($^1/_5$ der natürlichen Größe).

2. Arbeitsweise.

Die wesentlichen bei gewichtsanalytischen Arbeiten auszuführenden Operationen sind bekanntlich folgende:

α) Substanzeinwaage.

β) Wasserbestimmung.

γ) Lösen.

δ) Überführung der zu bestimmenden Stoffe in wägbare Niederschlagsformen (Fällen, Filtrieren, Trocknen bzw. Glühen, Wägen).

α) Substanzeinwaage.

Bei inhomogenen Substanzen handelt es sich darum, gute Durchschnittsproben zu erlangen. Dies erreicht man u. a. durch Auflösen einer genügenden Substanzmenge und Auswägung eines aliquoten Teiles der Flüssigkeit.

Zum Abwägen von Mengen über 50 mg kann man sich meist einer gewöhnlichen Analysenwaage bedienen. In allen anderen Fällen ist eine Mikrowaage erforderlich. Bei Substanzmengen von etwa 3 mg und darüber ist jede Mikrowaage brauchbar, die noch 0,003 bis 0,005 mg anzeigt, während bei Wägungen von Mengen im Gewicht von 1 mg und darunter der hierbei mögliche Fehler bereits 0,5% und mehr ausmachen kann.

Beim Abwägen von Flüssigkeiten, rasch verwitternden oder hygroskopischen Stoffen muß Sorge getragen werden, daß während der Wägung keine Gewichtsänderungen durch Verdunsten bzw. Wasseraufnahme stattfinden. Soll die Wägung im Schälchen vorgenommen werden, so stellt man dieses unter eine kleine, auf ein Mattglasscheibchen gut aufgeschliffene Glasglocke (z. B. den

Deckel eines Wägegläschens) und tariert das Ganze auf der gewöhnlichen Analysenwaage, gegebenenfalls auf einer Mikrowaage aus. Nach dem Abheben der Glocke mittels einer Pinzette mit Elfenbeinspitzen (zur Vermeidung von Erwärmung) wird die betreffende Substanz in das Schälchen gebracht und gewogen.

Zur Auswägung von Flüssigkeiten läßt sich auch das schon beschriebene Filtrat-Auffanggefäß (S. 270, Abb. 117) verwenden, indem man es mit der Flüssigkeit austariert und nach der Probeentnahme wieder zurückwägt.

Die eingewogene feste Substanz kann, ehe man die Analyse beginnt, durch Trocknung bis zur Gewichtskonstanz von aller Feuchtigkeit befreit werden. Hierunter ist bekanntlich das adsorbierte oder mechanisch eingeschlossene Wasser zu verstehen. Die Trocknung geschieht in der gleichen Art, wie dies in der Makroanalyse üblich ist, und richtet sich darnach, ob der betreffende Stoff schon in Berührung mit der Luft sein *gebundenes* Wasser verliert, wie beispielsweise Glaubersalz, ob er bei 100° oder erst bei höherer Temperatur seine Feuchtigkeit abgibt usw.

Zur Trocknung bei gewöhnlicher Temperatur über Schwefelsäure oder Natronkalk kann man den gewöhnlichen Exsiccator verwenden. Zum Trocknen bei höherer Temperatur, gegebenenfalls auch in einer bestimmten Atmosphäre, dient der bereits erwähnte Aluminiumblock (S. 248, Abb. 89). Das Trocknen kann selbstverständlich auch in einem mit Thermoregulator versehenen Trockenschrank vorgenommen werden. Aus dem Trockengerät kommt das Schälchen mit der Substanz noch warm in den Exsiccator. Nach dem Erkalten, das höchstens einige Minuten in Anspruch nimmt, kann es sogleich in die Waage gebracht und anschließend wie üblich gewogen werden. Erst nach Feststellung der Gewichtskonstanz darf die Trocknung als beendet betrachtet werden.

Stoffe, die bei mäßigem Glühen keine Veränderung erleiden, z. B. Bariumsulfat, Kaliumcarbonat u. a., sind natürlich am leichtesten von Feuchtigkeit zu befreien. Man erhitzt zu diesem Zwecke die Schälchen mit der Probe auf einer geeigneten Unterlage, am besten auf einem dünnen Quarzscheibchen, und bringt sie noch heiß in den Exsiccator. Das Glühen auf einem Platinblech als Unterlage ist nicht rätlich, da hierbei leicht Ankleben eintritt.

Beim Einwägen einer festen Substanz in das Hahnröhrchen bringt man das in ein Stativ eingespannte Gefäß in schräge Stellung und führt mittels eines kleinen Löffels, der mit dem Vorratsgefäß austariert worden ist, die Probe ein. Das Löffelchen wird hierbei mit einer Pinzette gefaßt, vorsichtig in das Röhrchen eingeführt und sodann durch Drehung entleert. Handelt es sich um das Einwägen einer Flüssigkeit, so wird das Röhrchen bei geschlossenem Hahn senkrecht gestellt und die benötigte Probemenge aus dem Wägefläschchen eingewogen. Zur direkten Einwaage einer Probe in das Hahnrohr wird dieses in einem kleinen Gestell auf der Waage austariert und die Substanz mittels eines Tropfröhrchens eingebracht. Zur Vermeidung von Verlusten durch Verdunstung wird das Fällungsgefäß mit einem Scheibchen, das natürlich mitaustariert werden muß, bedeckt. Anstatt durch Einwägen kann die Probenahme auch mittels einer geeichten Mikrobürette erfolgen.

β) Bestimmung des Wassergehaltes.

Enthält der zu untersuchende feste Körper, der in der vorhin beschriebenen Weise von anhaftender Feuchtigkeit befreit worden ist, gebundenes Wasser, so wird gewöhnlich die Analyse mit dessen Bestimmung begonnen. Diese Operation ist nicht immer sehr einfach und ist davon abhängig, ob die betreffende Substanz ihr gebundenes Wasser leicht abgibt oder nicht, ob sie

Glühhitze verträgt, ohne Zersetzung zu erleiden, oder ob sie bereits bei gelindem Erhitzen außer dem Wasser noch andere flüchtige Bestandteile verliert. Die Berücksichtigung aller dieser Umstände ist beim Arbeiten mit kleinen Substanzmengen eine noch weit wichtigere Angelegenheit, als dies in der Makroanalyse der Fall ist. Der Wassergehalt ergibt sich entweder aus dem Gewichtsverlust oder aber durch direktes Wägen des Wassers. Die erste Bestimmungsart wird ihrer Einfachheit halber am häufigsten angewendet, ist aber nicht immer die zuverlässigste (s. das oben Gesagte). Der günstigste Fall ist der, daß die wasserhaltige Substanz geglüht werden kann, ohne dabei andere Bestandteile zu verlieren oder andere Stoffe aufzunehmen.

Kristallwasserbestimmung in Gips.

Gewicht in Skalenteilen[1]		Gefunden: % Wasser (berechnet 20,93 %)	Körnung
vor	nach		
der Entwässerung			
81,05	64,15	20,85	
86,94	68,80	20,87	grob
92,96	73,05	20,80	
60,70	48,30	20,43	
228,38	181,80	20,40	feinst
52,68	41,93	20,41	
106,10	84,00	20,83	
169,48	134,06	20,90	feinst, gelagert
246,32	194,96	20,87	

Die Bestimmung kann am besten im bedeckten Fällungsschälchen ausgeführt werden. Dieses wird mit der eingewogenen Substanz aus dem Filterschälchen herausgenommen und auf einer geeigneten Unterlage (vgl. oben) mehr oder weniger stark bis zur Gewichtskonstanz geglüht. So läßt sich z. B. der Kristallwassergehalt des Gipses bei Einhaltung bestimmter Bedingungen sehr genau feststellen, wenn man bis zur schwachen Rotglut erhitzt. Aus obenstehender Tabelle ist ersichtlich, daß der Wassergehalt eines und desselben Materials (Gips aus Thüringen) je nach der Art des Zerkleinerungszustandes bestimmte Schwankungen erleiden kann. Die erste Versuchsreihe wurde mit einer grobgepulverten, die zweite mit einer feinstgepulverten Probe des Gipses unternommen, während eine dritte Versuchsreihe sich auf die feinstgepulverte Substanz nach dreiwöchigem Liegen an der Luft bezieht. Auf Grund der beiden ersten Versuchsreihen zeigt sich, daß der Gips durch feinstes Pulverisieren etwas Wasser verliert, während aus der letzten Reihe hervorgeht, daß das abgegebene Wasser mit der Zeit wieder an der Luft aufgenommen wird.

Bei Wasserbestimmungen von Substanzen, die sich beim Erhitzen stark aufblähen, zum Spritzen neigen oder dekrepitieren, muß besondere Vorsicht geübt werden.

Bei Stoffen, die beim Erhitzen noch andere Bestandteile verlieren, treten größere Schwierigkeiten auf. Man wird sich hierbei, wenn möglich, an das Vorbild makrochemischer Methoden halten und diese den gegebenen Verhältnissen anpassen.

Das gleiche gilt für Substanzen, die auf verschiedene Weise gebundenes und demnach bei verschiedenen Temperaturen entweichendes Wasser enthalten.

---

[1] Wägungen auf der NERNST-DONAU-Waage (4) (S. 106, 123 ff.) vorgenommen.

In solchen Fällen wird in der Regel zunächst der Wasserverlust bei Zimmertemperatur über konz. Schwefelsäure im luftleeren Raum, sodann etwa bei 100°, 150°, 200° usw. festgestellt.

Hat man es mit Stoffen zu tun, die beim Erwärmen Sauerstoff aufnehmen, so wird das Wasser am besten direkt bestimmt. Diese Methode wird man auch dann wählen müssen, wenn die Substanz beim Glühen einen anderen Bestandteil, z. B. Kohlensäure, Sauerstoff, verliert. Das Wasser wird hierbei durch Glühen ausgetrieben, in geeigneten Absorptionsapparaten aufgefangen und gewogen.

γ) Das Lösen.

Das Auflösen der eingewogenen festen Substanz wird in der üblichen Weise vollzogen. Der einfachste Fall ist der, daß der Stoff durch direktes Behandeln mit dem geeigneten Lösungsmittel gelöst werden kann. Umständlicher liegt der Fall, wenn erst vorheriges Aufschließen nötig ist (s. unten). Bei einem Gemisch von Substanzen, deren Bestandteile zu Lösungsmitteln ein ganz verschiedenes Verhalten zeigen, wird man auch bei der Mikroanalyse deren Trennung durch verschiedene Lösungsmittel der Auflösung des ganzen Gemisches vorziehen. Die Probe wird in diesem Falle nicht in das Fällungsschälchen, sondern in das Filterschälchen eingewogen. Das Herauslösen der einzelnen Bestandteile wird natürlich bis zur Gewichtskonstanz des jeweiligen Rückstandes fortgesetzt.

Sehr wichtig sind die Form und das Material der Gefäße, in denen die Auflösung bewirkt werden soll. Falls Verluste durch Verspritzen entstehen können, wird das Auflösen entweder im schräggestellten Hahnröhrchen vorgenommen, oder aber im Wägefläschchen und daraus aliquote Anteile ins Fällungsschälchen gebracht. Bei der Anwendung von Lösungsmitteln, die das betreffende Gefäß angreifen könnten, ist besondere Vorsicht geboten. So wird man gegebenenfalls die Platinfällungsschälchen durch solche aus Glas oder Porzellan ersetzen. Quarzschälchen sind wegen der bekannten Flüchtigkeit des Quarzes bei starkem Glühen nicht immer empfehlenswert (vgl. S. 196).

Um bei der Auflösung von Carbonaten Verluste durch Verspritzen zu vermeiden, führt man sie durch starkes Erhitzen zunächst in Oxyde über oder beläßt sie längere Zeit in dem oben beschriebenen Räuchergefäß in einer Salz- oder Salpetersäureatmosphäre, wodurch die vorher angefeuchteten Carbonate gleichfalls bald zersetzt werden.

Substanzen, die durch die üblichen Lösungsmittel nur unvollständig oder gar nicht gelöst werden, müssen für die Analyse *aufgeschlossen* werden. Das Aufschließen erfolgt am besten im Platinfällungsschälchen. Verwendet man z. B. Borsäureanhydrid als Aufschlußmittel, so wird das Schmelzen im bedeckten, auf eine entsprechende Unterlage gestellten Fällungsschälchen vorgenommen. Die Schmelze wird sodann im Filterschälchen mittels Salzsäure gelöst und die Flüssigkeit quantitativ in ein austariertes Wägefläschchen gebracht. Die weitere Behandlung (Vertreibung des Bors als Borsäuremethylester, Eindampfen usw.) wird dann mit neuen Einwaagen aus dem gewogenen Filtrat in einem Fällungsschälchen vorgenommen, worin schließlich die endgültige Bestimmung erfolgt.

Wählt man ein anderes Aufschlußmittel, wie Alkalipyrosulfat oder -carbonat, so wird man insbesondere im letzteren Fall Maßnahmen treffen müssen, um Verluste beim Lösen hintanzuhalten. So kann man beispielsweise das Lösen in einem schiefgestellten Wägegläschen, das vorher samt dem zur Aufschließung verwendeten Schälchen austariert worden ist, vornehmen und nach der Wägung aliquote Teile der Lösung entnehmen.

δ) Überführung der aufgelösten Stoffe in wägbare Formen.

Zwei Operationen dienen dazu, einen Stoff aus seiner Lösung in eine zur Gewichtsbestimmung geeignete Form zu bringen: das *Abdampfen* bzw. *Abrauchen* und *Glühen* (Rückstandsbestimmungen) oder die *Fällung*.

Das Abdampfen bzw. Glühen kann naturgemäß nur dann angewendet werden, wenn der Körper, dessen Gewicht man bestimmen will, bereits in der zur Gewichtsbestimmung geeigneten Form in Lösung ist oder aber durch das Abdampfen mit einem bestimmten Reagens oder Glühen in diesen Zustand übergeführt werden kann. Selbstverständlich muß sich der betreffende Stoff allein oder nur mit solchen Substanzen zusammen in der Lösung befinden, die bei den genannten Operationen flüchtig sind. In der Mehrzahl der Fälle wird man sich der *Fällung* zur Abscheidung der Wägungsformen bedienen.

Das *Abdampfen* wird im Fällungsschälchen vorgenommen. Gegebenenfalls muß dieses mit einem Deckel aus dünner porenhaltiger Platinfolie bedeckt werden. Die Fällungsschälchen werden samt den mitaustarierten Filterschälchen auf die bereits erwähnte Art erwärmt. Das Aufblasen eines mäßig starken Luftstromes kann in diesem Falle beschleunigend wirken.

Was nun die *Fällung* und *Filtration* der Niederschläge betrifft, so kommt es darauf an, ob man sich hierbei der Fällungsschälchen oder der Hahnröhrchen bedient.

Beim Arbeiten mit dem *Fällungsschälchen* wird die Fällung so vorgenommen, daß man z. B. mittels eines gewöhnlichen Tropfröhrchens zunächst einen Tropfen des betreffenden Fällungsmittels einfallen läßt. Nach dem teilweisen Absetzen des entstandenen Niederschlages wird ein weiterer Tropfen hinzugefügt und dabei beobachtet, ob noch eine Fällung erfolgt oder nicht. Die Fällung ist als beendet zu betrachten, wenn keine Niederschlagsbildung mehr zu beobachten ist.

Wenn die Fällung in heißem Zustande vorgenommen werden soll, kann die Lösung zweckmäßig auf die schon beschriebene Art (S. 272) erhitzt werden. Gegebenenfalls muß auch das Fällungsmittel in heißem Zustande verwendet werden.

Um den Niederschlag zu filtrieren, bringt man die Schälchen vorsichtig auf den in die Glasglocke eingesetzten Frittentrichter, dessen Oberfläche glatt und fettfrei sein muß. Da das Platin nach längerem Stehen bekanntlich von Wasser nur schwer benetzt wird, ist es vorteilhaft, das Filterschälchen vor dem Gebrauch schwach zu glühen. Man kann auch zur Erleichterung der Filtration die Oberfläche des Trichters vor dem Aufsetzen der Schälchen mittels eines Wassertropfens benetzen.

Zum Einleiten der Filtration wird das Fällungsschälchen durch Zutropfenlassen von Wasser allmählich zum Überfließen gebracht. Falls die abzufiltrierende Flüssigkeit nicht gleich ins Filterrohr dringt, genügt es, mittels eines am Glasfortsatz der Glocke angesteckten Schlauches mit dem Munde schwach zu saugen. Die Verwendung einer besonderen Saugvorrichtung ist unnötig, da der Zug der im Filterrohr befindlichen Flüssigkeit stark genug ist, um die Filtration fortzusetzen.

Nach der selbsttätigen Entleerung des Fällungsschälchens infolge seiner geringen Höhe muß der zurückgebliebene Niederschlag vorschriftsmäßig *gewaschen* werden. Hierbei ist zu beachten, daß man aus den schon erwähnten Gründen (S. 266) mit möglichst wenig Waschflüssigkeit das Auslangen finden muß. Zu diesem Zwecke wird die Flüssigkeit im Fällungsschälchen neuerlich zum Überfließen gebracht und weitere Waschflüssigkeit hinzugetropft, ehe sich noch das Schälchen ganz entleert hat. Um sich von der Vollständigkeit des Auswaschens zu überzeugen, prüft man einen Tropfen des aus dem Trichter tretenden Filtrats.

Mitunter lassen sich vom Niederschlag bei der Fällung eingeschlossene Salze selbst nach langem Waschen nicht vollständig beseitigen. Diese bekannte Erscheinung zeigt sich besonders bei der Bestimmung der Schwefelsäure als Sulfat. J. Donau hat seinerzeit (1) darauf hingewiesen, daß die bei der Fällung von Bariumsulfat mitgerissenen Salze mit nur wenig Waschflüssigkeit entfernt werden können, wenn das einmal gewaschene und getrocknete Bariumsulfat vorher geglüht wird.

Nach Beendigung der Filtration wird mit dem Mund etwas stärker abgesaugt, um sowohl den größten Teil der vom Filterboden noch zurückgehaltenen Flüssigkeitsreste als auch das im Filterrohr befindliche Filtrat ins Sammelgefäß zu bringen. Hierbei ist besonders darauf zu achten, daß beim plötzlichen Absaugen kein Verlust durch Verspritzen entsteht. Da während des Filtrierens das Schälchen auf der Filterplatte fest anliegt, kann der zur Seite gebogene Drahthenkel leicht wieder aufgerichtet werden. Um das Schälchen beim Abheben nicht zu deformieren, wird es vorher mittels einer Pinzette od. dgl. gelockert und gegen den Rand zu verschoben, bis es sich leicht abheben läßt.

Nach erfolgter Trocknung und etwaigem Glühen werden die Gefäße rasch in einen Exsiccator gestellt. Es sei bemerkt, daß nur bereits trockene Schälchen der Glühtemperatur ausgesetzt werden dürfen, da nasse Gefäße infolge der plötzlichen Dampfbildung erheblichen Schaden erleiden können.

Das Abkühlen im Exsiccator beansprucht kaum mehr als eine Minute, worauf die Schälchen *sofort* gewogen werden können. Das bei anderen Methoden nötige Stehenlassen *vor* und *in* der Waage ist bei diesen kleinen Objekten überflüssig.

In manchen Fällen müssen die gewaschenen, noch nassen Niederschläge vor dem Trocknen oder Glühen mit verschiedenen Reagenzien weiterbehandelt werden. Zu diesem Zwecke werden die Schälchen in die oben beschriebenen Räuchergefäße gebracht. Auf diese Weise läßt sich z. B. der gewaschene Niederschlag von Antimonsulfid durch Einhängen in eine Atmosphäre von Salpetersäure und nachheriges Glühen leicht in das antimonsaure Antimonoxyd (Sb_2O_4) verwandeln.

Bei dem hier geschilderten Verfahren kommt es ab und zu vor, daß eine Auflockerung des Niederschlages oder von Salzkrusten im Fällungsgefäß vorgenommen werden soll. Hierzu bedient man sich am besten eines 1 bis 2 cm langen Platindrahtes von etwa 0,1 mm Dicke, der in einen Nadelhalter eingespannt wird. Um dabei Verluste zu vermeiden, ist es zweckmäßig, das betreffende Drähtchen schon *vor* der Bestimmung mit den beiden Schälchen auszutarieren und zum Schlusse wieder mitzuwägen.

Wenn aus den schon angeführten Gründen die Anwendung der Fällungsschälchen nicht ratsam ist, kann man sich der bereits auf S. 269 beschriebenen *Hahnröhrchen* bedienen. Diese unterscheiden sich von den anderen Fällungsgefäßen dadurch, daß die Entleerung nicht über den Rand, sondern nach unten erfolgt, wodurch an Benetzungsfläche und somit auch an Waschflüssigkeit gespart wird. Das Arbeiten mit diesen Gefäßen gestaltet sich folgendermaßen:

Das Röhrchen wird zunächst in ein kleines Stativ eingespannt, dessen Klammern mit einem Kugelgelenk versehen sind, damit es leicht in verschiedene Stellungen gebracht werden kann. Der seitliche Arm des Stativs soll so lang sein, daß man das Röhrchen vor Beginn der Filtration oberhalb des Filterschälchens aufstellen kann.

Über das Einwägen und Auflösen der Substanz sowie das Erwärmen bzw. Eindampfen der Lösung ist bereits weiter oben berichtet worden.

Das Fällungsmittel wird mittels eines Tropfröhrchens eingebracht. Unter Umständen ist es besser, das Reagens in das schräg eingestellte Röhrchen mittels einer Hakenpipette eintropfen zu lassen. Soll die Fällung durch ein gasförmiges Fällungsmittel, z. B. Schwefelwasserstoff, erfolgen, so läßt sich dies in folgender Weise bewerkstelligen: Ein entsprechend eingespanntes, am Ende hakenförmig nach abwärts gebogenes, dünnes Rohr wird in das schräg gestellte Fällungsröhrchen so eingeführt, daß dessen Wandungen nicht berührt werden und nur das abwärts gebogene kurze Ende des Einleitungsröhrchens in die Flüssigkeit eintaucht. Nach erfolgter Fällung wird das Röhrchen vorsichtig herausgezogen, wobei aber der Gasstrom nicht unterbrochen werden darf, da sonst Flüssigkeit und Niederschlag in die Röhre eindringen würden. Die am Zuleitungsrohr noch anhaftenden Anteile von Lösung und Niederschlag müssen durch Abspülen mit einigen Tropfen Wasser wieder ins Fällungsgefäß zurückgebracht werden. Um dabei Verluste zu vermeiden, wird das Fällungsgefäß senkrecht gestellt. Ein Verspritzen der Lösung während des Gaseinleitens ist nicht zu befürchten, da im schief gestellten Gefäß die durch den Gasstrom mitgerissenen Teilchen sich an der gegenüberliegenden Wand ansetzen.

Soll die Flüssigkeit im Hahnröhrchen erwärmt werden, wird es entweder auf die oben (S. 271, Abb. 118) beschriebene Heizplatte, deren Bohrungen seitliche Ausnehmungen besitzen, gebracht oder mittels einer kleinen Flamme vorsichtig „umspült". Zwecks Erwärmung oder längeren Verweilens in der Wärme kann man die Gefäße ebenso auch in einen Trockenschrank einstellen.

Bei der Filtration des Niederschlages wird das Hahnröhrchen mittels des Kugelgelenkstativs so gestellt, daß das untere Ende sich etwa 1 cm oberhalb des schon beschriebenen Platinfilterschälchens befindet. Das in diesem Falle nicht benötigte Fällungsschälchen wird inzwischen im Exsiccator aufbewahrt. Nun läßt man durch teilweises Öffnen des Hahnes die Flüssigkeit langsam abtropfen, wodurch auch der größte Teil des Niederschlages auf das Filter gelangt. Um den noch im Rohr befindlichen Rest zu entfernen, wird nach dem völligen Öffnen des Hahnes durch Zutropfenlassen von Waschflüssigkeit und Zuhilfenahme eines Federfähnchens (s. S. 269) das Gefäß so lange durchgespült, bis die auf das Filter abfließenden Tropfen vollständig klar sind und auch an den Wandungen des Röhrchens keine Niederschlagsspuren mehr beobachtbar sind. Durch entsprechende Handhabung des Federfähnchens gelingt es auf diese Weise leicht, den Niederschlag praktisch quantitativ aufs Filter zu bringen[1].

Obgleich das vorstehend beschriebene Verfahren nicht so genaue Ergebnisse liefert wie die Methode der Fällungsschälchen, so wird es dieser stets dann vorzuziehen sein, wenn größere Flüssigkeitsmengen vorliegen oder beim Lösen der Substanz oder beim Einleiten von Gasen Verluste zu befürchten sind.

Literatur.

(1) Donau, J., Mh. Chem. **34**, 559 (1913).
(2) Donau, J., Mh. Chem. **36**, 383 (1915).
(3) Donau, J., Mh. Chem. **60**, 134 (1932).
(4) Donau, J., Mikrochem. **13**, 156 (1933).
(5) Hecht, F., u. J. Donau, Anorganische Mikrogewichtsanalyse, S. 114 ff. Wien: Springer-Verlag. 1940.

---

[1] Nach späteren Versuchen von J. Donau lassen sich an Stelle der Hahnröhrchen ähnliche Gefäße *ohne* Hahn verwenden, wobei der Verschluß lediglich dadurch bewirkt wird, daß man das untere Ende des Röhrchens durch einen kapillar eingesaugten Wassertropfen verschließt; die Filtration wird sodann mittels des Federfähnchens eingeleitet.

XIII. Dichtebestimmung von Flüssigkeiten.

Abb. 119 stellt das Mikropyknometer nach G. R. Clemo und A. McQuillen (3) dar. Es weist beiderseits haarfeine Bohrungen (Durchmesser $4\,\mu$) auf, die sich in der Mitte zu einer Kapillare von 0,4 mm Durchmesser erweitern. Die Autoren benutzten das Pyknometer zur Dichtebestimmung von Hexadeuterobenzol.

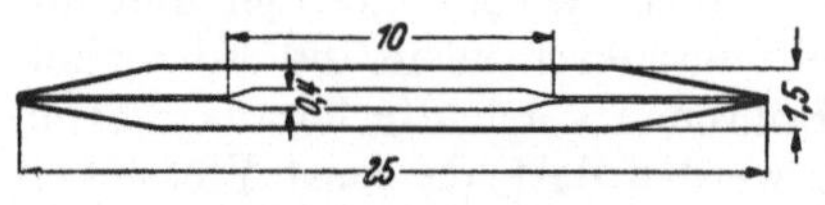

Abb. 119. Mikropyknometer nach G. R. Clemo und A. McQuillen.

Die Füllung erfolgt durch bloßes Eintauchen in die Flüssigkeit, die vorher um 0,2° unter die Temperatur des Waagraumes abgekühlt worden ist. Der gefüllte Apparat wird äußerlich abgewischt, mit einem Kamelhaarpinsel von gegebenenfalls anhaftendem Staub gereinigt und auf die Schale einer *mikrochemischen Waage* gebracht. Nach 5 Minuten ist die Temperaturangleichung der Flüssigkeit erreicht. Die geringe dabei austretende Flüssigkeitsmenge verdunstet sofort, hingegen verdampft aus den feinen Kapillaren praktisch innerhalb einer halben Stunde keine weitere Flüssigkeit, wie von den Autoren durch Mikrowägung festgestellt werden konnte. Zum Anfassen des Apparates benutzt man eine Pinzette mit Elfenbeinspitzen. Vor der Wägung läßt man das Pyknometer 15 Minuten auf der Waagschale stehen; als Tara dient ein dem Pyknometer ganz ähnliches Gefäß.

Das Instrument wird erst leer und sodann — bei der Dichtebestimmung von Hexadeuterobenzol — mit gewöhnlichem Benzol gefüllt gewogen. Die Flüssigkeitsmenge wiegt etwa 2 mg. Hierauf wird das Pyknometer durch Zentrifugieren entleert und bei 80° 2 Stunden in einem trockenen Luftstrom getrocknet. Nun wiederholt man den Versuch mit Hexadeuterobenzol und hierauf mit dest. Wasser, schaltet jedoch zweckmäßig nach beiden Bestimmungen jedesmal einen Versuch mit gewöhnlichem Benzol ein zur Kontrolle dafür, daß der an der äußeren Oberfläche des Apparates anhaftende Film keine Änderung seines Gewichtes erfahren hat. Die Wägungen des mit gewöhnlichem Benzol gefüllten Instrumentes müssen jedesmal untereinander innerhalb enger Grenzen übereinstimmen. Das beschriebene Pyknometer gestattet die Bestimmung der Dichte auf drei Dezimalstellen.

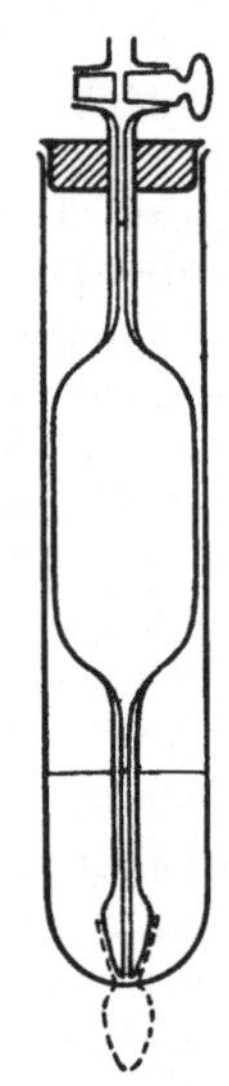

Abb. 120. Mikropyknometer nach S. T. Yuster und L. H. Reyerson.

Abb. 120 zeigt das Mikropyknometer nach S. T. Yuster und L. H. Reyerson (7). Die Gesamtlänge beträgt 16,25 cm, der äußere Durchmesser der beiden Kapillarrohre 4 mm, der innere Durchmesser 0,75 mm. Die Größe des mittleren erweiterten, zur Aufnahme der Probeflüssigkeit bestimmten Raumes ist begrenzt durch die Menge der verfügbaren Probe bzw. durch die gewünschte Genauigkeit. Das Pyknometer kann für Flüssigkeitsmengen von 0,1 bis 25 ml hergestellt werden.

Das untere Kapillarrohr des Pyknometers wird durch eine aufgeschliffene Kappe (in der Abbildung gestrichelt dargestellt) verschlossen. Als „Flüssigkeitsreservoir" dient eine Proberöhre, die so lang ist, daß das Pyknometer nach Entfernen der unteren Kappe den Boden der Proberöhre berührt, während oberhalb des den Verschluß bildenden Gummistopfens so viel Spielraum bleibt, daß man den aus der Abbildung ersichtlichen Hahn ohne Schwierigkeit umdrehen kann. Der Gummistopfen weist einen von der Mitte bis zum äußeren Rand reichenden Schlitz und außerdem ein enges Loch auf, das den Hindurchtritt von Luft gestattet, falls der Schlitz zu stark zusammengepreßt wird. Nach Reinigen des Pyknometers mit Chromschwefelsäure und Wasser wird der Hahn nur so weit gefettet, daß kein Austreten von Hahnfett nach außen möglich ist. Die Proberöhre füllt man mit nur wenig mehr Probeflüssigkeit, als das Pyknometer aufnehmen kann. Zu diesem Zweck ist an dem unteren Teil der Proberöhre eine Marke angebracht.

Die Dichtebestimmung der Probeflüssigkeit geht folgendermaßen vor sich: Die Flüssigkeit wird in der Proberöhre bis zu der erwähnten Marke aufgefüllt und das Pyknometer samt dem Gummistopfen (jedoch ohne die untere Verschlußkappe) eingesetzt. Der ganze Apparat wird nun in einen Thermostaten mit Glaswänden gebracht, und zwar so, daß der obere Rand der Proberöhre nur wenig von der Oberfläche des Thermostatenwassers entfernt ist. Nach etwa einer Stunde ist der Temperaturausgleich erreicht. Der Hahn des Pyknometers wird mit einem Gummischlauch verbunden, der zu einem Dreiweghahn führt. Dieser stellt einerseits die Verbindung mit der Außenluft her, anderseits ist er über ein Gefäß von 100 ml Rauminhalt mit einem Niveaugefäß verbunden, das mit Wasser gefüllt ist. Nun öffnet man den Pyknometerhahn und stellt den Dreiweghahn so ein, daß die zu untersuchende Flüssigkeit aus der Proberöhre — durch Senken des Niveaugefäßes — von unten in das Pyknometer eingesaugt wird. Sobald es die obere Kapillare fast erreicht hat, wird die Schluß-Feineinstellung vorgenommen. Diese ist nicht ganz ohne Schwierigkeit auszuführen, da die enge Kapillare an und für sich ein Aufsteigen des Probewassers bewirkt. Als Behelf für die Feineinstellung dient eine feine Schraube zur Verstellung der Höhe des Niveaugefäßes. Die größte Genauigkeit wird erzielt, wenn der Meniskus der aufsteigenden Probeflüssigkeit genau auf die Marke der Pyknometerkapillare eingestellt und der Pyknometerhahn sofort geschlossen wird. Weniger genau fällt die Einstellung aus, wenn man die Flüssigkeit über die Marke steigen läßt und sie hierauf wieder bis zur Marke hinunterzudrücken versucht. Das in der beschriebenen Weise gefüllte Pyknometer wird aus der Proberöhre entfernt, der Stopfen abgenommen, das Kapillarrohr rasch an der Ansatzstelle des Stopfens abgewischt und die untere Schliffkappe aufgesetzt. Erst jetzt wischt man die übrige Oberfläche des Pyknometers ab. Mit Hilfe eines austarierten Bügels, der um den Hahn greift, hängt man sodann den Apparat in senkrechter Stellung in die *analytische Waage* und wägt nach einer festgelegten Zeit.

Unter sorgfältig überprüften Bedingungen und bei Benutzung einer guten Waage sollen die Wägungen bei Parallelbestimmungen auf 0,1 mg übereinstimmen.

Das beschriebene Pyknometer weist den Nachteil auf, daß bei einer Flüssigkeit, die bei Zimmertemperatur einen hohen Dampfdruck besitzt, der Zeitraum zwischen Füllung und Wägung kurz sein muß, da der Druck der verdampfenden Flüssigkeit diese langsam aus dem Pyknometer hinauszutreiben bestrebt ist. Zur Überwindung dieser Schwierigkeit muß die feine Öffnung der Schliffkappe in größerer Nähe des Schliffes angebracht werden, während die austretende Flüssigkeit in der Kappe aufgefangen wird.

Selbsteinstellbares Mikropyknometer.

Dieses Gerät (1), das zur Bestimmung der Dichte anorganischer Flüssigkeiten bestimmt ist, kann als Verbesserung des OSTWALD-Pyknometers angesehen werden (5).

Die Abb. 121 stellt ein sich selbst einstellendes OSTWALD-Pyknometer dar. Eine Kugel F von passender Größe wird aus einer Pyrex-Kapillare mit 0,5 mm innerem Durchmesser, 5 mm äußerem Durchmesser und 300 mm Länge geblasen. Bei G muß die Röhre konisch zulaufen. Die übrigen Teil der Kapillare werden, wie in der Abbildung gezeigt, gebogen. Hierauf bläst man in der 0,5-mm-Kapillare eine kleine Kugel und zieht sie aus, so daß eine enge Kapillare AB vom selben Durchmesser, aber ungefähr 25 bis 30 mm Länge entsteht. Die Spitze A der Kapillare wird durch leichte Verengung mit ungefähr 0,15 mm innerem und 0,8 mm äußerem Durchmesser hergestellt und rund geschmolzen. Schließlich wird die Kapillare IJ durch Ausblasen einer kleinen Kugel und Ausziehen erzeugt.

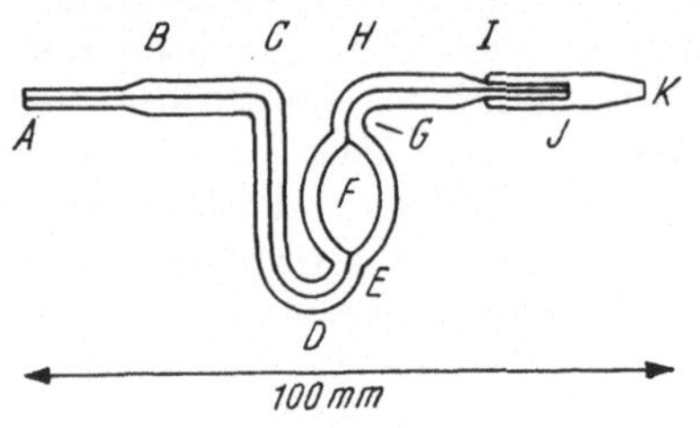

Abb. 121. Selbsteinstellbares Mikropyknometer.

Der innere Durchmesser soll nicht größer als 0,15 mm, der Außendurchmesser 0,5 bis 0,7 mm sein. Die ganze Kapillare GHJ darf nirgends 0,6 mm inneren Durchmesser überschreiten, um automatische Füllung zu ermöglichen. Die Spitze A muß kleiner sein als die Spitze J, um Lecken bei A zu verhindern. Eine Schutzkappe K wird auf I aufgesetzt. Dazu wird ein Pyrex-Glasrohr von 5,5 mm äußerem Durchmesser und 4 mm Innendurchmesser verwendet.

Das Mikropyknometer wird mit einer Spritze bis zu der engen Kapillare oberhalb des Punktes G gefüllt. Durch die Kapillarwirkung tritt sodann Füllung bis ganz zum Ende von J ein. Um die völlige Füllung bei A und J zu beobachten, bedient man sich einer 10fach vergrößernden Lupe. Auch Gasblasen müssen abwesend sein. Nach der Füllung wird der linke Schenkel in der Richtung von B nach A gefüllt. Falls die Flüssigkeit bei Raumtemperatur einen beträchtlichen Dampfdruck hat, wird bei A eine Schutzkappe aufgesetzt (gegebenenfalls mit einem Schliff). Bei Wägungen wird ein gleichartiges Gegengewicht benützt und das Gerätchen an den geraden Kapillarteilen mittels Kupfer- oder Platindrähten aufgehängt. Die Reproduzierbarkeit der Bestimmungen mit Hilfe eines 1-ml-Modells konnte als 1 000 000 ± 0,000025 ml (1 : 40 000) ermittelt

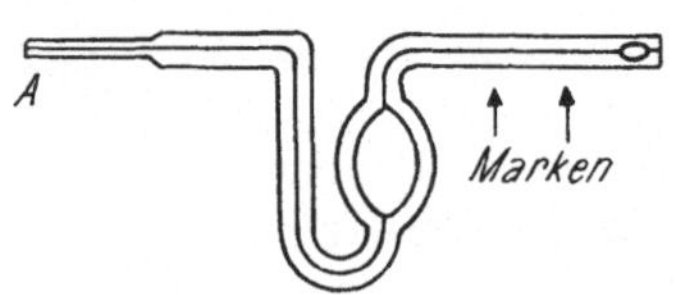

Abb. 122. Pyknometer mit Kalibrierungsmarken.

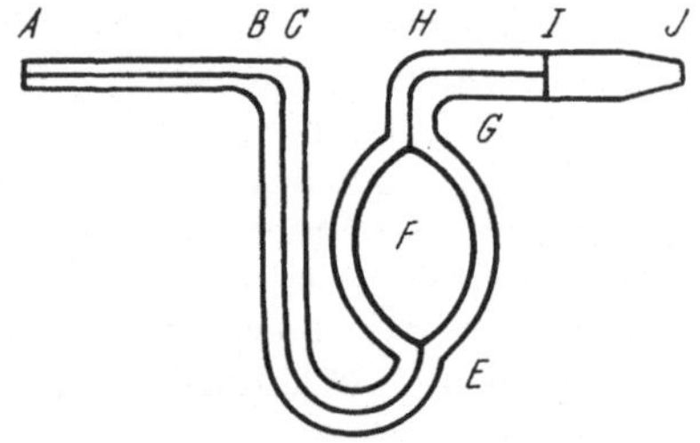

Abb. 123. Selbsteinstellendes Mikropyknometer.

werden. Wahrscheinlich ist das Modell bis 10 ml Größe brauchbar. Korrodierende Flüssigkeiten dürfen natürlich nicht gemessen werden.

Das folgende ähnliche Pyknometer mit Kalibrierungsmarken (Ostwald-Type) (1) wurde zur Arbeit mit korrosiven Flüssigkeiten angefertigt (Abb. 122). Es besitzt zwei Kalibrierungsmarken. Es ist weniger genau als das vorstehend beschriebene Gerät. Die Spitze A hat einen kleineren inneren Durchmesser als der ungeänderte Teil der Kapillare. Eine kleine kugelförmige Erweiterung am rechten Ende dient als Reservoir. Das Pyknometer wird mit Flüssigkeit bis zu einem Punkt zwischen beiden Marken gefüllt. Der Abstand von der näheren Marke wird geschätzt. Bei einem inneren Kapillarendurchmesser von 0,7 mm entspricht ein Ablesefehler von 1 mm 0,0004 ml im Volumen, bei 0,38 mm Kapillarweite nur 0,0001 mm. Ein 1-ml-Modell hat eine Reproduzierbarkeit von 1 : 6000.

Die Abb. 123 (2) zeigt eine Verbesserung des früheren Modells (1). Bei dem letztgenannten kann Flüssigkeit aus der Kapillare IJ überfließen, wenn das Gerät bei weniger als Raumtemperatur gefüllt worden ist und sich später erwärmt hat. Dies wird bei dem späteren Modell vermieden. Der Hohlraum F soll so symmetrisch wie möglich sein. Die Kapillare AB hat einen äußeren Durchmesser von 1,5 mm.

Präzisionswägepipette (6).

Die Wägepipette neuer Bauart (4) (Abb. 124) besteht aus einem zylindrischen Pipettenkörper, der unten ein etwa 35 mm langes Rohr trägt, das zu einer sehr engen, starkwandigen Spitze ausgezogen ist. Oberhalb des Körpers ist eine rund 15 mm lange weißbelegte Kapillare angesetzt, auf der sich eine 10-mm-

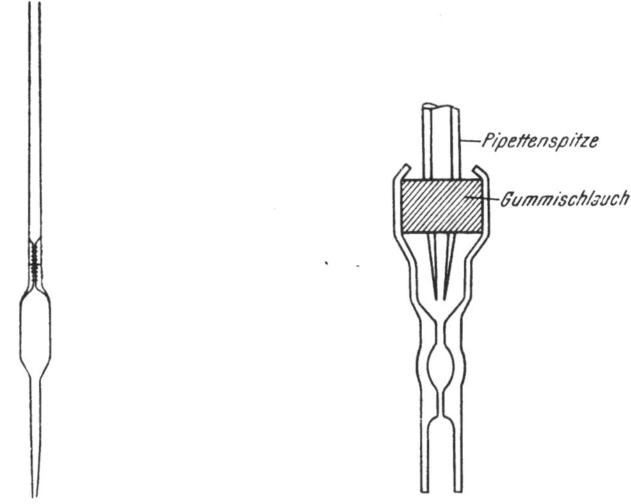

<table>
<tr><td>Abb. 124. Präzisionswägepipette.</td><td>Abb. 125. Aufsatzröhrchen für Präzisionswägepipette.</td></tr>
</table>

Teilung befindet. Die mittlere Marke gilt als Nullmarke. Dieses Kapillarstück setzt sich in ein Rohr von 3,5 mm Durchmesser mit einer Länge von 70 mm fort.

Zur Verhinderung der Verdunstung an der Spitze schiebt man ein Aufsatzröhrchen (Abb. 125) mit einem kurzen Schlauchstück auf die Pipettenspitze auf. Dadurch wird die Verdunstungsmenge auf ein Drittel bis ein Viertel der sonstigen Werte bei ungeschützter Pipettenspitze verringert. Auch besteht dann kein Unterschied mehr zwischen der Verdunstung aus enger oder weiter Spitze. Bei 24stündiger Beobachtung ergab sich die stündlich verdunstete Wassermenge bei einer 1-ml-Pipette mit enger Spitze zu 0,00006 ml, bei weiter Spitze zu 0,000054 ml. Diese Werte gelten für die mit Aufsatzröhrchen versehenen Pipetten.

Die Pipetten sind vor jeder Bewegung bzw. Ablesung senkrecht mit der Spitze nach unten zu halten. Bei Verwendung des Aufsatzröhrchens zur Verhinderung etwaiger Verdunstung läßt sich jede Berührung der Pipette selbst vermeiden, da man alle Manipulationen mit der linken Hand am Aufsatzröhrchen vornehmen kann. Dadurch wird auch die Wartezeit für den Temperaturausgleich vor dem Wägen in vorteilhafter Weise verkürzt. Die Einstellung des Meniskus genau auf die Nullmarke ist überflüssig, da auf dem beigegebenen Prüfschein die für jeden Teilstrich an der oberen Kapillare anzuwendende Volumskorrektur angegeben ist.

Für die Wägungen reichen analytische Waagen aus, mit denen man ein Zehntelmilligramm genau ablesen kann. Allerdings soll in einem solchen Fall eine 1-ml-Pipette verwendet werden. Es werden derartige Pipetten auch für 0,5 ml und 0,15 ml hergestellt.

Literatur.

(1) Anderson, H. H., Analyt. Chemistry 20, 1241 (1948).
(2) Anderson, H. H., Analyt. Chemistry 24, 579 (1952).
(3) Clemo, G. R., u. A. McQuillen, J. Chem. Soc. (London) 1935, 1220.
(4) Haack, A., u. G. Wieser, Mikrochim. Acta [Wien] 1954, 117.
(5) Ostwald-Luther, Hand- und Hilfsbuch zur Ausführung physiko-chemischer Messungen, S. 225 bis 241. Leipzig: C. Drucker. 1931.
(6) Pregl-Roth, Quantitative organische Mikroanalyse, 7. Aufl., S. 344. Wien: Springer-Verlag. 1958.
(7) Yuster, S. T., u. L. H. Reyerson, Ind. Engng. Chem., Anal. Ed., 8, 61 (1936).

Namenverzeichnis

zu Band I/Teil 1:

Organisch-präparative und mikroskopische Methoden.

Die Zahlen vor den Klammern geben die Seiten, die *kursiv* gedruckten Zahlen in den Klammern die Nummern der auf der betreffenden Seite aufscheinenden Zitate an.

Namenverzeichnis

zu Band I/Teil 2:

Waagen und Geräte zur anorganischen Mikro-Gewichtsanalyse.

Die Zahlen vor den Klammern geben die Seiten, die *kursiv* gedruckten Zahlen in den Klammern die Nummern der auf der betreffenden Seite aufscheinenden Zitate an.

Sachverzeichnis

zu Band I/Teil 1:

Organisch-präparative und mikroskopische Methoden.

Sachverzeichnis

zu Band I/Teil 2:

Waagen und Geräte zur anorganischen Mikro-Gewichtsanalyse.